에센셜 아날로그/ 디지털/ PSpice 회로 이론과 실험

박대철 지음

Essential Analog and Digital Circuits with PSpice

HS 도서출판 한산

머리말

정보통신분야의 발전은 크게 반도체 기술의 발전, 컴퓨터 기술의 발전, 통신 기술의 발전, 정보 기술의 발전으로 전 세계적으로 연구와 개발이 지속되어 왔다. 국내의 대학에서도 기존의 다양한 전기, 전자, 컴퓨터, 정보통신분야의 수요에 맞추어 이 분야의 연구 개발 능력을 갖출 고급 인력을 배출하기 위한 노력을 경주해왔다. 유사학과의 통합으로 기초아날로그디지털회로실험에 대한 교육과 실험 방법을 현실에 맞게 변화시키고 제한된 시간 내에 핵심적인 실험의 중요한 기초 부분을 골고루 배우기 위해서는 한 실험에 많은 시간을 할애하기보다는 필수 사항을 가르치고 실험케 함으로써 학생들의 눈높이에 맞춘 교과 내용의 편집이 필요하였다.

기초아날로그디지털회로실험은 이 분야의 전공을 염두해 둔 학생들의 기초 실험 방법, 관련 기기 사용법, 이론 강의에 맞추어진 실험 내용들을 골고루 다루게 함으로써 실기부분을 결코 소홀히 하지 않도록 배려하였다. 대부분의 공학분야의 이론과 실기는 동전의 양면처럼 서로를 지탱하는 양축을 이룬다.

기초회로실험의 많은 양을 제한된 학기에 모든 중요한 내용을 취급하려면 원하지 않게도 백과사전식 나열이 되어 자칫 과도한 상세함이 주요 개념의 이해를 어렵게 할 수도 있다. 이같은 취지에서 본서의 구성 및 실험 내용은 제한된 3시간의 실험 시간 내에 마칠수 있도록 편성되었다. 구성은 크게 아날로그 회로 부분, 기초 디지털 회로부분 과 PSpice회로 실습의 3부로 나누어져 있고 부록편에 각종 단위와 전기회로 기호, 실험기기 사용법, 실기 시험 수검자 대비 유의사항에 대한 지침서를 마련하였다.

본 실험 교재는 회로 이론 강의와 병행하여 기초전기전자 및 정보통신 회로분야의 실험 지식을 습득하는데 도움을 주기 위한 목적으로 작성되었으며 실험에 앞서 관련 실험 이론을 충분히 설명하도록 노력하였다. 이론적 이해가 부족한 실험은 기능 위주로 흐를 수 있으며 상위 전공 과목의 이해와 실험에도 어려움을 초래하게 된다. 19개 정도의 아날로그 회로 실험, 6개 정도의 기본 디지탈 회로 실험, 6개정도의 PSpice 실습 내용을 실었으며 매학기에 선택적으로 실험 주제를 아날로그와 디지털 부분으로 나누어 15개 정도의 실험 내용을 다루게 되면 1년 교재로 적합하리라고 본다.

또한 국가적으로 공학 교육 혁신을 위한 노력이 다방면에서 강조되고 있고 특히 요소 설계 기초를 이루는 본 서는 전공을 시작하려는 학생들로 하여금 회로의 다양한 기능들을 이해하도록 돕는 참고서의 역할을 기대하여본다.

이 책이 나오기까지 기획, 편집, 교정의 여러 과정을 도와주신 한산 출판사 여러분께 감사드린다.

오정골에서

저자 박대철

차례

Part 1 기초 아날로그 전기전자통신회로편

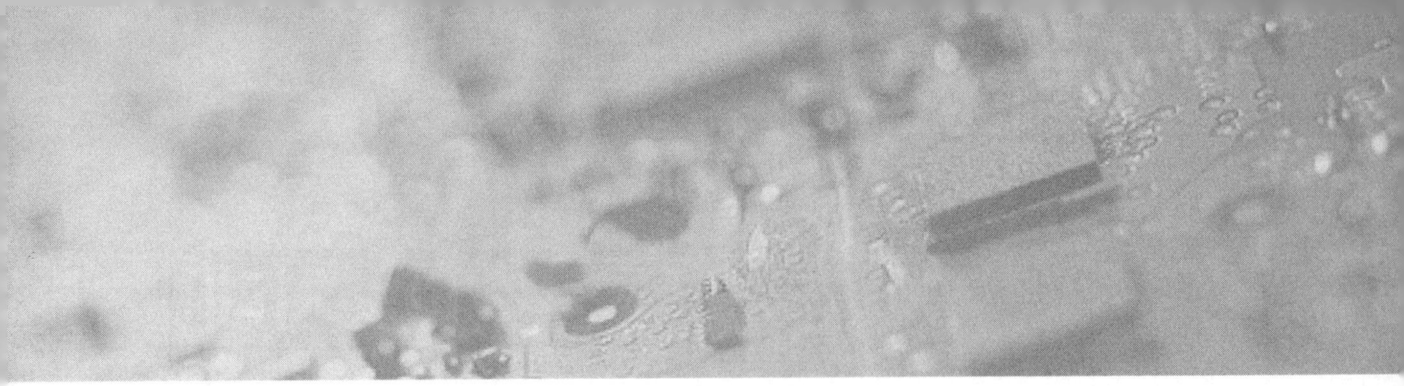

Part 2 핵심 디지털 회로편

Part 3 PSpice 실습편

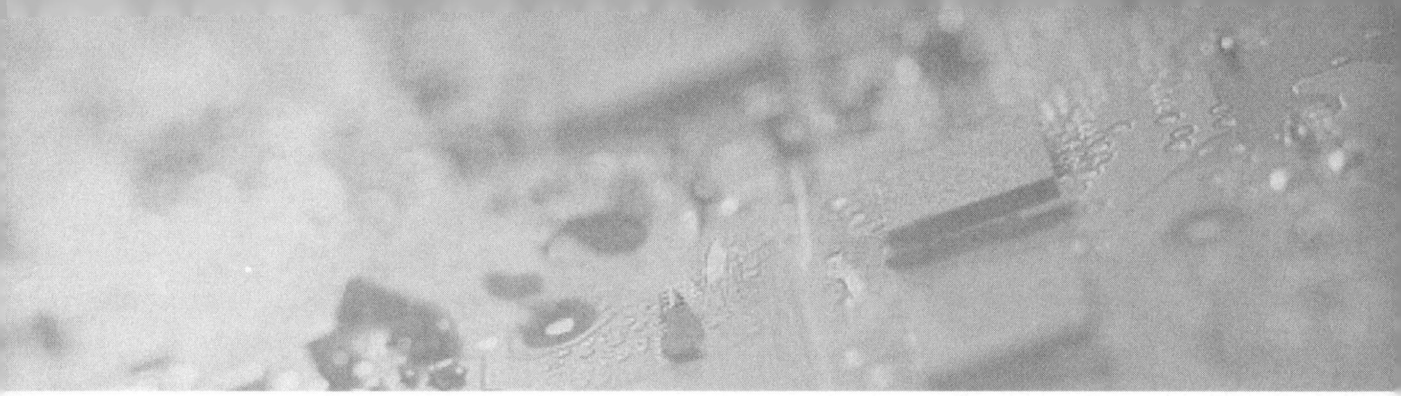

Appendix

부록

Part 1

기초 아날로그 전기전자통신회로편

제 01 주 ~ 제 19 주

제 01 주 이 론 전기 회로의 기초지식

학습목표

1. 전기회로를 공부하는 중요한 이유를 나열할 수 있다.
2. 전기회로 단위를 포함해서 전류, 전압, 전력을 정의할 수 있다.
3. 회로소자에 의해 흡수 혹은 공급되는 전력과 에너지를 계산할 수 있다.
4. 기본 회로 법칙을 기술할 수 있고 적용할 수 있다.
5. 간단한 회로에서 전류, 전압, 전력의 문제를 풀 수 있다.

1 전기회로의 기본 개념

(1) 회로의 기본 소자

전기 회로를 본격적으로 공부하기에 앞서 왜 전기회로를 공부해야하는가에 대한 이유를 살펴봄으로써 전기 회로 공부의 동기부여가 될 것이다. 먼저 기사자격증 취득에 전기 회로 지식은 매우 필수적이다. 또한 전자 회로 및 졸업 프로젝트 수행시 전기 회로에 대한 이해는 기본 지식이 된다. 많은 경우에 전기 회로에 대한 이해 및 실험 지식은 전기, 전자 시스템 운영 및 유지 보수에 전기 회로 지식을 제공한다. 뿐만 아니라 전기기술 자문시 전기 회로에 대한 지식은 훌륭한 정보를 제공할 것이다.

전기회로는 도체의 도선에 의해 폐회로로 연결된 여러 종류의 회로 소자들로 구성되어 있다. 특히 전기 회로의 소자로는 저항, 인덕터, 캐패시터, 전원(전류원과 전압원), 도선, 스위치([그림 1.1])와 반도체 소자들(다이오드, 트랜지스터, FET, ICs 등 [그림 1.2])로 구성되어 있으며, 이런 소자들을 연결시켜 새로운 센서 소자들([그림 1.3])을 만들어 낸다.

탄소피막저항 코일 인덕터 전해 캐패시터

[그림 1.1] 회로의 기본 수동 소자

다이오드 LED 다이오드 BJT 트랜지스터 FET 트랜지스터

[그림 1.2] 반도체 소자들

압력센서 가스검출센서 수광센서 적외선 센서

[그림 1.3] 센서 소자들

우리가 쉽게 접할 수 있는 전기 회로에는 자동차 바테리 회로와 손전등 회로일 것이다. 아래 그림은 손전등의 외형과 내부 구성을 보여주고 있다([그림 1.4]). 간단히 설명하면 손전등은 케이스, 건전지, 전구, 스위치와 도선으로 구성되어 있으며 경우에 따라서는 손전등 빛을 조정하기 위한 렌즈가 추가되기도 한다.

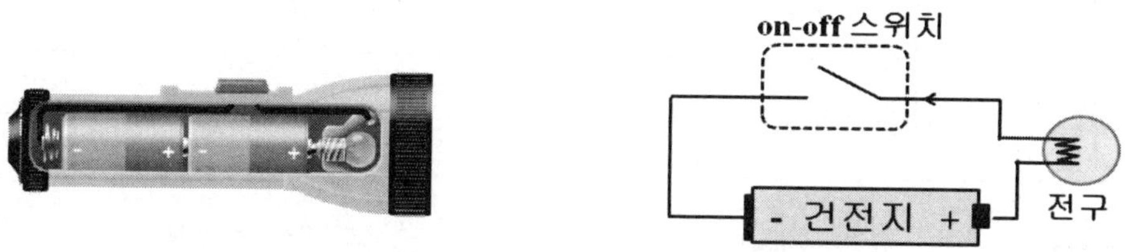

[그림 1.4] 후레시 외형 과 등가 회로도

전기 회로도는 전기 기술자에게 실제 부품으로 구성된 전기 회로에 대한 회로 심볼을 사용한 회로도(schematic diagram)을 제공한다. 전기 회로에 사용되는 심볼을 요약하면 〈표 1.1〉과 같다.

저항에는 고정저항외에도 가변 포텐시오미터(potentiometer), 리오스타트(rhostat) 등이 있으며, 캐패시터와 인덕터에도 가변 인덕터와 캐패시터가 사용된다.

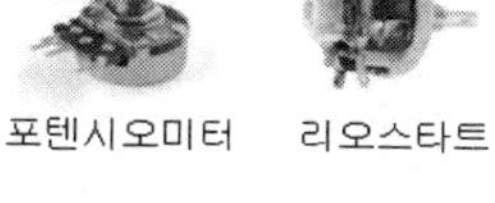

포텐시오미터 리오스타트

[그림 1.5] 가변 포텐시오미터와 리오 스타트 저항

전기회로에 흐르는 전류와 회로 소자에 걸리는 전압을 측정하기 위해서는 전류계와 전압계가 필요하며 대부분의 경우 디지털 멀티 미터를 사용하여 측정 된다.

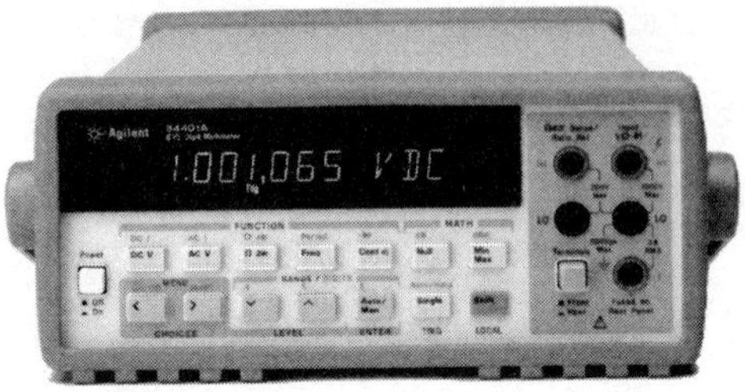

[그림 1.6] 디지털 멀티 미터 저항/전압/전류 계측기

〈표 1.1〉 전기 회로 심볼

회로 심볼	명칭	설명
	도선 (wire)	연결선
	도선 연결	두 도선이 만나는 점 연결
	도선 연결	두 도선이 만나는 점 연결
	도선 연결 안됨	두 도선이 만나는 점 연결 안됨
	접지(ground)	공통 접지선, GND
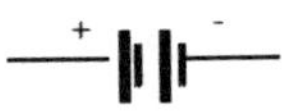	직류 전원	직류 전압원
	저항	고정 저항
	가변 저항	가변 저항
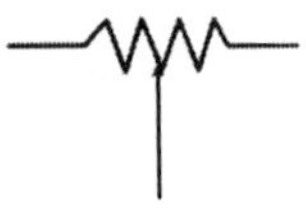	가변 포텐시오미터	가변이 가능한
	스위치	on-off 스위치
	휴즈	전기 정격 휴즈선
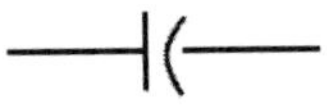	캐패시터(capacitor)	
	인덕터(inductor)	유도성 코일 인덕터

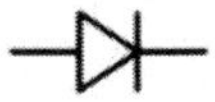	다이오드(diode)	신호 혹은 정류 다이오드
	발광 다이오드	발광 LED 다이오드
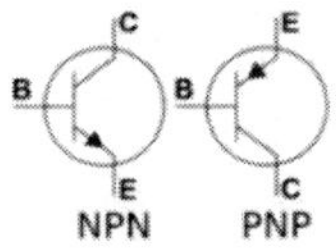	트랜지스터(transistor)	NPN/PNP트랜 지스터
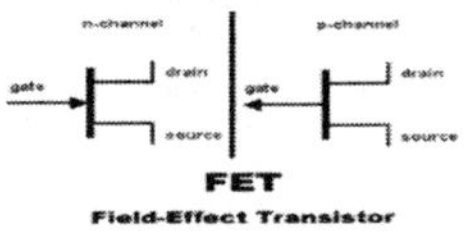	전계 트랜지스터 (field effect transistor)	FET 전계 트랜지스터
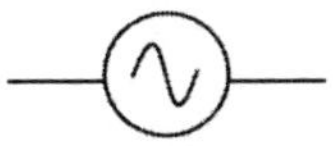	교류 전압	교류 전압원
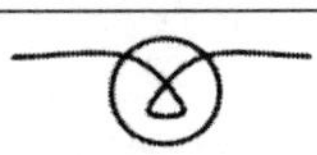	램프	백열전구
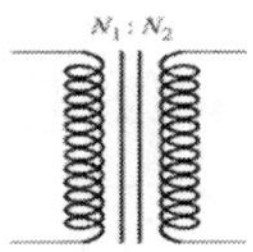	트랜스포머(transformer)	전압 강하 혹은 승압 교류 변환 장치
	전류계(Ammeter)	전류 계측 미터
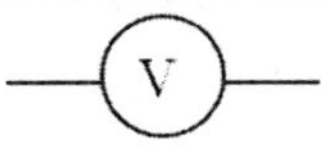	전압계(Voltmeter)	전압 계측 미터

(2) 회로의 전류, 전압, 전력

전하는 물질에 포함되어있는 원자 입자의 전기적 특성이며 쿨롱(Coulomb)으로 측정된다. 전류(current)는 전하(charge)의 시변화율이며, Ampere(A)로 측정된다.

$1A = 1\text{coulomb}/1\text{sec}$.

$$i = \frac{dq}{dt}[A] \tag{1.1}$$

직류(Direct Current(dc))는 시간에 대해 일정하게 유지되는 전류이다. **교류**(Alternating Current(ac))는 시간에 따라 변화하는 값을 갖는 전류이다. 교류 정현파 전압(혹은 전류) 파형은 ([그림 1.7]) 일반적으로 주파수, 위상, 진폭에 의해 다음 식으로 주어진다.

$$v(t) = V_m \sin(wt + \theta) \tag{1.2a}$$

$$i(t) = I_m \sin(wt + \theta) \tag{1.2b}$$

여기서 V_m(혹은 I_m)은 진폭, $w = 2\pi f$는 각주파수, θ는 위상각을 나타낸다. 주기 $T = 1/f$인 관계를 만족한다.

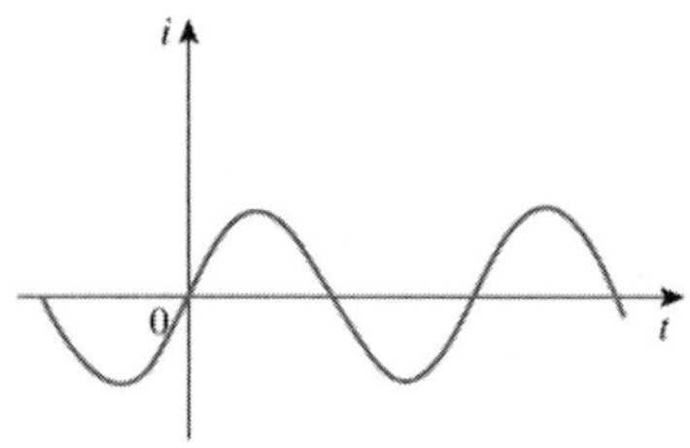

[그림 1.7] 교류 파형

전압(Voltage 혹은 전위차)은 단위전하를 어떤 소자를 통해 이동하는데 필요한 에너지이며, volt(V)로 나타낸다.

전압원이나 전류원에는 두가지 유형이 존재한다.

전력(power)은 소모 혹은 흡수한 에너지의 시간 비율이며, Watts(W)로 표현한다.

$$p = \frac{dE}{dt} = \frac{dE}{dq} \cdot \frac{dq}{dt} = v \cdot i\,[W] \tag{1.3}$$

수동 소자 표기법은 전류가 소자의 양(+)의 단자에서 음(−)의 단자로 유입되면 (+) 전력을 갖으며 이 경우 소모(expending) 혹은 흡수(absorbing) 전력이라고 한다.

반대로 전류가 소자의 음(−)단자에서 양(+)단자로 유입되면 (−)전력을 갖으며 이 경우 공급전력이라고한다.

$$\text{공급전력} + \text{흡수전력} = \sum p = 0 \tag{1.4}$$

에너지는 일을 할 수 있는 능력이며 단위로는 Joules(J)을 사용한다.

전원이 회로에 공급되면 어떤 회로 소자에 에너지가 공급될 수도 있고 혹은 반대로 에너지가 소모될 수도 있다. 이를 위해 수동 기준 구성(passive reference configuration)을 적용하며, 이 경우에 전류는 + 전위에서 − 전위로 흐르면 + 전력(소모 전력)을 나타내게 되며, 반대이면 − 전력(공급 전력)를 취한다

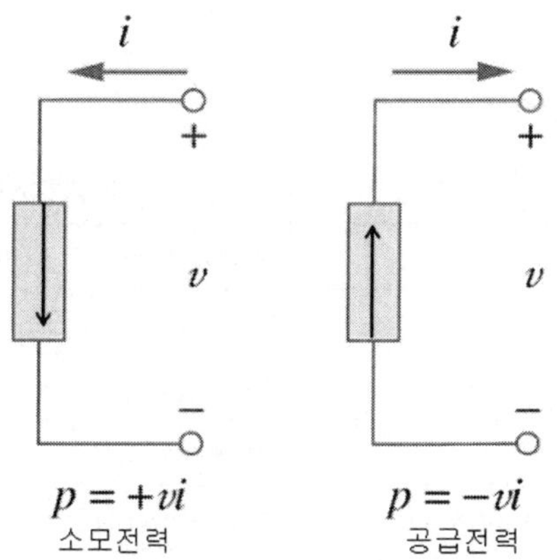

[그림 1.8] 전력 공급 규정

예제 1 전력 계산

[그림 1.9]에 주어진 회로 소자로 구성된 회로에 대하여 각 소자에서 소모 혹은 공급되는 전력을 구하라.

여기서 A소자 : $v_a = 12\,V$, $i_a = 2A$, B소자 : $v_b = 12\,V$, $i_b = -2A$,

C소자 : $v_c = 12\,V, i_c = 3A$

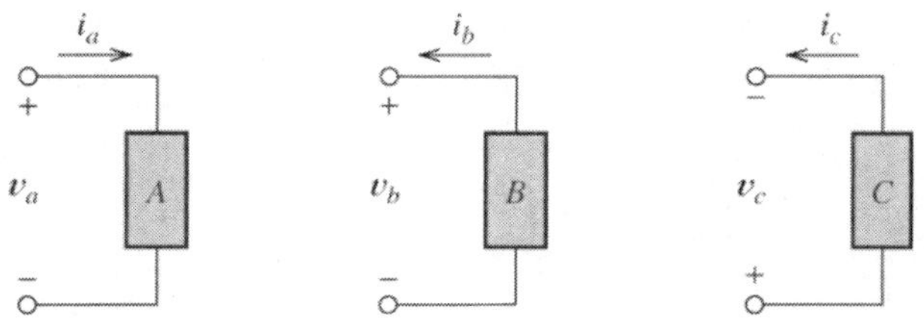

[그림 1.9] 회로 소자에 걸리는 전력 계산

해답 소자 A에 걸리는 전력 계산

$p_a = v_a i_a = (12\,V)(2A) = +24[W]$, 따라서 전력을 소모한다.

소자 B에 걸리는 전력 계산

$p_b = v_b i_b = (12\,V)(-2A) = -24[W]$, 따라서 전력을 공급한다.

소자 C에 걸리는 전력 계산

$p_c = v_c i_c = (12\,V)(3A) = +36[W]$, 따라서 전력을 공급한다.

(3) 회로 소자의 단위

〈표 1.2〉 SI기본 단위(Basic Units)

척량(Measure)	기본단위(unit)	기호(Symbol)
길이(Length)	미터(meter)	M
질량(Mass)	킬로그램(kilogram)	kg
시간(Time)	초(second)	s
전류(Current)	암페어	A
열역학온도(Thermodynamic Temperature)	켈빈(Kelvin)	K
루미넨스강도(Luminence Intensity)	칸델라	cd

〈표 1.3〉 전기회로 이론에 보편적으로 사용되어지는 유도 단위

명칭	단위	기호
전하	쿨롱	C
전압강하	볼트	V
저항	오옴	Ω
컨덕턴스	지멘스	S
인덕턴스	헨리	H
캐패시턴스	파라드	F
주파수	헤르츠	Hz
힘	뉴톤	N
에너지	주울	J
전력	와트	W
자기 플럭스	웨버	Wb
자기 플럭스 밀도	테슬라	T

배수	접두단위	기호
10^{9}	기가	G
10^{6}	메가	M
10^{3}	킬로	k
10^{-2}	센티	c
10^{-3}	밀리	m
10^{-6}	마이크로	μ
10^{-9}	나노	n
10^{-12}	피코	p

Diveice	전류	전압	비고
100w 백열전구	0.45mA	220V	100/220=0.45
일반 LED	5~20mA	1.8~2V	
소형 모터(DC, Step)	1~2A	5~20V	많은 전력을 소모하는 편임
PIC	50~150mA	5V	sink, source current
번개	최고 20,000A	100,000,000V	매우 빠른 시간에 소멸
전기뱀장어	1~16A	60V~600V	약 5m초 지속/60hz 정도

(4) 회로 법칙들

저항(resistance) 이란 물리적인 힘 혹은 전류의 흐름을 대항하여 막아서는 정도를 나타내는 저항력이라고 볼 수 있다.

오옴의 법칙에 의하면 저항에 걸리는 전압은 저항을 통해 흐르는 전류에 비례한다. 다른말로 하면 저항에 흐르는 전류는 저항에 반비례한다. 즉,

$$v \propto i \text{ 혹은 } i \propto \frac{1}{R} \tag{1.5}$$

따라서 이상적인 저항에 걸리는 전압은 저항을 통하여 흐르는 전류에 비례한다. 이를 수식으로 표현 한 것을 **오옴(Ohm)의 법칙**이라고 한다.

$$v = iR \tag{1.6}$$

식 (1.3)를 적용하여 저항에서 소모되는 전력을 구하면

$$p_R = vi = i^2 R = \frac{v^2}{R} \tag{1.7}$$

에너지는 일을 할 수 있는 능력이며 단위로는 Joules(J)을 사용한다. 단위시간당 에너지의 변화량이 전력이 된다. 다시말해서 전력에 사용시간을 누적하면 에너지가 된다. 즉,

$$E = \int_{t_0}^{t} p dt = \int_{t_0}^{t} vi dt \tag{1.8}$$

임의의 회로망에서 어떤 소자를 **단락**시켜 전류를 측정하거나 **개방**시켜 전압을 측정해야되는 경우가 많다. 단락회로를 만들기 위해서는 소자를 회로망에서 분리시키고 도선으로 연결시켜 단락시킨다. 단락회로의 저항은 0이 된다. 반대로 소자를 회로망에서 분리시키고 개방상태로 두면 개방회로의 저항은 무한대(∞)가 된다. [그림 1.10]에 나타낸대로 회로망의 소자에 걸리는 전압이나 흐르는 전류를 측정하기 위해서는 개방회로 나 단락회로를 만들어 측정해야한다.

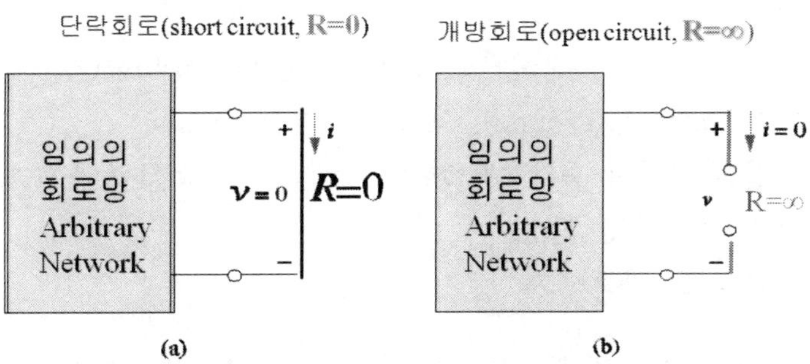

[그림 1.10] 단락회로와 개방 회로

2 실험을 위한 예비지식

(1) 실험의 의의 및 기본 자세

실험이란 학문적 이론을 계측기기와 실제 부품을 사용하여 실험적으로 증명하는 것이며, 또한 새로운 이론을 만들어 내기 이전에 거쳐야 하는 중요한 과정이다. 따라서 실험에는 실제의 실험에 앞서 철저한 이론에 대한 준비과정이 필요하다.

또한 실험은 이론 학문의 실증 이외에, 과학적인 고찰과 탐구 및 기술의 습득에도 그 목적이 있다. 따라서 실험은 당연히 그렇게 되어야 한다는 일종의 당위성보다도 왜 그렇게 되어야만 하는가의 의문성으로 부터 출발되어야 하며, 이러한 의문으로부터 실험 결과에 대한 철저한 분석과 고찰이 뒤따라야만 실험의 목적을 성취시킬 수 있는 것이다. 또한 실험을 반복하다 보면 자연히 기술 및 기능의 습득이 향상되게 되는데 이러한 기술 및 기능을 완전한 자기의 것으로 만들기 위해서는 실험과제에 대한 철저한 예비준비와 결과의 면밀한 분석과 고찰 및 끊임없는 반복이 필요하다.

(2) 실험의 방법

실험과제에 대한 예비적인 준비단계를 마치고, 실제 실험에 임할 때 가장 문제시 되는 것이 각종 계측기의 사용방법이다. 일반적으로 전기, 전자, 통신분야에 사용되는 계측기들은 해당 실험과제에만 적합하도록 만들어진 것은 극히 드물고, 다목적으로 사용하기 위하여 여러 가지 복잡한 기능을 두고 있다.

계측기를 능숙하게 사용할 수 있는 방법은 그 기본원리를 이해하고, 다음 전체적인 기능 블록도를 이해하는 순서로 진행하면 된다. 이러한 과정으로 하나 하나의 계측기를 이해해두면 같은 종류의 다른 메이커의 계측기 사용에도 불안감이 해소될 수 있다,

(3) 실험기기의 취급과 주의

실험을 수행함에 있어 사용해야할 계측기에 대한 사용 방법을 숙지하고 정확한 사용 지시대로 해야한다. 부주의한 계측기의 사용이나 혹은 정확한 교정(calibaration)이 되지 않은 계측기를 사용한 측정에 기초한 설계는 크나큰 재앙을 가져올 수 있다.

- 전원의 확인(110/220V) : 단상 전원인가, 3상 전원인가를 확인한다.
- 접지의 확인 : 교류 그라운드(ground), 직류 그라운드(ground)
- 실험기기의 사용법을 완전히 숙지 : 적절한 스케일 조정, 적절한 측정 단위 이해
- 외부 충격으로부터 보호(운반 과정)
- 스위치 조작은 부드럽고 차분히 할 것.

또한 실험실 안전 수칙을 숙지하여 안전사고가 발생하지 않도록 주의해야한다. 전압원을 손으로 만져서는 안 된다. 실험전에 불필요한 몸의 장신구등을 떼어내어 접지의 오동작으로 인한 전

기 쇼크를 받지 않도록 유의한다. 특히 전원 케이블의 상태가 안전한지 육안으로 먼저 관찰하고 이상이 있을시 실험 조교에게 알려 교체하도록 한다.

(4) 실험의 5요소

① 이론의 이해
② 장치, 장비, 부품의 이해
③ 실험 절차
④ 관찰 및 분석
⑤ 결과 보고서 작성

(5) 실험 보고서(양식)

① 예비 보고서(Prelab Report) / 결과 보고서(Postlab Report)
② 채점 기준표
- 예비 보고서(개인별로 제출)

제 주차 예비보고서 제목 : 일 시 : 0000년 00월 00일 작성자 : ( )공학과 A반 3조 홍 길 동	1. 제목 2. 이론 및 관련 원리 3. 실험회로 구성 4. 실험방법 숙지	5. 기대되는 결과 6. 참고문헌

- 결과 보고서 (각 조별 제출)

제 주차 결과보고서 제목 : 일 시 : 0000년 00월 00일 작성자 : ( )공학과 A반 3조 홍 길 동	1. 제목 2. 이론 및 관련 원리 3. 실험회로 구성 및 설명 4. 결과분석/토의/결론 (아래 참고)	5. 참고문헌

3 결과분석 및 토의

(1) 결과 분석 자료

- 각 실험에 관련된 측정 요구 값은 각주의 실험 내용 뒷부분 참고한다.
- 실험 조건 명시한다
- 실험 측정치에 대한 그래프나 표 등에 대해서는 번호와 간단한 제목을 붙이도록 한다.
- 데이터를 표현할 때에는 측정단위를 통일하여 혼돈이 없도록 기록해야한다.

(2) 토의

- 실험을 통해 얻어진 결과 값으로부터 도출될 수 있는 결론의 유도
- 실험을 통해 얻어진 값과 예상 값(이론값)과의 비교 검토
- 장비를 사용할 때 주의사항과 고쳐야 할 점(부품의 불량, 케이블의 단선과 불량 등)
- 이 실험을 통해 확인된 사항 과 새롭게 알게 된 점

〈표 1.4〉 채점 기준표 (예)

주요 항목	세부항목	항목 번호	항목별 채점기준	배점
회로 조립	부품배열 및 조립상태	1	- 기판상 부품의 위치, 배열, 조립상태 : 상 : 5점, 중 : 3점, 하 : 0점(단, 위의 작업상태가 우수해도 회로동작이 전혀 되지 않을때는 0점 처리함)	5
	배선 및 납땜	2	- 기판상 배선 및 납땜 상태 : 상 : 5점, 중 : 3점, 하 : 0점(단, 위의 작업상태가 우수해도 회로동작이 전혀 되지 않을때는 0점 처리함) - 점퍼선이 동박면에 밀착되어 있지 않은 경우, 위의 득점에서 1개소당 1점씩 감점 - 동박면 배선은 5구멍 이내로 납땜을 하지 않은 경우, 1개소당 0.5점 감점	5
회로 동작	요구사항 -(4)	3	출력값 - 오실로스코프	2
	-(5)	4	출력값 - 오실로스코프	2
	-(6)	5	출력전압 = (200)mV ±20mVk	2
	-(7)	6	출력파형의 주기 = (1)mS ± 0.2mS	2
	-(8)	7	전압증폭도 = (5)배 ± 0.5배	2
	-(9)	8	전압증폭도 = (14)dB ± 2dB	2
	-(10)	9	입,출력 위상차 = (0) 도	2
	-(11)	10	상측 차단 주파수 = (74)kHz ± 5kHz 하측 차단 주파수 = (50)Hz ± 10Hz -3dB 대역폭 = (73.5)kHz ± 1kHz	6
합계				30

4 단위와 기호

일반적으로, 전기적인 양(量)을 표시하는 단위는 주로 길이는 미터(Meter), 질량은 킬로그램(Kilogram), 시간은 초(Second)를 기본으로 한 MKS 단위계에 필요한 2차적인 단위를 첨가하여 아래 표와 같이 사용하고 있다.

〈표 1.5〉 전기단위표

종별	기호	명칭	단위표시	종별	기호	명칭	단위표시
전류	I	Ampere	A	전력	P	Watt	W
전압	V	Volt	V	전하	Q	Coulomb	C
저항	R	Ohm	Ω	정전용량	C	Farad	F
콘덕턴스	G	Mho	℧	인덕턴스	L	Henry	H
에너지	W	Joule	J	주파수	f	Hertz	Hz

또한 숫자의 표시는 아래 표와 같이 하고 있다.

〈표 1.6〉 단위 기호와 배수 값

명칭	기호	배수
Tera	T	10^{12}
Giga	G	10^{9}
Mega	M	10^{6}
kilo	k	10^{3}
centi	c	10^{-2}
milli	m	10^{-3}
micro	μ	10^{-6}
nano	n	10^{-9}
pico	p	10^{-12}

5 저항의 판별

저항의 색띠 표시는 일반적으로 아래 [그림 1.11]에 나타난 것 같이 표시한다

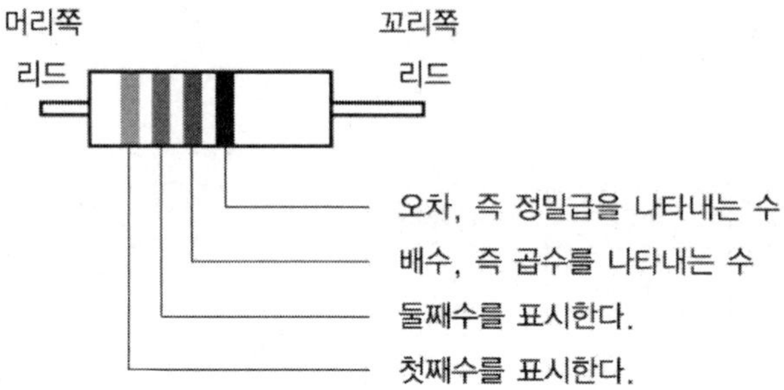

[그림 1.11] 저항의 칼라 코드 표기법

〈표 1.7〉 저항식별 도표

색별	첫째수	둘째수	배수(공수)	오차
흑색	0	0	100	
갈색	1	1	101	
적색	2	2	102	
등황색	3	3	103	
황색	4	4	104	
녹색	5	5	105	
청색	6	6	106	
자색	7	7	107	
회색	8	8	108	
백색	9	9	109	
금색	–	–	$0.1=10^{-1}$	±5%
은색	–	–	$0.01=10^{-2}$	±10%
무색	–	–	–	±20%

6 기본 계측기 설명

(1) 직류전원장치(DC Power Supply)

일반적으로 0~±15V 범위의 직류 전원을 공급하는 장치이다. 부록 2-5에 자세한 기능 설명을 참고하기 바란다.

(2) 함수 발생기(Function Generator)

이미 설정된 여러 유형의 교류 신호 파형(정현파, 구형파, 톱니파 등)을 발생하는 장치로 진폭 조정, 주파수 조정, 스케일 조정 등을 통하여 구형파, 삼각톱니파, 정현파, 임의 파형 등을 발생하는 장치이다. 부록 2-2에 자세한 기능 설명을 참고하기 바란다.

(3) 오실로스코프(Oscilloscope)

오실로스코프에는 아날로그 형과 디지털 형 두가지가 현재 사용중에 이다. 아날로그 유형의 오실로스코프는 표시 장치가 음극선 관의 스크린 위에 전압 파형을 표시하여 회로의 동작을 관찰하는데 사용되는 파형 관찰 및 측정 장치이다. 디지털 유형은 음극관 CRT 대신에 LCD를 사용하고 디지털 신호처리 기법에 의해 아날로그 데이터가 표본화되고 보간되는 처리 과정 즉 A/D 변환 과 D/A 변환 및 필처링 과정을 거쳐 LCD에 표시된다. 오실로스코프는 파형 모양의 관찰외에도 파형의 전압, 주파수, 파형의 위상변이 측정등에 사용된다. 보통 dual-trace 오실로스코프가 많이 사용되며 동시에 2개 파형 관찰 과 측정이 가능하다. 부록 2-4에 자세한 기능 설명을 참고하기 바란다.

(4) 주파수 카운터(Frequency Counter)

입력되는 교류 신호의 주기, 주파수, 시간 간격, 주파수 비 등을 측정하는 장치로 신호의 허용 대역폭, 정밀도, 시간 기준 등 설정에 대한 이해가 필요하다. 부록 2-3에 자세한 기능 설명을 참고하기 바란다.

(5) 디지털 멀티 미터(Digital Multimeter)

디지털 멀티미터란 직류(DC) 및 교류(AC) 신호 전압과 전류를 여러 범위에서 측정하고 저항을 여러 범위에서 측정 가능한 계측기기로써 측정값을 디지털 숫자로 표시하여 나타내준다. 부록 2-1에 자세한 기능 설명을 참고하기 바란다.

(6) 브래드 보드(Breadboard)

회로의 개발 또는 원형판(prototype version)을 위하여 사용하는 기판으로서 가로줄은 전류가 통하고 세로줄로는 전류가 통하지 않도록 되어 있다. 단, 전원 연결선은 세로로만 통한다.

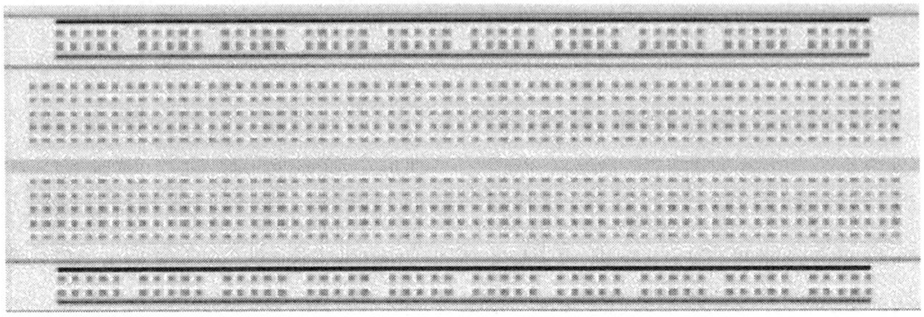

연습문제

1. **100W의 전구는 2시간 동안 얼마만큼의 에너지를 소비하는가?**

해답 $E = pt = 100(W) \times 2(h) \times 60\text{min}/h \times 60s/\text{min} = 720{,}000J = 720\text{kJ}$

2. **[그림 P1.1]의 각 소자들에 의해 공급 혹은 흡수되는 전력을 계산하라.**

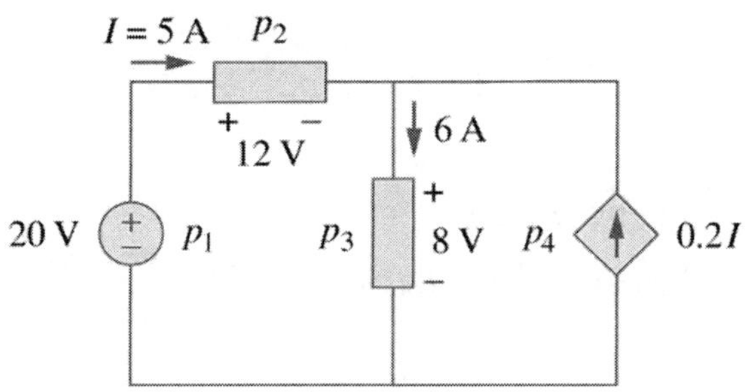

[그림 P1.1]

해답 $P_1 = (5)(-8) = -40\,W$(흡수), $P_2 = (2)(8) = 16\,W$(소모),
$P_3 = ((0.6I)(3)) = (0.6 \times 5 \times 3) = 9\,W$(소모), $P_4 = (3)(5) = 15\,W$(소모)

3. **다음 전류 파형을 보고 전류값을 읽고 교류 전류의 진폭, 주파수와 주기를 결정하라.**

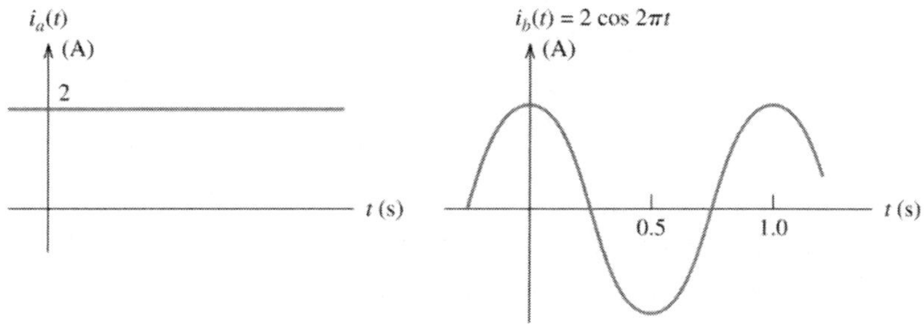

(a) 직류 전류　　　　(b) 교류 전류

해답 (a) 직류 전류의 경우 : 직류전류값 $i_a(t) = 2[A]$ = 일정

(b) 교류 전류의 경우 : 교류 전류값 $i_b(t) = 2\cos 2\pi t[A]$, 진폭=2, $w = 2\pi = 2\pi f \rightarrow f = 1[Hz]$,
주기는 $T = 1/f = 1[\text{sec}]$

4. **회로 소자 A와 B에 걸리는 전력과 에너지를 계산하라. 전력은 소모되는가 아니면 공급되는 전력인지를 말하라.**

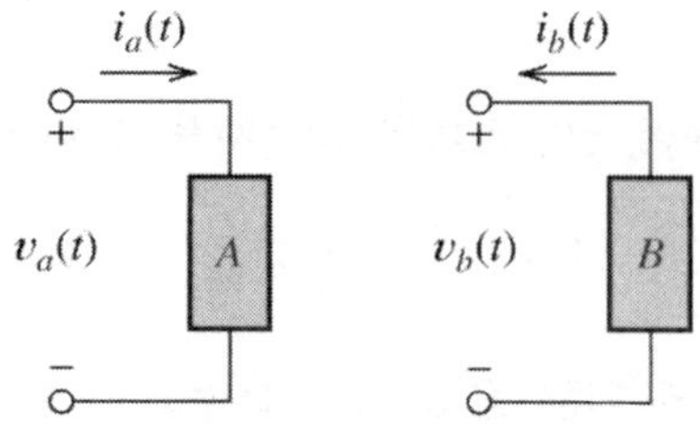

$i_a(t) = 2t$
$v_a(t) = 10t$

(a)

$i_b(t) = 10$
$v_b(t) = 20 - 2t$

(b)

해답 $p_A(t) = v_a(t) \cdot (+i_a(t)) = 10t(2t) = 20t^2$

$w_A = \int_{1}^{t_2} p_A(t)dt = \int_{0}^{10} 20t^2 dt = 20\frac{t^3|_0^{10}}{3} = 6667J$ 모든 t에 대하여 전력값이 양수이므로 소모 전력을 나타낸다.

$p_B(t) = v_b(t) \cdot (-i_b(t)) = (20-2t)(-10) = 20t - 200$

$w_B = \int_{1}^{t_2} p_B(t)dt = \int_{0}^{10} (20t-200)dt = 20\frac{t^2|_0^{10}}{2} - 200t|_0^{10} = -1000J$ $t \geq 10$이상에서는 전력값이 양수이므로 소모전력이 되지만 $t < 10$이하에서는 전력값이 음수이므로 공급전력이 된다.

5. **주어진 그림의 회로에서 전압 v, 컨덕턴스 G, 저항에서 소모되는 전력 p를 계산하라.**

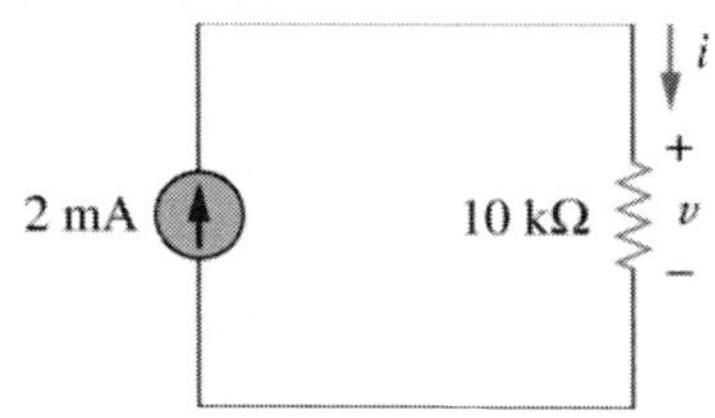

해답 전압 $v = iR = 2mA \times 10k = 20V; G = 1/R = 1/10k\Omega = 100S$

$p = vi = (20)(+2mA) = 40mW$(전력 소모)

제 01 주

실험절차

전기 단위 및 저항의 판별

강의 : 30분, 실험 : 2시간, 연장 : 30분

1 실험장비 및 부품

① 실험부품 : 저항 10개, 전선

② 실험장비 : 브래드 보드(만능기판) 1, 디지털멀티미터 1, 직류전원(PS) 1.

③ 디지털 멀티미터, 직류전원장치 사용설명서

2 실험방법

① 브래드 보드에 저항을 차례로 1개씩 끼운다.

② 순서대로 저항 값을 저항식별 도표를 사용하여 읽는다.

③ 눈으로 확인한 이론 값을 기초하여 테스터기를 사용하여 측정한다.

④ 이론값과 실제 측정한 값을 비교 분석한다.

⑤ 테스터기를 교류(AC) 측정 위치로 바꾸고 교류 전원의 전압을 테스터기로 측정한다.

⑥ 테스터기를 직류(DC) 측정 위치로 바꾸고 직류전원(Power Supply)의 전압을 5V가 되도록 테스터기를 사용하여 맞춘다.

⑦ 브레드 보드의 연결점의 상태를 확인하기 위하여 테스터기를 저항 측정 위치로 놓고 저항값을 측정한다.

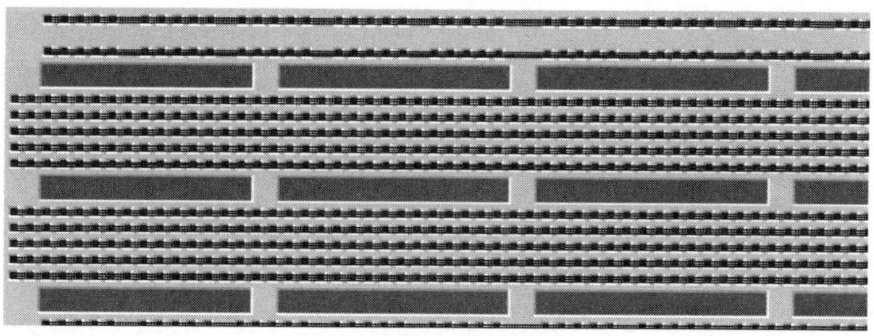

[그림 1.12] 브래드보드

3 요구사항

지급한 부품을 사용하여 위의 실험방법 순서에 맞게 진행한다.

① 브래드 보드에 저항을 한 개씩 끼워 넣는다.

②, ③, ④ 저항의 이론값을 아래 표에 기입한 후 저항을 테스터기로 측정하여 기입한다.

〈표 1.8〉 저항의 측정

순서	색띠	이론 저항값과 허용오차(Ohm)	측정값(Ohm)	비고
1				
2				
3				
4				
5				
6				
7				
8				
9				
10				

[주의] 테스터기를 사용하여 저항을 측정할 때는 저항 Range(범위)를 이론값보다 크게 조정하여 사용 할 것

⑤ 교류전원을 측정하기 위해 테스터기의 기능 선택을 AC(교류)로하고 측정하려는 범위 selector를 250V 이상에 맞춘다. 측정한 교류 전원값을 기록하라(단위 포함).

⑥ 전원 공급장치에 5V로 맞추고 직류 전원값을 디지털 멀티미터로 측정하여 기록하라.

⑦ 브레드 보드(전력라인, 가로연결점, 세로연결점)의 연결점의 상태를 그림으로 그려라.

4 결과분석 및 토의

결과분석

① 이론값과 측정값의 차이에 대한 원인이 무엇인지 규명해보라.

② 직류와 교류의 차이점은 무엇인지 설명하라.

토의사항

1) 전압, 전류, 저항의 물리적 의미는 무엇인가?

2) 직류와 교류는 무엇인가? 디지털 멀티미터에서 측정되는 교류의 값은 어떤 값을 나타내는가?

제1주 실험채점기준표

( ) 반, ( ) 조, 이름 :

주요 항목	세부항목	항목 번호	항목별 채점기준	배점
장비 조작	만능기판 (브래드보드)	1	– 기판의 사용법(올바른 사용방법 숙지 여부) 가로연결 확인 : 세로연결 확인 :	4
	테스터기	2	– 저항측정시 저항선택스위치 조작 및 range 조정(R×100) 1MΩ 이상 저항 측정 : 1kΩ 이하 저항 측정 :	4
측정	저항식별과 정확한 테이타 측정	3	색띠를 보고 저항식별 여부 (2개 저항) 확인 :	2
		4	이론저항값의 정확한 계산 (2개 저항)	2
		5	디지털 멀티미터로 정확한 측정값(저항, 전압) 저항 : 직류 전압 측정 : 교류 전압 측정 :	8
		6		
토의 사항		7		5
결과보고서		8		15
합계				40

제 02 주

이 론

부품 판독 및 기기 사용법 소개

학습목표

1. R, L, C 수동 소자를 계측기를 사용하여 값을 읽어낸다.
2. 반도체 소자(다이오드, 트랜지스터)의 극성을 이해하고 계측기를 사용하여 단자의 명칭을 알아낸다.
3. 저항계, 전류계, 전압계의 특성을 이해한다.

1 개요

전기회로에 가장 빈번히 등장하는 수동 소자에는 저항(R), 캐패시터(C), 인덕터(L)이고, 반도체 수동 소자로는 다이오드와 LED, 7-segment 표시 장치일 것이며, 능동 소자로는 npn, pnp 트랜지스터와 아날로그 신호 증폭기인 op-amp가 있다. 이밖에도 전계 효과 트랜지스터(FET)와 사리스터(scr), 가장 많이 사용되어지는 집적 회로(IC)가 있다.

2 관련이론

(1) 저항기(Resistor)

- 고정 저항기 : 탄소피막, 금속피막, 산화금속, 반도체 저항기, 저항선 등
- 가변 저항기 : 볼륨저항, 금속 피막 저항기

❐ 일반적인 저항기

- Carbon Solid 저항기를 1/4W~1/2W, 1Ω ~100MΩ
- 허용오차 범위 : 5%~20%

※전력 소모량, 저항치, 허용오차

❒ 저항기의 분류기호표 읽기

[4색 코드]

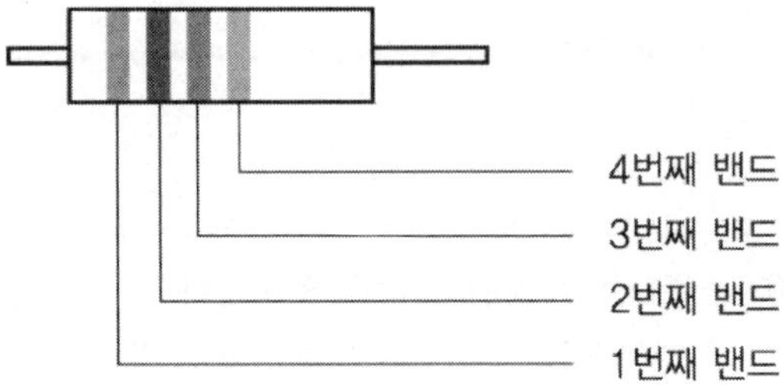

[그림 2.1] 4색 코드 저항 표기 방식

- **용량표시** : 흑색0, 갈색1, 적색2, 등색3, 황색4, 녹색5, 청색6, 자색7, 회색8, 백색9
- **오차표시** : 금색5%, 은색10%, 무색 20%]

예 4-band 저항값 읽기

아래와 같은 4색 저항 칼라 코드를 사용하는 저항의 값과 허용 오차를 표기하라.

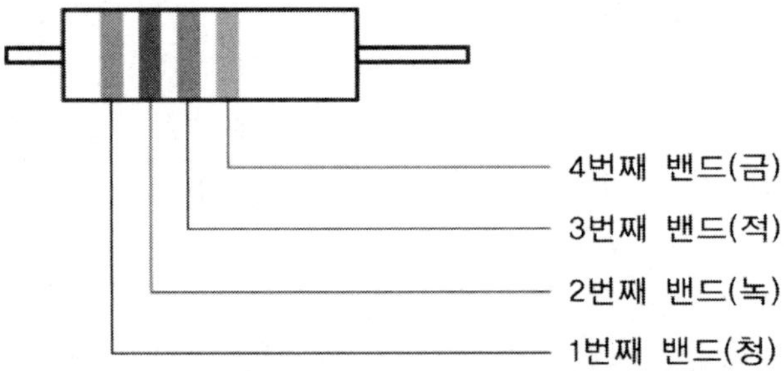

청색 – 녹색 – 적색 – 금색 칼라이므로 $R = 64 \times 10^2 \pm 5\% [\Omega]$.

〈표 2.1〉 저항기 컬러코드(Color Code) 읽는 방법

1st band (첫유효자리수)		2nd band (둘째 유효자리수)		3rd band 배수(multiplier)		4th band 오차(tolerance)	
검정	0	검정	0	검정	1	은색	±10%
갈색	1	갈색	1	갈색	10	금색	±5%
적색	2	적색	2	적색	100	무색	±20%
주황색	3	주황색	3	주황색	1000		
노랑색	4	노랑색	4	노랑색	10000		
초록색	5	초록색	5	초록색	100000		
파랑색	6	파랑색	6	파랑색	1000000		
보라색	7	보라색	7	보라색	10000000		
회색	8	회색	8	은색	0.01		
백색	9	백색	9	금색	0.1		

[5색 코드]

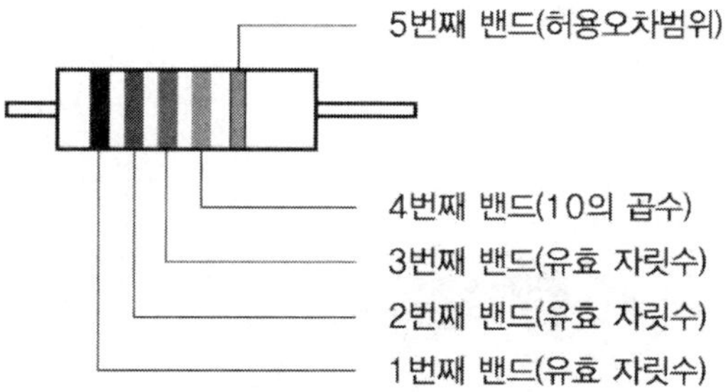

[그림 2.2] 5색 저항 칼라 코드의 의미

[주] 군사용 규격으로 제작된 저항기도 5색 코드를 갖는데 다섯 번째 색 띠는 신뢰도를 나타내며 나타내는 숫자의 의미는 1000시간 동작에서 발생할 수 있는 불량 %를 나타낸다.

❐ 저항의 전류－전압 특성

오옴의 법칙에 의해 저항 소자의 전류－전압 특성 곡선 식을 세울 수 있다. 즉,

$$i = \frac{1}{R}v \tag{2.1}$$

그래프로 나타내면 [그림 2.3]과 같이 직선을 나타내며 기울기는 1/R이다.

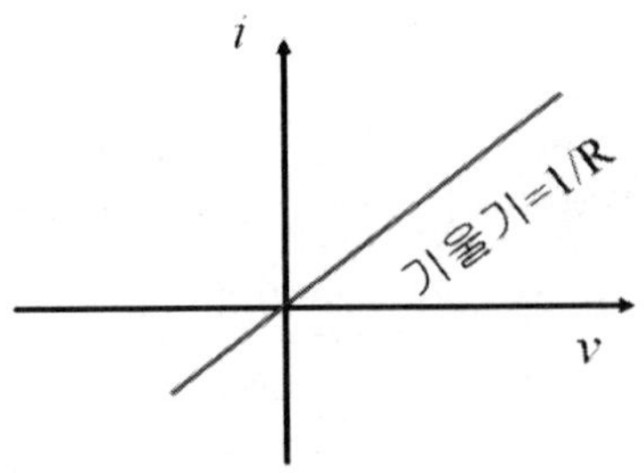

[그림 2.3] 저항의 $i-v$ 특성 곡선

(2) 캐패시터(Capacitor)

커패시터(콘덴서라고도 함)는 전하를 저장하는 장치로서 대부분의 전자 회로에 사용된다. 캐패시터는 절연체(또는 유전체)로 분리된 두 개의 도전체판으로 구성되어 있다. 캐패시터에는 극성 표시가 있는 것과 표시가 없는 것이 있다. 극성 표시가 있는 경우 +전위 방향은 +극성 캐패시터에, −전위 방향은 −극성 캐패시터에 연결되어야한다.

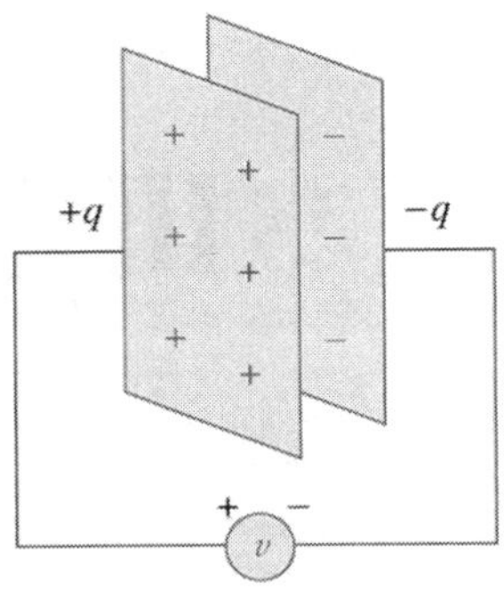

[그림 2.4] 실제적인 캐패시터 외형과 내부 구조

- 권입형 콘덴서 : 종이, 금속화 종이(MP라고함), 플라스틱 필름
- 적층형 콘덴서 : mica, 유리, 세라믹 등
- 전해 콘덴서 : 박막 전해, 소결협 습식, 고체 전해
- 세라믹 콘덴서 : 티탄산 바륨, 산화 티탄 등
- 가변 콘덴서

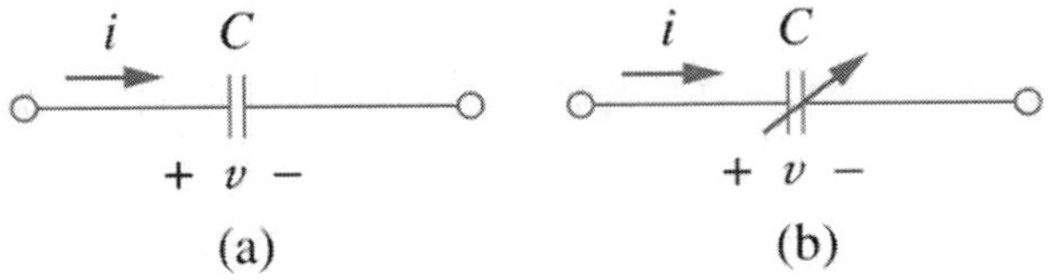

[그림 2.5] 캐패시터 회로 기호

❐ 용량값의 표시 및 해독법

용량값, 최대 동작 전압, 허용오차, 온도계수 등이 캐패시터 표면에 표시되어 있다 (mica, 탄탈륨, 세라믹 캐패시터 등은 color code를 사용함). 제조회사에 따라 표시법에 차이가 있다. 단위는 파라드(Farad)이다. 캐패시터는 dc에서는 **개방회로**와 같이 작용한다 즉 전압이 시간에 대해 변하지 않으면 캐패시터를 통해 흐르는 전류는 0이다. 실제의 캐패시터는 병렬 누설 저항을 갖는다(실제적인 캐패시터 등가 회로).

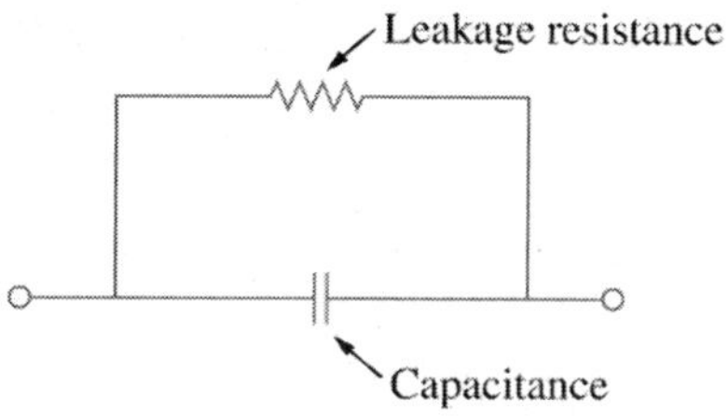

[그림 2.6] 캐패시터 등가 회로 모델

캐패시터 용량값을 읽는 방법에는 용량값을 그대로 표기하는 방법이 있고, [그림 2.7]과 같이 두자리 혹은 세자리 숫자와 알파벳을 사용하는 경우가 있다. 어떤 캐패시터는 100pF이하인 경우에 두자리수를 사용하여 표현한다. 숫자는 유효자리수와 배수를 나타내며 영문 알파벳은 오차 범위를 나타낸다.

• 오차 범위 : ..., F(±1%), G(±2%), J (±5%), K(±10%), M(±20%), N(±30%)...

〈표 2.2〉 캐패시터의 허용 오차

문자	B	C	D	F	G	J	K	M	N	V	X	Z	P
허용 오차 (%)	±0.1	0.25	0.5	±1	±2	±5	±10	±20	±30	±20 ~10	±40 ~20	±80 ~ 20	±100 ~0
pF	±0.1	0.25	0.5	±1	±2	–	–	–	–	–	–	–	–

• 정격 전압 : 무표시(50V), 1H(10×5=50V)...

〈표 2.3〉 캐패시터의 정격 전압

	A	B	C	D	E	F	G	H	J	K
0	1	1.25	1.6	2.0	2.5	3.15	4.0	5.0	6.3	8.0
1	10	12.5	16	20	25	31.5	40	50	63	80
2	100	125	160	200	250	315	400	500	630	800
3	1000	1250	1600	2000	2500	3150	4000	5000	6300	8000

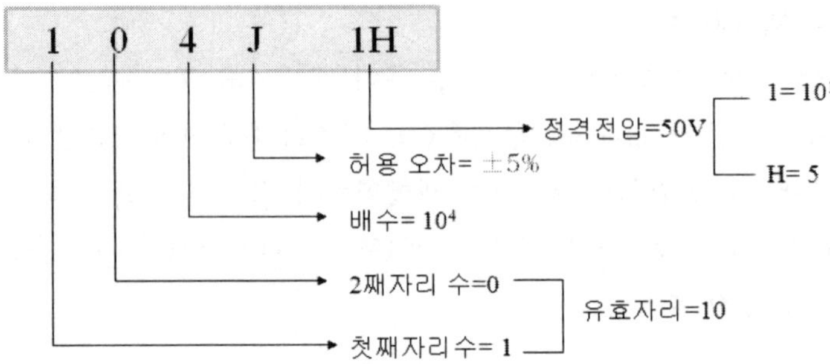

[그림 2.7] 캐패시터 용량 표기 방법

예 필름 타잎 캐패시터:

1	0	3	K	400WV
유효숫자	유효숫자	배수	오차	정격전압

$10*10^3$PF ± 10% = 0.01μF ± 10%

예 세라믹 디스크 캐패시터:

Z5F	1	0	0	J	1KV
제작사코드	유효숫자	유효숫자	배수	허용오차	정격전압

10*100 ± 5%[pF] = 10pF ± 5%

❐ 캐패시터의 시험법

콘덴서의 이상유무를 판단하는 법은 콘덴서의 전기적인 특성을 측정하는 법과 외관적인 부분을 확인하는 방법이 있다. 테스터의 저항계를 사용하여 캐패시터 양단을 연결후 눈금의 지시로 캐패시터의 불량 여부를 판단할 수 있다. 캐패시터 시험 방법에는

① LCR 미터기(계측기)를 사용한다.

② 저항 계측기를 사용한다. 전해 콘덴서의 (+) 단자는 저항계의 (−)극에, 콘덴서의 (−) 단자는 저항계의 (+)극에 연결하여 측정한다. 전해 컨덴서는 일반적으로 충전 상태에 있을 수 있으므로 5kΩ 가량의 저항과 병렬로 연결하여 방전시켜야한다. 방전시킨후 방전이 잘되었는지 전압계를 연결하여 전압을 측정한다. 충분히 0V에 가까운 전압을 나타내야한다.

시험시 주의 사항으로 저항계의 최고 레인지를 사용하고, 캐패시터는 완전 방전 상태이어야하고, 캐패시터 용량이 적은 경우에는 저항계만에 의한 불량 판정은 어렵다.

❐ 캐패시터의 전류 – 전압 특성 곡선

캐패시턴스의 크기는 캐패시터의 물리적인 크기에 의해 다음과 같이 주어진다

$$C = \frac{\epsilon A}{d} \tag{2.2}$$

여기서 ϵ은 유전체의 유전율, A는 평판의 단면적, d는 두 평판사이의 거리를 나타낸다.

이상적이 캐패시터에 저장되는 전하량(q)은 전극판 양단에 인가된 전압(v)에 비례한다. 즉,

$$q = Cv \tag{2.3}$$

전류는 전하량의 시간적인 변화률로 정의된다. 따라서 전류(i)는 전하량(q)를 시간에 대해서 미분하여 얻는다.

$$i = \frac{dq}{dt} = \frac{d}{dt}(Cv) = C\frac{dv}{dt} \tag{2.4}$$

식 (2.3)을 전압에 대하여 정리하면

$$dv = \frac{1}{C}idt \rightarrow v = \frac{1}{C}\int_{t_0}^{t} i(\tau)d\tau + v(t_0) \tag{2.5}$$

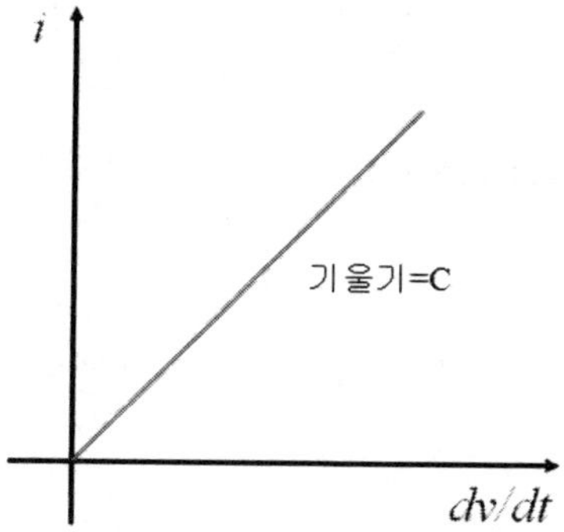

[그림 2.8] 캐패시터의 전류-전압 특성 곡선

따라서 캐패시터의 전류-전압 특성 곡선은 미적분 관계로 표현된다.
캐패시터에 저장되는 **순시 전력**(instantaneous power)는

$$p = vi\,[W] \tag{2.6}$$

캐패시터에 저장되 에너지는

$$E = \int_{-\infty}^{t} pdt = C\int_{-\infty}^{t} v\frac{dv}{dt}dt = C\int_{-\infty}^{t} vdv = \frac{1}{2}Cv^2|_{-\infty}^{t} = \frac{1}{2}Cv^2 \tag{2.7}$$

(3) 인덕터(Inductor)

코일이란 동선과 같은 선재(線材)를 나선 모양으로 감은 것이다. 전류가 흐르는 모든 도체는 인덕터 성분을 갖는다.

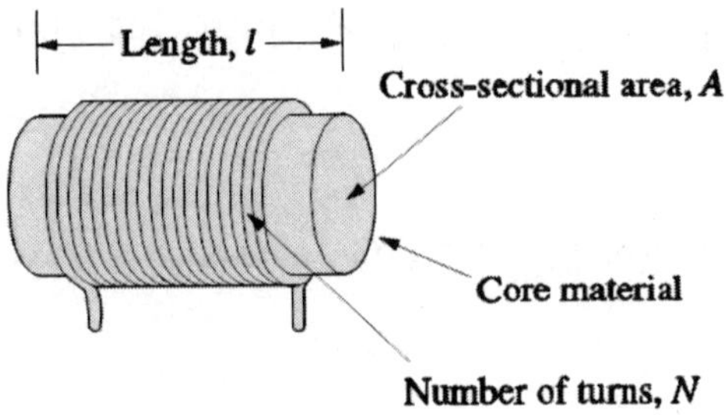

[그림 2.9] 코일의 내부 구성

인덕터는 코일(coil) 이라고도 불리며, 전자장 내에 에너지를 저장하는 데 사용되고 전기 회로에서 유용한 기능을 많이 한다. 인덕턴스는 인덕터에 흐르는 전류의 변화를 저지(opposition)하는 소자이며 그 단위는 헨리(Henry)이다.

[그림 2.10] 실제적인 인덕터의 외형

인덕터는 dc에서 단락회로와 같이 작용한다 즉 전류가 시간에 대해 변하지 않으면 인덕터에 걸리는 전압은 0이다. 실제의 인덕터는 직렬 누설 저항(R_w)과 병렬 캐패시터(C_w)를 갖는다(실제적인 인덕터 등가회로).

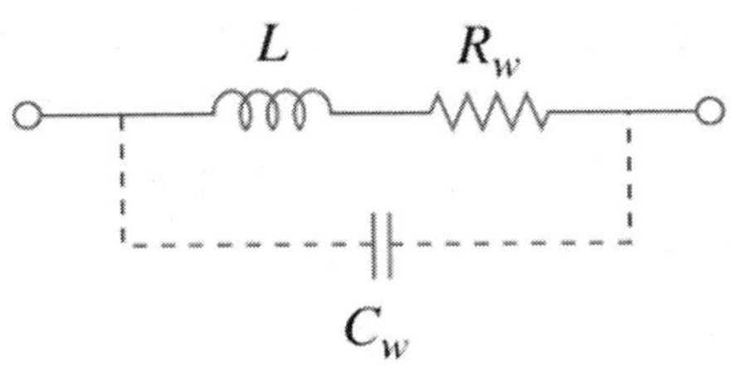

[그림 2.11] 인덕터의 등가 회로 모델

❐ 공심 coil

솔레노이드형, 토로이달형, 감은 틀은 특수유리, 수테아 타이트 ,플라스터

❐ 자심 coil

자심의 유형에 따라 E형, L형, 항아리형........

- coil의 활용 : 전자석, 필터코일, 미적분회로(연산)

• coil의 품질 :

$Q = \frac{wL}{R}$, L의 등가회로 : $Z_L = R + jwL$

여기서, R=coil의 직류저항, wL=교류저항

높은 Q 값 인덕터 : 높은 Q는 주파수 선택도에 높은 감도를 나타냄

낮은 Q 값 인덕터 : 낮은 Q는 주파수 선택도에 낮은 감도를 나타냄

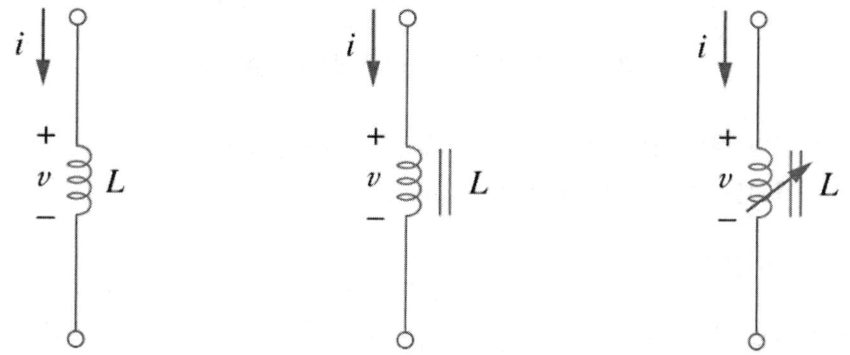

(a) 공심코아 (b) 철심코아 (c) 가변 철심코아

[그림 2.12] 인덕터의 회로 기호

❐ 인덕터의 전류-전압 특성 곡선

인덕턴스의 크기는 인덕터의 물리적인 크기에 의해 다음과 같이 주어진다

$$L = \frac{N^2 \mu A}{l} \tag{2.8}$$

여기서 N은 권선의 수, μ은 자심의 투자율, A는 도선의 단면적, l는 도선의 길이를 나타낸다.

회로 소자로서 인덕터의 효과는 인덕터를 통하여 흐르는 전류의 시간적 변화율에 비례하여 전압이 유기되어 나타난다. 즉,

$$v = L\frac{di}{dt} \tag{2.9}$$

또한 식 (2.9)로부터 전류(i)는 전압(v)를 시간에 대해서 적분하여 얻는다.

$$di = \frac{1}{L} v dt \rightarrow i = \frac{1}{L}\int_{t_0}^{t} v(\tau) d\tau + i(t_0) \tag{2.10}$$

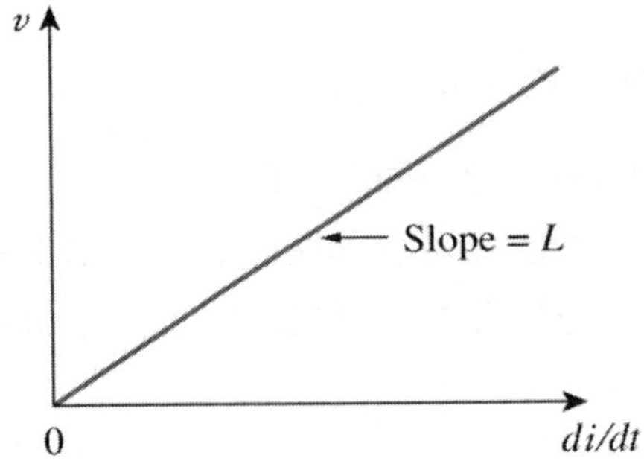

[그림 2.13] 인덕터의 전류-전압 특성 곡선

따라서 인덕터의 전류-전압 특성 곡선도 미적분 관계로 표현된다.

인덕터에 저장되는 **순시 전력**(instantaneous power)는

$$p = vi\,[W] \tag{2.11}$$

인덕터에 저장된 에너지는

$$E = \int_{-\infty}^{t} p dt = L\int_{-\infty}^{t} i\frac{di}{dt}dt = L\int_{-\infty}^{t} i di = \frac{1}{2}Li^2|_{-\infty}^{t} = \frac{1}{2}Li^2 \tag{2.12}$$

(4) 반도체 소자

반도체 소자에 대한 형명은 미국에서는 다이오드의 경우 1N...으로 시작하고 트랜지스터의 경우 2N...으로 시작된다. 특히 일본의 경우 JIS 규격에 따라 1S..로 시작되면 다이오드, 2S...로 시작되면 트랜지스터나 전계 효과 트랜지스터(FET)를 나타낸다.

1) 다이오드

PN 접합으로 구성된 소자를 반도체 다이오드라고 부른다. 다이오드는 2개의 단자를 가지며 양극을 **애노드**(Anode), 음극을 **캐소드**(Cathode)라고한다. 양극의 전위가 음극에 비해 높으면 순방향 바이어스로 연결되었다고하며 반대로 음극의 전위가 더 높으면 역방향 바이어스로 연결되었다고 한다.

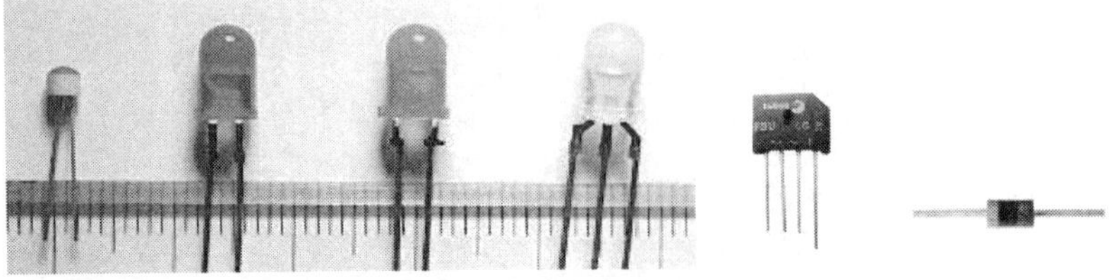

[그림 2.14] 여러 유형의 다이오드 외형

용도에 따라 정류 다이오드, 스위칭 다이오드, 정전압 다이오드, 고주파 다이오드, 쇼트키 베리어 다이오드, 레이져 다이오드, 발광다이오드, 제너 다이오드 등 다양하다.

• 일반적인 다이오드 표시

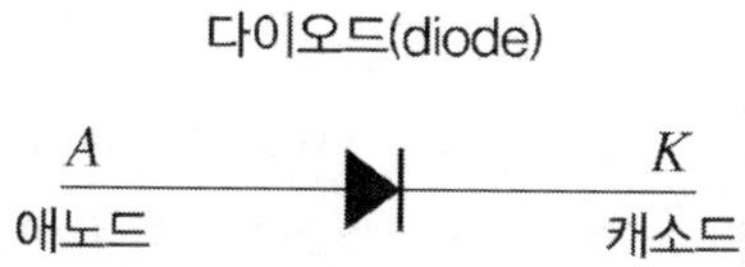

[그림 2.15] 다이오드의 일반적인 기호 표시

• 기타 다이오드들 : 제너 다이오드, 발광 다이오드, 레이져 다이오드

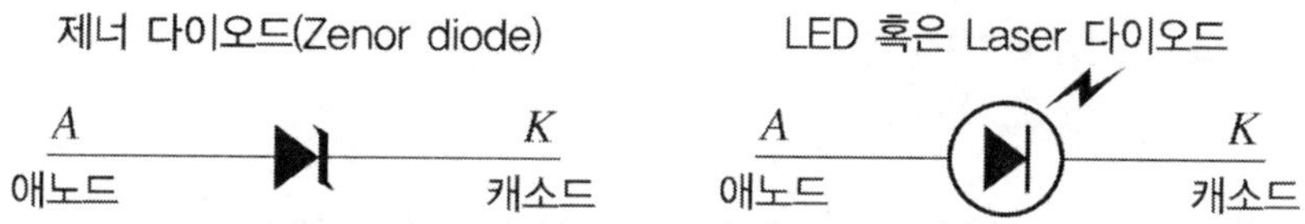

[그림 2.16] 다른 다이오드 회로 기호 표시

이상적인 다이오드의 등가 회로는 순방향 바이어스시에는 스위치가 닫혀 도선을 통해 전류가 흐르는 것과 같고, 역방향 바이어스시에는 스위치가 열려 도선이 개방된 상태 즉 연결되지 않은 상태를 나타낸다. [그림 2.17]은 이상적인 다이오드의 전류-전압 특성과 등가 회로 개념도를 나타낸 것이다. 다이오드의 애노드와 캐소드의 파악을 위해서는 이상적인 다이오드 모델을 염두해 두는 것이 도움이 된다.

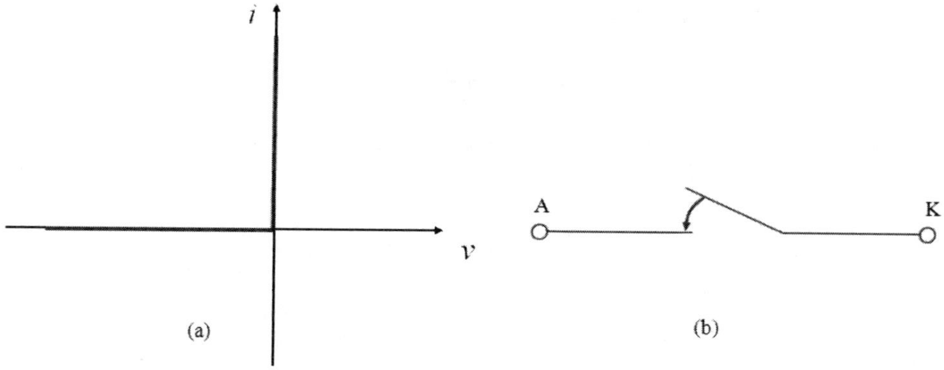

[그림 2.17] (a) 이상적인 다이오드의 전류-전압 특성과 (b) 등가 호로

❐ 다이오드 시험법

멀티미터를 사용하여 diode 의 극성 판정하기

• 아날로그 저항계 : Range $R*100$ 범위로 설정한다.

주의 저저항 Range 에서는 과도한 전류에 의해 diode 파손우려가 있으므로 주의하기 바란다.

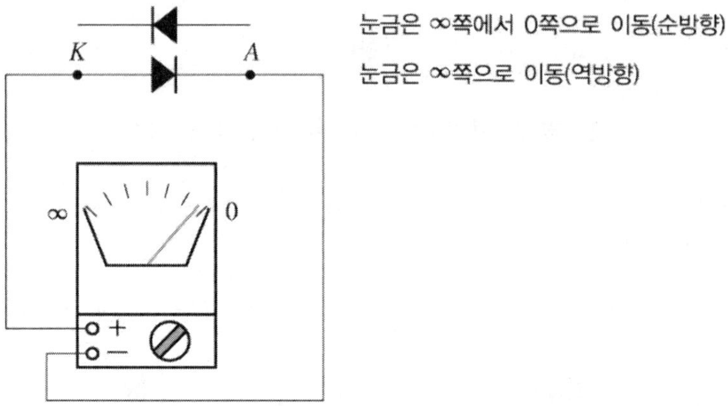

[그림 2.18] 다이오드 극성 판정 회로 연결

※ 디지털 멀티미터를 저항계로 사용할 때

실제로는 + 단자가 − 전압, − 단자(혹은 COM)가 + 전압을 나타낸다.

주의 디지털 멀티미터에서는 빨강리드가 +를 나타내며, 아나로그 멀티미터에서는 검정리드가 +를 나타낸다.

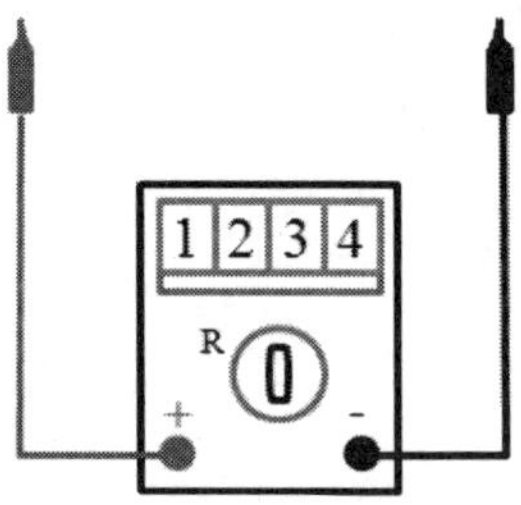

디지털 멀티미터(저항 측정 모드)

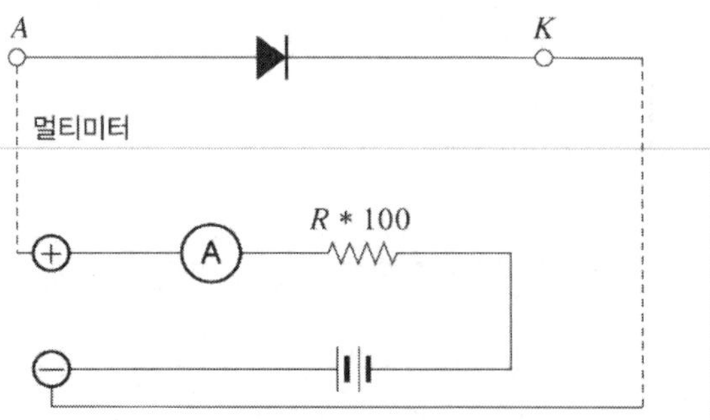

[그림 2.19] 다이오드 극성 판정 연결 회로(디지털멀티미터 저항계 사용)

❐ 다이오드의 전류-전압 특성 곡선

실제적인 다이오드의 전류-전압 특성식은 비선형이며 다음과 같이 지수 함수적으로 연관되어 있다.

$$i_D = I_s\left[\exp\left(\frac{v_D}{nV_T}\right) - 1\right] \quad V_T = \frac{kT}{q} \tag{2.13}$$

여기서 $k = 1.38 \times 10^{-23} J/K$이며 볼쯔만(Boltzmann) 상수라고 한다.

전하량$q = 1.60 \times 10^{-19}[C]$인 전자의 전하량의 크기를 나타낸다. 절대온도 $300°K$에서 $V_T \approx 26mV$를 갖는다. [그림 2.20]은 전형적인 다이오드의 순방향 $i-v$ 특성 곡선을 나타낸다.

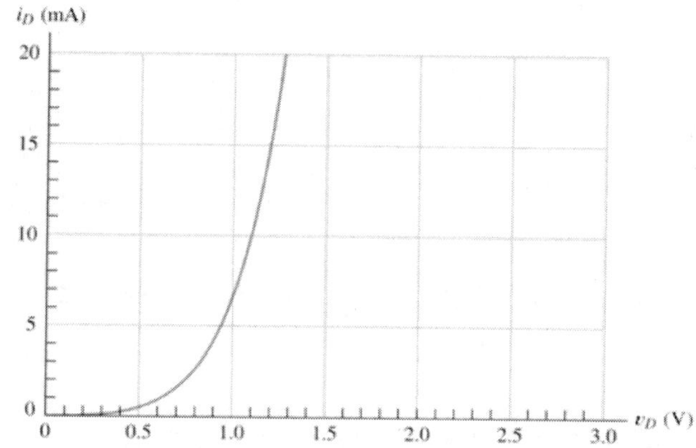

[그림 2.20] 다이오드의 순방향 전류-전압 특성 곡선

2) 트랜지스터

트랜지스터는 증폭 작용과 스위칭 기능을 갖는 3단자의 반도체 소자이다. 트랜지스터는 크게 양극성(bipolar junction transisor : BJT) 트랜지스터와 전계효과 트랜지스터(field effect transistor : FET)의 두 계열로 분류된다. 트랜지스터에는 **에미터**(emitter), **베이스**(base), **콜렉터**(collector)라는 3개의 단자가 있으며 pnp형과 npn형의 2가지 유형이 있다. 트랜지스터의 형명 표시에는 크게 2가지 경우가 있다.

- 미국의 전자 공업협회(EIA)의 명칭의 예 : 2 N 3 9 0 4, 2 N 3 9 0 4 A, 2 N 3 9 0 6, 2 N 3 9 0 6 A

EIA 방식의 명칭은 숫자 문자 숫자 순으로 되어있고, 처음 숫자는 PN 의 접합수를 나타내고 있다.

- 일본의 전자기계 공업협회(CES)의 명칭의 예 : 2 S A 1 0 1 5, 2 S B 8 3 0 , 2 S C 1 8 1 5, 2 S D 8 8 0

CES 방식은 숫자,S자,문자,숫자 순으로 되어 있는데 처음 숫자는 PN접합면의 수를 나타내는 것으로 1은 2극(일반적으로 Diode), 2는 3극 트랜지스터임을 나타낸다. S자는 반도체(Semi-Conductor) 제품임을 표시하며 그다음 문자가 A면 PNP 타입으로 고주파용, B면 PNP 타입으로 저주파용, C면 NPN 타입으로 고주파용, D면 NPN 타입으로 저주파용임을 각각 나타내고 있다.

❒ BJT PNP 형

트랜지스터 품명이 인쇄된 평평한 면을 바라봤을 때 오른쪽 리드 단자가 베이스(B), 가운데 단자가 컬렉터(C), 왼쪽 리드 단자가 에미터(E)이다.

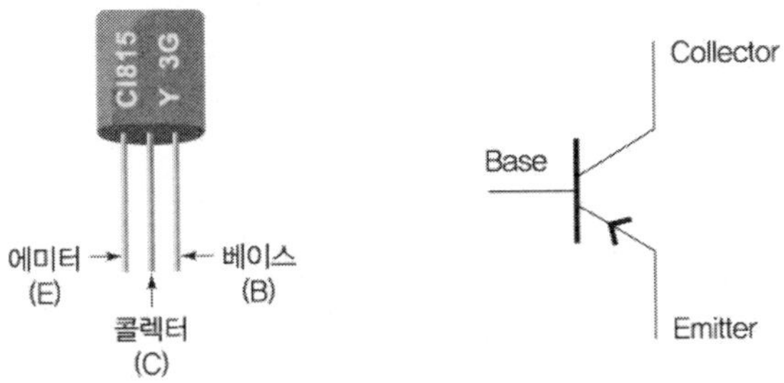

[그림 2.21] PNP 형 트랜지스터 외형 및 회로 기호

❒ BJT NPN 형

트랜지스터 품명이 인쇄된 평평한 면을 바라봤을 때 오른쪽 리드 단자가 에미터(E), 가운데 단자가 컬렉터(C), 왼쪽 리드 단자가 베이스(B)이다. PNP 형과는 에미터와 베이스가 반대로 되어 있다.

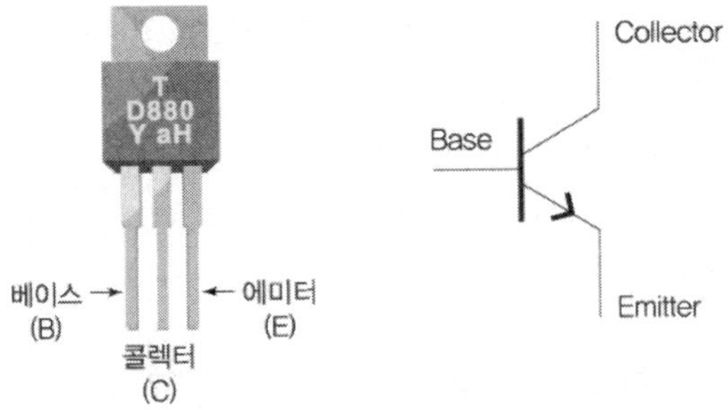

[그림 2.22] NPN 형 트랜지스터 외형 및 회로 기호

• 트랜지스터의 동작 모드

각 접합들의 바이어스 상태(순방향 또는 역방향)에 따라서 BJT의 동작모드가 정해진다. 증폭기에서는 트랜지스터가 활성모드(active mode)로 동작한다. 스위치 응용들(ex. 논리 회로)에서는 차단모드(cuttoff mode)와 포화모드(saturation mode) 둘 다를 이용한다. 역방향 활성

(reverse active 또는 inverse active) 모드는 매우 제한적인 응용을 갖지만 개념적으로 알아두어야한다.

〈표 2.4〉 BJT 트랜지스터의 동작 모드와 바이어스

동작모드	에미터-베이스 접합 (EB Junction)	컬렉터-베이스 접합 (CB Junction)
차단 모드	역방향 바이어스	역방향 바이어스
활성 모드	순방향 바이어스	역방향 바이어스
역방향 모드	역방향 바이어스	순방향 바이어스
포화 모드	순방향 바이어스	순방향 바이어스

❒ 전계효과 트랜지스터(FET field effect transistor)

FET 트랜지스터에는 접합형(junction) FET와 절연 게이트 형(MOS) FET가 있다. 트랜지스터의 전극 단자로는 드레인(D), 게이트(G), 소스(S)가 있으며, JFET의 실제적인 동작은 D~S 사이를 흐르는 드레인 전류 I_D가 게이트 전압 V_{GS}에 의해서 제어된다.

(a) n채널 (b) p채널

[그림 2.23] JFET 회로 표시

❒ BJT 트랜지스터 시험법

- **PNP와 NPN 유형의 판별** : 디지털(혹은 아나로그) 멀티미터의 저항계를 사용한다. 저항계 범위를 R * 100 Range로 설정한다.
  적색 리드선 (-Ω)을 트랜지스터의 베이스에 대고 흑색 리드선(+Ω)을 에미터나 콜렉터에 대었을 때 낮은 저항값을 지시하고 리드선의 극성을 반대로 하였을 때 거의 무한대의 저항값을 가지면 pnp 유형이 트랜지스터이다.

주의 디지털 멀티미터에서는 빨강리드가 +를 나타내며, 아나로그 멀티미터에서는 검정리드가+를 나타낸다.

• PNP 형

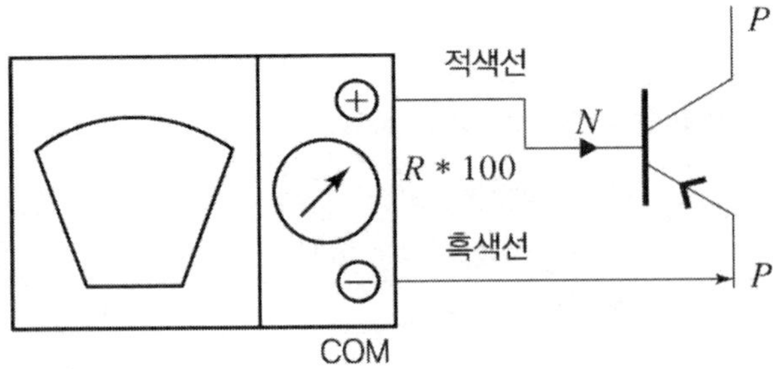

[그림 2.24] PNP 형 트랜지스터 유형 판정 회로(디지털멀티미터 사용시)

• NPN형

적색 리드선을 베이스에, 흑색 리드선을 에미터나 콜렉터에 대었을 때 저항계의 지시가 거의 무한대에 가깝고 리드선의 극성을 반대로 하였을 때 낮은 저항값을 가지면 npn형 트랜지스터이다.

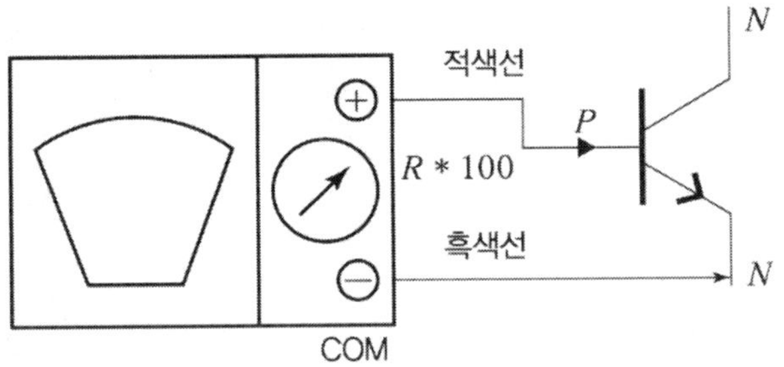

[그림 2.25] NPN 형 트랜지스터 유형 판정 회로(디지털멀티미터 사용시)

• Collector와 Emitter 판정

베이스 단자를 안다고 가정하였을 때 콜렉터 단자가 에미터 단자보다 더 +의 전위를 갖도록 전원을 연결하였다면 이 상태에서 베이스 단자 끝을 손으로 잡았을 때 저항계의 미터값에 큰 변화가 생기면 흑색 리드선쪽이 콜렉터가 된다.

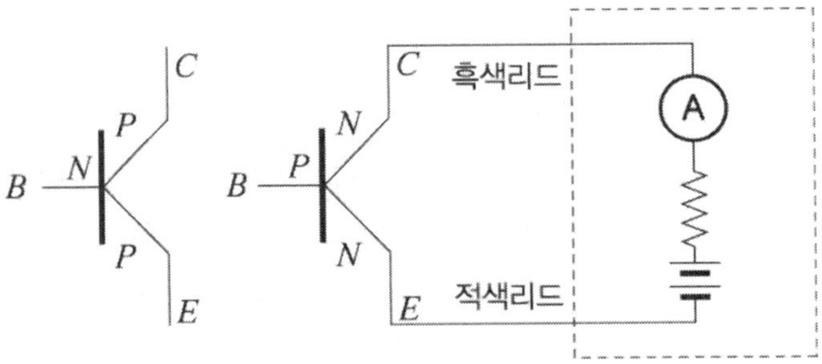

[그림 2.26] 트랜지스터의 에미터와 콜렉터 판정 측정 회로

흑색 COM단자 미터의 변화가 심하면 흑색 단자 쪽이 콜렉터 단자이다.
PNP형일 경우 리드의 극성을 NPN형과 반대로 연결하면 같은 결과를 얻을 수 있다.

연습문제

1. **저항의 종류를 조사하고 각 저항의 특징을 설명하라.**

2. **전자회로에서 흔히 사용되는 저항의 정격 전력으로는 1/16W,1/8W, 1/4W, 1/2W 등이 있다. 정격 전력의 의미를 설명하고 주어진 탄소 피막 저항의 정격 전력은 얼마인지 조사하라.**

해답 정격전력 : 저항기가 견딜 수 있는 최대 소비전력(W : 와트)으로, 전력은 $P=I^2R$(전류의 제곱(I2)*저항(R))으로 구할 수 있다.

Part I

3. **DC전원에 연결된 [그림 (a)]의 캐패시터 $2mF$에 걸리는 전압을 구하라**

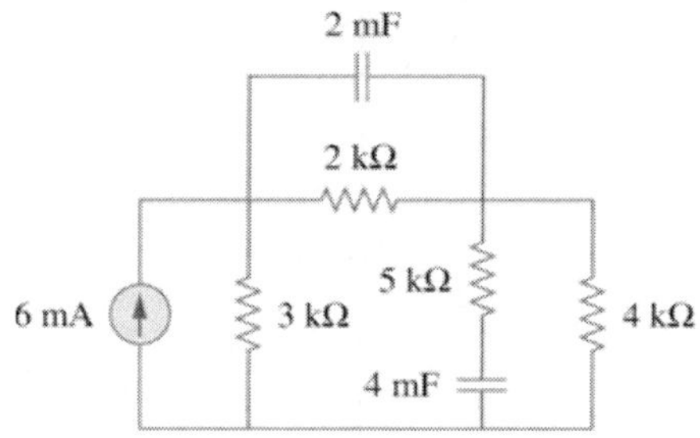

(a)

해답 DC전원에서 캐패시터는 개방 회로같이 동작한다. 따라서 2kΩ과 4kΩ 저항의 직렬 조합을 통해서 흐르는 전류는 전류분배법칙을 이용하여 구할 수 있다.

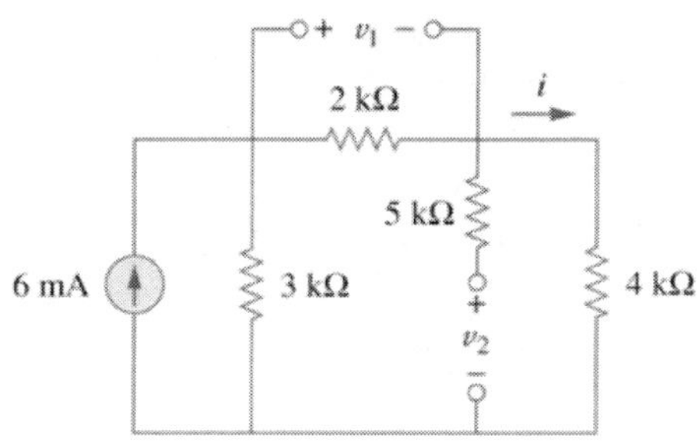

(b)

각 캐패시터 양단에 걸리는 전압은 $v_1 = 2000 \times i = 2000 \times 2mA = 4\,V$

4. 초기에 100V로 충전된 $2000\mu F$ 캐패시터를 $100\mu A$의 전류를 꾸준히 흘려 방전시키려고한다. 캐패시터를 0V로 방전하는데 걸리는 시간은 얼마인가?

해답 $i = C\dfrac{dv}{dt}$

$$\frac{dv}{dt} = \frac{i}{C} = \frac{100\times 10^{-6}}{2000\times 10^{-6}} = 0.05\mathrm{V/s}$$

$$\Delta t = \frac{dv}{0.05v/s} = \frac{100-0}{0.05}2000s$$

5 2 [H] 인덕터의 단자 전압은 $v = 10(1-t)[V]$로 주어진다. $t = 4[\mathrm{sec}]$에서 인덕터를 통해 흐르는 전류를 구하고 $0 < t < 4[\mathrm{sec}]$구간동안 저장된 에너지를 구하라. 단 인덕터의 초기 전류 $i(0^-) = 2[A]$이다.

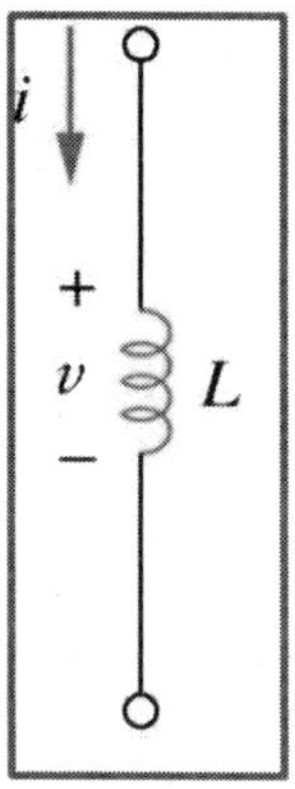

해답 $i = \dfrac{1}{L}\displaystyle\int_{-\infty}^{t} vdt$

$$i(t) = \frac{1}{L}\int_{t_0}^{t} vdt + i(t_0) = \frac{1}{2}\int_{0}^{t} 10(1-t)dt + i(0)$$

$$= \frac{10}{2}\left[t - \frac{t_2}{2}\right]^t + 2 = 5\left(t - \frac{t^2}{2}\right) + 2 \quad \therefore i(4) = 5(4-16/2)+2 = -18$$

따라서 $i(4s) = -18[A]$, $w(4s) = 320J$

6. $t = 0$초에서 0.5H 인덕터에 흐르는 전류는 4A이다. 이제 $t = 0.2$초 때 흐르는 전류를 0A로 만들고 싶다면 얼마의 일정한 전압이 인가되어야하는가?

해답 $v = L\dfrac{di}{dt} = L\dfrac{\Delta i}{\Delta t} = (0.5)\dfrac{4-0}{0.2-0} = 10V$

7. 아래 보인 그림은 전류계의 회로도를 나타낸다. probe의 단자에 흐르는 전류를 I_{FS} (full-scale)가 되도록 암미터의 내부 저항 R_m과 병렬 연결된 shunt 저항 R_n을 구하는 식을 세워라. 암미터의 full scale 전류 I_m은 정격으로 주어졌다고 가정한다.

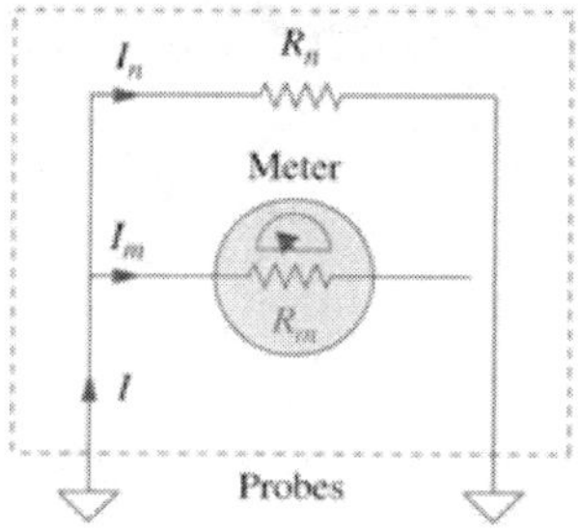

해답 $I_{fs} = I_m + I_n$

$$I_m = \frac{R_n}{R_n + R_m} I_{fs}$$

$$R_n = \frac{I_m}{I_{fs} - I_m} R_m$$

8. 아래 그림에 보인 전압계의 연결에 따라 0–5V의 측정 범위에 맞도록 전압계를 설계하고자 한다. 알맞은 범위 저항 multiplier R_n값을 결정하라.

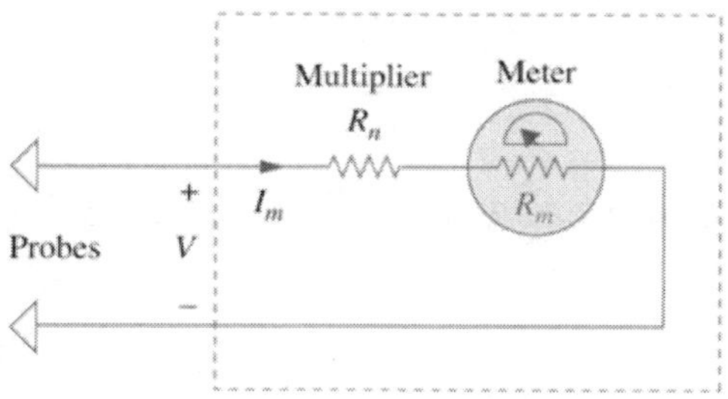

해답 주어진 조건 : $R_m = 2\text{k}\Omega$, 최대눈금(FS : Full Scale) 전류는 $I_{FS} = 100\mu A$
요구 조건은 FS 전압은 5V이다.
$I_{FS}(R_n + R_m) = V_{FS} = 5\,V$, $R_n = 5/I_{FS} - R_m = 5/(100*10^{-6}) - 2000 = 48k\Omega$

제 02 주

실험절차

부품 판독 및 디지털멀티미터, 전압계, 저항계, 전류계 사용법

강의 : 30분, 실험 : 2시간, 연장 : 30분

1 실험장비 및 부품

① 디지털 멀티미터 : 1대
② 콘덴서 : 각종 콘덴서(전해 콘덴서 1개, 세라믹 1개, 마일라 1개, 마이카 1개 등) 4개
③ 반도체 : 각종 다이오드(신호 다이오드 1개, 정류 다이오드 1개, 발광 다이오드 1개 등) 3개, BJT NPN 및 PNP 트랜지스터 각 2개
④ 직류전류계 : 최대 지시눈금(FS) 25mA
⑤ 직류전원공급장치(PSU) : 1개
⑥ 브래드 보드(만능기판) : 1개

2 실험방법

(1) 부품판독법

① 각각의 콘덴서에 대해 용량값을 판독하고, 저항계를 사용하여 직류저항치를 측정하여 〈표 2.5〉에 기입하여라.
② 〈표 2.5〉의 콘덴서의 직류 저항치로부터 콘덴서의 양부를 판정하라. 또한 그 이유를 설명하라.
③ 각각의 diode에 대하여 순방향저항 및 역방향 저항 값을 저항계의 R×100 범위(range)와 최고 저항 레인지에서 각각 측정하여 〈표 2.6〉에 기록하라.
④ 〈표 2.6〉의 측정 저항값으로부터 저항계의 측정 range에 따른 저항치의 변화가 되는 이유를 설명하라.
⑤ 각각의 트랜지스터에 대하여 베이스, 에미터, 콜렉터 단자를 테스터로 판별하고 E-B접합의 순방향저항 및 역방향저항을 R×100 범위 및 최고 저항 레인지에서 측정하고, 또한 C-B 접합의 순방향 저항 및 역방향저항을 R×100 범위 및 최고저항레인지에서 측정하여 〈표 2.7〉에 기록하라([그림 2.27]-[그림 2.28] 참고).

(2) 전류계 및 전압계 사용법

① [그림 2.29] 회로를 보고 (a) - (b) - (c) - (d)의 순서로 진행하라

② 회로에서 저항 R_x를 100Ω, 300Ω, 1kΩ, 10kΩ, 30kΩ, 330kΩ, 1MΩ으로 교환해 가면서 전류계 및 전압계의 지시를 〈표 2.8〉에 기록하라

③ 회로의 [그림 2.29(a)]와 [그림 2.29(b)]는 이론값과 측정값이 거의 일치한다고 볼 수 있는가? 일치한다면 그 이유는 어디에 있다고 보는가?

(3) 디지털 멀티미터의 사용법

① 저항을 측정하기 위한 과정의 순서를 기술하라

② 직류, 교류 전류를 측정하기 위한 과정의 순서를 기술하라.

③ 직류, 교류 전압을 측정하기 위한 과정의 순서를 기술하라(아래 [그림 2.29] 참조).

3 회로도

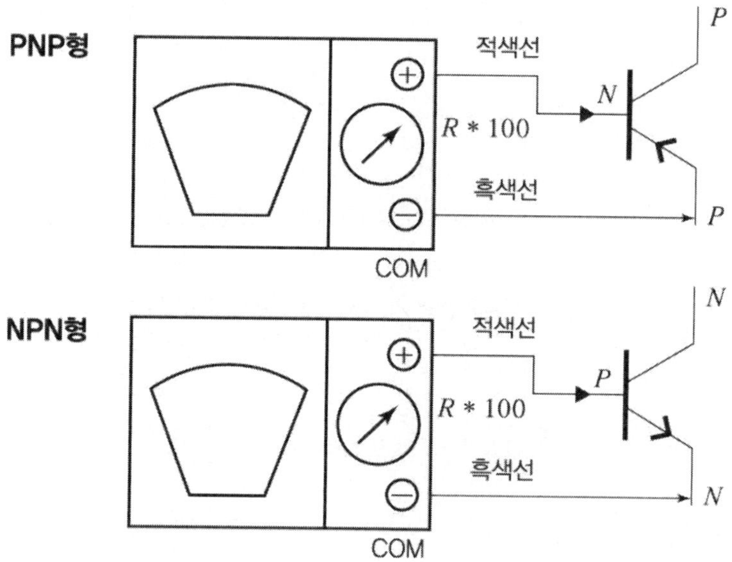

[그림 2.27] 트랜지스터 유형 판정 회로

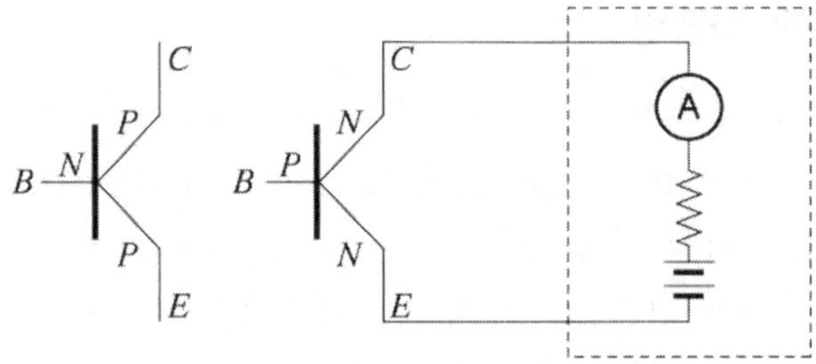

[그림 2.28] 트랜지스터 에미터, 콜렉터 판정 회로

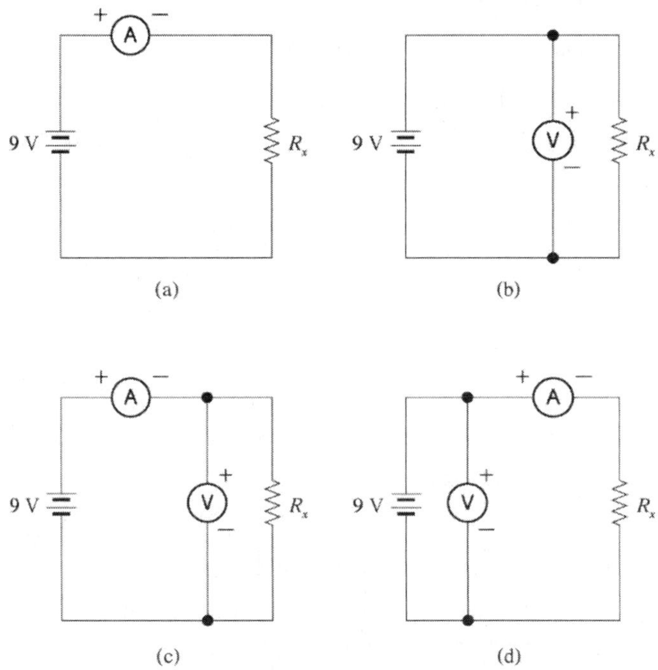

[그림 2.29] 전류계, 전압계 사용 방법 회로

4 측정값

(1) 〈표 2.5〉 캐패시터

표본	형명표시	판독용량치, 허용오차 및 정격전압	직류저항치
C_1			
C_2			
C_3			
C_4			
C_5			

(2) 〈표 2.6〉 다이오드

표본	형명표시	$R\times100$ range		최고저항 range	
		순방향 저항치	역방향 저항치	순방향 저항치	역방향 저항치
D_1					
D_2					
D_3					
D_4					
D_5					

(3) 〈표 2.7〉 트랜지스터

표본	형명표시	형명 (npn/pnp)	R×100 range			
			$E-B$ 순방향	$E-B$ 역방향	$C-B$ 순방향	$C-B$역방향
Q_1						
Q_2						
Q_3						
Q_4						
Q_5						

(4) 〈표 2.8〉 저항

$R_x[\text{k}\Omega]$	이론값		그림 (a)	그림 (b)	그림 (c)		그림 (d)	
	I[mA]	V[V]	V[mA]	V[V]	I[mA]	V[V]	I[mA]	V[V]
1								
10								
30								
330								
1[MΩ]								

5 결과분석 및 토의

토의사항

① 계측기의 오차 원인은 무엇인가?
범위(range) 조정을 통해 측정 오차를 감소시킬 수 있는가?

② 부품에 표시된 허용 오차와 측정값간의 차이의 원인은?

③ 접합 반도체 소자의 물리적 원리를 설명하라.

④ 전류를 측정할 때 주의할 점이 무엇인가?

⑤ 극성과 무극성 캐패시터의 차이점은 무엇인가?

⑥ 전압원으로 사용하는 DC power supply의 이상적인 내부 저항과 실제적인 저항은 어떻게 설계되어야하는가?

⑦ Ammeter와 Voltmeter의 내부 저항은 어떻게 설계 되어져야하는가?

제 03 주

이 론

키르히호프의 전류(KCL)와 전압(KVL)의 법칙

학습목표

1 R,L,C 수동 소자를 계측기를 사용하여 값을 읽어낸다.
2 직렬 · 병렬 회로에서 키르히호프(Kirchhoff)의 전류 법칙을 실험을 통해 확인한다.
3 직렬 · 병렬 회로에서 키르히호프(Kirchhoff)의 전압 법칙을 실험을 통해 확인한다.
4 노드 전압 회로 방정식을 세워 풀 수 있다.
5 망 전류 회로 방정식을 세워 풀 수 있다.

1 개요

저항으로 구성된 회로에서 각 저항에 걸리는 전압과 저항에 흐르는 전류를 알려면 옴의 법칙과 키르히호프의 전류, 전압 법칙을 적용하여 구하게 된다. 특별히 직렬 혹은 병렬 연결된 저항 회로의 합성 저항을 구하거나 복잡하게 구성된 회로망의 망전류와 노드 전압에 대한 개념을 이해하는 것이 회로 해석에 매우 중요하다.

2 관련 이론

(1) Ohm의 법칙

어떤 회로 소자(예를 들면 저항, 캐패시터, 인덕터 등)의 두 단자에서 전압과 전류 사이의 관계는 회로내에서 그 소자의 거동을 정의할 수 있는데 특히 이상적인 저항 소자의 경우 전류와 전압 간의 관계는 **오옴(Ohm)의 법칙**에 따른다(그림3.1).

$$\text{옴의 법칙 : 전압 } V = \text{전류} \times \text{저항} = IR \tag{3.1}$$

반대로 콘덕턴스는 전류를 잘 흘리도록하는 요소의 특성이며, 단위로는 mho(저항의 역) 혹은 siemens(S)로 나타낸다. $1S = 1\mho = 1A/V$.

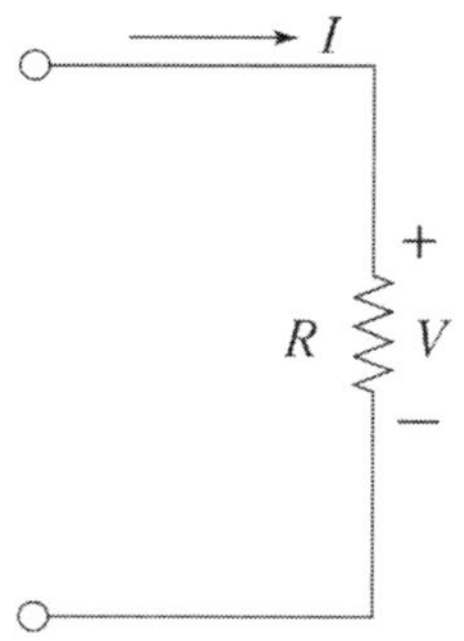

[그림 3.1] 옴의 법칙

❒ 노드와 마디와 망 개념

회로망의 구성을 가지(branch), 노드(node) 전압과 루프 (loop) 전류 개념을 사용하여 설명된다. 여기서 **가지**에 해당되는 부분은 저항(R), 캐패시터(C), 인덕터(L)나 어떤 다바이스(device)를 나타내며, **노드**는 가지가 공통으로 만나는 점을 나타내며, **루프(망)**는 회로망의 폐회로에 해당된다.

노드 전압은 각 노드의 전위를 나타내며, 망 전류는 폐회로를 일주하는 전류를 나타낸다.

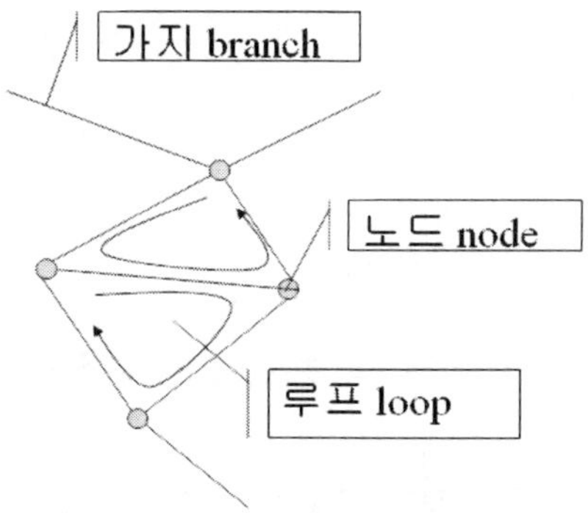

[그림 3.2] 회로망의 명칭

❒ 직렬 연결 저항 회로

[그림 3.3(a)]의 회로의 각 저항 브랜치에 옴의 법칙을 적용하면

$$v_1 = iR_1,\ v_2 = iR_2,\ v_3 = iR_3 \tag{3.2}$$

그리고 각 브랜치에 걸리는 전압을 모두 합하면 공급되는 전압 v와 같아야한다. 즉,

$$v = v_1 + v_2 + v_3 = i(R_1 + R_2 + R_3) = iR_{eq} \tag{3.3}$$

따라서 직렬 연결 저항 회로의 합성 저항 R_{eq}는

$$R_{eq} = R_1 + R_2 + R_3 \tag{3.4}$$

일반화하면

$$R_{eq} = \sum_{i=1}^{N} R_i \tag{3.5}$$

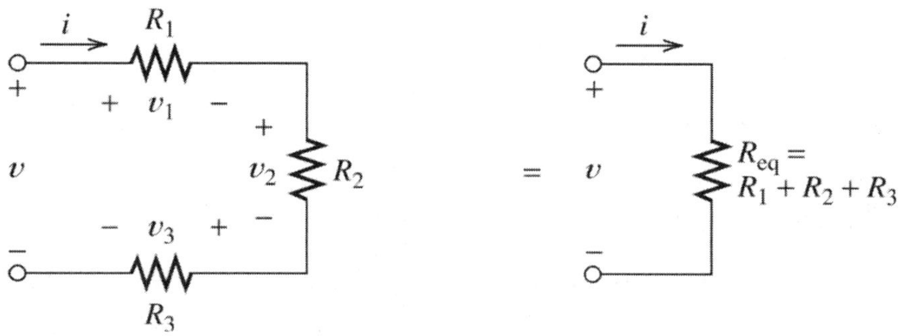

(a) 직렬연결 저항 회로 (b) 합성 저항

[그림 3.3] 직렬 연결 저항 회로

❐ 병렬 연결 저항 회로

[그림 3.4(a)]의 회로의 각 저항 브랜치에 옴의 법칙을 적용하면

$$v = i_1 R_1,\ v = i_2 R_2,\ v = i_3 R_3 \tag{3.6}$$

그리고 각 브랜치로 흘러들어가는 전류을 모두 합하면 공급되는 전류 i와 같아야한다. 즉,

$$i = i_1 + i_2 + i_3 = v\left(\frac{1}{R_1} + \frac{1}{R_2} + \frac{1}{R_3}\right) = v\frac{1}{R_{eq}} \tag{3.7}$$

따라서 병렬 연결 저항 회로의 합성 저항 R_{eq}는

$$R_{eq} = \frac{1}{1/R_1 + 1/R_2 + 1/R_3} \tag{3.8}$$

일반화하면

$$R_{eq} = \frac{1}{\sum_{i=1}^{N} 1/R_i} \tag{3.9}$$

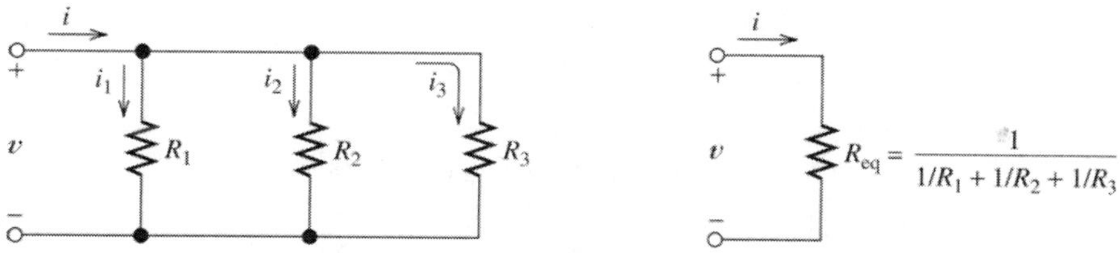

(a) 병렬연결저항 회로 (b) 합성 저항

[그림 3.4] 병렬 연결 저항 회로

(2) 키르히호프의 법칙

❒ 키르히호프의 전류 법칙(KCL)

키르히호프의 전류 법칙은 선형 소자로 구성된 회로에서 만나는 한 접속점(Node)에서 들어오고 나가는 전류의 합은 0임을 나타낸다.

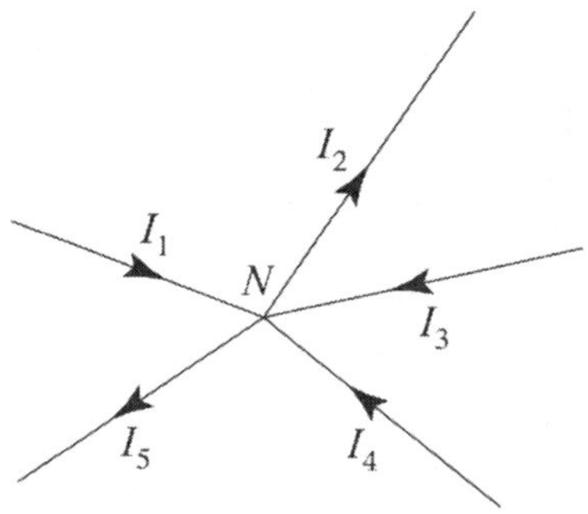

[그림 3.5] KCL의 법칙

[그림 3.5]에서 임의의 접속점(혹은 노드)에 유입.유출되는 전류의 총합은 0(zero) 이다.

$$\text{즉 } I_1 - I_2 + I_3 + I_4 - I_5 = 0 \tag{3.11}$$

일반화하여 노드에 유입되는 전류의 부호를 +, 유출되는 전류의 부호를 −로 약속하면 전체 전류의 합은 0어야한다.

$$\sum_{i=1}^{N} I_i = 0 \tag{3.12}$$

노드 전압은 접지(GND)를 기준 노드로 정의하고 일반적으로 0V이다. 나머지 비 기준 노드 전압은 차례로 v_1, v_2, ,v_3, …로 명명하여 붙인다. [그림 3.6]은 3개의 비기준 노드와 1개의 기준 노드를 갖는 회로망이다.

Part I

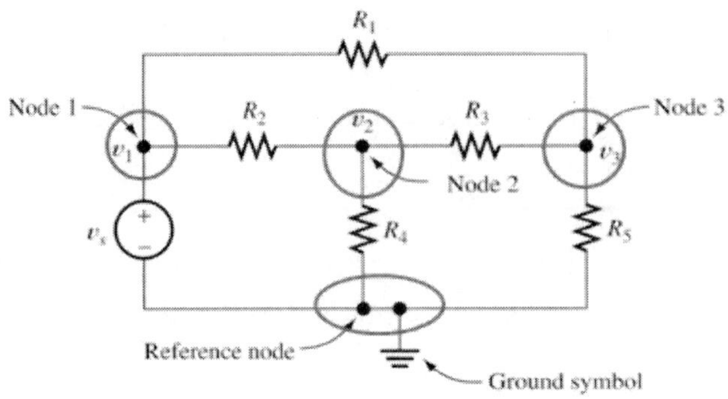

[그림 3.6] 노드와 노드전압 정하기

[그림 3.6] 회로망에 대해 노드 전압을 표시하면

- 노드 1 :

$$v_1 = v_s \tag{3.13}$$

- 노드 2 : 3개의 브랜치가 존재하므로 노드에 유입/유출되는 전류의 합은 0이어야하는 KCL을 적용하여 방정식을 세우면 된다. 노드 2에서 모든 전류의 방향은 나가는 것으로 한다면

$$\frac{v_2 - v_1}{R_2} + \frac{v_2 - 0}{R_4} + \frac{v_2 - v_4}{R_3} = 0 \tag{3.14}$$

- 노드 3 : 여기도 3개의 브랜치가 존재하므로 노드에 유입/유출되는 전류의 합은 0이어야하는 KCL을 적용하여 방정식을 세우면 된다. 노드 3에서 모든 전류의 방향은 나가는 것으로 한다면

$$\frac{v_3 - v_1}{R_1} + \frac{v_3 - v_2}{R_3} + \frac{v_3 - 0}{R_5} = 0 \tag{3.15}$$

결과적으로 식 (3.13), (3.14), (3.15)를 **노드 방정식**이라고 한다. 이 노드 방정식을 미지수인 노드 전압 v_1, v_2, v_3에 대하여 풀면 된다.

예제 1

아래의 회로에서 접속점 노드의 전압을 V_1이라고 하고 접속점 노드에 키르히호프의 전류 법칙을 적용하면

$$I_1 - I_2 - I_3 = 0 \tag{3.16}$$

Ohm의 법칙에 의해

$$(9 - V_1)/3 = I_1$$

$$(V_1 - 12)/6 = I_3$$

$$V_1/6 = I_2$$

I_1, I_2, I_3를 (3.13)식에 대입하여 V_1에 대해 풀면

$$\frac{9 - V1}{3} - \frac{V1}{6} - \frac{V1 - 12}{6} = 0$$

$$\frac{18 - 2V1}{6} - \frac{V1}{6} - \frac{V1 - 12}{6} = 0$$

$$\therefore 18 - 2V_1 - V_1 - V_1 + 12 = 0$$

$$V_1 = \frac{18 + 12}{4} = \frac{30}{4} = 7.5V$$

$$\therefore \ I_1 = \frac{9 - V_1}{3} = \frac{9 - 7.5}{3} = 0.5A$$

$$I_2 = \frac{V_1}{6} = \frac{7.5}{6} = 1.25A$$

$$I_3 = \frac{V1 - 12}{6} = \frac{7.5 - 12}{6} = -0.75A$$

I_3의 전류 부호가 −를 나타내므로 실제로는 전류의 방향이 반대로 흐른다.

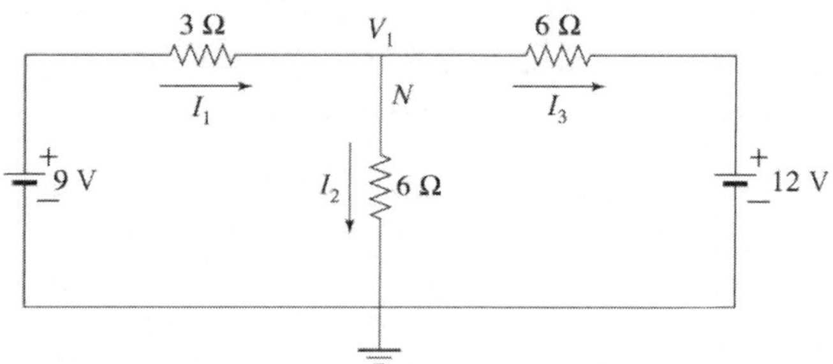

[그림 3.7] Kirchhoff의 전류 법칙

❐ 키르히호프의 전압법칙(KVL)

임의의 폐회로(closed circuit)를 일정한 방향으로 일주 했을 때 폐회로의 각 회로 소자에 걸리는 전압의 총합은 0(zero)이다. 즉,

$$\sum_{i=1}^{N} V_i = 0 \tag{3.17}$$

아래 [그림 3.8]은 4개의 폐 루프의 망로를 갖는 회로망을 보여준다.

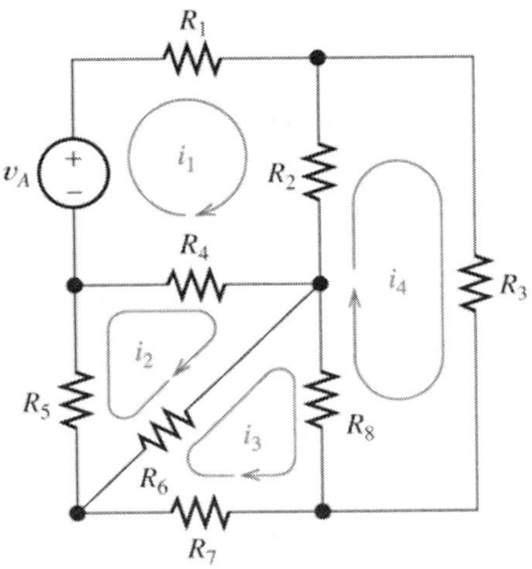

[그림 3.8] 4개의 망로를 갖는 회로망

❐ 망 전류 해석법

일반적으로 KCL을 회로망에 적용하여 회로 방정식을 세우기 위해서는 각 폐회로마다 망전류(mesh current)를 정의하여 각 회로 소자에 걸리는 전압을 미지수로 하여 방정식을 세워푼다. 이를 정리하면 다음과 같다.

- n개의 망로에 i_1, i_2, i_3, ⋯, i_n과 같이 각 폐루프에 망전류를 표시한다.
- n개의 망로(loop)에 대해 각각 KVL을 적용하여 방정식을 세운다.
- 망전류를 구하기 위하여 n개의 연립 방정식을 푼다.

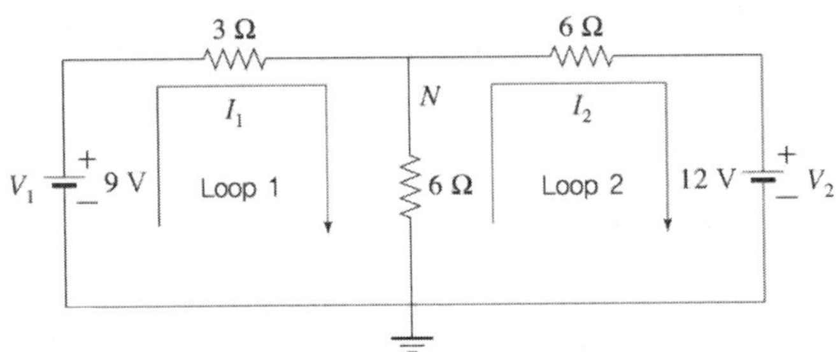

[그림 3.9] Kirchhoff 전압 법칙

위의 [그림 3.8]의 경우 폐회로 1(loop 1)과 폐회로 2(loop 2)에서 겹치는 회로 소자 6Ω에 대해서는 폐회로 1에 대해서는 +부호를 취하고, 폐회로 2에 대해서는 반대방향으로 되어 있어 −부호를 취한다. 반대로 폐회로 2를 기준으로 했을 때 폐회로 2에 대해서는 +부호를 취하고, 폐회로 1에 대해서는 반대 방향으로 되어 있어 −부호를 취한다.

- **폐회로 1 :**

$$-9+V_{3\Omega}^{+}+V_{6\Omega}^{+}+V_{6\Omega}^{-}=0 \tag{3.18}$$

- **폐회로 2 :**

$$V_{6\Omega}^{+}+V_{6\Omega}^{+}+V_{6\Omega}^{-}+12=0 \tag{3.19}$$

- **각 회로 소자에 오옴의 법칙 적용 :**

① $V_{3\Omega}^{+}=3I_1, V_{6\Omega}^{+}=6I_1, V_{6\Omega}^{-}=-6I_2$

② $V_{6\Omega}^{+}=6I_2, V_{6\Omega}^{-}=-6I_1$

① 과 ②를 (3.18) , (3.19)식에 각각 대입 정리하면

$$-9+9I_1-6I_2=0,\ 12I_2-6I_1+12=0$$
$$9I_1-6I_2=9,\ -6I_1+12I_2=-12$$

I_1, I_2에 대하여 풀면

$$18I_1-12I_2=18$$
$$-6I_1+12I_2=-12$$
$$12I_1=6 \ \Rightarrow\ I_1=6/12=0.5A$$
$$-6I_2=9-9I_1=9-9\times0.5=4.5 \Rightarrow I_2=-4.5/6=-0.75$$

따라서 $R_2=6\Omega$ 에 흐르는 전류는 $I_1-I_2=0.5-(-0.75)=1.25[A]$.

예제 2

지금까지 배운 오옴의 법칙, 키르히호프의 법칙을 적용하여 단자 AB간의 저항을 구하라.

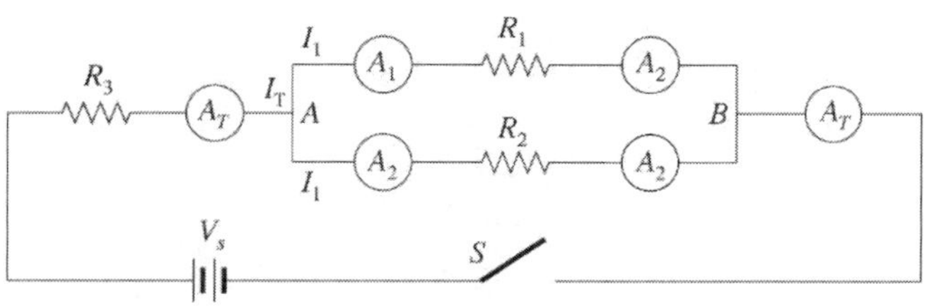

- Node A : $I_T = I_1 + I_2$
- Node AB간 전압 $V_{AB} = I_1 R_1 = I_2 R_2 = I_T R_T$
- Node AB간 등가저항 $R_1 // R_2 = R_T$

$$\therefore \; I_1 = (R_T / R_1) I_T \,,\; I_2 = (R_T / R_2) I_T$$

$$I_1 + I_2 = I_T = (R_T / R_2 + R_T / R_1) I_T$$

$$\therefore \; \frac{1}{R_T} = \frac{1}{R_1} + \frac{1}{R_2} \text{(병렬 저항 계산식)}$$

$$R_T = \frac{R_1 + R_2}{R_1 R_2}$$

❐ 전압 분배 법칙

[그림 3.10]에서 오옴의 법칙을 적용하여 전류 I를 구하면

$$I = \frac{V}{R_1 + R_2} \tag{3.20}$$

따라서 v_0는

$$v_0 = IR_2 = V \frac{R_2}{R_1 + R_2} \tag{3.21}$$

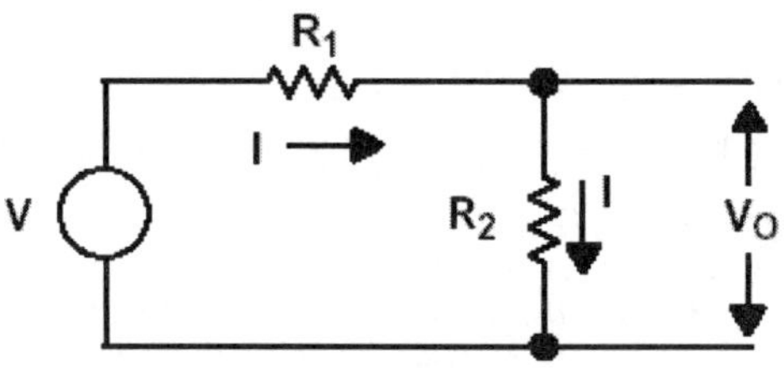

[그림 3.10] 전압 분배 법칙

❐ 전류 분류 법칙

$$V = I_1 R1 = I_2 R_2 \tag{3.22a}$$

$$I_1 = \frac{V}{R_1},\;\; I_2 = \frac{V}{R_2} \tag{3.22b}$$

$$I = I_1 + I_2 = V\left(\frac{1}{R_1} + \frac{1}{R_2}\right) = \frac{V(R_1 + R_2)}{R_1 R_2} \rightarrow V = I\left(\frac{R_1 R_2}{R_1 + R_2}\right) \tag{3.23}$$

따라서 I_2(혹은 I_1)을 구하면

$$I_2 = \frac{V}{R_2} = I\frac{R_1}{R_1 + R_2} \tag{3.24}$$

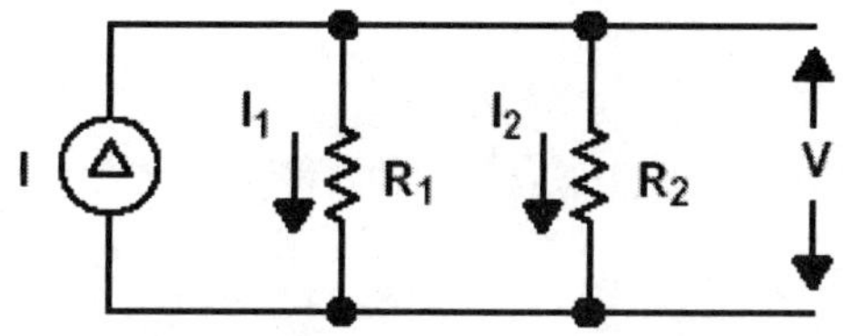

[그림 3.11] 전류 분류 법칙

연습문제

1. 아래 주어진 저항 회로의 합성 저항을 구하라.

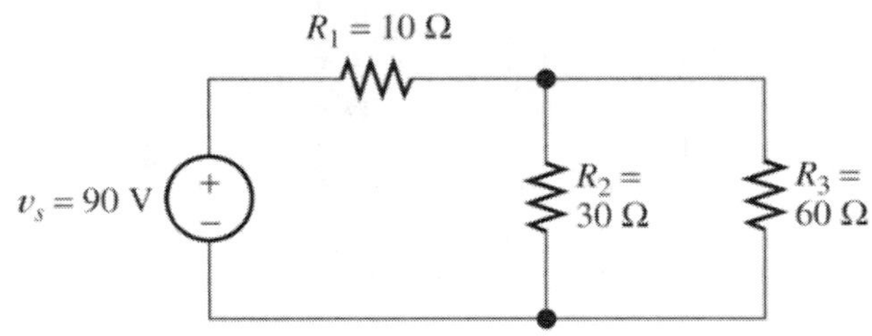

해답 전체 저항은 $R_{eq} = R_1 + R_2 // R_3$로 구성되어 있다. 즉 R_1과 R_2와 R_3의의 병렬 연결과 직렬 연결되어 있다. 따라서 먼저 병렬 연결된 저항의 전체 저항을 구하면

$$R_t = R_2 // R_3 = \frac{1}{1/R_2 + 1/R_3} = \frac{1}{1/30 + 1/60} = \frac{1}{1/20} = 20$$

따라서 전체 저항은

$$R_{eq} = R_1 + R_t = 10 + 20 = 30[\Omega]$$

2. 전압 v_x를 전압 분배/전류 분류 원리를 사용하여 구하라.

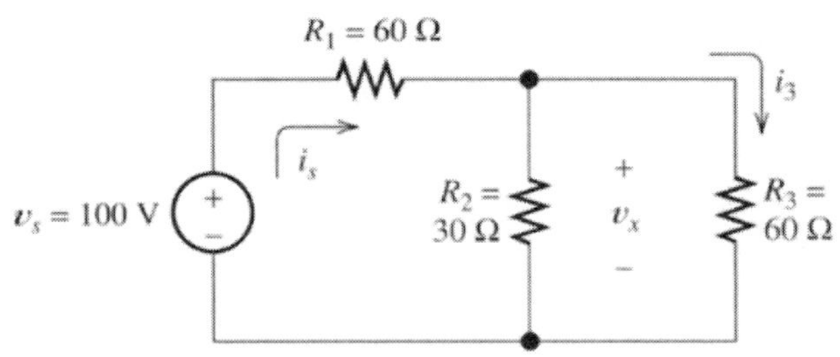

해답 $\dfrac{R_x = R_2 R_3}{R_2 + R_3} = \dfrac{30 \times 60}{30 + 60} = 20\Omega$, $V_X = \dfrac{R_X}{R_1 + R_x} V = {}_x \dfrac{20}{60 + 20} \cdot 100 = 25V$

3. **아래 회로망 그림에서 키르히호프 전류 법칙을 적용하여 전류 I를 구하라.**

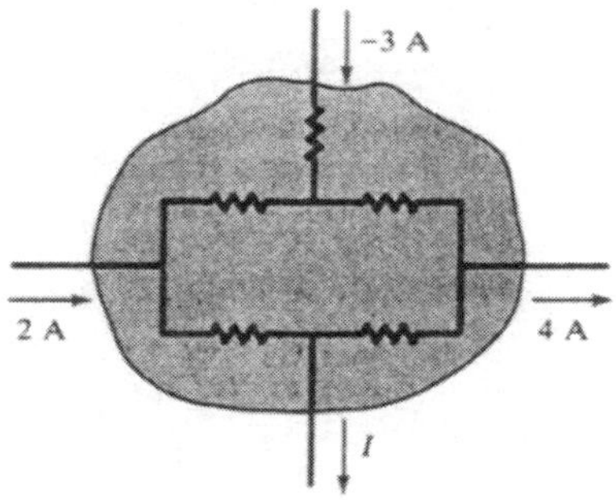

해답 노드로 유입되면 −전류, 유출되면 +전류라고 가정하면(사실 이가정은 반대로 해도 결과에는 상관이 없다)

$I+4-2-(-3)=0 \therefore I=-5A$

전류의 실제 방향은 노드로 들어가고 있다. 왜냐하면 전류의 값이 음수로 나왔기 때문이다. 처음에 전류의 방향을 잡을 때 반대로 잡았기 때문에 음수로 나눈 것이다.

4. **아래 저항 회로망의 합성 저항 R_{eq}를 구하라.**

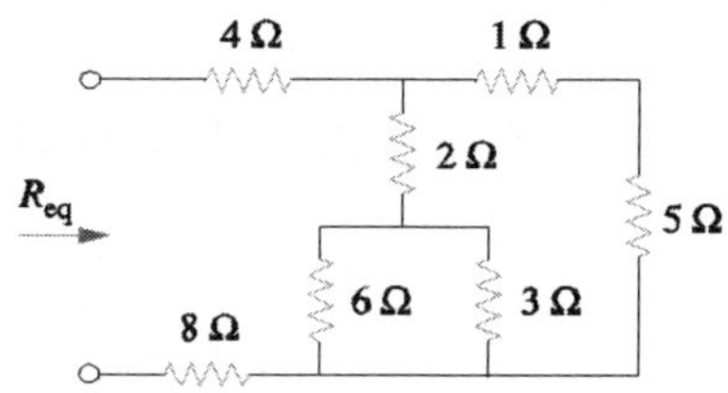

해답 //는 병렬 연결 표시이다.

$\text{Req} = 4+(6//3+2)//(1+5)+8 = 4+(2+2)//(6)+8$

$= 4+(4//6)+84+2.4+8 = 14.4\Omega$

5. **망전류 i_1, i_2, i_3를 구하라**

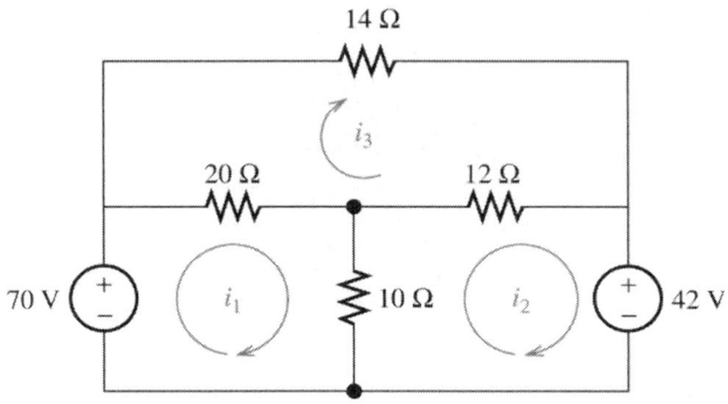

해답 $20(i_1-I_3)+10(i_1-i_2)-70=0$

$10(i_2-i_1)+12(i_2-i_3)+42=0$

$20(i_3-i_1)+14i_3+12(i_3-i_2)=0$

$$\begin{bmatrix} 30 & -10 & -20 \\ -10 & 22 & -12 \\ -20 & -12 & 46 \end{bmatrix} \begin{bmatrix} i_1 \\ i_2 \\ i_3 \end{bmatrix} = \begin{bmatrix} 70 \\ -42 \\ 0 \end{bmatrix}$$

행렬식을 풀면

$$I=\begin{bmatrix} i_1 \\ i_2 \\ i_3 \end{bmatrix} = \begin{bmatrix} 4.0 \\ 1.0 \\ 2.0 \end{bmatrix}$$

6. **아래 그림에 주어진 회로망에서 전류 i_0와 전압 v_0를 구하라.**

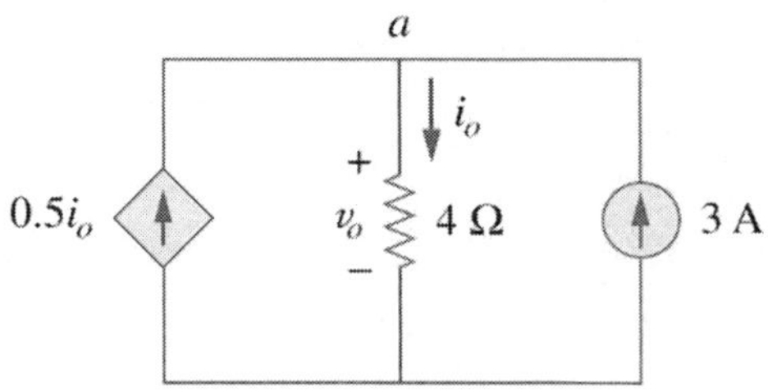

해답 노드 a에 대하여 KCL을 적용하면

$3+0.5i_0=i_0$임을 알 수 있다. 따라서 $i_0=6[A]$.

4Ω에 걸리는 전압 v_0는 옴의 법칙을 적용하여 얻는다.

$v_0=(4)(+i_0)=(4)(6)=24[V]$

7. 아래 주어진 회로는 단수화시킨 트랜지스터 등가 회로이다. 여기서 전류는 mA단위이다.

(a) node 1의 노드 전압 v_1에 KCL를 적용하여 노드방정식을 세워라

(b) 전류가 mA단위라고 가정하고 주어진 파라미터를 사용하여 전류 I를 구하라.

(c) (a)와 (b)의 결과를 합쳐 출력 전압 v_0을 구하라.

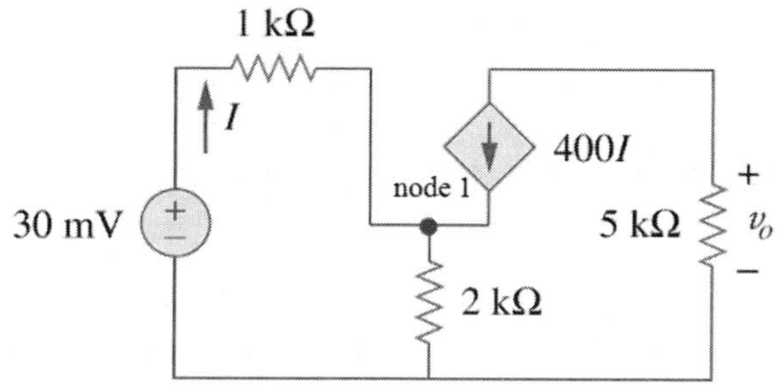

해답 (a) 2kΩ에 걸리는 전압을 노드 전압 v_1이라고 하자.

$(0.03-v_1)/1k+400I=v_1/2k$

(b) 전류 I이 단위를 mA라고 가정하면

Assume that i is in mA. But, $i=(0.03-v_1)/1[\mathrm{mA}]$

(c) (a)와 (b)의 결과를 합쳐 풀면

$v_1=29.963\mathrm{mV}$, $I=37.4\mathrm{nA}$ 따라서 $v_0=5000\times 400\times(-37.4\times 10^{-9})=-74.8\mathrm{mV}$

제 03 주

실험절차

키르히호프의 전류/전압법칙

강의 : 30분, 실험 : 2시간, 연장 : 30분

1 실험 장비 및 부품

① 브래드보드(만능기판) 1개
② 가변 직류전압 공급장치 1대
③ 저항(1/4W) 대략 1kΩ 3개, 2kΩ 1개, 3kΩ 1개
④ 디지털멀티미터 1대
⑤ 전류계(0~10mA) 1대
⑥ 약간의 배선

2 실험 방법

① 회로도를 보고 브레드보드에 회로를 결선하라.
② 전원 공급용 인출선은 여유가 있도록 하여 전원 연결이 용이하도록 하라.
③ 회로의 연결이 끝나면 극성에 맞추어 전원을 연결하라. 이때 합선이 일어나지 않도록 조심하라.
④ 회로에 표시된 전류 및 전압을 측정하여 〈표 3.1〉에 기입하라.
반드시 주어진 전류방향에 따라 측정기를 접속할 것이며, 만일 측정기의 지침이 반대로 움직이면 측정기를 반대로 접속하여 측정하고, 측정값을 기록할 때는 (−) 혹은 (+) 부호를 붙여서 기록하여라.
⑤ 〈표 3.1〉의 결과에 의하여 키르히호프의 전류, 전압법칙이 성립하는지를 확인하라

주의 전류를 측정할 때 측정하려는 부분을 개방시키고 그 사이에 전류미터를 연결한다.

3 회로도

(아래 참조)

4 측정값 기록

〈표 3.1〉 키르히 호프의 법칙 확인

I_0 [mA]	I_1 [mA]	I_2 [mA]	I_3 [mA]	I_4 [mA]	I_5 [mA]	V_1 [V]	V_2 [V]	V_3 [V]	V_4 [V]	V_5 [V]

측정값으로부터 키르히 호프의 전압 법칙이 성립됨을 살펴라.
측정값으로부터 키르히 호프의 전류 법칙이 성립됨을 살펴라.

5 결과분석 및 토의

토의사항

① 휘트스톤 브릿지의 원리를 이용한 측정 장치의 응용 예를 한가지 찾아보라.

② 실험 회로에 대하여 망전류 방법 과 노드 전압 방법을 사용하여 이론적인 해를 구하고 실험치와 비교한다.

③ 키르히호프의 전압, 전류 법칙이 어떤 회로망 조건하에서 성립하는지 설명하라.
[회로도]

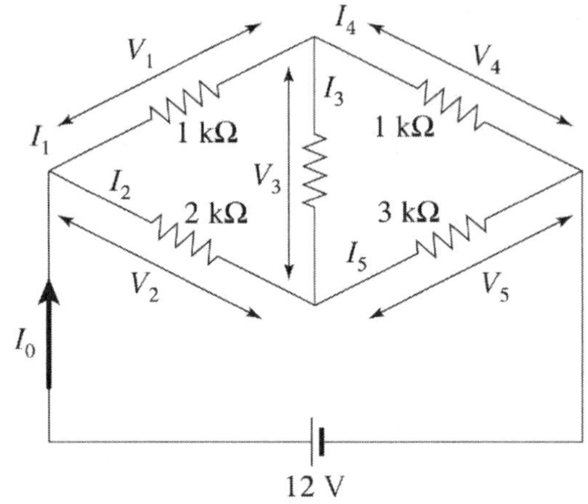

제 04 주

이 론

중첩의 원리

학습목표

1 전압원과 전류원에 대한 회로적 특성을 확실하게 이해 한다.

2 두개 이상의 전원을 갖는 선형 회로망에서 중첩의 원리(principle of superposition)를 실험적으로 확인한다.

1 개요

중첩 원리를 이해하기 위해서는 회로망의 특성에 대한 이해가 전제되어야한다. 우리가 다루려는 전기 및 전자 회로는 대부분 선형 회로망에 해당된다. **선형성**(linearity)은 원인과 결과사이에 직선적인(즉 비례하는)관계를 나타내는 특성이다. 이 특성은 **균일성**(homogeneity)과 **부가성**(additivity)의 조합으로 설명되어진다. 여기서 균일성이라 함은 입력단의 크기를 변경시키면 출력단에 똑같은 크기로 반영되는 성질이다. 다른 말로는 스케일링(scaling) 성질이 만족된다는 뜻이다. 부가성이라 함은 입력단에 여러개의 다른 입력을 가하면 출력단 동일하게 인가한 입력 신호에 대한 개별적인 반응을 나타내며 각 개별적인 출력단의 결과를 합한 것이 최종 결과와 일치함을 나타낸다.

저항 회로는 선형 회로망의 한예이다. 저항 회로에서 전압과 전류사이의 관계는 저항에 비례한다 즉

$$v = f(i) = Ri \tag{4.1}$$

균일성 성질 : $v = Ri$ 일 때 $v_o = R(ki) = kRi = kv$ (4.2)

부가성 성질 : $v_1 = Ri_1, v_2 = Ri_2$ 일때 $v_0 = Ri_1 + Ri_2 = v_1 + v_2$ (4.3)

[그림 4.1] 선형 회로망

2 관련 이론

요구조건 : "선형"회로망이어야 한다.

양방향, 선형 회로망에서 하나 이상의 전압원(혹은 전류원)을 포함하는 회로에서 임의의 소자에 흐르는 전류 혹은 걸리는 전압은 단독으로 동작하는 개별 전원에 의해 생성된 전압(혹은 전류)의 대수적 합과 같다. 또한 임의의 소자에 걸리는 전압은 개별 전압원 혹은 전류원에 의해 발생된 전압(혹은 전류)의 대수적 합과 같다. 회로를 해석하고자 할 때 중첩 원리의 적용을 위해 전원이 정전압원이면 **단락**(Short)시키고, 정전류원이면 **개방**(Open)시켜 회로를 단 하나의 소스를 갖는 회로로 분해한다. 중첩의 원리를 이용하여 회로를 해석하고자 할 때 각각 전류원만 이나 전압원만을 갖는 회로로 분해하고 난후 각 전원에 대한 부분해를 중첩하여 최종 결과를 얻는다.

아래 [그림 4.2]는 2개의 정전압원을 갖는 회로를 1개의 정전압원을 갖는 2개의 회로망으로 분해한 것을 보여준다. 회로(a)는 등가적으로 회로(b)와 (c)를 합한 것과 같다.

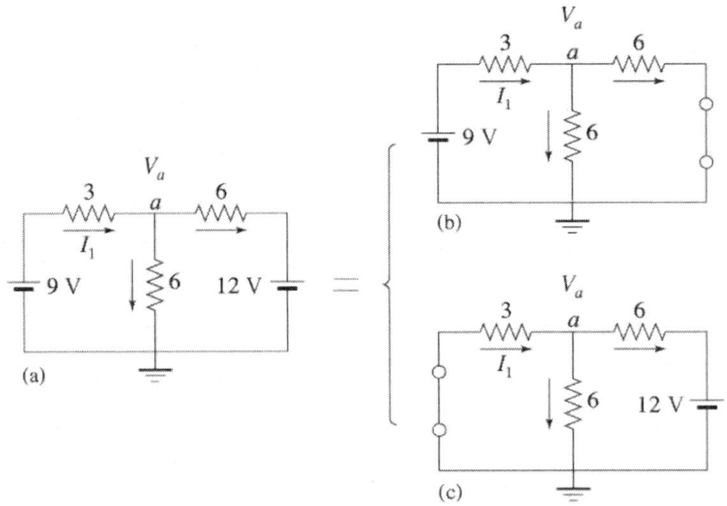

[그림 4.2] 중첩원리를 적용하여 분해한 회로

(a)의 회로는 (b)회로와 (c)회로로 분해된다. 먼저 (a)회로에 대한 회로 해석을 위해서

- (a)회로에 KCL 적용하여 해석하면

9V와 12V 전압원 동시에 : $\frac{9-V_a}{3}-\frac{V_a}{6}-\frac{V_a-12}{6}=0$

$$18-2V_a-V_a-V_a+12=0,\ 4V_a=30,\ V_a=\frac{30}{4}=7.5V \tag{4.4}$$

- (b)회로에 대한 해석(KCL 적용)

$$\textbf{9V 전압원만}:\ \frac{9-V_a^{'}}{3}=\frac{V_a^{'}}{3},\quad V_a^{'}=4.5\,V\ ,\ 9=2\,V_a^{'}\rightarrow V_a^{'}=4.5\,V \tag{4.5}$$

- (c)회로에 대한 해석(KCL 적용)

$$\textbf{12V 전압원만}:\ \frac{V_a^{''}}{3}+\frac{V_a^{''}}{6}+\frac{V_a^{''}-12}{6}=0\ ,$$

$$2\,V_a^{''}+V_a^{''}+V_a^{''}=12,\ 4\,V_a^{''}=12,\ V_a^{''}=3\,V \tag{4.6}$$

그러므로 식 (4.4)의 결과 = 식(4.5)의 결과 + 식(4.6)의 결과=4.5V+3.0V=7.5V

전체 전압원 혹은 전류원에 의한 효과는 각 전압원을 하나씩 독립적으로 처리한 것들의 합과 같다.

따라서 선형 회로망의 경우 다음 식이 성립됨을 확인할 수 있다.

$$V_a=V_a^{'}+V_a^{''}=4.5\,V+3\,V=7.5\,V \tag{4.7}$$

예제

정전압원과 정전류원을 갖는 회로망에 중첩원리를 적용하여 전류 I를 구하라.

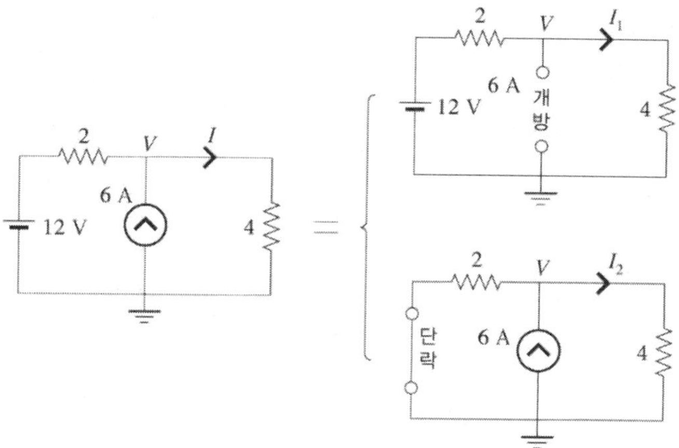

[그림 4.3] 중첩원리를 적용하여 분해한 회로

<table>
<tr><th>일반 노드 해석법 적용</th><th>중첩원리 적용</th></tr>
<tr><td>$\frac{12-V}{2}+6+\left(-\frac{V}{4}\right)=0$
$24V-2V+24-V=0$
$3V=48 \quad \therefore V=16$
$I=\frac{V}{4}=\frac{16}{4}=4A$</td><td>12V 전압원 : $I_1=\frac{12}{6}=2A$
6A 전류원 : $\frac{V}{2}+\frac{V}{4}=6 \rightarrow 2V+V=24$
$3V=24 \quad \therefore V=8$
$I_2=\frac{8}{4}=2A$
$\therefore I=I_1+I_2=2A+2A=4A$</td></tr>
</table>

연습문제

1. 아래 주어진 저항회로망에서 $I_0 = 1A$ 라고 가정하고 선형성을 사용하여 I_0 의 실제 값을 구하라.

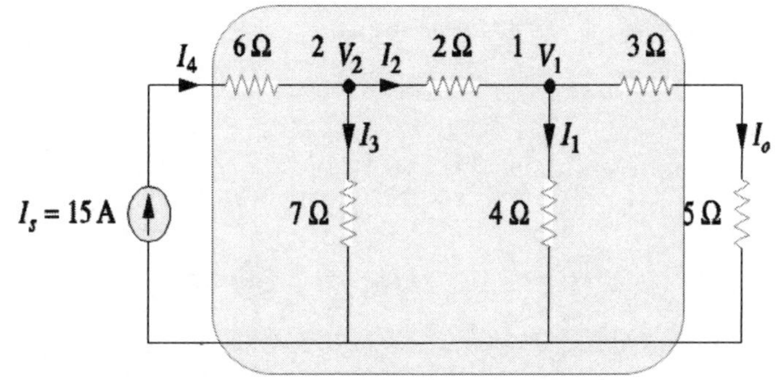

해답 저항 회로망이므로 선형 회로이다. 선형성을 적용하기 위해 $I_0 = 1A$ 라고 가정한다. 역으로 회로를 거슬러 올라가며 I_4 를 찾는다. $I_4 = I_0$ 와 같으므로 주어진 I_0 값을 가지는 경우는 어떻게 될 것인지를 선형성을 이용하여 유추한다.

$I_0 = 1A$ 이면 $V_1 = (3+5)I_0 = 8V$,

따라서 $I_1 = V_1/4 = 2A$ 노드 1에서 KCL 적용하면 $I_2 = I_1 + I_0 = 3A$

따라서 $V_2 = 2I_2 + V_1 = 6 + 8 = 14V$, $I_3 = V_2/7 = 14/7 = 2A$.

노드 2에서 KCL 적용하면 $I_4 = I_2 + I_3 = 3 + 2 = 5A$.

$5 : 1 = 15 : X \rightarrow \ \therefore X = 3A = I_0 \ \ X = 3A = I_0$

2. 회로에서 중첩원리를 적용하여 전압 v를 구하라.

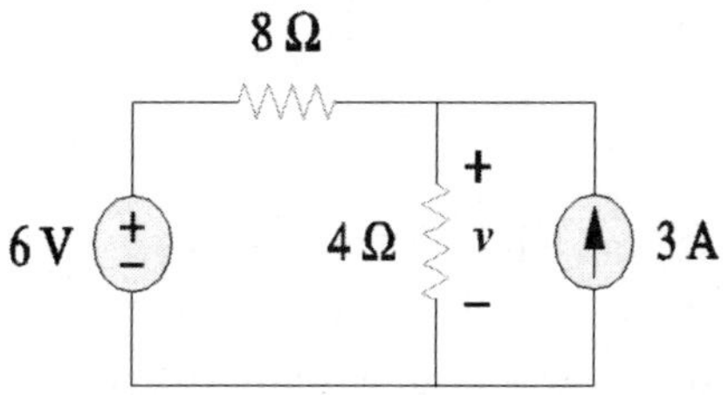

해답 전원은 2개 따라서 구하고자하는 전압 v는 중첩원리에 의해 각각의 독립적인 소스에 의한 결과의 합과 같다. 즉 $v = v_1 + v_2$.

- 소스 1 : 6V 전압원만을 고려할 때(3A 정전류원은 개방)

  $12i_1 - 6 = 0 \rightarrow i_1 = 0.5[A]$, $v_1 = 4i_1 = 2[V]$.

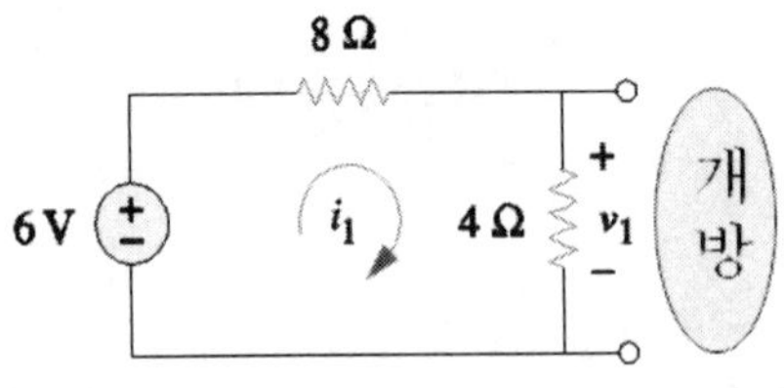

(a)

- 소스 2 : 3A전류원만을 고려할 때(6V 전압원은 단락)

$3 = i_2 + i_3$, $8i_2 = 4i_3$, $i_3 = 8*3(8+4) = 2[A]$

$v_2 = 4i_3 = 8[V]$

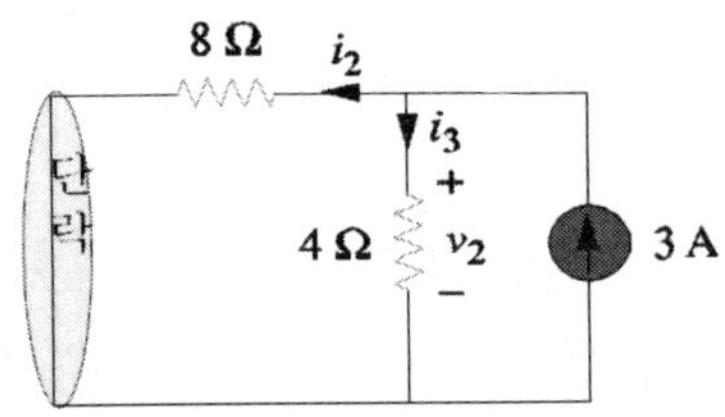

(b)

따라서 $v = v_1 + v_2 = 2 + 8 = 10[V]$

3. 충첩 원리를 적용하여 전류 I_1, I_2를 구하라.

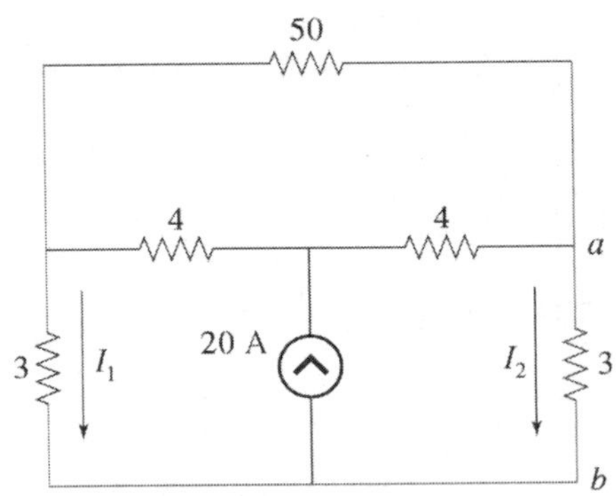

해답 20A 전류원이 분류되는 노드에서 회로를 보면 좌우 대칭이다. 따라서 10A가 양쪽으로 나뉘어 흐른다. 10A가 노드 a로 들어와서 저항 3옴을 통해서만 흐른다. 왜냐하면 4옴과 3옴이 만나는 노드에서 대칭에 의해 동전위가 되기 때문에 전류가 흐르지 않는다.

그러므로 $I_1 = I_2 = 10A$

4. 중첩 원리를 적용하여 전류 I를 구하라.

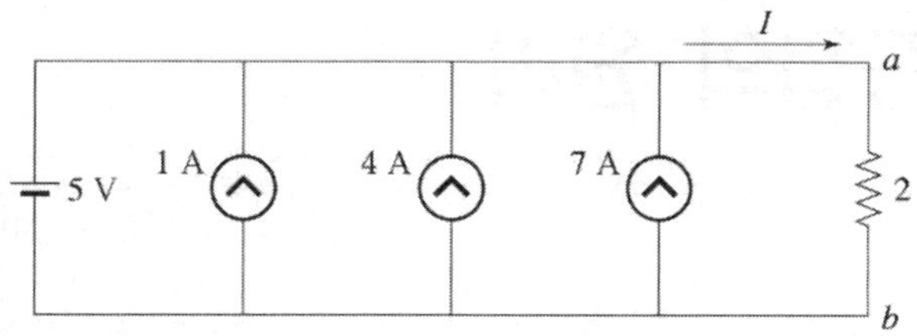

해답 1개의 정전압원과 3개의 정전류원이 있다.

- 5V 전압원만 있는 경우 모든 정전류원은 개방된다. 따라서 $5=2Ia$. $Ia=5/2=2.5[A]$.
- $1A+4A+7A=12A$ 하나로 묶어서 생각하면 5V 전압원은 단락시킨후 전류를 계산하면 2Ω 으로 흘러들어가는 전류 $Ib=0$이 된다(왜냐하면 5V 전압원이 단락되었기때문). 그러므로 $I=Ia+Ib=2.5A$

5. 충첩원리를 이용하여 전류 I를 구하라.

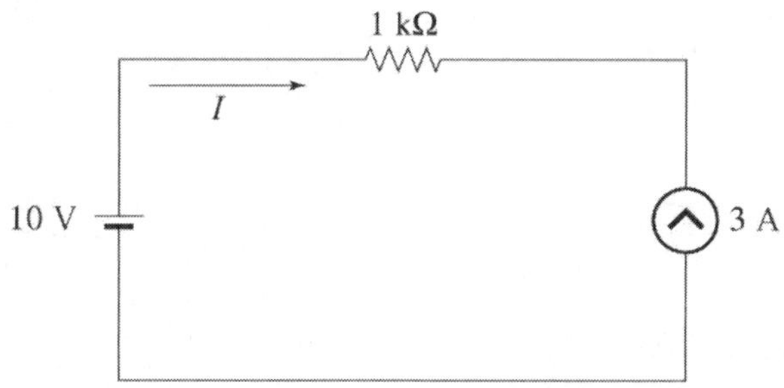

해답 2개의 정전원(정전압원 과 정전류원)이 존재한다.

- 10V 정전압원만 있는 경우 3A 정전류원은 개방되므로 전류가 흐르지 않는다.
- 3A 정전류원만 있는 경우 10V 정전압원은 단락되므로 전류는 3A이다.

따라서 $I=-3A$(방향이 정전류과 반대 방향이므로)

실험절차

제 04 주 중첩의 원리

강의 : 30분, 실험 : 2시간, 연장 : 30분

1 실험장비 및 부품

① 가변직류전압 공급기 1대
②) 회로 시험기
③ 저항(1/4W) : 330Ω, 470Ω, 1kΩ 2kΩ, 3kΩ, (2W) : 100Ω, 200Ω
④ 디지털 멀티미터
⑤ 전류계(300mA 급) 1대
⑥ Decade 저항 박스 1개

2 실험방법

❐ 정전류원과 정전압원 발생 실험

① 정전압원(Constant Voltage Source)과 정전류원(Constant Current Source)를 만들기 위하여 가변 직류 전압 공급기(DC Power Supply)를 사용하여 [그림 4.4] 회로도를 결선하라. 디케이드 저항 박스의 초기 저항 값을 1kΩ 으로 설정하라. 가변 직류 전압 공급기의 전압 조정 knob을 30V로 맞춘다. 전류 조정 knob은 최대 위치로 맞춘다. 전류미터의 값을 기록한다.

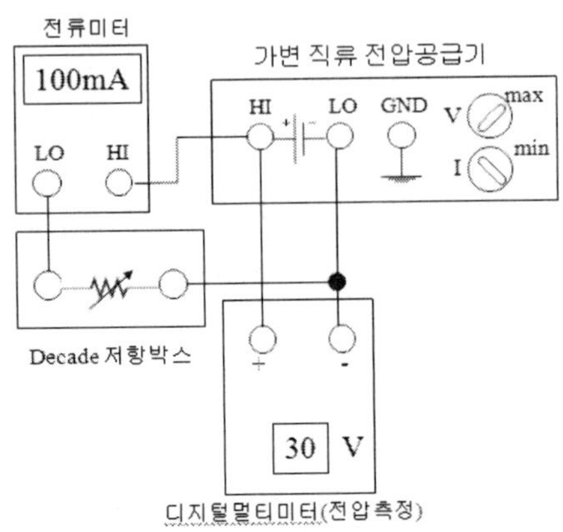

[그림 4.4] 정전류원 과 정전압원 $V-I$ 특성 실험 회로

② 디케이드 저항 박스의 값을 1kΩ, 800Ω, 600Ω, 400Ω, 300Ω, 200Ω 으로 차례로 변경 시켜가며(전류 조정기 knob의 위치는 최대값 위치) 각 저항에 따른 전류미터의 값을 읽고 기록한다.

〈표 4.1〉 DC Power Supply V-I 특성 검사

저항값	1kΩ	800Ω	600Ω	400Ω	300Ω	200Ω	100Ω
전류값							

③ ②의 실험 결과를 토대로 직류 전압 공급기의 $V-I$ 특성 그래프 작성하고 정전압원의 영역에 해당되는 최소 저항값을 찾아라. 정전류원으로 동작하기 위한 최대 허용 저항값을 찾아라.

[주의] 본 실험에서 별도의 전류원은 준비되어 있지 않지만 가변 직류 전압 공급장치(DC Power Supply)를 이용하여 전류원을 만들 수 있다. 우선 가변 직류 전압 공급장치의 출력전압을 30V, 전류제한(current limitter) 조정용 손잡이(knob)를 최소 위치로 한다. 그런 다음 출력 단자에 전류미터 (화살표 머리 부분이 +, 꼬리 부분이 – 임)를 극성을 맞추어 접속시키고, 디케이드 저항 박스의 값을 500Ω(이값보다 더 작을 수 있다. 전원의 내부 저항이 0이라면 최대 전류가 100mA에서 300Ω 정도가 될 것이다. 그러나 실제적으로 전원은 수십에서 수백 오옴 정도의 내부 저항을 가지므로 전류값이 적게 나올 수 있다.) 정도에 맞춘 상태에서 전류제한조정용 손잡이를 우측으로 조심스럽게 돌리면서 전류계의 지시가 100mA가 되도록 한다. 이렇게 하면 가변직류전압 공급장치는 100mA의 전류원과 같은 것이 된다. 단 대체적으로 직류전압 공급장치의 설정 출력전압은 30V정도 이므로, 이 전류원에 접속할 수 있는 최대부하저항은 300Ω 정도로 제한된다는 것에 유의해야한다.

일반적으로 단순한 저항 회로망에서 가변 직류 전원 공급기에 연결되는 부하 저항 R_{load}에 따라 아래 기술한 바와 같이 정전압원으로 작동할 수도 있고, 정전류원으로도 작동할 수 있다.

만일 $R_{load} > V_{set}/I_{set}$ 이면 전압공급기는 정전압원(CVS)으로 동작한다.

만일 $R_{load} < V_{set}/I_{set}$ 이면 전압공급기는 정전류원(CCS)으로 동작한다.

이를 그래프로 나타내면 다음과 같다.

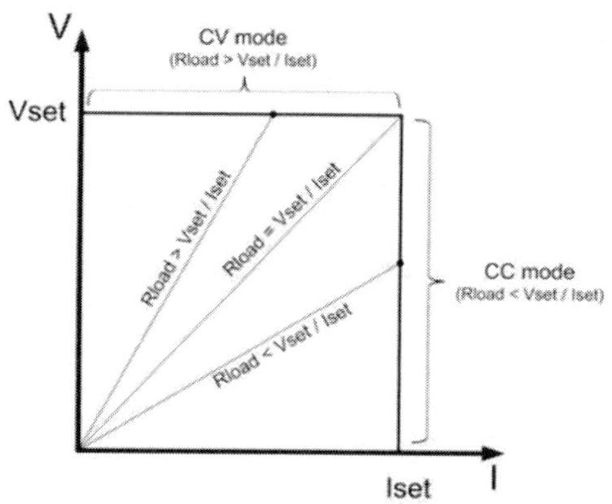

[그림 4.5] 전압공급기의 동작 모드 조건

❐ 중첩원리 실험

① 아래의 회로 [그림 4.6(a)]를 결선하고(이때 실제 만든 전류원의 값을 기록해두라), 전류를 측정하여 〈표 4.2〉에 기입하라

② 아래의 회로 [그림 4.6(b)]를 결선하고, 회로에 지시된 전류를 측정하여 〈표 4.2〉에 기입하라

③ 아래의 회로 [그림 4.3(c)]를 결선하고, 회로에 지시된 전류를 측정하여 〈표 4.2〉에 기입하여라

④ 〈표 4.2〉로부터 다음 계산을 하여라

$I_1 = I_1' - I_1'' =$

$I_2 = I_2' + I_2'' =$

⑤ 〈표 4.2〉의 I_1, I_2와 위의 계산된 I_1, I_2를 비교하여 중첩의 원리가 성립됨을 보여라

⑥ (c)회로에서 각 저항에 흐르는 전류를 중첩의 원리에 의하여 구하고, 측정치와 비교 고찰하라.

⑦ 〈표 4.2〉 한 개의 전압원과 한 개의 전류원을 갖는 회로의 중첩원리 전류 측정

I_1'	I_2'	I_1''	I_2''	I_1	I_2

3 회로도

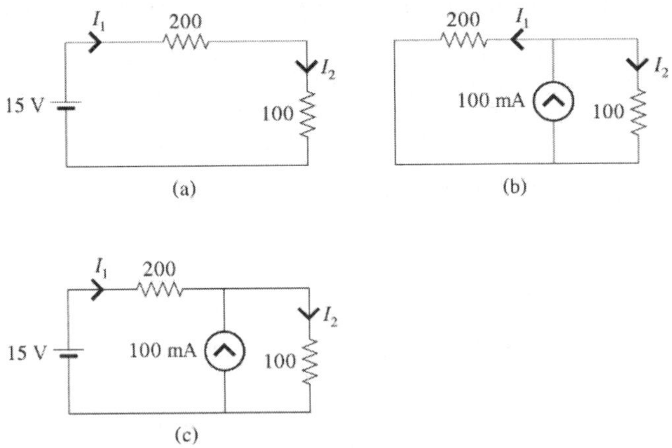

[그림 4.6] 중첩원리 실험 회로

4 결과분석 및 토의

토의사항

1. 계산된 이론값과 측정값은 같은가? 같지 않다면 그 이유는 무엇인지 설명해보라.

2. 이상적인 전압원의 전압-전류($V-I$)특성을 그리고 우리가 사용하는 실제적인 DC Power Supply의 $I-V$ 특성 그래프를 그리고 내부저항이 얼마인지 밝혀라.

3. 이상적인 전류원의 전압-전류($V-I$)특성을 그리고 그림으로부터 내부저항이 얼마인지 밝혀라. 중첩원리를 적용하여 전류원은 개방, 전압원은 단락시켜 분해하는 이유를 설명하라.

4. 중첩의 원리를 이용하여 이론적으로 실험 회로(c)를 풀어라. 실험값과 비교하라.

5. 직류 전압공급기(DC Power Supply)를 사용하여 정전류원을 만들기 위한 회로 조건을 찾고 그 이유를 설명하라.

제 05 주 이론

테브닌 정리와 노턴 정리

학습목표

1 복잡한 회로를 단순화시키는 테브닌 정리(Thevenin's theorem)를 이해한다.
2 복잡한 회로를 단순화시키는 노턴 정리(Norton's theorem)를 이해한다.
3 두 정리를 실험적으로 확인함으로써 복잡한 회로에 대한 분석 능력을 키운다.
4 테브닌과 노턴 정리에 의한 등가회로를 구할 수 있다.

1 개요

전원과 저항으로 구성된 선형 2단자 회로망에서 어떤 관심 있는 회로 소자를 회로망에서 분리시키고 분리된 소자에 대한 단락 전류, 개방 전압을 계산하고 개방단자에서 들여다 본 등가 저항을 구함으로써 회로를 매우 단순화 시킬 수 있다.

저항과 전원으로 구성된 2단자 회로망을 등가 저항과 직렬 연결된 전압원으로 구성되는 등가회로를 구할 수 있는데 이를 **테브닌**(Thevenin) **등가 회로**라고 한다. 똑 같은 회로를 등가 저항과 병렬 연결된 전류원으로 구성되는 등가회로를 구할 수 있는데 이를 **노턴**(Norton) **등가 회로**라고 한다.

2 관련이론

❒ 테브닌 정리

개방된 두단자 a, b로부터 임의의 회로망을 들여다 본 임피던스가 Z_{ab}이고 a, b 양 단의 전압이 V_{ab}이였다면 개방된 두단자 사이 a, b간에 부하 임피던스 Z_L을 연결하면 부하에 흐르는 전류는

$$I=\frac{V_{ab}}{Z_{ab}+Z_L} \tag{5.1}$$

여기서 $V_{ab}=V_{Th}$는 단자 ab를 개방시킨 상태에서 측정된 개방회로의 테브닌 등가 전압이며, $Z_{ab}=Z_{Th}$는 독립 전압원은 단락시키고, 독립 전류원은 개방시키고 나서 단자 ab에서 들여단 본 전체회로의 테브닌 등가 저항을 말한다.

회로망 전체의 전압, 전류 상태는 몰라도 회로망중의 임의의 단자간에 발생하는 전류, 전압 측정에 대단히 중요하다.

$V_{ab} = V_{Th} = V_{oc}$ =테브닌 등가 전압=단자 a, b 개방 전압

$Z_{ab} = Z_{Th} =$ 테브닌 등가 저항(일반적으로 임피던스)

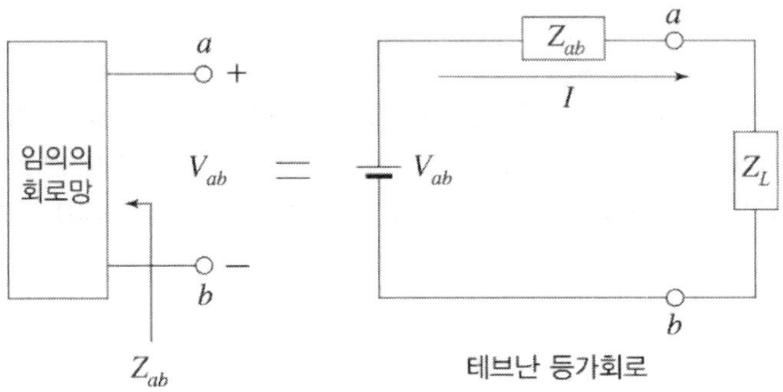

[그림 5.1] 테브닌 등가회로 구하기

주의 1. 등가 임피던스를 계산할 때 전류원은 개방시키고 전압원은 단락시켜 계산된다.
2. 등가 전압 계산시 중첩원리 적용하여 푸는 것이 좋다.

❐ 종속전원을 갖는 경우에 테브닌 등가 저항 구하기

모든 독립 전류원은 단락, 독립 전압원은 개방(turnoff)하지만 종속 전원은 그대로 놔둔다([그림 5.2]).

• 방법 I

단자 a와 b에 이미 알고 있는 전압원 v_0(예를들면 1V)을 인가하고 회로망으로 유입되는 전류 i_0를 구한다. 이때 회로망의 등가 저항은

$$R_{Th} \equiv v_0 / i_o \tag{5.2}$$

가 된다.

• 방법 II

단자 a와 b 사이에 이미 알고 있는 전류원 i_0(예를들면 1A)을 인가하고 단자 ab에 걸리는 전압 v_0를 구한다. 이때 회로망의 등가 저항은

$$R_{Th} \equiv v_0 / i_o \tag{5.3}$$

가 된다.

R_{Th} 값이 음의 값을 갖으면 회로망은 전력을 공급함을 의미하므로 전류의 방향을 바꾸어 생각하면된다.

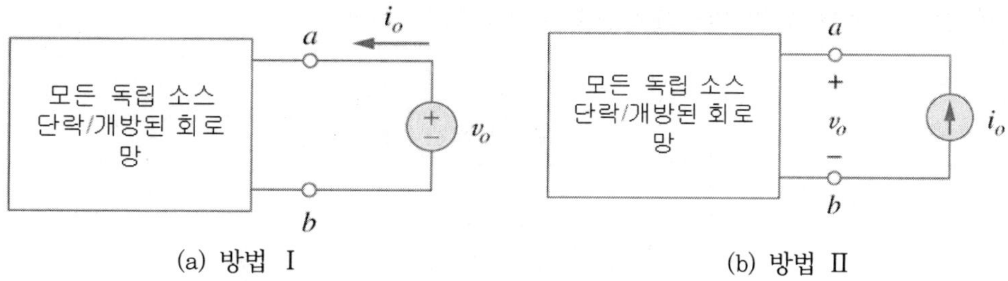

[그림 5.2] 종속 소스를 갖는 경우 R_{Th} 등가 저항 구하기

예제 1 테브닌 등가 회로 구하기

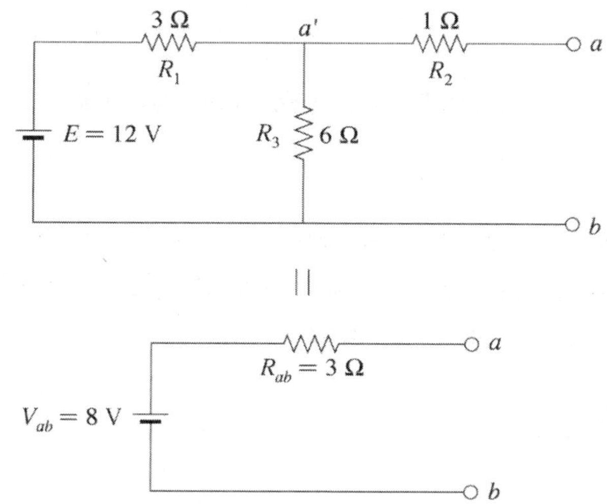

[그림 5.3] 테브닌 등가 예제 회로

- **등가저항** $R_{ab} = R_2 + R_1 // R_3 \ = 1 + \dfrac{R_1 R_3}{R_1 + R_3} = 3\Omega$

- **등가전압** $V_{ab} = \dfrac{R_3}{R_1 + R_3} E \ = \dfrac{6}{3+6} 12 = 8\,V$

단자 a, b사이에 부하 저항 $RL = 5\Omega$을 접속한 경우

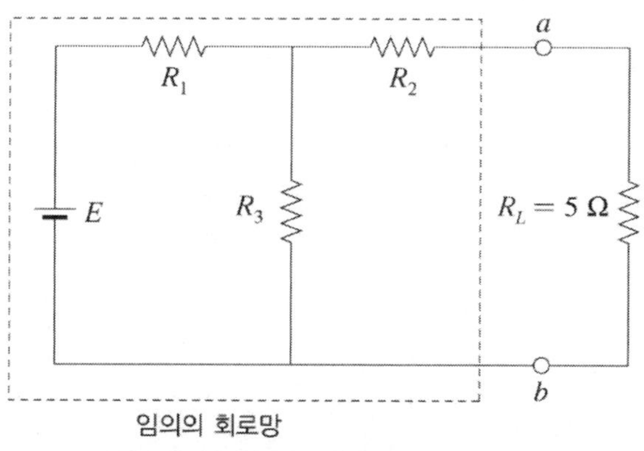

[그림 5.4] 임의의 회로망에 대한 등가회로

테브난 정리 사용하여 임의의 회로망을 등가회로로 고치면

$$I = \frac{V_{ab}}{R_{ab}+R_L} = \frac{8}{3+5} = 1A$$

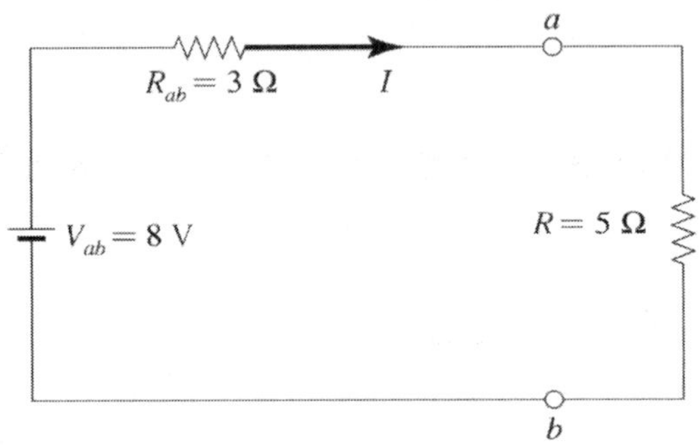

[그림 5.5] 회로에 대한 테브닌 등가회로

❒ 노턴 정리

개방된 두단자 a, b로부터 임의의 회로망을 들여다 본 어드미턴스가 $Y_{ab}(=1/Z_{ab})$이고, a, b두 단자를 단락하였을 때 흐르는 전류를 I_s라고 하면 개방된 두단자 a,b사이에 부하 어드미턴스 $Y_L(=1/R_L)$을 연결하면 부하에 흐르는 전류는

$$I = \frac{Y_L}{Y_{ab}+Y_L} I_S \tag{5.4}$$

여기서 $I_N = I_s$는 단자 ab를 단락 시킨 상태의 흐르는 단락 전류이고 $Y_{ab}(=1/Z_{ab})$는 독립 전압원은 단락시키고, 독립 전류원은 개방시킨 상태에서 단자 ab에서 들여단 본 전체 노턴 어드미턴스를 말한다.

$I_{ab} = I_N = I_s$ =노턴 등가 전류=단자 a, b 단락 전류
$Y_{ab}(=1/Z_{ab}) = Y_N(=1/Z_{Th}) =$ 노턴 등가 저항(일반적으로 어드미턴스)

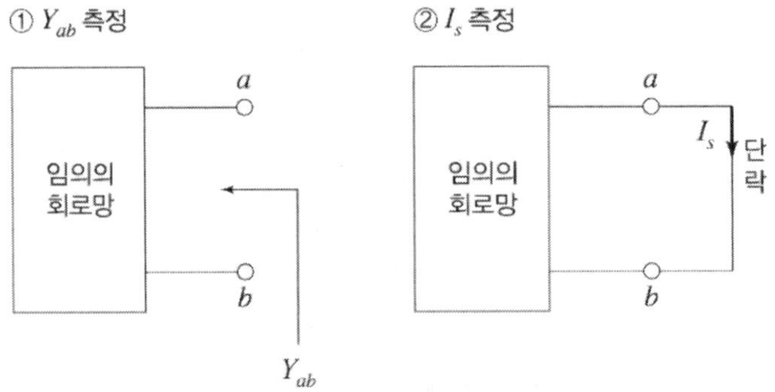

[그림 5.6] 노턴 등가회로 구하기

❐ 부하 어드미턴스의 연결과 부하 전류의 측정

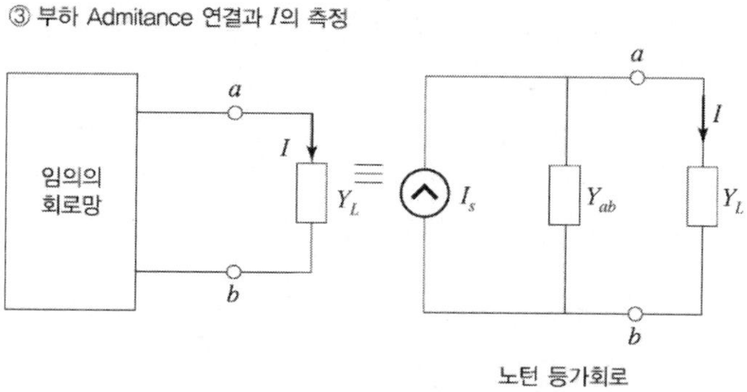

[그림 5.7] 노턴등가회로의 표현

주의 1. 등가 어드미턴스 계산시 전류원은 개방, 전압원은 단락시킨다.
2. 등가 전압 계산시 중첩원리를 적용한다.
3. Y_{ab}대신 Z_{ab}로 표시해도 무방하며, $Y_{ab} =$ 등가 어드미턴스, $Z_{ab} =$ 등가 임피던스$= 1/Y_{ab}$

❐ 소스 변환

소스 변환에 의해 테브닌 등가 회로를 노턴 등가 회로 변환시킬 수 있으며, 반대로 노턴 등가 회로를 테브닌 등가 회로로 변환시킬 수 있다.

전원 변환은 전압원(V_{Th})과 저항(R_{Th})이 직렬로 연결된 회로를 전류원(I_N)과 저항(R_N)이 병렬 연결된 회로로 대치하는 것이다. 여기서 $R_N = R_{Th}$.

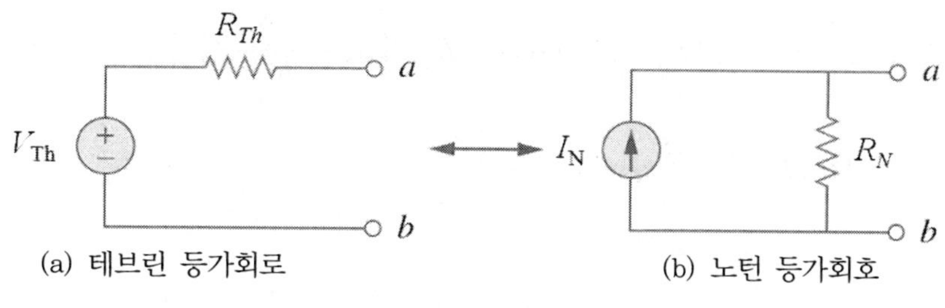

[그림 5.8] 소스 변환에 의해 등가 회로 변환

단락 전류는

$$I_N = I_s = V_{Th}/R_{Th} \tag{5.5}$$

개방 전압은

$$V_{Th} = V_{oc} = I_N R_N \tag{5.6}$$

예제 2 노턴 등가 회로 구하기

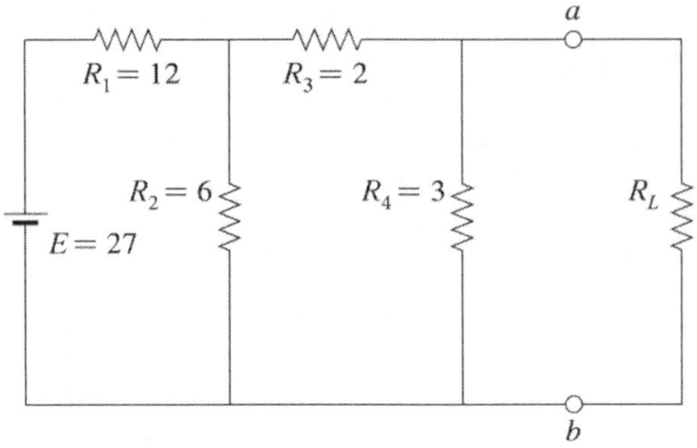

$Y_{ab} = 1/Z_{ab}$

Z_{ab}의 계산

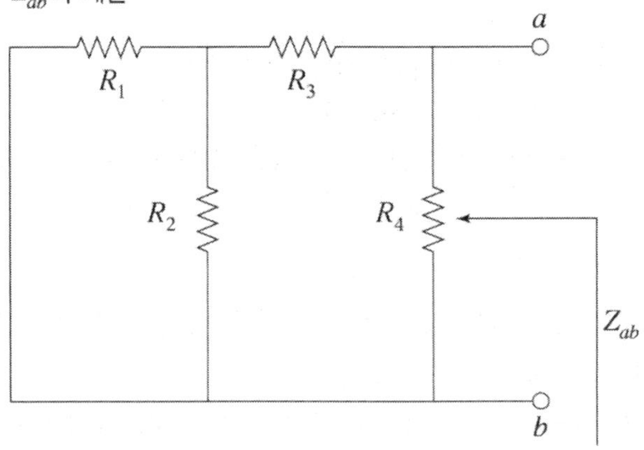

[그림 5.9] 노턴 등가 회로 찾기위한 회로망

$$
\begin{aligned}
R_{ab} = R_N = R_4//(R_3 + R_1//R_2) &= R_4//\left(R_3 + \frac{R_1 R_2}{R_1 + R_2}\right) \\
&= 3//\left(2 + \frac{12 \times 6}{12 + 6}\right) = 3//6 = 2
\end{aligned}
\tag{5.7}
$$

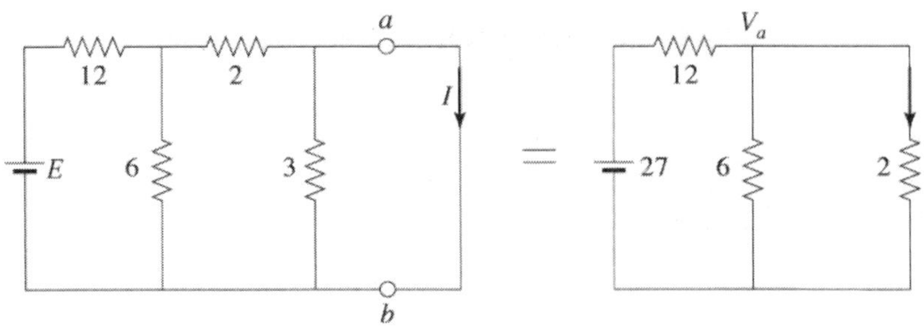

[그림 5.10] 단자 ab의 단락 전류 구하기

a, b전위 같기때문에 3Ω 저항은 단락된 브랜치를 갖는 경우 개방과 같이 처리할 수 있다.

따라서 3Ω 없이 회로를 다시 그려 계산할 수 있다.

$$\frac{17 - V_a}{12} = \frac{V_a}{6} + \frac{V_a}{2}$$

$$27 - V_a = 2V_a + 6V_a, \quad \therefore V_a = 3V \tag{5.8}$$

$$\therefore I_a = I_s = I_N = \frac{V_a}{R_3} = \frac{3}{2} = 1.5A$$

식 (5.7)와 (5.8)을 이용하여 노턴 등가 회로를 그리면 [그림 5.10]과 같다.

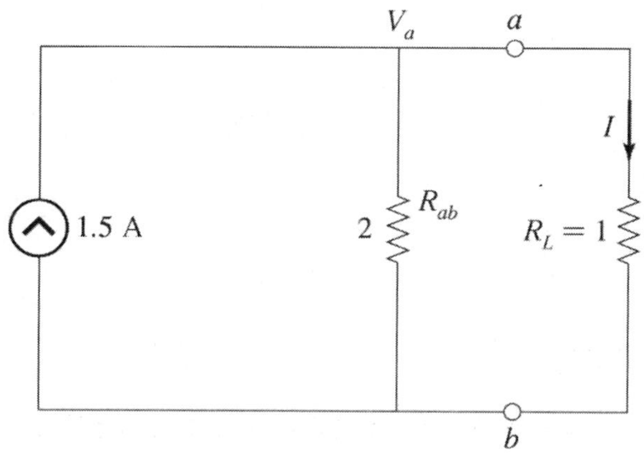

[그림 5.11] 노턴 등가 회로

부하 저항 $R_L = 1\Omega$ 에 흐르는 전류는 분류 법칙을 적용하여

$$I = \frac{R_{ab}}{R_{ab} + R_L} I_S = \frac{2}{2+1} 1.5 = \frac{2}{3}\frac{3}{2} = 1[A]$$

❒ **밀만의 정리 : 테브닌과 노턴의 정리 복합 정리**

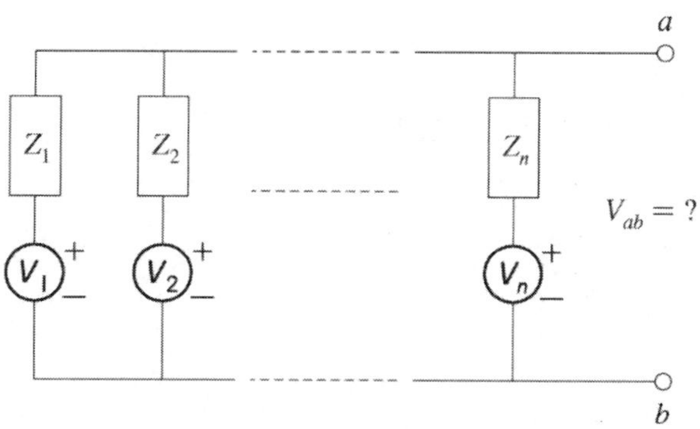

[그림 5.12] 밀만의 정리를 설명하기 위한 테브닌 복합 회로

• 등가 임피던스

$$Z_{ab} = Z_1//Z_2//.......//Z_n,\quad Z_{ab} = \frac{1}{\frac{1}{Z_1}+\frac{1}{Z_2}+.....+\frac{1}{Z_n}}$$

$$\frac{1}{Z_{ab}} = \frac{1}{Z_1}+\frac{1}{Z_2}+...+\frac{1}{Z_n},\quad \Rightarrow Y_{ab} = Y_1+Y_2+...+Y_n = \sum Y_k$$

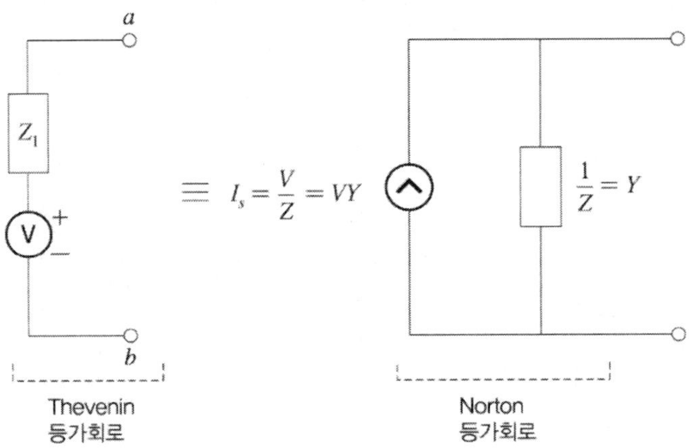

[그림 5.13] 테브닌 정리와 노턴 정리의 쌍대성

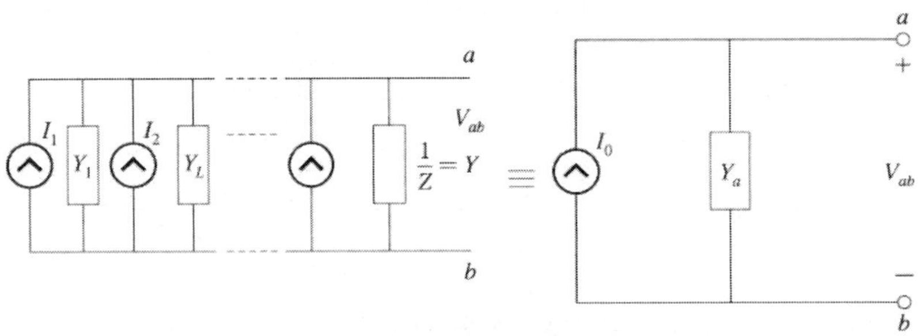

[그림 5.14] 밀만의 정리를 설명하기 위한 노턴 복합 회로

• KCL

전류총합 : $Y_1 + Y_2 + ... Y_n = Y_o = \sum Y_k$

$$I_1 + I_2 .... + I_n = I_o = \sum I_k$$

어드미턴스 : $V_{ab} = \frac{I_o}{Y_o} = \frac{\sum I_k}{\sum Y_k}$

연습문제

1. [그림 P5.1(a)]의 개방 단자에 본 테브닌 등가회로를 그려라.

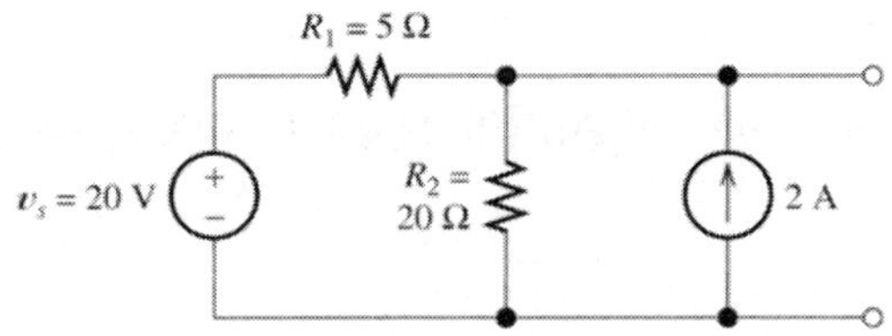

[그림 P5.1(a)]

해답 • 테브닌 등가 저항 : 모든 독립 소스는 turn-off시킨다(전류원은 개방, 전압원은 단락)

$$R_{eq} = R_{Th} = R_1 // R_2 = \frac{R_1 R_2}{R_1 + R_2} = 4[\Omega]$$

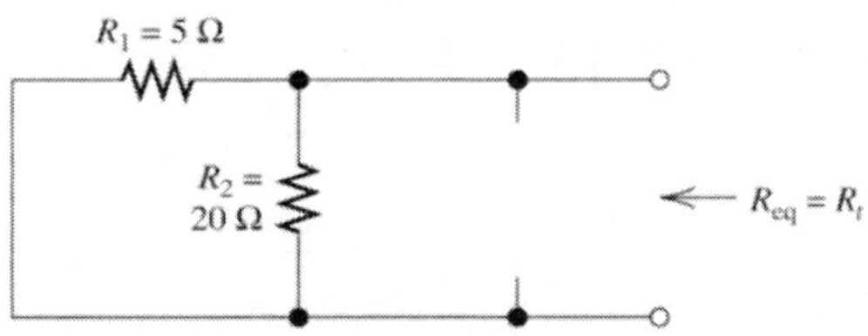

[그림 P5.1(b)]

• 테브닌 등가 전압 : 개방 전압

중첩 워리 적용하여 각 소스에 대해서 푼다.

① 전압원만 있는 경우 ⇒ 전압 분배 법칙을 적용

$$v_1 = v_s \frac{R_2}{R_1 + R_2} = (20)\frac{20}{5+20} = 16[V]$$

② 전류원만 있는 경우 ⇒ 전류 분류 법칙을 적용하여

$v_2 = (R_1 // R_2)(2A) = (4)(2) = 8[V]$

따라서 $V_{Th} = v_1 + v_2 = 16 + 8 = 24[V]$

Part I

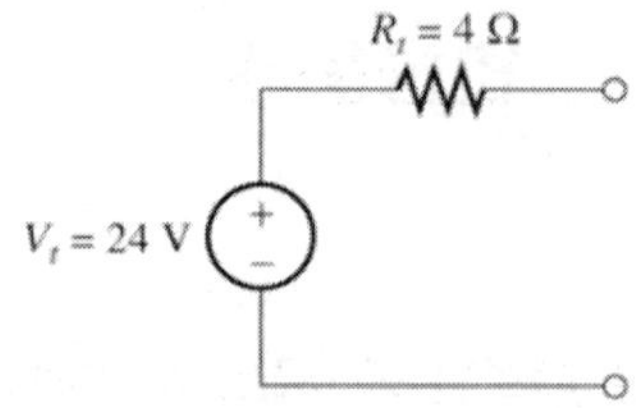

[그림 P5.1(c)] 테브닌 등가 회로

2. 아래 종속 전류원을 갖는 [그림 P5.2(a)]의 회로에서 테브난 등가회로를 구하라.

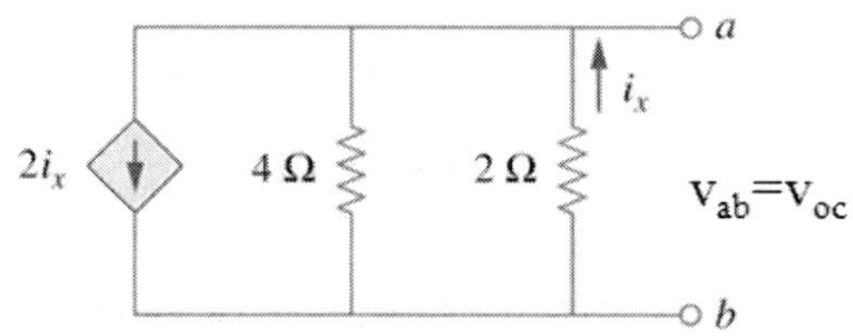

[그림 P5.2(a)]

해답 주어진 회로는 독립 전원을 가지고 있지 않기 때문에 $V_{Th}=0$이 된다. R_{Th}를 구하기 위해 단자 ab간에 이미 알고 있는 전류원(예를들면 1A)을 인가한다([그림 P5.2(b)])참조.

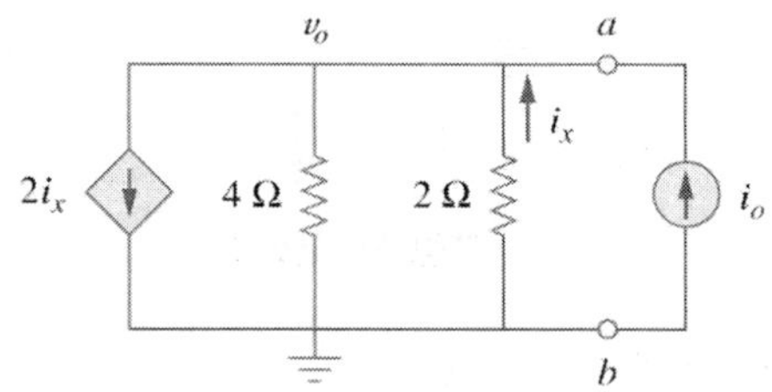

[그림 P5.2(b)]

전류 분류 법칙을 적용하여 i_x에 흐르는 전류에 대한 식을 세운다.

$$i_x = \frac{1-v_0}{2} = -\frac{v_0}{2} -> v_0 = -2i_x = -4i_0,\ (2i_x - i_0)\cdot\frac{4}{4+2} = i_x -> i_x = 2i_0$$

$$\therefore R_{Th} \equiv \frac{v_0}{i_0} = \frac{-4i_0}{i_0} = -4,\ V_{Th}=0\,(\because \text{ 독립전원이 없슴})$$

등가 저항이 −값을 가지므로 실제 전류는 반대 방향임.

3. **주어진 [그림 P5.3(a)] 회로의 노턴 등가 회로의 값 I_N과 R_N을 구하라.**

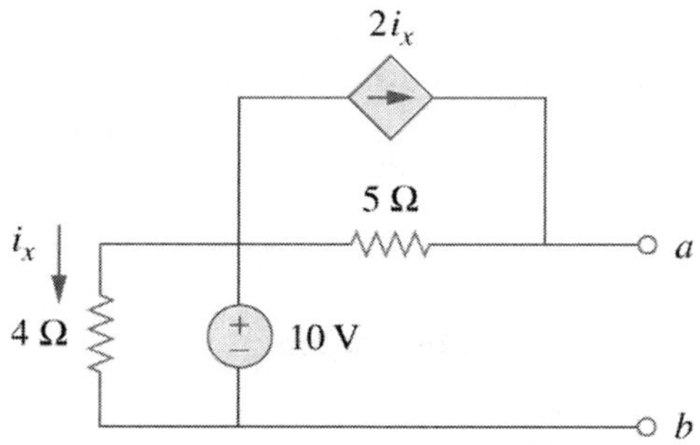

[그림 P5.3(a)]

해답 회로는 종속 전류원을 갖고 있으므로 먼저 R_N을 구하기 위해 단자 ab에 이미 알고 있는 전압원 v_0(=1V)을 연결하고 독립 전원은 모두 Turn-off(단락)시킨다.

(why?)이므로 종속 전류원 $2i_x$는 개방과 같다([그림 P5.3(b)] 참조).

$-1+5i_0=0 \rightarrow i_0=0.2[A]$

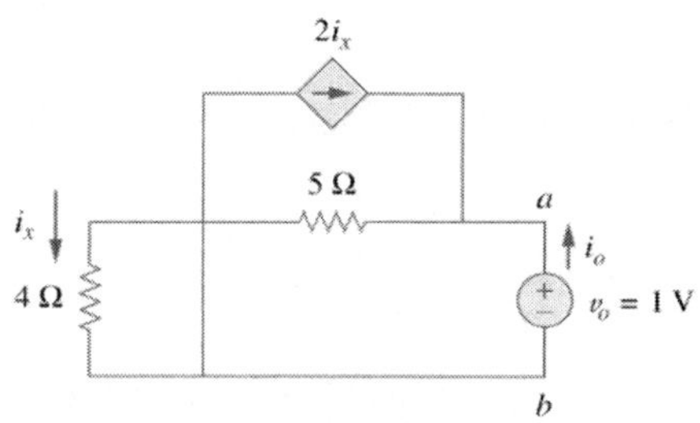

[그림 P5.3(b)]

따라서 정의 식에 의해 노턴 등가 저항 R_N은

$$R_N=\frac{v_0}{i_0}=\frac{1}{0.2}=5\Omega$$

단락 전류 I_N은 단자 ab를 단락시킨 상태에 단자로 흐르는 전류이다([그림 P5.3(c)]).
회로는 종속 전류원을 갖고 있으므로 다음 I_N을 구하기 위해 단자 ab를 단락시키면
이 단락 전류가 노턴 등가 전류 I_N이 된다.

Ohm's Law 적용 : $4i_x=10 \rightarrow i_x=2.5[A]$

5Ω 전압 $=10V \rightarrow 5\Omega$에 흐르는 전류는 $(10-0)/5=2A$

따라서 $i_{sc}=I_N=2i_x+(5\Omega$에 흐르는 전류$)=2(2.5)+2=7[A]$

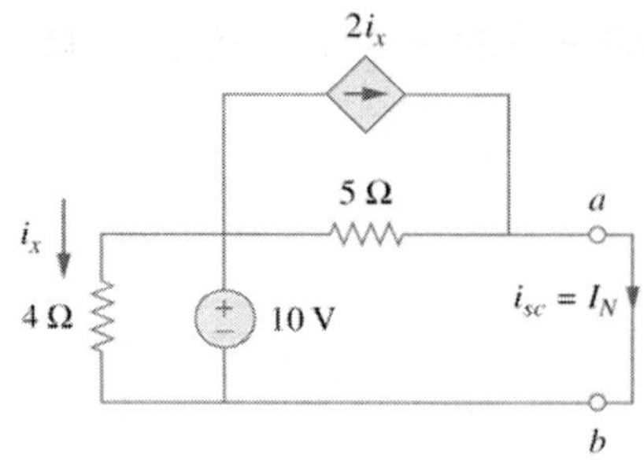

[그림 P5.3(c)]

4. **[그림 P5.4(a)]의 회로에서 전원 변환을 사용하여 v_0를 구하라.**

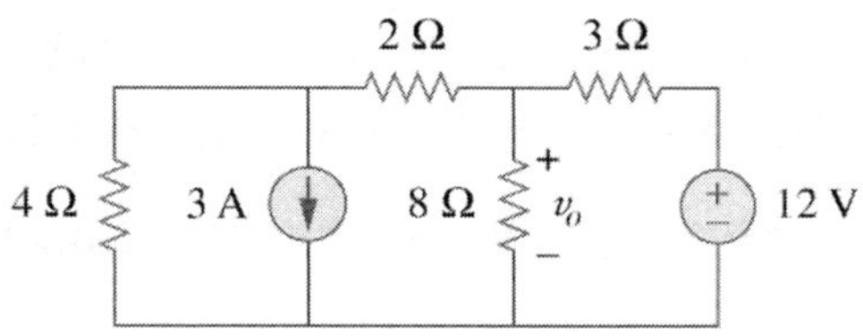

[그림 P5.4(a)]

해답 (1) 4Ω 과 3A 전류원을 포함하는 이 부분을 전압원으로 변환시킨다([그림 P5.4(b)])

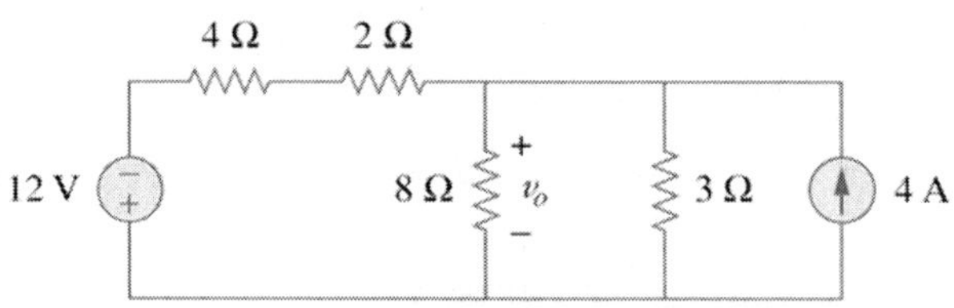

[그림 P5.4(b)]

(2) 12V 전압원과 (4Ω +2Ω) 이 부분을 전류원으로 변환시킨다([그림 P5.4(c)]).

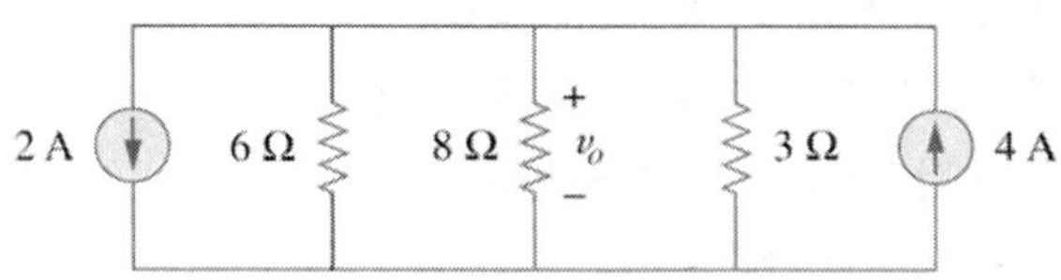

[그림 P5.4(c)]

구하고자하는 8을 중심으로 [그림 P5.4(c)]의 회로에 다시 소스는 소스끼리 저항은 저항끼리 정리하면 [그림 P5.4(d)]의 회로를 얻는다.

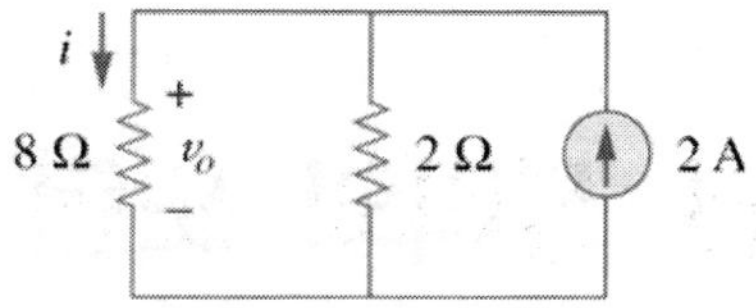

[그림 P5.4(d)]

8Ω 저항에 걸리는 전압 v_0을 구하기 위해 전류 분류 법칙(Current Division Rule)을 사용한다.

$i = \frac{2}{2+8}(2) = 0.44A$.

그러므로

$v_0 = 8i = 8(0.4) = 3.2[V]$

제 05 주

실험절차

테브닌 정리와 노턴 정리

강의 : 30분, 실험 : 2시간, 연장 : 30분

1 실험장비 및 부품

① 가변직류전압 공급장치 2대(혹은 dual DC Power Supply 1대)
② 회로 시험기(브레드 보드 기판)
③ 저항 : 100Ω 1개, 200Ω 2개, 330Ω 1개, 470Ω 1개, 680Ω 1개, 1kΩ, 2kΩ, 3kΩ, 5kΩ 1개, 5kΩ 리오스타트 1개(가변저항기)
④ 디지털 멀티미터 1대
⑤ 전류 측정 미터 1대

2 실험방법

(1) 테브닌 정리 실험

① [그림 5.14(a)] 회로를 결선하고 a, b양단의 전압을 측정하여 〈표 5.1〉에 기입하여라
② [그림 5.14(a)] 회로의 a, b단자에 5kΩ 가변 저항을 접속하고, 이 저항을 서서히 변화 시켜 가면서 a, b양단의 전압이 $V_{ab}/2$가 되도록 하며, 이 때의 가변 저항값을 회로 시험기로 측정하여 〈표 5.1〉에 기입하여라
③ [그림 5.14(a)]의 회로에서 12V의 전압원을 제거한 후 이 부분을 단락 시키고, a, b 단자사이의 저항을 회로 시험기로 측정하여 〈표 5.1〉에 기입하여라.
④ 다시 [그림 5.14(a)]회로를 결선하고, 단자 a,b에 〈표 5.2〉에 지정한 저항을 접속하여 이 저항에 흐르는 전류를 측정하여 기입하라.

(2) 노턴 정리 실험

⑤ [그림 5.14(b)] 회로를 결선하고 a, b두 단자를 단락하여 이 두 단자 사이를 흐르는 전류를 측정하여 〈표 5.3〉에 기입하라. 단 전류원을 만드는 방법은 제 4주 중첩원리 실험 절차의 (3)의 주의 사항를 참고할 것.

⑥ [그림 5.14(b)] 회로에서 전압원과 전류원을 떼어낸 후 전압원은 단락시키고 전류원은 개방시켜 단자 a, b 사이의 저항을 측정하여 〈표 5.3〉에 기입하라.

⑦ 다시 [그림 5.14(b)] 회로를 결선하고, 단자 a, b 사이에 〈표 5.4〉에 지시한 저항을 접속하여 이 저항에 흐르는 전류를 측정하여 기입하라.

3 회로도

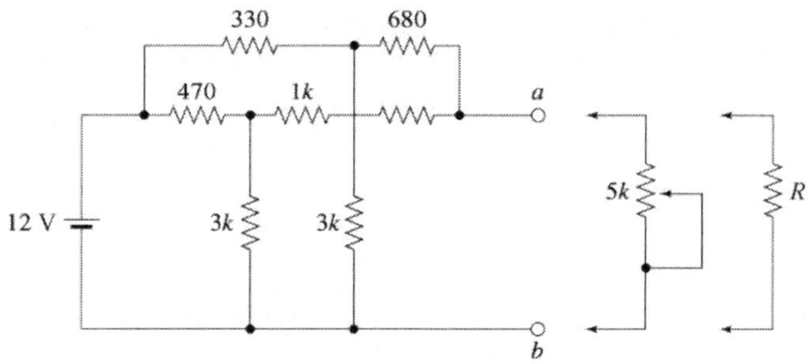

(a) 테브닌 정리

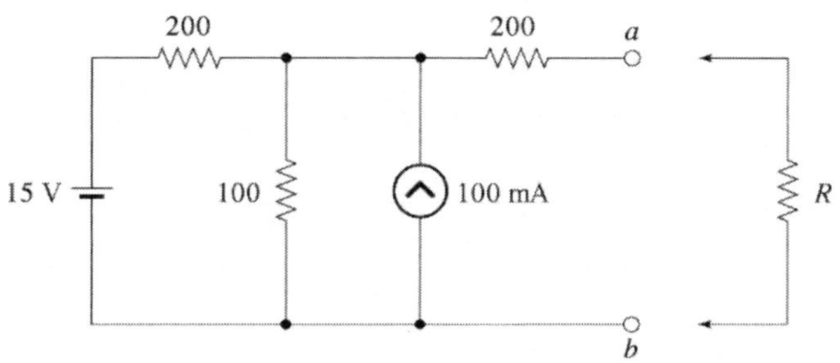

(b) 노턴 정리

[그림 5.14] 테브닌 정리와 노턴 정리 실험을 위한 회로도

4 측정값

〈표 5.1〉

$V_{ab}(V)$ 이론값	$R_{ab}(\Omega)$ 이론값	$V_{ab}(V)$ 측정값	$R_{ab}(\Omega)$ 실험순서 (2)의 측정값	$R_{ab}(\Omega)$ 실순서(3)의측정값

〈표 5.2〉

R	$R=200\Omega$	$R=470\Omega$	$R=1\text{k}\Omega$	$R=2\text{k}\Omega$
이론치(mA)				
측정치(mA)				

〈표 5.3〉

I_s(mA) 이론치	$R_{ab}(\Omega)$ 이론치	I_s(mA) 측정치	$R_{ab}(\Omega)$ 측정치

〈표 5.4〉

	$R=100\Omega$	$R=200\Omega$	$R=300\Omega$	$R=470\Omega$
이론치(mA)				
측정치(mA)				

5 결과분석 및 토의

토의사항

① 테브닌 등가회로

- [그림 5.14(a)] 회로의 Thevenin등가 회로를 그려라

- 〈표 5.1〉, 〈표 5.2〉의 이론값와 측정값를 비교해 보고, Thevenin정리가 성립됨을 확인하여라.

② 노턴 등가회로

- [그림 5.14(b)] 회로의 Norton 등가 회로를 그려라.

- 〈표 5.3〉의 이론값과 측정값를 비교해 보고, Norton 정리가 성립됨을 확인하라.

③ 테브닌 저항을 직접 측정할 수 없는 경우 즉 사용하는 함수발생기 회로의 테브닌 등가 회로를 알고자한다면 부하저항으로 가변 저항기를 사용하여 개방회로의 전압이 반이 될 때 까지; 조정한다. 이 때 가변 부하저항값이 함수발생기의 테브닌 등가 저항값과 같게 될 것이다. 위 설명에 기초하여 사용주인 함수 발생기의 테브닌 등가 저항을 구하는 방법을 구체적으로 설명하라.

제 06 주

이 론

오실로스코프 동작과 측정법

학습목표

1 Oscilloscope의 내부 기능 블록도를 배우고 기본원리와 동작를 이해하고 측정을 위한 조정 단자를 익힌다. 사용법을 숙지하여 교류 신호의 전압, 주파수, 위상, 파형 등을 여러 모드에서 측정하는 방법을 익힌다.
2 저주파 주파수 대역의 함수 발생기의 동작 특성을 이해하고 여러 모드에서 함수 발생기의 다양한 파형을 오실로스코프를 사용하여 동작법을 익힌다.
3 XY 모드에서 리사쥬도형을 사용한 오실로스코프 동작법을 익힌다.

1 개요

전기적인 신호를 시간의 변화에 따라 신호들의 크기가 어떻게 변화하고 있는지를 화면상에 보여주는 장치로서 TV 정비사로부터 물리학자에 이르기까지 다양하게 사용되는 만능 계측 장비중의 하나이다. 우리는 오실로스코프의 내부 회로 동작을 정성적으로 익히고 이를 사용한 여러 측정 방법을 배울게 될 것이다. 오실로스코프를 사용하여 다음과 같은 항목을 측정하고 관측할 수 있다 :

- 입력신호의 시간과 전압의 크기.
- 발진 신호의 주파수.
- 입력신호에 대한 회로상의 응답변화.
- 기능이 저하된 요소가 신호를 왜곡 시키는 것.
- 직류신호와 교류신호의 량.
- 신호중의 잡음과 그 신호의 시간 변화에 따른 잡음의 변화

우리가 사용하는 오실로스코프에는 아날로그 유형과 디지털 유형이 있으며 이에 대한 간단한 특성을 요약하면 다음과 같다 :

- **아날로그 오실로스코프** : 인가된 전압에 비례하여 빔을 상하좌우로 편향시켜 화면상에 파형으로 바로 나타냄.
- **디지털 오실로스코프** : 파형을 샘플링 한후 AD컨버터를 통해 측정한 전압을 디지털 정보화하여 파형으로 재구성 해서 화면에 표시함.

2 관련이론

(1) 오실로스코프 동작

오실로스코프는 시간적으로 변하는 전기적인 신호를 형광판인 Cathode Ray Tube(CRT)에 투사하여 파형으로 나타나게 만든 계측 장치이다. 오실로스코프는 일반 계기(디지털 멀티미터 등)로 측정할 수 없는 여러 주파수의 신호를 측정할 수 있으며 파형의 여러 모양을 시각적으로 관찰할 수 있기 때문에 실험 및 계측에 가장 중요한 측정기이다.

1) 오실로스코프의 기본 기능도

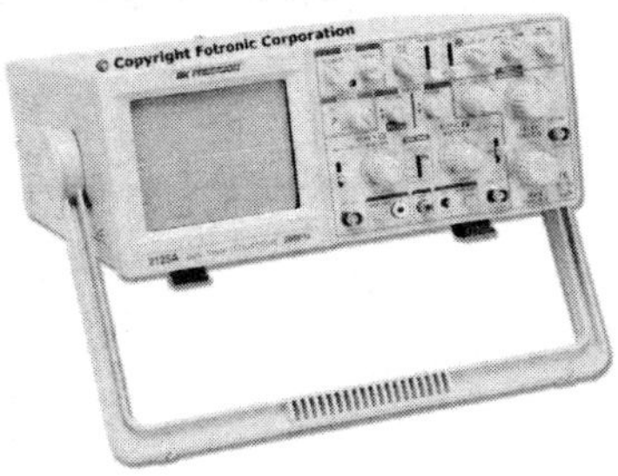

(a) 아날로그 유형 오실로스코프 외관

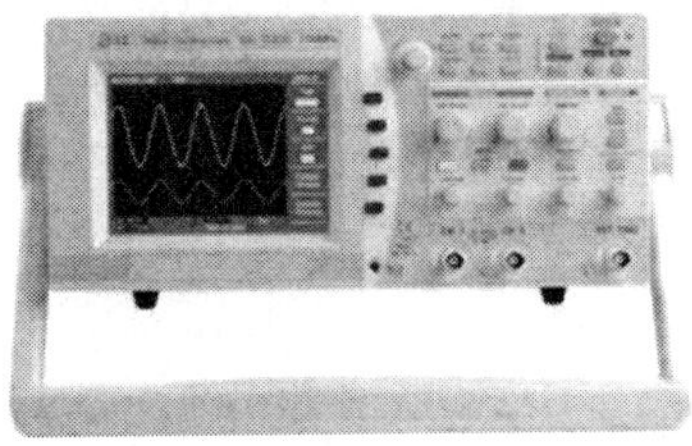

(b) 디지털 유형 오실로스코프 외관

[그림 6.1] 오실로스코프 외관

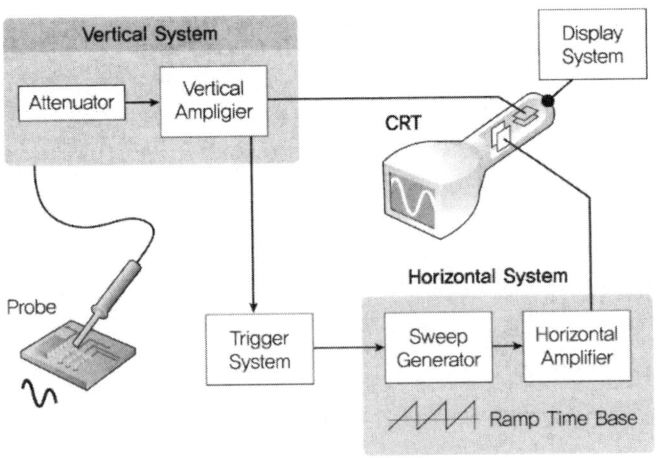

[그림 6.2] 아날로그 오실로스코프 내부 기능도

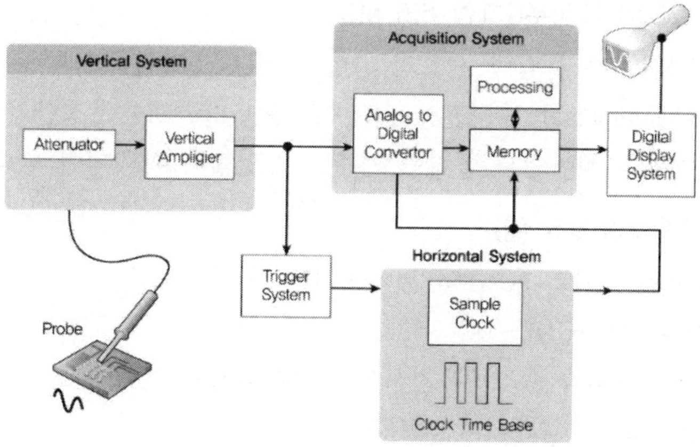

[그림 6.3] 디지털 오실로스코프 내부 기능도

2) 오실로스코프의 기본 동작

❐ 수직(Vertical mode) 선택부([그림 6.5 K])

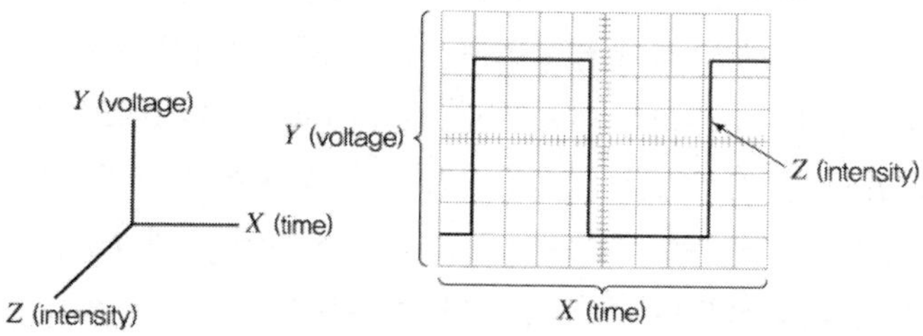

[그림 6.4] 화면상에 표시된 파형의 X(시간), Y(신호 진폭), Z(휘도) 성분들

오실로스코프 전면 조작단자들의 형태, 위치, 기능 등은 제작사와 제품 모델에 따라 다르지만 일반적으로 학교의 연구실에서 사용되는 오실로스코프는 기본적으로 제공되는 기능이 유사한 편이다.

❐ 수직(Vertical mode) 선택부([그림 6.5 K])

이 선택 조정기는 수직증폭기의 동적 형태를 정의한다. Ch1, Ch2, ….신호 입력 연결단자, (Y)축 가로방향으로 전자 beam을 편향 운동하도록 한다. 신호의 감쇄 및 증폭을 위한 감도 조절기능을 갖고 있다.

- Both : Ch1과 Ch2에 입력된 신호를 동시에 출력한다.
- ALT : 교대로 Ch1과 Ch2의 신호를 출력한다.
- CHOP : 스위프하는 동안 표시화면은 Ch1과 Ch2를 번갈아가며 표시한다.
- ADD : Ch1과 Ch2의 신호를 산술적으로 합하여 표시한다.
- INVERT : ADD 모드에서 변화량 측정을 위하여 사용한다.

❒ **수평감도(Volts/Div) 조정부([그림 6.5 M])**

화면상에 표시되는 수직 입력 신호의 파형 크기를 조정한다.

- **가변 조정단자(Variable)** : 이 조정단자는 보통 Volts/Div 조정단자의 중앙에 위치한다. Pull-out 단자를 빼어낸후 돌리면 기준 스케일링이 확대되어 나타난다.

❒ **CRT/TFT 화면([그림 6.5 A])**

CRT/TFT 화면의 밝기는 beam의 위치제어로 나타낸다.

- **입력 커플링부** : AC-GND-DC
  - AC : 입력 콘넥터와 수직증폭기사이에 캐패시터가 있어 신호의 DC 성분을 차단한 신호의 AC만 보고자 할 때 선택한다.
  - DC : 신호의 DC 성분과 AC 성분 모두를 보고자 할 때 선택한다.
  - GND : 수직 증폭기 입력단을 접지하여 기준점이 된다.
- **시간축(Timebase) 조정기(Time/Div)** : 신호가 시간축상을 움직이는 모습을 적절한 시간 간격으로 설정하기 위한 조정기이다. 오실로스코프내의 소인 신호 발생기(sweep generator)를 사용하여 시간 축 조절을 수행한다.
- **동기(triggering) 제어부([그림 6.5 F, G])** : 시간축은 매번 입력 신호가 시작되는 지점을 정확하게 맞춰주는 동기 방법이 필요하며 이 기능을 수행하는 것을 triggering이라고 한다. 여기에는 동기원(trigger source)을 내부(60Hz), 외부로부터 받을 수 있으며 동기 레벨, 동기 경사, 동기 커플링 등을 사용하여 정확한 시작점을 맞춘다.
- **Level 제어** : 이 조정단자는 스위프가 동기되는 동기점을 결정하는 회전식 조정단자이다. Auto 위에서는 자동적으로 동기 신호가 발생한다.
- **커플링(Coupling)** : 이 조정단자는 전원 결합 (line 60 Hz) 과 외부 트리거 입력을 받아 동기를 맞추는 경우에 동기 신호와의 결합 방법을 선택하는데 사용된다.
- **소스(Source)** : 동기신호는 내부동기와 외부동기로 구분된다. 외부 혹은 내부 동기 소스를 선택하는데 사용된다.
- **기울기(Slope)** : 이 조정단자는 스위프의 동기가 동기신호의 상승부(+ 위치)에서 발생되는지, 아니면 하강부(– 위치)에서 발생되는지를 결정하는데 사용된다. 보통 '+'와 '–' 로 표시되어 있다.

  아래 [그림 6.6]에 Edge 트리거링 방식의 여러 모드를 설명하였고, [그림 6.7]에 CRT 화면에 sweep 발생 과 트리거링 기능을 나타내었다.
- **휘도(Intensity) 조정단자** : 이 조정단자는 CRT 상에 표시되는 파형의 밝기 부분을 설정한다. 이 단자를 시계방향으로 돌리면 밝기가 증가한다.
- **초점(Focus) 조정단자** : 이 조정단자는 화면상에 선명한 휘선을 나타내도록 조정하기 위한 것이며 휘도 조정단자와 함께 사용된다.
- **수평/수직 위치 조정단자([그림 6.5 I, K])** : 빔의 수평 이동 혹은 수직 이동을 위한 조정단자

- 프로브(Probe) 연결 단자([그림 6.5 N]) : 오실로스코프의 입력 신호는 여러 가지 형태의 컨넥터와 차폐된 동축 케이블을 통하여 수직 입력 단자에 입력된다. 프로브는 신호를 감쇄없이 입력시킬 수도 있고, 일정 비율(1 : 10)로 감쇄시켜 입력시킬 수도 있다. 감쇄된 입력이 연결되는 경우 왜곡을 최소화하기 위한 프로브 교정이 이루어진다.

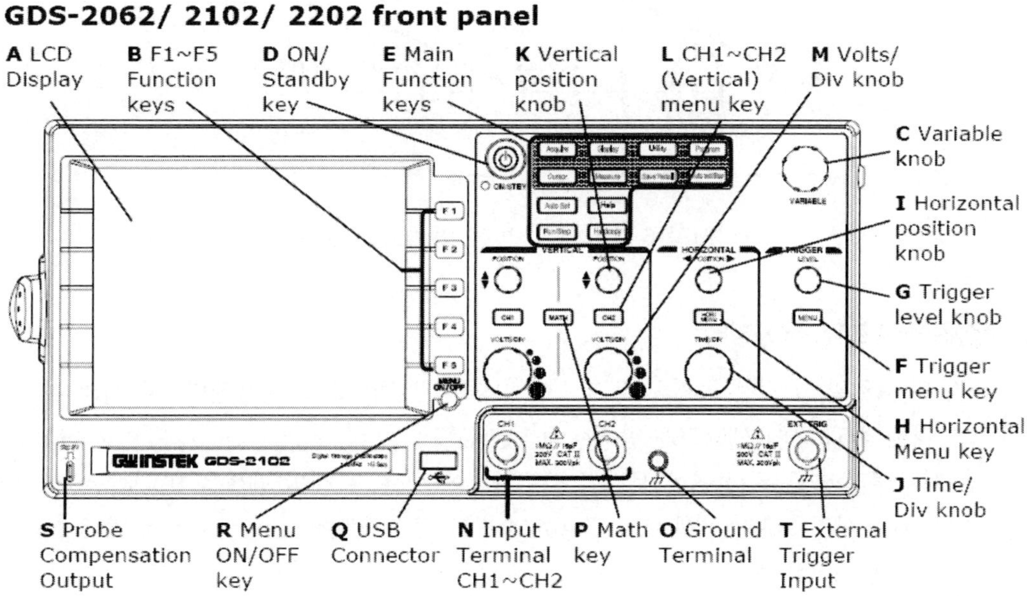

[그림 6.5] 디지털 오실로스코프의 여러 조정 버튼과 단자

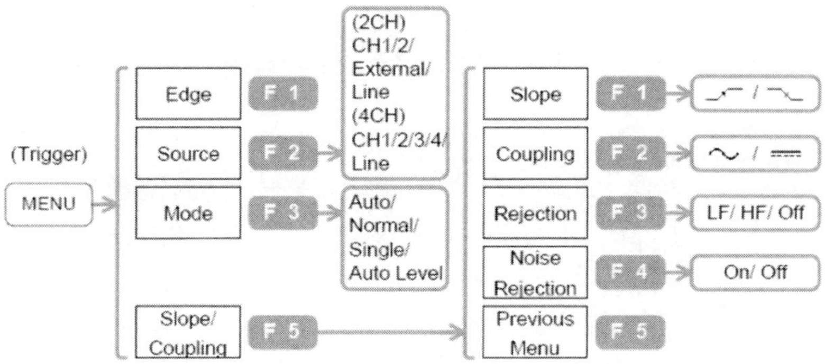

[그림 6.6] Edge 트리거의 사용 모드

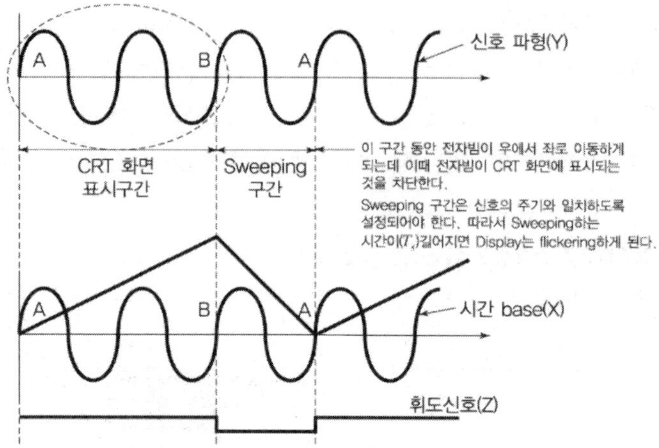

[그림 6.7] sweep 발생 과 트리거 기능

3) 오실로스코프의 작동방법

두 개의 휘선(채널)을 갖는 동기식 오실로스코프들이 일반적으로 사용된다. 두 개의 휘선은 전자 제어에 의해 스코프의 LCD/CRT 화면상에 나타난다. 이같은 dual-trace (혹은 2-ch) 오실로스코프는 회로내의 다른 두 점에서 시간적으로 관련이 있는 두 개의 파형을 XY 모드에서 동시에 관찰이 가능하며 이는 2차원 도형으로 표현하는 것과 같다. 예를 들면 리샤쥬 도형에 의한 주파수, 위상 측정에 이용된다.

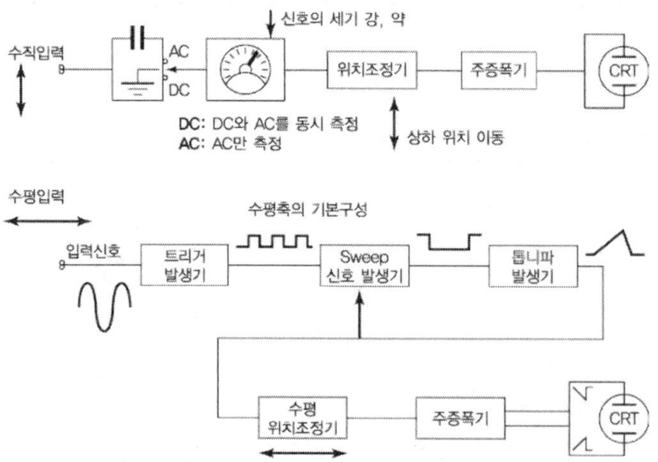

[그림 6.8] 아날로그 오실로스코프 내부 구조

4) OSC의 기본 측정

❐ DC 측정

직류전압 V_{DC} = 수직이동거리(DIV)×수직감쇠기 위치(V/DIV)
× 프로브의 감쇄비 (1 or 1/10 등)

예 DIV = 10 DIVs
V/DIV = 0.1 V/DIV
probe = 1
$\therefore V_{DC} = 10 \times 0.1 \times 1 = 1\,V$

❐ 교류전압측정

- 교류전압(peak to peak) : $V_{p-p} = P-P$ 수직이동거리(DIV)×수직감쇠기위치 (V/DIV)×probe의 감쇄비
- 실효교류전압 : $V_{\text{rms}} = \dfrac{V_p}{\sqrt{2}} = \dfrac{1}{\sqrt{2}}\dfrac{V_{p-p}}{2} = \dfrac{V_{p-p}}{2\sqrt{2}}$
- 최대(peak) 교류전압 : $V_{p=} V_{p-p}/2$

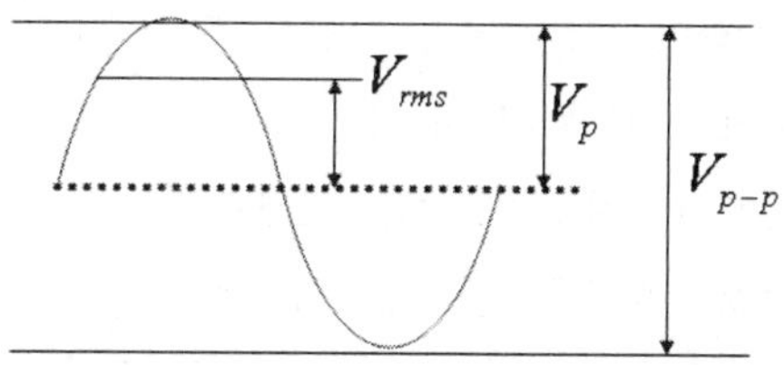

예제

$P-P$수직이동거리 = 10DIVs, 수직감쇄기 위치 = 0.2V/DIV, probe 배율 = 1인 경우 전압?

$V_{p-p} = 10 \times 0.2 \times 1 \times 2\,V$

$V_p \times V_{p-p}/2 \times 1\,V$

$V_{\text{rms}} \times \dfrac{1}{\sqrt{2}}\,Vp = \dfrac{1}{\sqrt{2}} = 0.707\,V$

❐ 주기 및 주파수 측정

- 주기 T=한 주기간의 수평이동거리(DIV) ×Sweep시간 선택기 위치 (Time/DIV)×수평확대비 역수
- 주파수 $f = 1/T$

예제

한주기 수평이동거리 = 10DIV, Sweep 시간 선택기 = 1msec/DIV, 수평확대기 = 1인 경우 주기와 주파수는?

$T = 10 \times 1\text{m} \times 1 = 10$ msec

$f = 1/10\text{m} = 1000/10 = 100\text{Hz}$

❐ XY 동작 모드의 리사쥬 도형에 의한 주파수 및 위상 측정

수평측 (X−축=ch−1) 입력과 수직측 (Y−축=ch−2) 입력에 크기가 같은 두 신호를 인가했을 때 나타나는 타원 모양의 파형 모양을 **"리사쥬(Lissajous)도형"** 이라고 한다.

$$\text{채널-1 입력} : v_1(t) = A sin(2\pi f_x t + \phi) \tag{6.1a}$$

$$\text{채널-2 입력} : v_2(t) = B sin(2\pi f_y t) \tag{6.1b}$$

- 경우 1 : $f_x/f_y = 1$일 때 타원을 그린다.
- 경우 2 : $f_x/f_y = 1, \phi = \pi/2$일 때 원을 그린다.
- 경우 3 : $\phi = 0$일 때 직선을 그린다.

주파수의 비율과 위상 값에 따라 여러 다양한 곡선을 그리게 된다.

- 리사쥬 기법에 의한 주파수 및 위상 측정법
  ① X−축에 미지의 신호 (주파수=f_x)를 인가한다.
  ② Y−축에 기지의 신호 (주파수=f_y)를 인가한다.
  ③ 미지의 신호 주파수를 가변하여 [그림 6.9]와 같은 도형을 유도한다.

$$\frac{\text{미지의주파수}(f_x)}{\text{기지주파수}(f_y)} = \frac{\text{수직선과의교차수}}{\text{수평선과의교차수}} \tag{6.2}$$

예 위상 = 45차이가 있을 때

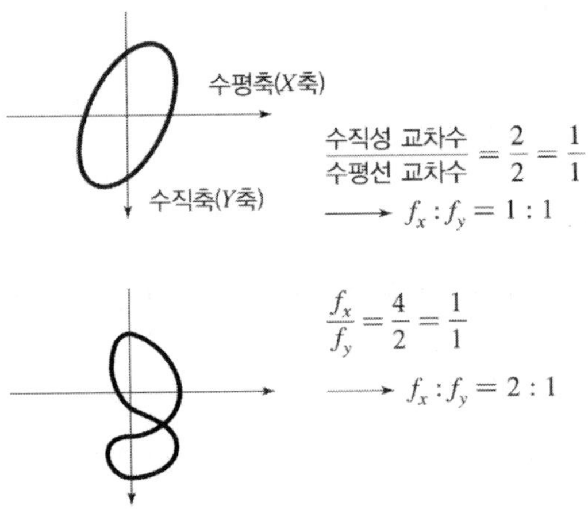

[그림 6.9] 리사쥬 도형의 예

위 그림 :

위 그림($f_x = f_y$, $A=B$, $\phi=45^0$)	아래 그림($f_x = 2f_y$, $A=B$, $\phi=45^0$)
체널-1 입력 : $v_1(t) = Asin(2\pi f_x t + 45^0)$ 채널-2 입력 : $v_2(t) = Asin(2\pi f_y t)$	체널-1 입력 : $v_1(t) = Asin(2\pi f_x t + \phi)$ 채널-2 입력 : $v_2(t) = Bsin(2\pi f_y t)$

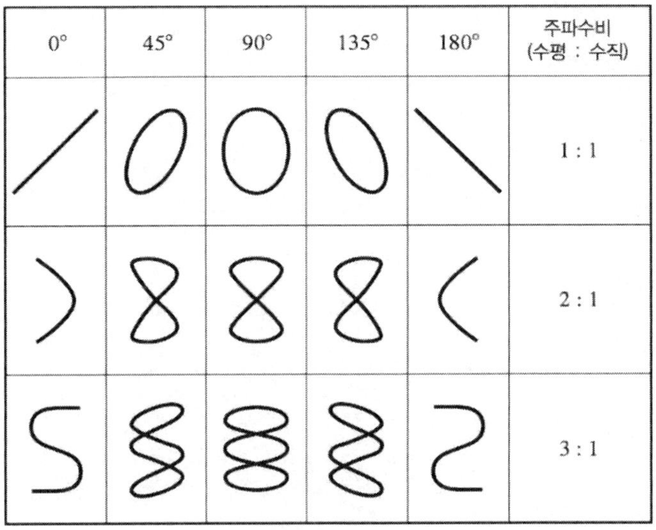

리사쥬 도형

[그림 6.10] 리사쥬 도형의 예

- 위상차 측정

① X-축에 신호 $V_H = V_m \sin(wt)$를 인가(기준)한다.

② Y-축에 신호 $V_V = V_m \sin(wt + \Theta)$를 인가한다.

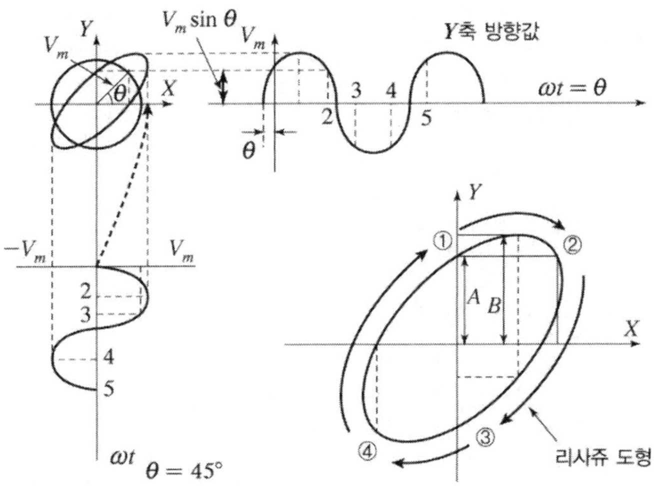

[그림 6.11] 0°~90° 사이의 위상 측정을 위한 2차원 리샤쥬 도형 및 1차원 신호 분해

$$X = V_H = V_m \sin(2\pi f t)$$
$$Y = V_V = V_m \sin(2\pi f t + \Theta) \quad (6.3)$$

일 때, 궤적 (V_H, V_V)을 그린다. 시간 $t = 0$ 에서 $V_H = 0$, 이 때 수직전압은

$$V_V = V_m \sin(\Theta) \Rightarrow \Theta = \sin^{-1}(V_V / V_m) \quad (6.4)$$

리사쥬 도형으로부터

$$V_V = A \quad (6.5a)$$

$$V_m = B \quad (6.5b)$$

따라서 위상각은

$$\Theta = \sin^{-1}(B/A) < 90^0 \quad (6.6)$$

① $0° < \theta < 90°$

$$\Theta = \sin^{-1}(A/B) \quad (6.7)$$

② $90° < \theta < 180°$

$$\Theta = 180^0 - \sin^{-1}(A/B) \quad (6.8)$$

③ $180° < \theta < 270°$

$$\Theta = 180^0 + \sin^{-1}(A/B) \quad (6.9)$$

④ $270° < \theta < 360°$

$$\Theta = \sin^{-1}(A/B) - 360^0 \quad (6.10)$$

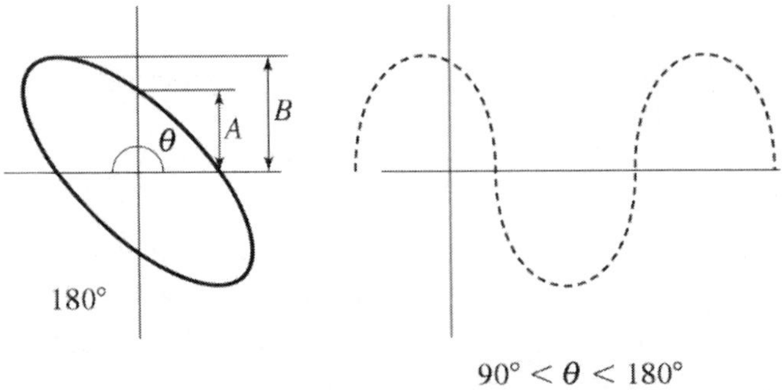

[그림 6.12] 2상한에서 리샤쥬 도형 위상각 측정

5) 오실로스코프 교정 파형을 이용한 프로브 교정

오실로스코프를 사용할 때 오실로스코프 프로브(probe) 입력 단자에 연결하여 측정을 하는 것은 매우 간단한 일이다. [그림 6.13(b)]와 [그림 6.13(c)]에 보인바와 같이 응답이 평탄하지 않다. 따라서 측정전 오실로스코프 프로브는 응답이 평탄하도록 교정되어야한다. 오실로스코프는 프로브의 교정을 위한 펄스 파형을 제공한다([그림 6.13(a)]). 이 파형을 이용하여 프로브에 붙어 있는 조정 드라이버(가변 캐피시터의 값이 조정됨)를 돌려 가능한 출력 파형이 정상이 되도록 조정해야한다([그림 6.13(d)]).

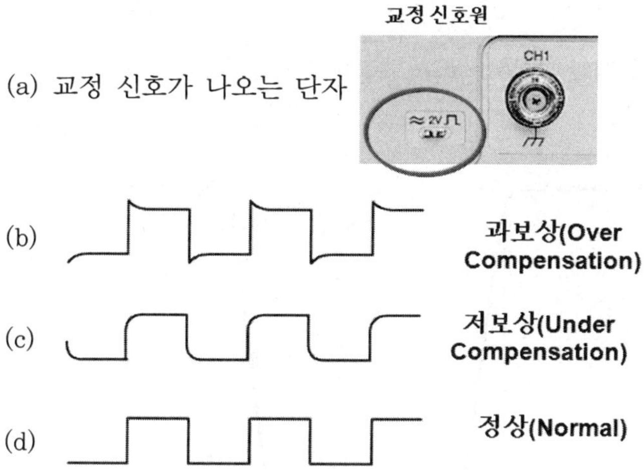

[그림 6.13] 오실로스코프 교정신호를 이용한 프로브 교정

등가적으로 프로브는 RC 회로로 표현할 수 있다. 구형파 입력 신호에 대해 출력 전압은 충전 회로 응답과 같다 :

$$V_{out} = V_{\text{in}}(1 - e^{-t/RC}) \tag{6.11}$$

RC 필터 회로의 상승 시간은 구형파의 10%(0.1RC) 에서 90%(2.3RC)에 이르는 시간을 나타낸다. 상승 시간 - 하강 시간 $= t_{diff} =$ 2.2RC가 되며 -3dB 대역폭은 RC 필터 회로에서

$$BW = f_{cutoff} = \frac{1}{2\pi RC} \tag{6.12}$$

$$RC = \frac{1}{2\pi f_{cutoff}} = \frac{t_{diff}}{2.2} \tag{6.13}$$

$$\text{프로브 } BW = f_{cutoff} = 0.35/t_{diff} \tag{6.14}$$

만일 신호 실효 상승시간(t_{diff})이 1ms라고 하면, 프로브의 대역폭은 프로브$BW = 0.35/1\mu s = 350$kHz가 된다. 일반적으로 3%이내의 오차 범위내를 보장하려면 3배 이상의 프로브 BW이 요구된다. 따라서 이 경우 선택해야할 프로브 BW은 1.05MHz이다.

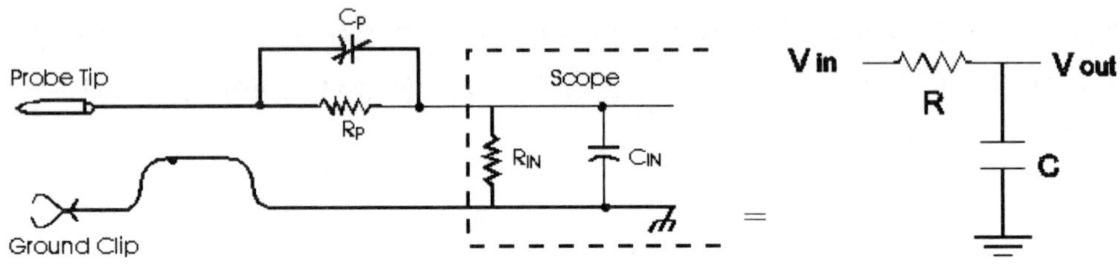

[그림 6.14] 전형적인 오실로스코프 프로브의 내부 회로도

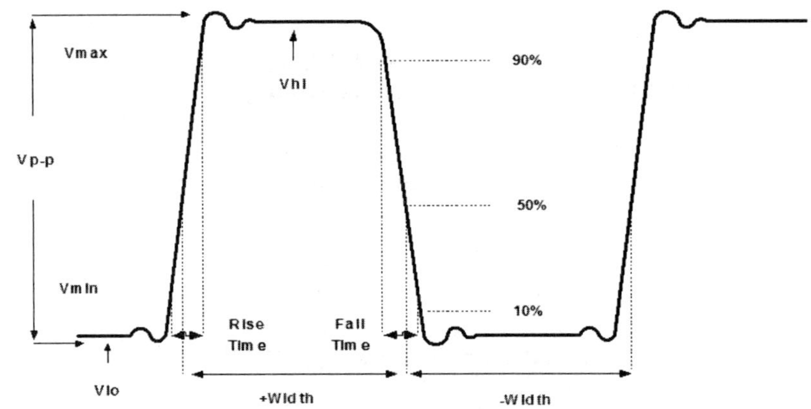

[그림 6.15] 구형파의 상승시간(rise time)과 하강 시간(fall time)

(2) 함수 발생기(Function Generator)

신호 발생기는 정해진 주파수에서 다양한 형태의 저주파 전압 파형을 발생시키는 계측기이다.

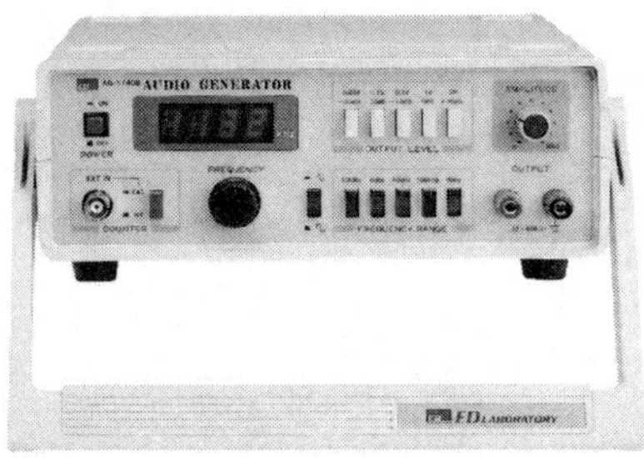

[그림 6.16] 힘수 발생기의 외관

일반 함수 발생기에서 발생 가능한 파형은 대부분 다음과 같은 형태로 구별된다. 정현파(sine, cosine), 구형파/직사각각파(square wave), 삼각파/톱니파(saw-tooth wave), 스텝파/펄스파(step pulse), 어떤 함수 발생기는 임의 파형을 만들어 내는 기능을 내장하는 경우도 있다. 교류 파형에 직류 전압을 더하는 기능을 사용함으로써 DC offset 기능을 구현할 수 있다.

① **전력 on/off 스위치** : 전원 스위치
② **파형 조절기** : 정현파, 구형파, 톱니파 등 파형의 모양을 선택
③ **출력 레벨 조절기** : 출력 전압 파형의 진폭 조절
④ **주파수 범위 조절기** : 주파수(가용)의 범위를 선정한다.
X1, X10, ...
⑤ **주파수 조절기** : 정확한 미세 주파수를 조정
⑥ **직류분기 스위치** : dc offset의 위치를 조절해줌([그림 6.14] 참조)
⑦ **dB 감쇄기** : dB단위로 정상적인 출력을 감쇄시키기 위해 사용

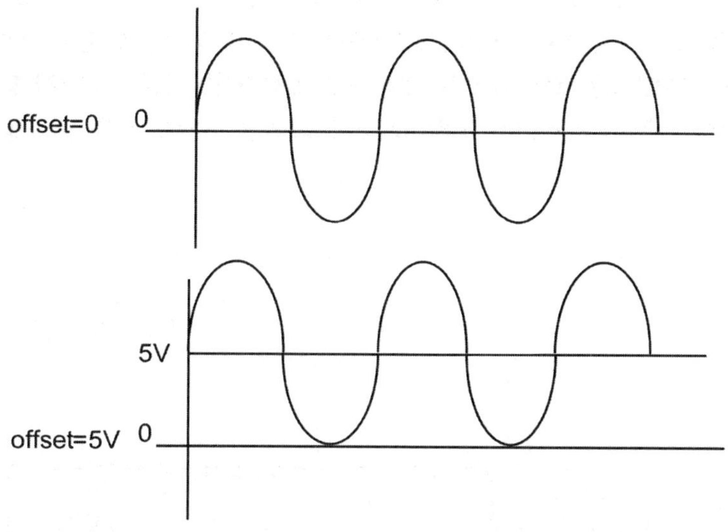

[그림 6.17] 정현파를 $dc = 0\text{V}$, 5V로 상향 offset 시킨 파형

연습문제

1. **오실로스코프에서 측정되는 신호를 정지한 것처럼 보이도록 LCD/CRT화면에 보이게 하려면 트리거의 기능(트리거의 레벨 과 기울기)이 중요하다. edge 트리거의 동작을 설명하라.**

해답 트리거 회로는 비교기와 같이 동작한다. 비교기의 기울기와 전압 레벨을 선택하는 것과 유사하다. 트리거 신호가 트리거의 레벨 과 기울기와 일치하면 오실로스코프는 트리거 신호를 발생시킨다.

트리거 기울기는 트리거 지점이 신호의 상승 혹은 하강 edge에 발생하는지를 결정한다. 상승 edge는 양의 기울기이며 하강 edge는 음의 기울기를 갖는다.

트리거 레벨은 트리거 점이 발생하는 edge상의 어느 높이에서 발생하는 지를 결정한다.

2. **[그림 P6.1]에 주어진 회로에서 DC 전압이 부가된 AC 파형을 측정하려고 한다. 그런데 문제가 발생하였다. 회로의 DC 바이어스 조정기(knob)을 움직일 때 마다 오실로스코프는 트리거링을 상실하고 파형은 겹쳐서 보인다. AC 신호를 다시 트리거링을 잡기 위하여 학생은 매번 오실로스코프 판넬에 있는 트리거 레벨 조정기를 조정해야만 했다. 주어진 오실로스코의 설정을 보고 일관성 있는 트리거링이 이루어지도록 하려면 어떻게 해야할지 방법을 찾으라.**

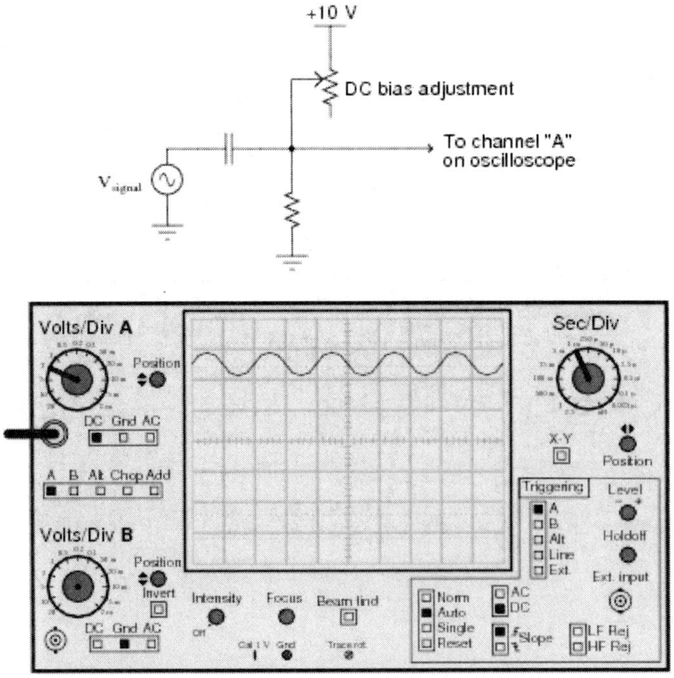

[그림 P6.1]

해답 트리거 커플링(rigger coupling) 제어를 "DC"에서 "AC" 모드로 변경하면 된다..

3. 측정의 결과 그래프([그림 P6.2])를 보고 측정 신호의 주기, 주파수, 진폭을 구하라.

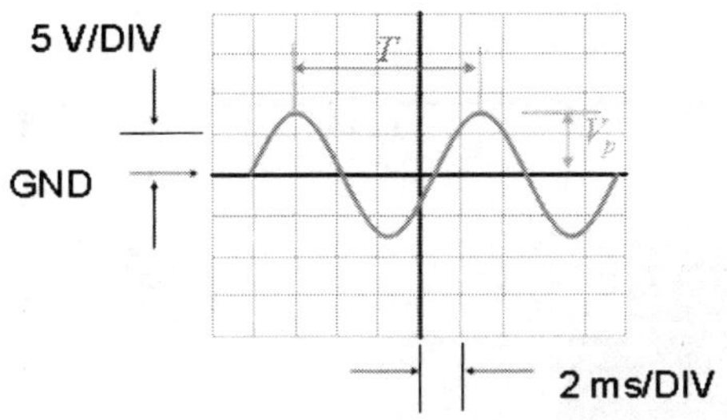

[그림 P6.2]

해답 주기 T= 4.5DIV×2ms/DIV=9ms

f=1/T= 1/9ms=1/9 kHz, 진폭 : V_p= 1.5DIV×5V/DIV = 7.5V

4. 오실로스코프 프로브의 실효 상승시간(t_r) = 2ns일 때([그림 P6.3]) 3%이내의 오차 범위내를 보장하려면 3배에 해당하는 프로브 BW를 구하라.

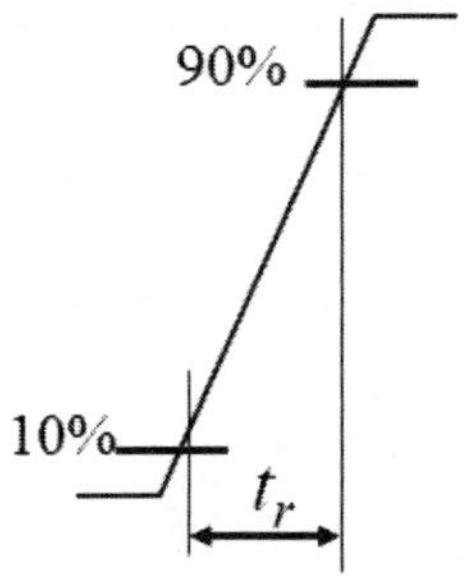

[그림 P6.3]

해답 실효 상승시간 $t_r = 2ns$. 따라서 프로브 대역폭 $BW = f_{cutoff} = 0.35/2ns = 175MHz$ PdF= 0.35/2ns=175MHz. 3%의 오차 범위내 정확도를 유지하려면 실제 요구되는 대역폭은 실제 요구 $BW \geq 3 \times f_{cutoff} = 600MHz$

5. **아래 [그림 P6.4] 가변 저항값** $R = 1\mathrm{k}\Omega,\ 2\mathrm{k}\Omega,\ 3\mathrm{k}\Omega$ **에 대하여 이론적인 위상각** $\phi = \tan^{-1}[1/(\omega RC)] = \tan^{-1}[1/(2\pi R \times 0.033 \times 10^{-6})]$ **을 계산하라.**

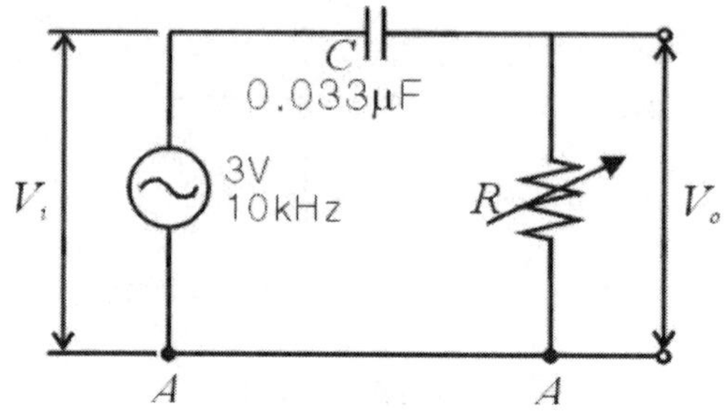

[그림 P6.4] CR 회로도

해답

회로 값	위상각 $\phi = \tan^{-1}[1/(2\pi fRC)]$
$R = 1k\Omega, f = 10kHz, C = 0.033\mu F$	
$R = 2k\Omega, f = 10kHz, C = 0.033\mu F$	
$R = 3k\Omega, f = 10kHz, C = 0.033\mu F$	

제 06 주

실험절차

오실로스코프 동작과 측정법

강의 : 30분, 실험 : 2시간, 연장 : 30분

1 실험장비 및 부품

① 아날로그 혹은 디지털 오실로스코프(40MHz 대역 이상)
② 디지털 멀티미터(digital multimeter)
③ AF(Audio Frequency) 함수 발생기
④ DC 전원공급장치
⑤ 저항 : 1kΩ, 가변저항(10kΩ)
⑥ 콘덴서 : 0.1μF, 0.033μF

2 실험방법

〈실험1〉 입력 및 출력신호전압 측정 및 파형 관측

① [그림 6.19(a)]의 RC회로를 구성하고 AF 신호 발생기의 출력전압을 $2\,V_{p-p}$로 맞춰라. 먼저 오실로스코프의 채널 커플링은 DC 커플링 모드로 세팅한다. 2-ch 오실로스코프의 CH-1수직입력에는 RC회로의 입력신호를, CH-2수직입력에는 RC회로의 출력신호를 각각 접속하라. 오실로스코프의 수직축 동작방식(MODE) 선택기를 DUAL로 하고 ALT나 CHOP중 적절한 어느 하나를 선택한다. 오실로스코프의 각종 손잡이(knob)를 이 실험에 적절하게 조정하라.

② 신호발생기의 출력이 정현파 및 구형파 1kHz, 10kHz, 50kHz에 대하여 CR회로의 입력과 출력파형을 동시에 관측하고 〈표 6.1(a)〉에 도시하라. 또한 측정시의 손잡이의 상태를 명시하라.

③ [그림 6.19(b)]의 회로를 구성하고 그림의 CR회로에 대해서도 RC회로와 같은 방법으로 측정하여 〈표 6.1(b)〉에 도시하여라. 단, 입력전압의 기준선(0V)과 출력전압의 기준선(0V)를 같게 설정하고 입력 및 출력파형을 그려라.

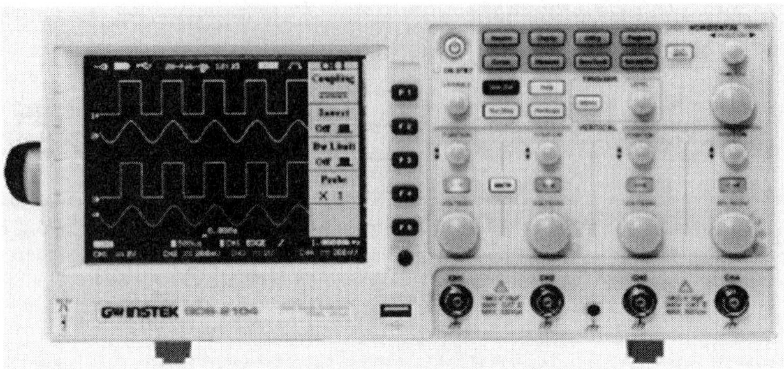

[그림 6.18] 4-채널 디지털 오실로스코프

〈실험2〉 두 신호간의 시간차 및 위상차 측정

① [그림 6.19(a)], [그림 6.19(b)]에서 입력전압과 출력전압간의 시간차 및 위상차를 측정하고자 한다. 앞실험자료를 참고하여 시간차 및 위상차를 계산하여 〈표 6.2〉에 기입한다. 단 위상차는 다음 식으로부터 구할 수 있다.

$$\text{위상차}(\theta) = \frac{\text{시간차}\,t(\text{sec})}{\text{한주기}\,T(\text{sec})} \times 360°$$

〈실험3〉 $X-Y$동작을 이용한 리사쥬 도형에 의한 위상차 측정

① [그림 6.19(a)], [그림 6.19(b)]의 입력전압 및 출력전압을 오실로스코프의 수직입력 CH1과 CH2에 각각 연결하고 수평축 동작방식 선택기를 $X-Y$동작위치로 하여 CRT/LCD 화면상에 리사쥬도형이 나타나게 한다. 그러나 입력신호와 출력신호전압의 진폭이 같지 않으므로 입력감쇠기 (VOLTS/DIV) 및 미세조정기(VARIABLE)를 조절하여 정사각형 내에 도형이 나타나도록한다.

② AF 신호발생기의 주파수를 1kHz, 10kHz, 50kHz정현파에 대해서 RC 회로 및 CR 회로의 입출력 전압간의 리사쥬도형을 관측하여 〈표 6.3〉에 도시하고, 위상차를 계산하여 〈표 6.4〉에 기입하라.

③ (a) RC회로에서 캐패시터의 값을 〈표 6.5〉에 주어진 값을 사용하라. 얻어지는 리샤쥬 도형을 사용하여 캐패시터 출력 전압 $V_c(t)$의 진폭과 위상을 계산하여 기록하라

3 회로도

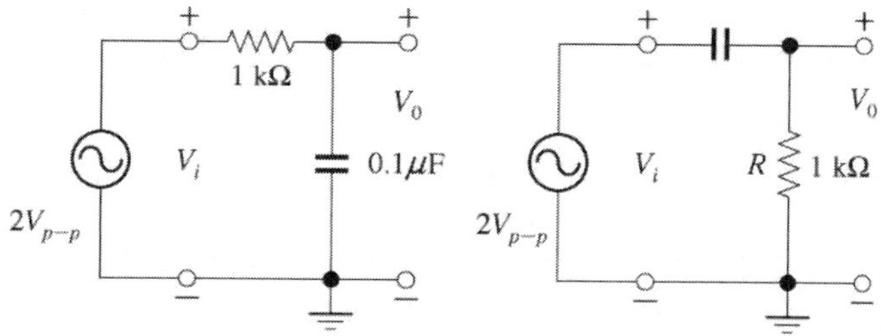

(a) *RC* 회로 (b) *CR* 회로

[그림 6.19]

4 측정값

〈표 6.1 (a)〉

<table>
<tr><th>입력신호</th><th>입력 및 출력 전압 파형</th><th>측정상태</th></tr>
<tr><td>f = 1kHz
정현파</td><td></td><td rowspan="2">입력 :
( )V/DIV
( )SEC/DIV

출력 :
( )V/DIV</td></tr>
<tr><td>f = 1kHz
구형파</td><td></td></tr>
<tr><td>f = 10kHz
정현파</td><td></td><td rowspan="2">입력 :
( )V/DIV
( )SEC/DIV

출력 :
( )V/DIV</td></tr>
<tr><td>f = 10kHz
구형파</td><td></td></tr>
<tr><td>f = 50kHz
정현파</td><td></td><td rowspan="2">입력 :
( )V/DIV
( )SEC/DIV

출력 :
( )V/DIV</td></tr>
<tr><td>f = 50kHz
구형파</td><td></td></tr>
</table>

〈표 6.1 (b)〉

<table>
<tr><th>입력신호</th><th>입력 및 출력 전압 파형</th><th>측정상태</th></tr>
<tr><td>$f = 1\text{kHz}$
정현파</td><td></td><td rowspan="2">입력 :
( )V/DIV
( )SEC/DIV

출력 :
( )V/DIV</td></tr>
<tr><td>$f = 1\text{kHz}$
구형파</td><td></td></tr>
<tr><td>$f = 10\text{kHz}$
정현파</td><td></td><td rowspan="2">입력 :
( )V/DIV
( )SEC/DIV

출력 :
( )V/DIV</td></tr>
<tr><td>$f = 10\text{kHz}$
구형파</td><td></td></tr>
<tr><td>$f = 50\text{kHz}$
정현파</td><td></td><td rowspan="2">입력 :
( )V/DIV
( )SEC/DIV

출력 :
( )V/DIV</td></tr>
<tr><td>$f = 50\text{kHz}$
구형파</td><td></td></tr>
</table>

〈표 6.2〉

입력신호 (정현파)	*RC* 회로				*CR* 회로			
	위상차 이론치	시간차 측정치	위상차 환산치	오차, $\Delta\theta$	위상차 이론치	시간차 측정치	위상차 환산치	오차, $\Delta\theta$
$f = 1\text{kHz}$								
$f = 10\text{kHz}$								
$f = 50\text{kHz}$								

〈표 6.3〉

입력신호	리 사 쥬 도 형	
	RC 회로	CR 회로
$f = 1\text{kHz}$ 정현파		
$f = 10\text{kHz}$ 정현파		
$f = 50\text{kHz}$ 정현파		

〈표 6.4〉

입력신호 (정현파)	RC 회로					CR 회로				
	이론치	A	B	$\theta=\sin^{-1}A/B$	오차, $\Delta\theta$	이론치	A	B	$\theta=\sin^{-1}A/B$	오차, $\Delta\theta$
$f = 1\text{kHz}$										
$f = 10\text{kHz}$										
$f = 50\text{kHz}$										

〈표 6.5〉 RC 회로에서 여러 캐패시터 값에 대한 진폭과 위상 측정

	0.1uF	1uF	10uF	오실로스코프 조정 단자 단위
$V_c(t)$의 진폭				( )V/DIV ( )SEC/DIV
$V_c(t)$의 위상				( )V/DIV ( )SEC/DIV

5 결과 분석 및 토의

토의사항

① 오실로스코프를 사용하여 전류를 어떻게 측정할 수 있는지 방법을 설명하라.

② 오실로스코프에서 트리거신호원 선택 스위치의 기능은 무엇인가?

③ 디지털 오실로스코프의 두 가지 샘플링 방법에 대해 조사하라.

④ 함수발생기는 +/−를 대칭으로 스윙하는 파형을 발생시키지만 IC(Integrated Circuit)와 같은 논리 회로의 입력 클럭 신호로 사용하고자 한다. 함수발생기를 사용하여 0V~5V로 swing하는 구형파를 만드는 방법을 간단히 설명하라.

⑤ 함수발생기의 내부 저항으로 인해 테스트하려는 연결 회로에 미치는 전압 강하 효과를 무시할 수 없는 경우가 발생되는 이유에 대하여 설명하라. 일반적으로 함수발생기의 내부 저항은 50Ω 과 600Ω 의 값을 가진다.

⑥ 오실로스코프의 아래 열거한 여러 트리거 기능에 대하여 동작 기능과 방법을 설명하라.

- Auto 모드
- Normal 모드
- Line 모드
- External 모드
- DC or AC coupling 모드

제 07 주 이론

평형 브릿지 회로에 의한 R, L, C의 측정

학습목표

1 DC 평형 브릿지 회로를 이용하여 저항을 측정하는 원리를 습득하고 평형 조건에서의 측정 기법을 익힌다

2 AC 평형 브릿지 회로를 이용하여 인덕턴스, 캐패시턴스를 측정하는 원리를 습득하고 평형 조건에서의 측정 기법을 익힌다

1 개요

미지의 저항, 인덕턴스, 캐패시턴스의 정확한 측정을 위한 회로로 브릿지(Bridge) 회로를 사용한다. 가장 잘 알려진 브릿지 회로는 휘트스톤 브릿지(Wheatstone Bridge)이다. [그림 7.1]에 휘트스톤 브릿지 회로를 보여주고 있다.

저항을 측정하기 위한 DC 브릿지 회로가 있고 인덕터나 캐패시턴스를 측정하기 위한 AC 브릿지 회로가 있다.

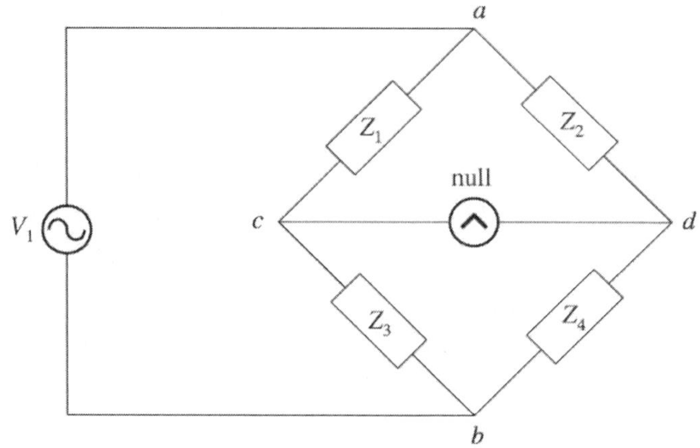

[그림 7.1] 임피던스 브릿지 구성

2 관련이론

미지의 저항, 인덕턴스, 캐패시턴스의 값을 찾기 위해 [그림 7.1]의 평형 브릿지 회로를 사용한다. 이 측정 방법은 이미 알고 있는 정확한 임피던스 값들만을 토대로 미지의 임피던스 값을 구하는 것이기 때문에 측정의 정확도가 높다. 평형이 이루어졌을 때 갈바노미터(Galvanometer)의 전류 감지 장치는 0(null)점을 가리킨다.

(1) 임피던스 브릿지의 평형 조건

브릿지의 감지 장치에 흐르는 전류가 0인 상태를 브릿지의 평형상태에 이르렀다고 말하다. 평형상태에서 전압을 고려하면

$$V_{ac} = V_{ad},\quad V_{cb} = V_{db} \tag{7.1}$$

가 성립하고 전류에 대해 고려하면

$$I_{ac} = I_{cb},\quad I_{ad} = I_{db} \tag{7.2}$$

가 성립한다.

따라서 식 (7.1) 과 (7.2)를 사용하여 평형 상태에서의 임피던스 관계를 도출해낼 수 있다. 즉

$$\begin{aligned} &V_{ac} = Z_1 I_{ac} \to I_{ac} = V_{ac}/Z_1,\ V_{cb} = Z_3 I_{cb} \to I_{cb} = V_{cb}/Z_3 \\ &V_{ad} = Z_2 I_{ad} \to I_{ad} = V_{ad}/Z_2,\ V_{db} = Z_4 I_{db} \to I_{db} = V_{db}/Z_4 \\ &\therefore\ \frac{Z_1}{Z_3} = \frac{Z_2}{Z_4} \end{aligned} \tag{7.3}$$

식 (7.3)식의 평형 조건이 의미하는 바는 임피던스는 복소수 양이며 따라서 크기와 위상이 모두 평형 조건을 만족해야한다. 다시말해서 양변의 크기와 위상이 모두 같아야함을 의미한다.

(2) 저항의 측정

[그림 7.2]의 브릿지 회로에서 R_1, R_2, R_3는 이미 알려진 저항이며, R_x는 측정할 미지의 저항이다. 이중에 R_2는 단자 BD간의 갈바노미터의 전압차를 0으로 만들기 위하여 조정가능한 저항이다. 저항비 R_2/R_1값이 R_x/R_3값과 같도록 조정된다면 갈바노미터가 연결된 단자 BD로 전류가 흐르지 않게 된다. 이같은 균형 점에서 미지의 저항을 정확하게 계사해 낼 수 있다. 즉,

$$R_2/R_1 = R_x/R_3 \to R_x = R_3\frac{R_2}{R_1} \tag{7.4}$$

Part I

만일 R_1, R_2, R_3는 이미 알려진 저항이긴하지만 R_2를 위에서처럼 조정할 수 없을 경우에도 미지의 저항 R_x 값을 키르히호프의 전압 법칙과 갈바노미터의 전압차를 사용해 쉽게 구할 수 있다. 전압 분배 법칙을 점 B와 D에 적용하고 갈바노미터의 전압차를 계산하면 다음과 같다.

$$V_G = \left(\frac{R_x}{R_3 + R_x} - \frac{R_2}{R_1 + R_2} \right) V_s \tag{7.5}$$

식(7.5)를 미지의 저항 R_x에 대해서 정리하면

$$\frac{R_x}{R_3 + R_x} = \frac{R_2}{R_1 + R_2} + \frac{V_G}{V_s} = p \rightarrow R_x = \frac{p}{1-p} R_3 \tag{7.6}$$

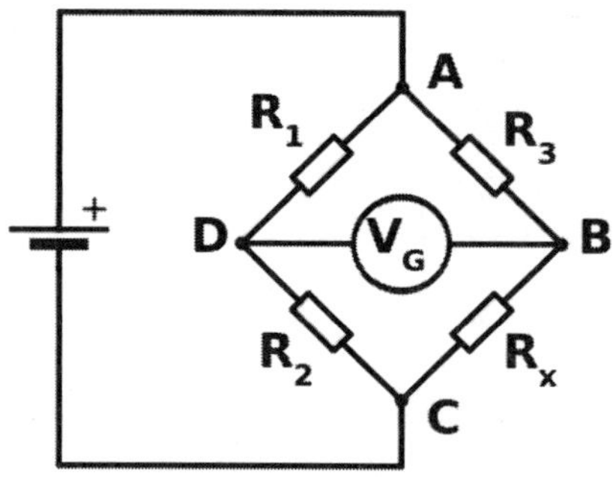

[그림 7.2] 저항 측정 브릿지 회로

(3) 캐패시턴스의 측정

이상적인 캐패시터의 모델링은 C만 있다고 가정하지만 실제의 캐패시터는 [그림 7.3]과 같이 에너지 소모성 저항이 직렬 혹은 병렬로 결합한 형태로 모델링된다. 이 때 캐패시터의 소모성을 표시하는 척도가 D-지수이며 직렬 저항 과 병렬 저항에 대해서 각각 다음과 같이 D-지수를 정의한다.

$$D_s = wR_sC$$
$$D_p = 1/wR_pC \tag{7.7}$$

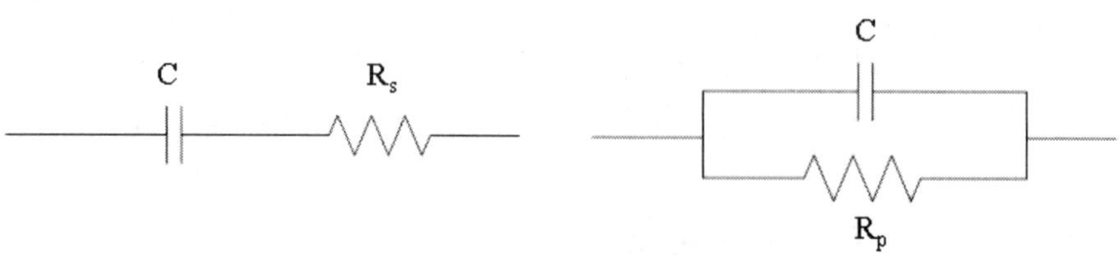

[그림 7.3] 실제적인 캐패시터의 모델링 : 직렬형 과 병렬형

[그림 7.4]의 회로에서 평형상태에 도달하기 위해 가변 저항 R_1를 조절하여 브리지의 평형 상태에 도달하도록 조정한다. 평형 상태에서 (7.3) 식을 이용하여 임피던스 비를 구하면

$$\frac{R_1}{(R_3+1/jwC_3)}=\frac{R_2}{(R_x+1/jwC_x)} \tag{7.8}$$

이 얻어진다. 실수부와 허수부를 분리시키기 위해 정리하면

$$R_1(R_x-j/wC_x)=R_2(R_3-j/wC_3)$$

이 얻어지며 실수부는

$$R_1R_x=R_2R_3 \Rightarrow R_x=\frac{R_2}{R_1}\cdot R_3 \tag{7.9}$$

이고 허수부는

$$\frac{R_1}{wC_x}=\frac{R_2}{wC_3} \Rightarrow C_x=\frac{R_1}{R_2}\cdot C_3 \tag{7.10}$$

이 얻어진다.

이렇게 구해진 R_x, C_x를 (4)식에 대입하면 D-지수를 얻을 수 있다.

$$D_s=wR_xC_x=wR_3C_3 \tag{7.11}$$

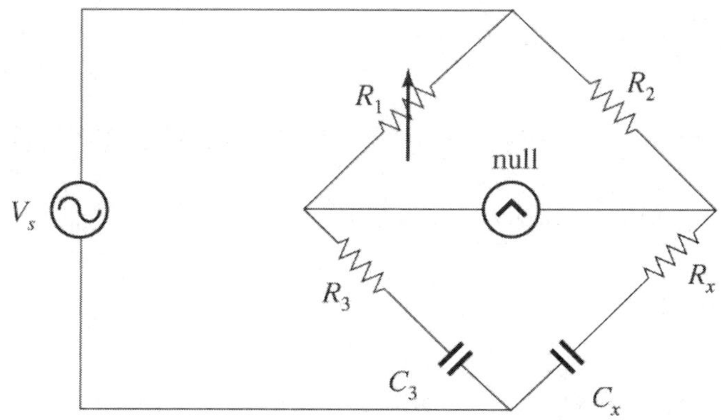

[그림 7.4] 캐패시터의 직렬 모델을 사용한 평형 브릿지 회로

(4) 인덕턴스의 측정

이상적인 인덕터의 모델링은 L만 있다고 가정하지만 실제의 인덕터는 [그림 7.5]와 같이 에너지 소모성 저항이 직렬 혹은 병렬로 결합한 형태로 모델링된다. 이때 인덕터의 에너지 소모성에 대한 저장 능력을 표시하는 척도가 Q-지수이며 직렬 저항 과 병렬 저항에 대해서 각각 다음과 같이 Q-지수를 정의한다.

$$Q_s = \frac{wL}{R_s} \qquad Q_p = \frac{R_p}{wL} \tag{7.12}$$

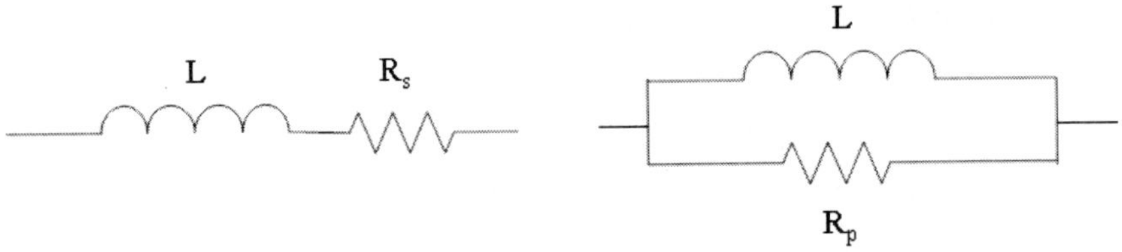

[그림 7.5] 실제적인 인덕터의 모델링 : 직렬형과 병렬형

[그림 7.6]의 회로에서 평형상태에 도달하기 위해 가변 저항 R_1과 R_3를 조절하여 브리지의 평형 상태에 도달하도록 조정한다. 평형 상태에서 (7.3) 식을 이용하여 임피던스 비를 구하면

$$\frac{R_1/(1+jwR_1C_1)}{R_3} = \frac{R_2}{R_x + jwL_x} \qquad \frac{R_1}{R_3(1+jwR_1C_1)} = \frac{R_2}{R_x + jwL_x} \tag{7.13}$$

이 얻어진다. 마찬가지로 실수부와 허수부를 분리시키기 위해 정리하면

$$R_1(R_x + jwL_x) = R_2R_3(1+jwR_1C_1) \tag{7.14}$$

이 얻어지며 실수부는

$$R_1R_x = R_2R_3 \Rightarrow R_x = \frac{R_2}{R_1} \cdot R_3 \tag{7.15}$$

허수부는

$$wR_1L_x = wR_2R_3R_1C_1 \Rightarrow L_x = R_2R_3C_1 \tag{7.16}$$

이 얻어진다.

이렇게 구해진 R_x, L_x를 (7.12)식에 대입하면 Q-지수를 얻을 수 있다.

$$Q_s = \frac{wL_x}{R_x} = wR_1C_1 \tag{7.17}$$

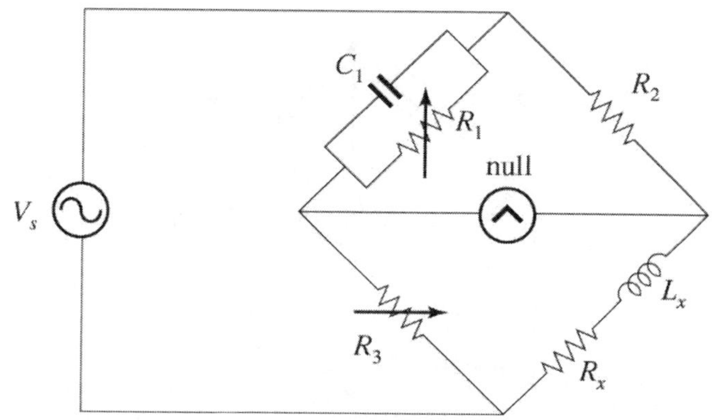

[그림 7.6] 인덕터의 직렬 모델을 사용한 평형 브리지 회로

이 평형 브릿지 회로를 Wien 브릿지의 한 변형으로 Maxwell-Wien 브릿지 평형 회로라고한다. 앞서 설명한 바와같이 얻기 쉬운 표준 캐패시터와 저항만을 사용하여 미지의 인터터 값을 구할 수 있다는 장점이 있다.

연습문제

1. [그림 P7.1] DC 브릿지 회로의 평형 조건하에서 미지의 저항 R_x를 구하라.

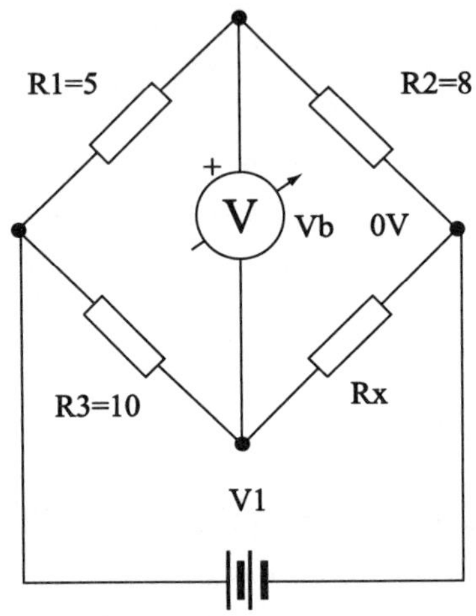

[그림 P7.1] 휘트스톤 브릿지 저항 회로

해답 평형 상태에서 전압 분배 법칙에 의해 저항 R_2와 R_x에 걸리는 전압은 같다.

$$V_1\frac{R_2}{R_1+R_2}=V_1\frac{R_x}{R_3+R_x}$$

따라서 $R_x=\dfrac{R_2 \cdot R_3}{R_1}=\dfrac{(8)(10)}{5}=16\Omega$

2. [그림 P7.2]의 Shering 브릿지 회로에서 갈바노미터의 암미터(Ammeter)가 0 눈금을 가르키도록 캐패시터 C의 값을 구하라. AC 소스 전원의 주파수는 1kHz이다.

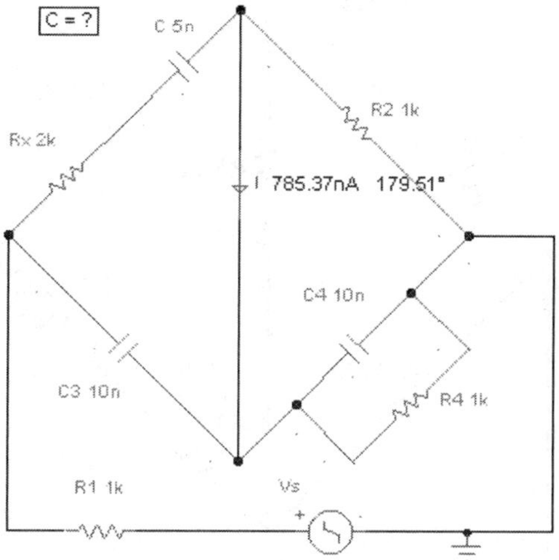

[그림 P7.2] Shering 브릿지 회로

해답 브릿지 회로의 평형 조건 : $Z_1 \times Z_4 = Z_2 \times Z_3$

우리의 경우 주어진 값을 사용하여

$$\left(R_x + \frac{1}{j\omega C}\right)\frac{R_4}{1+j\omega C_4 R_4} = \frac{R_2}{j\omega C_3}$$ 정리하면

$$R_4 R_x + \frac{R_4}{j\omega C} = \frac{R_2}{j\omega C_3} + R_2 R_4 \frac{C_4}{C_3}$$

양변의 실수부와 허수부는 등식 관계가 성립되어야하므로

$$C = C_3 \frac{R_4}{R_2} \text{ and } R_x = R_2 \frac{C_4}{C_3}$$

주어진 저항과 캐패시터 값을 사용하여 미지의 저항 R_x와 캐패시터 C를 구하면

$$C = 10_8 \frac{10^3}{10^3} = 10nF \text{ and } R_x = 10^3 \frac{10^{-8}}{10^{-8}} = 1\text{k}\Omega$$

아래 [그림 P7.3]은 평형 상태에서의 회로도이다.

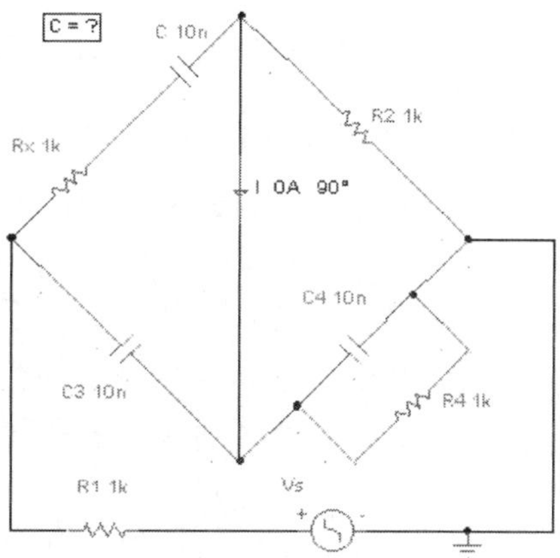

[그림 P7.3] 평형상태에서의 브릿지 회로

3. [그림 P7.3]의 Hay 브릿지 회로에서 갈바노미터의 암미터(Ammeter)가 0 눈금을 가르키도록 인덕터 L의 값을 구하라. AC 소스 전원의 주파수는 1kHz이다.

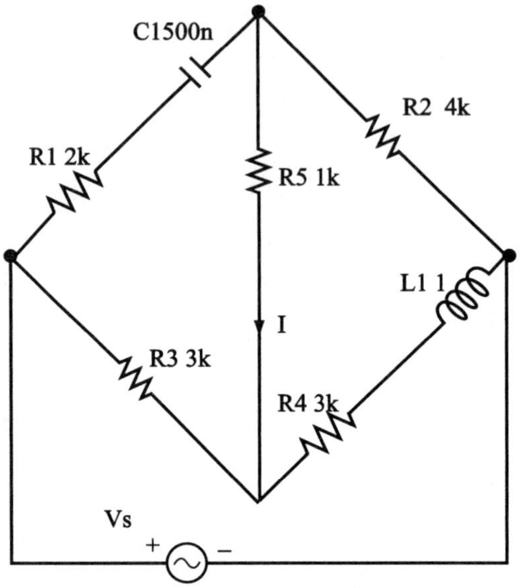

[그림 P7.4] 직렬 손실을 갖는 인덕터 측정 Hay 브릿지 회로

해답 브릿지 회로의 평형 조건 : $Z_1 \times Z_4 = Z_2 \times Z_3$

$$\left(R_1 + \frac{1}{j\omega C_1}\right) \times (R_4 + j\omega L_1) = R_2 \times R_3$$

곱 연산 수행후 실수부와 허수부를 정리하면

$$R_1 R_4 + \frac{L_1}{C_1} = R_2 R_3 \text{ and } \omega L_1 R_1 - \frac{R_4}{\omega C_1} = 0$$

먼저 R_4에 대해 두 번째 식을 풀고 그 결과를 첫 번째 식에 대입하여 L_1에 대해 푼다. 다음 L_1의 값을 R_4값을 구하기 위해 수식에 대입한다.

$$L_1 = \frac{C_1 R_2 R_3}{1 + \omega^2 C_1^2 R_1^2} \text{ and } R_4 = \frac{\omega^2 C_1^2 R_1 R_2 R_3}{1 + \omega^2 C_1^2 R_1^2}$$

주어진 주파수와 C_1, R_1, R_2, R_3 값을 대입하여 정리하면 다음을 얻는다.

$$L_1 = \frac{C_1 R_2 R_3}{1 + \omega^2 C_1^2 R_1^2} = \frac{0.5 \times 4 \times 3}{1 + (2 \times \pi \times 15.9 \times 0.5 \times 2 \times 10^{-3})^2} = \frac{6}{1 + 0.00998} = 5.94H$$

$$R_4 = \frac{\omega^2 C_1^2 R_1 R_2 R_3}{1 + \omega^2 C_1^2 R_1^2} = \frac{(2 \times \pi \times 15.9 \times 0.5 \times 10^{-6}) \times 2 \times 4 \times 3 \times 10^9}{1 + (2 \times \pi \times 15.9 \times 0.5 \times 2 \times 10^{-3})^2} 59.29\Omega$$

제 07 주

실험절차

평형 브릿지 회로에 의한 LC의 측정

강의 : 30분, 실험 : 2시간, 연장 : 30분

1 실험장비 및 부품

① 함수발생기 1대
② decade 저항기 박스 1대(0Ω ~10kΩ 범위), 가변저항(2개)
③ decade 캐패시터 박스 1대
④ 디지털 멀티미터 1대
⑤ 마이크로 암페어 미터(갈바노미터)
⑥ 저항 : 1kΩ, 3kΩ, 캐패시터 : 0.1μF, 0.2μF, 인덕터 : 10mH

2 실험방법

① $R_2 = 1\mathrm{k}\Omega(\pm 5\%)$, $R_3 = 3\mathrm{k}\Omega(\pm 5\%)$, $C_3 = 0.1\mu\mathrm{F}$과 $R_1 = 10k\Omega(\pm5\%)$의 가변 저항을 사용하여 [그림 7.7]의 회로를 결선하고, 함수 발생기의 주파수를 100Hz, 500Hz, 1kHz, 5kHz, 10kHz 등으로 바꾸어가며 갈마노미터의 눈금이 null이 되는 평형 조건을 찾기 위해 가변 저항을 조정한다. 평형 조건에서 R_1의 값을 측정하여 〈표 7.1〉에 기록한다. 이때 함수 발생기의 출력 전압의 크기는 중요하지 않으며 적당한 크기(3Vp-p)에 맞춘다.

② $R_2 = 1k\Omega(\pm 5\%)$, $C_1 = 0.1\mu F$과 $R_1 = 10k\Omega, R_3 = 10k\Omega(\pm 5\%)$의 가변 저항을 사용하여 [그림 7.8]의 회로를 결선하고, 함수 발생기의 주파수를 100Hz, 500Hz, 1kHz, 5kHz, 10kHz 등으로 바꾸어가며 갈마노미터의 눈금이 null이 되는 평형 조건을 찾기 위해 두 개의 가변 저항을 조정한다. 평형 조건에서 R_1, R_3의 값을 측정하여 〈표 7.2〉에 기록한다. 이때 함수 발생기의 출력 전압의 크기는 중요하지 않으며 적당한 크기($3V_{p-p}$)에 맞춘다.

3 회로도

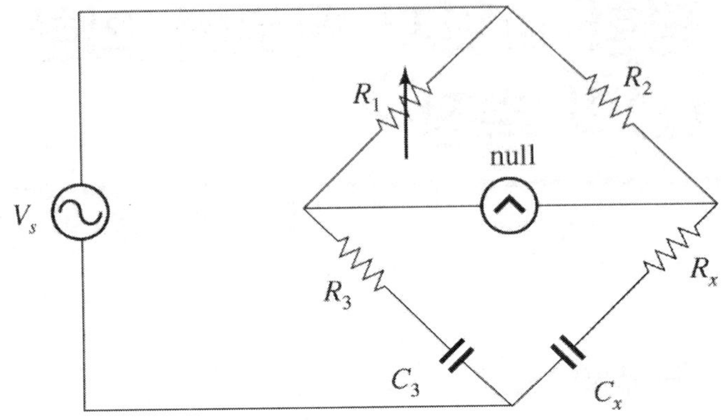

[그림 7.7] 직렬형 평형 비교 브릿지 회로

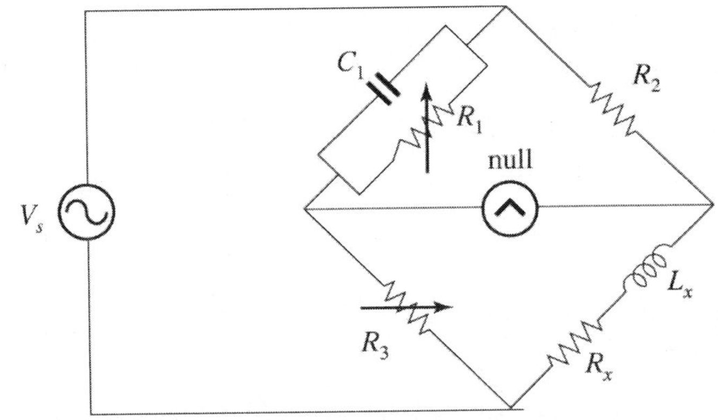

[그림 7.8] Maxwell-Wien 평형 브릿지 회로

4 측정값

측정하려는 미지의 캐패시터 C_x 값 (표시치) :

〈표 7.1〉 미지의 캐패시터의 측정

주파수(Hz)	100	500	1k	5k	10k	20k
R_1 가변저항						
R_x						
C_x(측정치)						
D_x						

C_x, D_x를 계산하고 주파수에 대한 변화를 그래프로 나타내라.

측정하려는 미지의 인덕터 L_x 값 (표시치) :

〈표 7.2〉 미지의 인덕터의 측정

주파수(Hz)	100	500	1k	5k	10k	20k
R_1 가변 저항						
R_3 가변 저항						
R_x						
L_x						
Q_x						

L_x, Q_x를 계산하고 주파수에 대한 변화를 그래프로 나타내라.

5 결과분석 및 토의

토의사항

① 평형 브릿지 회로를 이용한 캐패시턴스와 인덕턴스 측정시 측정 정밀도에 영향을 미치는 요인을 찾아보아라.

② Maxwell-Wien 평형 브릿지는 이론적으로 인가된 신호 발생기의 주파수에 영향을 받지 않는다. 〈표 7.2〉의 실험 결과로부터 주파수에 따른 변화 효과가 나타나는지 확인하라.

③ 평형 임피던스 브릿지 회로에서 감도가 좋은 검류계(Galvanometer)를 사용하는 것이 왜 중요한지 그 이유를 설명하라.

④ 캐패시터의 D-지수의 의미를 설명하라.

⑤ 인덕터의 Q-지수의 의미를 설명하라.

제 08 주

이 론

R–L, R–C 교류 회로

학습목표

1 교류회로에서 각 수동 소자(R, L, C 등)의 전류, 전압 관계를 이해한다.

2 $R-L$, $R-C$ 교류 회로의 임피던스의 주파수에 따른 변화 특성을 실험적으로 관찰하고 회로 내의 소자에 걸리는 전압, 전류간의 위상 관계를 이해한다.

1 개요

순수 저항 회로에 키르히호프의 법칙을 적용하여 회로 방정식을 정리하면 연립 대수 방정식을 얻는다. 반면 RL혹은 RC(1계 과도 응답회로)로 구성된 회로에 법칙을 적용하여 회로 방정식을 정리하면 미분 방정식을 얻는다. 그러나 순수 교류 회로의 해석에는 일정한 주파수를 갖는 정현파(sine waveform) 나 여현파(cosine waveform)에 의해 여기되는 RL/RC 회로 해석에는 회로를 페이져 영역으로 변환후 DC 회로 해석 방법을 적용한다.

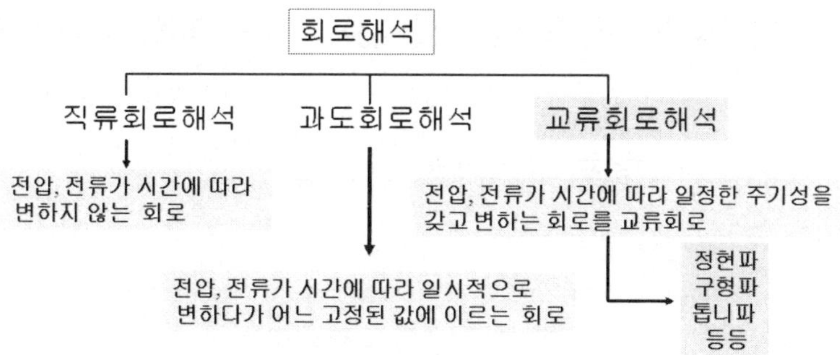

[그림 8.1] 회로 해석 분류

교류 회로 해석에 앞서 교류 전원에 대한 이해가 필요하다. 서로 다른 위상을 갖는 두 정현파형(Two sinusoids with different phases.)을 [그림 8.2]에 제시하였다. 그림으로부터 정현파 전압은 수식적으로

$$v(t) = V_m \sin(wt) \tag{8.1}$$

여기서 V_m =정현파의 진폭, ω = 각주파수(rad/sec), ωt = 정현파의 위상

[그림 8.2]로 부터 알수 있듯이 정현파는 매 일정시간마다 반복되는 것을 알 수 있다. 같은 파형이 반복되는 시간 구간을 주기(T)라고 한다. 그림으로부터 주기 T는 다음과 같이 주어진다.

$$T = \frac{2\pi}{\omega} = \frac{1}{f} \tag{8.2}$$

보다 일반적인 정현파의 표현은 임의 위상 ϕ를 갖는 전압 표현은

$$v(t) = V_m \sin(wt + \phi) = V_m \cos(wt + \phi - \pi/2) \tag{8.3}$$

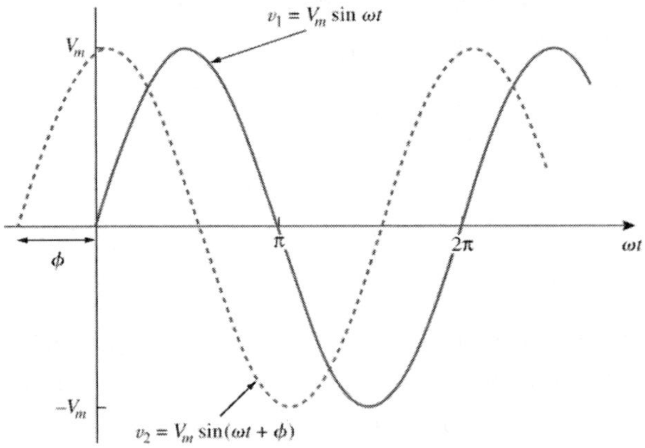

[그림 8.2] 서로 위상이 다른 정현파형

일반적으로 정현파를 시간 영역에서 표현하는 것외에 복소수 평면([그림 8.3])에서 표현한 페이져 영역으로 변환하여 표현한다. 복소수 평면에서의 복소수 표현은 직교 좌표 표현과 극좌표 표현이 있다.

$$z = x + jy = \sqrt{x^2 + y^2} \angle \tan^{-1}\left(\frac{y}{x}\right) = re^{j\theta} = r \angle \theta \tag{8.4}$$

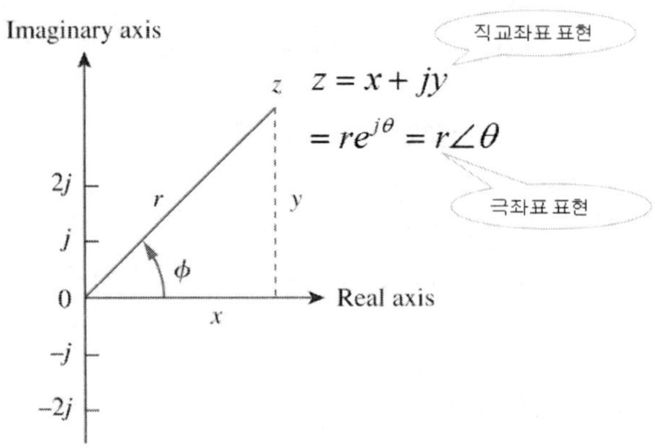

[그림 8.3] 복소수 평면에서 복소수의 표현

시간 영역의 정현파의 파형을 복소수 평면상에서 크기와 위상각을 갖는 극좌표 형태인 페이져 형태로 표현 가능하다. 일반적으로 시간 영역의 파형은 특별한 지시가 없는한 cosine 파형을 기준으로 한다.

$$v(t) = V_m \cos(wt + \phi) = Re\{V_m e^{j(wt+\phi)}\} = Re\{Ve^{jwt}\} \tag{8.5}$$

식 (8.5)에서 V를 페이져라고 한다. 즉,

$$V(w) = V_m e^{j\phi} = V_m \angle \phi \tag{8.6}$$

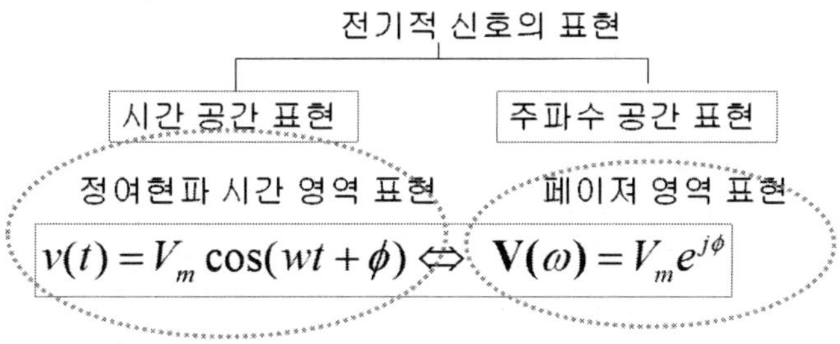

[그림 8.4] 정현파의 시간과 페이져 영역 표현

2 관련이론

본 실험에서는 에너지 저장 소자(L, C)의 전류, 전압 특성 과 위상 관계를 살피고 정여현파 교류에 의한 수동 소자 회로(RL 직렬, RL 병렬회로, RC 직렬, RC 병렬 회로 및 직렬, 병렬 혼합 회로)에 대한 회로 해석을 소개한다.

교류 전압과 전류에 의해 유기되는 회로 소자에서의 전류, 전압관계, 위상과 크기(실효치, 평균치)의 계산 등을 실험적으로 확인한다. 교류 회로를 해석하는데 있어 정현파의 주파수는 일반적으로 일정한 고정값을 사용하기 때문에 주파수항을 제거한 크기와 위상 관계만을 이용하는 페이져 표현이 편리하다. 따라서 어떤 신호를 표현하는 데는 두 가지 방법이 존재한다. 하나는 앞서 설명한 **시간 영역 형태**인

$$v(t) = E\sin(wt + \phi) \quad \text{혹은} \quad i(t) = I\sin(wt + \phi) \tag{8.7}$$

이고 다른 하나는 **주파수 영역 형태**인

$$V(w) = Ee^{j\phi} = E\angle\phi \ \text{혹은} \ I(w) = Ie^{j\phi} = I\angle\phi \tag{8.8}$$

이다. 두 번째 주파수 영역 형태의 표현을 **페이져 표현**이라고도 한다.

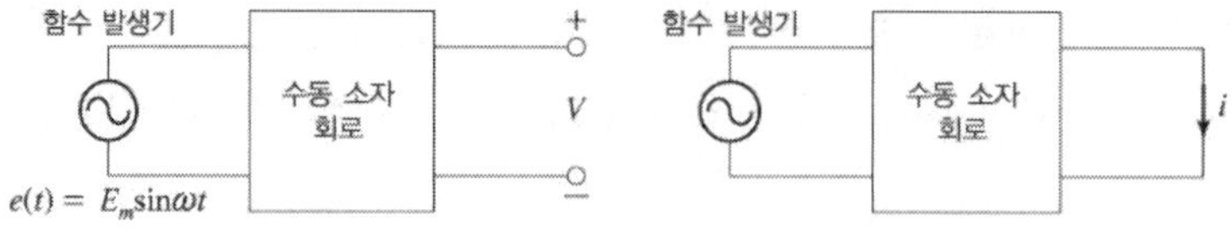

[그림 8.5] 출력 단자에서의 전압과 전류

(1) R, L, C 회로의 전압, 전류 관계

R, L, C 소자에 교류 전압 $v(t) = E_m \sin\omega t$ 를 인가 할 때 각 소자에 흐르는 전류와 소자에 걸리는 전압 관계를 살펴보자.

① 저항 회로(R)

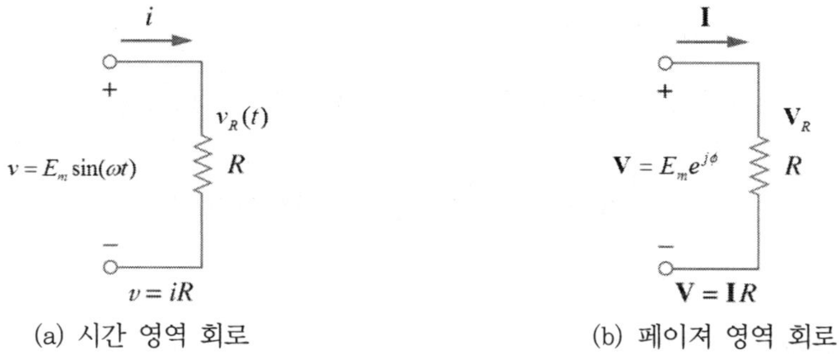

[그림 8.6] 저항만 있는 교류 회로

- 저항회로의 전류와 전압 표현

$$V_R(t) = iR = E_m \sin\omega t \tag{8.9}$$

$$i(t) = \frac{E_m \sin\omega t}{R} \tag{8.10}$$

② 인덕터(L) 회로

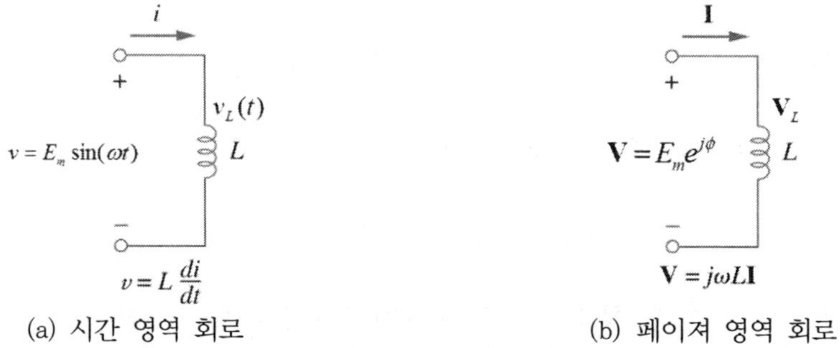

[그림 8.7] 인덕터만 있는 교류 회로

• 인덕터 회로의 전류와 전압 표현

$$전압: V_L(t) = L\frac{di}{dt}$$

$$전류: i_L = \frac{1}{L}\int V_L dt = \frac{1}{L}\int E_m \sin wt \ dt = \frac{E_m}{L\omega}\int \sin wt \ dwt \quad (8.11)$$

$$= \frac{E_m}{Lw}[-\cos\omega t] = \frac{E_m}{L\omega} sin(\omega t - 90°)$$

$$\therefore i_L = \frac{E}{X_L} sin(\omega t - 90°) = \frac{E_m}{X_L}\angle -90° \quad (8.12)$$

• 인덕터 회로에서 전류는 전압에 비해 90° 위상이 늦어진다(lagging).
• 반대로 표현하면 전압이 전류보다 90° 위상이 빠르다(leading).
• Reactance(리액턴스) : $X_L = wL$

③ 캐패시터(C) 회로

• 캐패시터 회로의 전류와 전압 표현 :
• 캐패시터 전압 : $V_c(t) = \frac{1}{C}\int idt$
• 개패시터 전류 : $i_c = C\frac{dV_C}{dt} = C\frac{dE_m \sin\omega t}{dt} = wCE_m \cos\omega t$

$$i_c(t) = \omega CE_m \sin(\omega t + 90°) = \frac{E_m \angle +90°}{1/\omega C} = \frac{E_m \angle +90°}{Xc} \quad (8.13)$$

캐패시터 회로에서 전류는 전압에 비해 90° 위상이 빨라진다(leading). 반대로 표현하면 전압이 전류보다 90° 위상이 느려진다(lagging).

$$리액턴스: X_C = \frac{1}{wC} \quad (8.14)$$

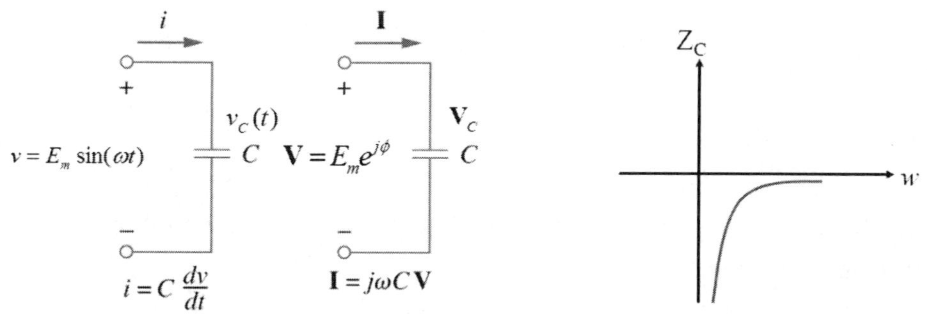

(a) 시간 영역 회로 (b) 페이져 영역 회로 (c) 주파수 반응

[그림 8.8] 캐패시터가 있는 교류 회로

전압에 대한 R, L, C 소자에 흐르는 전류의 위상 관계를 페이저 평면에서 보이면 [그림 8.9]와 같다. 그림으로부터 캐패시터의 전류는 전압에 비해 90° 위상이 빠르고, 반면에 인턱터의 전류는 전압에 비해 90° 위상이 느리다. 저항 회로는 위상에 변화가 없다.

마지막으로 교류와 직류 전압에 대한 L, C의 특성이 다르다. 인덕터(L)은 직류 전압에 대해서 저항이 0이되므로 단락 회로와 같이 동작하며 반면 캐패시터(C)는 저항이 무한대(∞)가 되므로 개방 회로와 같이 동작한다. 또한 매우 높은 주파수(w)의 교류 전압에 대해 L의 리액턴스는 매우 커지므로 개방 회로와 같이 신호를 차단하는 성질을 갖으며, 반면에 C의 리액턴스는 매우 작아지므로 단락 회로와 같이 신호를 잘 통과시키는 성질을 갖는다.

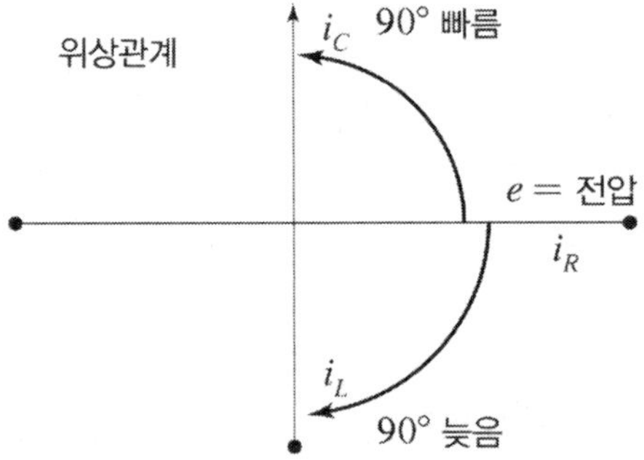

[그림 8.9] R, L, C 회로의 전류 위상 관계 페이저도

(2) RL 직렬회로

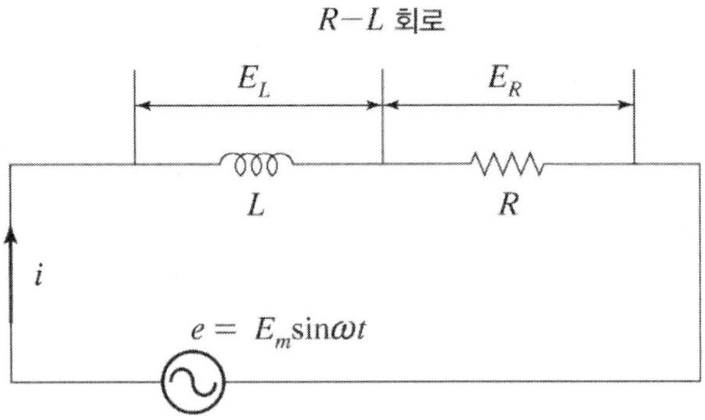

[그림 8.10] RL 직렬 교류회로

$$\text{KVL을 적용하면 : } e = iR + L\frac{di}{dt} \tag{8.15}$$

교류 전류를 복소수 전류 $i = Ie^{jwt} = I\angle 0°$와 같이 표현하면 전류는 위상이 0°인 기준 소스가 된다. 이 I값을 윗 식에 대입하면

$$e = Ri + L\frac{di}{dt} = RIe^{jwt} + jwLIe^{jwt} = (RI + jwLI)e^{jwt} = E_m e^{jwt}$$

$$E = RI + j\omega LI = E_R + jE_L = |E| \angle \theta \text{(페이져)} \tag{8.16}$$

$$I = \frac{E_m}{R + j\omega L} = \frac{|E| \angle 0}{|Z| \angle \theta} = \frac{|E|}{|Z|} \angle -\theta, \ Z_{RL} = R + j\omega L \tag{8.17}$$

$$\text{임피던스} = |Z|_{RL} = \sqrt{R^2 + (\omega L)^2} \tag{8.18}$$

$$\text{전압크기} = |E| = \sqrt{(E_R)^2 + (E_L)^2} \tag{8.19}$$

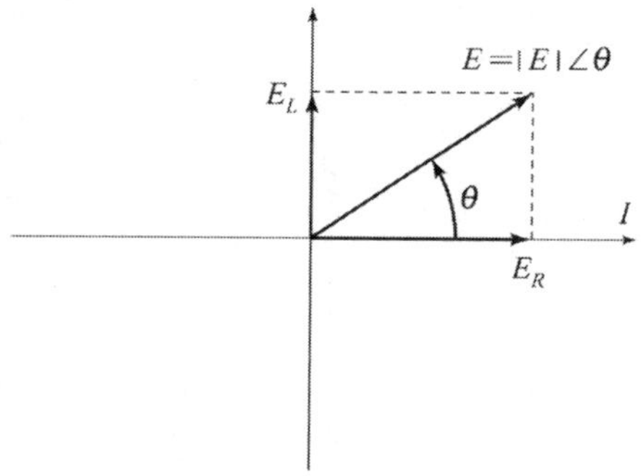

[그림 8.11] RL회로에서 전압-전류 위상 관계

(3) RC 회로

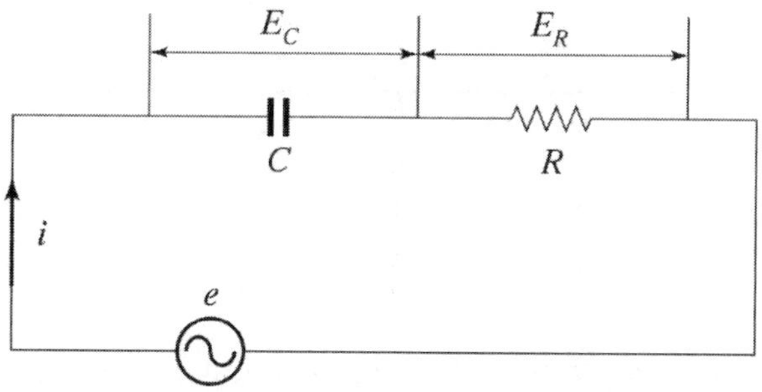

[그림 8.12] RL 직렬 교류 회로

KVL을 적용하면 :

$$e = iR + \frac{1}{C}\int idt, \ i = Ie^{j\omega t} \tag{8.20}$$

$$e = IRe^{j\omega t} + \frac{1}{\omega C}\int Ie^{j\omega t} d\omega t = (IR + \frac{I}{j\omega C})e^{j\omega t} = E_m e^{jwt} \tag{8.21}$$

$$\text{또는 } E = E_R - jE_C = |E| \angle -\theta \tag{8.22}$$

$$E_m e^{j\omega t} = (IR + \frac{I}{j\omega C})e^{j\omega t}, \quad IR - j\frac{I}{\omega C} = E$$

$$I = \frac{E_m}{R - j\frac{1}{\omega C}} = \frac{E_m}{Z_{RC}} = \frac{E_m}{|Z|_{RC}\angle -\theta} = \frac{E_m \angle \theta}{|Z|_{RC}} \tag{8.23}$$

$$\text{임피던스} = |Z|_{RC} = \sqrt{R^2 + \left(\frac{1}{\omega C}\right)^2} \tag{8.24}$$

$$\text{전압 크기} = |E| = \sqrt{E_R^2 + E_C^2} \tag{8.25}$$

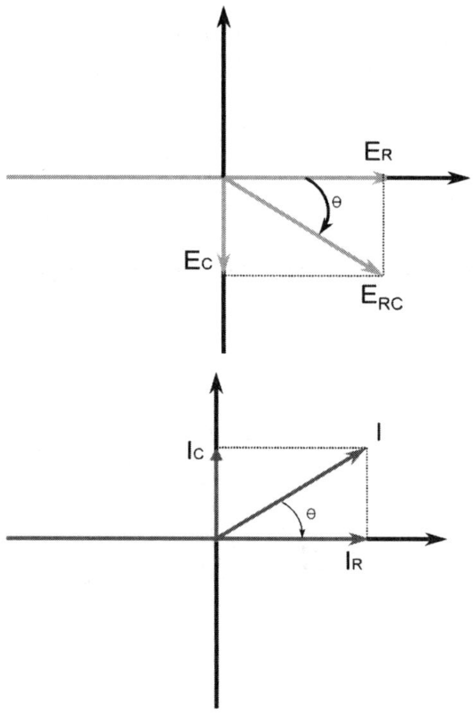

[그림 8.13] RC 직렬 교류 회로에서 전압과 전류의 위상 관계도

(4) RLC 직렬 회로

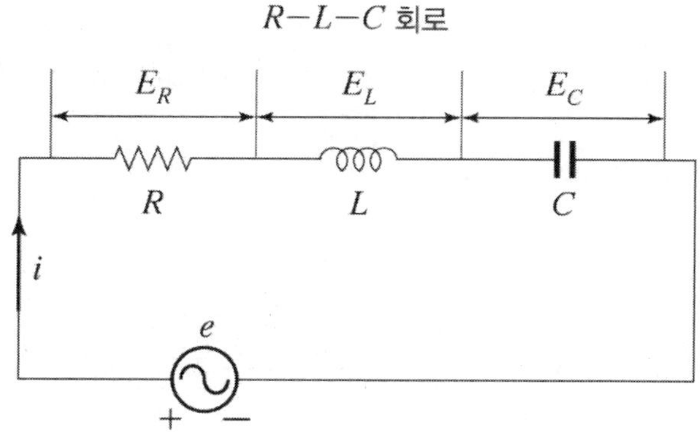

[그림 8.14] RLC 직렬 교류 회로도

- KVL을 적용하면

$$e = Ri + L\frac{dc}{dt} + \frac{1}{C}\int idt,\ \ i = Ie^{jwt} \tag{8.26}$$

$$E = RI + j\omega LI + \frac{I}{j\omega C}I = \left[R + j\left(\omega L - \frac{1}{\omega C}\right)\right]I \tag{8.27}$$

$$I = \frac{E}{R + j\left(\omega L - \frac{I}{\omega C}\right)} \tag{8.28}$$

임피던스를 $Z_{RLC} = R + j\left(\omega L - \frac{I}{\omega C}\right)$ 라고 두자.

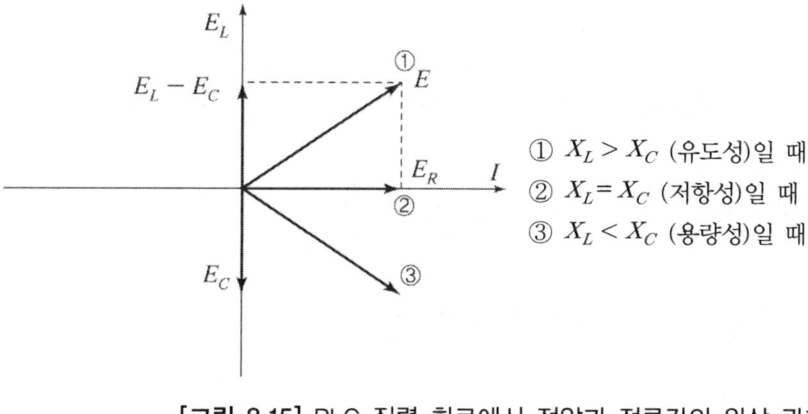

[그림 8.15] RLC 직렬 회로에서 전압과 전류간의 위상 관계도

종합적으로 결과를 요약하면 입력 전압 기준이 $e = E_m \sin\omega t$ 일 때

① **전류**

$$i = \frac{e}{Z} = \frac{E_m \sin\omega t}{Z} = \frac{E_m \angle 0}{|Z| \angle \theta} = \frac{E_m}{|Z|} \angle -\theta = \frac{E_m}{|Z|} sin(\omega t - \theta) \qquad (8.29)$$

여기서 θ는 ± 위상각(phase angle).

② **임피던스**

$$Z = R + jX, \ |Z| = \sqrt{R^2 + X^2} = \sqrt{R^2 + \left(\omega L - \frac{1}{\omega C}\right)^2} \qquad (8.30)$$

③ **전류(i)와 전압(e)와의 위상차 θ는**

$$\theta = \tan^{-1}\frac{X}{R} \qquad (8.31)$$

(5) R, L, C 병렬회로

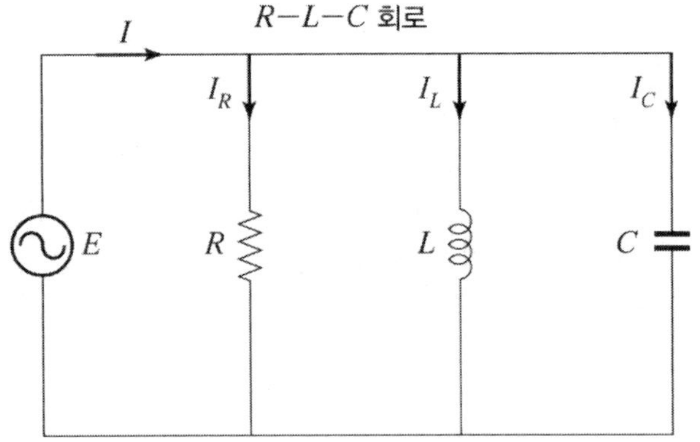

[그림 8.16] RLC 병렬 교류 회로도

KCL 적용 : 각 브랜치에 흐르는 전류는 $I_R = \frac{E}{R}$, $I_L = \frac{E}{j\omega L}$, $I_C = j\omega CE$

$$L\frac{dI_L}{dt} = E, \ C\frac{dE}{dt} = I_C, \ jwLI_L = E, \ j\omega CE = I_C$$

$$I = \frac{E}{Z} = I_R + I_L + I_C = \frac{E}{R} + \frac{E}{j\omega L} + j\omega CE = E\left(\frac{1}{R} + \frac{1}{jwL} + jwC\right),$$

$$I = \frac{E}{Z} = \frac{E}{\frac{1}{R} + j\left(\omega C - \frac{1}{\omega L}\right)}$$

여기서

$$Z = \frac{1}{\frac{1}{R} + j\left(\omega C - \frac{1}{\omega L}\right)}$$

$$임피던스 = |Z| = \frac{1}{\sqrt{\left(\frac{1}{R}\right)^2 + \left(\omega C - \frac{1}{\omega L}\right)^2}} \tag{8.32}$$

$$Z = \frac{1}{\frac{1}{R} + j\left(\omega C - \frac{1}{\omega L}\right)} = \frac{\frac{1}{R} + j\left(\frac{1}{\omega L} - \omega C\right)}{\left(\frac{1}{R}\right)^2 + \left(\frac{1}{\omega L} - \omega C\right)^2} \tag{8.33}$$

- 리액턴스(Reactance)

$$리액턴스\ X = \frac{1}{\frac{1}{j\omega L} + j\omega C}\text{(병렬 R, L, C 회로)} \tag{8.34}$$

$$위상각\ \theta = \tan^{-1}\left(\frac{-\omega C + \frac{1}{\omega L}}{\frac{1}{R}}\right) = \tan^{-1}\left(R\left(-\omega C + \frac{1}{\omega L}\right)\right) \tag{8.35}$$

- 서셉턴스(Suceptance)

$$B = \frac{1}{X} = j\omega C + \frac{1}{j\omega L} = \frac{1}{X_C} + \frac{1}{X_L}$$

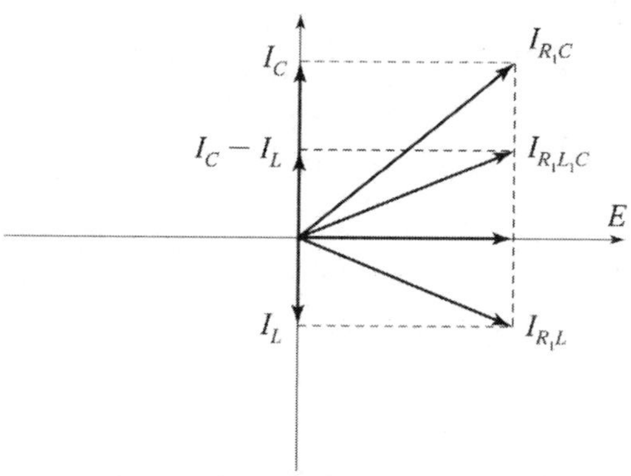

① $X_L > X_C$(유도성 회로)

$\omega L > \frac{1}{\omega C} \Rightarrow \frac{1}{\omega L} < \omega C$

② $X_L < X_C$(용량성 회로)

$\frac{1}{\omega L} > \omega C$

③ $X_L = X_C$(저항성 회로)

[그림 8.17] RLC 병렬 회로에서 전압과 전류간의 위상 관계도

연습문제

1. $i_1(t) = 4\cos(wt+30°)$**와** $i_2(t) = 5\sin(wt-20°)$**의 합** $i(t) = i_1(t) + i_2(t)$**을 페이져를 사용하여 구하라.**

해답 동일 주파수의 정현파 합성이므로 페이져를 이용한다.

$i_1(t) = 4\cos(wt+30°) \Leftrightarrow I_1 = 4\angle 30°$

$i_2(t) = 5\sin(wt-20°) \Leftrightarrow 5\angle -110°$

페이져 합 :

$I = I_1 + I_2 = 4\angle 30° + 5\angle -110°$

$= 40\cos(30°) + j4\sin(30°) + 5\cos(110°) - j5\sin(110°)$

$= 3.464 + j2 - 1.71 = j4.698 = 1.754 - j2.698$

$= 3.218\angle -56.97°$

이것을 시간영역으로 변환하면 $i(t) = 3.218\cos(wt-56.97°)$

2. **주어진 [그림 P8.1]에서 같은 주파수의 두 정현파간의 위상차(θ)를 계산하라.**

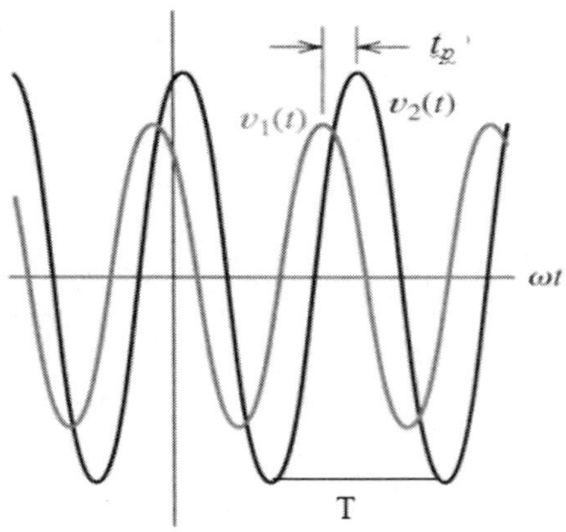

[그림 P8.1]

해답

$$T : 360^0 = t_p : \theta \rightarrow \theta = \frac{t_p}{T} \cdot 360^0$$

3. [그림 P8.2]의 시간 영역 회로를 페이저 영역 회로로 변환하고 페이저 평면에서 각 소자(R, L, C)의 전류-전압 위상 관계도를 도시하라.

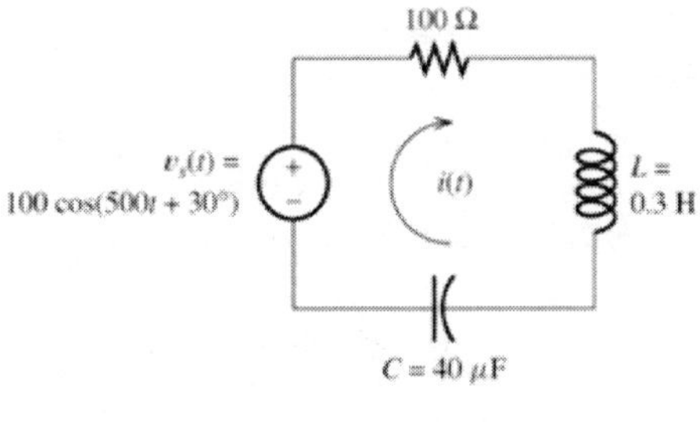

[그림 P8.2]

해답 페이저 표현

전압원 : $V_s = 100\angle 30^0$, 인덕턴스 : $X_L = jwL = j(500)(0.3) = j150$

캐패시턴스 : $X_C = -j\dfrac{1}{wC} = -j\dfrac{1}{(500)(40\times 10^{-6})} = -j50$

페이저 회로도 : 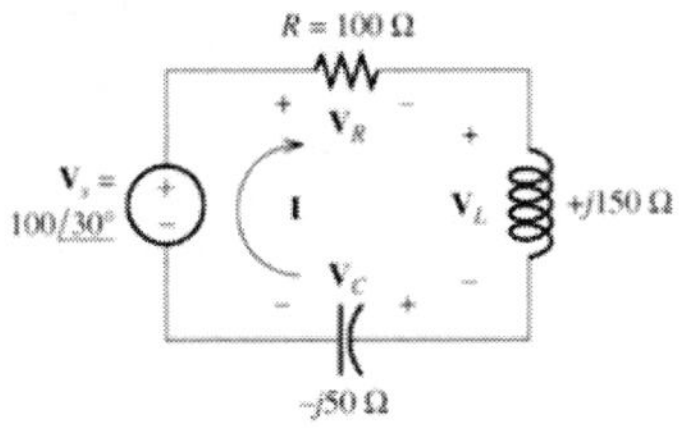

위상 관계도 : 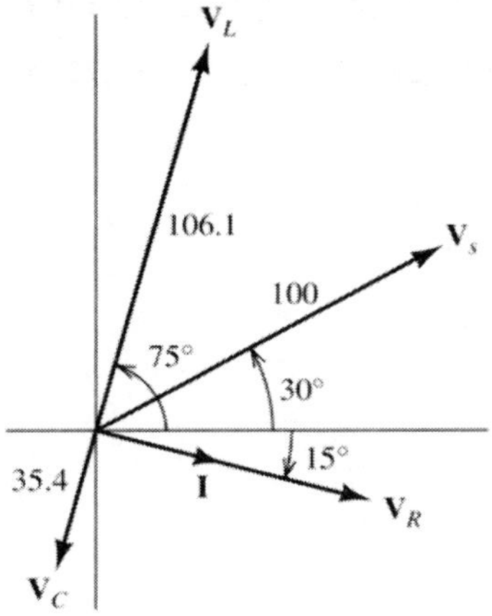

4. 회로의 합성 임피던스(Z_{in})를 구하라(주파수는 $w = 50\,rad/sec$).

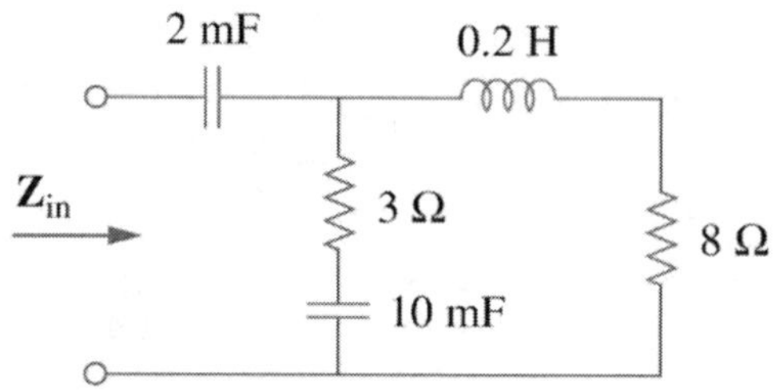

[그림 P8.3]

해답 $Z_1 = 2mF$리액턴스$=-j\dfrac{1}{wC}=-j\dfrac{1}{(50)(2\times10^{-3})}=-j10$

$Z_2 = 3\Omega$ 과 10mF 직렬연결 임피던스$=3-j\dfrac{1}{(50)(10\times10^{-3})}=3-j2$

$Z_3 = 0.2$H와 8Ω 직렬연결의 임피던스$=8+j(50)(0.2)=8+j10$

합성 임피던스

$$Z_{in} = Z_1 + Z_2//Z_3 = -j10 + \frac{Z_2 Z_3}{Z_2 + Z_3}$$

$$= -j10 + \frac{(3-j2)(8+j10)}{3-j2+8+j10}$$

$$= -j10 + 3.22 - j1.07 = 3.22 - j11.07$$

5. 캐패시터 소자의 전류-전압 관계 유도하여 전류를 페이저로 나타내라 . 전류와 전압간의 위상 관계를 전류를 기준으로 하여 말하라. 단 캐패시터에 걸리는 전압은 $v = V_m \cos(wt - \phi)$라고 한다.

해답 $i_C = C\dfrac{dv}{dt} = C\dfrac{d}{dt}(V_m \cos(wt+\phi))$

$$= -CV_m w sin(wt+\phi)$$

$$= CV_m w cos(wt+\phi+90°)$$

$$\therefore I_C = wCV_m e^{j(\phi+90^0)} = jwCV_m e^{j\phi}$$

전류의 위상이 전압보다 90° 앞선다

6. [그림 P8.4]의 교류(페이저)회로의 단자 a-b에서 들여다 본 테브닌 등가 회로를 구하라.

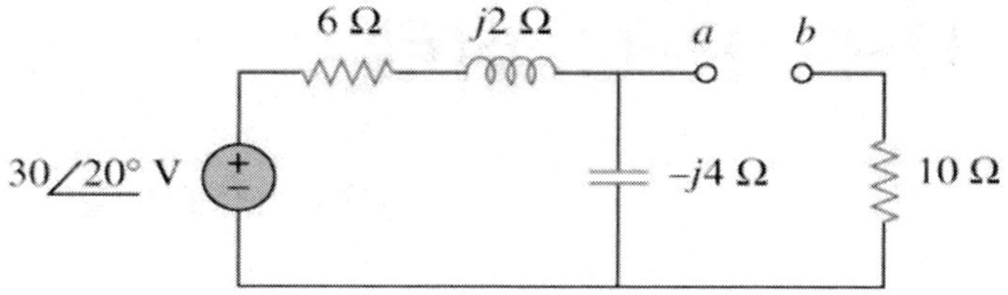

[그림 P8.4]

해답 이미 회로가 페이져 회로로 표현되어 있기 때문에 DC 회로 해석과 같은 방법으로 등가회로를 구한다. 즉 등가 임피던스를 구하기 위해 독립 전압원은 단락시키고 독립 전류원은 개방시킨다. 따라서

$Zth = 10 + (6 + j2)//(-j4) = 10 + (2.4 - j3.2) = 12.4 - j3.2$

테브닌 등가 전압은 단자 a-b의 개방 전압(v_{oc})과 같다. 이미 단자 a-b는 개방되어 있으므로 10Ω 으로는 전류가 흐르지 않으며 전압이 강하되지 않아 0V이다. 따라서

$$Vth = Vab = Voc = \frac{j4}{(6+j2)+(-j4)} \cdot 3e^{20^0} = \frac{4e^{j90^0}}{6.3246e^{-j18.4349}} = 0.6325e^{j108.4349^0}$$

제 08 주

실험절차

R–L, R–C 회로

강의 : 30분, 실험 : 2시간, 연장 : 30분

1 실험장비 및 부품

① 함수발생기 1대
② 오실로스코프 1대
③ 가변 디케이드 저항 박스(0~10kΩ, 1/2W), 1kΩ, 1/4W 각 1개
④ 가변 디케이드 캐패시터 박스 1대
⑤ 디지털 멀티미터 1대

2 실험방법

① [그림 8.18]의 회로를 결선하고, R을 가변시켜 리사쥬 도형이 어떻게 변화하는가를 관찰하라. 또한 전압과 전류의 위상차가 45°가 되는 R값을 찾아 기입하라.
- 리사쥬도형을 방안지에 간략하게 그려서 설명하라.
- 이로부터 전압과 전류간의 위상관계도 설명하라.
- 전압과 전류의 위상차가 45°될 때의 R값을 기입하고 이 R값이 $1/\omega C$과 같은가를 확인하고, 오차가 발생하였다면 원인에 대해서도 고찰하라.

② [그림 8.19]의 회로를 결선하고(R, C값은 〈표 8.1〉 참조), 1kΩ 저항 양단의 전압이 $1\,V_{p-p}$가 되도록 저주파 발진기의 출력전압을 조정하고, R,C병렬회로 양단의 전압 $V_{out}[V_{p-p}]$를 측정하여 〈표 8.1〉에 기입하라. 물론 이 경우도 R,C값을 바꿀 때마다 1kΩ 저항 양단의 전압이 $1\,V_{p-p}$가 되도록 해야 한다.
- 측정결과를 〈표 8.1〉에 기입하라
- 표에 주어진 공식에 따라 저항에 흐르는 전류 I_R, 캐패시터에 흐르는 전류 I_C, 합성전류 I_O, 합성임피던스 Z, 위상각 θ도 계산하여 함께 기입하여라.

3 회로도

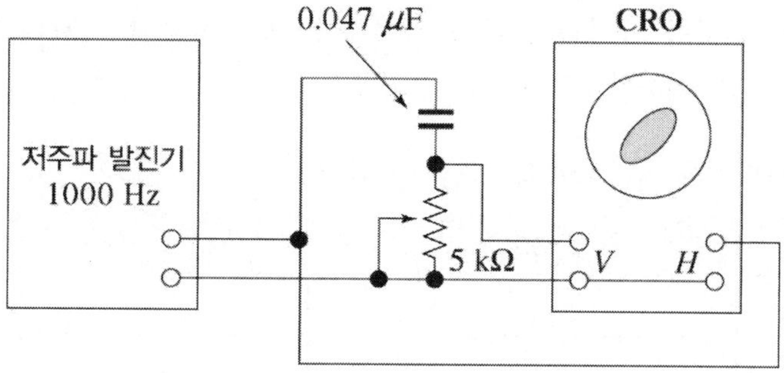

[그림 8.18] RC 직렬 교류 측정 회로도 I

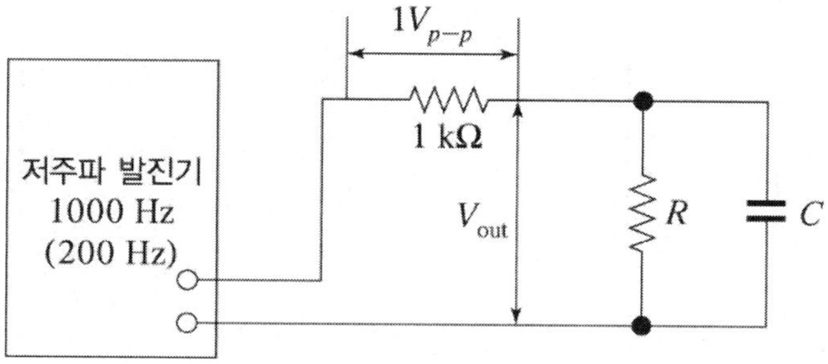

[그림 8.19] RC 직렬 교류 측정 회로도 II

4 측정값

① [그림 8.18]과 [그림 8.19]의 리사쥬 도형은 방안지에 간략히 그려라. 디지털 오실로스코프를 사용한다면 리사쥬 곡선을 USB에 저장해 보고서에 포함 시켜라.

② 〈표 8.1(a)〉 : C는 일정하고 R이 변할 경우

〈표 8.1(a)〉 f=1000[Hz], $I_0 = 1[mA_{p-p}]$, $C = 0.1[\mu F]$

R	200Ω	500Ω	700Ω	1kΩ	2kΩ	3kΩ	5kΩ
$V_{out}[V_{p-p}]$							
$I_R = \frac{V_{out}}{R}$							
$I_c = 2\pi f C V_{out}$							
$I_o = \sqrt{I_R^2 + I_C^2}$							
$Z = V_{out}[k\Omega]$							
$\theta = \tan^{-1}\frac{I_c}{I_R}$							

③ 〈표 8.1(b)〉 : R은 일정하고, C가 변할 경우

〈표 8.1(b)〉 f=1000[Hz], $I_0 = 1[mA_{p-p}]$, $R = 1[k\Omega]$

$c[\mu F]$	0.033	0.047	0.082	0.1	0.15	0.22	0.33
$V_{out}[V_{p-p}]$							
$I_R = \frac{V_{out}}{R}$							
$I_c = 2\pi f C V_{out}$							
$I_o = \sqrt{I_R^2 + I_C^2}$							
$Z = V_{out}[k\Omega]$							
$\theta = \tan^{-1}\frac{I_c}{I_R}$							

5 결과분석 및 토의

토의사항

① 교류회로에서 phasor도의 의미를 설명하라.

② 위상차는 시간 영역의 교류 파형에서 무엇을 의미하는가?

③ RLC 병렬회로에서 저항성 회로 일 때, 유도성 회로 일 때, 용량성 회로 일때 전류-전압간의 관계를 그림으로 도시하라.

④ 실험 회로에서 사용 주파수를 $f = 10\text{kHz}$로 높이게 되는 경우 어떤 현상이 발 생할 수 있는지를 이론적으로 서령하라.

제 09 주

이 론

단상 전력의 측정 및 역률 계산

학습목표

1 R, L, C 회로소자에서의 전력 관계식 이해

2 피상 전력, 무효전력, 유효전력 및 전력 효율의 의미를 이해하고 3전압계를 이용한 전력의 측정 방법을 익힌다.

1 개요

지금까지의 회로해석 관심은 전류와 전압 계산에 주안점을 두었지만 전력의 개념은 회로해석에 매우 중요하며 전기 모터 구동, 냉난방기, 가정용 전력계 등 응용은 허다하다.

교류 회로에서 순시전력은 특정한 시간에 소자에 소비/저장되는 전력으로 간주할 수 있다. 수식으로 쓰면 전력(t)=전압(t)×전류(t) 이다.

일반적으로 R, L, C 회로 소자로 구성된 회로의 경우 전압의 위상과 전류의 위상이 같지 않다. 이같이 위상이 다른 경우 전달되는 평균 전력은 $P_{avg} = V_{\rm rms} I_{\rm rms} \cos\theta$ 으로 주어지며 여기서 $\cos\theta = \cos(\theta_V - \theta_I)$로 역률이라고 한다. 위상차가 작을수록 효율이 높으며 유도성 혹은 용량성 회로의 경우 이를 개선한기 위한 역률 보정 회로가 필요하다.

임의의 어떤 주기적인 함수(신호) $x(t)$에 대한 rms값은 다음과 같이 정의할 수 있다.

일반적인 신호 : $X_{\rm rms} = \sqrt{\frac{1}{T}\int_0^T x^2(t)dt}$

정현파 신호 : $X_{\rm rms} = \sqrt{\frac{1}{T}\int_0^T x^2(t)dt} = \frac{X_{\rm max}}{\sqrt{2}}$

2 관련이론

교류 발전기에서 도선에 유기된 전압/전류는 정현파이며 최대값이 V_m, I_m이라고 할 때 전압과 전류의 시간에 대한 관계식은 다음과 같이 쓸 수 있다.

$$V = V_m \sin(wt + \theta_V) = V_m \sin(2\pi ft + \theta_V)$$
$$I = I_m \sin(wt + \theta_I) = I_m \sin(2\pi ft + \theta_I) \quad (9.1)$$

여기서 θ_V, θ_I는 각각 전압과 전류의 위상각을 표시한다.

① **단상(Single Phase) 교류전원** : 하나의 정현파 소스를 가진 전력원

② **삼상(Three Phase) 교류전원** : 3개의 정현파 소스가 서로 120° 위상을 다르게 한 전력원으로써 오늘날 사용되는 대부분의 교류 전력이 이에 해당한다.

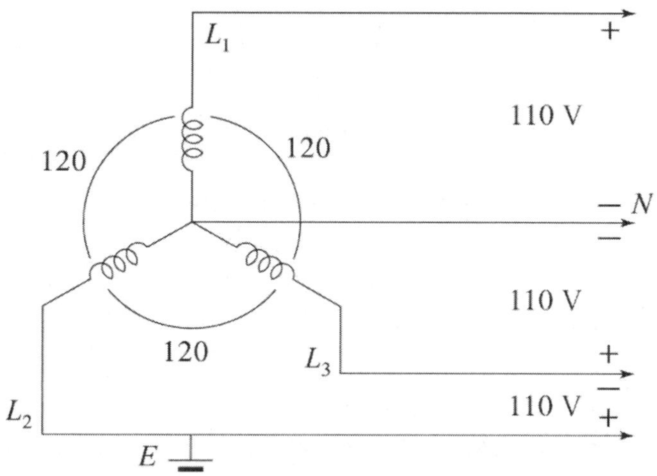

[그림 9.1] 3상 교류 전압원 – Y 결선 회로

$$V_{L1} = V_{L1rms}\sin(wt) \quad (9.2.a)$$

$$V_{L2} = V_{L2rms}\sin(wt + 120°) \quad (9.2.b)$$

$$V_{L3} = V_{L3rms}\sin(wt - 120°) \quad (9.2.c)$$

전압 V_{L1}, V_{L2}, V_{L3}를 상전압(phase voltage)이라고 하며 평형상태에서 $V_{L1} + V_{L2} + V_{L3} = 0$이 유지된다.

• 전압차 크기 : $L_1 - L_2$: $\sqrt{3}\, V_{\mathrm{rms}}$
$L_1 - L_3$: $\sqrt{3}\, V_{\mathrm{rms}}$
$L_2 - L_3$: $\sqrt{3}\, V_{\mathrm{rms}}$

• 전압차 크기 : $L_1 - N$
$L_2 - N$
$L_3 - N$

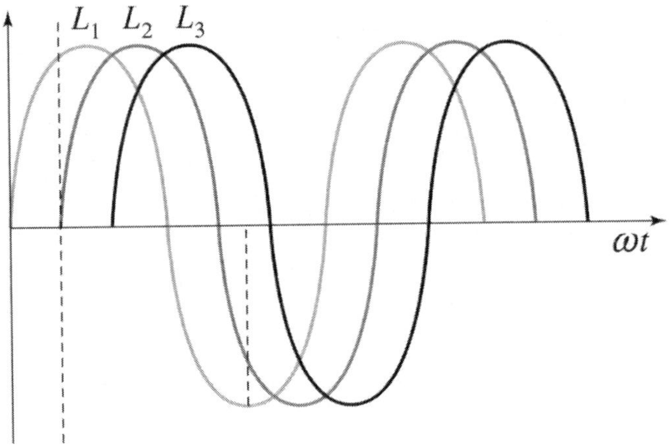

[그림 9.2] 삼상 전압 파형

$$\text{직류전력 : } P_{DC} = V_{DC} \times I_{DC} \tag{9.3}$$

$$\text{교류전력 : } P_{AC} = V_{AC} \times I_{AC} \times \cos\theta \tag{9.4}$$
$$\theta = \theta_V - \theta_I = V_{AC}\text{와 } I_{AC}\text{가 이루는 각도의 차}$$

• **순시전력**(Instantaneous Power) : $v = V_m \sin(\omega t + \phi)$

$$i = I_m \sin(\omega t + \phi + \theta)\ (\theta = \text{전류, 전압간의 위상차})$$

$$\text{순시전력 } P = vi = V_m I_m \sin(\omega t + \theta)\sin(\omega t + \phi + \theta)$$
$$= V_m I_m \sin(\omega t + \phi)\sin(wt + \phi + \theta) \tag{9.5}$$

$$\sin A sin(A+\theta) = \sin A(\sin A cos\theta + \cos A sin\theta), \text{ 여기서 } A = wt+\phi$$

$$= \sin^2 A cos\theta + 2\frac{\cos A \sin A}{2} sin\theta$$

$$= \frac{1-\cos 2A}{2} + \frac{1}{2} sin 2A sin\theta$$

$$= \frac{1}{2} cos\theta - \frac{1}{2}(\cos 2A cos\theta - \sin 2A sin\theta)$$

$$= \frac{1}{2} cos\theta - \frac{1}{2} cos(2A+\theta)$$

$$= \frac{1}{2} cos\theta - \frac{1}{2} cos(2(\omega t+\phi)+\theta)$$

$$\therefore P = \frac{V_m I_m}{2}[\cos\theta - \cos(2(\omega t+\phi)+\theta)] \tag{9.6}$$

• **평균전력**

$$\begin{aligned} P_{avg} &= \frac{1}{T}\int_0^T P dt = \frac{1}{T}\int_0^T \frac{1}{2} V_m I_m [\cos\theta - \cos(2\omega t+\phi))]dt \\ &= \frac{1}{2} V_m I_m \cos\theta = V_{\mathrm{rms}} I_{\mathrm{rms}} \cos\theta = \frac{1}{2} Re[VI^*] \end{aligned} \tag{9.7}$$

여기서 $V_s = V_m\sqrt{2}$, $I_{rms} = I_m/\sqrt{2}$

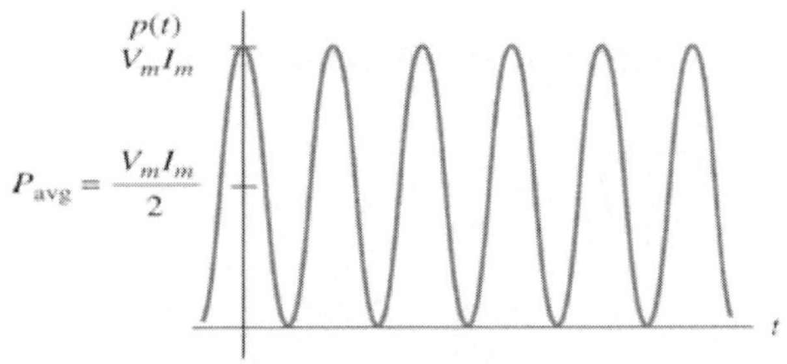

[그림 9.3] 순시전력

1) R - L - C 소자에서의 전력 관계

❒ P_R : **저항 전력**

저항 회로에서 v와 i는 동위상이다.

$$\begin{aligned} &\theta = 0 \\ &P_R = \frac{V_m I_m}{2}[1-\cos(2(\omega t+\phi))] \\ &\quad = \frac{V_m}{\sqrt{2}}\frac{I_m}{\sqrt{2}}[1-\cos(2(\omega t+\phi))] \\ &\quad = V_{\rm rms} I_{\rm rms}[1-\cos(2(\omega t+\phi))] \end{aligned} \tag{9.8}$$

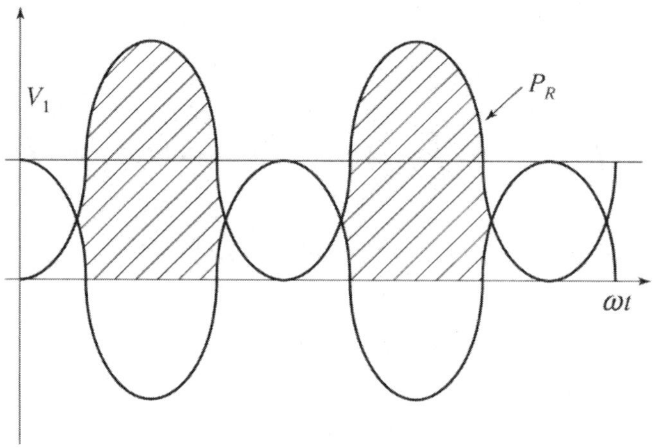

[그림 9.4] 저항회로에서의 전력 파형

$$\text{평균전력} : P_R = \frac{1}{T}\int_0^T p dt = V_{\rm rms} I_{\rm rms} \tag{9.10}$$

• **물리적 의미** : 전력량은 항상 +(양)의 값을 갖는다. 저항 회로에서 전력이 소모됨을 의미한다.

❒ P_L : **인덕터 전력**

v와 i의 위상차 : $v = L\dfrac{di}{dt} = j\omega L i$

i는 v보다 90° 위상이 늦다. $\theta = -90°$.

$$\begin{aligned} P_L &= \frac{V_m I_m}{2}[\cos(-90°) - \cos(2(\omega t+\phi)+\theta)] \\ &= \frac{V_m I_m}{2}(-\cos(2(\omega t+\phi)+\theta) - 90°) \\ &= -\frac{V_m I_m}{2} sin(2(\omega t+\phi)+\theta) \end{aligned} \tag{9.11}$$

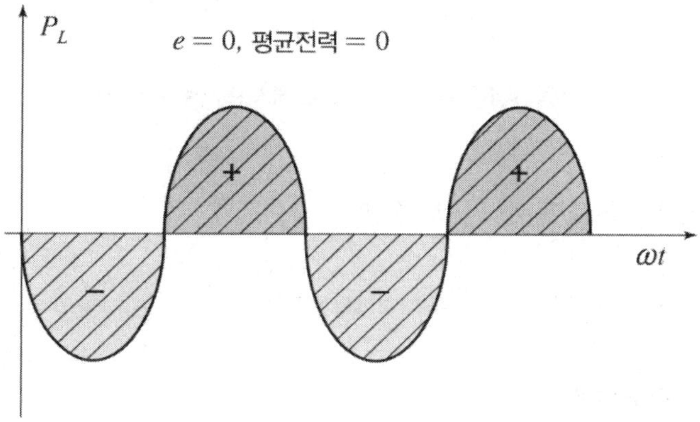

[그림 9.5] 인덕터 회로에서의 전력 파형

- + 전력의 의미 : 전원으로부터 전력이 소자 L에 공급됨을 의미
- – 전력의 의미 : 소자 L에 공급된 전력이 소모되지 않고, 전력이 소자에 저장됨을 의미

❒ P_C **: 캐패시터의 전력**

v와 i의 위상차 : i는 v보다 90° 위상이 빠르다. $\theta = +90°$.

$$\begin{aligned} P_C &= \frac{V_m I_m}{2}[\cos 90° - \cos(2(\omega t+\phi)+90°)] \\ &= \frac{V_m I_m}{2} sin(2(\omega t+\phi)) \end{aligned} \tag{9.12}$$

- + 전력의 의미 : 전원으로부터 전력이 소자 C에 공급됨을 의미
- – 전력의 의미 : 소자 C에 공급된 전력이 소모되지 않고, 전력이 소자에 저장됨을 의미

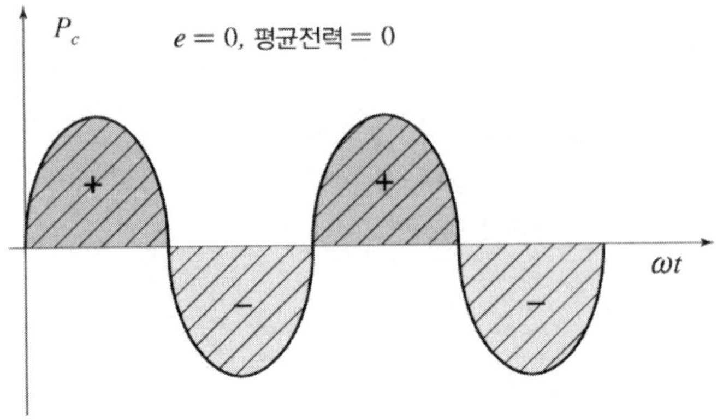

[그림 9.6] 캐패시터 회로에서의 전력 파형

2) R-L-C로 구성된 회로에서 전력 계산

$$P = V_{\mathrm{rms}} I_{\mathrm{rms}} [\cos\theta - \cos(2(\omega t + \phi) + \theta)] \tag{9.13}$$

❒ 유효전력 혹은 평균전력

$$P_{avg} = \frac{1}{T}\int_0^T \frac{1}{2} V_m I_m [\cos\theta - (\cos(2\omega t + \phi) + \theta)]dt = \frac{1}{2} V_m I_m \cos\theta [W] \tag{9.14}$$

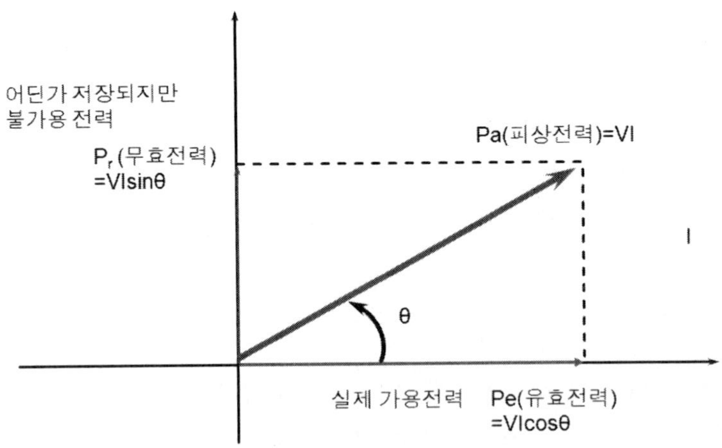

[그림 9.7] 전력 삼각형

교류 부하에 의해 소모되는 평균 전력은 임피던스 각의 cosine 값에 의존한다. 교류 전력 계산에 있어서 이 인자를 **역률**(power factor, pf)라고 한다. 순수 유도성, 용량성 부하에서는 역률값이 0이며 순수한 저항성 부하에서는 역률이 1이 된다. 다른 모든 경우에 대해서 역률은 $0 < pf < 1$의 범위를 갖는다.

$$pf = \cos\theta = P_{avg} / V_{\mathrm{rms}} I_{\mathrm{rms}} \ = \text{역률 : 전력회로의 품질(효율)을 나타내줌}$$

CosΦ = 1이면 전원에서 공급되는 에너지가 전부 부하에 전달되며 도선상의 손실이 없음을 의미한다.

3) 요약

$$P = V_s I_s [\cos\theta - \cos(2(\omega t + \phi) + \theta)] = \text{순시전력}$$

$$P_e = V_s I_s \cos\theta [W] = \text{유효 전력 (real power)} \tag{9.15}$$

$$P_r = V_s I_s \sin\theta [VAR] = \text{무효전력 (reactive power)} \tag{9.16}$$

$$P_a = V_s I_s [VA] = \text{피상 전력 (apparent power)} \tag{9.17}$$

$$\cos\theta = \frac{P_e}{P_a} = \text{역률} \tag{9.18}$$

[그림 9.7]의 회로에서 부하 임피던스 Z에 전달된 복소수 전력은

$$S = \frac{1}{2}\mathbf{VI}^* = \frac{V_m I_m}{2} \angle\theta \tag{9.19}$$

로 주어진다. 여기서 $\mathbf{V} = V_m \angle\theta_v$ =페이저 전압, $\mathbf{I} = I_m \angle\theta_i$ =페이저 전류를 나타낸다. 복소수 전력 S를 실수부와 허수부로 나누어 표현하면

$$S = \frac{V_m I_m}{2} cos\theta + j\frac{V_m I_m}{2} sin\theta = P + jQ \tag{9.20}$$

$$\text{실수부 전력 : } P = Re\{S\} = Scos\theta = P_e = \text{실효전력} \tag{9.21}$$

$$\text{허수부 전력 : } Q = Im\{S\} = Ssin\theta = P_r = \text{무효전력} \tag{9.22}$$

$$\text{복소수전력 절대값 : } |S| = \left|\frac{1}{2}\mathbf{VI}^*\right| = \mathbf{V_{rms} I_{rms}} = \sqrt{\mathrm{P}^2 + \mathrm{Q}^2} = \text{피상전력} \tag{9.23}$$

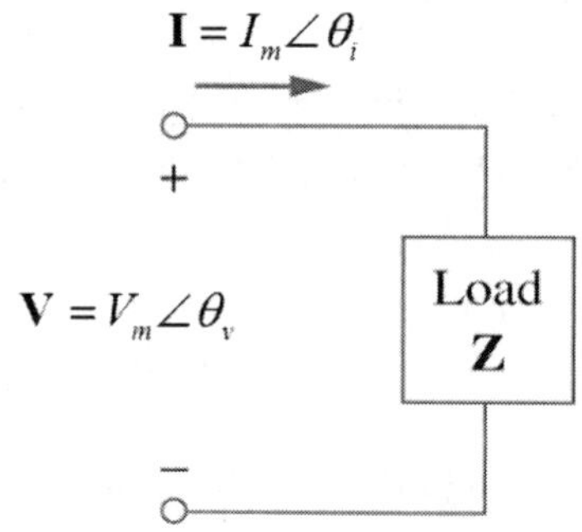

[그림 9.7] 부하 임피던스에 전달된 복소수 전력

4) 단상 교류회로의 전력측정

❐ 전력계(Power meter)법

부하에 의해 흡수된 평균 전력을와트미터계(혹은 전력계)를 사용하여 측정된다. 아래 [그림 9.8]은 두개의 코일 즉 전류 코일과 전압 코일로 구성된 와트미터를 보여준다. 매우 낮은 임피던스(이상적으로는 0)를 갖는 전류 코일은 부하와 직렬로 연결되어 있고 매우 높은 임피던스(이상적으로는 무한대)를 갖는 전압 코일은 부하와 병렬로 연결된다.

전류 코일은 마치 단락 회로와 같이 동작하고, 전압 코일은 개방회로와 같이 동작한다. 그 결과로와트미터 자체는 전력 측정시 회로에 영향을 미치지 않고 측정이 가능하도록 설계되어 있다.

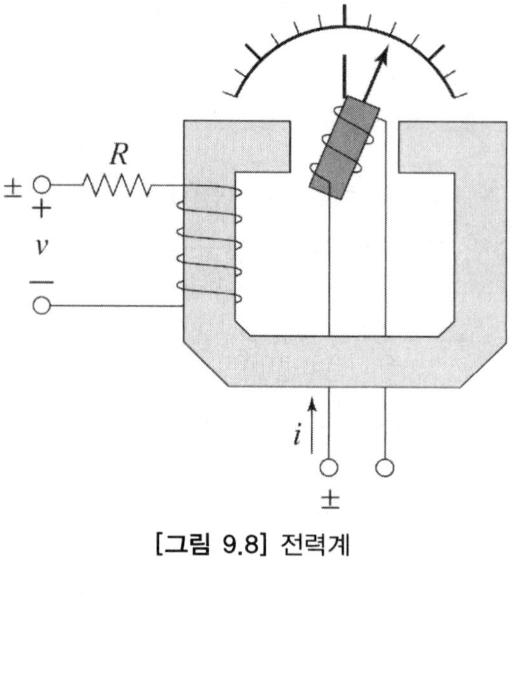

[그림 9.8] 전력계

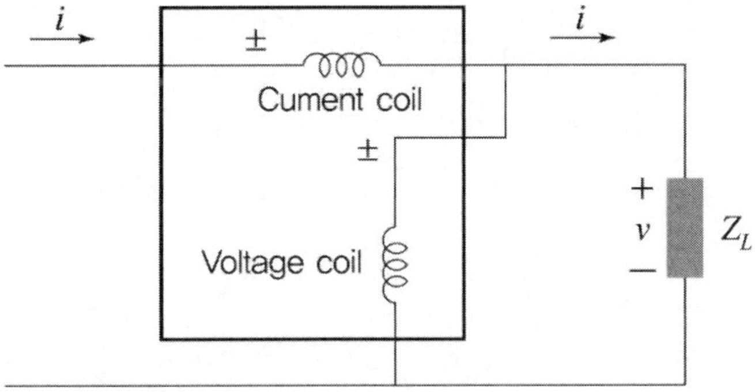

[그림 9.9] 부하에 연결된 전력계 측정 회로도

❒ 3 전압계 법

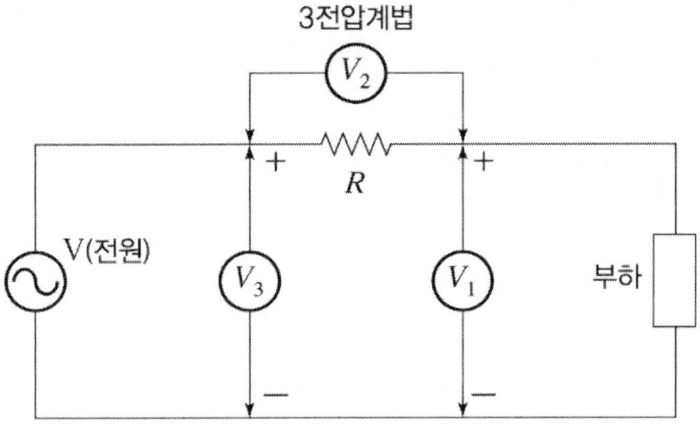

[그림 9.10] 3전압계 방법에 의한 단상 전력 측정 회로도

P_{load} = 부하에 소모되는 전력 = $V_1 I cos\theta$, θ = 전류 $\boldsymbol{I}$와 전압 $\boldsymbol{V_1}$이 이루는 각도

$$\text{전류 } \boldsymbol{I} = \frac{\boldsymbol{V_2}}{R}$$

$$P_{load} = V_1 \frac{V_2}{R} cos\theta = \frac{V_1 V_2}{R} cos\theta \quad (9.24)$$

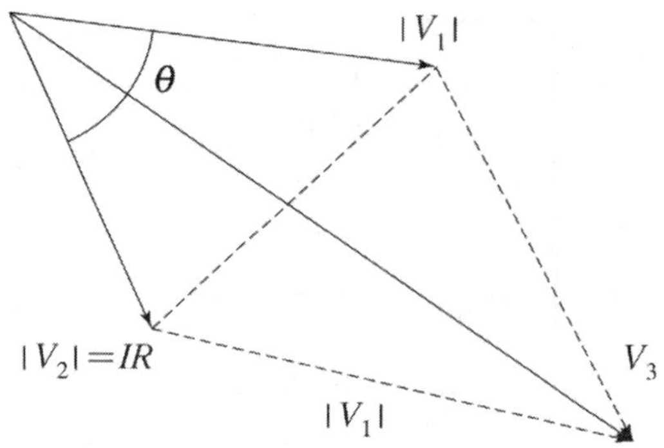

V_1, V_2, V_3 전압의 위상 관계

$$\boldsymbol{V_3} = \boldsymbol{V_1} + \boldsymbol{V_2}$$

$$V_3 = \sqrt{V_1^2 + V_2^2 + 2V_1 V_2 \cos\theta} \quad \text{(Cosine 법칙)}$$

$$\cos\theta = \frac{V_3^2 - V_1^2 - V_2^2}{2V_1 V_2} \tag{9.25}$$

$$P_{load} = \frac{1}{2R}(V_3^2 - V_1^2 - V_2^2)$$

연습문제

1. $v(t) = 120\cos(37t + 45°)\,V,\ i(t) = 10\cos(377t - 10°)[\mathrm{A}]$ **일때 주어진 [그림 P9.1]에서 수동 선형 회로에 소비되는 순시전력과 평균전력을 구하라.**

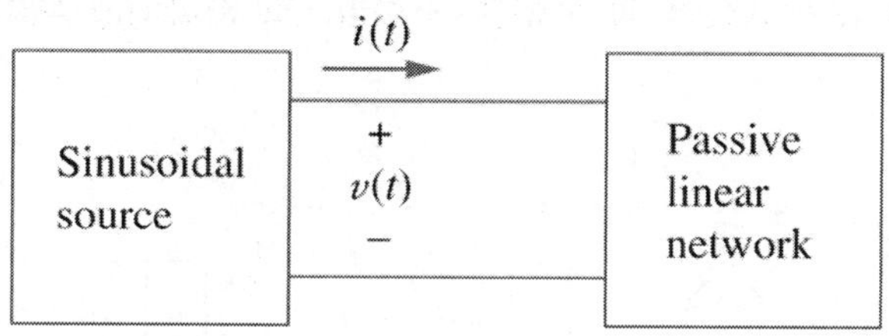

[그림 P9.1] 수동 선형회로에서의 전력 계산

해답
- 순시전력 : $p = vi = 120\cos(377t + 45°) \cdot 10\cos(377t - 10°)$
- 삼각함수 관계식 : $\cos A\cos B = 1/2[\cos(A+B) + \cos(A-B)]$

  따라서 전력 p는 $p = 600[\cos(754t + 35°) + \cos(55°)]$
- 평균 전력 : $P = 1/2[V_m I_m \cos(\theta_v - \theta_i) = 1/2[120(10)\cos(45° - (-10°))]$

  $= 600\cos 55° = 344.2\,W$

2. **[그림 P9.2] 회로에서 소스에서 본 전력 과 무효전력을 계산하고, 회로의 각 소자에 전달된 전력과 무효전력을 구하라.**

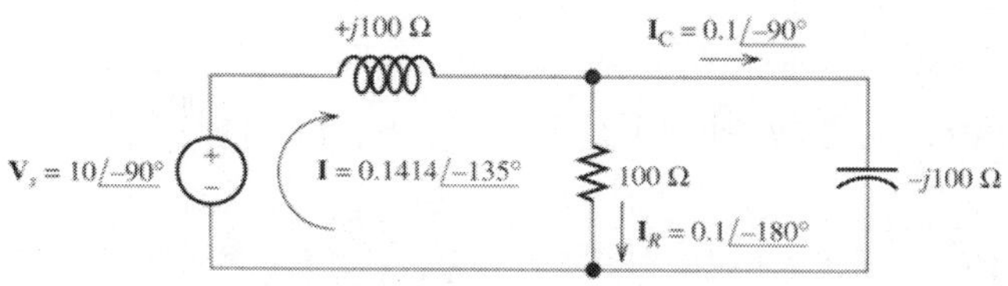

[그림 P9.2] AC 전력 계산

해답 i) 소스에 대한 유효 전력(P)과 무효전력(Q)을 구하기 위해서 소스전압과 소스전류간의 위상 차를 계산해야한다. $\theta = \theta_v - \theta_i = -90° - (-135°) = 45°$.

rms 소스 전압과 전류는

$$V_{\mathrm{rms}} = \frac{|V_s|}{\sqrt{2}} = \frac{10}{\sqrt{2}} = 7.071\,V\ ,\quad I_s = \frac{|I|}{\sqrt{2}} = \frac{0.1414}{\sqrt{2}} = 0.1A$$

$$P = V_{st} I_s \cos\theta = 7.071 \times 0.1\cos 45° = 0.5\,W$$

$$Q = V_{\mathrm{rms}} I_{\mathrm{rms}} \sin\theta = 7.071 \times 0.1\sin 45° = 0.5\,VAR$$

ii) 인덕터에 전달된 전력 Q_L : $Q_L = I_{\rm rms}^2 X_L = (0.1)^2(100) = 1.0\ VAR$

iii) 캐패시터에 전달된 전력 Q_C : $Q_C = I_{\rm rms}^2 X_C = \left(\dfrac{0.1}{\sqrt{2}}\right)^2(-100) = -0.5\ VAR$

iv) 저항에 전달된 전력 P_R : $P_R = I_{Rrms}^2 R = \left(\dfrac{|I_R|^2}{\sqrt{2}}\right)R = \left(\dfrac{0.1^2}{\sqrt{2}}\right)(100) = 0.5\ W$

3. [그림 P9.3] 회로에서 소스 전원은 병렬로 연결된 두 개의 부하에 전력을 전달하고 있다. 소스에 대한 유효전력, 무효전력 과 역률를 구하라. 또 공급되는 페이져 전류 I를 구하라.

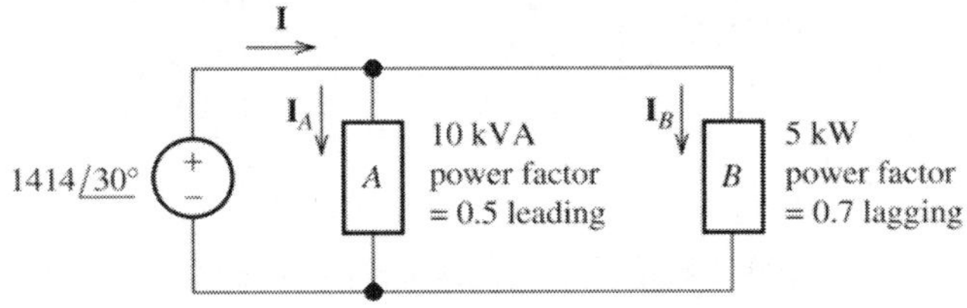

[그림 P9.3]

해답 주어진 회로 그림으로부터 부하 A는 피상전력=10kVA. 반면에 부하 B의 실효전력=5kW이다. 더욱이 부하 A는 0.5 진상 역률를 갖고 있다(부하 A의 전류의 위상이 전압보다 앞선다). 이는 부하 A가 용량성 회로임을 나타낸다. 비슷하게 부하 B는 0.7의 역상 역률를 갖고 있다(부하 B의 전류의 위상이 전압보다 느리다). 이는 부하 B가 유도성 회로임을 나타낸다.

- 부하 A

$P_A = VIcos\theta_A = (10k)(0.5) = 5k\,W$

$Q_A = \sqrt{S^2 - P_A^2} = \sqrt{(VI)^2 - (5000)^2} = \sqrt{(10k)^2 - 5000^2} = 8.660k\,VAR$

용량성 회로이므로 실제 무효 전력은 −값을 갖는다. 즉 $Q_A = -8.660k\,VAR$

- 부하 B :

$P_B = 5k\,W,\ P_B = VIcos\theta = VI(0.7) = 5k,\ S = VI = \left(\dfrac{5000}{0.7}\right)$

$Q_B = \sqrt{S^2 - P_B^2} = \sqrt{(VI)^2 - (5000)^2} = \sqrt{\left(\dfrac{5000}{0.49}\right)^2 - 5000^2} = 5.101k\,VAR$

유도성 회로이므로 실제 무효 전력은 +값을 갖는다. 즉 $Q_B = 5.101k\,VAR$

이제 소스에서 공급되는 전제 전력을 구하면

$P = P_A + P_B = 5k + 5k = 10k\,W$

$Q = Q_A + Q_B = -8.660k + 5.101k = -3.559k\,VAR$

$S = P + jQ$

역률 $\cos\theta = \dfrac{Q}{P} = \dfrac{-3.559}{10} = -0.3559 \rightarrow \theta = -\tan^{-1}(0.3559) = -19.59^0$

4. **원래 부하에 걸리는 전압이나 전류의 변화없이 역률을 증가(1에 가깝도록)시키는 과정을 역률 개선이라고한다. [그림 P9.4(a)]에서 보듯이 대부분의 부하가 유도성이므로 [그림 P9.4(b)]처럼 임의로 부하와 병렬로 캐패시터를 설치하여 역률을 향상 또는 개선시킬 수 있다. 역률값을 개선하기 위한 캐패시터의 용량을 계산하라.**

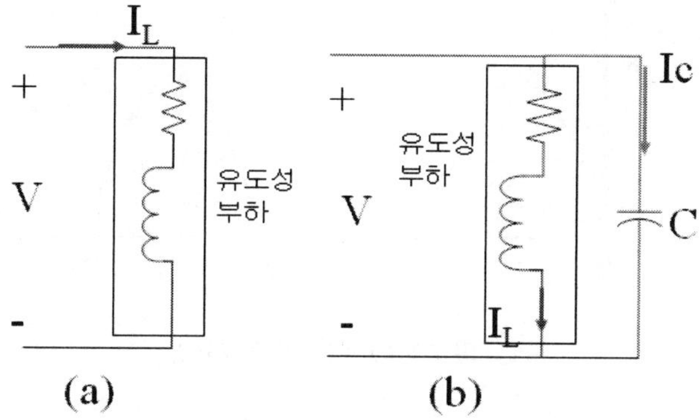

[그림 P9.4] 역률 개선 회로

해답 유도성 부하의 전류 $I_L = V/(R+jwL) = \frac{V(R-jwL)}{R^2+(wL)^2} = \frac{VR}{R^2+(wL)^2} - j\frac{wVL}{R^2+(wL)^2}$

병렬 연결한 용량성 부하의 전류 $I_c = \frac{V}{1/jwC} = jwVC$

합성 전류 $I = I_L + I_c$를 구하면 위상각차가 θ_1에서 θ_2로 줄어들었다. 즉 역률이 개선되었다.

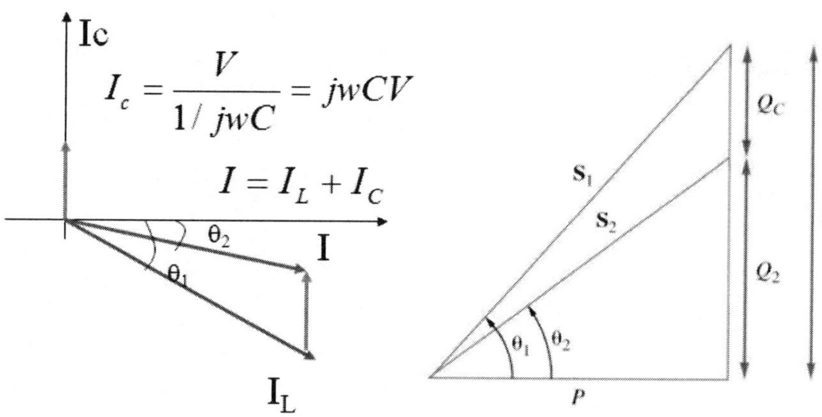

[그림 P9.5] 전력 삼각형

전력 삼각형으로부터

$Q_c = Q_1(RLC) - Q_2(RL) = P(\tan\theta_1 - \tan\theta_2) = wCV_{\rm rms}^2 = V_{\rm rm}^2/X_C$

따라서 $C = \frac{Q_c}{wV_{\rm rms}^2} = \frac{P(\tan\theta_1 - \tan\theta_2)}{wV_{\rm rms}^2}$

여기서 $P = S_1 \tan\theta_1$, $Q_1 = S_1 \sin\theta_1 = P\tan\theta_1$, $Q_2 = P\tan\theta_2$

5. **[그림 P9.6]에 보인 반파 정류 정현파형의 rms 전압값과 10Ω 저항에서 소모되는 평균 전력을 구하라.**

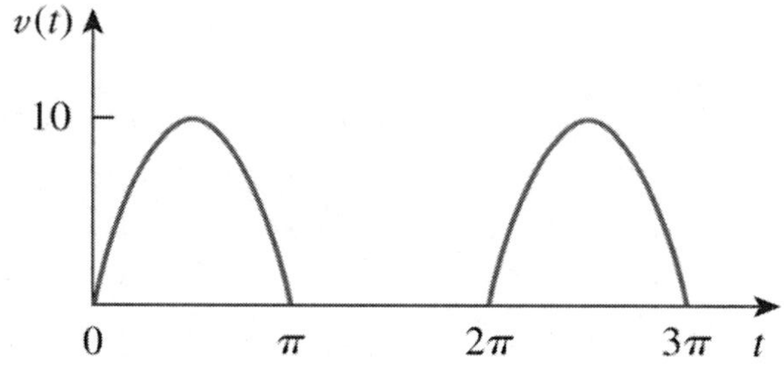

[그림 P9.6] 반파정류 파형

해답 반파 정류 정형파의 주기는 $T = 2\pi$이며, 이에 대한 함수식은

$$v(t) = \begin{cases} 10\sin t, & 0 < t < \pi \\ 0, & \pi < t < 2\pi \end{cases}$$

따라서 rms 전압값은

$$V_s^2 = \frac{1}{T}\int_0^T v^2(t)dt = \frac{1}{2\pi}\left[\int_0^\pi (10\sin t)^2 dt\right] = \frac{1}{2\pi}\int_0^\pi \frac{100}{2}(1-\cos 2t)dt$$

$$= \frac{50}{2\pi}(t - \frac{\sin 2t}{2})|_0^\pi = 25 \therefore V_s = 5V$$

저항 10Ω 에서 소모되는 전력은

$$P_{10\Omega} = \frac{V_{rms}^2}{R} = \frac{25}{10} = 2.5W$$

제 09 주

실험절차

단상 전력의 측정 및 역률 계산

강의 : 30분, 실험 : 2시간, 연장 : 30분

1 실험장비 및 부품

① 슬라이닥스 1대
② 전구 100V, 100W 1개
③ 전력용 축전기(전해콘덴서) : 10μF 200V, 20μF 200V
④ 저항 : 10Ω 30W 1개
⑤ 직류 전원장치 1대
⑥ 디지털 멀티미터 1대

2 실험방법

이 실험은 3전압 방법에 의한 단상 전력의 측정 실험이다.

① [그림 9.11]의 회로를 결선하고 슬라이닥스를 조정하여 전원전압 $V_o(V_{out})$를 〈표 9.1〉에 지시한 대로 바꾸어가면서 V_1, V_2, V_3를 디지털 멀티미터으로 측정하여 〈표 9.1〉에 기입하라

② [그림 9.11]의 회로에서 캐패시터 C를 20μF(극성에 주의 할 것!)으로 바꾸어 순서 ①과 같은 실험을 반복하고, 측정결과를 〈표 9.2〉에 기입하라

3 회로도

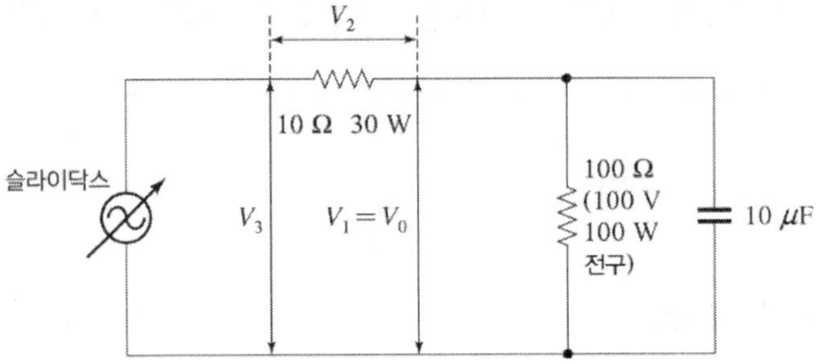

[그림 9.11] 3전압계 방법에 의한 단상 전력 측정 회로도

4 측정값

〈표 9.1〉 V_1, V_2 전압 측정

$V_{out} = V_1[V]$	50	60	70	80	90
V_2[V]					
V_3[V]					
$P = \frac{1}{2R}(V_3^2 - V_1^2 - V_2^2)$					
$\cos\psi = \frac{V_3^2 - V_1^2 - V_2^2}{2V_{1V2}}$					

〈표 9.2〉

$V_{out} = V_1[V]$	50	60	70	80	90
V_2[V]					
V_3[V]					
$P = \frac{1}{2R}(V_3^2 - V_1^2 - V_2^2)$					
$\cos\psi = \frac{V_3^2 - V_1^2 - V_2^2}{2V_{1V2}}$					

5 결과 분석 및 토의

토의사항

① 피상전력, 유효전력, 무효전력, 역률의 관계를 요약하고 물리적 의미에서 각 전력의 의미를 설명하라.

② 교류 회로에서는 전력 전송시 선로 손실(line loss)을 고려해야한다. 어떻게 소스로부터 부하로의 전력 전달(power transfer)을 향상 시킬 수 있는지 방법에 대하여 논하라.

③ 지상 역률(lagging power factor), 진상 역률(leading power factor)란 무엇인가? 지상 역률을 갖는 회로에서 역률 개선방법을 제안하라.

④ 3상 교류 전력 시스템에서 balanced Y-Y 결선과 Δ－Δ 결선을 사용하는 것이 단상 결선에 비해 고전력을 요구하는 전동 모터를 구동함에 있어 유리한 점이 무엇인가를 설명하라.

제 10 주 이론 1차 과도 응답과 미적분 회로

학습목표

1. RC/RL회로에서 전압, 전류의 충전 과 방전 특성을 이해한다.
2. 1차 과도 응답 회로의 시정수의 개념을 이해한다.
3. RL, RC의 회로로부터 미분 회로, 적분 회로의 구현과 원리 이해를 실험적으로 확인할 수 있다.

1 개요

스위칭에 의한 소스의 갑작스런 인가로 인한 회로의 시변 전류와 전압 응답을 **과도 응답**이라고 한다. 과도 응답을 회로 방정식으로 표현하면 미적분 방정식을 얻는다. 회로 소자로 사용되는 캐패시턴스 나 인덕터의 전류-전압 관계는 미적분식을 포함하게 되므로 RL 혹은 RC 회로의 과도응답은 KVL, KCL, 노드 전압 해석과 망전류 해석법을 사용하여 미적분방정식으로 표현된다.

여기에 중요한 개념은 캐패시턴스와 인덕터의 충전(charge) 과 방전(discharge) 개념과 시정수(time constant) 개념이다. 저항을 통해서 캐패시터에 충전된 전압이 방전되는 개념을 물탱크에 가득찬 물이 가는 관(pipe)을 통해서 흐르는 것과 비유할 수 있다([그림 10.1]).

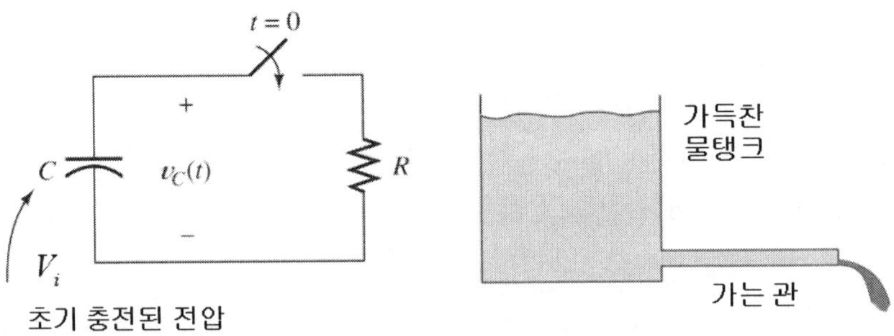

[그림 10.1] 물이 가득찬 물탱크의 가는 관을 통한 물의 흐름 과 초기에 캐패시터에 충전된 전압이 저항을 통해 방전 되는 개념의 대비

2 관련 이론

(1) 1계 RC 회로의 전류, 전압 특성(전압 충전/방전)

1계 RC 회로의 과도 응답은 두가지 경우로 나누어 설명하는 것이 이해하기 쉽다. 첫 번째 경우는 무전원 RC 회로로서 충전된 캐패시터의 전압이 방전하며 나타나는 **자연 응답**(natural response)을 주는 경우이고 두 번째 경우는 외부 전원이 있는 RC 회로로써 **강제 응답**(forced response)을 주는 경우를 나누어 회로 방정식을 새워 푸는 것이다. 전체 과도 응답은 자연 응답고 강제 응답을 합쳐서 얻어진다.

1) 가정

초기에 캐패시터 양단에 전압 $v(0) = V_0 = V_C(0)$로 충전 되었다. 외부 전원 연결은 없다([그림 10.2]).

노드 1에 대하여 KCL을 적용하여 방정식을 세우면

$$C\frac{dV_C(t)}{dt} + \frac{V_C(t)}{R} = 0$$

양변에 저항 R을 곱하여 정리하면 1차 미분 방정식을 얻는다.

$$\frac{dV_C(t)}{dt} + \frac{V_C(t)}{RC} = 0 \qquad (10.1)$$

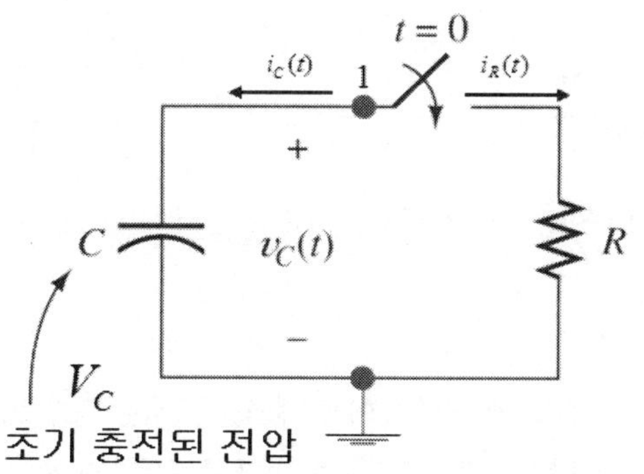

[그림 10.2] 무전원 1계 RC 회로

❐ 자연 응답(RC 회로)의 해 : 미분방정식의 해

자연 응답의 해는 1차 미분한 것과 같은 형태를 유지해야하는데 이런 성질을 만족하는 함수는 지수함수이다. 따라서 해의 형태는 지수 함수 형태를 취한다.

$$V_C(t) = Ke^{st} \tag{10.2}$$

식(10.2)를 식(10.1)에 대입하여 s에 대하여 풀면

$$Kse^{st} + \frac{Ke^{st}}{RC} = 0 \rightarrow s = -\frac{1}{RC} \tag{10.3}$$

$$V_C(t) = Ke^{st} = Ke^{-\frac{t}{RC}} \tag{10.4}$$

상수 K는 식(10.4)에 t=0에서 캐패시터에 주어진 초기 충전값 $V_C(0)$를 사용하여 얻어진다.

$$V_C(0) = Ke^{-\frac{0}{RC}} = K \ \therefore \ V_C(t) = V_C(0)e^{-\frac{t}{RC}} \tag{10.5}$$

식(10.5)를 시간 τ에 대하여 그리면 [그림 10.3]과 같다. 여기서 τ는 회로의 **시정수**(time constant)라고 하며 주어진 회로의 경우 $\tau = RC$가 되며 이는 초기치의 36.8%($1/e$)만큼 감소하는데 걸리는 시간으로 정의된다. τrk 적으면 빨리 감소하고(혹은 방전하고) 반대로 크면 천천히 감소한다(방전한다).

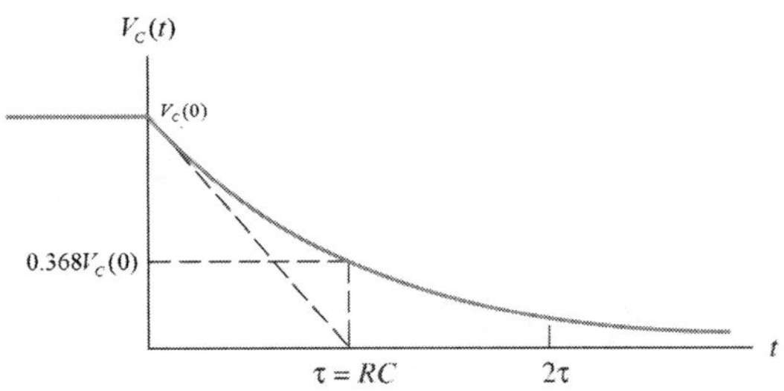

$V_C(t) = V_C(0)e^{-t/\tau}$의 값	
t	$V_C(t)/V_C(0)$
τ	0.3679
2τ	0.1353
3τ	0.0497
4τ	0.0183
5τ	0.0067

[그림 10.3] 무전원 RC회로의 자연 응답

❐ 관찰

RC회로의 캐패시터 초기치 전압에 의한 회로 응답은 지수적으로 감쇄하는 것을 알 수 있다. 내부 초기치에 의한 이같은 응답을 회로의 고유 응답 혹은 자연 응답이라고 한다.

2) RC회로의 과도 응답 해석 : 외부전원이 존재할 때

$t=0$인 순간 스위치가 C로 닫히면 저항 R을 거쳐 캐패시터에 전압이 충전되는 회로 구성이 된다. 이는 전압원이 계단 입력으로 작용하고 회로 응답은 계단 응답 혹은 과도 응답이라고한다.

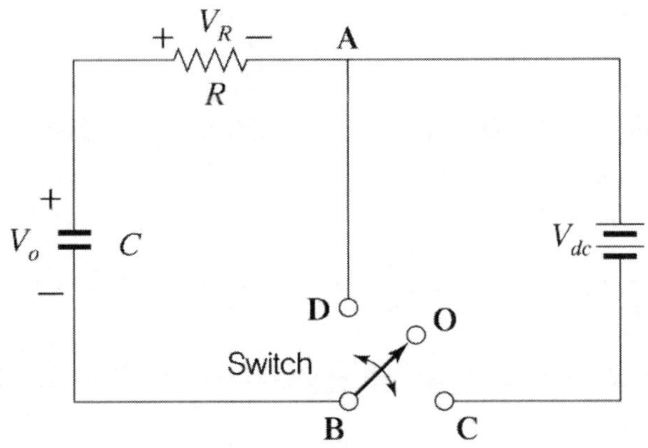

[그림 10.4] RC 1차 회로의 충전과 방전 회로

Switch 위치 : ① O에 있으면 개방회로
② C에 있으면 충전회로
③ D에 있으면 방전회로

❒ 충전회로의 원리

캐패시터에 전압이 충전되는 데에는 얼마간 시간이 소요된다. 캐패시터 초기 전압 $V_C(0)$ = 초기치 = 0으로 가정한다.

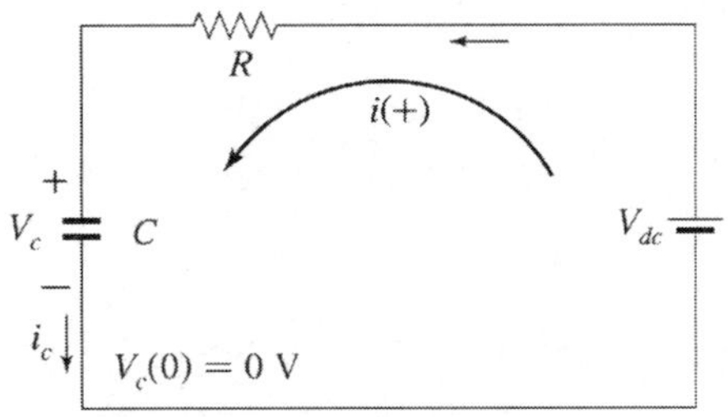

[그림 10.5] RC 충전 회로 구성

캐패시터 전압에 대하여 동적 회로 방정식을 세우면

$$
\begin{aligned}
& i(+) = \frac{V_{dc} - V_C}{R} = C\frac{dV_C(t)}{dt} \\
& \therefore \frac{dV_C}{dt} + \frac{1}{RC}V_C(t) = \frac{V_{dc}}{RC}
\end{aligned}
\tag{10.6}
$$

❐ 1–차 미방의 해

① $\dfrac{dV_{C1}}{dt}+\dfrac{1}{RC}V_{C1}(t)=0$ 자연 응답(Zero input Response) (10.7)

② $\dfrac{dV_{C2}}{dt}+\dfrac{1}{RC}V_{C2}(t)=\dfrac{V_{dc}}{RC}$ 강제응답 (Forced Response) (10.8)

완전응답(혹은 전체 응답)은 중첩 원리를 적용하여 다음과 같이 쓸 수 있다 :

$$V_C(t)=V_{C1}(t)+V_{C2}(t) \tag{10.9}$$

❐ 자연응답의 해 : 식 (10.4)와 같다

$$V_{C1}(t)=Ke^{-\frac{t}{RC}} \tag{10.10}$$

❐ 강제 응답의 해를 구하기 위해 외부 입력의 형태를 본다.

외부에서 인가되는 입력의 형태는 dc값을 갖는다. 그리고 강제 응답은 충분한 시간이 흐른후 즉 과도 상태가 사라진 정상 상태에서의 응답이므로 $t=\infty$ 일 때 시간 변화에 따른 과도상태는 사라지고 정상 상태에서의 응답만을 말한다. 따라서 Vdc 전원에 대해서 정상상태에서 회로내의 전류, 전압은 불변이지만 시간 미분차는 0 이다.

$$즉,\ \frac{dV_C(t)}{dt}\Big|_{t=\infty}=0,\ \frac{1}{RC}V_{C2}(t)=\frac{1}{RC}V_{dc} \longrightarrow V_{C2}(t)=V_{dc}$$

$$\therefore V_C(t)=V_{C1}(t)+V_{C2}(t)=Ke^{-\frac{1}{RC}t}+V_{dc} \tag{10.11}$$

주어진 초기조건으로부터 상수 K는 결정된다.

$$V_C(0)=0=Ke^0+V_{dc},\ K=-V_{dc}$$

$$\therefore V_C(t)=V_{dc}\left(1-e^{-\frac{1}{RC}t}\right)=V_{dc}(1-e^{-t/\tau}) \tag{10.12}$$

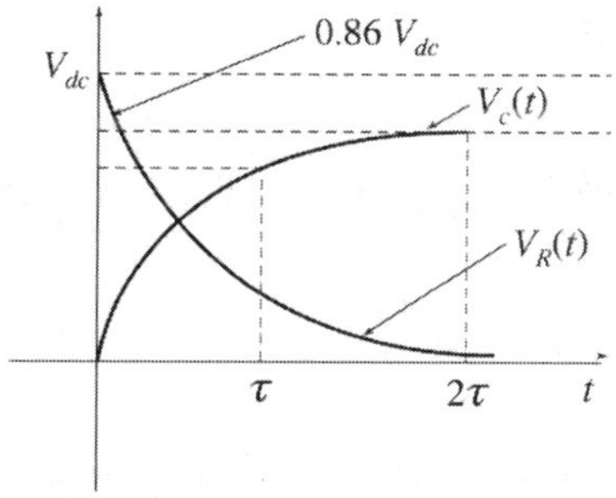

[그림 10.6] RC 충전 회로의 전압 파형

[그림 10.5]의 회로에서 KVL를 적용하면 다음 식을 얻는다.

$$V_C(t) + V_R(t) = V_{dc} \tag{10.13}$$

$\tau = RC$ =시정수라고 하며 최고치 V_{dc}의 $0.368\,V_{dc}$로 감소하는데 걸리는 시간을 말한다. 이때 저항 R에 걸리는 전압 $V_R(t)$ = ?

$$V_R(t) = V_{dc}(t) - V_C(t) = V_{dc}e^{-t/\tau} \tag{10.14}$$

❒ 방전회로의 원리

스위칭 작용에 의해 이번에는 캐패시터에 충전된 전압이 저항을 통해 소모되는 회로를 [그림 10.7]과 같이 구성이 되면 방전 회로가 된다. 앞의 충전 회로에서 캐패시터의 초기 전압은 $V_C(0) = V_{dc}$이다.

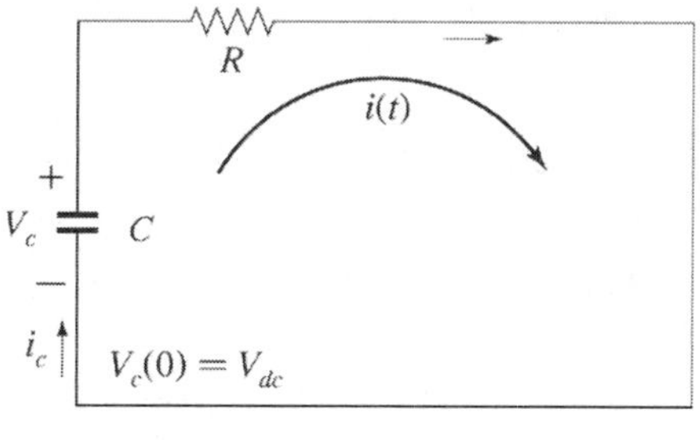

[그림 10.7] RC 방전 회로

방전시 시간에 따른 캐패시터 양단에 걸리는 전압 $V_C(t)$에 대한 회로 방정식을 세우면

$$i_R(t) + i_C(t) = 0 \rightarrow \frac{V_C(t)}{R} + C\frac{dV_C}{dt} = 0$$

$$\frac{dV_C}{dt} + \frac{1}{RC}V_C(t) = 0 \tag{10.15}$$

Part I

해를 $V_C(t) = Ke^{st}$ 라고 두면

$$Ke^{st} + \frac{1}{RC}Ke^{st} = 0, \ s = -\frac{1}{RC}$$

$$V_C(t) = Ke^{st} = Ke^{-t/RC} = Ke^{-t/\tau}$$

초기조건으로부터 $V_C(t)|_{t=0} = V_{dc} = Ke^0 = K$가 얻어진다. 따라서

$$\therefore \ V_C(t) = V_{dc}e^{-t/\tau} \tag{10.16}$$

방전되는 과도 응답을 그리면 무전원 RC회로에서와 같이 [그림 10.8]과 같다.

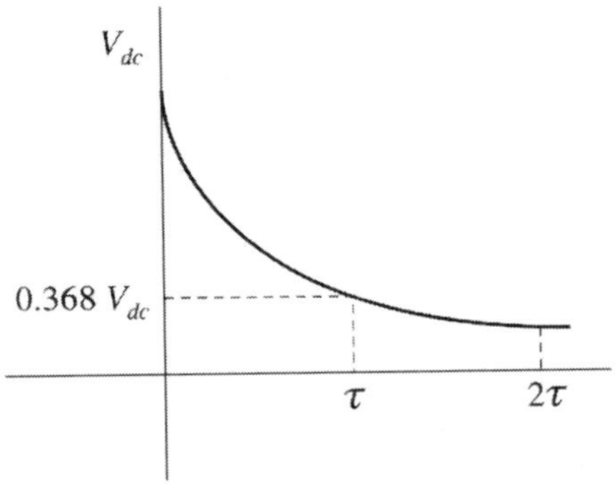

[그림 10.8] 캐패시터 전압의 방전 파형

- 방전 시정수 $\tau = RC$: 전압 Vdc의 36.8%가 되는데 걸리는 시간
- 저항에 걸리는 전압 : $V_C(t) + V_R(t) = 0$

$$V_R(t) = -V_C(t) = -V_{dc}e^{-t/\tau} \tag{10.17}$$

캐패시터에 흐르는 전류 $i_C(t)$는

① 충전시

$$V_R(t) = i(t)R = i_C(t)R \ \therefore i_C(t) = \frac{V_R(t)}{R} = \frac{V_{dc}(t)}{R}e^{-\frac{t}{\tau}} \tag{10.18}$$

② 방전시

$$V_R(t) = i(t)R = i_C(t)R \ \therefore i_C(t) = -\frac{V_{dc}(t)}{R}e^{-\frac{t}{\tau}} \tag{10.19}$$

종합하면 RC 충전/방전 회로의 저항의 전압, 캐패시터의 충전/방전 전압 과 전류의 파형을 살펴 보면 [그림 10.9]와 같다.

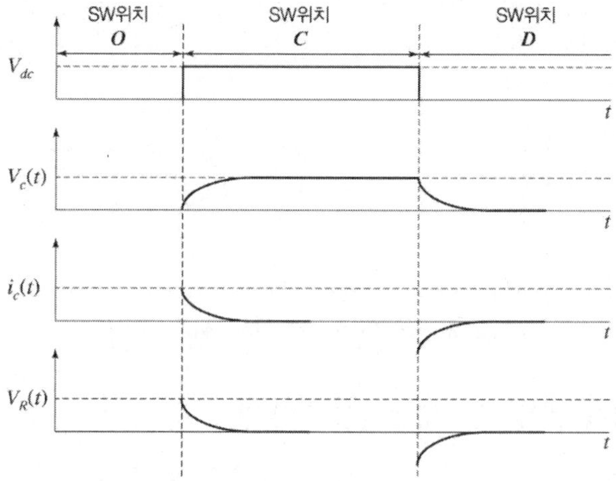

[그림 10.9] 충전/방전 회로에서 캐패시터 전류, 전압의 파형 변화

2) 1계 RL 충전 회로의 전류, 전압 특성(전류 충전/방전)

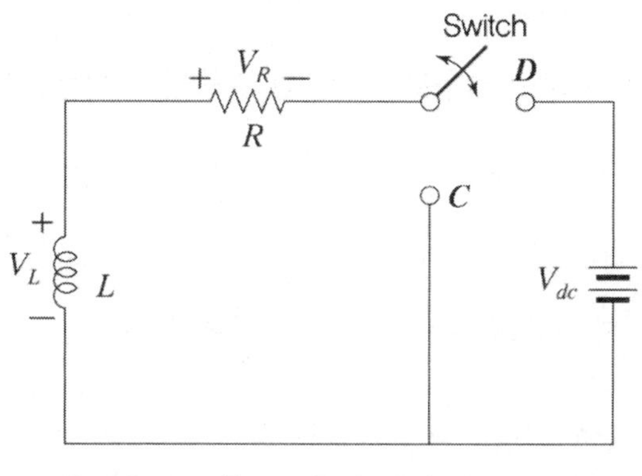

[그림 10.10] RL 충전/방전 회로 구성

Part I

• **충전시 SW위치는 D로 연결됨(초기 인덕터 전류는 $i_L(0)=0$이라고 가정한다).**

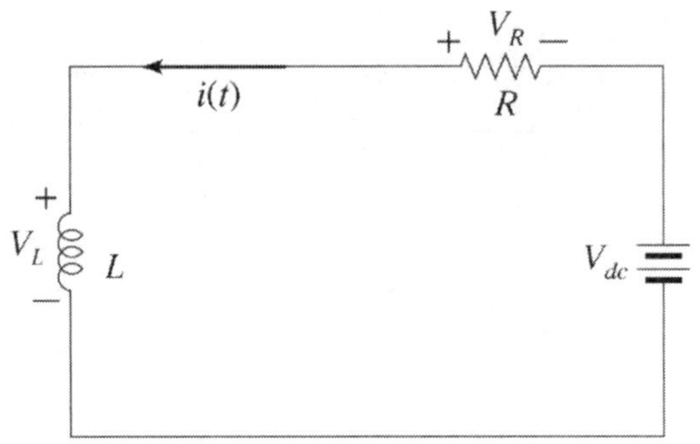

[그림 10.11] RL 충전시 회로 구성

인덕터 전류에 대하여 동적 회로 방정식을 세우면

$$V_{dc} = iR + L\frac{di}{dt}$$

$$\frac{di}{dt} + \frac{R}{L}i = \frac{1}{L}V_{dc} \tag{10.20}$$

1차 미방의 해는 RC 충전 회로의 경우와 같다. 완전 응답의 해는 ① 자연응답과 ②)강제응답의 합으로 주어진다.

① 자연응답의 해

$$i_1(t) = Ke^{st} \text{라고 두면} \quad Ke^{st} + \frac{R}{L}Ke^{st} = 0, \quad \therefore s = -\frac{R}{L}$$

$$i_1(t) = Ke^{-t/(L/R)} = Ke^{-t/\tau} \tag{10.21}$$

② 강제응답의 해

$t \to \infty$ 에서 인덕터는 short-circut(단락 회로)과 같이 작용한다. 시간 변화율이 없다. 즉 $\left.\frac{di}{dt}\right|_{t\to\infty} = 0$.

$$i_2(t) = \frac{V_{dc}}{R}$$

$$\therefore\ i(t) = i_1(t) + i_2(t) = Ke^{-t/(L/R)} + \frac{V_{dc}}{R}$$

초기조건 : $i(0) = 0 = K + \frac{V_{dc}}{R} = 0$, $\qquad K = -\frac{V_{dc}}{R}$

$$\therefore i(t) = \frac{V_{dc}}{R}(1 - e^{-t/(L/R)}) \tag{10.22}$$

인덕터에 걸리는 전압을 구하면

$$\begin{aligned} V_L(t) &= L\frac{di}{dt} = L\frac{d}{dt}\left(\frac{\mathrm{V_{dc}}}{\mathrm{R}}\right)(1 - \mathrm{e}^{-\mathrm{t}/(\mathrm{L}/\mathrm{R})}) = \frac{\mathrm{V_{dc}}}{\mathrm{R}}\mathrm{L}\frac{-1}{-\mathrm{L}/\mathrm{R}}\mathrm{e}^{-\mathrm{t}/(\mathrm{L}/\mathrm{R})} \\ &= \frac{V_{dc}}{R}Re^{-t/\tau} = V_{dc}e^{-t/\tau} \end{aligned} \tag{10.23}$$

• **방전시 충전시 SW위치는 C로 연결됨(인덕터의 초기 전류** : $i_L(0^-) = V_{dc}/R$)

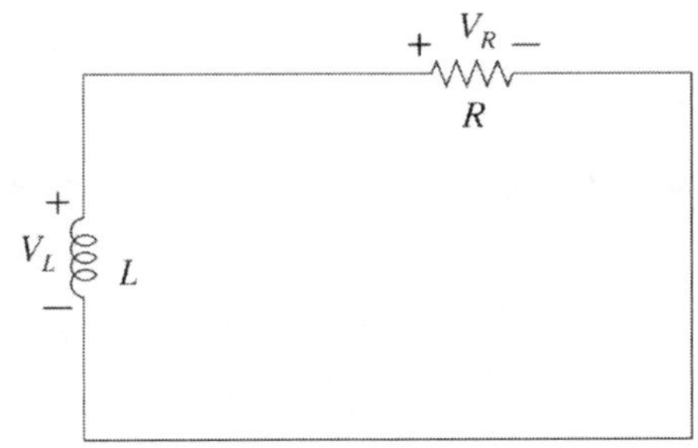

초기조건(완전 충전) : $i_L(0^-) = I_0 = \dfrac{V_{dc}}{R}$

[그림 10.12] RL의 방전 회로 구성

$$L\frac{di}{dt} + iR = 0, \quad \frac{di}{dt} + \frac{R}{L}i = 0$$

$i(t) = Ke^{st}$ 라고 두면 $\quad i(t) = Ke^{-t/\tau}$

$$\text{초기조건으로부터 } i(0) = \frac{V_{dc}}{R} = K, \quad \therefore i(t) = \frac{V_{dc}}{R}e^{-t/\tau} = I_0 e^{-t/\tau} \tag{10.24}$$

이때

$$V_L(t) = L\frac{di}{dt} = L\frac{d}{dt}\left(\frac{V_{dc}}{R}e^{-t/\tau}\right) = L\frac{V_{dc}}{R}e^{-t/\tau}\left(-\frac{R}{L}\right) = -V_{dc}e^{-t/\tau} \tag{10.25}$$

❒ 무전원 RC/RL 회로의 과도 응답 비교

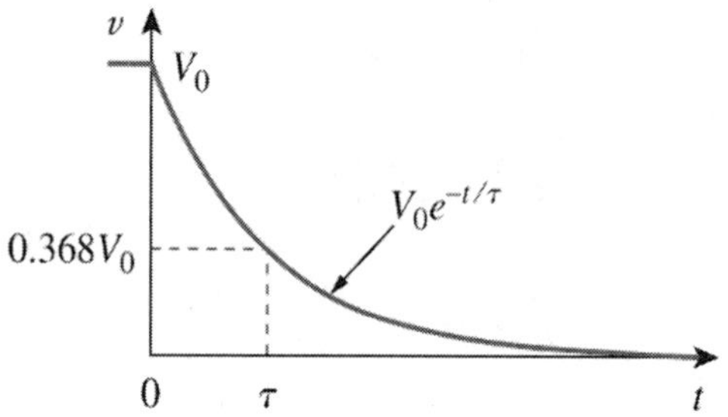

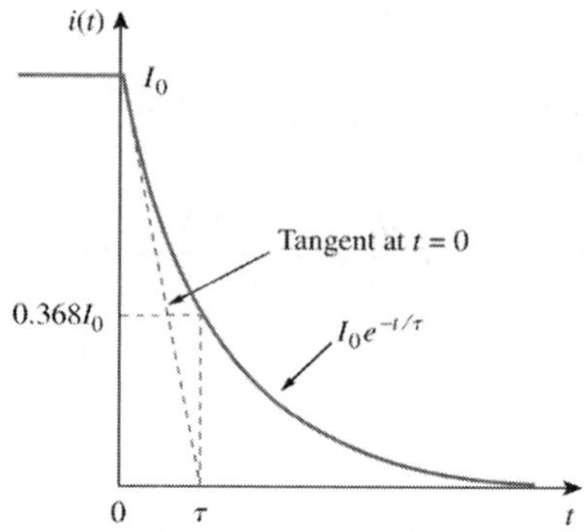

[그림 10.13] 무전원 RC/RL 회로의 과도 응답

3) 미분 회로 조건

RC/RL 과도 응답 회로는 미적분 회로로 사용된다. 먼저 RC 미분회로 구성 조건을 살펴보도록 하자([그림 10.14]).

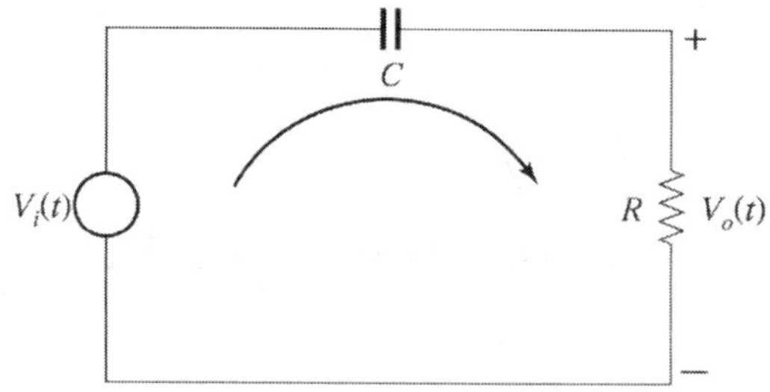

[그림 10.14] RC 미분 회로 구성

조건 : $V_C(t) \gg V_R(t) \Rightarrow$ 이 조건하에서 $V_C(t) \fallingdotseq V_i(t)$ 가 된다.

캐패시터에 흐르는 전류 $i_C(t)$에 의한 저항에 걸리는 출력 전압 $V_o(t)$는

$$V_0(t) = i_C(t)R = C\frac{dV_C}{dt}R = RC\frac{dV_C}{dt} \fallingdotseq RC\frac{dV_i(t)}{dt} \tag{10.26}$$

즉 식(10.26)을 보면 출력 전압은 입력전압의 미분형태로 나타난다.

▶ **입력파형이 구형파일 경우에 대해 미분 회로를 해석해보자.**

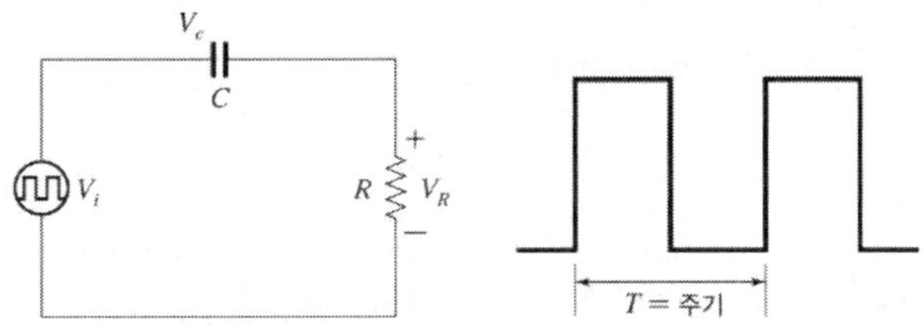

[그림 10.15] 구형파를 입력으로하는 RC 미분회로 해석

$\tau = RC$는 시정수이고 구형파의 한 주기를 T 라고 하면

시정수 $\tau = RC \ll T \rightarrow RC \ll \frac{1}{\omega} \rightarrow \omega RC \ll 1$일 때 캐패시터의 리액턴스$(1/wC)$ 값이 대단히 커지므로 저항에 걸리는 전압에 비해 캐패시터에 걸리는 전압이 대단히 커서 저항 전압을 무시할 수 있다고 가정한다. 이때 $V_i = V_C$를 가정할 수 있다.

- **캐패시터 전압** : $V_C(t) = V_i(1 - e^{-t/\tau}) = V_i(1 - 1 + t/\tau - \ldots\ldots) \approx V_i \frac{t}{\tau}$

  캐패시터 전압은 적분 회로로 동작한다.
- **저항 전압** : $V_R(t) = V_i e^{-t/\tau} \approx V_i(1 - t/\tau)$

  저항 전압은 미분회로 동작한다.

  ※지수함수에 대한 Power 수열 근사 다항식 : $e^x = 1 + x + \frac{x^2}{2!} + \frac{x^3}{3!} + \ldots.$

▶ **입력파형이 정현파일 경우에 대해 미분 회로를 해석해보자.**

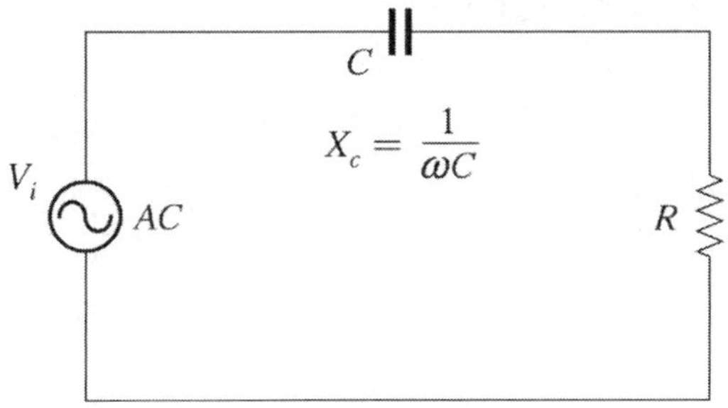

[그림 10.16] 정현파를 입력으로하는 RC 미분회로 해석

$V_{\in}(t) = V_i \sin\omega t \quad \rightarrow$ 페이져 : $V_i e^{-j90^o}$

$$Z = R + \frac{1}{j\omega C} = |Z| \angle -\phi, \ \phi = \tan^{-1}\frac{1}{\omega RC}, \ |Z| = \sqrt{R^2 + (\frac{1}{\omega C})^2}$$

$$V_R = \frac{R}{R + (-j\frac{1}{wC})} V_i = \frac{R}{|Z| \angle -\phi} V_i \angle 0^o$$
$$\rightarrow V_R(t) = \frac{R}{|Z|} V_i \sin(wt + \phi) \tag{10.27}$$

$$= \frac{RV_i}{\sqrt{R^2 + (\frac{1}{\omega C})^2}} sin(\omega t + \phi) = \frac{RV_i}{\sqrt{R^2(1 + (\frac{1}{\omega RC})^2)}} sin(\omega t + \phi)$$
$$= \frac{V_i}{\sqrt{1 + (\frac{1}{\omega RC})^2}} sin(\omega t + \phi) \tag{10.28}$$

• **미분조건 :** $\omega RC \ll 1 \rightarrow \frac{1}{\omega RC} \gg 1 \quad \phi = \tan^{-1}\frac{1}{\omega RC} \fallingdotseq 90°$

$$V_R \fallingdotseq \omega RC V_i \sin(\omega t + \phi) \fallingdotseq \omega RC V_i \cos \omega t \tag{10.29}$$

• **적분조건 :** $\omega RC \gg 1 \rightarrow \frac{1}{\omega RC} \ll 1, \ \phi = \tan^{-1}\frac{1}{\omega RC} \fallingdotseq 0°$

$$V_c = \frac{|X_C|}{|Z|} V_i \sin(\omega t - \phi)$$
$$= \frac{V_i}{\sqrt{1 + (\omega RC)^2}} sin(\omega t) \fallingdotseq -\frac{V_i}{\omega RC} cos\omega t \tag{10.30}$$

4) 계단 함수의 입력을 갖는 적분회로

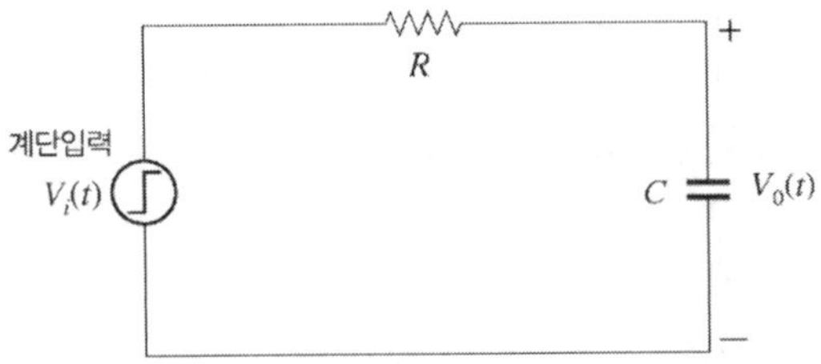

[그림 10.17] 계단파를 입력으로하는 RC 적분회로 해석

조건 : $V_R \gg V_C(t)$

이 조건하에서 $V_R(t) \fallingdotseq V_i(t)$가 된다.

$$= i_C(t)R$$

$$V_0(t) = V_C(t) = \frac{1}{C}\int_{-\infty}^{t} i_c(\gamma)d\gamma$$
$$= \frac{1}{C}\int_{-\infty}^{t} \frac{V_i(\gamma)}{R}d\gamma = \frac{1}{RC}\int_{-\infty}^{t} V_i(\gamma)d\gamma \qquad (10.31)$$

5) 계단 함수의 입력을 갖는 미분회로

미분회로의 조건으로부터

$$V_i(t) = \frac{1}{C}\int i(t)dt + Ri(t) \qquad (10.32)$$

$V_C(t) \gg V_R(t)$ 가 되도록 시정수 $\tau = RC$를 입력 파형의 주기에 비해 작게 잡으면

$$V_i(t) = \frac{R}{RC}\int i(t)dt + \frac{RCi(t)}{C} \fallingdotseq \frac{R}{RC}\int i(t)dt \fallingdotseq \frac{1}{C}\int idt$$

RC 《 T (입력파형의 주기)

$$i(t) \fallingdotseq C\frac{d}{dt}V_i(t) \quad V_R(t) = Ri(t) = RC\frac{d}{dt}V_i(t) \qquad (10.33)$$

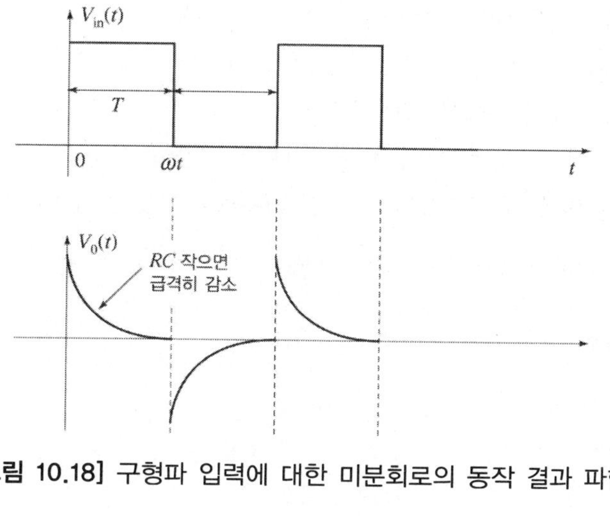

[그림 10.18] 구형파 입력에 대한 미분회로의 동작 결과 파형

연습문제

1. **[그림 P10.1]의 회로에서 초기값** $v_C(0) = 15\,V$**라고 하자.** $t > 0$**일때** $v_C(t), v_x(t), i_x(t)$**를 구하라.**

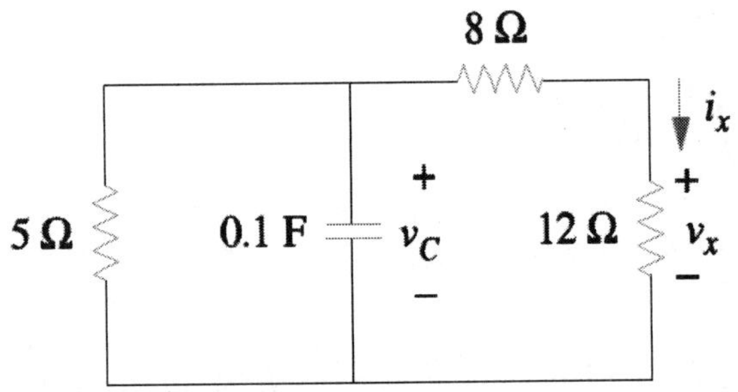

[그림 P10.1]

해답 먼저 캐패시터 단자에서 본 테브닌 등가 회로를 구한다.

- 등가저항 : $R_{eq} = \dfrac{20 \times 5}{20+5} 4\Omega$

- 시정수 : $\tau = R_{eq}C = 4(0.1) = 0.4\,\text{sec}$

$\tau = R_{eq}C = 4(0.1) = 0.4\text{sec}$

RC 1계회로의 자연 응답의 해로부터

$v(t) = V(0)e^{-t/\tau} = 15e^{-t/0.4}[V] = 15e^{-2.5t}[V] = v_c(t)$

v_x를 구하기 위해 원 회로로 부터 v_C를 사용하여 전압 분배 법칙을 적용하여 구한다.

$$v_x = \frac{12}{12+8}v_c = 0.6(15e^{-2.5t}) = 9e^{-2.5t}[V]$$

$$i_x = \frac{v_x}{12} = 0.75e^{-2.5t}[A]$$

2. $t<0$ **이전에 오랜 시간 스위치는 닫혀있다가** $t=0$ **시점에 스위치는 개방된다. 캐패시터에 충전된 전압** $v_C(0^-)$**을 구하고** $t \geq 0$ **시점 이후 전압** $v(t)$**을 구하라.**

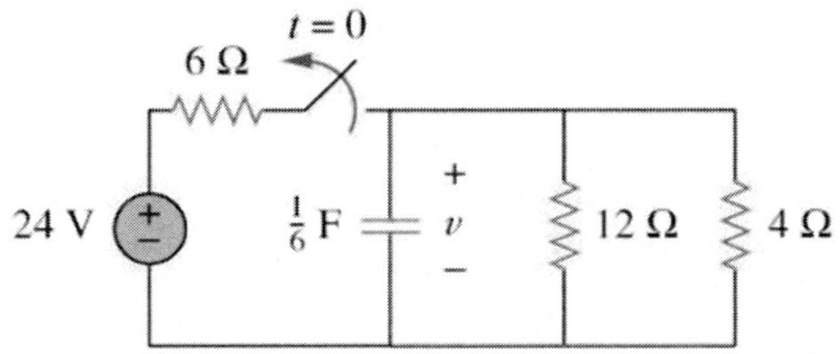

[그림 P10.2]

해답 초기전압 : 24V 전압이 6Ω과 $12\Omega//4\Omega=3\Omega$에 분배된다. 캐패시터에 걸리는 전압은 3Ω에 걸리는 전압고 같다. 즉, V=24V*3/(6+3)=8V.

$t \geq 0$ 시점 이후 전압 $v(t)$: $\tau = RC = 3*1/6 = 1/2$

방전식 : $v(t) = v_C(0)e^{-t/RC} = v_C(0)e^{-t/\tau} = 8e^{-2t}V$

3. $t<0$ **이전 시간에 충분히 스위치는 닫혀있었고** $t=0$**인 시점에 스위치가 열린다고 한다. 인덕터에 흐르는 전류** $i(t)$**를 구하라.**

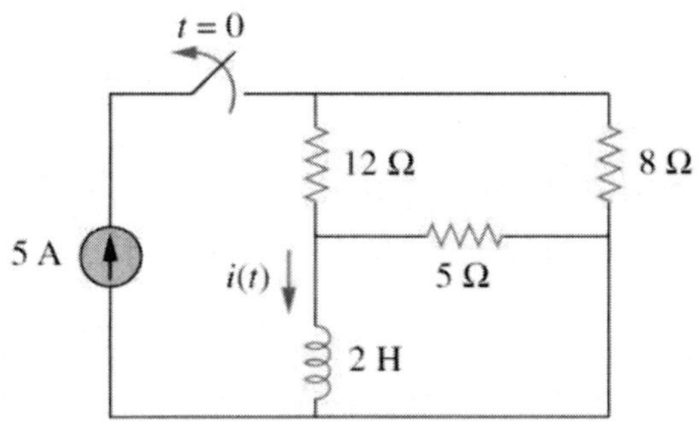

[그림 P10.3]

해답 $t<0$이전에 인덕터는 충분히 충전되었다고 볼 수 있다. 이 경우 인더터는 $V_L(t) = L\frac{di}{dt} \rightarrow 0$ 즉 단락회로로 놓고 초기 전류값을 구한다.

따라서 전류원 5A는 12Ω과 8Ω을 통해 분류되다. 2H 인덕터를 통해 흐르는 전류는 12Ω 저항을 통해 흐르는 전류와 같다. $i_L(0) = 5\frac{8}{12+8} = 2A$

$t=0$인 시점에 스위치가 개방되면 RL 방전 회로가 된다. 합성 저항은

$R_{eq} = 5//(12+8) = \frac{5 \cdot 20}{5+20} = 4\Omega$ 따라서 $\tau = L/R_{eq} = 2/4 = 1/2$

$i_L(t) = i_L(0)e^{-t/\tau} = 2e^{-t/(1/2)} = 2e^{-2t}$

4. **주어진 회로에서 $t > 0$일 때 $i(t)$를 구하라. 스위치는 오랜 시간동안 닫혀있다고 가정한다.**

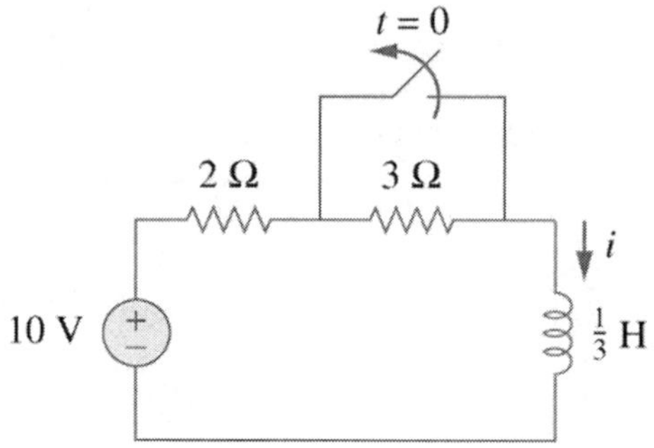

[그림 P10.4]

해답 $t<0$일 때 3Ω 저항은 단락회로가 되고 인덕터는 단락회로와 같이 동작한다. 따라서 $t=0^-$에 인덕터를 통해 흐르는 전류(충전되 전류)는 $i(0^-)=I_0=10/2=5A$

$t>0$일 때 스위치는 개방된다. 2Ω과 3Ω 저항은 직렬연결로 합성 저항은 5Ω. 이때 충분한 시간이 지난후 인덕터는 단락회로와 같이 작용하므로 이때 인덕터를 통해 흐르는 전류는 $i(\infty)=10/(2+3)=2A$

인덕터에 들여다본 테브닌 등가 회로의 테브닌 등가 저항은 $R_{Th}=2+3=5\Omega$, 시정수 $\tau=L/R_{Th}=(1/3)/5=1/15s$

그러므로

$i(t)=i(\infty)+(i(0)-i(\infty))e^{-t/\tau}=2+(5-2)e^{-15t}=2+3e^{-15t}, t>0$

5. **[그림 P10.5]는 자동차의 자동 점화 장치 회로를 나타낸다. 자동 점화 장치의 원리를 설명하라.**

해답 전류의 급속한 변화에 대한 인덕터의 반발력은 아크나 스파크를 발생시킨다. 시동시 스위치가 개방되면 L에 저장된 전류가 스파크의 공기 gap 사이에 스파크를 일으켜 연료를 점화시킨다. 스위치 SW가 개방되면 인덕터의 큰 전압은 스파크의 공기 gap(갭)에서 스파크를 일으킨다.

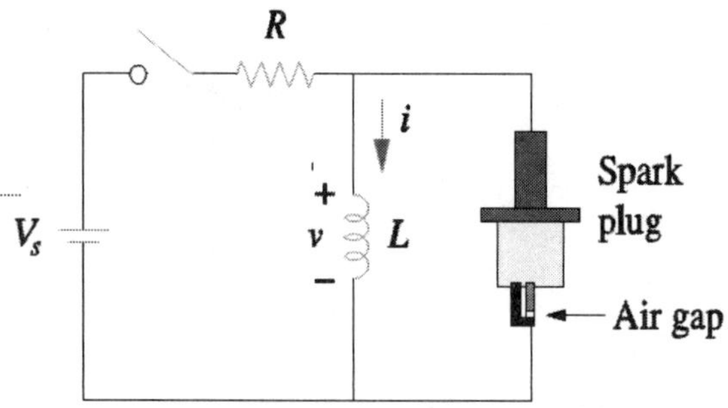

[그림 P10.5]

$$i(t)=\begin{cases}0, \\ \dfrac{V_s}{R}(1-e^{-t/\tau}), i_{ss}=\dfrac{V_s}{R}\end{cases}$$

제 10 주

실험절차

1계 과도 응답회로(미적분 회로)

강의 : 30분, 실험 : 2시간, 연장 : 30분

1 실험장비 및 부품

① 함수발생기 1대
② 오실로스코프 1대
③ 가변 저항기 1대(300Ω, 1kΩ)
④ 가변 콘덴서 1대(0.47μF)
⑤ 디지털멀티미터 1대

2 실험방법

① [그림 10.19(a)]의 미분회로를 구성하고, 입력파형을 1kHz, 10Vp-p의 구형파로 연결한 후, R=5kΩ, C=0.005μF로 조절하고, 출력을 오실로스코프 Ch-2에 연결하여 파형을 관찰하고 그린다(결과를 〈표 10.1〉 ①에 기록)

② 캐패시터 C를 실험방법(1)의 2배, 10배, 100배로 변화시켜가면서, 파형을 관찰하고 묘사한다(결과 〈표 10.1〉 ②, ③, ④에 기록, C값에 따른 위상차를 기록한다).

③ 입력파형을 1kHz, 10Vp-p의 정현파로 연결한 후, R=5kΩ, C=0.005μF로 한 후, 입력을 Ch-1에, 출력을 Ch-2에 연결한 후 두 파형을 비교하여 관찰한다(결과를 〈표 10.2〉 ⑤에 기록한다).

④ 캐패시터 C를 실험방법 ③의 2배, 10배, 100배로 변화시켜 가면서, 파형을 관찰하고 묘사한다(결과를 〈표 10.2〉 ⑥, ⑦, ⑧에 기록, C값에 따른 위상차 기록한다).

⑤ [그림 10.19(b)]회로를 구성하고 실험 방법 ① - ④를 반복하라. (단, R=500kΩ)

3 회로도

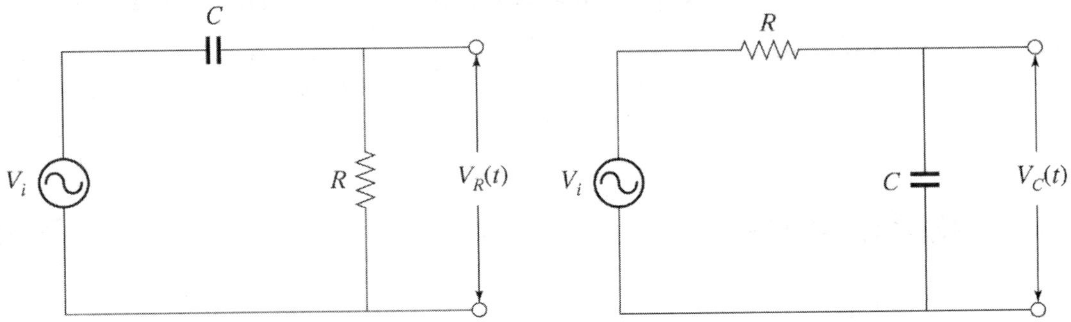

(a) 미분회로 (b) 적분회로

[그림 10.19]

4 측정값

〈표 10.1〉 (a) 회로(R=5kΩ, f=1kHz 구형파, V=10Vp-p)

구분	C=0.005μF	C=0.01μF(2배)	C=0.05μF(10배)	C=0.5μF(100배)
위상차				
그 림	①	②	③	④

〈표 10.2〉 (a) 회로(R=5kΩ, f=1kHz 정현파, V=10Vp-p)

구분	C=0.005μF	C=0.01μF(2배)	C=0.05μF(10배)	C=0.5μF(100배)
위상차				
그 림	⑤	⑥	⑦	⑧

〈표 10.3〉 (b) 회로(R=500kΩ, f=1kHz 구형파, V=10Vp-p)

구분	C=0.005μF	C=0.01μF(2배)	C=0.05μF(10배)	C=0.5μF(100배)
위상차				
그 림	⑨	⑩	⑪	⑫

〈표 10.4〉 (b) 회로(R=500kΩ, f=1kHz 정현파, V=10Vp-p)

구분	C=0.005μF	C=0.01μF(2배)	C=0.05μF(10배)	C=0.5μF(100배)
위상차				
그 림	⑬	⑭	⑮	⑯

5 결과분석.

① 〈표 10.1, 10.2〉를 참고로하여 미분의 조건(시정수, 주파수 등)을 논하라.

② 〈표 10.3, 10.4〉를 참고로하여 적분의 조건(시정수, 주파수 등)을 논하라.

토의사항

① 1계 회로와 2계 회로란 무엇인가?

② 강제 응답, 자연 응답, 완전 응답의 의미를 말하라.

③ PSPICE롤 사용하여 모의 실험한후 결과를 제출하라.

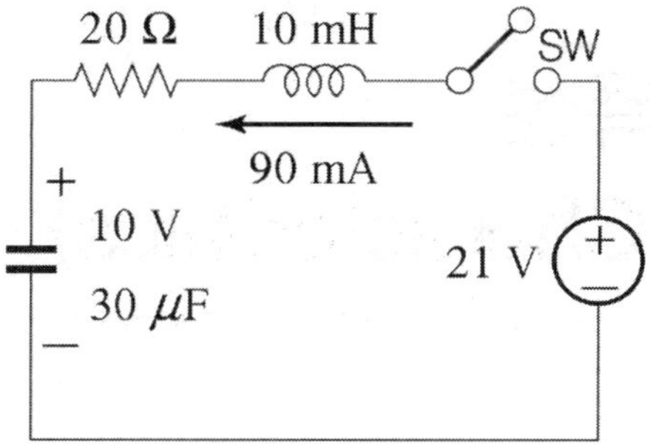

1. $t=0$에서 SW가 닫힌다.
   인덕터의 초기 전류 $I_0=$ 90mA이고
   캐패시터의 초기 전압 $V_0=$ 10V이다.
   $V_C(t)$를 plot하고, $V_C(t)$의 최대치를 찾고 그 때의 시간을 찾아라

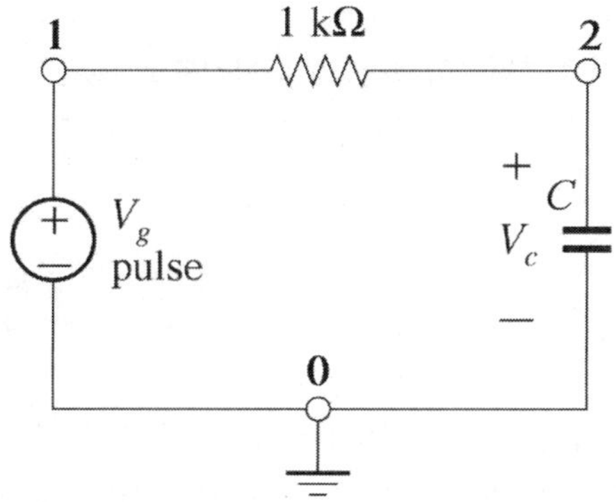

2. 입력을 Vg = pulse ± 10V 출력은 Vc로 했을 때 이 회로는 적분회로로 작용한다.

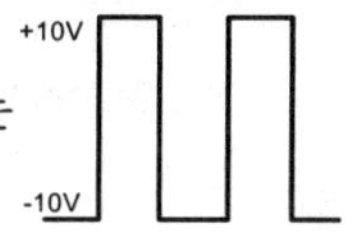

   C = 1μF와 10μF로 했을 때 V_c 파형을 관찰하라.
   작은 C와 큰 C를 사용했을때의 차이점을 설명하라.

pulse소스원 :

Vg 1 0 PULSE(−10 10 0 1e−6 1e−6 .01 .02)

④ 충전회로에서 시정수의 의미를 설명하고 과도 상태를 벗어나 정상 상태에 이르기 위해 필요한 시간 지연은 어느 정도로 결정하는 것이 적합한지 설명하라.

⑤ 외부 전원을 갖는 1계 RC, RL 직렬 연결 회로에서 충전시 인턱터 나 캐패시터의 초기치를 0으로 두지 않고 일반적인 경우에 대한 해를 구하고 캐패시터 충전 전압 혹은 인덕터의 충전 전류를 그래프로 그려라.

제 11 주 이 론 트랜스포머의 특성 (Transformer Characteristics)

학습목표

1 이상적인 트랜스포머의 특성 및 최대전력공급의 법칙을 이해하고, 실험적으로 확인한다.

1 개요

트랜스포머, 모터, 발전기와 같은 많은 유용한 장치는 철심 코아(core)에 코일이 감겨져 있는 것을 보게 된다. 저항을 갖는 전기회로에서와 같이 자기 회로 개념을 도입하는 것이 편리하다. 자석의 N극과 S극사이에 자속선(lines of magnetic flux)이 발생된다는 것은 알고 있다. 마찬가지로 두개의 인덕터가 서로 근접하게 놓였을때 하나의 코일에 전류가 흐르면 주변에 자속(magnetic flux) 을 만들며 이 자속은 다른 코일을 통과하여 코일에 전압을 유기(induction)하게 한다.

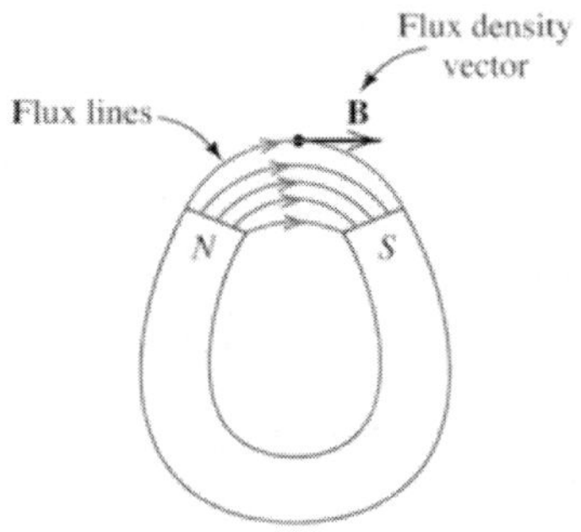

(a)

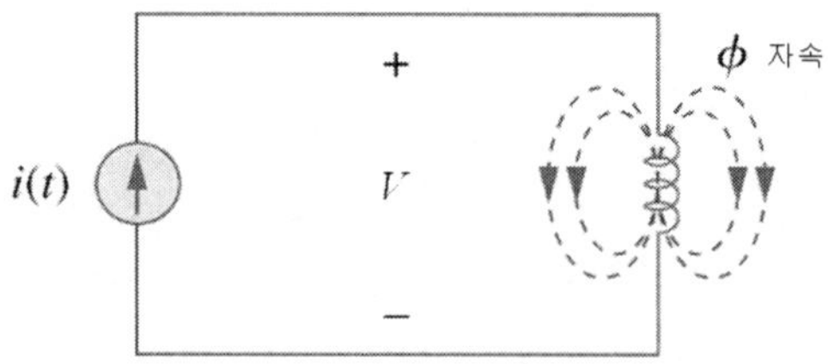

(b)

[그림 11.1] 자석에서의 자속선 발생과 코일에서의 자속선 발생

전류 $i_1(t)$에 의한 자속 : $\phi_1 = \phi_{11} + \phi_{12}$

$$\text{1차측 코일에 유도된 전압 : } V_1 = N_1 \frac{d\phi_1}{dt} \tag{11.1}$$

$$V_1 = N_1 \frac{d\phi_1}{dt} = N_1 \frac{d\phi_1}{di_1} \cdot \frac{di_1}{dt} = L_1 \frac{di_1}{dt} \tag{11.2}$$

$$\text{2차측 코일에 유도된 전압 : } V_2 = N_2 \frac{d\phi_{12}}{dt} \tag{11.3}$$

$$V_2 = N_2 \frac{d\phi_{12}}{dt} = N_2 \frac{d\phi_{12}}{di_1} \cdot \frac{di_1}{dt} = M_{21} \frac{di_1}{dt} \tag{11.4}$$

비슷한 원리로 2차측 코일에 전류 $i_2(t)$를 인가했을 때 자속에 의해 2차측과 1차측에 유기되는 전압은 다음과 같다.

전류 $i_2(t)$에 의한 자속 : $\phi_2 = \phi_{21} + \phi_{22}$

$$\text{1차측 코일에 유도된 전압 : } V_1 = N_1 \frac{d\phi_{21}}{dt} \tag{11.5}$$

$$V_1 = N_1 \frac{d\phi_{21}}{dt} = N_1 \frac{d\phi_{21}}{di_2} \cdot \frac{di_2}{dt} = M_{12} \frac{di_2}{dt} \tag{11.6}$$

$$\text{2차측 코일에 유도된 전압 : } V_2 = N_2 \frac{d\phi_2}{dt} \tag{11.7}$$

$$V_2 = N_2 \frac{d\phi_2}{dt} = N_2 \frac{d\phi_2}{di_2} \cdot \frac{di_2}{dt} = L_2 \frac{di_2}{dt} \tag{11.8}$$

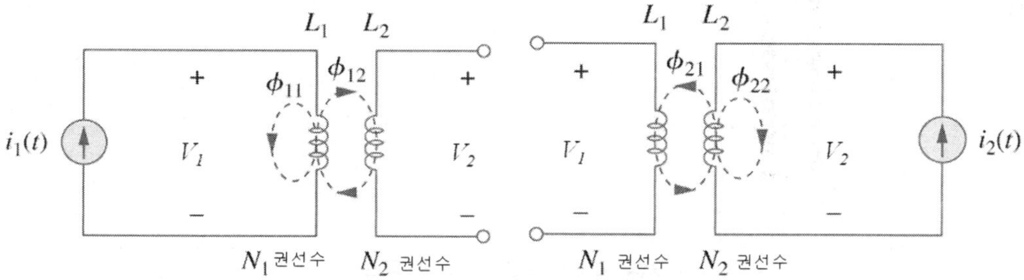

[그림 11.2] 1차측 전류에 의한 2차측 코일에 전압의 유기와 2차측 전류에 의한 1차측 코일에 전압의 유기

2 관련 이론

(1) 이상적인 트랜스포머

어떤 회로에서 격리된 두 부분이 전적으로 자기적인 결합(Magnetic Coupling)을 하고 있을 때, 이 회로를 트랜스포머 회로라고 부른다.

[그림 11.3(a)]는 트랜스포머회로의 간단한 예를 그린 것이고, (b)는 이에 대한 등가회로이다. (c)는 이상적인 트랜스포머 회로이다. 여기서 n_1은 1차측 회선수이고 n_2는 2차측 회선수를 나타낸다.

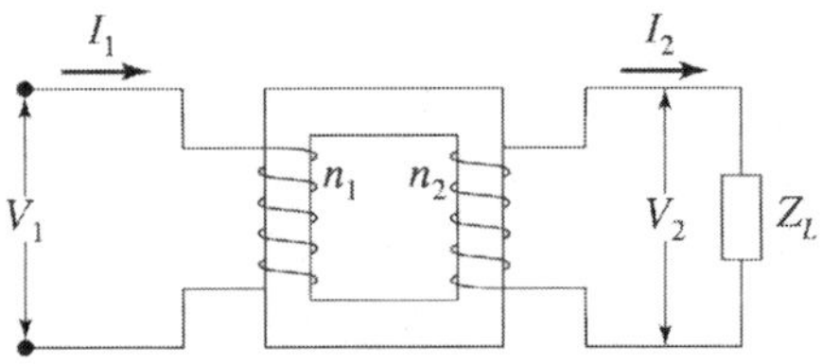

(a) 트랜스포머회로

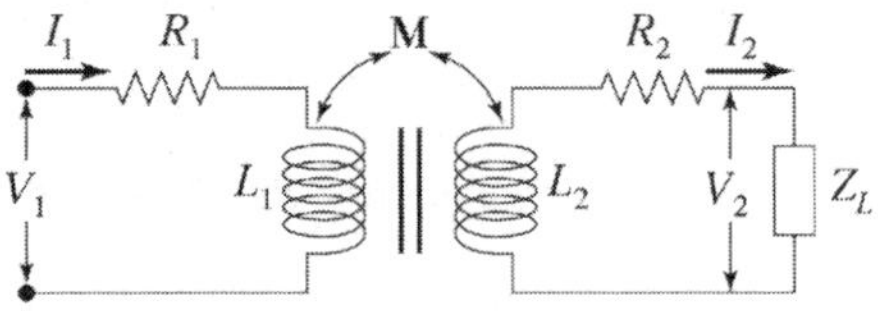

(b) 등가회로

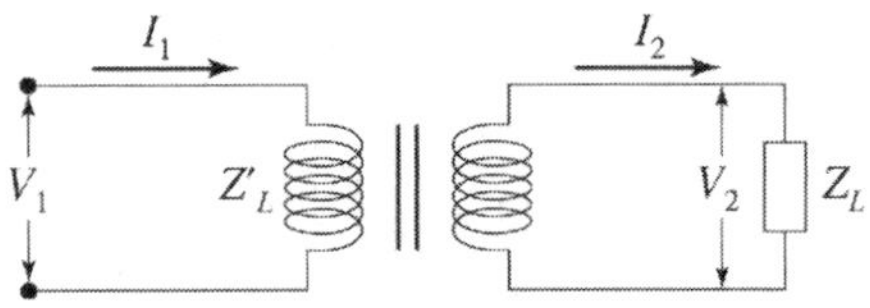

(c) 이상적인 트랜스포머

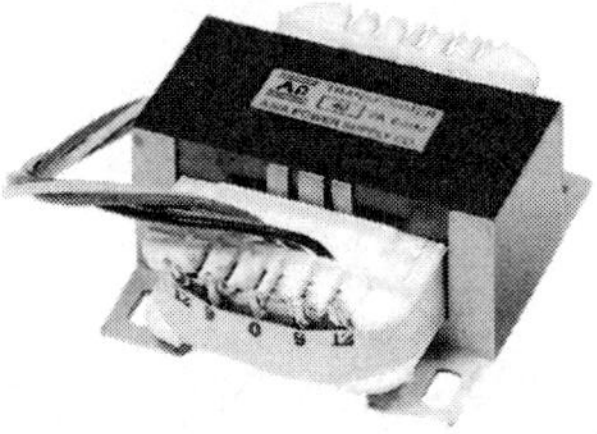

(d) 실제적인 소형 트랜스포머와 연결 회로도

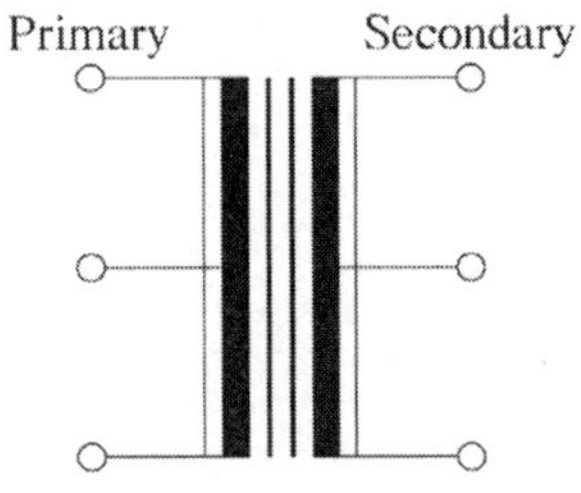

단상(Single phase)

[그림 11.3] 트랜스 포머 회로

여기서 L_1, L_2는 각각의 자기 인덕턴스(Self Inductance), M은 상호인덕턴스(Mutual Inductance), R_1, R_2는 L_1, L_2의 내부저항들이고, Z_L은 부하임피던스(Load Impedance)이다. M과 L_1, L_2는

$$M = k\sqrt{L_1 L_2} \tag{11.9}$$

의 관계를 가지며 k는 결합계수(Coupling Coefficient)로서 $k=1$인 때 완전결합이 되었다고 한다(주 : k는 상호인덕턴스 M이 상한치에 접근하는 정도를 나타내는 값). [그림 11.3(b)]의 등가 회로로부터 KVL에 의해서

$$(R_1 + jwL_1)I_1 - jwMI_1 = V_1 \tag{11.10}$$

$$-jwL_1 + (R_2 + jwL_2 + Z_L)I_2 = 0 \tag{11.11}$$

$$V_2 = Z_L I_2 \tag{11.12}$$

를 얻고, 이 세 식으로부터 입력 임피던스, 전류의 비, 전압의 비를 구하면, 각각

$$Z = \frac{V_1}{I_1} = R_1 + jwL_1 + \frac{w^2M^2}{R_2 + jwL_2 + Z_L} \tag{11.13}$$

$$\frac{I_1}{I_2} = \frac{R_2 + jwL_2 + Z_L}{jwM} \tag{11.14}$$

$$\frac{V_1}{V_2} = \frac{(R_1 + jwL_1)\ (R_2 + jwL_2 + Z_L) + w^2M^2}{jwM \times Z_L} \tag{11.15}$$

가 된다. 만일 **손실이 없는 트랜스포머**(Lossless Transformer)라면 $R_1 = R_2 = 0$가 되므로, 이 값들은

$$Z = \frac{V_1}{I_1} = jwL_1 + \frac{w^2M^2}{jwL_2 + Z_L} \tag{11.16}$$

$$\frac{I_1}{I_2} = \frac{jwL_2 + Z_L}{jwM} \tag{11.17}$$

$$\frac{V_1}{V_2} = \frac{w^2(M^2 - L_1L_2) + jwL_1 \times Z_L}{jwM \times Z_L} \tag{11.18}$$

로 되고, 또 만일 **완전 결합된 트랜스포머**(Prefectly Coupled Transformer)라면 k=1, 즉 $M^2 = L_1L_2$이므로, 이 값들은 식(11.16)-(11.18)로부터 다음과 같이 단순화 되다.

$$Z = \frac{V_1}{I_1} = \frac{jwL_1 \times Z_L}{jwL_2 + Z_L} \tag{11.19}$$

Part I

$$\frac{I_1}{I_2} = \frac{jwL_2 + Z_L}{jw\sqrt{L_1 L_2}} \tag{11.20}$$

$$\frac{V_1}{V_2} = \frac{jwL_1}{jw\sqrt{L_1 L_2}} = \sqrt{\frac{L_1}{L_2}} \tag{11.21}$$

로 된다.

이상적인 트랜스포머(Ideal Transformer)는 손실이 없이 완전결합된 트랜스포머로서 인덕턴스값들이 무한대(∞)이고 그 비율은 유한한 경우이다.

즉 일반적인 트랜스포머가 $R_1 = R_2 = 0$, $M = \sqrt{L_1 L_2}$, $L_1 \to \infty$, $L_2 \to \infty$, $\frac{L_1}{L_2} \to$ 유한(즉 n^2)인 조건을 만족시킬 때 이상적인 트랜스포머라고 부르며, 식(11.19)-(11.21)의 극한을 고려하면 이 경우에 입력 임피턴스, 전류의 비, 전압의 비는 각각 다음과 같다.

$$Z = \frac{V_1}{I_1} = \frac{nV_2}{\frac{1}{n}I_2} = n^2\frac{V_2}{I_2} = \frac{L_1}{L_2} \times Z_L = n^2 Z_L \tag{11.22}$$

• **유도과정** : $Z = \dfrac{V_1}{I_1} = \dfrac{jwL_1 \times Z_L}{jwL_2 + Z_L} \to \dfrac{jwL_1 Z_L}{iwL_2} = \dfrac{L_1}{L_2} Z_L = n^2 Z_L$ (11.23)

$$\frac{I_1}{I_2} = \frac{jwL_2 + Z_L}{jw\sqrt{L_1 L_2}} \to \frac{jwL_2}{jw\sqrt{L_1 L_2}} = \sqrt{\frac{L_2}{L_1}} = \frac{1}{n} \tag{11.24}$$

$$\frac{V_1}{V_2} = \frac{jwL_1}{jw\sqrt{L_1 L_2}} = \sqrt{\frac{L_1}{L_2}} = n \tag{11.25}$$

가 된다. 여기서 n은 권선비(Turn Ratio)로서, 1차측, 2차측의 권선수(Turns) 를 각각 n_1, n_2(혹은 N_1, N_2)라고 할 때

$$n = \frac{N_1}{N_2} = \sqrt{\frac{L_1}{L_2}} \tag{11.26}$$

의 관계를 가진다. 이상적인 트래스포머에 대한 등가회로가 [그림 11.3(c)]에 그려져 있다.

이상적인 트랜스포머회로는 자기적인 결합이면서도 자기적인 영향이 나타나지 않으며, 1차측과 2차측이 직류적으로는 완전히 격리되어 있다는 특징을 가진다. 이상변압기에서 에너지 손실이 없으므로 에너지 보존 법칙에 의해 1차측에 공급된 에너지는 2차측에 전달된 에너지와 같아야 한다. 또 (식)11.24, 11.25에서 볼 수 있듯이 권선비 n에 따라서 전압이나 전류를 증가 혹은 감소시킬 수 있고, 특히 임피던스 Z를 변화시킬 수 있어서 **임피던스 정합**(Impedance Matching)에 이용할 수 있다는 장점을 가진다.

트랜스포머는 그 용도에 따라서 전력 트랜스포머(입력 트랜스포머), 필라멘트 트랜스포머, 저주파용 트랜스포머(출력 트랜스포머), 고주파용 트랜스포머 등으로 나눈다.

(2) 최대 전력공급의 법칙

회로의 부하(Load) 임피던스 Z_L에 전달되는 전력에 대하여 살펴보기로 한다.

[그림 11.4(a)]는 임의 회로에 대하여 부하임피던스Z_L'의 두 단자에 대한 Thevenin 등가회로를 나타낸 회로이다. 여기서 부하 임피던스 Z_L' 에 전달되는 전력 P_L은

$$P_L = \left(\frac{V_{th}}{Z_{th} + Z_L'}\right)^2 \times Z_L' = I_L' \times V_L' \tag{11.27}$$

가 된다. PL이 최대가 되도록하는 Z_L'의 값을 구하면, P_L 의 Z_L'에 대한 편미분으로 부터

$$Z_L' = Z_{th}^* \tag{11.28}$$

임을 쉽게 알 수 있으며, 식(11.27)에 최대 전력 전달 조건을 대입하면 이때 전달되는 최대전력 $P_{L_{\max}}$는

$$P_{L,\max} = \frac{V_{th}^2}{4Z_L'} = \frac{V_{th}^2}{4Z_{th}} = \frac{V_L'^2}{Z_L'} \tag{11.29}$$

이다. 즉 부하임피던스의 크기가 Thevenin 등가저항의 크기와 같을 때에 최대전력이 이 부하에 전달되는 것이다.

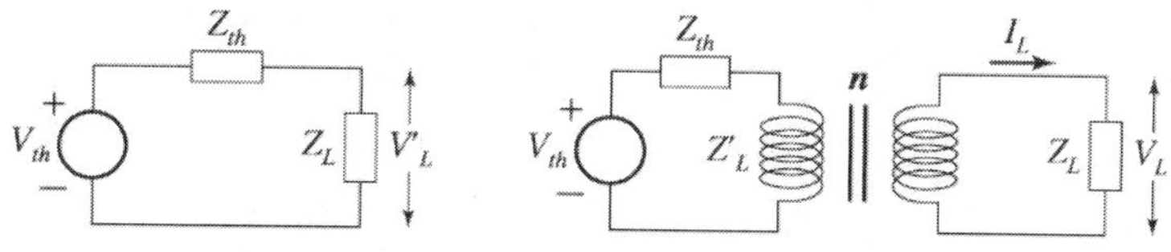

[그림 11.4] 최대 전력 전달 원리

[그림 11.4(b)]에서와 같이, 만약 P_L이 권선비 n : 1의 트랜스포머를 통해서 1차측에 투사되어 나타난 값이 Z_L'이 된다면, 즉 (식) 11.23으로부터 $Z_L' = n^2 Z_{th}$이라면, (식)11.28에서 얻은 결과를 적용하여

$$Z_L' = Z_{th} = n^2 Z_L,\ Z_L = \frac{Z_{th}}{n^2} \tag{11.30}$$

일 때 최대전력이 Z_L에 전달됨을 알 수 있다. 이때 전달되는 최대전력은 (식) 11.29에 (식) 11.30을 대입하여

$$P_{L,\max} = \frac{V_{th}^2}{4n^2 Z_L} = \frac{V_{th}^2}{4Z_{th}} = \frac{V_L^2}{Z_L}$$

가 된다. 이러한 조건을 만족할 때 임피던스 정합 (Impedance Matching)이 되었다고 하며, 이 때의 효율은 50%가 된다.

연습문제

1. [그림 P11.1]의 회로를 생각하라. 결합 계수를 결정하라.

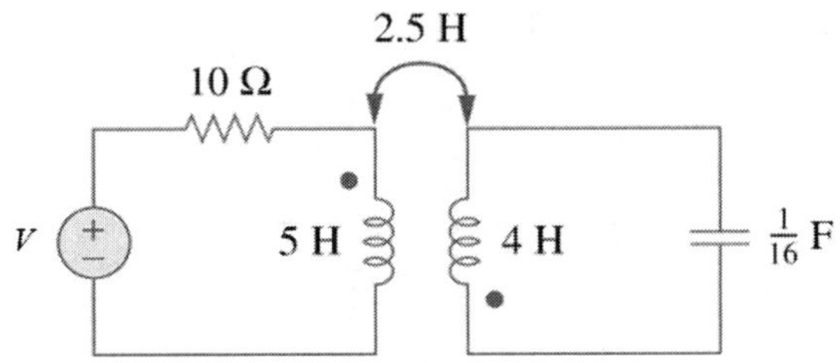

[그림 P11.1]

해답 결합계수 : $k = \dfrac{M}{\sqrt{L_1 L_2}} = \dfrac{2.5}{\sqrt{10}} = 0.56$

2. 이상적인 트랜스포머를 가정하고, 전원측에서 부하 임피던스(Z_L)를 들여다 본 입력 임피던스(Z_{in})를 구하라.

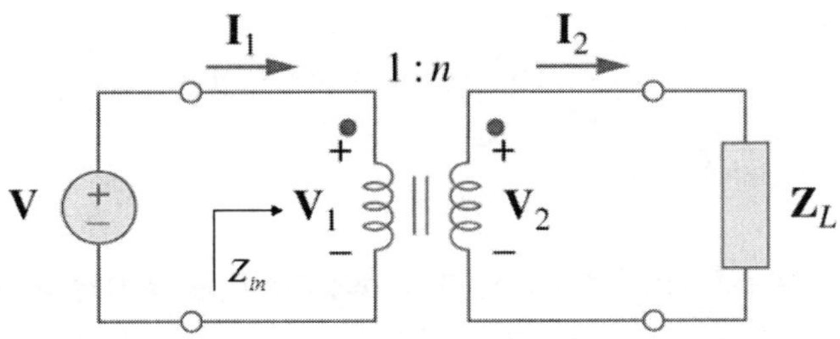

[그림 P11.2]

해답 $v_1 i_1 = v_2 i_2 \Rightarrow phasor\ notation$

$$V_1 I_1 = V_2 I_2 \Rightarrow \frac{V_2}{V_1} = \frac{I_1}{I_2} = n$$

$$Z_{in} \equiv \frac{V_1}{I_1} = \frac{1}{n^2}\frac{V_2}{I_2} = \frac{1}{n^2} Z_L$$

3. 트랜스포머의 흑점 규약에 따라 극성이 결정된다. [그림 P11.3]회로에서 1차측 과 2차측 전류비와 전압비를 구하라.

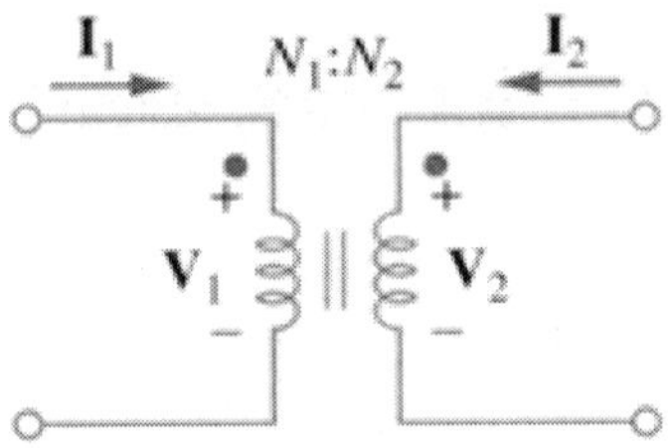

$$\frac{\mathbf{V}_2}{\mathbf{V}_1}=\frac{N_2}{N_1} \qquad \frac{\mathbf{I}_2}{\mathbf{I}_1}=-\frac{N_1}{N_2}$$

[그림 P11.3]

해답 극성에 대한 약속

1. 만약 V1과 V2 모두가 흑점 찍힌 단자에 대해 양 또는 음이면 +n을 사용하고 서로 다르면 −n을 사용한다.
2. 만약 I1 과 I2 모두가 흑점 찍힌 단자로 유입/유출되면 −n을 사용하고 서로 다르면 +n을 사용한다.

전압비 : 1차측의 흑점 과 2차측의 흑점이 같은 극성으로 되어 있다.

$$\frac{V_2}{V_1}=\frac{N_2}{N_1},$$

전류비 : 1차측의 흑점 과 2차측의 흑점으로 전류가 유입된다.

$$\frac{V_2}{V_1}=\frac{N_2}{N_1},\ \frac{I_2}{I_1}=-\frac{N_1}{N_2}$$

4. [그림 P11.4]의 트랜스포머 회로에서 단자 c−d에서 바라본 테브닌 등가 회로를 그려라. 이는 1차측을 2차측으로 projection 한 것과 같다.

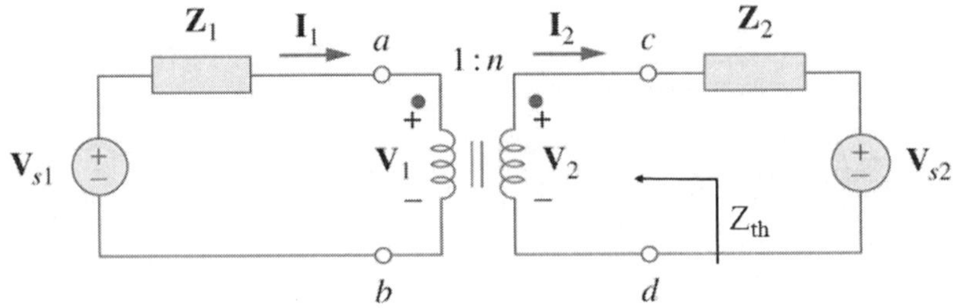

[그림 P11.4]

해답 개방 단자 c-d : 1차측 전류에 의해 2차측 유도 전압은 존재하나 유도 전류는 개방 회로이므로 0이 된다(왜냐하면 $\because\ V_1 = I_1 Z_1 V_{s1} = nI_2(=0)Z_2 + V_{s1} = V_{s1}$)

$V_{th} = V_2 = nV_1 = n(I_1 Z_1 + V_{s1}) = nV_{s1}$

등가 저항 : $Z_{th} = \frac{V_2}{I_2} = \frac{nV_1}{I_1/n} = n^2 Z_1$

등가회로 :

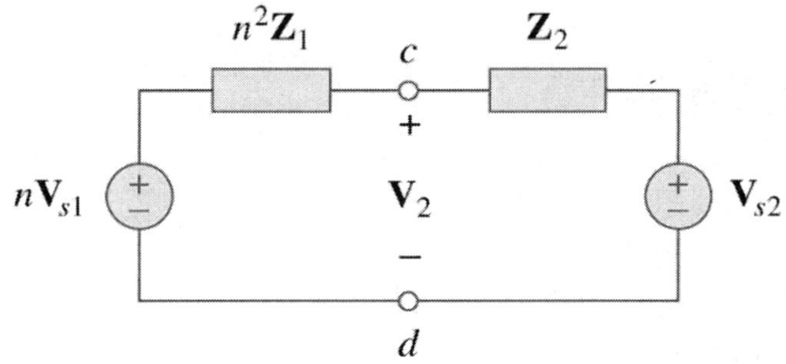

[그림 P11.5]

5. **정격전압비 2400/120V, 정격 용량 9.6KVA, 2차측 권선의 감긴수가 50번인 이상적인 변압기가 있다.**

(a) 권선비 (b) 1차측 권선의 감긴수 (c) 1차측과 2차측 권선의 전류정격을 구하라.

해답 (a) This is a step-down transformer, since $V_1 = 200\,V > V_2 = 120\,V$

$$n = \frac{V_2}{V_1} = \frac{120}{2400} = 0.05$$

(b) $n = \frac{N_2}{N_1} \Rightarrow 0.05 = \frac{50}{N_1}$ or $N_1 = \frac{50}{0.05} = 1000\text{turns}$

(c) $S = V_1 I_1 = V_2 I_2 = 9.6\text{KVA}$. Hence,

$$I_1 = \frac{9600}{V_1} = \frac{9600}{2400} = 4A$$

$I_2 = \frac{9600}{V_2} = \frac{9600}{120} = 80A$ 또는 $I_2 = \frac{I_1}{n} = \frac{4}{0.05} = 80A$

제 11 주

실험절차

트랜스포머의 특성 실험

강의 : 30분, 실험 : 2시간, 연장 : 30분

1 실험장비 및 부품

① 소형 트랜스포머(권선비 n=10~15)
② 저항(3.3kΩ, 6.8kΩ, 0.5W)
③ Decade 저항(1kΩ, 2W)
④ 디지털 멀티미터 1개
⑤ 함수 발생기 1대

2 실험방법

① 다음의 회로를 구성하고 $R_S = 3.3(\text{k}\Omega)$, $R_L = \infty(\text{Open})$, V_S는 10(kHz)의 정현파가 되도록 조절한다.

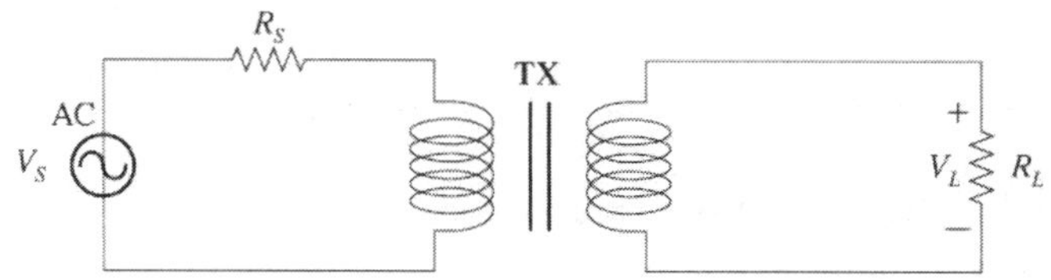

[그림 11.5] 트랜스포머 실험 회로도

1차 권선 과 2차 권선의 DC 저항을 디지털멀티미어의 저항계를 사용하여 측정한다.

- 1차권선 DC 저항 :
- 2차권선 DC 저항 :

② V_s를 2, 4, 6, 8, 10(V)로 변화시키면서 V_P와 V_L를 측정하여 〈표 11.1〉에 기록하여라.

〈표 11.1〉

$V_{s(V)}$	2	4	6	8	10
$V_P(V)$					
$V_L(V)$					
n					

③ $V_s=10(V)$로 고정하고, RL(500Ω 에서 시작하여)을 변화시키면서 V_L을 측정하여 V_L에 전달되는 전력 P_L을 계산해서 〈표 11.2〉에 기록한다. 단 전압계 하나를 V_s출력단자에 연결하여 R_L을 변화시킬 때마다 V_s가 10(V)로 일정하게 유지되도록 조절한다.

〈표 11.2〉

$R_L(\Omega)$	500Ω								7kΩ
$V_L(V)$									
$P_L(mW)$									

④ P_L이 최대가 되는 R_L과 V_L, 또 이때의 V_P와 R_S양단의 전압(V_R)을 측정하여 〈표 11.3〉에 기록한다.

〈표 11.3〉

	$V_L(V)$	$P_L(mW)$	$V_P(V)$	$V_R(V)$
실험치				
이론치				

⑤ RS를 6.8(kΩ)으로 변경하고 (3), (4)를 반복하여 〈표 11.4〉, 〈표 11.5〉에 기록한다.

〈표 11.4〉

$R_L(\Omega)$										
V_L(V)										
P_L(mW)										

〈표 11.5〉

	$V_L(V)$	$P_L(mW)$	$V_P(V)$	$V_R(V)$
실험치				
이론치				

❒ 결과 보고사항

① 〈표 11.1〉에서 VS 각각에 대한 권선비를 구하고 이를 평균내어 트랜스포머의 권선비를 구하라.

② 〈표 11.2〉를 이용하여 P_L대 R_L의 그래프([그림 A])를 그려라. 어느 부근의 부하저항 값에 대하여 전력이 최대가 되는지 확인한다. 최대 전력을 주는 부하 저항값을 찾으라.

③ 〈표 11.3〉에 대해서도 ②를 반복하여 그래프([그림 B])를 그려라.

④ [그림 A], [그림 B]로부터 최대전력을 전달하는 R_L을 구하고, 이론적인 R_L과 일치하는가 비교하라.

⑤ 최대전력이 공급되는 R_L에서, V_L, V_P 및 R_S 양단전압(V_R)을 계산하여 〈표 11.4〉, 〈표 11.5〉에 기록하고 실험에 의한 값과 비교하라.

4 결과 분석 및 토의

토의사항

① 신호 트랜스포머의 응용회로중 isolator 변압기 회로, 임피던스 정합 변압기, 전력용 전압 강하 혹은 승압/감압 변압기에 대해 설명해보라.
참조사이트 : http :
//www.globalspec.com/learnmore/passive_discrete_devices/transformers/signal_transformers

② 무선주파수에서는 두 회로사이에 신호를 전달하는데 특수한 변압기가 사용된다. 이런 종류중 협대역 과 광대역 변압기가 사용되는데 협대역 변압기로 IF(Intermediate Frequency) 변압기에 대한 응용 회로를 살펴보아라.

③ 신호 트랜스포머의 페케지 유형에 대해 조사하라.

제 **12** 주

이 론

R-L-C 직렬공진회로

학습목표

1. 전기 회로에서의 공명 현상인 직렬 공진 회로의 주파수 응답 측정과
2. 공진 회로의 임피던스 관계, 페이져 도 표현에 의한 공진 회로의 해석 과 회로의 선택도 Q의 의미를 실험적으로 파악한다.

1 개요

회로망에 주어진 입력에 따라 회로망의 응답은 주어진 입력 신호의 주파수에 따라 다양한 응답을 보인다. 회로의 주파수 응답이란 여러 주파수 신호에 대한 크기 변화와 위상 변화를 말한다. 응답의 형태에 따라 저주파에 잘 반응하는 응답, 중간 주파수대에 잘 응답하는 회로, 고주파에 잘 응답하는 회로, 어느 특정 주파수만을 억제하는 회로 등 다양하다.

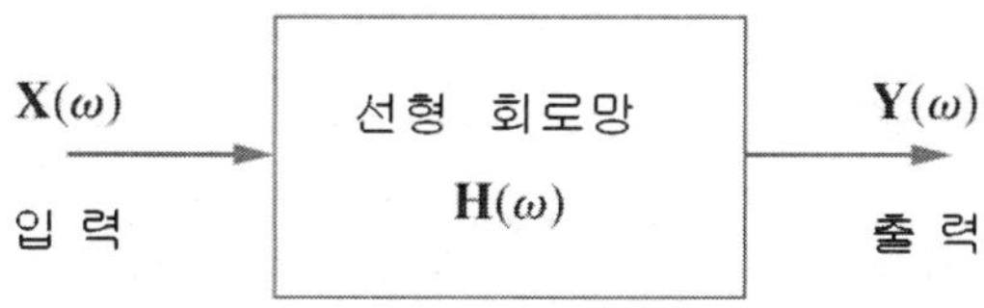

[그림 12.1] 선형 회로망의 입출력 관계도

회로의 전달함수 $H(w)$는 입력 신호 $X(w)$와 출력 신호 $Y(w)$의 주파수에 따른 응답의 비이다.

$$H(w) = \frac{Y(w)}{X(w)} = |H(w)| \angle \phi = \frac{Y(f)}{X(f)} = |H(f)| \angle \phi \qquad (12.1)$$

여기서 분자 다항식 $X(w) = 0$의 근을 $H(w)$의 **영점**(zeros)라고하며 $z_1, z_2, \cdots,$로 표현되며 분모 다항식 $Y(w) = 0$의 근을 $H(w)$의 **극점**(poles)이라고 부르며 $p_1, p_{2,\ldots},$로 표시한다. $|H(w)|$를 크기 **주파수 응답**이라고하며, $\phi(w)$를 **위상 주파수 응답**이라고한다.

전달 함수에는 회로망내의 입력과 출력의 유형(전압 혹은 전류)에 따라 4가지로 세분화되어 정의된다. 즉,

$$H_v(w) = \frac{Y(w)}{X(w)} = \frac{V_0(w)}{V_i(0)} = \text{전압 이득} \tag{12.2a}$$

$$H_i(w) = \frac{Y(w)}{X(w)} = \frac{I_0(w)}{I_i(w)} = \text{전류 이득} \tag{12.2b}$$

$$H(w) = \frac{Y(w)}{X(w)} = \frac{V_0(w)}{I_i(w)} = \text{전달 임피던스} \tag{12.2c}$$

$$H(w) = \frac{Y(w)}{X(w)} = \frac{I_0(w)}{V_i(w)} = \text{전달 어드미턴스} \tag{12.2c}$$

일반적으로 크기 나 위상 주파수 응답은 선형 스케일을 사용하여 그래프로 나타내기보다는 로그 스케일을 사용하여 그려지는데 이같은 선도(plot)를 **보드**(Bode) **선도**라고 한다. 보드 선도는 전달함수 대 주파수의 크기(dB단위)와 위상(각도단위)의 반 로그(semilog) 선도이다.

보드 크기(Bode Magnitude) 선도에서의 이득 :

$$H_{dB} = 20\log_{10}|H(w)| = 20\log_{10}|H(f)| \tag{12.3}$$

직렬 공진회로에서 모든 소자에 공통인 것은 전류이다. 따라서 직렬 공진 회로에서 주파수 응답을 관찰하고자 할 때 전류의 변화를 측정하게 된다. 반면 병렬 공진회로에서 모든 소자에 공통인 것은 전압이 된다. 따라서 병렬 공진회로의 주파수 응답 관찰은 전압의 변화를 측정함으로써 얻어진다.

2 관련 이론

(1) R–L–C 직렬공진회로

공진은 용량성 리액턴스와 유도성 리액턴스의 값이 같아지는 2계 회로 이상의 RLC 회로 일어나는 현상이다. R-L-C로 구성된 회로에 교류전압을 가할 때 전압과 전류의 위상이 동위상(즉 임피던스 나 어드미턴스의 허수부분 = 0)이 되는 경우를 **공진**(resonance)이라 하며 이때의 주파수를 공진 주파수라 한다. 공진이 되면 리액턴수 부분이 0이 되므로 전력의 의미에서 보면 무효전력이 존재하지 않는 경우에 해당되므로 역률은 1이 된다.

공진회로는 입력 전압 혹은 전류가 주파수의 변화에 따라 RLC로 구성된 회로의 전압(혹은 전류)의 크기와 위상이 어떻게 변하는지를 말해준다.

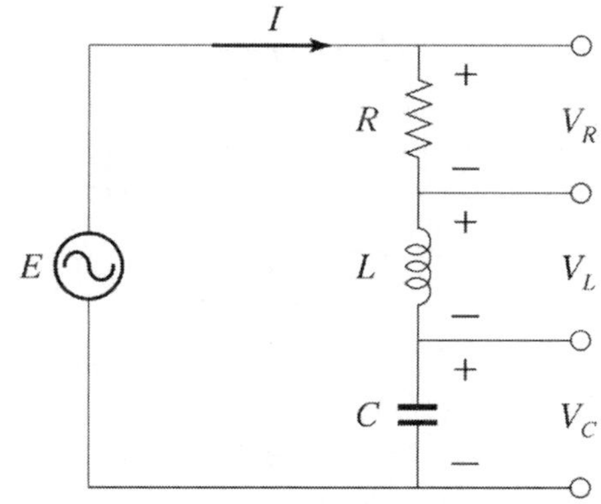

[그림 12.2] 직렬 공진 회로

전류와 전압을 복소수 지수 함수를 사용하여 표현하면 다음과 같다. 직렬 공진 회로에서 R, L, C 소자에 걸리는 전압을 V_R, V_L, V_C라고 하자.

$$V = V_m e^{jwt},\ I = I_m e^{j(wt+\theta)}$$
$$V = V_R + V_L + V_C$$
$$= IR + L\frac{dI}{dt} + \frac{1}{C}\int_{-\infty}^{t} Idt \qquad (12.4)$$
$$= IZ = I(R + jwL + \frac{1}{jwC})$$

$$\therefore Z = R + j(wL - \frac{1}{wC}) = R + jX \qquad (12.5)$$

❒ **공진조건 : 임피던스의 허수부분 = 0이 되는 경우이다.**

$$w_0 L - \frac{1}{w_0 C} = 0,\ w_0 = \frac{1}{LC}$$
$$\therefore f_0 = \frac{1}{2\pi\sqrt{LC}} = \text{공진 주파수} \qquad (12.6)$$

❒ **리액턴스 X의 성질**

- $X > 0$ 즉 $wL > \frac{1}{wC}$ 일 때 jX는 유도성 회로이다.
- $X < 0$ 즉 $wL < \frac{1}{wC}$ 일 때 jX는 용량성 회로이다.

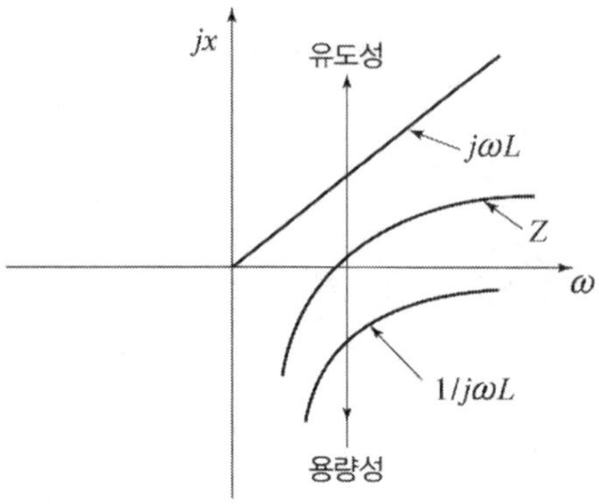

[그림 12.3] 임피던스 특성 변화 곡선

$$I = \frac{V}{Z} = \frac{V}{R + j(wL - \frac{1}{wC})}$$

$$|I| = \frac{|V|}{\sqrt{R^2 + (wL - \frac{1}{wC})^2}} \tag{12.6}$$

❐ **전류의 주파수 응답**

$$\text{공진시 } I_0 = \frac{V_m}{R} \text{ 일반적으로 } |I_0| = \frac{|V_m|}{\sqrt{R^2 + (wL - \frac{1}{wC})^2}} \tag{12.7}$$

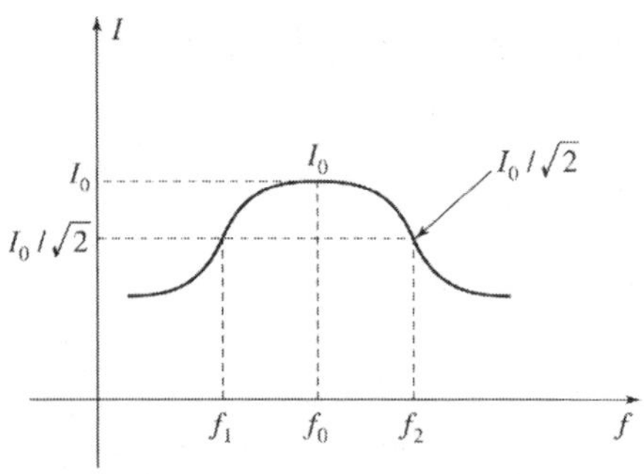

[그림 12.4] 전류 크기의 주파수 응답

[그림 12.4]로부터 최대 전류 I_0의 $1/\sqrt{2}$ 배가 되는 주파수는 f_1과 f_2가 존재한다.

$$I_{rms} = \text{"실효값"} = \frac{1}{\sqrt{2}} I_0 = \frac{|V_m|}{\sqrt{R^2 + \left(wL - \frac{1}{wC}\right)^2}}$$

$$I_0^2 \left(R^2 + \left(wL - \frac{1}{wC}\right)^2\right) = 2V_m^2$$

$$\frac{V_m^2}{R^2}\left(R^2 + \left(wL - \frac{1}{wC}\right)^2\right) = 2V_m^2$$

$$R^2 + \left(wL - \frac{1}{wC}\right)^2 = 2R^2$$

$$\left(wL - \frac{1}{wC}\right)^2 = R^2$$

$$\therefore \left(wL - \frac{1}{wC}\right) = \pm R \qquad (12.8)$$

- +R일때

$$w^2LC - 1 = + RwC$$

$$LCw^2 - RwC - 1 = 0$$

$$w^2 - \frac{R}{L}w - \frac{1}{LC} = 0$$

$w = -b \pm \frac{\sqrt{b^2 - 4ac}}{2a}$ 공식을 사용하여 w에 대하여 풀면

$$w = \frac{\frac{R}{L} \pm \sqrt{\left(\frac{R}{L}\right)^2 + \frac{4}{LC}}}{2} \qquad (12.9)$$

- -R일 때

$$w^2LC - 1 = - RwC$$

$$w = \frac{1}{2}\left(-\frac{R}{L} \pm \sqrt{\left(\frac{R}{L}\right)^2 + \frac{4}{LC}}\right) \qquad (12.10)$$

Part I

$w > 0$이어야 하므로

$$w_1 = 2\pi f_1 = \frac{1}{2}\left(-\frac{R}{L} + \sqrt{\left(\frac{R}{L}\right)^2 + \frac{4}{LC}}\right) \tag{12.11}$$

$$w_2 = 2\pi f_2 = \frac{1}{2}\left(\frac{R}{L} + \sqrt{\left(\frac{R}{L}\right)^2 + \frac{4}{LC}}\right) \tag{12.12}$$

두 차단 주파수(f_1, f_2)차를 **대역폭**(bandwidth)이라 한다.

$$BW = f_2 - f_1 \text{ 혹은 } w_2 - w_1$$
$$w_2 - w_1 = \frac{R}{L} \tag{12.13}$$

RLC 직렬 공진 회로의 주파수 응답 곡선과 3dB 차단 주파수를 구하였다. 이론적으로 LC 회로에서 공진시 $X_C = X_L$이며 이때 임피던스는 Z= R이 된다.

직렬 공진 회로의 **선택도** 혹은 **양호도**(quality factor) Q_s는 아래와 같이 정의한다.

$$Q_s = \frac{w_0}{BW} = \frac{w_0}{w_2 - w_1} = \frac{w_0 L}{R} = \frac{f_0}{f_2 - f_1} \tag{12.14}$$

또한 공진 주파수 관계식(식(12.6))으로부터

$$w_0 L - \frac{1}{w_0 C} = 0 \rightarrow 2\pi f_0 L = \frac{1}{2\pi f_0 C} \tag{12.15}$$

식(12.15)의 $w_0 L$를 (12.14)에 대입하여 풀면 양호도 Q_s는 다음과 같이도 표현된다.

$$Q_s = \frac{w_0 L}{R} = \frac{1}{2\pi f_0 RC} = \frac{1}{w_0 RC} \tag{12.16}$$

공진은 어떤 특정 주파수 f_0에 동조(tuned)됨을 의미하므로 Q_s가 클수록 공진주파수에 동조될 선택도가 높은 것이다. High-Q회로는 통신회로에 주로사용된다. Quality factor가 10보다 크면 high-Q회로라고한다. 공진회로는 두개의 반전력 주파수 w_1, w_2, 공진 주파수 w_0, 대역폭 BW, 선택도 Q_s의 5개의 파라미터로 특성지어진다.

실제 직렬 공진 회로의 Q_s 값을 구하고자 한다면 인덕터의 내부 저항(R_l) 과 소스로 사용되는 교류 전원(함수 발생기)의 내부 저항(r_i)을 알아야한다. 직렬 회로의 저항이 R 이므로 이 때 Q_s 값은 다음과 같이 계산된다.

$$Q_s = \frac{X_L}{r_i + R_l + R} \tag{12.17}$$

❒ 공진회로에 관련된 파라미터

$$\text{대역폭 } BW = w_2 - w_1 = \frac{R}{L}$$

$$\therefore \text{선택도 } Q_s = \frac{w_0}{w_2 - w_1} = w_0\frac{L}{R} \approx w_0 L' \qquad (12.18)$$

또는 직렬공진회로에서

$$\text{전압확대비 } Q = \frac{1}{\sqrt{LC}}\frac{L}{R} = \frac{\frac{1}{\sqrt{LC}}LC}{RC} = \frac{\sqrt{LC}}{RC} = \frac{1}{w_0 RC}$$

Q_s를 이용하여 직렬 공진회로에서 R, L, C 각 소자에 걸리는 전압을 표현하면
공진시 :

$$V_R = RI_0 = |V_m|$$

$$V_L = jw_0 LI_0 = j\frac{w_0 L}{R} \cdot RI_0 = jQ_s|V_m| \qquad (12.19)$$

$$V_C = \frac{I_0}{jwC} = -j\frac{RI_0}{w_0 CR} = -jQ_s|V_m|$$

이 전압 관계를 페이져도를 사용하여 위상 관계를 그리면 아래 [그림 12.5]와 같다.

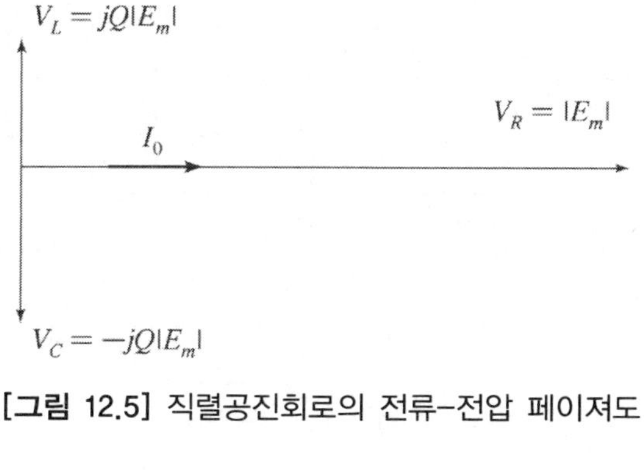

[그림 12.5] 직렬공진회로의 전류-전압 페이져도

$$Q_s \equiv \frac{|V_L|}{|V_m|} or \frac{|Vc|}{|V_m|} \; : \text{전압확대비} \qquad (12.20)$$

공진시 L 혹은 C에 걸리는 전압은 전압의 절대치 $|V_m|$의 Q_s배가 됨을 명심하여야 한다. 만일 $Q = 100$이고 $|V_m| = 10\,V$라고 하면 공진시 $|V_L| = Q|V_m| = 100 \times 10 = 1000\,V$

연습문제

1. 주어진 RC 회로에서 입력 $v_s(t)$가 $V_m\cos(wt)$일때 전달 함수 $V_o(w)/V_i(w)$와 주파수 응답을 구하라.

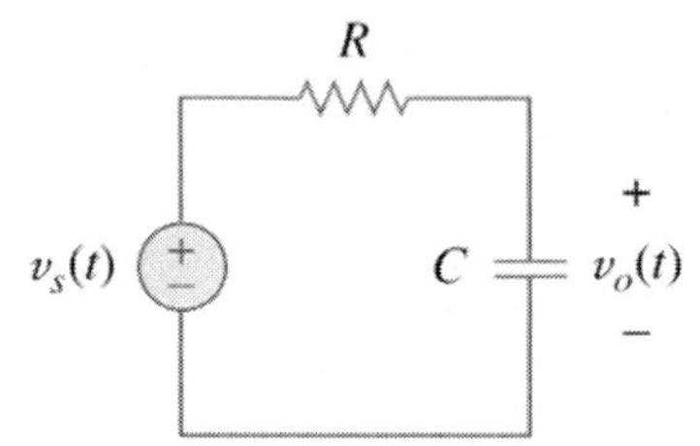

[그림 P12.1]

해답 먼저 [그림 P12.1]에 대한 페이져 회로도를 그린다([그림 P12.2]).

- 전달함수 : $H(w) = V_0/V_i = \dfrac{1/jwC}{R+1/jwC} = \dfrac{1}{1+jwRC} = \dfrac{1}{1+jw/w_0}$

  여기서 $w_0 = 1/RC \to f = 1/2\pi RC = 3dB$ 차단 주파수

- 주파수응답 : 크기 응답(Magnitude Response)

  $|H(w)| = \dfrac{1}{\sqrt{1+(w/w_0)^2}}$

- 주파수응답 : 위상 응답(Phase Response)

  $\phi(w) = -\tan(w/w_0)$

〈표〉 크기와 위상 주파수 응답 값

w/w_0	$H(w)$	$\phi(w)$	w/w_0	$H(w)$	$\phi(w)$
0	1(0dB)	0	10	0.1(−10dB)	−84°
1	0.707(−3dB)	−45°	20	0.08	−87°
2	0.45(−? dB)	−63°	100	0.01	89°
3	0.32	−72°	∞	0	90°

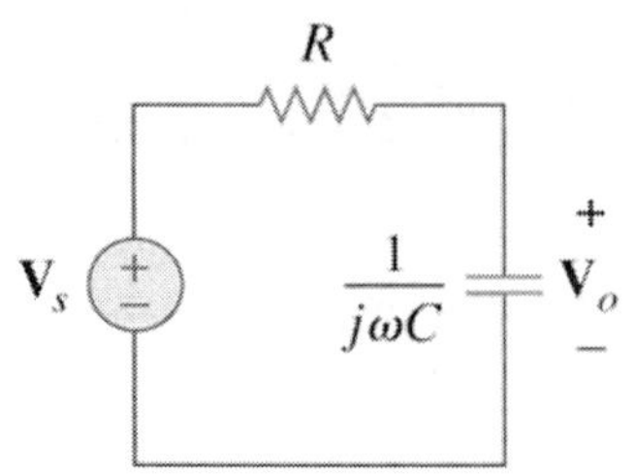

[그림 P12.2]

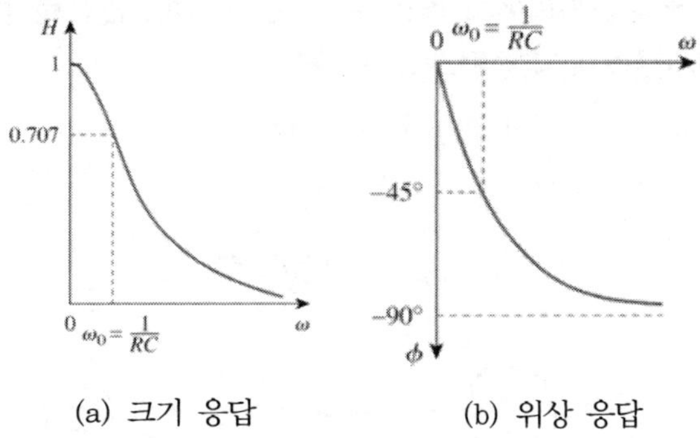

[그림 P12.3]

2. **선형 회로망 $H_1(f)$와 $H_2(f)$가 [그림 P12.4]와 같이 직렬 연결(cascade connection)되어 있다. 전체의 전달 함수를 두 전달 함수 $H_1(f)$와 $H_2(f)$를 사용하여 표현하라.**

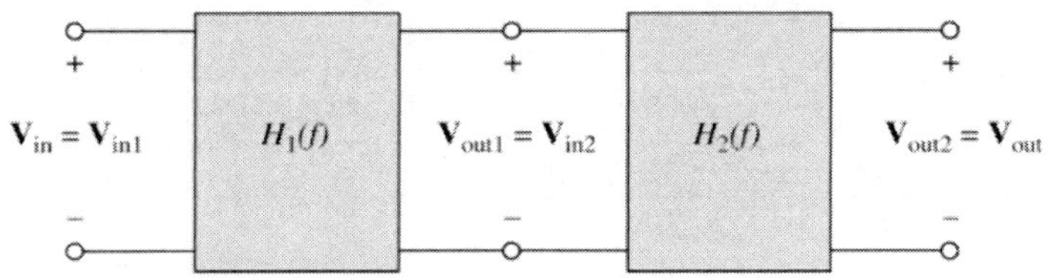

[그림 P12.4]

해답 전체 회로망의 전달함수를 $H(f)$라고 하자.

$$H(f) = \frac{V_{out}}{V_{in}} = \frac{V_{out1}}{V_{in1}} \cdot \frac{V_{out2}}{V_{in2}} \Rightarrow H(f) = H_1(f) \times H_2(f)$$

로그 스케일로 표현하면

$$20\log_{10}|H(f)| = 20\log_{10}(|H_1(f)H_2(f)|) = 20\log_{10}|H_1(f)| + 20\log_{10}|H_2(f)| \rightarrow$$

$$|H(f)|_{dB} = |H_1(f)|_{dB} + |H_2(f)|dB$$

3. [그림 P12.5]의 직렬공진회로에서 공진 주파수, 대역폭, 반전력 차단 주파수를 구하라. 공진 시 인덕터와 캐패시턴스의 리액턴스를 구하라.
여기서 $L = 159.2mH, C = 0.1592\mu F, R = 100\Omega$.

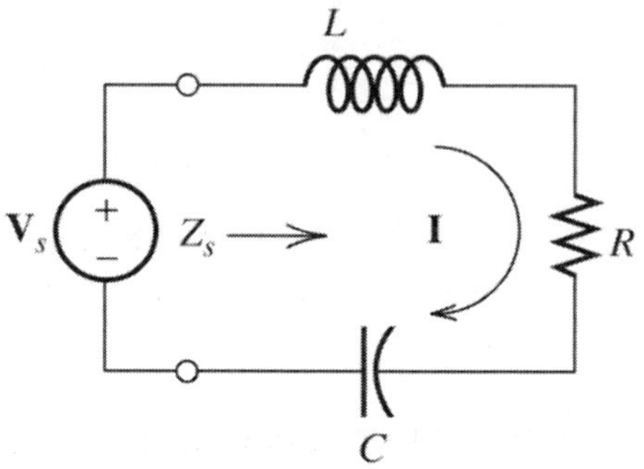

[그림 P12.5]

해답 먼저, 공진 주파수 식 $f_0 = \dfrac{1}{2\pi\sqrt{LC}} = \dfrac{1}{2\pi\sqrt{(0.1592)(0.1592)10^{-6}}} = 1000Hz$

선택도 $Q_s = \dfrac{2\pi f_0 L}{R} = \dfrac{2\pi(1000)(0.1592)}{100} = 10$

대역폭은 $BW = \dfrac{f_0}{Q_s} = \dfrac{1000}{10} = 100\,Hz$

대략적인 두 개의 반전력점 주파수($Q_s \geq 10$인 경우)는

$$f_H \approx f_0 + \frac{B}{2} = 1000 + \frac{100}{2} = 1050\,Hz$$
$$f_L \approx f_0 - \frac{B}{2} = 1000 - \frac{100}{2} = 950\,Hz$$

공진시 리액턴값은

$$X_L = j2\pi f_0 L = j2\pi(1000)(0.1592) = j1000\,\Omega$$
$$X_C = -j\frac{1}{2\pi f_0 C} = -j\frac{1}{2\pi(1000)(0.1592\times10^{-6})} = -j1000$$

4. $C = 470\mu F$, $f_0 = 5MHz$의 공진 주파수와 $BW = 200kHz$의 대역폭을 갖는 공진 회로를 설계하기 위한 R과 L의 값을 구하라.

해답 $L = \dfrac{1}{\omega_0^2 C} = \dfrac{1}{(2\pi f_0)^2 C} = \dfrac{1}{(2\pi\times5\times10^6)^2 470\times10^{-12}} = 2.156\mu\text{H}$

$Q_s = f_0/B = (5\times10^6)/(200\times10^3) = 25$

$R = \dfrac{1}{\omega_0 C Q_s} = \dfrac{1}{2\pi\times5\times10^6\times470\times10^{-12}25}\ 2.709\Omega$

5. 반전력점의 차단 주파수가 다음과 같이 표현됨을 보여라.

$$w_1 = w_0\sqrt{1+\left(\frac{1}{2Q_s}\right)^2} - \frac{w_0}{2Q},\ w_2 = w_0\sqrt{1+\left(\frac{1}{2Q_s}\right)^2} + \frac{w_0}{2Q}$$

$$w_0^2 = w_1 w_2$$

해답

$$w_1 = 2\pi f_1 = \frac{1}{2}(-\frac{R}{L}+\sqrt{(\frac{R}{L})^2+\frac{4}{LC}}) = -\frac{R}{2L}+\sqrt{\left(\frac{R}{2L}\right)^2+\frac{1}{LC}}$$

$$w_2 = 2\pi f_2 = \frac{1}{2}(\frac{R}{L}+\sqrt{(\frac{R}{L})^2+\frac{4}{LC}}) = \frac{R}{2L}+\sqrt{\left(\frac{R}{2L}\right)^2+\frac{1}{LC}}$$

$Q_s = \frac{w_0 L}{R} \rightarrow \frac{R}{L} = \frac{w_0}{Q_s}$, $w_0^2 = \frac{1}{LC}$ 를 사용하여 w_1, w_2를 다시 쓰면

$$w_1 = -\frac{R}{2L}+\sqrt{\left(\frac{R}{2L}\right)^2+\frac{1}{LC}} = -\frac{w_0}{2Q_s}+w_0\sqrt{1+\left(\frac{1}{2Q_s}\right)^2}$$

$$w_2 = +\frac{R}{2L}+\sqrt{\left(\frac{R}{2L}\right)^2+\frac{1}{LC}} = +\frac{w_0}{2Q_s}+w_0\sqrt{1+\left(\frac{1}{2Q_s}\right)^2}$$

또한 $w_1 w_2 = -\left(\frac{w_0}{2Q_s}\right)^2 + w_0^2(1+\left(\frac{1}{2Q_s}\right)^2 = w_0^2$

6. 공진 주파수 $f_0 = 1MHz$에서 $R = 50\Omega$을 갖는 직렬 공진 회로는 $|V_R| = 2V, |V_L| = 20V$를 갖는다. L과 C의 값을 구하고 $|V_C|$의 값을 구하라.

해답 직렬 공진 호로의 전류-전압 페이져도로부터 $V_R = 2,\ V_L = 20\angle 90^0,\ V_C = 20\angle -90^0$가 된다.

따라서 $|V_C| = 20$

공진시 최대 전류

$$I_0 = \frac{V_0}{R} = \frac{2V}{50} = 40\angle 0^0 mA$$

$$2\pi f_0 L\angle 90^0 = \frac{V_L}{I_0} = 500\angle 90^0 \rightarrow L = 79.57\mu H$$

$$\frac{1}{2\pi f_0 C}\angle -90^0 = \frac{V_C}{I_0} = 500\angle -90^0 \rightarrow C = 318.3pF$$

제 12 주 실험절차

RLC 직렬공진회로

강의 : 30분, 실험 : 2시간, 연장 : 30분

1 실험장비 및 부품

① 함수발생기 1대
② 오실로스코프 1대
③ 가변 저항기 1대(300Ω,1kΩ)
④ 가변 캐패시터 1대(1μF, 0.47μF)
⑤ 디지털 멀티미터 1대
⑥ 가변인덕터 1대(10mH -20mH정도)

2 실험방법

L값은 지정하지 않았다. L은 실험실에서 주어진 것을 사용하고, 실험결과 및 고찰로 부터 L값을 계산해 보라. 측정을 위해서 대략 10mH에서 20mH 범위의 것을 사용하라.

① [그림 12.6] 회로에서 $R=300\Omega$, $C=1\mu F$로 하여 회로를 결선하고, 〈표 12.1〉에서 지시된 대로 저주파 함수발생기의 발진주파수를 12단계(100Hz~10kHz)로 변화 시켜가면서 V_R, V_L, V_C, V_X를 측정하여 기입하라. 이때 전압의 측정은 오실로스코프를 이용하여 측정하며, 기록도 오실로스코프에 나타난 peak to peak 값를 그대로 기입한다(이때 오실로스코프의 V/Div, Timebase 정보도 함께 기록). 또한 이 실험에서 가장 유의해야할 사항은 저주파 함수 발생기의 발진 주파수를 변화 시킬 때마다 출력 전압 V_{out}은 반드시 $2V_{p-p}$가 되도록 확인 해야만 한다. 이 과정을 소홀히 하면 실험결과는 전혀 다른 것이 되어 버린다. 또한 V_X가 0이 되는(0이 아니면 최소가 되는) 주파수($\hat{f_0}$) 및 V_R이 $1.4V_{p-p}$가 되는 주파수(반전력점 주파수)를 정밀하게 측정해야 한다. 이는 실험 결과 및 고찰에서 가장 중요하게 다루어질 공진 주파수와 반전력점(half power point)의 주파수가 된다.

주의 1. 만약 사용하는 함수발생기의 테브닌 등가 임피던스(50Ω 이상)가 큰 발생기라면 발생기의 등가 임피던스를 줄이기 위해 병렬로 100Ω 정도의 저항을 연결할 필요가 있다.

2. 〈표 12.1〉에서 저주파 발진기의 발진주파수가 최소100Hz에서 최대10kHz까지 적절한 간격으로 설정하여 실험한다(적어도 12 단계 이상을 설정 할 것. 공진 주파수 부근에서는 좀더 적은 스탭 크기로하여 주파수 크기를 조정해야 정확한 공진 주파수를 측정할 수 있을 것이다.)

② 전체 측정 주파수 범위에서 캐패시터의 주파수에 따른 리액턴스 변화를 그래프로 그리고 같은 방법으로 동시에 인덕터의 주파수에 따른 리액턴스 변화를 함께 그래프에 도시하라. 그래프로부터 두 리액턴스가 만나는 점의 주파수가 대략적으로 얼마인지 측정하라.

③ ①에서 찾은 공진주파수 부근에서 캐패시터 양단에 걸리는 전압을 관찰하라. 이론적으로 공진시 캐패시터에 흐르는 전류는 $I_m = \dfrac{V_m}{R}[A]$가 되고 전압은 $V_c = I_m X_c = I_m / 2\pi f_0 C$, 분자, 분모에 R을 곱한 후 Q_s으로 표현하면 $V_c = I_m R / 2\pi f_0 RC = Q_s V_m$가 될 것이다. 여기서 신호발생기의 최대 전압($V_m = 2V_{p-p}$)이며, I_m은 공진시의 전류이다. 실험적으로 이 사실을 확인하고 〈표 12.2〉에 기록하라. 공진시 캐패시터에 걸리는 전압이 증가하는 이유를 설명하라.

③ 가산점(extra credit)

주어진 회로에 저항을 100Ω, 1000Ω, 1400Ω 차례로 바꾸어가며 인덕터 10mH, 캐패시터 0.01uF 를 사용하여 회로를 결선하고 $2V_{p-p}$, 1KHz 구형파를 회로에 인가하라. 캐패시터 양단에 걸리는 전압의 파형을 원 신호발생기 파형과 함께 표시하여 변화된 피형을 관찰하라. 저항에 따라 캐패시터 전압 파형이 어떻게 바뀌는지 관찰하고 〈표 12.3〉에 그리고 그 이유를 설명하라.

3 회로도

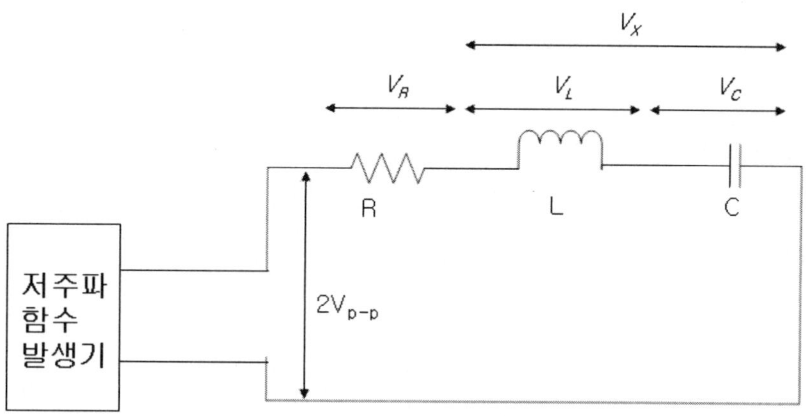

[그림 12.6] RLC 공진 실험 회로도

4 측정값

〈표 12.1〉 $V_{out} = \sqrt{V_R^2 + V_X^2}$

f[Hz] 함수 발생기의 발진 주파수	100Hz				12 단계 이상							10kHz
	100	200	400	600	800	1k	1.5k	2k	2.5k	5k	8k	10k
V_R 전압[V_{p-p}]												
V_L 전압[V_{p-p}]												
V_C 전압[V_{p-p}]												
V_X 전압[V_{p-p}]												
$V_{out} = \sqrt{V_R^2 + V_X^2}$												
$I_0 = V_R/R$ $= 10V_R/3[mA]$												
$Z_0 = 2V_{p-p}/I_0[k\Omega]$												
$\theta = \tan^{-1}\frac{V_X}{V_R}$												

• 〈표 12.1〉의 측정 결과로부터 공진 주파수는 얼마인가?

• 〈표 12.1〉에서 반전력점의 주파수 및 Q값은?

• 〈표 12.1〉에서 대역폭 $BW=\dfrac{f_0}{Q}$을 추정하라.

• 〈표 12.1〉에서 이 실험에 사용된 L값은 어느 정도인가?

• 공진시 R양단의 전압과 V_{out}은 같은가? 만일 오차가 있다면 그 원인은 어디에 있다고 보는가?

• 공진시 L 및 C양단의 전압으로 보아 이 공진회로의 Q 어느 정도로 판단되는가?
이론치 $Q=\dfrac{1}{R_T}\sqrt{\dfrac{L}{C}}$와 비교하라.

• 〈표 12.1〉의 데이터를 사용하여 이 회로의 공진 곡선을 그려라.

〈표 12.2〉 공진시 캐패시터에서의 전압 변화

공진시 캐패시터 리액턴스 $1/w_0C$ 값	신호발생기 최대전압 V_m	캐패시터 양단 전압 V_c

*이론값과 측정값을 비교하라.

〈표 12.2〉 캐패시터에서의 전압 파형 관찰 과 저항의 효과

	오실로스코프 측정 조건 : Time/Div : ( ), Volt/Div : ( )
캐패시터 파형 관찰	

5 결과 분석 및 토의

토의사항

① 직렬 공진회로에서 전류와 전압간의 위상 관계는 어떠한가를 조사하라.

② 반 전력점이란 무엇인가? 공진시 최대 크기의 $1/\sqrt{2}$ 의 점 과 반전력 점은 같은 것인가? 다른 것인가?

③ 저항 값이 바뀌면 공진 주파수도 따라서 바뀌는가? 그렇지 않으면 그 이유를 기술하라. 회로에서의 저항의 역할을 설명하라.

④ 공진 곡선 그래프로부터 공진 주파수 이상에서의 주파수 응답에 따른 감쇠 효과는 주파수와 어떻게 비례하여 변하는가?

⑤ 공진회로의 Q값과 대역폭과는 어떤 관계가 이는가?

제 **13** 주

이 론

R–L–C 병렬공진회로

학습목표

RLC 병렬 공진 회로의 주파수 크기 응답과 대역폭의 측정, 공진 회로의 Q값의 측정, 공진 회로의 페이져 도 분석등을 실험을 통하여 확인한다.

1 개요

공진 현상은 회로 자체의 구성에 의해 갖을 수 있는 자연 주파수(natural frequency)와 외부에서 인가되는 인가 주파수가 서로 갖아질 때 나타나는 회로의 전류 응답 현상이다. RLC 병렬 공진회로는 RLC 직렬 공진회로와 쌍대성(duality) 관계를 갖는다. RLC 병렬 공진회로에는 이론적인 해석의 관점에서 보는 공진회로와 실제 회로 구성 입장에서보는 실제적인 공진회로로 나누어 설명될 수 있다. 병렬 공진회로에서 모든 소자에 공통인 것은 전압이 된다. 따라서 병렬 공진회로의 주파수 응답 관찰은 전압의 변화를 측정함으로써 얻어진다([그림 13.1] 참조).

2 관련 이론

라디오나 텔레비젼 방송의 Tuner 회로 등에서 공진 회로의 개념이 활용된다. 보통 방송국을 선택하는 과정이 동조 회로에 의해 이루어지는데 반응이 최대가 될 때 동조 혹은 공진되었다고 한다. 병렬 공진 회로의 설계는 대역 통과(bandpass) 필터 혹은 band stop 필터의 설계와도 연관되어 있다.

(1) 이론적인 병렬공진회로

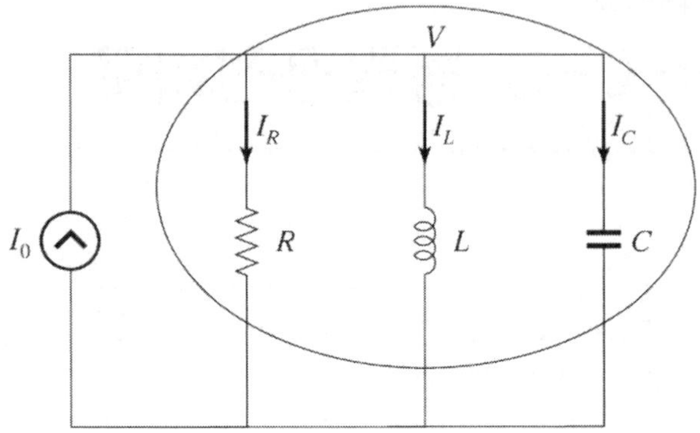

[그림 13.1] 이론적인 병렬 공진 회로

$$Y = \text{합성 어드미턴스}$$
$$I = YV$$

전류원 I로부터 각 소자에 흐르는 전류의 합을 구하면 (여기서 전류원대신에 전압원을 사용해도 된다)

$$I = I_R + I_L + I_C \tag{13.1}$$

$$\begin{aligned} YV = I = \left(\frac{1}{R} + \frac{1}{jwL} + jwC\right)V \\ \therefore Y = \frac{1}{R} + j\left(wC - \frac{1}{wL}\right) \end{aligned} \tag{13.2}$$

공진조건 : 허수부분$=0$ $wC - \dfrac{1}{wL} = 0$ $\qquad \therefore w_0 = \dfrac{1}{\sqrt{LC}}$ (13.3)

- 전류의 크기가 일정한 경우($I = I_0$)

$$\begin{aligned} |V| = \frac{|I_0|}{|Y|} = \frac{|I_0|}{\sqrt{\left(\frac{1}{R}\right)^2 + \left(wC - \frac{1}{wC}\right)^2}} \\ Q_p \equiv \frac{f_0}{f_2 - f_1} = \frac{f_0}{\Delta f} = \frac{f_0}{BW} \end{aligned} \tag{13.4}$$

• 반전력점의 주파수 계산 : 어드미턴스의 |실수 부분| = |허수 부분|

$$(wC-\frac{1}{wL})^2=(\frac{1}{R})^2$$

① $wC-\frac{1}{wL}=+\frac{1}{R}$

② $wC-\frac{1}{wL}=-\frac{1}{R}$

①의 경우 (+) :

$$w^2LC-\frac{1}{R}wL-1=0$$

$$LCw^2-\frac{Lw}{R}-1=0$$

$$w=\frac{-b}{2a}\pm\frac{\sqrt{b^2-4ac}}{2a}=\frac{\frac{L}{R}}{2LC}\pm\frac{\sqrt{\left(\frac{L}{R}\right)^2-4LC(-1)}}{2LC}$$

$$w_2=\frac{1}{2RC}+\frac{\sqrt{\left(\frac{L}{R}\right)^2+4LC}}{2LC} \tag{13.5}$$

②의 경우(−) :

$$w^2LC+\frac{L}{R}w-1=0$$

$$w_1=-\frac{1}{2RC}+\frac{\sqrt{(\frac{L}{R})^2+4LC}}{2LC} \tag{13.7}$$

$$\Delta W=w_2-w_1=\frac{\frac{2L}{R}}{2LC}=\frac{2L}{2LRC}=\frac{1}{RC} \tag{13.8}$$

$$\therefore Q_p=\frac{w_0}{\Delta W}=\frac{w_0}{\frac{1}{RC}}=w_0RC=w_0C'$$

$$=\frac{w_0}{\frac{L/R}{LC}}=\frac{w_0}{w_0^2\frac{L/R}{1}}=\frac{R}{w_0L} \tag{13.6}$$

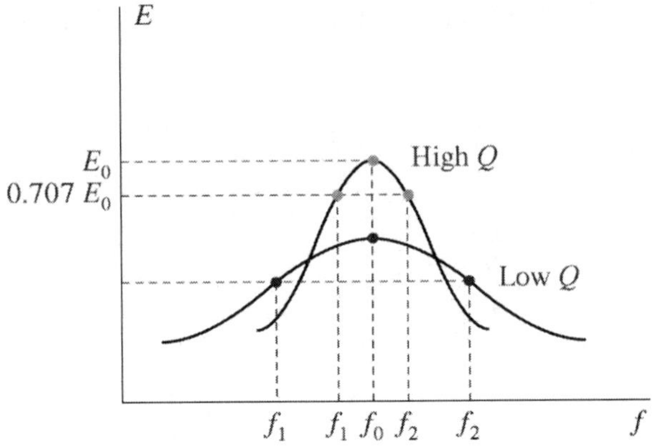

[그림 13.2] 이론적인 병렬 공진 회로의 주파수 크기 응답

[그림 13.2]에서 f_1, f_2를 3dB **차단 주파수**(cutoff frequency), 혹은 3dB 주파수, **반 전력점 주파수**(half power frequency) 라고도 한다. Q값에 따라 공진주파수는 변하지 않지만 반전력점의 주파수가 변함을 주목하라.

❒ **관찰 :**

① 이론적인 병렬공진회로의 Q는 R에 비례한다(cf. 직렬공진회로의 Q는 R에 반비례)

② $I_R = \dfrac{V_R}{R} = \dfrac{V_{out}}{R} = I_0$(공진시)

$$I_c = jw_0 CV_{out} = jw_0 CRI_0 = jQI \tag{13.8}$$

$$I_L = \frac{V_{out}}{jwL} = -j\frac{V_{out}}{w_0 L} = -j\frac{R}{w_0 L}I_0 = -jQI \tag{13.9}$$

공진시 L 또는 C에 흐르는 "전류"는 인가 전류 I_0의 Q배가 된다.

(2) 실제적인 병렬공진회로

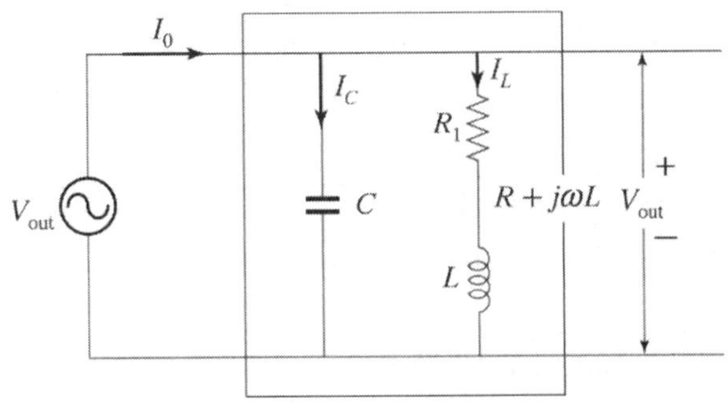

[그림 13.3] 실제적인 병렬 공진 회로

실제적인 병렬공진회로의 구성은 L의 등가(DC) 저항 R이 포함된 것이다.

$$I_0 = I_C + I_L$$
$$I_C = C\frac{dV_{out}}{dt} = jwCV_{out}$$
$$I_L = \frac{V_{out}}{R+jwL} = \frac{(R-jwL)V_{out}}{R^2+(wL)^2}$$

공진시 I_0 와 V_{out} 은 동위상이 된다(왜 그런가?).

$$I_0 = I_C + I_L = jwCV_{out} + \frac{V_{out}}{R+jwL} = \frac{R}{R^2+(wL)^2}V_{out} + j(wC)V_{out} + \frac{-jwLV_{out}}{R^2+(wL)^2}$$

$$\therefore I_0 = \frac{R}{R^2+(wL)^2}V_{out} + j\left(wC - wL/(R^2+(wL)^2)\right)V_{out} \qquad (13.10)$$

공진시에 전류와 전압 관계를 살펴보면 윗 식(13.10)으로부터 허수 부분이 0이 되므로 다음을 유도할 수 있다.

$$I_0 = \frac{R}{R^2+(w_0L)^2}V_{out} \qquad (13.11)$$

실제적인 병렬 공진 회로의 [그림 13.4]로부터 소자 전류간의 다음 관계가 성립됨을 보일 수 있다.

$$\frac{I_C}{I_0} = \tan\theta \qquad \therefore I_0 = \frac{I_C}{\tan\theta} = \cot\theta I_C$$

$$\frac{I_C}{I_0} = \frac{w_0L}{R}$$
$$\bullet\ I_0 = \frac{RI_C}{w_0L} = \frac{Rw_0CV_{out}}{w_0L} = \frac{RC}{L}V_{out} \qquad (13.12)$$

$$\bullet\ \frac{I_0}{I_L} = \cos\theta = \frac{I_0}{\frac{V_{out}}{\sqrt{R^2+(w_0L)^2}}} = \frac{I_0}{V_{out}}\cdot\sqrt{R^2+(w_0L)^2}$$
$$= \frac{R}{R^2+(w_0L)^2}\cdot\sqrt{R^2+(w_0L)^2} = \frac{R}{\sqrt{R^2+(w_0L)^2}}$$

$$\therefore Q = \frac{I_L}{I_0} = \frac{\sqrt{R^2+(w_0L)^2}}{R} \approx \frac{w_0L}{R} = \text{전류확대비}$$

식(13.10)과 (13.11)로부터 다음 관계를 보일 수 있다(아래 유도 과정을 참조할 것).

$$\tan\theta = \frac{I_C}{I_0} = \frac{w_0 C V_{out}}{I_0} = (w_0 C)\left(\frac{V_{out}}{I_0}\right)$$
$$= \frac{w_0 L}{R^2 + (w_0 L)^2} \cdot \frac{R^2 + (w_0 L)^2}{R} = \frac{w_0 L}{R} = Q = \text{전류확대비}$$

❒ **유도과정 :**

공진시 : $w_0 C = \dfrac{w_0 L}{R^2 + (w_0 L)^2}$ **가 성립한다.**

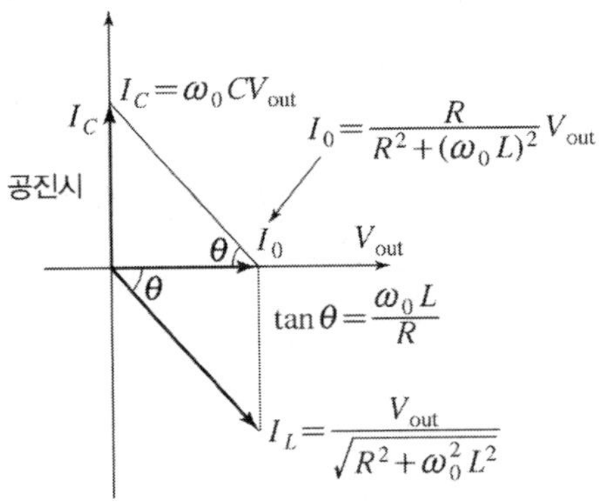

[그림 13.4] 실제적인 병렬 공진 회로의 페이저도

$$\frac{I_C}{I_0} = \frac{w_0 C V_{out}}{I_0} = \frac{\dfrac{w_0 L}{R^2 + (w_0 L)^2} V_{out}}{\dfrac{R}{R^2 + (w_0 L)^2} V_{out}} = \frac{w_0 L}{R} \tag{13.13}$$

실제적인 병렬 공진 회로의 공진 주파수는

$$I_0 = I_C + I_L$$
$$= V_{out} \cdot jwC + \frac{V_{out}}{R + jwL}$$
$$= jwC + \frac{R - jwL}{R^2 + (wL)^2}$$
$$= \left[\frac{R}{R^2 + (wL)^2} + j(wC - \frac{wL}{R + (wL)^2})\right] V_{out}$$

$$\text{공진시허수부분} = 0 \;\Rightarrow\; wC = \frac{wL}{R^2 + (wL)^2}$$

$$\rightarrow RC + w_0^2 L^2 C = L$$

$$I_0(w_0) = \frac{RV_{out}}{R^2 + (w_0 L)^2} \qquad w_0^2 = \frac{L - R^2 C}{L^2 C}$$

$$w_0^2 = \frac{1}{LC} - \frac{R^2}{L^2}$$

$$\text{공진시임피던스} = \frac{V_{out}}{I_0} = \frac{R^2 + (w_0 L)^2}{R} = Z$$

$$\text{공진 주파수}: \; w_0 = \sqrt{\frac{1}{LC} - \frac{R^2}{L^2}} \tag{13.14}$$

실제적인 병렬 공진회로에서의 Q는 전류확대비를 나타내고 즉 $|I_c| = Q|I_0|$
직렬 공진회로에서의 Q는 전압확대비를 나타낸다. 즉 $|V_2| = Q|V|$

$$\therefore Q = \frac{|I_C|}{|I_0|} = \tan\theta = \frac{w_0 L}{R}$$

$$Q = \frac{|I_L|}{|I_0|} = \frac{1}{\cos\theta} = \frac{\sqrt{R^2 + w_0^2 L^2}}{R} \tag{13.15}$$

Part I

연습문제

1. **이론적인 RLC 병렬 공진 회로에서 소자값은 $R=8k\Omega, L=0.2mH, C=8\mu F$로 주어졌다. 공진 주파수, 품질 선택 지수(Q), 대역폭을 구하라. 공진 주파수에서 소모되는 전력을 구하라.**

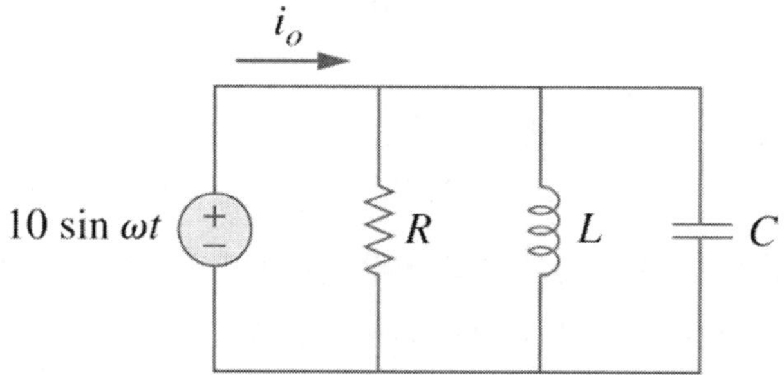

[그림 P13.1] RLC 병렬 공진 회로

해답 공진 주파수 : $w_0=\dfrac{1}{\sqrt{LC}}=\dfrac{1}{\sqrt{0.2\times10^{-3}\times8\times10^{-6}}}=\dfrac{10^5}{4}=25krad/\sec$

품질 선택 지수 : $Q_p=\dfrac{R}{w_0L}=\dfrac{8\times10^3}{25\cdot10^3\cdot0.2\cdot10^{-3}}=1{,}600$

대역폭 BW : $BW=\dfrac{w_0}{Q}=15.625\,rad/\sec$

공진시 전력값 : 공진시에는 전체 전류가 저항 R만을 통해서 흐른다. 따라서 저항에서 소모되는 평균 전력은 $P_{avg}=|I_s^2|R=\dfrac{1}{2}|I_0|^2R=\dfrac{1}{2}(1.25\cdot10^{-3})(8\cdot10^3)=6.25mW$

공진시 전류 I_0 : $I_0=\dfrac{\boldsymbol{V}}{Z}=\dfrac{\boldsymbol{V}}{R}=\dfrac{10\angle-90^0}{8000}=1.25\angle-90^0mA$

2. **저항 $R=10k\Omega, f_0=1MHz, BW=100kHz$를 갖는 이상적인 RLC 병렬 공진 회로를 설계하기 위한 인덕터 L과 캐패시터 C 값을 찾아라. 공진시에 저항 R에 걸리는 전압을 계산하라.**

해답 먼저 주어진 값으로부터 회로의 품질 선택 지수(Q) 값을 구한다.

$Q_p=\dfrac{f_0}{BW}=\dfrac{10^6}{10^5}=10$ 또한 $Q_p=\dfrac{R}{2\pi f_0L}\rightarrow L=\dfrac{R}{2\pi f_0Q_p}=\dfrac{10^4}{2\pi(10^6)10}=159.2\mu H$

같은 방법으로 $Q_p=\dfrac{1}{w_0RC}=\dfrac{1}{2\pi f_0RC}\rightarrow C=\dfrac{1}{2\pi f_0RQ_p}=\dfrac{1}{2\pi(10^6)(10^4)(10)}=159.2pF$

공진시에 리액턴스 부분이 상쇄되어 없어지고 저항만 남으며 이때 저항 R에 걸리는 전압은

$\boldsymbol{V_{out}}=\boldsymbol{I}R=(10^{-3}\angle0^0)\times10^4=10\angle0^0$

제 13 주

실험절차

RLC 병렬공진회로

강의 : 30분, 실험 : 2시간, 연장 : 30분

1 실험장비 및 부품

① 함수발생기 1대
② 오실로스코프 1대
③ 가변 저항기 1대(300Ω, 1kΩ)
④ 가변 콘덴서 1대(0.47μF)
⑤ 디지털 멀티미터 1대
⑥ 가변인덕터 1대(20mH정도)

2 실험방법

① [그림 13.5] 회로를 결선하고, 저주파발진기의 발진주파수를 서서히 변화시켜 오실로스코프상에 나타나는 리샤쥬 도형이 어떻게 변화되는가를 관측하고 이를 도시하여라. 또한 리샤쥬 도형의 위상각이 최소가 되는 주파수(공진주파수)와 45°가 되는 주파수 2개(반전력점의 주파수)를 면밀히 측정하여 기록하라.

② [그림 13.6] 회로를 결선하고, 저주파발진기의 발진주파수를 100Hz부터 10kHz까지 임의로 변경시켜가면서 V_{out}, V_R, V_L을 측정하여 〈표 13.1〉에 기입하여라. 또한 이 경우도 V_{out}가 최대가 되는 주파수와 최대 V_{out}값의 0.707(1/$\sqrt{2}$)배의 V_{out}를 갖는 주파수도 정확하게 측정하여 기록하여라.

4 회로도

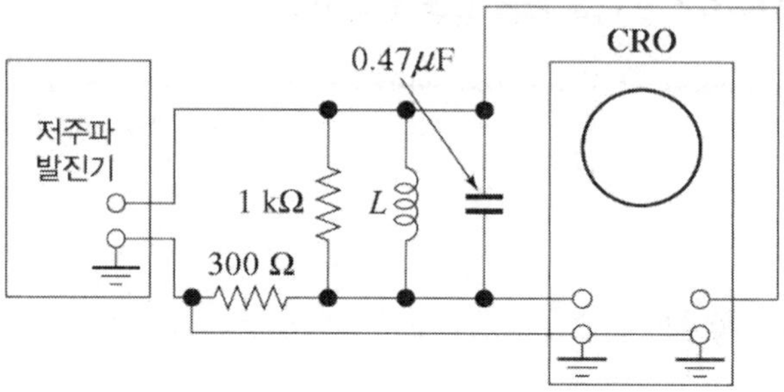

[그림 13.5] 이론적인 RLC 병렬공진회로도

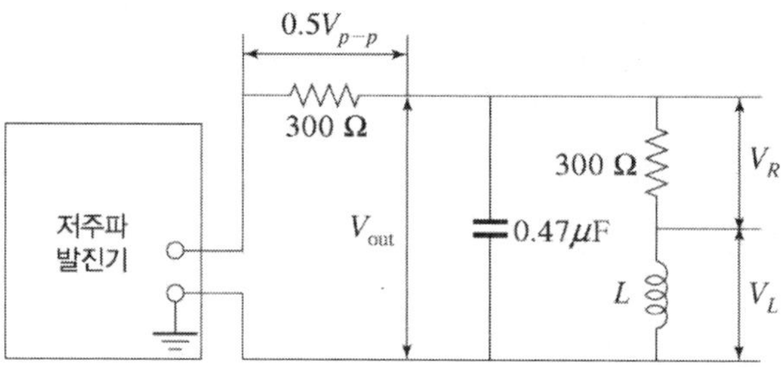

[그림 13.7] 실제적인 RLC 병렬공진회로도

5 측정값

① 실험방법 ①에서 관찰한 리샤쥬 도형이 변화되는 형식을 도시해 보아라. 또한 위상각이 0 (혹은 최소)이되는 주파수는 얼마로 측정되었는가? 또한 위상각이 45°가 되는 주파수 2개 (f_1, f_2)도 찾아 기록하여라.

② 실험방법 ②에서 측정한 V_{out}, V_R, V_L을 다음 〈표 13.1〉에 기입하고, 측정값을 이론 계산값과 비교하라.

〈표 13.1〉

주파수[Hz]	100	200	500	900	1k	2k	3k	4k	7k	9k	10k
$V_{out}[V_{p-p}]$											
$V_R[V_{p-p}]$											
$V_L[V_{p-p}]$											
$I_C = wCV_{out}$											
$I_C = V_R/R$											
$Z= V_{out}/I_R$											
$\theta_L = \tan^{-1}(V_L/V_R)$											
$I_R = \frac{V_{out}}{R}\cos\theta_L$											
$I_c = \frac{V_{out}}{R}\sin\theta_L$											
$\theta = \tan^{-1}\frac{I_o - I_c}{I_R}$											

〈표 13.1〉에서 볼 때 다음 사항에 대하여 고찰 하여라

① 공진주파수는?

② 반전력점의 주파수는?

③ 반전력점 주파수 사이의 진폭은?

④ Q는?

⑤ 공진시 C로 흐르는 전류에서 I_0를 나눈 값은?

⑥ 공진시 L로 흐르는 전류에서 I_0를 나눈 값은?

⑦ ⑤, ⑥의 값과 비교하고, Q의 의미를 고찰하여라

⑧ 이 실험에서 사용한 L값은?

⑨ 공진시 임피던스를 이론적인 식에 의하여 구해보고, 이를 〈표 13.1〉의 측정결과와 비교하라

⑩ 공진시 위상 θ는?

⑪ 반전력점의 주파수에서의 위상 θ는?

⑫ 공진주파수 이하에서 θ의 부호는?

⑬ 공진주파수 이상에서의 θ의 부호는?

⑭ ⑫, ⑬의 결과로 볼 때 이 회로의 위상관계에 대하여 고찰하여라.

6 결과분석 및 토의

토의사항

① 주파수 응답에서 수직축의 크기를 보통 데시벨(decibel, dB)단위로 나타내고 가로축은 로그 스케일로 나타낸다. 먼저 크기의 dB와 전력의 dB 정의식을 쓰고 [그림 13.7]의 회로 측정 결과로부터 dB 단위로 $\left|\frac{V_{out}}{V_{\text{in}}}\right|$ 값을 구하고 도시하라.

② 공진 회로의 개념을 사용하여 설계한 협대역 대역 통과 필터의 특징을 기술하라.

③ 신호의 스펙트럼 즉 신호의 주파수 성분을 분석하는 방법에는 어떤 것이 있는가 살펴보라. 우리가 다루는 신호는 주로 정여현파(sinusoidal)로 구성된 주기 함수와 비주기 함수가 대부분이다.

④ 실험 과정에서 [그림 13.7]의 회로가 용량성인지, 유도성인지, 저항성 회로인지 설명하라.

⑤ 병렬 RLC 회로에서 Q의 크기에 영향을 미치는 성분에 대해 설명하라.

⑥ 병렬공진회로에서 공진주파수보다 높은 주파수에서 회로가 용량성인지 유도성인지 알 수 있는지 설명하라.

제 14 주

이 론

2계 과도 응답과 계단 응답

학습목표

1 2계 RLC 회로의 전류, 전압 관계식을 유도할 수 있다.
2 고유 주파수와 제동에 따른 응답을 설명할 수 있다.
3 2계 RLC회로의 전압, 전류의 충전 과 방전 과도 응답 특성 이해, 정상상태 응답의 원리를 이해하고 실험적으로 확인할 수 있다.

1 개요

1계 과도 응답 회로인 경우 회로 구성은 RC 혹은 RL 회로이다. 여기서 시스템의 상태(혹은 차수)를 나타내는 중요한 요소는 에너지를 저장할 수 있는 소자의 개수에 의존한다. 즉, 1개의 L이나 C가 있으면 1계(차수) 회로라 부른다. 같은 선상에서 이번에는 L이나 C가 2개 혹은 L과 C가 각 한 개 있으면 2계 회로가 되며 회로 시스템의 상태는 2개가 된다.

2계 회로의 응답에 대한 해석은 1차 회로에서와 같이 회로의 고유한 **자연 응답**과 외부 전원 인가에 의한 **강제 응답**의 합으로 설명되어진다. 회로에서 전압 혹은 전류의 응답에 대한 해는 선형 2차 미분 방정식의 해로 표현하여 구해진다.

2계 전기회로 시스템은 시스템의 고유한 응답 특성이 외부에 인가되는 외부 함수의 진동수에 따라 시스템이 갖고 있는 고유 진동수(natural frequency)에서 최대 응답을 나타낸다. 따라서 회로의 L이나 C값을 변화시킴으로써 회로 시스템은 다른 공진 주파수를 만들어 낼 수 있다. 이같은 기능의 회로를 동조 회로(tuning circuit) 라고한다.

2 관련 이론

캐패시터가 2개 들어 있거나, 인덕터가 2개 들어 있거나 또는 캐패시터와 인덕터가 각각 1개씩 들어 있는 회로를 2계(second order) 회로라고 한다. 2계 회로의 대표적인 예를 [그림 14.1]에 나타내었다.

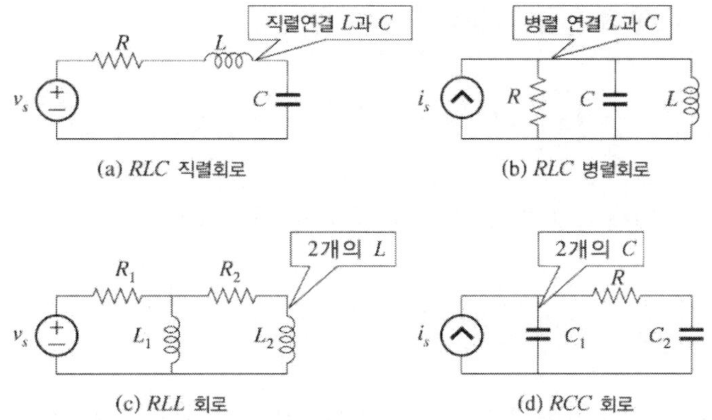

[그림 14.1] 2계 회로의 대표적인 예들

2계 회로는 회로함수가 일반적으로 2차 미분방정식으로 주어진다.

$$\frac{d^2x(t)}{dt^2}+2\alpha\frac{dx(t)}{dt}+w_o^2x(t)=w_o^2x_s(t) \tag{14.1}$$

여러 가지 가능한 2계 회로를 대표하여 본 실험에서는 [그림 14.2]에 보인 RLC 직렬 과 병렬 회로에 관해서 살펴보도록 하고자한다.

(1) 무전원상태에서의 2계 회로 해석

기본 가정 : 초기전류 $I_0=i(0)$, 초기전압 $V_0=\frac{1}{C}\int_{-\infty}^{0}idt=v(0)$

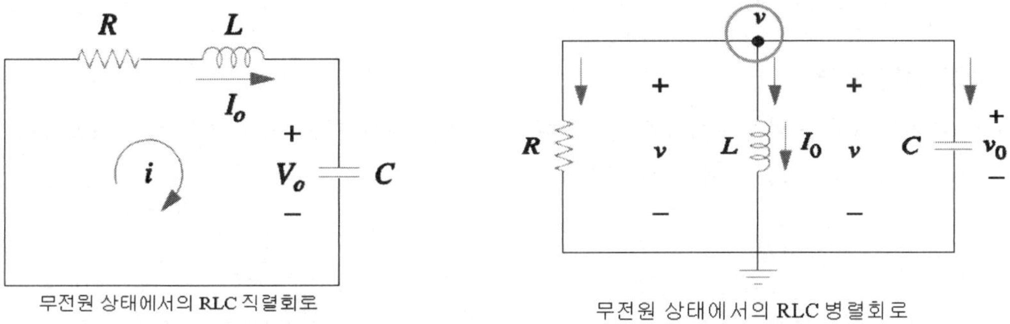

(a) RLC 직렬회로 (b) RLC 병렬회로

[그림 14.2] 무전원상태에서의 2계 회로

[그림 14.2(a)]에 대해 KVL을 적용하면

$$Ri + L\frac{di}{dt} + \frac{1}{C}\int_{-\infty}^{t} idt = 0(\text{무전원})$$

적분항을 제거하기 위해 t에 대해 다시 미분하여 정리하면

$$\frac{d^2i}{dt^2} + \frac{R}{L}\frac{di}{dt} + \frac{1}{LC}i = 0 \tag{14.2}$$

위 2차 미방의 해를 구하려면 2개의 초기치(즉 $i(0)$, $di(0)/dt$)를 요구한다.
마찬가지 방법으로 [그림 14.2(b)] 무전원 RLC 병렬회로에 대해 KCL을 적용하면

$$\frac{v}{R} + \frac{1}{L}\int_{-\infty}^{t} v(t)dt + C\frac{dv}{dt} = 0(\text{무전원})$$

t에 대해 미분하고 C로 나누어 정리하면

$$\frac{d^2v}{dt^2} + \frac{1}{RC}\frac{dv}{dt} + \frac{1}{LC}v = 0 \tag{14.3}$$

위 2차 미방의 해를 구하려면 2개의 초기치(즉 $v(0)$, $dv(0)/dt$)를 요구한다.
(14.1)식과 (14.2)와 (14.3)식을 비교해보면 감쇠상수(Damping constant) α가 직렬 회로의 경우에는 $\alpha = \frac{R}{2L}$이고 병렬회로의 경우에는 $\alpha = \frac{1}{2RC}$이 됨을 알 수 있다. 공진주파수(resonance frequency) w_0는 두 경우 모두 $w_0 = \frac{1}{\sqrt{LC}}$을 얻는다.

❒ 과도 응답의 해

위 식(14.2)에서 무전원 2차 미방의 일반해를 $i = Ae^{st}$라고 두고 이를 미분 방정식에 대입하여 풀면 미방의 해는 다음과 같이 얻어진다

$$As^2e^{st} + \frac{AR}{L}se^{st} + \frac{A}{LC}e^{st} = 0$$

$$Ae^{st}\left(s^2 + \frac{R}{S}s + \frac{1}{LC}\right) = 0$$

$$\therefore s^2 + \frac{R}{L}s + \frac{1}{LC} = 0$$

$$s_1 = -\frac{R}{2L} + \sqrt{\left(\left(\frac{R}{2L}\right)^2 - \frac{1}{LC}\right)}$$

$$s_2 = -\frac{R}{2L} - \sqrt{\left(\left(\frac{R}{2L}\right)^2 - \frac{1}{LC}\right)} \tag{14.4}$$

근의 표현을 좀더 간략화하면 다음과 같이 표현될 수 있다.

$$s_1 = -\alpha + \sqrt{\alpha^2 - w_0^2}, \quad s_2 = -\alpha - \sqrt{\alpha^2 - w_0^2}$$
$$\text{여기서} \quad \alpha = \frac{R}{2L}, \quad w_0 = \frac{1}{\sqrt{LC}} \tag{14.5}$$

α와 w_0의 항을 사용하여 특성 방정식 $s^2 + \frac{R}{L}s + \frac{1}{LC} = 0$ 를 다시 쓰면

$$s^2 + 2\alpha s + w_0^2 = 0$$

RLC 직렬(혹은 병렬) 회로의 자연 응답은 두개의 해의 선형적인 합으로 주어진다
이 특성다항식의 근을 구하면

$$s_1 = -\alpha + \sqrt{\alpha^2 - w_0^2}, \quad s_2 = -\alpha - \sqrt{\alpha^2 - w_0^2}$$
$$\text{여기서} \quad \alpha = \frac{R}{2L}, \quad w_0 = \frac{1}{\sqrt{LC}} \tag{14.6}$$

로부터 4가지 형태의 해가 있음을 알 수 있다.

① $0 < w_0 < \alpha$ **일 경우, 과제동(overdamped) 상태**([그림 14.3(a)])

두 근 $s_1 = -\alpha + \alpha_d, s_2 = -\alpha - \alpha_d$ 의 음인 실수 이다. 이때 과도 응답은

$$i(t) = k_1 w^{s_1 t} + k_2 e^{s_1 t} \tag{14.7}$$

가 된다. 단 k_1과 k_2는 캐패시터와 인덕터의 초기치에 의해 결정되는 상수이다.

② $0 < w_0 = \alpha$**일 경우, 임계 제동(critically damped) 상태**([그림 14.3(b)])

임계 제동인 경우에 두근은 $s_1 = s_2 = -\alpha$인 실수 중근을 갖는다. 이때의 과도 응답의 해는

$$i(t) = (k_1 + k_2 t)e^{s_1 t} \tag{14.8}$$

가 된다. 단 k_1과 k_2는 캐패시터와 인덕터의 초기치들에 의해 결정되는 상수이다.

③ $0 < \alpha < w_0$**일 경우, 부족 제동(underdamped) 상태**([그림 14.3(c)])

부족 제동 상태인 경우 두 근은 $s_1 = -\alpha + jw_d, s_2 = -\alpha - jw_d$, 여기서 $w_d = \sqrt{w_o^2 - \alpha^2}$ 인 복소수 공액이 되며, 따라서 과도 응답은

$$
\begin{aligned}
i(t) &= k_1 e^{-(\alpha - jw_d)t} + k_2 e^{-(\alpha + je_d)t} \\
& e^{-at}(k_1 e^{jw_d t} + k_2 e^{-jw_d t}) \\
&= e^{-at}(k_1(\cos_{w_d t}) + j\sin_{w_d t}) + k_2(\cos_{w_d t} - j\sin_{w_d t}) \\
&= e^{at}(c_1 \cos_{w_d t} + c_2 \sin_{w_d t}) \\
& ke^{-at}\cos(w_d t + \theta)
\end{aligned}
\tag{14.9}
$$

가 된다.

④ $0 = \alpha < w_0$ **일 경우 무손실(lossless) 응답 상태**([그림 14.3(d)])

무손실 응답인 경우는 감쇠계수가 0이되므로 두 개의 근 $s_1 = jw_d$, $s_2 = -jw_d$인 순허수 공액이되며 이 때의 과도 응답은 (9)에서 $\alpha = 0$인 경우에 해당되므로

$$i(t) = k\cos(w_d t + \theta) \tag{14.10}$$

가 된다.

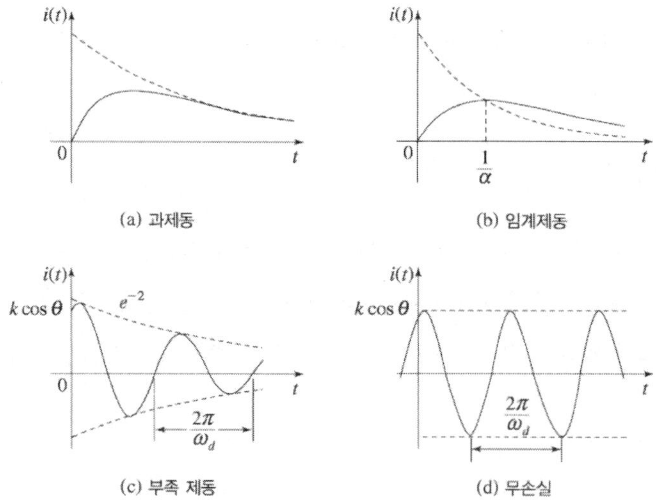

[그림 14.3] 과도응답

초기치는 2계 미방식으로부터 다음과 같이 구해진다.

$$
\begin{aligned}
\frac{v}{R} + \frac{1}{L}\int_{-\infty}^{t} v(t)dt + C\frac{dv(t)}{dt} = 0 &\Rightarrow \frac{V_0}{R} + I_0 + C\frac{dv(0)}{dt} = 0 \\
&\Rightarrow \frac{dv(0)}{dt} = -\frac{(V_0 + RI_0)}{RC}
\end{aligned}
$$

❐ 정상상태 응답의 해

회로 함수 (14.1)식에서 $x_s(t)$를 정현파 $X_s\cos(wt+\phi_s)$를 인가했을 때 나타나는 정상상태(steady state)에서의 응답은 외부 선형회로망의 경우 인가한 외부 함수의 형태로 나타난다. 즉 정상상태 응답 $x(t)$는 크기와 위상이 변화된 $Xcos(wt+\phi_s+\phi)$로 주어진다.

(14.1)식을 페이져 관계식을 사용하여 X에 대해 풀면

$$(jw)^2X+jw\cdot 2\alpha X+w_o^2X=w_o^2X_s$$

$$X=\frac{w_o^2}{(-w^2+w_o^2)+j2\alpha w}X_s=\left|\frac{w_o^2}{\sqrt{((-w^2+w_o^2)^2+4\alpha^2w^2)}}\right||X|e^{j(\phi_s+\phi)}$$

여기서 $\phi=\tan^{-1}\left(\dfrac{2\alpha w}{-w^2+w_0^2}\right)$

따라서 정상상태에서의 시간 응답은

$$x(t)=\frac{w_o^2|X|}{\sqrt{(-w^2+w_o^2)^2+4\alpha^2w^2}}cos(wt+\phi_s+\phi) \tag{14.11}$$

(2) 2계 RLC 회로의 계단 응답

❐ RLC 직렬 회로의 계단 응답

계단 응답은 DC전원이 $t=0$에서 갑작스런 인가를 의미한다. $t>0$인 경우 루프에 KVL를 적용하여 회로 방정식을 세우면

$$\frac{d^2v}{dt^2}+\frac{R}{L}\frac{dv}{dt}+\frac{v}{LC}=\frac{V_s}{LC}$$

을 얻는다. 외부 전원을 갖는 경우의 회로 응답은 자연 응답과 강제 응답의 합으로 주어진다

$$v(t)=\text{자연응답}+\text{강제응답}=v_n(t)+v_f(t) \tag{14.12}$$

- **고유(자연) 응답** : $V_s=0$ **일때의 응답** ⇒ 이는 무전원 회로의 경우와 동일하다.
- **강제 응답** : V_s가 연결되어 정상상태에 도달했을 때의 응답이다.

정상상태(혹은 충분한 시간이 흐른 상태)에서 캐패시터는 개방 회로와 같고 인덕터는 **단락회로**와 같이 작용한다. 따라서 개방회로에서 캐패시터의 최종값은 $v_f=V_s$ 혹은 정상상태에서 미분 회로 방정식내의 시간에 대한 캐패시턴스의 전압은 0이되므로 다음과 같이 얻어진다.

$$\frac{d^2v}{dt^2}+\frac{R}{S}\frac{dv}{dt}+\frac{v}{LC}=\frac{V_s}{LC}\Rightarrow 0+0+\frac{v(\infty)}{LC}=\frac{V_s}{LC}\Rightarrow v(\infty)=V_s \tag{14.13}$$

강제 응답의 해를 구하면

- 과제동의 경우 $:v(t)=V_s+k_1e^{s_1t}+k_2e^{s_1t}$ (14.14.a)
- 임계제동의 경우 : $v(t)=V_s+(k_2t+k_1)e^{-at}$ (14.14.b)
- 부족 제동의 경우 : $v(t)=V_s+e^{-at}(k_1\cos w_dt+k_2\sin w_dt)$ (14.14.c)

이 얻어진다. 여기서 상수 k_1, k_2는초기치 $v(0)$와 $dv(0)/dt$ 로부터 결정된다.

마찬가지 방법으로 RLC 병렬회로에 대해서 t〉0인 경우 루프에 KCL를 적용하여 회로 방정식을 세우면

$$\begin{aligned}&\frac{v}{R}+i+C\frac{dv}{dt}=I_s,\quad v=L\frac{di}{dt}\\&\frac{d^2i}{dt^2}+\frac{1}{RC}\frac{di}{dt}+\frac{i}{LC}=\frac{I_s}{LC}\end{aligned} \tag{14.15}$$

이 얻어진다. 외부 전류원을 갖는 경우의 회로 응답은 자연 응답과 강제 응답의 합으로 주어진다.

$$i(t)=i_n(t)+i_f(t) \tag{14.16}$$

- **고유 응답** : $I_s=0$ 일때의 응답 → 이는 무전류원 회로의 경우와 동일하다.
- **강제 응답** : I_s가 연결되어 정상상태에 도달했을 때의 응답이다.

정상상태(혹은 충분한 시간이 흐른 상태)에서 캐패시터는 개방 회로와 같고 인덕터는 **단락회로**와 같이 작용한다. 따라서 개방회로에서 캐패시터의 최종값은 $i_f(\infty)=I_s$ 혹은 정상상태에서 미분 회로 방정식내의 시간에 대한 인덕턴스의 전류는 0이되므로 다음과 같이 얻어진다.

$$\frac{d^2i}{dt^2}+\frac{1}{R}\frac{di}{dt}+\frac{i}{LC}=\frac{I_s}{LC}\rightarrow 0+0+\frac{i(\infty)}{LC}=\frac{I_s}{LC}\rightarrow i(\infty)=I_s$$

강제 응답의 해를 구하면

- 과제동의 경우 $:i(t)=I_s+k_1e^{s_1t}+k_2e^{s_2t}$ (14.17.a)
- 임계제동의 경우 : $i(t)=I_s+(k_2t+k_1)e^{-at}$ (14.17.b)

• 부족 제동의 경우 : $i(t) = I_s + e^{-at}(k_1 \cos w_d t + k_2 \sin w_d t)$ (14.17.c)

이 얻어진다. 여기서 상수 k_1, k_2는초기치 $i(0)$와 $di(0)/dt$로부터 결정된다.

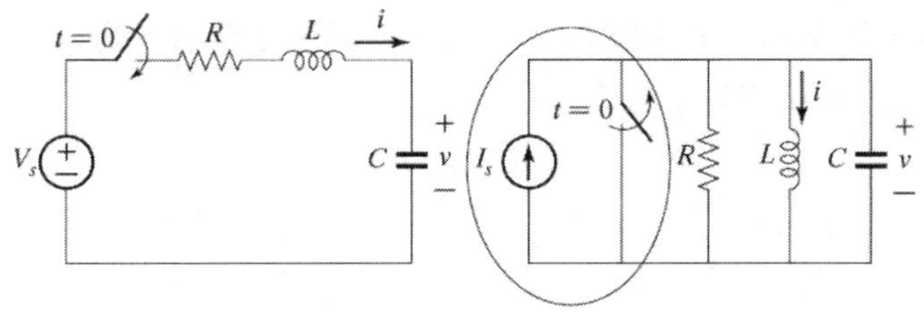

(a) RLC 직렬회로 (b) RLC 병렬회로

[그림 14.4] 2계 RLC 회로의 계단 응답

연습문제

1. [그림 P14.1]의 회로에서 $t=0$이전에 스위치는 오랫동안 닫혀 있었고 $t=0$인 순간 스위치를 개방했을 때 다음 초기치를 구하라.

(a) $i(0+)$, $v(0+)$

(b) $di(0+)/dt$, $dv(0+)/dt$, $i(\infty)$, $v(\infty)$

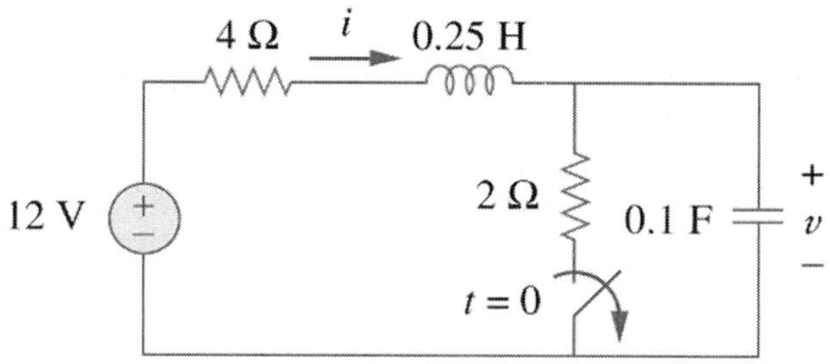

[그림 P14.1]

해답 직류 정상상태에서 캐패시터는 개방회로와 같이 동작하고 인덕터는 단락회로와 같이 동작한다. WHY???(캐패시터의 전류와 인덕터의 전압 관계식을 생각해 볼 것!)

안덕터 단락, 캐패시터 개방후 회로를 다시 그리면 [그림 P14.2(a)]와 같다.

$t=0^-$: $i(0^-)=\dfrac{12}{4+2}=2A,\ v(0^-)=2i(0^-)=4V$

인덕터 전류와 캐패시터 전압은 갑자기 변할 수 없으므로

$i(0^+)=i(0^-)=2A,\ v(0^+)=v(0^-)=4V$

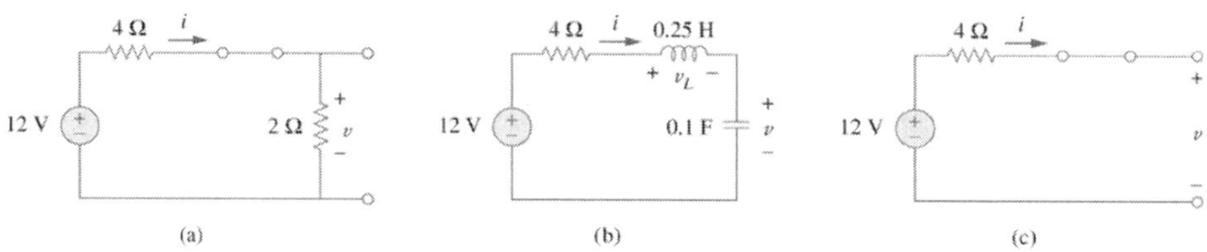

[그림 P14.2]

$t=0^+$: [그림 P14.2(b)]로부터 망전류 kvl를 적용하면

$-12+4i(0^+)+v_L(0^+)+v(0^+)=0$

$\therefore v(0^+)=12-4*2-0-4=0V$

C : $C\dfrac{dv}{dt}=i_C \rightarrow \dfrac{dv}{dt}=\dfrac{i_C}{C} \Rightarrow \dfrac{dv(0^+)}{dt}=\dfrac{i_C(0^+)}{C}=\dfrac{2}{0.1}=20\,V/s$

L : $L\frac{di}{dt}=v_L \rightarrow \frac{di}{dt}=\frac{v_L}{L} \Rightarrow \frac{di(0^+)}{dt}=\frac{v_L(0^+)}{L}=\frac{0}{0.25}=0A/s$

$t=\infty$: 스위치가 개방된 상태로 오랫동안 방치하면 다시 다른 정상상태에 도달한다.
직류 정상상태에서 캐패시터는 개방회로와 같이 동작하고 인덕터는 단락회로와 같이 동작한다
$i(\infty)=0A,\ v(\infty)=12V$

2 **회로 P14.3에서 $t>0$인 경우에 대하여 전류 $i(t)$와 $i_R(t)$를 구하라.**

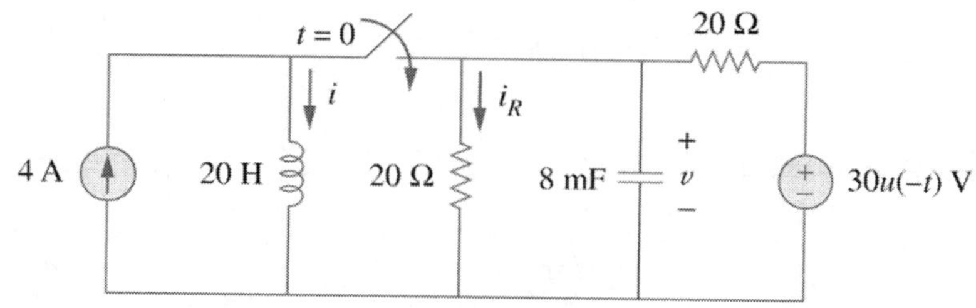

[그림 P14.3]

해답 $t<0$인 경우에 스위치는 off 되어 있었으므로 회로는 두 개 부분으로 나눠져 있었다고 볼 수 있다. 따라서 4A 전류는 인덕터만을 통해서 흐른다. $i(0^-)=4A$.
반면에 $30u(-t)=30$, $t<0$이고 $t>0$인 경우 0이 된다. 따라서 전압원은 $t<0$인 경우만 동작한다. 스위치가 연결되기전 캐패시터는 오랜 시간동안 개방 상태에 있었다고 볼 수 있으므로 캐패시터에 저장된 전압은 분배법칙을 사용하여

$v(0^-)=\frac{20}{20+20}(30)=15V$

이제 $t>0$인 경우 스위치가 닫힌다. 그러면 회로는 병렬 RLC 2계 회로가 된다. 전압원은 $t>0$에서 단락회로가 된다.
따라서 합성 저항 $R=20//20=10\Omega$, $L=20H$, $C=8\text{mF}$가 된다.

$\alpha=\frac{1}{2RC}=\frac{1}{2\times10\times8\times10^{-3}}=6.25$

$w_0=\frac{1}{\sqrt{LC}}=\frac{1}{\sqrt{20\times8\times10^{-3}}}=2.5$

$s_{1,2}=-\alpha\pm\sqrt{\alpha^2-w_0^2}=-6.25\pm\sqrt{39.0625-6.25}=-6.25\pm5.7282$

따라서 $s_1=-11.978,\ s_2=-0.5218$

$\alpha>w_0$이므로 과제동 경우에 해당된다. 따라서 전류는

$i(t)=I_s+A_1e^{-11.978t}+A_2e^{-0.5218t}$ (*)

여기서 $I_s=4A$=최종치. 계수 A_1, A_2를 결정하기 위하여 초기값을 사용한다.

$i(0)=4+A_1+A_2=4 \rightarrow A_1=-A_2$ (**)

식(*)을 t에 대해 미분하여 $t=0$에 대하여 평가하면

$di/dt=-11.978A_1e^{-11.978t}-0.5218A_2e^{-0.5218t}$

$di(0)/dt = -11.978A_1 - 0.5218A_2 = v(0)/L = 15/20 = 0.75(***)$

식(**)을 식(***)에 대입하여 A_2에 대하여 풀면

$0.75 = (11.978 - 0.5218)A_2 \Rightarrow A_2 = 0.0655$

$\therefore A_1 = -A_2 = -0.0655$

따라서

$i(t) = 4 + 0.0655(e^{-0.5218t} - e^{-11.978t})A$

$v(t) = L\frac{di}{dt} =, \ i_R = v(t)/R$

$i_R(t) = \frac{L}{R}\frac{di}{dt} = 0.785e^{-11.978t} - 0.0342e^{-0.5218t}A$

3. RLC 회로의 PSpice 해석

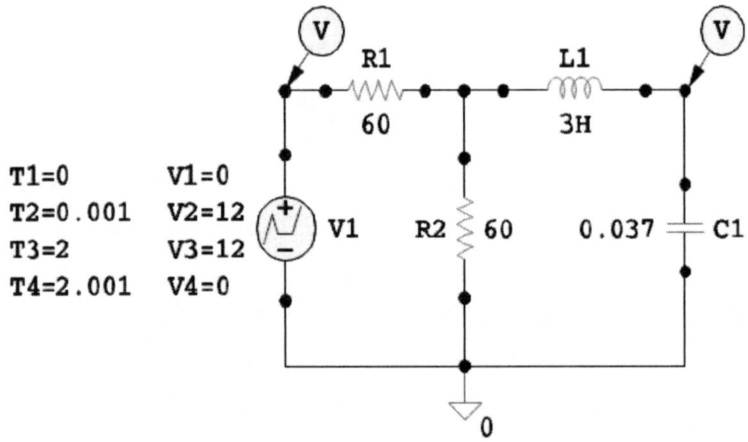

[그림 P14.4]

(i) PSpice 툴을 사용하여 먼저 [그림 P14.4]의 회로도를 그려라

(ii) 아래 주어진 펄스 전원을 인가하여 주어진 시뮬레이션 조건하에서 전압 V를 측정하고 파형을 그려라. (펄스전원은 VPWL 전압원을 사용할 수 있다)

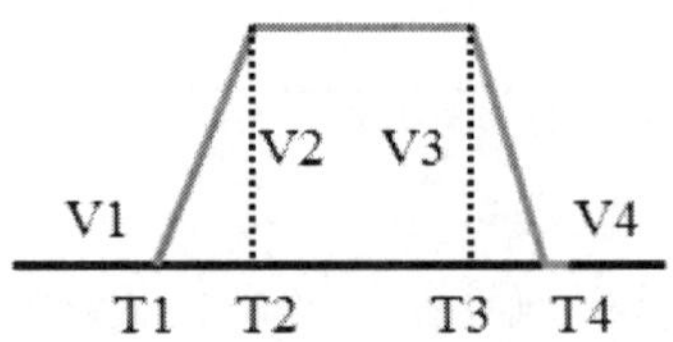

제 14 주

실험절차

2계 과도 응답과 계단 응답

강의 : 30분, 실험 : 2시간, 연장 : 30분

1 실험장비 및 부품

① 함수발생기 1대
② DC 전원장치 1대
③ 오실로스코프 1대
④ 디지털멀티미터 1대
⑤ 가변 저항기(decade resistor box) 1대, 300Ω, 1kΩ, 가변저항 5kΩ 각 1개
⑥ 콘덴서 1개(0.01μF)
⑦ 인덕터 1개(10mH)
⑧ 토글 스위치 1개

2 실험방법

① [그림 14.5]의 2계 직렬 RLC 회로를 구성하고, 입력파형을 1kHz, 10Vp-p의 구형파로 연결한 후, 스위치를 on 시켜 가변저항 $R=1\text{k}\Omega$ 과 $C=0.01\mu\text{F}$, $L=10\text{mH}$ 로 조정하여, L, C, R 양단의 출력을 오실로스코프로 관찰하고 파형을 〈표 14.1〉에 스케치한다. 필요한 경우 구형파의 주파수 나 폭을 조정하라.

② 과제동, 임계 제동, 부족 제동, 무손실 응답의 출력 파형을 얻을 수 있도록 가변 저항 R을 조정해가며 ①의 과정을 반복하여 오실로스코프로 파형을 관찰하고 〈표 14.2〉에 그린다. 과제동, 임계 제동, 부족 제동, 무손실 의 경우 R의 값을 기록한다.

③ ②에서 부족제동의 경우에 대하여 Vs을 구형파 출력에서 정현파로 바꾸고 주파수 $f=$ 1kHz, 전압은 $10\,V_{p-p}$로 맞춘후 C에서 출력 파형을 관찰하고 〈표 14.3〉에 그려라.

3 회로도

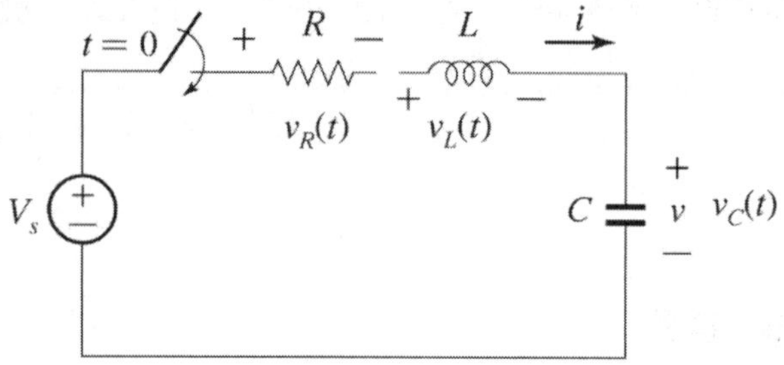

[그림 14.5] 2계 RLC 과도응답회로도

4 측정값

〈표 14.1〉 구형파 인가 전압에 대한 응답

($R=1\text{k}\Omega$, $C=0.01\mu\text{F}$, $L=10\text{mH}$, $f=1\text{kHz}$ 구형파, $V_S=10\,V_{p-p}$)

Volt/Div : (　　)	Time/Div : (　　)
R의 출력 파형	

Volt/Div : (　　)	Time/Div : (　　)
C의 출력 파형	

Volt/Div : (　　)	Time/Div : (　　)
L의 출력 파형	

〈표 14.2〉 정현파 인가 전압에 대한 응답
(가변저항 $R=1\text{k}\Omega$, $C=0.01\mu\text{F}$, $L=10\text{mH}$, $f=1\text{kHz}$ 정현파, $V_S=10V_{p-p}$)

조정된 R의 값 :	Volt/Div : ( )	Time/Div : ( )
과제동출력 파형		
조정된 R의 값 :	Volt/Div : ( )	Time/Div : ( )
임계제동출력 파형		
조정된 R의 값 :	Volt/Div : ( )	Time/Div : ( )
부족 제동 출력 파형		

정상상태에 도달하는데 걸리는 시간 :

〈표 14.3〉 정현파 인가 전압에 대한 자연 응답과 강제 응답
(가변저항 $R = 5\mathrm{k}\Omega$, $C = 0.01\mu\mathrm{F}$, $L = 10\mathrm{mH}$, $f = 1\mathrm{kHz}$ 정현파, $V = 10\,V_{p-p}$)

	Volt/Div : ( ) Time/Div : ( )
자연응답+ 강제응답	

정상상태 도달 시간을 그래프로부터 추정하라.

5 결과분석 및 토의

토의사항

① 초기치가 자연응답과 강제 응답에 미치는 영향을 설명하라.

② 다음 그림을 보고 계단 응답에 대한 회로의 응답(부족제동, 임계제동, 과제동)을 각각 설명해보라

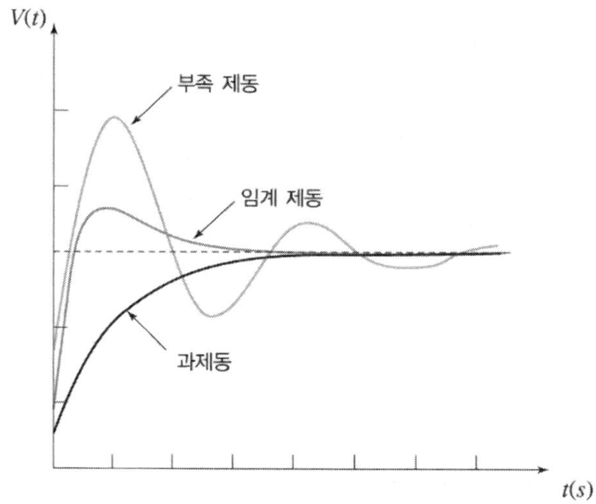

③ 강제 응답, 자연 응답, 완전 응답의 의미를 말하라.

④ 아래 RLC 과도응답 회로를 PSPICE로 모의 실험한 후 결과를 제출하라.

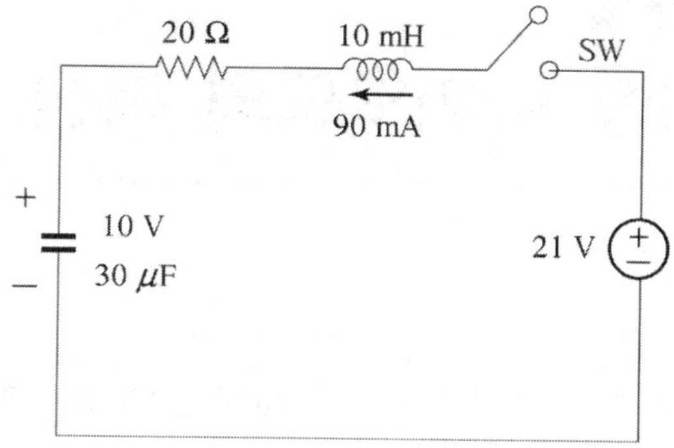

$t=0$에서 SW가 닫힌다. 인덕터의 초기 전류 = 90mA, 캐패시터의 초기 전압 = 10V이다. 캐패시터 전압 $V_c(t)$를 plot하고 $V_c(t)$의 최대치를 찾고 그때의 시간을 찾아라.

제 15 주 이론 접합 다이오드의 특성

학습목표

1 다이오드의 순방향, 역방향 바이어스 전압을 이해하고 다이오드 회로의 해석을 위한 전류-전압 회로 모델링을 수립할 수 있다.

2 또한 다이오드의 전류-전압 특성 곡선 과 규격서에 주어진 여러 다이오드 정격을 이해한다..

1 개요

다이오드는 2단자(애노드와 캐소드)를 갖는 반도체 수동 소자이다([그림 15.1]). 접합 다이오드는 P형 반도체와 N형 반도체를 물리적으로 접합시켜 만든 PN 다이오드이다.

물리적인 접합을 사용해 만들어진 접합 PN 다이오드는 외부 전압이 인가되지 않으면 PN 접합 부분에 전장(electric field) 장벽이 발생하여 전위차가 발생하기 때문에 전류가 흐르지 않는다. 따라서 다이오드 회로를 구성하여 동작시키기 위해서는 적절한 바이어스 전압을 인가해주어야한다. 바이어스는 애노드가 캐소드보다 더 높게 전위를 인가해주면 순방향 바이어스라고 하고, 반대로 캐소드의 전위가 더 높으면 역방향 바이어스라고한다.

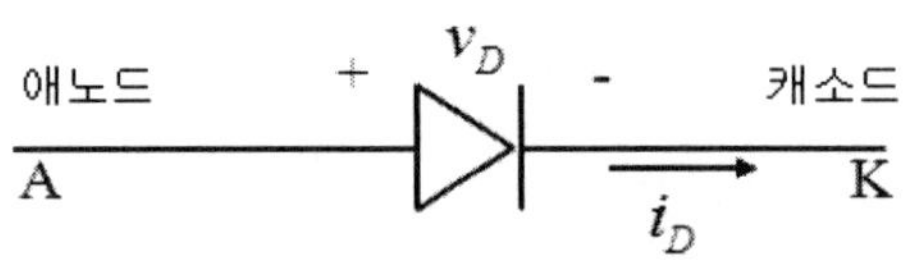

[그림 15.1] 다이오드 회로 기호

다이오드를 만드는 목적과 방법에에 따라 크게 두가지로 분류할 수 있다. 소신호용(small-signal) 다이오드와 전력용(power) 다이오드이다. 일반적으로 전자회로에서는 소신호 다이오드가 주로 사용된다. 검파회로, 정류회로, 스위칭 회로 등에 소신호 다이오드가 사용된다.

2 관련 이론

접합다이오드란 p형 반도체와 n형 반도체를 오옴적인(ohmic) 접합을 통하여 만들어진다고 하였다. 옴 접촉은 외부에 인가되는 전압의 방향에 따라 그 전기적인 특성이 달라진다. 먼저 접합 다이오드의 특성을 간단히 살펴보자.

(1) 접합 다이오드

pn 접합다이오드는 p형의 반도체 물질속에 더 높은 농도의 n형 물질을 도핑시켜서 얻어지거나 n형의 반도체 물질속에 고농도의 p형 물질을 도핑시켜얻어진다.

- 반도체 소자
- 저항률은 도체와 절연체 사이에 존재.
- Ge 원소를 사용하는 diode가 있고
- Si원소를 사용하는 diide가 있고
- 순도 99.99999999%이상 유지.
  순도율이 높은 반도체를 진성 (혹은 순수) 반도체라고 함
  상온에서 도전율이 낮음
- 불순물 첨가 반도체
  P형 반도체 다이오드(3가 원소를 불순물로 첨가 : B, Ga, In)
  N형 반도체 다이오드(5가 원소를 불순물로 첨가 : Sb, P, As)
- 케리어 : 반도체에서 전류를 운반하는 캐리어는 자유전자(free electron)와 정공(Positive hole)이 있다.
  두가지 캐리어 가운데 많이 있는 캐리어를 다수 캐리어라고 함.
  두가지 캐리어 가운데 적게 있는 캐리어는 소수 캐리어라고 함.
  온도가 증가하면 열에너지로 인해 자유 캐리어가 증가되어 도전율이 증가 되어 저항율이 감소함.

다이오드에는 정류 다이오드, 제너 다이오드, 신호 다이오드, 수광 다이오드, 발광 다이오드, 레이져 다이오드 등 그 특성에 따라 응용이 다르다.

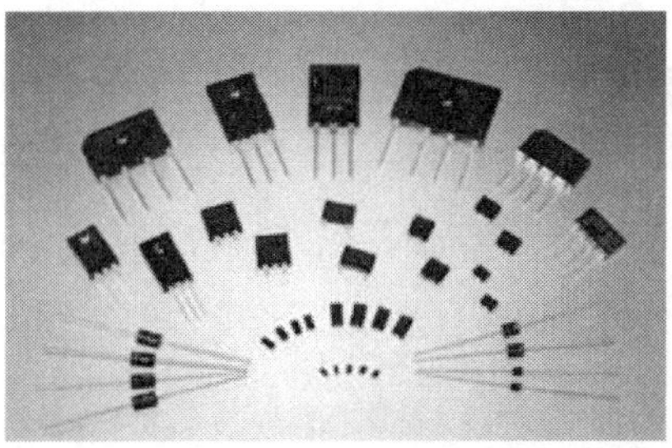

[그림 15.2] 여러 가지 종류의 실제 다이오드 외형

(2) 외부 바이어스를 갖지 않는 PN접합 다이오드

PN 접합다이오드의 장벽부분의 P형 반도체측에 자유 전자(free electron)이 집결되고, N형 반도체 측에 정공(positive hole)이 집결되어 전위차를 발생시켜 이 전위차보다 높은 전압을 인가하기전에는 부도체와같이 동작한다. 이 금지대폭은 소재에따라 실리콘(Si)은 1.1eV, 게르마늄(Ge)은 0.67eV 정도가 나온다([그림 15.3]). 실제 접합다이오드 회로에서 실리콘 다이오드의 경우 문턱 전압은 실온에서(25°) 대략 0.6~0.7V가 되며 정류용 다이오드로 사용된다. 게르마늄인 경우는 0.2~0.3V가 나오며 정전압용 다이오드로 사용된다.

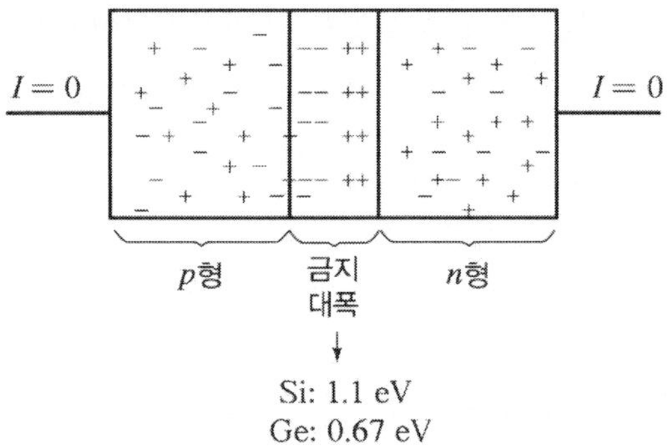

[그림 15.3] 외부 바이어스를 갖지 않는 pn 접합 다이오드

(3) 다이오드 회로 모델링

요구되는 정밀도에 따라서 비교적 큰 전압과 전류에서 소자의 전체적인 동작을 보여주는 대신호 모델과 좀더 세부적으로 작은 전압과 전류의 변화에 대한 다이오드의 동작을 살피는 소신호 모델로 나누어 생각한다. pn 접합에서의 인가 전압의 방향에 따라 순방향 바이어스와 역방향 바이어스 회로를 생각할 수 있다. 순방향의 전류-전압 다이오드 방정식(Shockley equation)은

$$i_D = I_d - I_0 = I_0(e^{qv_D/kT} - 1) = I_0(e^{v_D/nV_T} - 1) \tag{15.1}$$

로 주어지며 역방향의 전류-전압 다이오드 방정식은

$$i_D = I_0 e^{qv_D/kT} = I_0 e^{v_D/nV_T} \tag{15.2}$$

로 주어진다 여기서 $k = 1.381 \times 10 - 23$ J/K 로 볼쯔만 상수라고하며 I_0는 역포화 전류로 매우 작은 값을 갖는다. T와 $n(\approx 1)$)은 각각 물체의 절대 온도와 발률계수를 나타낸다.

열전압(V_T)은 kT/q로 주어진다. 실온에서 이 열전압을 계산하면 대략 $V_T \approx 0.026\,V$.

식(15.1)를 다이오드 전압 v_D에 대하여 풀면

$$v_D \approx n V_T \ln\left[\left(\frac{i_D}{I_0}\right)+1\right] \tag{15.3}$$

그러나 이같은 다이오드 전류-전압 방정식은 비선형적이므로 그대로 회로 해석에 적용하지 않고 다이오드에 인가되는 동작 전압의 크기에 따라 소신호 모델 과 대 신호 모델로 선형화하여 사용된다. 이상적인 다이오드 회로 모델과 오프셋 다이오드 회로 모델은 대신호 회로 모델에 대응하며 구간 선형 다이오드 회로 모델은 소신호 회로 모델에 대응한다.

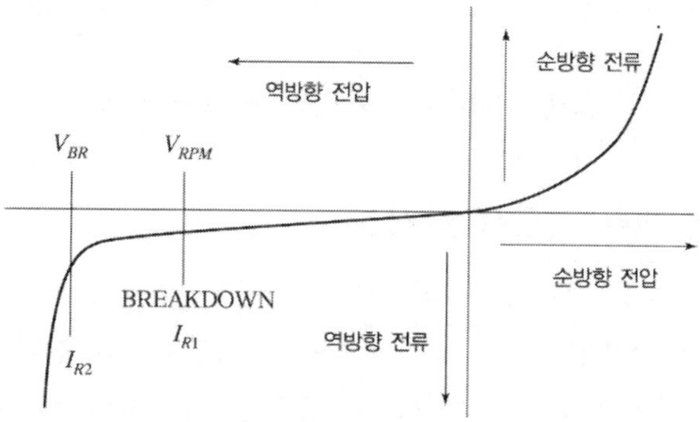

[그림 15.4] 다이오드의 전류-전압 특성 곡선

(4) 이상적인 다이오드의 전류-전압 특성곡선 모델링

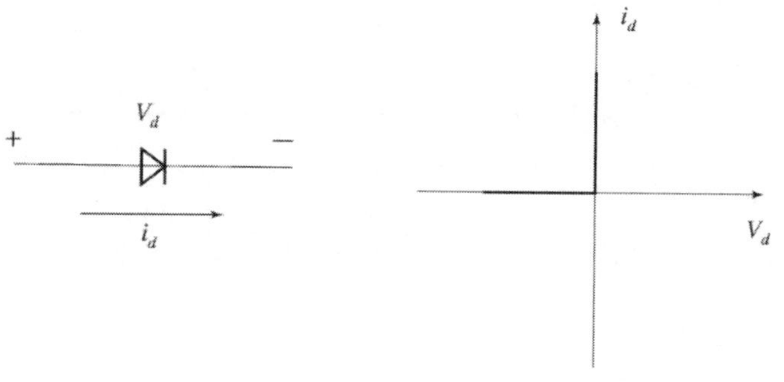

[그림 15.4] 이상적인 on-off 다이오드 모델

바이어스(bias) 전압 : 다이오드의 양단에 인가된 외부 전압

① 순방향 바이어스 : 다이오드의 양극(Anode)이 음극(Cathode)보다 더 높은 전압일 때

② 역방향 바이어스 : 다이오드의 양극이 음극보다 더 낮은 전압일 때

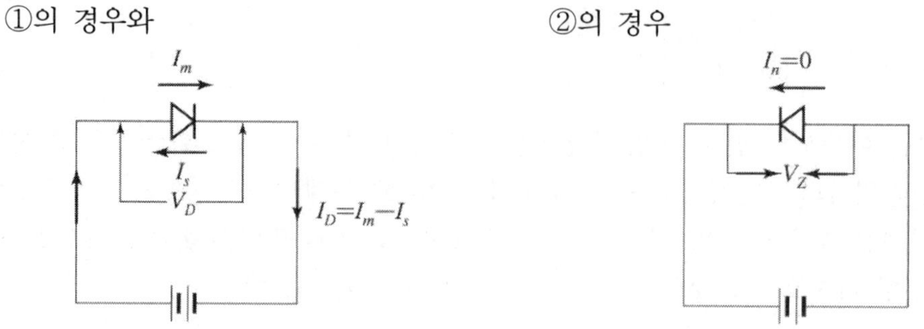

(a) 순방향 바이어스 *pn* 접합 다이오드 회로

(b) 역방향 바이어스 *pn* 접합 다이오드 회로

[그림 15.5] 다이오드의 바이어스 전압

(5) 다이오드의 실제 전류-전압특성 곡선

전형적인 소신호 게르마늄, 실리콘 다이오드의 전류-전압 특성 곡선은 [그림 15.6]과 같다. 역방향 바이어스의 한계 전압(peak inverse voltage : PIV)을 **제너전압**이라고도하며 이이상 역방향 전압이 인가되면 다이오드는 파손된다. 이 영역을 **파손**(breakdown)**영역**이라고한다.

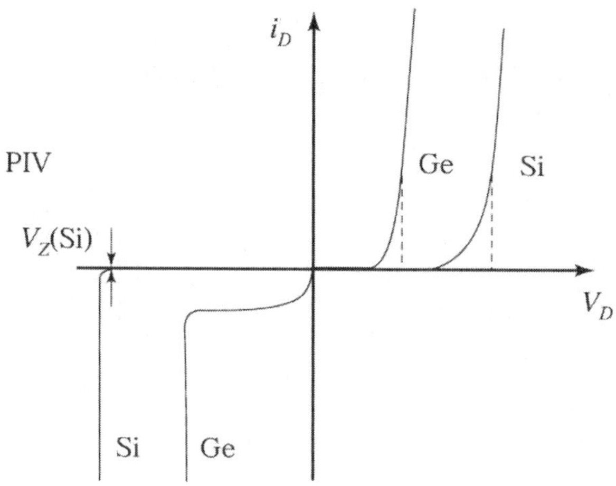

[그림 15.6] 반도체 다이오드의 실제 전류-전압 특성 곡선

(6) 제조 메이커의 반도체 다이오드 정격 이해

① VF.max : 최대 순방향 전압

② IF.max : 최대 순방향 전류

③ IR.max : 최대 역방향 전류

④ PIV, PRV : 역방향 전압정격

⑤ C : 최대 정전용량

⑥ t_{rr} : 역방향 회복시간

⑦ T_{max} : 최대 동작 온도

⑧ PD.max $= V_D \cdot I_D$: 최대전력 혹은 소비정격

〈표 15.1〉 1N461A-1N661 다이오드 데이터 규격표(일부)

부품번호	패케지 번호	V_{RRM} (V)	I_R (nA)	V_R (v)	V_F (V) Min	V_F (V) Max	I_F (mA)	C (pF)	ttr (ns)	시험 조건
1N461A	DO-35	30	500	25		1.0	100			
1N462A	DO-35	70	500	60		1.0	100			
1N463A	DO-35	200	500	175		1.0	100			
1N659	DO-35	60	5000	50		1.0	6.0		300	
1N660	DO-35	120	5000	100		1.0	6.0		300	
1N661	DO-35	240	10000	200		1.0	6.0		300	

(7) 반도체 다이오드의 기호

다이오드의 양(positive), 부(Negative)의 판정

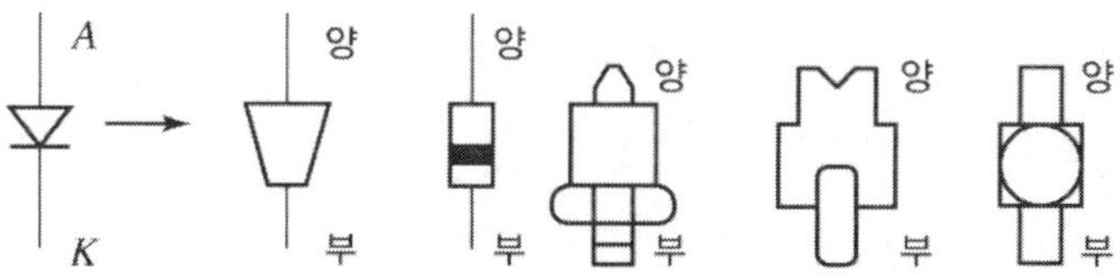

[그림 15.7] 반도체 다이오드의 회로 기호

(8) 다이오드 회로의 모델링

앞에서 설명한 것처럼 다이오드의 전류-전압 특성 곡선은 선형이 아니며 비선형 곡선이다. 비선형 회로 소자에 지금까지 우리가 배워온 회로 해석 방법을 바로 적용시킬 수 없다. 한가지 방법은 다이오드의 비선형 특성 i-v 그래프와 **부하선**(load-line) 해석 방법을 사용하면 기존의 회로 법칙을 적용하여 회로 방정식을 다음과 같이 세울 수 있다.

$$V_{SS} = Ri_D + v_D \tag{15.4}$$

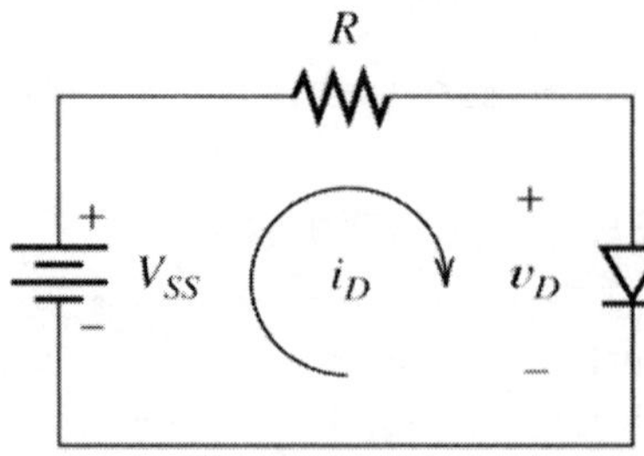

[그림 15.9] 부하선을 위한 다이오드 전류-전압 관계식 회로

여기서 저항 R과 전원 Vss는 알려져 있으며 또한 다이오드의 전류-전압 특성곡선도 주어졌다고 가정한다. 식(15.4)를 부하 곡선(load-line)이라고한다.

[그림 15.10]에서 다이오드 I-v 특성곡선과 부하선이 만나는 점을 회로 바이어스 동작점이라고하고, 점A에서 $v_D = 0$이므로 다이오드는 단락된 것과 같으며, 점 B에서 $i_D = 0$이므로 다이오드는 개방된 것과 같다.

그리고 동작점에서 다이오드에 걸리는 전압과 흐르는 전류를 동작점 전압(V_{DQ}) 과 동작점 전류(I_{DQ})이라고 한다.

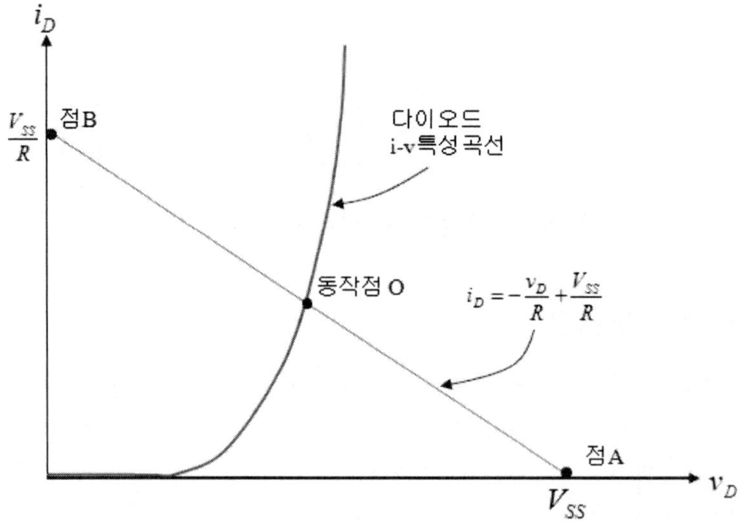

[그림 15.10] 다이오드 회로의 부하선 해석법

① 이상적인 다이오드 모델

다이오드의 비선형 $I-v$ 특성 곡선은 [그림 15.11]과 같이 선형으로 가정하고 순방향 오프셋(offset)전압을 0으로 가정한 경우로서 스위치 기능을 한다.

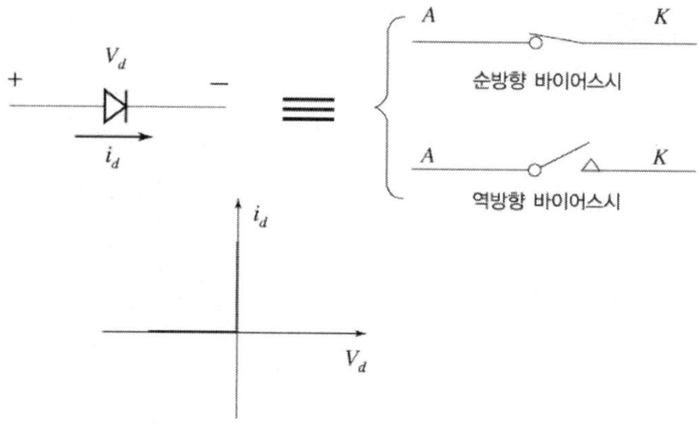

[그림 15.11] 이상적인 다이오드 회로 모델

② 오프셋 전압이 0인 구간 선형 모델링

다이오드의 비선형 I-v 특성 곡선은 [그림 15.12]와 같이 구간 선형으로 가정하고 순방향 오프셋(offset) 전압을 0으로 가정한 경우로서 순방향은 저항 기능을 갖는다.

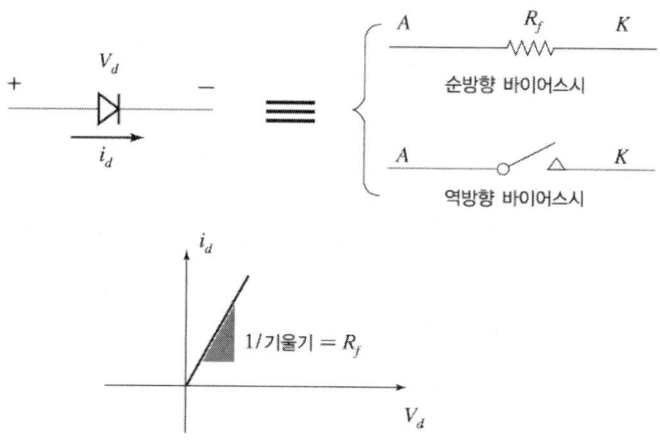

[그림 15.12] 오프셋 전압이 0인 다이오드 회로 모델

③ 오프셋 전압이 있는 구간 선향 모델링

다이오드의 비선형 $i-v$ 특성 곡선은 [그림 15.13]과 같이 구간 선형으로 가정하고 순방향 오프셋(offset) 전압을 0이 아닌 V_b를 갖는 경우로서 순방향은 오프셋전압과 직렬 연결된 저항 기능을 갖는다.

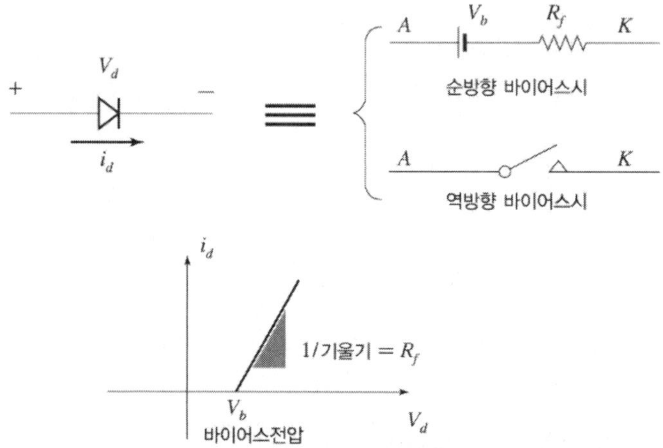

[그림 15.13] 오프셋 전압이 있는 다이오드 회로 모델

연습문제

1. 구간 선형 다이오드 모델을 가정하여 동작점 전류와 전압을 구하라.

① 다이오드 저항 $R_f = 10\Omega$, 오프셋 전압 $V_b = 0\,V$일 때

② 다이오드 저항 $R_f = 10\Omega$, 오프셋 전압 $V_b = 0.6\,V$일 때

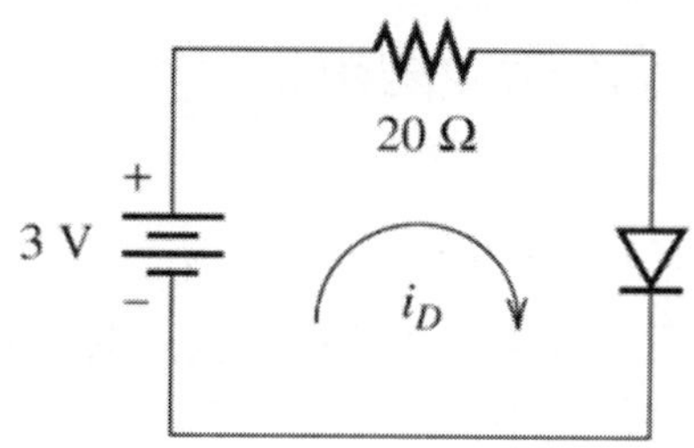

[그림 P15.1] 다이오드 회로

해답 ① 다이오드 저항 $R_f = 10\Omega$, 오프셋 전압 $V_b = 0\,V$일 때

다이오드는 순방향 바이어스 상태에 있으므로 아래와같이 다이오드를 오프셋 전압을 갖는 구간 등가 회로로 바꿀 수 있다.

$$i_D = \frac{3}{(20+10)} = \frac{3}{30} = 100mA,\ v_D = i_D R_f + 0.6 = 100*10[m\,V] + 0.6\,V = 1.6\,V$$

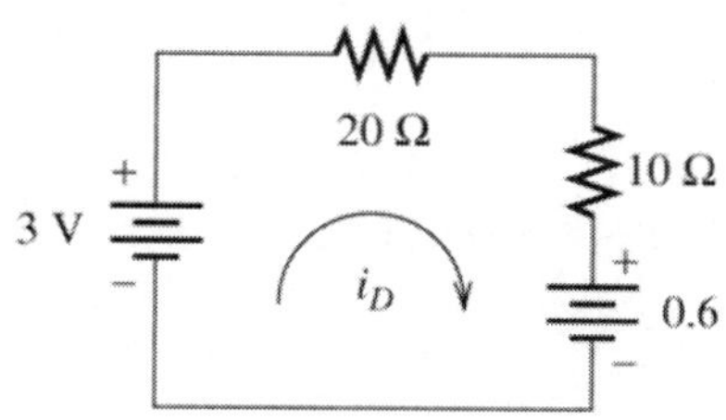

② 다이오드 저항 $R_f = 10\Omega$, 오프셋 전압 $V_b = 0.6\,V$일 때

$$i_D = \frac{3-0.6}{(20+10)} = \frac{2.4}{30} = 80mA,\ v_D = i_D R_f + 0.6 = 80*10[m\,V] + 0.6\,V = 1.4\,V$$

2. ① 부하저항 $R_L = 10\text{k}\Omega$ 과 ② 부하저항 $R_L = 1\text{k}\Omega$ 인 경우 구간 선형 모델을 갖는 다이오드라고 가정하고 다이오드 전압 v_0을 결정하라. 단, 다이오드 순방향 저항 $R_f = 10\Omega$, 역방향 다이오드 저항 $R_r = 12\Omega$, 제너전압 $V_Z = 6.0\,V$, 오프셋 전압 $V_b = 0.6\,V$이라고 가정하라. 역방향 바이어스시 $V_Z = 8.0\,V$에서 흐르는 다이어드 역방향 전류 100mA라고 가정한다.

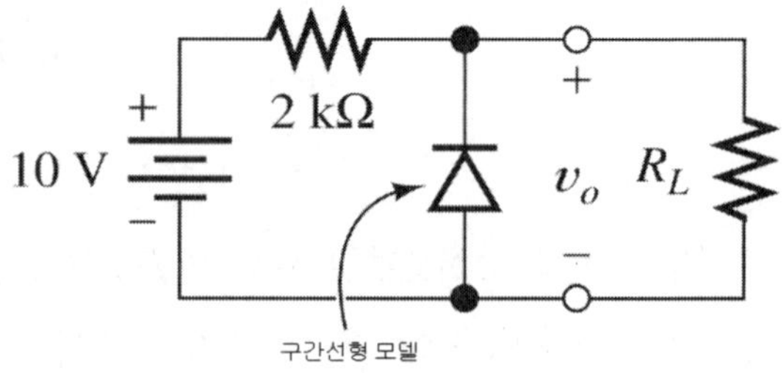

[그림 P15.2] 구간선형 모델 다이오드 회로

해답 ① 부하저항 $R_L = 10\text{k}\Omega$

다이오드 양단에 걸리는 전압은 케소드가 애노드보다 더 positive하므로 다이오드는 역방향 바이어스 상태에 있게된다. 주어진 조건을 적용하여 다이오드를 모델링하면 아래 그림

으로부터 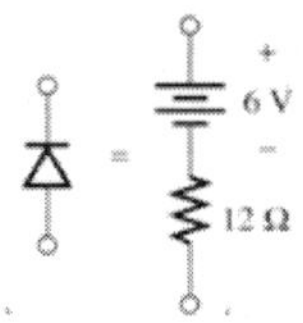 와 같이 대체할 수 있다.

$$V_{R_L} = 10*\frac{10}{(10+2)} = 8.333\,V$$

이 전압이 다이오드 역방향 제너 전압과 같이 작용하므로 대략적으로 8V 제너전압에 대해 100mA 역방향 전류가 흐른다고 하면 12Ω 에 걸리는 전압은 $-12\times100[\text{mV}] = -1.2\text{V}$ 따라서 실제 다이오드 전압 $v_0 = 8.333 - 1.2 = 7.133\,V$

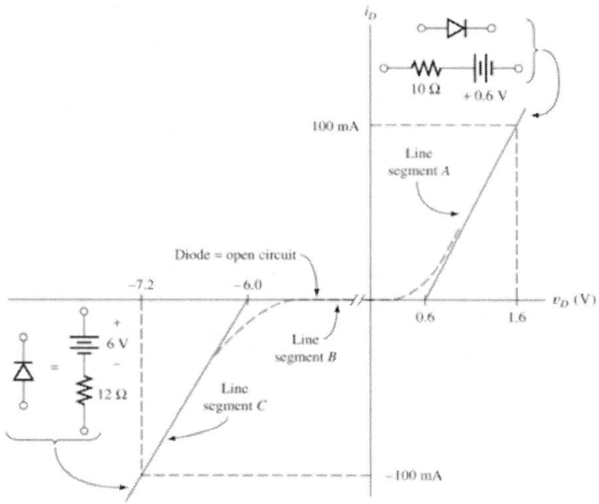

② 부하저항 $R_L = 1k\Omega$

다이오드 양단에 걸리는 전압은 케소드가 애노드보다 더 positive하므로 다이오드는 역방향 바이어스 상태에 있게된다. 주어진 조건을 적용하여 다이오드를 모델링하면 위 그림으로부터 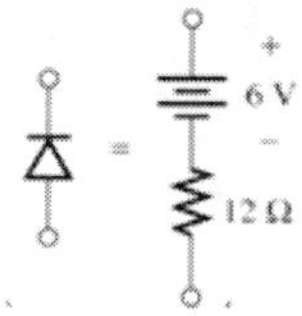

와 같이 대체할 수 있다. 이 경우 부하저항 전압을 구하면

$V_{R_L} = 10 * \dfrac{1}{(1+2)} = 3.333\,V$

이 전압은 다이오드 역방향 제너 전압보다 작으므로 거의 역방향으로 전류가 흐르지 않는다고 가정할 수 있다. 즉, 0mA 역방향 전류가 흐른다고 하면 12Ω에 걸리는 전압은 $-12\times0[\text{mV}]=0\text{V}$

따라서 실제 다이오드 전압 $v_0 = 3.333 - 0 = 3.333\,V$

3. 가상적인 비선형 소자의 전류–전압 특성 곡선이 [그림 P15.3]과 같이 주어졌다면 각 구간별 등가 회로를 구하라.

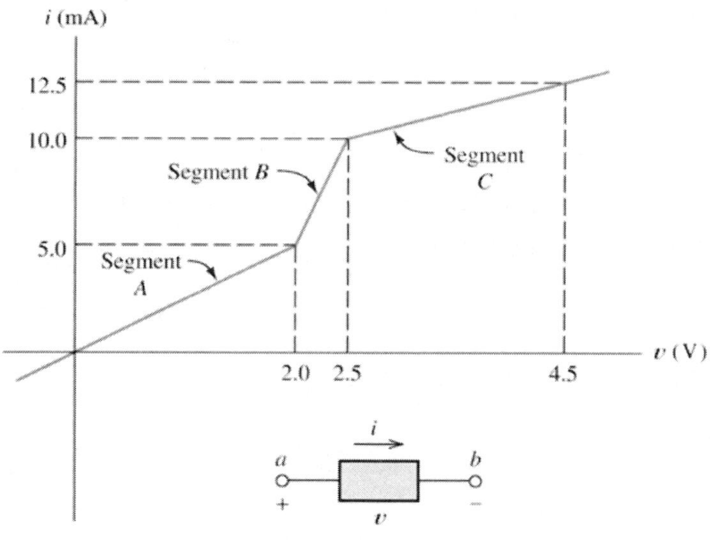

[그림 P15.3] 가상적인 비선형 소자 전류–전압 특성

해답 구간 A (Segment A) : 구간 A의 기울기 $1/R = \dfrac{\Delta I}{\Delta V} = \dfrac{(10.0-5.0)mA}{(2.5-2.0)\,V} \rightarrow R = 400\Omega$

구간 B (Segment B) : 구간 A의 기울기 $1/R = \dfrac{\Delta I}{\Delta V} = \dfrac{(5.0-0)mA}{(2.0-0)\,V} \rightarrow R = 100\Omega$

이 구간의 선형 식은 기울기=1/R, 점(5.0, 2.0)을 지나는 직선식을 먼저 구한다.

$i = \dfrac{1}{100}(v-2.0)+5.0 \rightarrow i=0$인 $v = 2-0.5 = 1.5\,V$

구간 C (Segment C) : 구간 A의 기울기 $1/R=\dfrac{\Delta I}{\Delta V}=\dfrac{(12.5-10.0)mA}{(4.5-2.5)V}\rightarrow R=800\Omega$

이 구간의 선형 식은 기울기=1/R, 점(10.0, 2.5)을 지나는 직선식을 먼저 구한다.

$i=\dfrac{1}{800}(v-2.5)+10.0mA \rightarrow i=0$인 $v=2.5-8.0=5.5V$

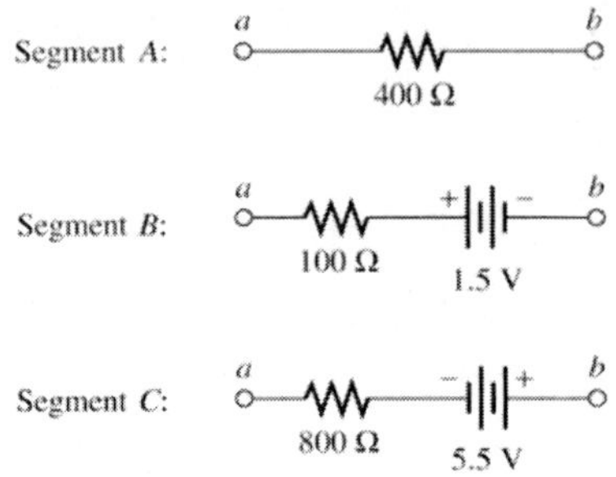

4. 이상적인 다이오드라고 가정하고 1kΩ 에 걸리는 전압을 구하라.

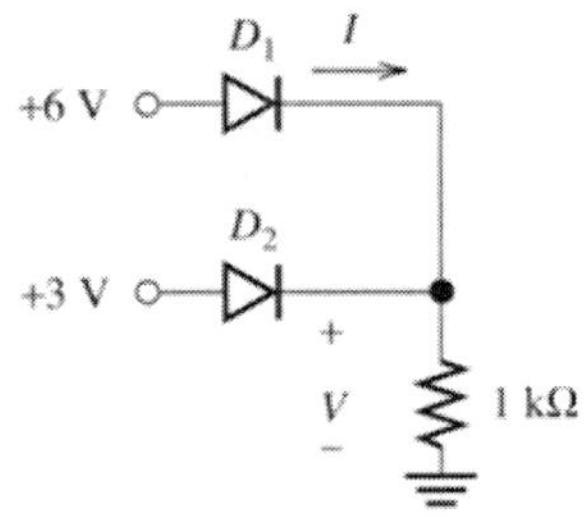

해답 주어진 바이어스 전압 조건하에서 다이오드 D1은 순방향, 다이오드 D2는 역방향이므로 D1은 도통이되고, D2는 개방이 되어 6V가 걸린다.

제 15 주

실험절차

접합 다이오드의 특성

강의 : 30분, 실험 : 2시간, 연장 : 30분

1 실험장비 및 부품

① 가변 직류전원 공급장치 1대
② 디지털 멀티 미터 1대
③ 저항 2W 250Ω , 220Ω, 470Ω
④ 반도체 : 1N 4154(Si diode), 1N 462A(Si diode), 1N 35(Ge diode), 1N 279(Ge diode)
⑤ 기타 ON/ OFF 스위치

2 실험방법

〈실험1〉 다이오드의 바이어스

① 우선 Si 다이오드가 주어지면 멀티미터의 저항계를 사용하여 anode와 cathode단자를 확인하여라.

② [그림 15.14] 회로도를 결선하라. 다이오드는 순방향 바이어스로 되어있다. 여기에서 V는 직류전압을 측정하기 위한 볼트미터이고, M은 다이오드에 흐르는 전류를 측정하기 위한 암미터이다. 250Ω 저항은 실험 중 실수로 인하여 다이오드에 과전류가 흐르게 되는 것을 방지하기 위한 전류 제한 보호 저항이다.

③ 다이오드의 양단 전압 V_{AK}가 0.65V가 되도록 가변 직류전원장치 V_{AA}의 출력전압을 조정하고, 이 때 다이오드에 흐르는 전류를 측정하여 〈표 15.1〉에 기입하여라.

④ 이 회로에 있는 다이오드의 방향을 바꾸어라. 이 경우 다이오드는 역방향 바이어스가 된다.

⑤ 다이오드 양단의 전압 V_{AK}가 1.5V가 되도록 가변 전원 V_{AA}를 재조정하고, 이 때 다이오드에 흐르는 전류를 측정하여 〈표 15.1〉에 기록하여라.

⑥ Ohm의 법칙에 의하여 순방향 바이어스 및 역방향 바이어스시의 다이오드 저항을 계산하여 〈표 15.1〉에 기록하여라.

⑦ 주어진 실험 측정값으로부터 다이오드의 전류-전압 특선 곡선을 그래프로 가능한 정확하게 그려라.

〈실험2〉 전압 전류 특성

① [그림 15.14] 회로도에서 다시 순방향 바이어스가 되도록 다이오드의 방향을 바꾸어라.

② 다이오드의 양단의 전압이 0V가 되도록 dc전원 V_{AA}을 재조정하고, 이 때 전류가 흐르면 측정하여 〈표 15.2〉에 기록하여라.

③ 〈표 15.2〉와 같이 V_{AK} 전압을 0.1V씩 증가 시킬 때 각각의 전압에 따른 전류를 측정하여 〈표 15.2〉에 기록하여라. 다이오드의 순방향 저항치를 계산하여라.

④ 다시 회로의 다이오드 방향을 바꾸어서 역방향 바이어스가 되도록 하여라.

⑤ V_{AK}를 0V - 25V까지 5V씩 증가 시킬 때 이에 따른 전류를 측정하여 〈표 15.2〉에 기록하여라

⑥ 순방향 바이어스 및 역방향 바이어스에 대한 전압, 전류관계를 나타내는 그래프를 방안지에 도시하여라.

⑦ Ge 다이오드에 대해서 위의 과정을 반복하라.

⑧ 주어진 실험 측정값으로부터 다이오드의 전류-전압 특선 곡선을 그래프로 가능한 정확하게 그려라.

3 회로도

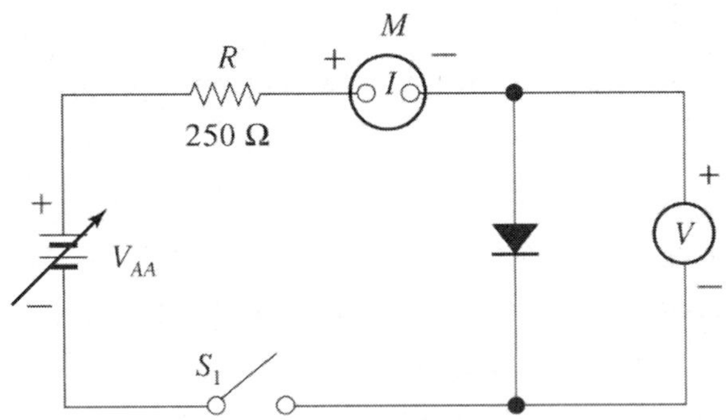

[그림 15.14] 실험 회로도

4 측정값

〈표 15.1〉

바이어스	V_{AK}[V]	I[mA]	R(diode) [Ω]
순방향 바이어스	0.65		
역방향 바이어스	1.5		

〈표 15.2〉

순방향바이어스			역방향바이어스		
V_{AK}	I[mA]	R[Ω]	V_{AK}	I[mA]	R[Ω]
0			0		
0.1			−5		
0.2			−10		
0.3			−15		
0.4			−20		
0.5			−25		
0.55					
0.6					
0.65					
0.7					
0.75					

• 다이오드 전류-전압 특성 곡선 그래프

5 결과분석 및 고찰

토의사항

① Ge, Si 접합다이오드가 도통되기 위한 조건은 무엇인가? 〈표 15.1〉, 〈표 15.2〉의 측정치를 참고로 하여 설명하여라.

② 다이오드 회로의 3가지 이상적인 모델과 구간 선형 모델링 방법에 대한 등가회로를 그려라.

③ 바이어스 전압이란 무엇인가?

④ 1N4154(Si 다이오드)에 대한 데이터 정격 규격(제너전압, 차단 전압, 최대, 최소 전류, 소모 정격 전력, 역방향 저항과 순방향 저항값을 찾아보라.

제 16 주 이론 광전소자의 특성

학습목표

1. 수광 다이오드, 발광 다이오드, 포토 커플러 및 7-segment 숫자 표시 다이오드 어레이의 특성을 이해한다.
2. 광 다이오드 회로의 바이어스 방법, 숫자 표시, 광전 신호 전달 메카니즘을 실험적으로 확인한다.

1 개요

접합다이오드외에도 빛을 내는 발광 다이오드와 레이져 다이오드가 있고 이는 전기적인 신호를 빛으로 변환시키는 전광 소자이다. 반대로 빛을 받아서 전기적인 신호로 변환시켜주는 수광소자가 있는데 여기는 포토 트랜지스터, 포토 다이오드가 여기에 속한다.

이밖에도 광 방사를 수집하여 전기적인 에너지로 변환시키는 태양전지, 광전압 소자 등이 있다.

여러개의 다이오드를 어레이 형태로 배열해 만든 바그래프 다이오드, 7-세그먼트 LED, 매트릭스 형태로 여러개의 다이오드를 집적시켜 만든 스타버스트(starburst) 다이오드가 있다.

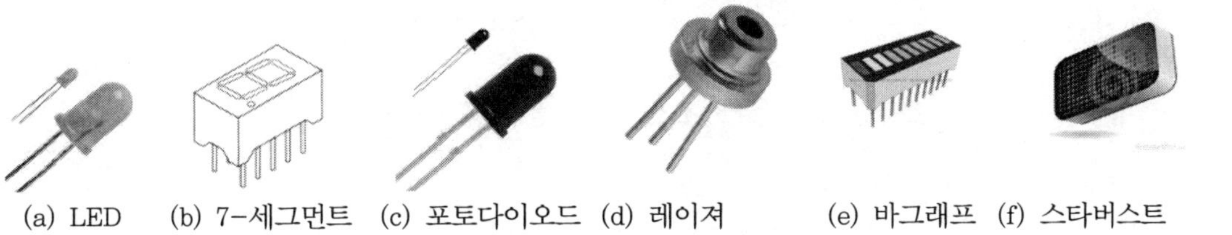

(a) LED (b) 7-세그먼트 LED (c) 포토다이오드 (d) 레이져 다이오드 (e) 바그래프 (f) 스타버스트 다이오드 어레이

[그림 16.1] 여러 종류의 광 소자

2 관련이론

광소자는 광자(photon)를 케리어로 사용하는 소자이다. 다음의 3가지 유형으로 구분할 수 있다. 이들 소자는 빛의 신호를 전기적 신호나 전기적 신호를 빛의 신호로 변환하는 장치이기도하다.

① 전기적 에너지를 광방사로 변환하는 소자
(예를들면 LED, Laser Diode 등)
② 전기적 과정을 통하여 광신호를 검출하는 소자
(예를들면 광검출기 (photo detector) 등)
③ 광방사를 전기적인 에너지로 변환하는 소자
(예를들면 광기전력 소자(photo voltaic device), 태양 전지 (태양에너지) 등)

이들 다이오드는 광전 효과라 불리는 물리적 현상을 통해 설명할 수 있다. 광전효과란 빛의 흡수에 의해 생기는 여러 현상 가운데 물질의 전기적인 변화를 초래하는 현상을 말한다.

(1) 수광소자

❐ 광 다이오드(photodiode)

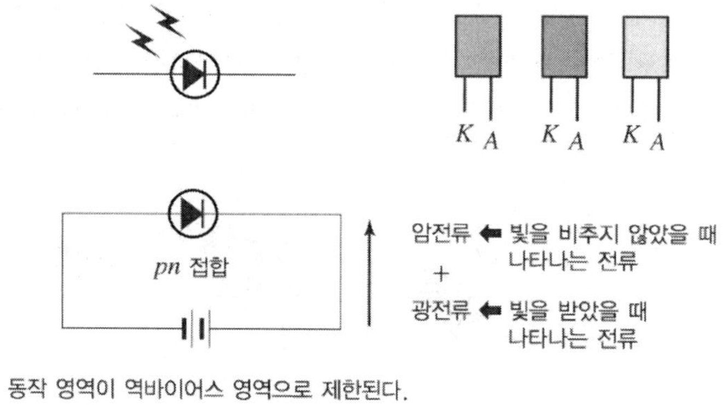

[그림 16.2] 광다이오드의 암전류와 광전류

수광 다이오드는 동작 영역이 역 바이어스 영역으로 제한되는 반도체 pn 접합소자이다. I-V 특성 곡선에서 V=0인 되는 단락 회로시의 전류를 광 전류(I_p)라고하고, I=0이 되는 개방회로시의 전압을 광 전압 V_p(Photovoltaic)이라고한다. 수광 다이오드는 바이어스에 따라 3가지 동작 상태를 나타낸다. 부하선 L_1은 순방향 바이어스하에서 일반 다이오드 동작(i-v 곡선의 1상한 영역)을 나타낸다. 부하선 L_2는 태양전지로서의 광 다이오드 동작(i-v 곡선의 4상한 영역)을 나타낸다. 마지막으로 부하선 L_3는 광 센서로서의 다이오드 동작(i-v 곡선의 3상한 영역)을 나타낸다. 역방향 바이어스하에서 다이오드에 흐르는 전류는 빛의 세기에 의해 결정된다.

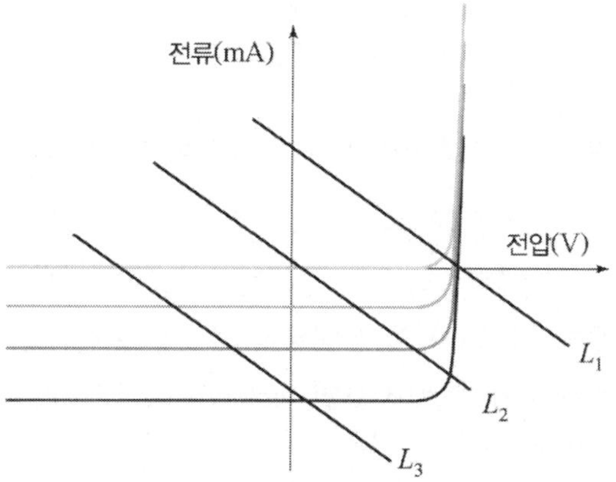

[그림 16.3] 광 다이오드 전류-전압 특성 곡선

• **광다이오드의 기본회로 및 등가회로**

수광 다이오드 회로의 바이어스는 역바이어스이어야하며 부하 저항이 변해도 출력 전압 V_{out}은 크게 변하지 않는 특성을 갖는다. 특성 곡선에서 Ei는 조도를 나타낸다. 수광다이오드에서 입사 광선에 의해 유기된 전류 값은 매우 미약하므로 직접 사용되지 못하고 증폭되어야한다.

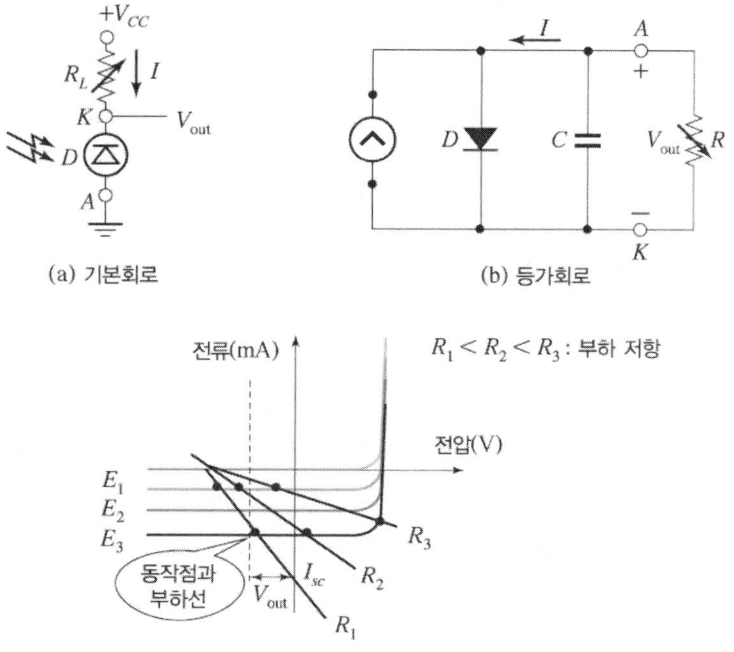

[그림 16.4] 광다이오드 기본 회로의 바이어스와 특성 곡선들

[그림 16.4(a)]회로부터 $V_{out} < V_{CC}$인 조건에서 역방향 바이어스 상태가 된다. 이상태에서 수광 다이오드는 선형 응답을 갖는다. 즉,

$$V_{out} = V_{CC} - IR \rightarrow I = -\frac{V_{out}}{R} + \frac{V_{CC}}{R} \tag{16.1}$$

부하저항의 값과 입사 광의 광도(E_i)에 따라 동작점이 결정된다.

❒ 광 트랜지스터

PN접합의 입사광에 의한 광전류를 이용한 것이다. 포토 트랜지스터의 파장감도 특성이 가시광선의 범위보다 적외선 영역으로 퍼져 있기 때문에 적외선 통신, 적외선 검출기, 적외선 경보기 등에 이용된다. 원리적으로는 등가 회로에 보인 바와 같이 포토다이오드와 증폭용 NPN트랜지스터를 결합 구성한 것으로 볼 수 있다.

입사 광량에 따라 포토트랜지스터는 on/off와 같은 동작을 한다. 따라서 부하선 회로 방정식은

$$V_{out} = V_{cc} - I_C R \ @E_k \tag{16.2}$$

광 트랜지스터의 광전류 IC는

$$I_C = I_P \times h_{fe} \tag{16.3}$$

여기서 I_P는 포토다이오드 광전류, h_{fe}는 트랜지스터의 전류 증폭률을 나타낸다.

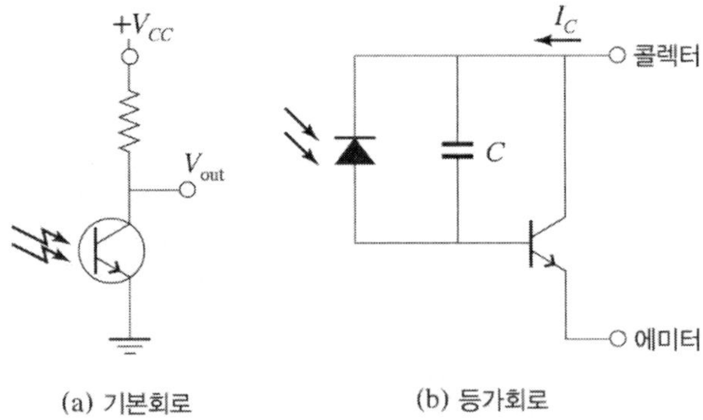

[그림 16.5] 광 트랜지스터의 기본 회로와 등가 회로

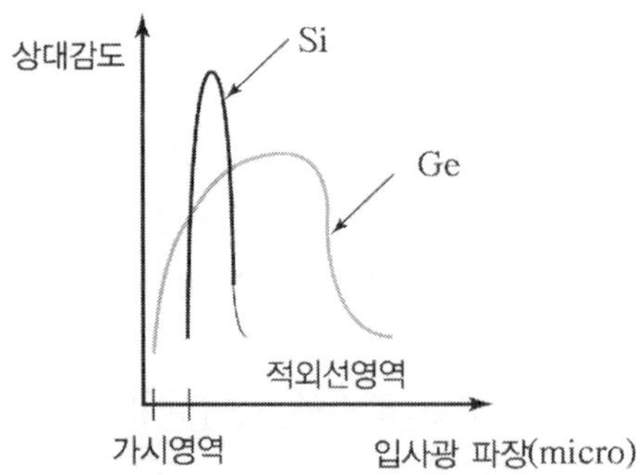

[그림 16.6] 반도체 광 다이오드의 광 감도

(2) 발광소자

온도(열) 방사가 아닌 빛의 방사를 루미네센스 (Luminescence)라고 하며 전계에 의해 생기는 발광 현상을 전계루미네센스라고 한다. 발광 다이오드는 순방향 바이어스시에 전류가 흐르며, 역방향 바이어스시에는 전류가 흐르지 않는다.

❐ 포토 트랜지스터(Photo Transistor)

포토트랜지스터는 활성 모드와 스위치 모드의 두가지 동작 모드를 갖는다. 부하 저항 R_L의 값을 적절히 조절함으로써 두 동작 모드를 얻을 수 있다. 즉,

$$\text{활성모드(Active Mode)}: V_{out} > I_C R_L$$
$$\text{스위치 모드(Switch Mode)}: V_{out} < I_C R_L$$

[그림 16.7(a)]와 [그림 16.7(b)] 회로로부터 활성 영역에서의 회로 동작점은 부하선을 사용하여 얻어진다.

$$I_C R_L + V_{CE} = V_{CC} \rightarrow I_C = -V_{CE}/R_L + V_{CC}/R_L \tag{16.4}$$

여기서 기본회로의 구성에 따라 공통 에미터 회로와 공통 컬렉터 회로로 나눌 수 있으며 여기에 따라 부하저항 R_L은 R_C 혹은 R_E로 볼 수 있다.

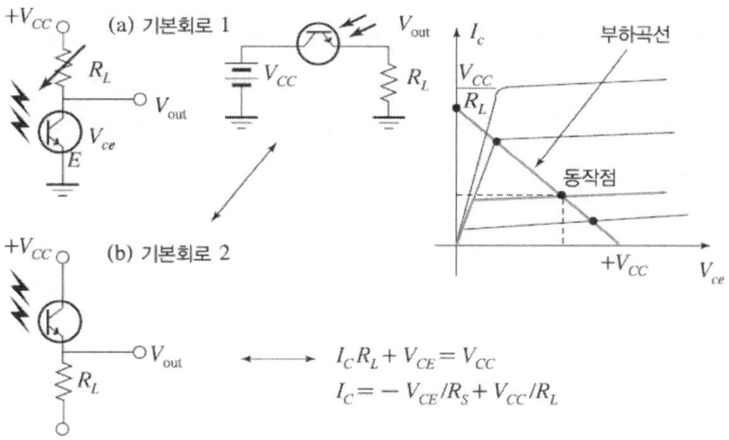

[그림 16.7] 광 트랜지스터 회로의 부하선과 동작점 결정

❐ 발광 다이오드(LED)

PN 정합 다이오드에 순방향 전류를 흘려 그 재료에 특유한 파장의 빛을 얻는 것을 발광다이오드(Light Emitting Diode : LED)라 한다. LED는 2V와 20mA의 저전압, 저전류에서 동작한다. 또한 LED는 전압구동소자가 아니라 전류 구동소자이다. 광 다이오드의 순방향 오프셋 전압은 접합 다이오드에 비해 매우 큰 편이다. 적, 녹 LED 다이오드의 경우 순방향 전류 $I_f = 20mA$에

서 대략 $V_b = 2V$, 청, 백 LED 다이오드의 경우 대략 $V_b \approx 4V$까지 간다.

물리적인 LED 다이오드의 lead는 애노드가 캐소드보다 길게 만들어진다.

발광하는 광의 강도는 전류에 비례한다. LED의 방출 스펙트럼(spectrum)은 비교적 좋고 10nsec 의 정도의 스위칭 속도가 가능하다. 방출하는 파장은

$$\lambda = \frac{he}{Eg} = \frac{1.24}{Eg}[\mu m]$$

여기서 Eg = 에너지대의 bandgap에너지(ev)

예제

GaPs의 방출 파장은 8900Å 일 때 bandgap 에너지는 얼마인가?

해답 $8900 \times 10^{-10} m = \frac{1.24}{Eg} \times 10^{-6} m$

$$\therefore Eg = \frac{1.24 \times 10^{-6}}{8900 \times 10^{-10}} = \frac{1.24}{8900} \times 10^4$$

$$= \frac{1.24}{0.89} = 1.4ev$$

인간 눈의 시감도(Luminous efficiecy)는 4000~9000 Å범위로 대략 400nm~720nm의 파장을 갖는 사람 눈은 녹색과 황색에 높은 민감도를 보인다.

GaAs의 LED는 900nm 전류의 peak 발광 파장과 양자 효율을 갖는다. 적외선 발광, 고속 switch(1~10nsec) 속도, 포토 커플러(photo coupler)로서도 응용된다. GaP의 LED은 적색(700mm) 혹은 녹색(570mm) 광을 방출하며 상용 적색 LED 는 GaAsP 소자로 만들어진다.

• **LED의 구동회로**

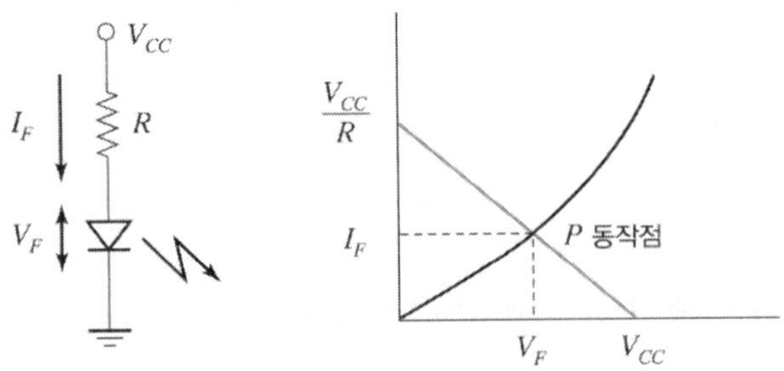

[그림 16.8] LED 기본 회로와 동작점 결정

예제

LED 회로의 동작점 결정

$R = 150\Omega,\ V_{cc} = +5\,V$ 라고하자.

$$I_F = \frac{V_{CC} - V_F}{R} = \frac{5\,V - 2\,V}{150} = 20mA\#$$

* $V_F = 1.5\,V$ $2.5\,V$ 사이→$2.0\,V$를 근사치로 잡음

[주의] LED는 "낮은 역방향 정압정격"을 갖는다. 한 예로써 TLR114A의 LED는 4V의 최대 역전압 정격을 가지므로 역방향으로 4V 이상의 전압을 가하지 않도록 주의해야 한다.

❒ 발광표시소자

숫자나 영문 알파벳을 표시하기 위한 다이오드 배열에는 7-segment와 5×7 배열 표시기등 다양하다. 노트북 화면 표시용으로 사용되는 TFT(Thin Film Transistor)도 일종의 대형 발광 표시소자이다.

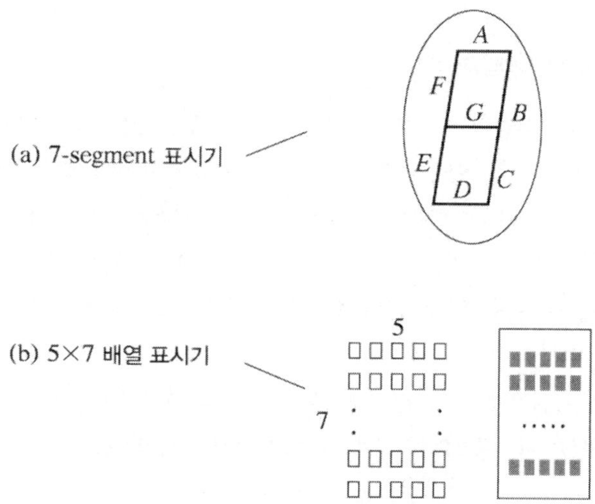

[그림 16.9] 다이오드 배열 표시기

특히 7-세그먼트 표시소자에는 common 애노드 유형과 common 캐소드 유형 두가지가 있으며 유형에 따라 바이어스 극성이 달라진다([그림 16.10]).

[그림 16.10(a)]는 공통 단자가 캐소드로 되어 있으므로 common 캐소드 유형에 해당되며, [그림 16.10(b)]는 공통단자가 애노드로 되어 있으므로 common 애노드 유형에 해당된다.

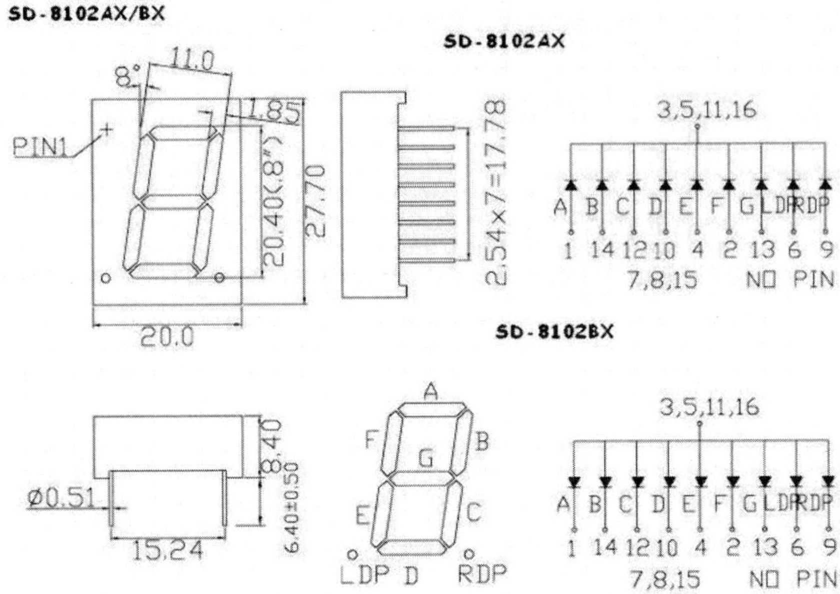

[그림 16.10] 두가지 유형의 단일 디지트 7-세그먼트 외형과 회로도

(3) 포토 커플러(photo coupler)

발광소자와 수광소자를 조합해서 하나의 소자를 구성한 것을 포토 카플러라고한다. 입출력사이는 전기적으로 절연되었으며 빛에 의해서 신호가 전달된다. 이 같은 포토 카플러의 응용중의 하나는 광 절단기(opto-isolator)이다. 포토커플러에 사용되는 발광소자는 적외선 발광 효율이 높은 "갈륨비소(GaAs)"가 사용되며, 고속을 요하는 GaAlAs, GaAsP등이 사용된다. 수광 소자는 파장특성이 발광파장에 대하여 잘 매칭하는 "실리콘(Si)" 포토 트랜지스터 및 포토 다이오드가 사용된다.

포토 커플러는 이같은 입출력간의 전기적 절연 특성때문에 전위나 임피던스가 다른 회로사이의 신호전달용으로 사무기기, 통신기기, 가정용 가전제품등의 전자기기에 광범위하게 응용되고 있다

포토 커플러에 사용되는 포토 트랜지스터는 컬렉터와 베이스간 접합면적이 넓고 전류 증폭율이 높기 때문에 컬렉터와 베이스간 접합용량도 크게 된다. 따라서 포토 커플러의 하강/상승 응답 속도는 t_f/t_r 시간이 가장 길어진다. 이 특성은 근사적으로 다음과 같이 계산되어 진다

$$t_f = 2.2 \times C_{CB} \times h_{fe} \times R_L \tag{16.5}$$

내부구성

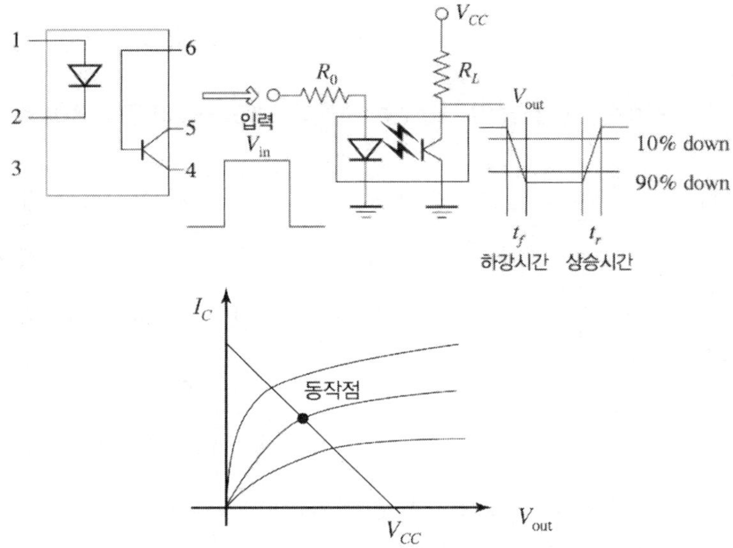

Transistor의 전류-전압 특성

[그림 16.11] 포토 카플러 회로의 동작

부하 곡선은 $V_{out} = V_{CC} - I_C R_L$이 된다.

포토커플러 응용회로 설계에 있어서 중요한 항목은 회로가 동작되는 조건하에서 CTR(Current Transfer Ratio)의 값을 적정 수준 이상으로 유지되도록 설계되어야 한다. 가령 온도 변화에 대해 -20% 정도가 변하고, 수명에 따른 열화가 20% 감소하고, 마진(margin) 폭을 대략 20%으로 잡는다면 최종 CTR 값은 100%을 기준으로 처음에 잡았을 때 그 감소량은 $CTR_{min} = 100(\%) \times (0.8)(0.8)(0.8) = 51.2\%$ 로 떨어진다. 따라서 이같은 CTR값에 대해서도 회로가 동작되도록 설계되어야한다.

포토트랜지스터 포화(saturation) 조건 : $I_F \geq \dfrac{I_{C_{max}}}{CTR_{min}}$, $V_{CE_{sat}} \approx 0.4\,V$

연습문제

1. [그림 P16.1]의 회로에 대한 출력 V_{out}을 구하라. 회로는 어떤 논리회로 동작을 하는가?

V_1	V_2	V_{out}
0V	0V	
0V	5V	
5V	0V	
5V	5V	

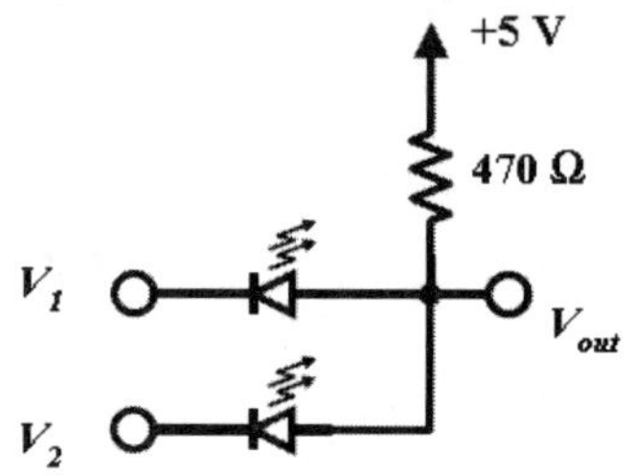

[그림 P16.1] 발광소자를 사용한 논리회로

해답 입력 전압 V_1, V_2중 어느 하나 이상 0V가 인가되면 다이오드는 단락이 되어 V_{out}은 0V가 된다. 따라서 진리치 표로부터 이 회로의 기능은 2-Input AND 게이트 회로의 기능을 한다.

V_1	V_2	V_{out}
0V	0V	0V
0V	5V	0V
5V	0V	0V
5V	5V	5V

2. [그림 P16.2]의 다이오드 저항 직렬회로에서 순방향 전류 $I_R = I_F$를 10mA이하가 되도록 제한하도록 직렬 저항의 값을 구하라. 발광다이오드는 순방향 전압 강하가 대략 2V이며, $V_s = 5\,V$로 주어졌다.

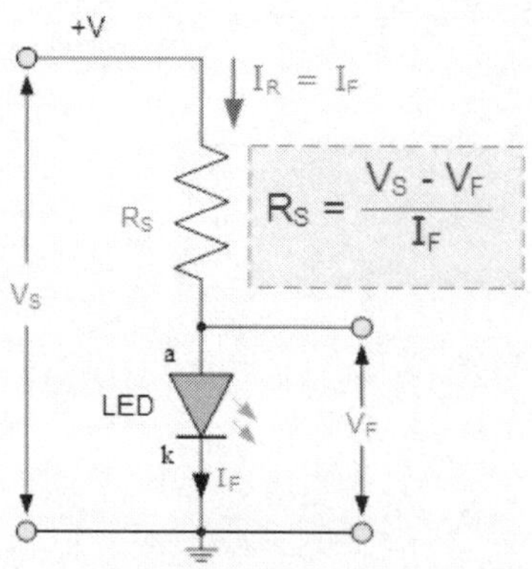

[그림 P16.2]

해답 $R_S = \frac{V_s - V_F}{I_F} = \frac{5-2}{10m} = 300\Omega$

3. [그림 P16.3]을 $V_{A_3} \geq 3.5\,V$이면 외부 입사 광도(light intensity)가 충분히 크다고 보고 스위치를 끄고 $V_{A_3} \leq 0.5\,V$이면 외부 입사 광도가 충분히 작다고 보고 스위치를 켜는 작용하도록 설계하려고 한다. 스위치의 on/off 전류를 구하라.

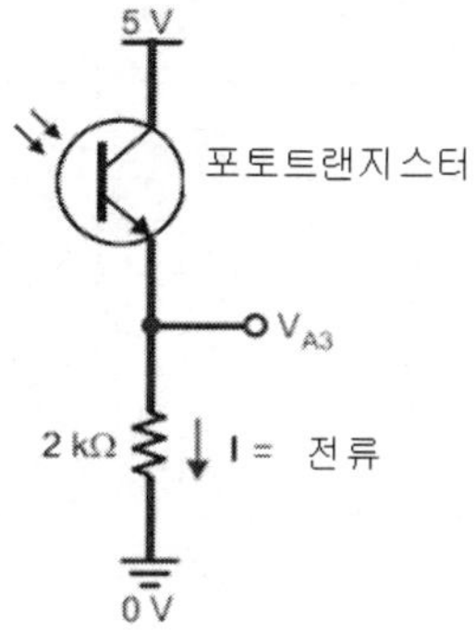

[그림 P16.3]

해답 스위치 OFF : $V_{A_3} = I*2k \geq 3.5\,V \rightarrow I \geq \frac{3.5\,V}{2K} = 1.75mA$

스위치 ON : $V_{A_3} = I*2k \leq 0.5\,V \rightarrow I \leq \frac{0.5\,V}{2K} = 0.25mA$

4. 포토커플러 제작업체의 4N26 데이터 시트로부터 다음을 찾아 완성하라. 반드시 제작업체를 명시해야한다.

파라미터	기호	정격(typical)	단위
입력 전력 소모(@25^0C)	P_D		
출력 에미터-컬렉터 전압	V_{EC}		
절연전압	V_{ISO}		
입력단 역전압	V_R		
입력단 캐패시턴스	C_{in}		
상승 응답시간	t_r		
하강 응답시간	t_f		
컬렉터-에미터 캐패시턴스	C_{CE}		
DC전류 증폭률	h_{fe}		

해답

파라미터	기호	정격	단위
입력 전력 소모(@25^0C)	P_D	70	mW
출력 에미터-컬렉터 전압	V_{EC}	7	V
절연전압	V_{ISO}	1500	V_{rms}
입력단 역전압	V_R	6	V
입력단 캐패시턴스	C_{in}	30	pF
상승 응답시간	t_r	3	uS
하강 응답시간	t_f	3	uS
컬렉터-에미터 캐패시턴스	C_{CE}	8	pF
전류 증폭률	h_{fe}	500	

제 **16** 주

실험절차

광소자의 특성

강의 : 30분, 실험 : 2시간, 연장 : 30분

1 실험장비 및 부품

① 가변 직류전원 공급장치 1대
② 디지털 멀티 미터 1대
③ 저항 1/2W 250 , 1/2W 100Ω, 1/4W 1kΩ
④ 반도체 : 1N 914(소신호용 다이오드), 4N 26(포토커플러), TIL312(7-세그먼트 표시기, 공통 애노드 유형)
⑤ 7-세그먼트 표시기 1개, 납, 인두, 만능 PCB기판

2 실험방법

(1) 7-세그먼트 표시기

① [그림 16.12]을 만능기판에 결선하라. 이 실험에 사용되는 7-세그먼트 표시소자에 대한 핀 표현은 [그림 16.13]에 표시하였다. 이 표시소자는 좌측소수점(LDP)과 우측소수점(RDP)를 포함하고 있다.
② [그림 16.14]은 TIL 312에 대한 내부 회로도를 보여주고 있다. 1번, 10번, 13번 핀을 접지하라. 만일 이 회로가 올바르게 동작한다면 7이란 숫자가 표시될 것이다.
③ 1, 10, 13번 핀을 접지에서 떼어내라.
④ [그림 16.12]을 참조하여 표시기가 십진수 0을 나타내기 위해서는 어느 핀이 접지 되어야 하는가? 이 핀 번호를 〈표 16.1〉에 기입하여라.
⑤ 나머지 숫자 즉 1-9까지와 소숫점에 대해서도 실험방법 ④를 반복하며 표시되는 숫자에 대한 핀 번호를 기록하라.

(2) 포토커플러의 전달함수 그래프

① [그림 16.15]의 회로를 만능기판에 결선하라. 전원전압 Vs를 2V로 조절하라. 이에 따른 출력전압을 측정하여 〈표 16.2〉에 기입하여라.

② 〈표 16.2〉에 열거된 전원전압에 대해서도 실험방법 ①을 반복하라. 주어진 데이터로부터 $V_s = 6\,V$일 때 부하선을 구하고 포토트랜지스터(4N26 데이터 시트를 참조해얄 것임)의 동작점을 결정하라.

③ 〈표 16.2〉의 실험 데이터로부터 포토커플러의 Vs에대한 V_{out}의 전달함수 그래프를 〈표 16.3〉에 나타내어라.

④ [그림 15.16]의 회로를 만능기판에 구성하라.

⑤ 함수발생기의 출력을 f=kHz, $V_{p-p} = 4\,V$의 정현파로 조정하고 포토커플러의 출력전압 V_{out}를 오실로스코프로 관찰하고 $V_{out(p-p)}$를 측정하여 〈표 16.4〉에 기록하여라.

⑥ $V_S = 5\,V,\ V_{CC} = 10\,V,\ R_L = 100\Omega,\ R_V = 1k\Omega$을 사용하여 단자 1-2에 TTL(5V) 펄스(펄스의 주기는 대략 100uS로 맞추어라)를 인가하여 출력 V_{out}에서의 펄스 상승(t_r) 및 하강 시간(t_f)을 관찰하고 그 값을 측정하라.

3 회로도

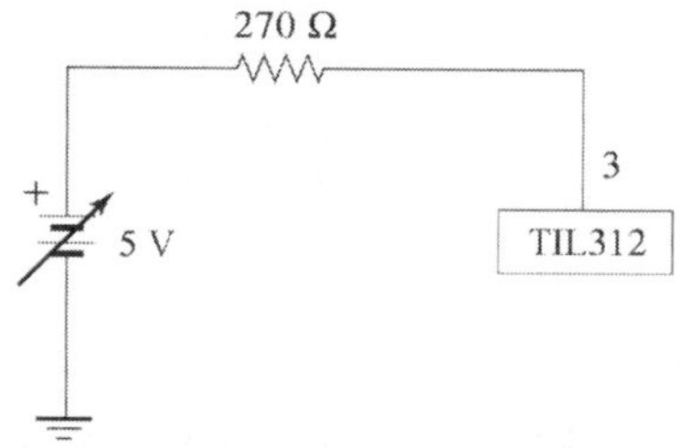

Circuit for TIL312

[그림 16.12] 발광 다이오드 구동 회로

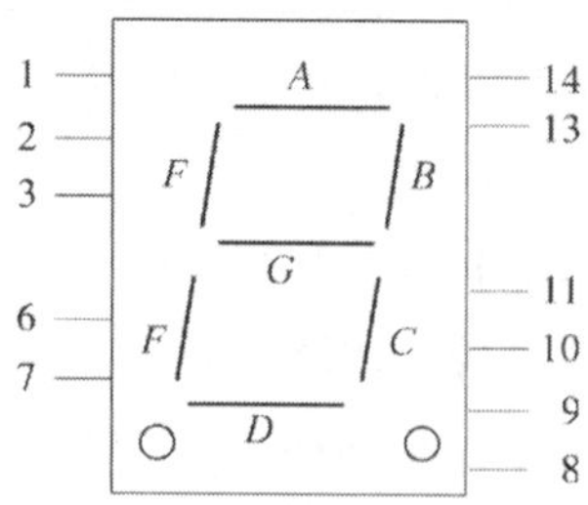

Pintout of TIL312

[그림 16.13] 7-segment 표시기

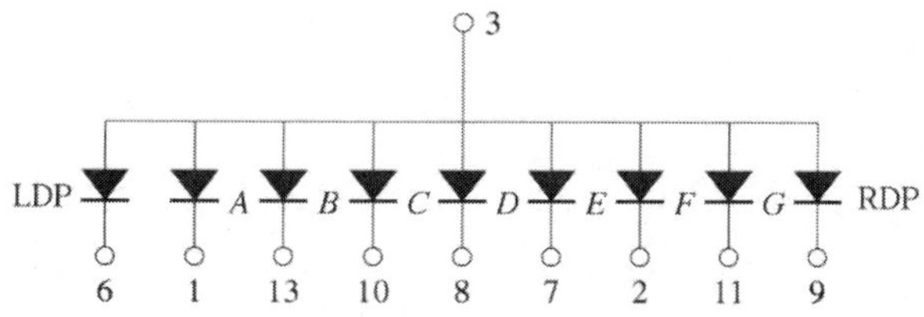

Schematic diagram

[그림 16.14] 7-segment 표시기 내부 회로도

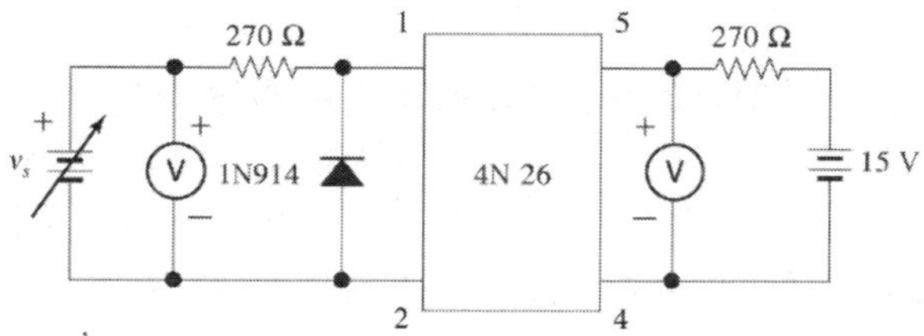

[그림 16.15] 광 커플러 회로도

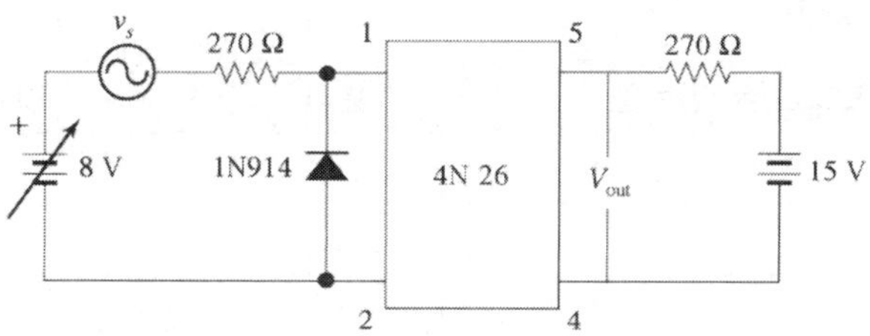

[그림 16.16] 정현파 소스를 갖는 회로

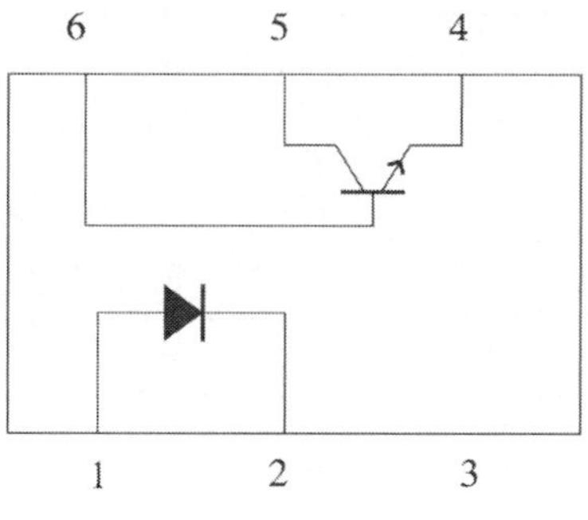

[그림 16.17] 4N26 내부 회로도

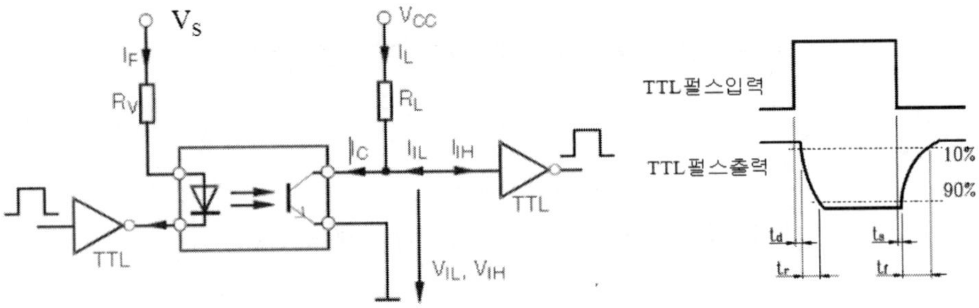

[그림 16.18] 펄스 응답 속도 측정 회로

4 측정값

〈표 16.1〉 세그먼트 표시기

표시	접지되는 핀번호	표시	접지되는 핀번호
0		6	
1		7	
2		8	
3		9	
4		LDP	
5		RDP	

〈표 16.2〉 포토 커플러

V_s[V]	V_{out}[V]
2	
4	
6	
8	
10	
12	
14	

〈표 16.3〉 전달함수 그래프

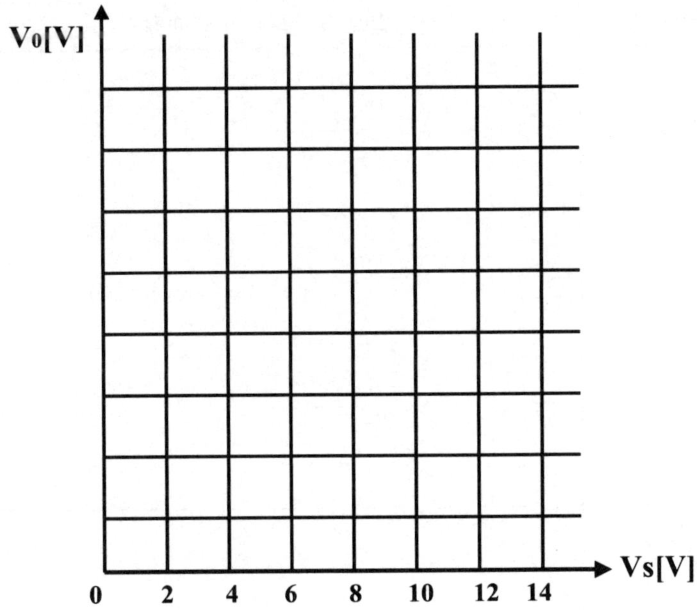

〈표 16.4〉 정현파 및 구형파 입력에 대한 신호 파형

순서	신호전압	입력 및 출력 파형 관찰	스케일
①	$V_s=4V_{p-p}$ 정현파 V_{out}		입력 : (　　)V/DIV (　)sec/DIV 출력 : (　)V/DIV
②	$V_s=4V_{p-p}$ 구형파 V_{out}		입력 : (　　)V/DIV (　)sec/DIV 출력 : (　)V/DIV

6 결과분석 및 고찰

토의사항

① 범용 다이오드(광다이오드, 레이저 다이오드, 제너 다이오드, 일반 소신호 다이오드, 정류 다이오드 포함) 정격에서 전류와 전압에 관계된 파라미터의 의미를 조사하여 그 의미를 파악하라.

② 통신용 단일 파장 및 다 파장 레이져 다이오드의 응용을 살펴보라.

③ 일반 다이오드, 솔라-셀(태양전지) 다이오드, 포토 다이오드의 전류-전압 특성 곡선를 사용한 바이어스 방법을 비교해보라.

④ 포토 커플러의 CTR(Current Transfer Ratio)는 입력 전류 I_F에 대한 출력 컬렉터 I_C의 전류의 비로 정의 된다. 그 의미를 해석하고 포토 커플러 회로 설계시 CTR을 올바르게 선택할 중요한 이유를 설명하라.

제 17 주 이론

다이오드 반파, 전파 정류와 평활 회로

학습목표

1. 교류를 직류로 변환시키는 반파 정류, 전파 정류 회로의 동작 원리를 이해하고 안정적인 직류원을 얻기 위한 평활 회로의 역할을 이해한다.
2. 브릿지 정류회로의 동작 특성과 파형 정형 회로의 동작을 이해하고 브릿지 정류 회로를 설계할 수 있다.

1 개요

교류 파형을 직류 파형으로 변환하여 전원을 공급하는 장치로서의 정류 회로는 실용성이 매우 많다. 220V 교류를 절절한 크기의 교류로 감압시키는 트랜스포머를 사용한다. 트랜스포머의 종류에 대해서는 Part I의 11주 이론과 실험에서 언급되었으니 참조하기 바란다. 정류회로에는 반파 정류 회로와 전파 정류 회로가 있다([그림 17.1]). 정류회로의 출력 그자체로는 DC 전원을 얻을 수 없으며 대용량 전해 캐패시터를 부하 저항과 병렬로 연결하여 방전 시간을 늦어지게함으로써 일정한 DC 전압을 얻게 된다. 물론 이 평활(smoothing) 캐패시터를 사용한다할지라도 충전과 방전의 맥류가 발생되어 리플이 존재하게 된다. 이를 위한 전압 안정화 회로에는 정전압 제너다이노드([그림 17.2]), 전원 레귤레이터 IC 등을 사용하여 정전압 직류 전원을 얻는다. 정전압 안정화 회로를 구성하는 방식에도 아날로그 방식과 스위칭 방식이 있다.

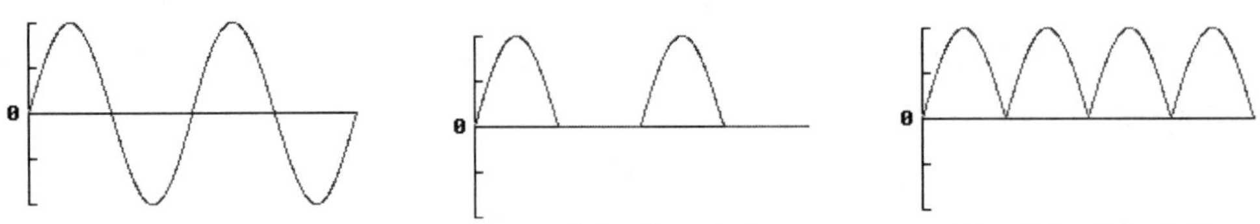

(a) 교류 파형 (b) 반파 정류 파형 (c) 전파 정류 파형

[그림 17.1]

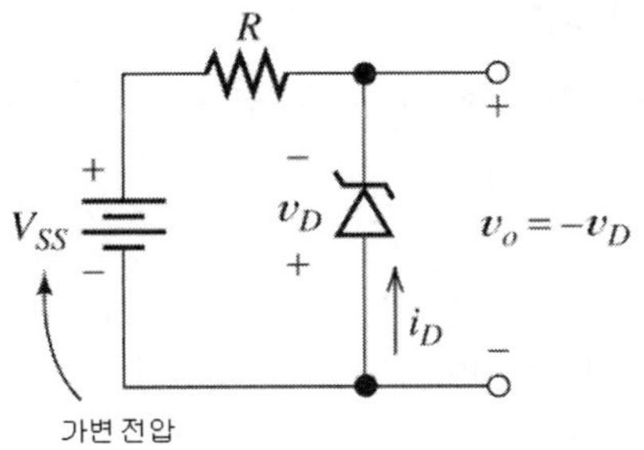

[그림 17.2] 제너 다이오드를 사용한 전전압 회로

2 관련이론

정류회로란 교류전원의 파형로부터 직류 전원을 얻기 위한 변환 회로(절대값 회로)로 사용된다. 이는 정류 회로에 사용된 다이오드의 비선형 특성 특히 정류 특성을 사용한 것이다. 다이오드의 전류 전압 특성 곡선으로부터 순방향은 일종의 저항성 회로로 모델링이 되며 역바이어스 역방향은 대단히 큰 저항성 회로로 모델링이 된다. 역바어어스시 역방향 저항은 무한대라고 가정하기 때문에 개방 되어 전류가 흐르지 않게 된다.

(1) 실리콘 정류기의 전류 –전압특성

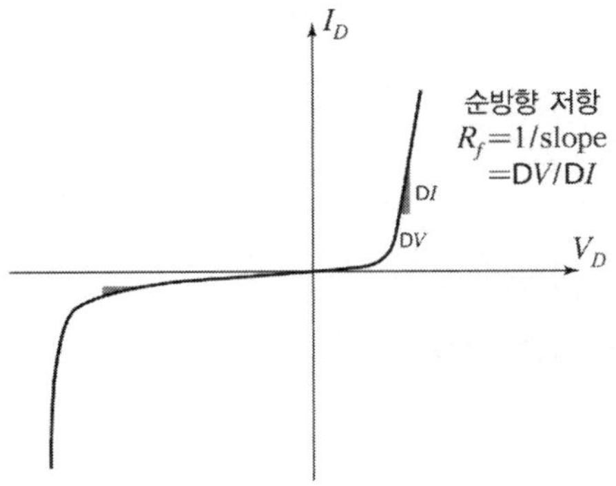

[그림 17.3] 실제 다이오드의 전류–전압 특성 곡선

정류기 회로에는 반파 정류 회로, 전파 전류 회로가 있으며 전파 정류 회로는 크게 2가지 경우로 분류되는데 브릿지 정류 회로([그림 17.7])와 센터 탭 트랜스포머를 사용한 정류 회로([그림 17.5])가 그것이다.

❐ 실리콘 정류기의 정격(Rating)

① 피크 역방향 전압(PIV) : 정류기에 걸려 줄 수 있는 최대역방향 바이어스 전압

② 최대 정현파 전압입력(V_{maxrms})

③ 최대 역방향 전류($I_{\mathrm{max}R}$)

최대 동작 온도를 초과하여 사용하려면 과열을 피하기 위해 방열판을 사용해야 한다.

(2) 정류회로

❐ 반파 전류 회로

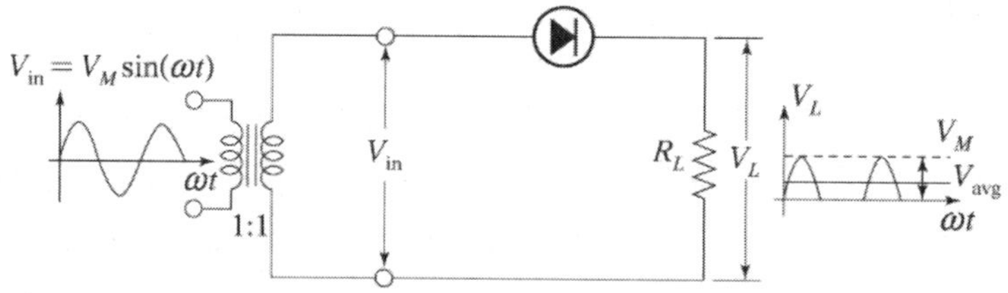

[그림 17.4] 반파 정류 회로

$$V_{avg} = \frac{1}{T}\int_0^T V_{\in} dt = \frac{1}{2\pi}\int_0^\pi V_M \sin\theta \, d\theta$$
$$= \frac{1}{2\pi} V_M[-\cos\theta]|_0^\pi = \frac{V_M}{\pi} = 0.318\, V_M \qquad (17.1)$$
$$I_{dc} = \frac{V_{avg}}{R_L} = \frac{0.318\, V_M}{R_L}$$

• 다이오드에 걸리는 최대 역방향 전압(PIV) : V_M

❐ 센터 탭을 사용한 전파 정류 회로

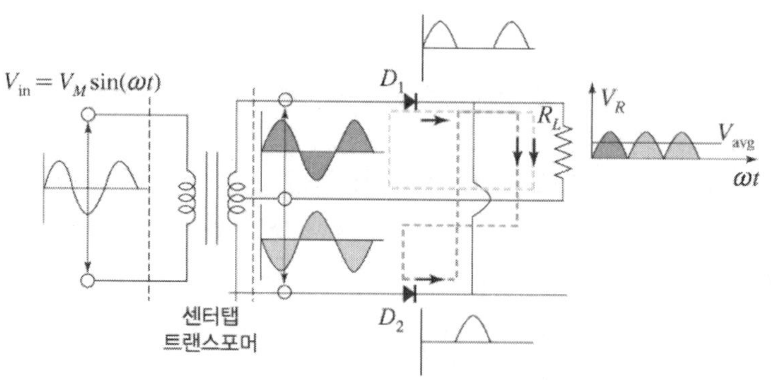

[그림 17.5] 센터 탭을 사용한 전파 정류 회로

• **전파 정류 동작원리 설명**

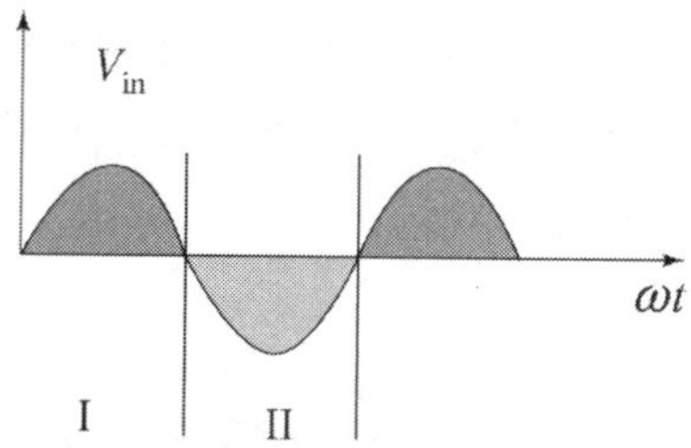

[그림 17.6] 다이오드 정류 동작 설명

입력 전압이 I 상태에 있을 때 다이오드 D1은 순방향, 다이오드 D2는 역방향 상태에 있게된다. 전류가 흐르는 경로를 그리면 D1$-R_L-$센터텝트랜스포머중앙점의 경로를 가진다. 이때 D2에 걸리는 다이오드 역방향 최대 전압(PIV)은 $2V_M$이 된다. 한편 입력 전압이 II인 상태에 있을 때 D1은 역방향, D2는 순방향 상태에 있게되며 이 경우에도 D1의 역방향 최대 전압(PIV)은 $2V_M$이 된다. 전류가 흐르는 경로를 그리면 D2$-R_L-$센터텝트랜스포머 중앙점의 경로를 가진다.

$$\begin{aligned} V_{avg}^{F} &= \frac{1}{T}\int_0^t V_M \sin\theta\, d\theta = \frac{1}{\pi}\int_0^{\pi} V_M \sin\theta\, d\theta \\ &= \frac{1}{\pi} V_M(-\cos\theta)|_0^{\pi} = \frac{2V_M}{\pi} = 0.636\, V_M \\ &= 2V_{avg}^{H} = \text{반파정류의 직류값의 2배} \end{aligned} \tag{17.2}$$

❐ **브릿지(Bridge) 전파 정류 회로**

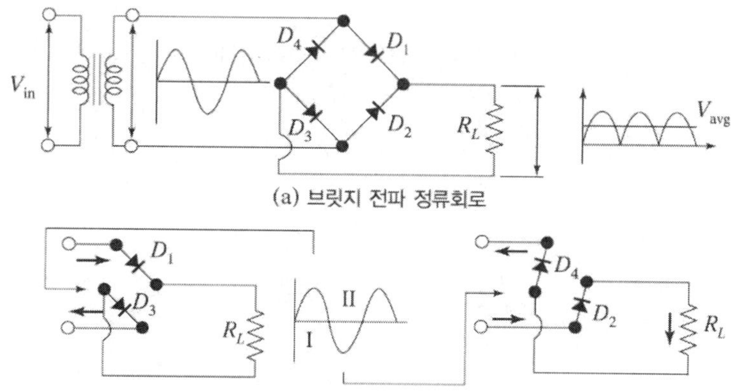

(a) 브릿지 전파 정류회로

(b) 입력 교류 전압과 정류 동작

[그림 17.7] 브릿지 전파 정류 회로

• **전파 정류 동작원리 설명**

양의 반파주기동안(입력 전압이 I인 상태)에는 트랜스포머(+)−D1−R_L−D3−트랜스포머(−)의 경로를 가지며 다이오드 D2와 D4는 역방향 상태에 있게되며 이 경우 역방향 피크 전압(PIV)은 V_M이 된다. 마찬가지로 입력 전압이 II인 상태 즉 음의 반파주기동안에는 D1과 D3가 역방향 바이어스가 걸리며 이때 PIV는 V_M이 된다.

• **관찰**

정류회로를 사용하여 직류전원을 얻기위해서는 대부분의 경우 정류되어야할 신호 파형의 주파수는 교류전원인 60Hz에 실효 전압이 220V(혹은 110V)이다. 전파 정류된 파형의 리플 주파수는 입력 신호의 주파수의 2배가 된다. 즉 fripple = 120Hz가 된다. 이같은 맥류전압을 제거하기 위한 부가적인 회로를 요한다. 부가적인 회로를 평활회로 혹은 (저역통과) 필터라고도한다.

필터에는 캐패시터 필터, RC 필터, choke 필터, LC 필터, π형 필터 등이 있다.

4 제너 다이오드 정전압 회로

공급되는 전원이 변하더라도 회로에 공급되는 전원을 일정하게 만들어주는 회로를 **정전압 회로**(regulator)라고 하다. [그림 17.8]은 제너 다이오드를 사용한 정전압 회로를 보여준다. 제너 다이오드는 역방향 바이어스 영역에서 전압 안정화 특성을 갖는다. 제너 다이오드는 역방향 제너 전압 영역(breakdown region)에서는 거의 선형적이기 때문에 역방향 바이어스의 제너 다이오드 모델은

$$V_Z = V_{ZQ} + r_Z I_{ZQ} \tag{17.3}$$

여기서 V_{ZQ}, I_{ZQ} 동작점에서의 제너 전압과 전류를 나타내고, r_Z는 제너 전압 영역에서의 저항을 나타낸다.

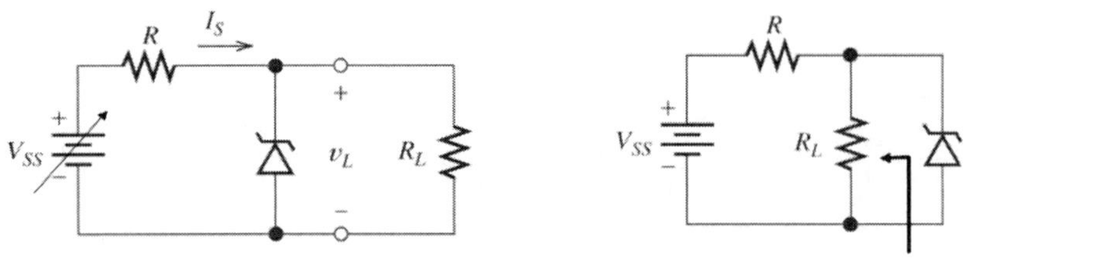

(a) 부하 저항 R_L를 갖는 정전압 회로　　(b) 제너다이오드에서 본 회로

[그림 17.7]

제너 다이오드에서 바라본 [그림 17.7(b)] 회로의 테브닌 등가 회로를 구하면 [그림 17.8]을 얻는다.

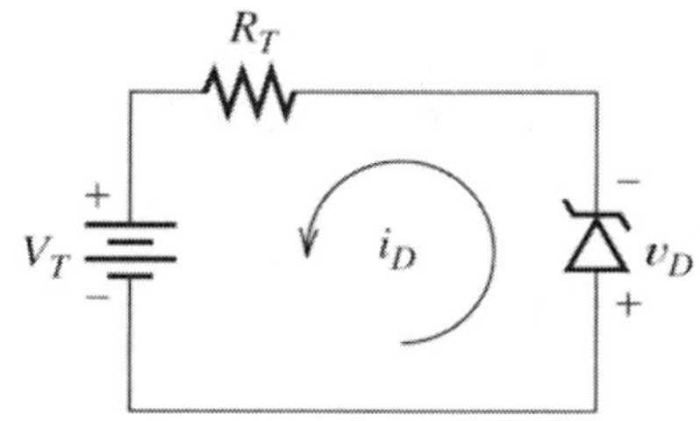

[그림 17.8] 제너 다이오드 정전압 회로의 테브닌 등가 회로

KVL 적용하여 부하선 구하기 : $V_T + R_T i_D + v_D = 0$

$$i_D = \frac{1}{R_T v_D} - \frac{V_T}{R_T} \tag{17.4}$$

따라서 주어진 R_T, V_T와 제너 다이오드의 역방향 i-v 특성 곡선으로부터 동작점을 구하면 [그림 17.19]에 보인 바와 같이 i-v 특성 곡선과 부하선이 만나는 점에서 동작점(Q)이 결정된다. 이 동작점에서의 전압(v_{DQ})이 정전압(V_Z)이 된다.

이 정전압(v_{DQ})를 알게 되면 [그림 17.7(a)]회로의 공급 전류 I_S를 계산해 낼 수 있다 :

$$I_S = (V_{SS} - V_Z)/R \tag{17.5}$$

$$I_L = V_Z / R_L \tag{17.6}$$

- **제너 다이오드 정격**

절대 소비 전력 정격(power dissipation rating) : $P_D[W]$

최소 문턱 전류 정격(minimum knee current rating) : $I_{ZMin}[mA]$

최대 문턱 전류 정격(maximum knee current rating) : $I_{ZMax}[mA]$

제너 전압 정격(Zener voltage rating) : $V_Z[V]$, $V_{ZMin}[V]$, $V_{ZMax}[V]$

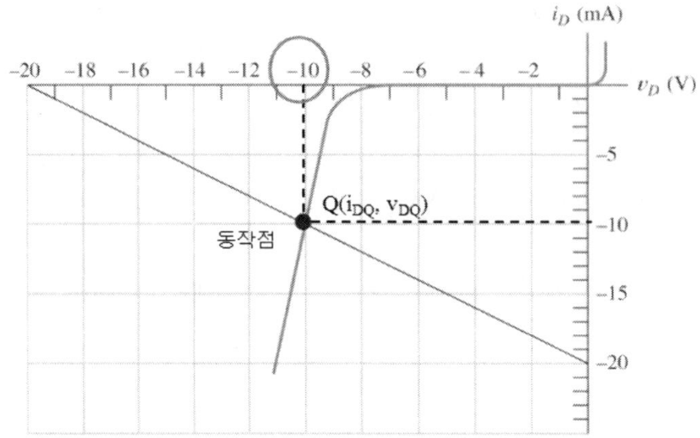

[그림 17.9] 제너 다이오드 정전압 회로의 동작점 결정

❐ 평활 회로

정류회로의 주된 목적은 교류를 직류로 변환하는데 있다. 전형적인 직류전원 회로의 구성을 보면 [그림 17.10(a)]에서와 같이 **평활 회로**를 갖는다..

정류 회로의 출력 전압은 반파, 전파 정류 어느 것이든지 **맥류분**(ripple)이 포함되어 있다. 따라서 직류 전원으로 직접 사용하기에는 부적합하며 리플분을 없애기 위한 평활 회로를 사용한다. 여러 가지 평활회로중 간단히 구현할 수 있는 RC 필터의 평활 회로에 대해 설명하고자 한다.

[그림 17.10]은 평활 소자로서 전해 캐패시터를 사용하고 RC에 의해 구성된 가장 간단한 평활 회로이다. 그 동작을 간단히 살펴보면 다음과 같다.

RC 필터 회로의 차단 주파수는 $f_{cutoff} = \dfrac{1}{2\pi RC}$ 인데 이 차단 주파수는 RC 값에 의해 결정되며 평활 회로로 동작하기 위해서는 RC 값을 충분히 크게 만들어야한다. 이는 정류된 주기적적인 파형의 성분을 약화시키기 위해서이다. 즉, 맥류를 주는 주파수 성분을 필터링하기 위해서이다. 따라서 다이오드 전압 v_2가 다이오드 전압 v_0보다 낮을 때 즉 $v_2 < v_0$의 시간 구간에는 C에 충전된 전압이 저항 R을 통하여 매우 천천히 방전되도록 하며, 반대로 $v_2 > v_0$v2의 시간 구간에는 C로 충전이 빨리 이루어진다. 따라서 출력 전압은 [그림 17.10(c)]의 실선과 같이 맥류 전압의 변동이 현저히 감소되고 출력 전압의 평균값이 점선과 같이 된다.

방전 구간동안 다이오드는 off 상태에 있으며, 충전 구간동안에는 on 상태에 있게 된다. 평활 회로에서 어떻게 전해 캐패시터의 용량을 정량적으로 결정할 것인가? 간단한 선정 방법은

$$\text{충전시 캐패시터에 충전되는 전하량 : } Q \approx V_r C \tag{17.7}$$

여기서 V_r은 맥류 전압을 나타낸다.

일반적으로 대용량의 캐패시터를 선택하는 것이 일반적이므로 방전 주기는 대략적으로 전체 교류 파형 주기와 같다고 볼 수 있다.

방전 기간동안 충전된 전하량 : $Q \approx I_L T$ (17.8)

식(17.7)과 (17.8)을 등식으로 놓고 C에 대해 풀면

$$C = \frac{I_L T}{V_r} = \frac{I_L T}{V_{rp-p}/2} \tag{17.9}$$

여기서 V_{rp-p}는 peak-to-peak 맥류 전압을 나타낸다.

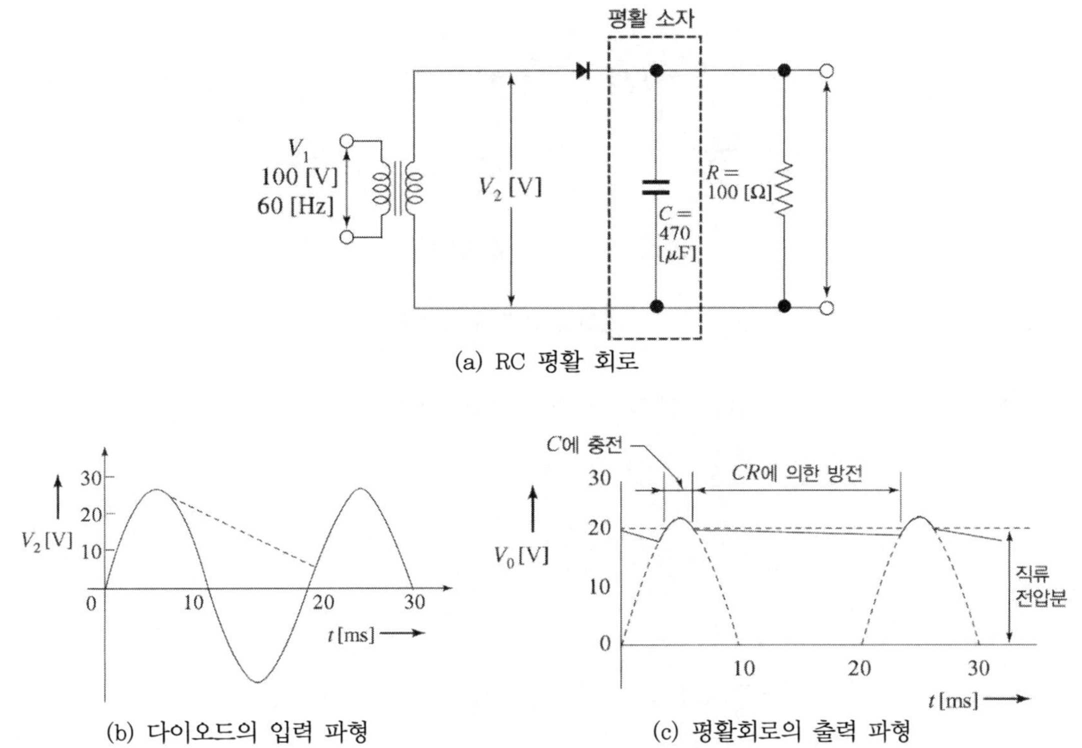

(a) RC 평활 회로

(b) 다이오드의 입력 파형

(c) 평활회로의 출력 파형

[그림 17.9] 평활 회로의 동작 설명

연습문제

1. **주어진 다이오드 정전압 회로([그림 P17.1])에서 부하에 걸리는 전압을 구하고 어느 경우에 정전압 특성이 없는지 판단하라. 제너 다이오드의 i–v 특성 곡선은 [그림 17.8]을 사용하라.**

(a) $V_{SS} = 24\,V, R = 1.2k\Omega, R_L = 1.2k\Omega$ (b) $V_{SS} = 24\,V, R = 1.2k\Omega, R_L = 400\Omega$

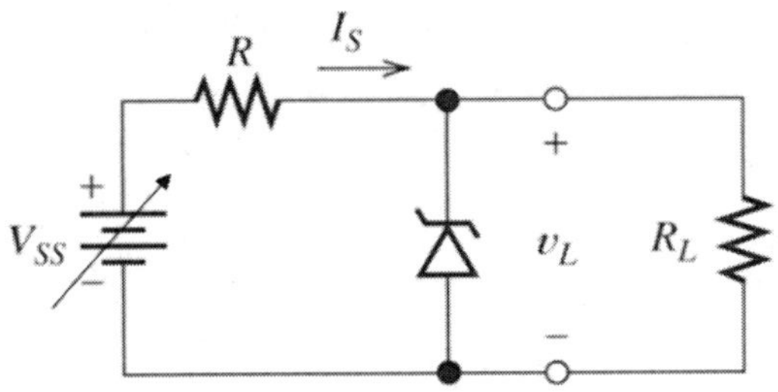

[그림 P17.1]

해답 제너 다이오드에서 바라본 테브닌 등가 회로를 구하면

(a) $R_T = \dfrac{RR_L}{R+R_L} = \dfrac{(1.2k)^2}{2.4k} = 0.6k\Omega = 600\Omega$

$$V_T = V_{SS}\frac{R_L}{R+R_L} = 24\frac{1.2k}{0.6k+1.2k} = 24\frac{1.2}{1.8} = 16\,V$$

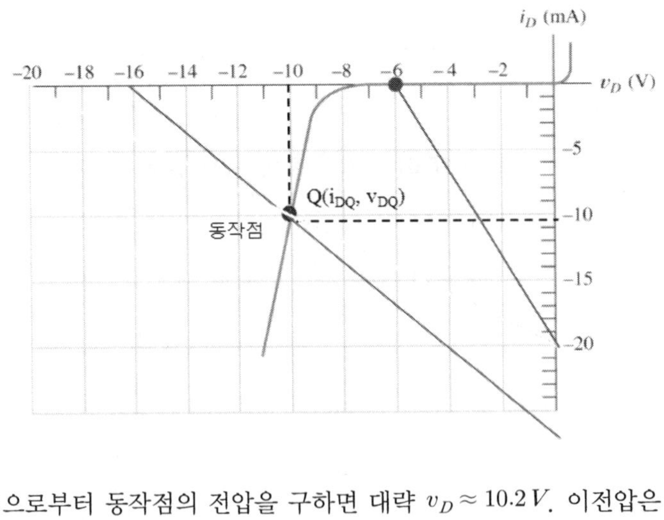

그림으로부터 동작점의 전압을 구하면 대략 $v_D \approx 10.2\,V$. 이전압은 제너 전압 동작 범위에 있으므로 정전압 동작을 기대할 수 있다.

공급 전원 전류 $I_S = \dfrac{(V_{SS} - V_Z)}{R} = \dfrac{24-10.2}{1.2k} = \dfrac{13.8}{1.2} = 11.5mA$, $I_L = \dfrac{V_Z}{R_L} = \dfrac{10.2}{1.2k} = 8.5mA$

$I_L < I_S$ 이므로 정전압 회로로 적합.

(b) $R_T = \dfrac{RR_L}{R+R_L} = \dfrac{(1.2k*0.4k)}{1.6k} = 0.3k\Omega = 300\Omega$

$V_T = V_{SS}\dfrac{R_L}{R+R_L} = 24\dfrac{0.4k}{1.2k+0.4k} = 24\dfrac{0.4}{1.6} = 6V$

그림으로부터 동작점의 전압을 구하면 대략 $v_D \approx 6V$. 이전압은 제너 전압보다 작으므로 정전압 동작을 기대할 수 없다.

공급 전원 전류 $I_S = \dfrac{(V_{SS}-V_Z)}{R} = \dfrac{24-6}{1.2k} = \dfrac{18}{1.2} = 15mA$, $I_L = \dfrac{V_Z}{R_L} = \dfrac{6}{400k} = 15mA$

$I_L \approx I_S$ 이므로 정전압 회로로 부적합.

2. **부하에 0.1A, 15V를 공급하는 평활 정류회로가 필요하다. 교류 파형의 주파수는 60Hz이다. peak-to-peak 맥류 전압(V_{rp-p})=0.4V, 다이오드의 순방향 오프셋 전압은 0.7V라고 할 때 교류 전압 최대값 V_m과 평활요으로 사용된 캐패시터의 대략적인 용량을 계산하라.**

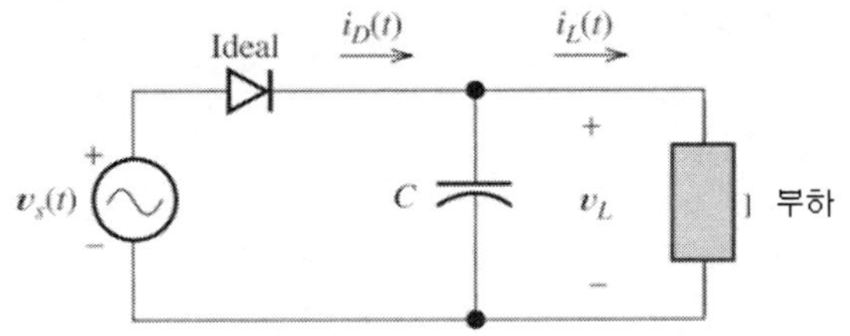

[그림 P17.2]

해답 부하에 평균 15V가 공급되어야하므로 $0.4V_{p-p}$ 맥률 전압을 고려한다면 부하에 걸리는 전압은 15.2V가 평균값에 해당된다. $V_m = 15.2 + V_{offset} = 15.2 + 0.7 = 15.9V$

$C = \dfrac{I_L T}{2V_r} = \dfrac{(0.1)(1/60)}{0.4} = 4166\mu F$

3. **전파 정류 회로에서 전원용 트랜스포머에 60Hz의 전원을 인가하면 출력 파형의 기본 주파수는 얼마인가?**

해답 전파 정류 이므로 출력 파형의 주기가 1/2배 도므로 출력 주파수는 입력 주파수의 두배가 된다. 즉 120Hz.

4. 3 : 1 전압 강하 트랜스포머의 1차측 전압이 120V(rms)일 때, 반파 정류 정류기의 정류 전압의 평균 DC 전압을 얼마인가?

해답 $V_m = \sqrt{2}\, V_s = 120\sqrt{2}\, V \rightarrow 3:1$ 전압 강하 $V_o = 40\sqrt{2}$,

$$V_{avg} = \frac{1}{T}\int_0^T V_0 dt = \frac{1}{2\pi}\int_0^\pi V_m/3 \sin\theta\, d\theta$$

$$= \frac{1}{2\pi} V_m/3[-\cos\theta]|_0^\pi = \frac{V_M}{\pi} = 0.318\, V_m/3 = 0.318 * 40\sqrt{2}$$

실험절차

제 17 주 다이오드 전파 정류와 평활 회로

강의 : 30분, 실험 : 2시간, 연장 : 30분

1 실험장비 및 부품

① 트랜스포머(220V 입력, 6V, 12V 출력) 1개
② 오실로스코프 1대
③ 저항기 1 kΩ(1/2W)
④ 전해 캐패시터 100μF 1개
⑤ 실리콘 정류 다이오드 1N4001 4개
⑥ 디지털 멀티미터 1대
⑦ 함수 발생기 1대

2 실험방법

① [그림 17.11]과 같이 평활 회로를 결선하여라
② 변압기의 1차측 단자에 220[V] 교류전원을 공급하고 2차측 단자 A-B사이에 6V를 연결하라.
③ 직류 결합 모드(DC coupling mode) 로 해놓은 오실로스코프의 한 채널을 1[kΩ]의 저항과 100[μF] 콘덴서의 접지되지 않은 C점에 프로브를 연결하여 파형을 관측하여 [그림 17.12]에 그려라.
④ 오실로스코프로 1[kΩ] 저항과 100[μF]콘덴서 양단의 출력 피크(peak) 두 전압 VP를 측정하라
⑤ 멀티미터로 직류 전압 모드로 놓고 C점에서의 V_{DC}를 측정하고, 직류 전압, rms 리플, %리플 계수를 계산하여 그 결과를 〈표 17.1〉에 기록하라.
⑥ 입력을 교류 결합(AC coupling)으로 바꾸고 채널 감도를 약 10[mV/div]로 증가시켜 출력 리플을 명확히 볼 수 있도록 하라.

3 회로도

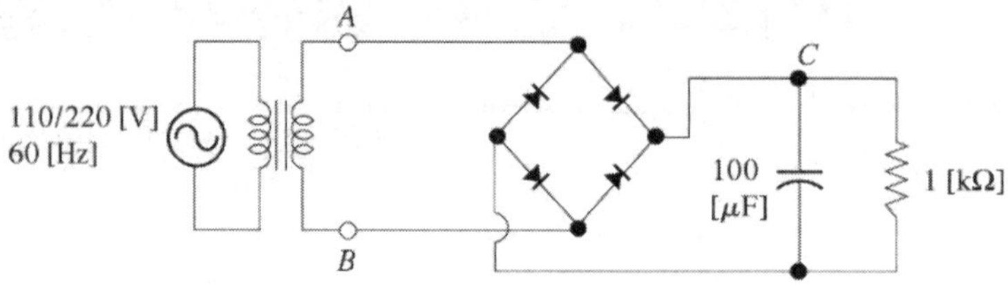

[그림 17.10] 전파정류 회로와 평활 회로

4 측정값

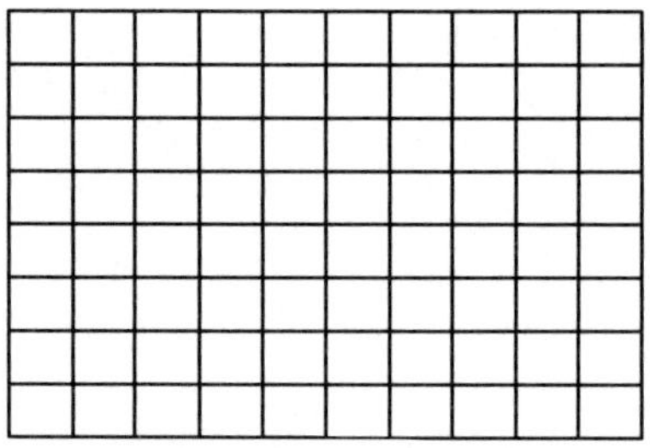

Time/Div : (   )   Volt/Div : (   )

[그림 17.12] 오실로스코프의 측정 파형

〈표 17.1〉 측정치 기록

	2차측 피크 전압(V_P) 측정값	직류 출력 전압(V_{DC}) 계산값	직류 출력 전압(V_{DC}) 측정값	rms리플 전압(V_r) 계산값	rms리플 전압(V_{rp-p}) 측정값	%리플 계수(%r) 계산값
단계 ④, ⑤						
단계 ⑥						

$$V_{DC} = \left(1 - \frac{0.00417}{R_L C}\right) V_P(\mathrm{in}) \quad (R_L C \gg T_{\mathrm{input}} \text{ 일 때})$$

$$V_r = \frac{0.0024}{R_L C} V_P(\mathrm{in}) \quad (R_L C \gg T_{\mathrm{input}} \text{ 일 때})$$

$$r = \frac{V_r}{V_{DC}} \times 100[\%]$$

5 결과분석

Part I

토의사항

① 전파 정류 회로로 센터 탭형 트랜스포머를 사용하는 회로와 브릿지 전파 정류 회로가 대표적이다. 트랜스포머의 2차측 실효 전압이 V_{Rms} 라고 할때 다이오드에 걸리는 역전압(PIV)은 각각 얼마가 되는가 ?

② RC 평활 회로에서 맥류분의 주파수 성분 $f_{\mathrm{ripple}} = 120$ Hz를 없애기 위해서 $f_{cutoff} = \frac{1}{2\pi RC}$ 이 $f_{\mathrm{ripple}} = 120\mathrm{Hz}$ 보다 훨씬 작게 되도록 만들어야한다. 만일 R 값이 1kΩ으로 결정되었다면 C의 값을 어느 정도로 선택하면 좋은가 그 범위를 말하라.

③ RC 평활 회로의 시정수(time constant)를 구하라.

④ 동일한 교류 입력 파형에 대하여 오실로스코프로 측정한 파형의 측정값과 디지털 멀티미터를 사용하여 측정한 값 사이의 차이를 설명하라.

제 **18** 주

이 론

다이오드 클리퍼와 클램프 회로

학습목표

1. 다이오드 클리퍼회로의 입력 파형과 출력 파형간의 관계를 관측하고 출력 파형의 변화를 가져다 주는 파형 정형 기능을 익힌다.
2. 클램프 회로의 입력 파형과 출력 파형간의 관계를 관측하고 출력 파형의 변화와 dc 레벨의 변화를 실험적으로 관찰한다.

1 개요

파형 정형 회로인 다이오드 클리퍼 회로는 다이오드와 DC 전원을 사용하여 쉽게 설계할 수 있다. 반면 클램프 회로는 다이오드와 DC 전원과 캐패시터를 사용하여 쉽게 설계할 수 있다. 파형정형 회로의 응용 예는 텔레비전이나 레이더 송수신 회로에서 많이 찾아볼 수 있다. 입력 파형과 출력 파형간의 관계를 관측하고 출력 파형의 변화와 dc 레벨의 변화를 실험적으로 관찰함으로써 그 파형 정형 기능을 확인하게 될 것이다.

2 관련이론

(1) 다이오드 클리퍼(clipper)

클리퍼는 다이오드 파형의 정형 회로를 말하는데 **클리핑 회로**의 출력은 입력 신호의 일부분을 잘라내는 기능을 수행하는 회로이다. 이 클리퍼 회로를 리미터(limitter), 진폭 선택기(amplitude selector) 혹은 슬라이서(slicer) 라고도 한다.

다이오드 회로 모델(이상적인 다이오드 회로, 구간 선형 다이오드 회로, offset 전압을 갖는 구간 선형 회로 모델 등)에 따라 출력 파형의 모양은 조금 다를 수 있다. 클리퍼 회로의 구성소자는 저항, 다이오드, dc 전원의 조합으로 구성된다.

❐ 다이오드 모델링

① 이상적인 다이오드 회로 모델

순방향 바이어스이면 다이오드는 단락, 역방향 바이어스이면 다이어드는 개방되는 스위치 기능을 한다.

[그림 18.1] 이상적인 다이오드 등가 회로

② 선형 근사 다이오드 회로 모델

순방향바이어스에서는 저항 회로로 동작되고 역방향 바이어스에서는 개방 회로로 동작한다.

[그림 18.2] 다이오드의 선형 등가 회로

역방향 바이어스에서는 개방 회로

[그림 18.3] 다이오드의 선형 등가 회로(역방향 바이어스)

$$R_f = \frac{\Delta v}{\Delta i}$$

③ 옵셋을 갖는 선형 근사 다이오드 회로 모델

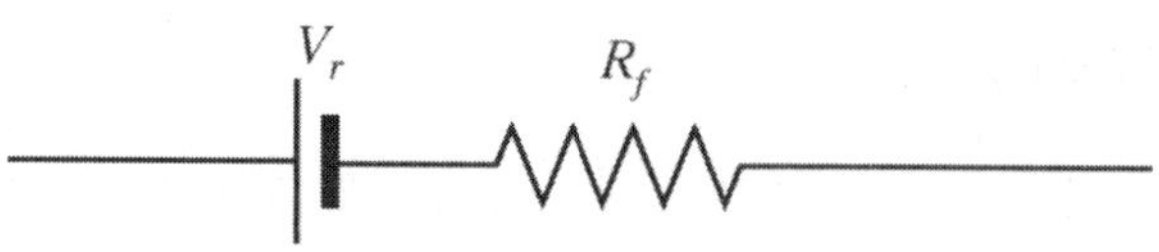

순방향 전압이 V_R보다 크면 다이오드는 저항회로로 동작

순방향 전압이 V_R보다 작으면 역방향 바이어스가되며 개방 회로로 동작한다.

[그림 18.4] 옵셋을 갖는 선형 근사 다이오드 회로 모델

(2) 클리퍼회로의 해석 : 2가지 경우

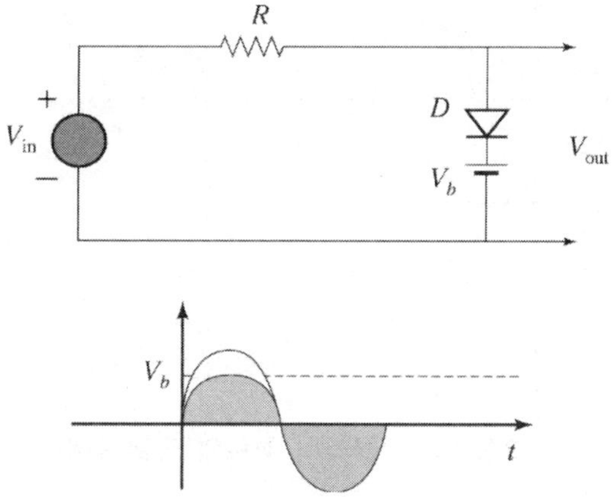

[그림 18.5] 클리퍼 회로

① 이상적인 다이오드라고 가정할 때

다이오드의 순방향 저항을 R_f라고 하자.

$V_{in} > V_b$이면 D는 ON 상태에 있으며 $V_{out} = V_b$가 된다.

반대로 $V_{in} < V_b$ 이면 D는 OFF 상태에 있으며 $V_{out} = V_{in}$ 이 된다.

② 실제적인 (구간 선형) 다이오드라고 가정할 때

$V_{in} > V_r + V_b$이면 D는 ON

$$V_{out} = IR_f + V_r + V_b \tag{18.1}$$

$$I = \frac{V_{in} - (V_r + V_b)}{R + R_f}$$

$V_{in} < V_r + V_b$이면 D는 OFF

$$V_{out} = V_{in} \tag{18.2}$$

전달함수 : $\dfrac{V_{out}}{V_{in}}$

실리콘 다이오드의 경우 $V_b = 0.6V\ \ 0.7V$이다.

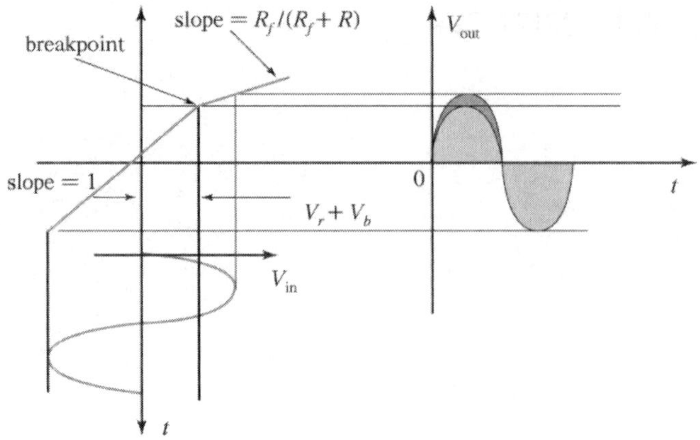

[그림 18.6] 클리퍼 회로의 전달 함수

주어진 입력 전압 $V_{in} = A\sin wt$에 대하여 출력을 구하면 다이오드가 ON 인 상태에서는 :

$$V_{in} > V_r + V_b \text{이면 } D\text{는 ON}$$

$$V_{out} = IR_f + V_r + V_b$$

$$I = \frac{V_{in} - (V_r + V_b)}{R + R_f}$$

$$\begin{aligned} V_{out} &= (V_r + V_b) + IR_f \\ &= (V_r + V_b) + \frac{R_f}{R_f + R}[V_{in} - (V_r + V_b)] \end{aligned} \tag{18.3}$$

다이오드가 OFF인 상태에서는 : $V_{out} = V_{in}$ (18.4)

결론 : 클리핑 파형을 좋게하려면 기울기를 대단히 작게 만들어야 하므로 $R \gg R_f$이어야한다.

(3) Slicer 회로

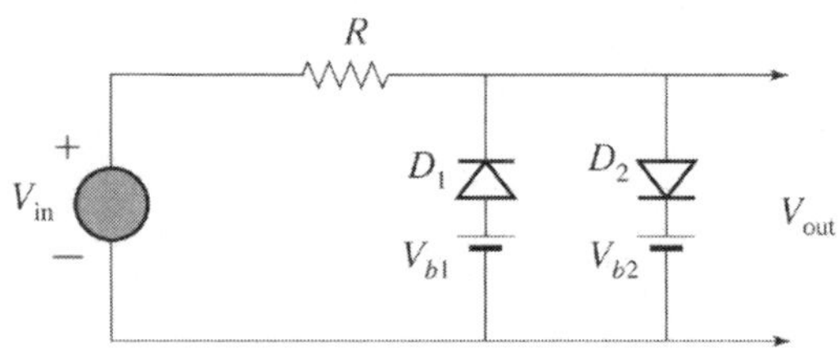

[그림 18.7] 슬라이서 회로

단 $V_{b2} > V_{b1}$이다.

회로 동작을 간단히 설명하면 입력 전압과 외부 DC offset 전압 상태에 따라 다음과 같이 요약할 수 있다. 사용한 다이오드 등가 모델은 offset 전압이 없는 선형 구간 등가 모델이다.

	입력신호	출력신호	전달 함수	diode 상태
①	$V_{in} \leqq V_{b1}$	$V_{out} = V_{b1}$	*	D1 은 ON , D2는 OFF
②	$V_{b1} < V_{in} < V_{b2}$	$V_{out} = V_{in}$	$V_{out}/V_{in} = 1$	D1은 OFF , D2는 OFF
③	$V_{b2} \leqq V_{in}$	$V_{out} = V_{b2}$	*	D1은 OFF, D2는 ON

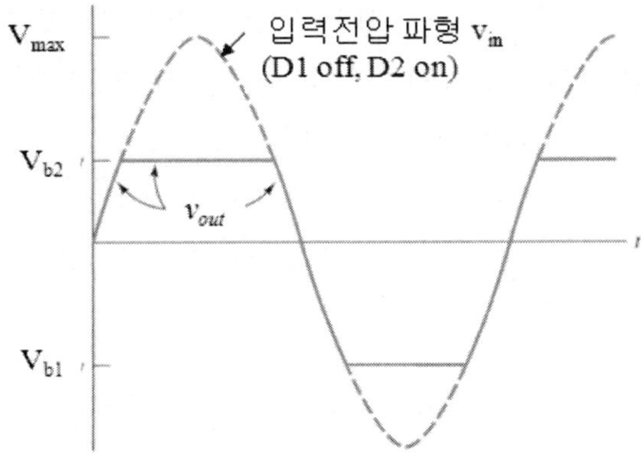

[그림 18.8] 클리핑 파형

노트 1. 위의 입출력 전압 관계식을 사용하여 전달함수 그래프를 그려라.

2. 여러 종류의 클리핑회로를 살펴보려면 참고문헌의 [그림 9-5]를 참고하기 바란다. 다이오드의 모델에 따라 회로 해석 방법이 다르므로 해석 방법을 정확히 이해하기 위하여 연습하는 것이 대단히 중요하다.

참고문헌 : 최호열 외 3인 공저, 기초 실험, 문운당, 1994

(4) Clamper 회로 : DC 레벨을 옮기는 회로

클램핑 회로는 입력 파형의 형태는 변화시키지 않고 입력 파형의 dc 레벨을 이동하여 설정된 레벨에 고정(clamp)시키는 회로이다. 이 회로의 구성소자는 다이오드, 캐패시터, 저항으로 구성된다.

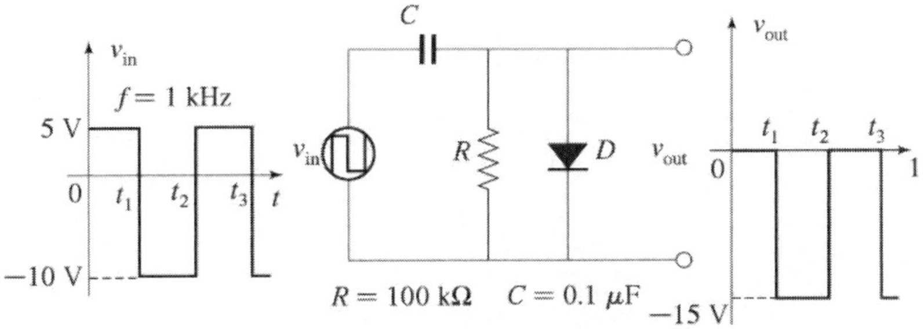

[그림 18.9] 클램핑 회로

클램프의 기능을 수행하기 위해서는 구형파 입력에 대하여 출력의 파형이 변하지 않도록 시정수 $\tau = RC$ 를 입력주파수의 주기보다 충분히 크게 잡아야한다.

[그림 18.9]에서 입력신호의 주기 $T = 1/f = 1/1000 = 1\,\text{msec}$이며, 회로 동작을 간단히 설명하면

① $0 < t < t_1$인 시간 구간동안 구형파 전원은 +5V DC 레벨의 인가와 똑같다고 볼 수 있으므로 다이오드 D가 ON(도통) 상태에 있게된다. 출력단의 전체 저항 $R_T = R//0 = 0$이 되므로 시정수 $\tau = R_TC = 0 \times 0.1\mu\text{F} = 0\,\text{sec}$이며 캐패시터는 급속히 +5V로 충전된다. $V_{\text{out}} =$ 0V 가 된다.

② $t_1 < t < t_2$ 인 시간 구간 동안에는 구형파 전원이 −10V DC 레벨의 인가와 똑같으므로 다이오드 D는 OFF(개방) 상태에 있게된다. 회로의 저항 $R_T = R//\infty = R$ 이 되고 시정수 $\tau = R_TC = R \times 0.1\mu\text{F} = 100\text{K} \times 0.1 \times 10^{-6} = 10\ \text{msec} \gg \text{T}(=1\text{msec})$이므로 매우 천천히 방전이 일어난다고 볼 수 있다. 일반적으로 방전 회로에서 충분한 방전 시간을 5τ라고 보므로 방전시간 = 5τ = 5×10msec = 50msec ≫ T가 성립된다. $\tau = 10msec$인 경우 $t = 0.5msec$에서 출력 전압은

$$
\begin{aligned}
v_{out} &= v_{\text{in}} + v_C(@t = 0.5msec) = v_{\text{in}} - 5e^{-t/\tau}(@t = 0.5msec) \\
&= -10 - 5e^{-\frac{0.5msec}{10msec}} \\
&= -10 - 5e^{-0.05} \approx -10 + (-5) \cdot 0.95 = -14.76\text{V}
\end{aligned}
$$

캐패시터는 $0 \rightarrow t_1(0.5msec)$동안은 충전, $t_1(0.5msec) \rightarrow t_2(1msec)$은 방전이 일어난다. 따라서 0.5 msec동안의 방전량은 무시할만큼 작다고 볼 수 있으나 (왜냐하면 $RC \gg T$ 이기 때문에 0.24V 방전은 대신호인 경우 적은량이라고 간주할 수 있다), 소신호인 경우 이는 무시할 수 없는 량이 되므로 고려해야한다. 만일 회로내의 저항값이 100K에서 1K로 변경되면 시정수 $\tau = R_TC = R \times 0.1\mu\text{F} = 1\text{K} \times 0.1 \times 10^{-6} = 0.1\ \text{msec}$가 되어 방전 속도가 매우 빠르게되어 원하는 클램프 기능을 얻을 수 없다.

연습문제

1 **이상적인 다이오드 모델과 구간 선형 모델의 다이오드(순방향 오프셋 전압 =0.6V)를 사용하여 [그림 P18.1]회로에 대한 출력 파형과 입출력 전달 함수를 도시하라.**

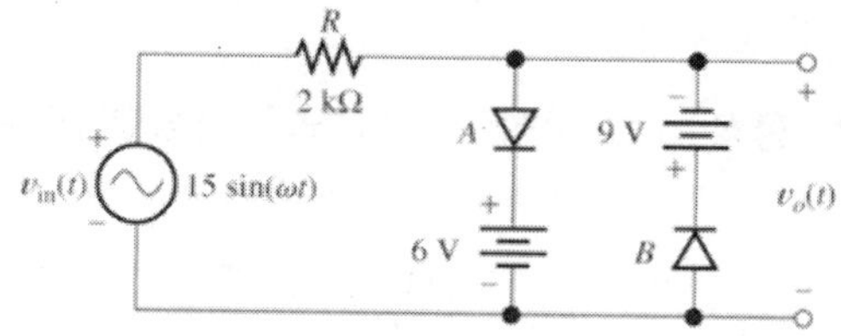

[그림 P18.1]

해답 ① 이상적인 다이오드

주어진 회로로부터 이상적인 다이오드의 경우 오프셋 전압이 0이므로 입력 파형이 6V보다 크고 -9V 보다 작으면 출력 파형 $v_o(t) = v_{\text{in}}(t)$가 되고 입력 파형이 +6V보다 크면 다이오드 D1이 도통되고 D2는 개방되어 출력은 $v_o(t) = 6\,V$에서 클립된다. 반면, 입력 파형이 -9V보다 작으면 다이오드 D1은 off , D2는 on되어 출력은 $v_o(t) = -9\,V$에서 클립된다.

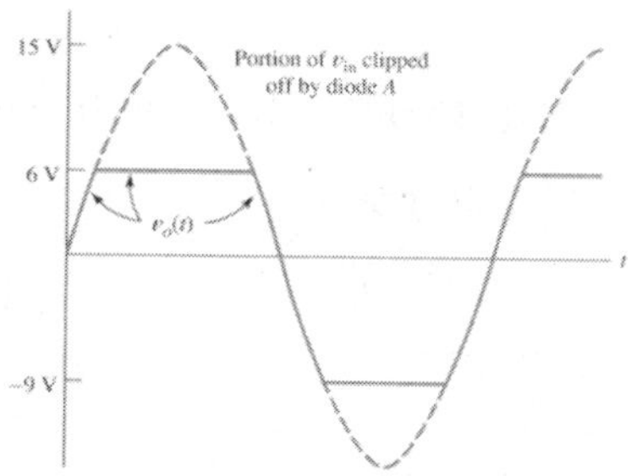

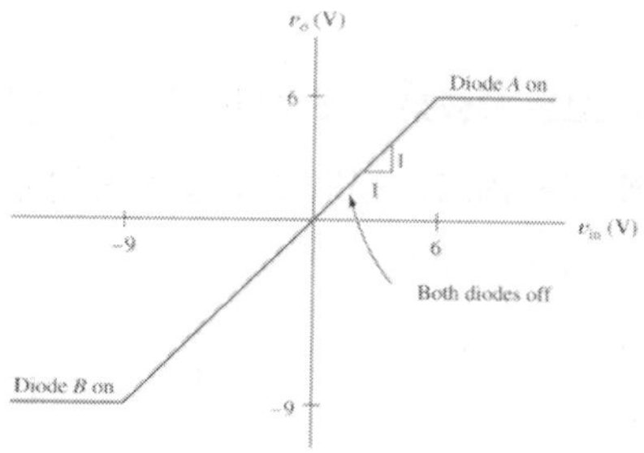

② 구간선형 다이오드

순방향 오프셋 전압 0.6V를 고려한다면 입력 파형이 6V−0.6V=5.4V보다 크고 -9V+0.6V=-8.4V 보다 작으면 출력 파형 $v_o(t) = v_{\text{in}}(t)$가 되고 입력 파형이 +5.4V보다 크면 다이오드 D1이 도통되고 D2는 개방되어 출력은 $v_o(t) = 5.4\,V$에서 클립된다. 반면, 입력 파형이 -8.4V보다 작으면 다이오드 D1은 off , D2는 on되어 출력은 $v_o(t) = -8.4\,V$에서 클립된다.

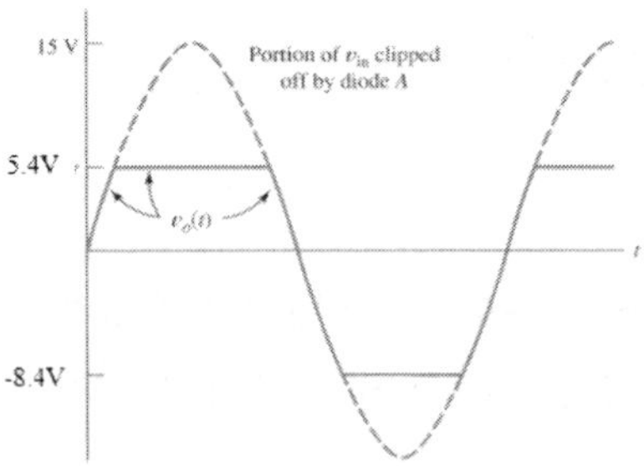

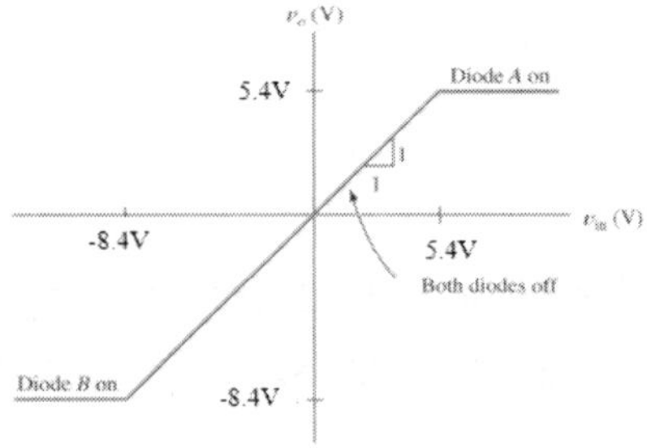

2. $v_i(t) = Vsinwt$**일 때 출력** v_0**을 구하라. 다이오드 순방향 offset 전압은** V_{D0}**라고 가정하라.**

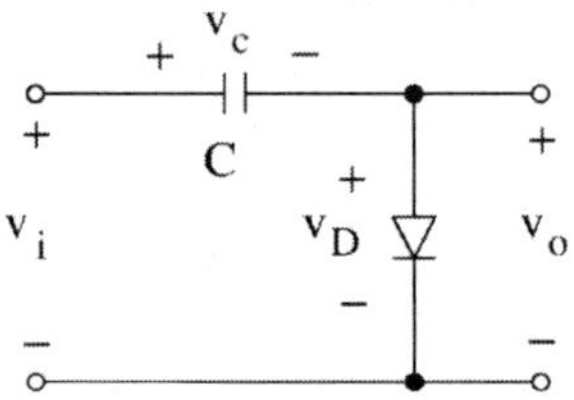

[그림 P18.2] 무부하 클램프 회로

해답 다이오드가 ON일 때 $v_C^+ = V - V_{D0} = V - V_{D0}$

다이오드가 OFF일 때 캐패시터는 충전된 상태를 그대로 유지한다.

$v_C^- = v_i - (V - V_{D0}) = v_0$

3. **다이오드와 병렬로 부하저항** R_L**이 연결된 경우에 대하여** $v_i(t) = Vsinwt$**일 때 출력** v_0**을 구하라. 다이오드 순방향 offset 전압은** V_{D0}**라고 가정하라.**

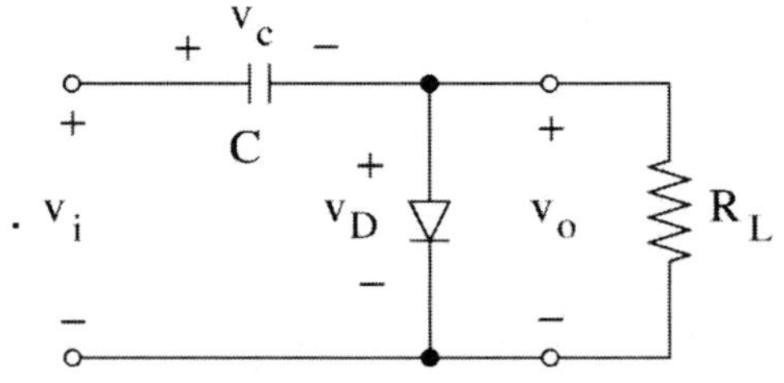

[그림 P18.3] 부하 저항을 갖는 클램프회로

해답 다이오드가 ON일 때 $v_C^+ = V - V_{D0} = V - V_{D0}$

다이오드가 OFF일때 부하저항 R_L를 통하여 방전된다. $\tau = R_L C \gg T$이면 캐패시터는 매우 느리게 방전되므로 거의 충전값이 변하지 않는다고 가정한다. 따라서 클래프 회로로 동작한다. $v_C^- = v_i - (V - V_{D0}) = v_0$

4. **[그림 P18.4]는 클램프 회로를 나타낸다. $v_{\text{in}}(t)=5\sin wt$일 때 출력 $v_0(t)$를 구하고 파형을 그려라. 이 회로의 시정수 RC는 입력 파형의 주기보다 충분히 크다고 가정한다.**

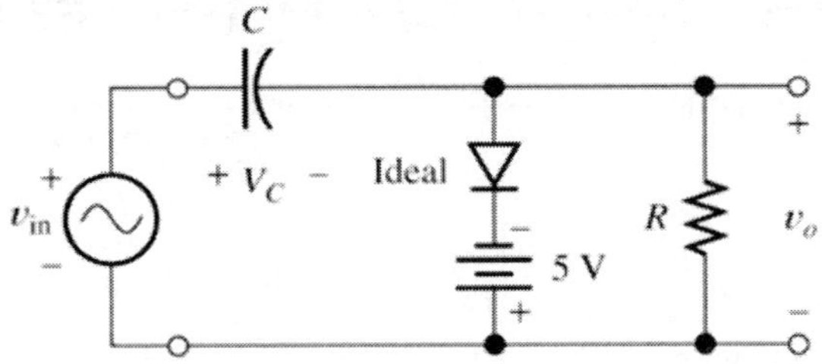

[그림 P18.4]

해답 출력 전압 $v_0(t)=v_{\text{in}}(t)-v_C(t)=v_D-5$로 주어진다. 여기서 v_D는 다이오드에 걸리는 전압를 나타낸다. 캐패시터는 다이오드가 도통된 상태에서는 순간적으로 $5+v_{\text{in}}=10\,V$로 충전된다. 양(positive)의 반파와 음의 반파 입력 동안에 다이오드는 애노드의 전위가 캐소드 전위보다 더 negative 이므로 역방향 바이어스 상태가 된다. 따라서 출력은

$v_0=v_{\text{in}}-v_C=v_{\text{in}}-10=5\sin wt-10$

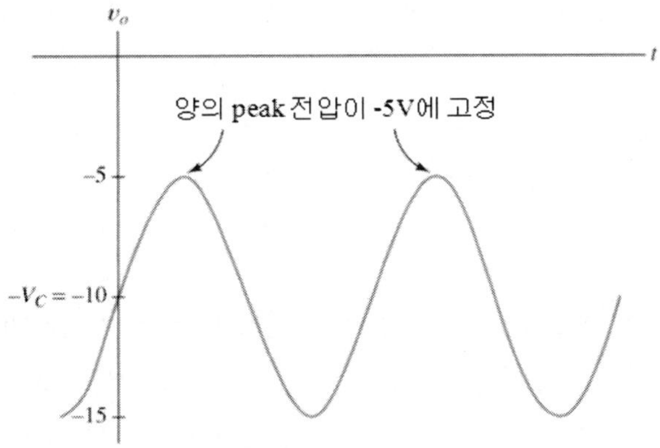

제 18 주

실험절차

다이오드 클리퍼와 클램퍼

강의 : 30분, 실험 : 2시간, 연장 : 30분

1 실험장비 및 부품

① 가변 직류 전원 공급장치 1대
② 오실로스코프 1대, 디지털 멀티미터 1대, 함수발생기 1대.
③ 저항 1/2W 120kΩ, 2W 2kΩ 가변저항
④ 반도체 : 1N 5625(정류용 diode) 2개
⑤ 콘덴서 : 0.1μF, 50V 1개
⑥ 기타 : ON/OFF스위치

2 실험방법

(1) 슬라이서

① [그림 18.10]의 회로를 구성하고, 스위치 S_1과 S_2는 개방하라. DC 전원 V_{AA}의 전압을 3V로 맞추고, 가변저항 R_2를 조절하여 점 B가 점 F와 G의 중앙에 오도록 하라.
이것은 점 F와 B사이의 전압 V_{FB}와 점 B와 G사이의 전압 V_{BG}를 같도록 하기 위해서이다. 이때, $V_{FB} = V_{BG} = 1.5\ V$

주의 DC전원은 회로에 접지시키지 말 것.

② 스위치 S1은 닫고, 이 때의 출력파형 V_{out}를 관찰하여 〈표 18.1〉에 그려라.
③ 스위치 S1은 개방하고, S2는 닫아서, 이 때의 출력파형 V_{out}을 관찰하여 〈표 18.1〉에 그려라.
④ 스위치 S1과 S2를 모두 닫고, 이 때의 출력파형 V_{out}를 관찰하여 〈표 18.1〉에 그려라
⑤ 전압 V_{AA}를 8V까지 서서히 증가 시키고, 이 때의 출력파형을 관찰하여 〈표 18.1〉에 그려라.
⑥ 다시 전압 V_{AA}를 3V로 감소시키고, 가변저항 R_2를 양쪽으로 변화시키면서, 이때의 출력파형의 변화를 관찰하라.
⑦ R_2를 조정하여 D_1은 +1V로, D_2는 −2V로 각각 bias 전압을 걸어라. 즉, $V_{FB} = +1\,V$로, $V_{GB} = -2\,V$로 맞추어라. 이 때의 출력파형 V_{out}을 관찰하여 〈표 18.1〉에 그려라.

⑧ R_2를 조정하여, D_1은 +2V로, D_2는 −1V로 각각 bias되게 한 다음 출력파형 V_{out}를 관찰하여 〈표 18.1〉에 그려라.

(2) 클램퍼

① [그림 18.1(a)]회로를 구성하라. 함수발생기의 주파수를 1kHz로 맞추고, 입력 신호전압을 $4\,V_{p-p}$ 구형파로 하여라)

② 가변 dc전원 V_{AA}를 +2V로 맞추고, 이때의 출력 전압파형을 관찰하여 〈표 18.2〉에 도시하여라

③ 전압 V_{AA}를 0V에서 +4V까지 서서히 변화 시켜가면서 이 때의 출력파형의 dc레벨의 변화를 관찰하여라.

④ [그림 18.11(b)]에 대해서도 실험방법 ②, ③을 반복하여라.

3 회로도

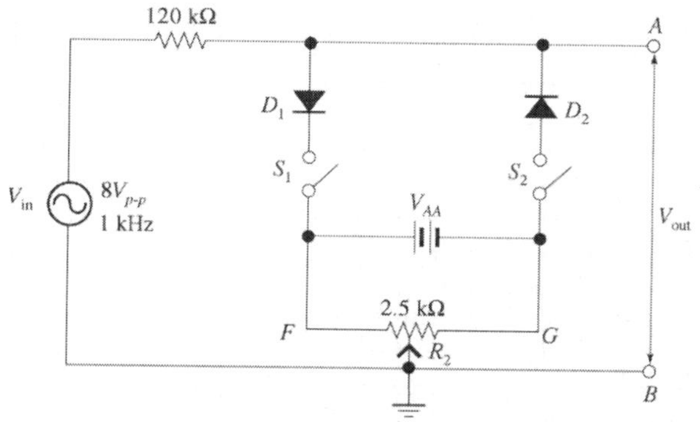

[그림 18.10] 슬라이서 회로

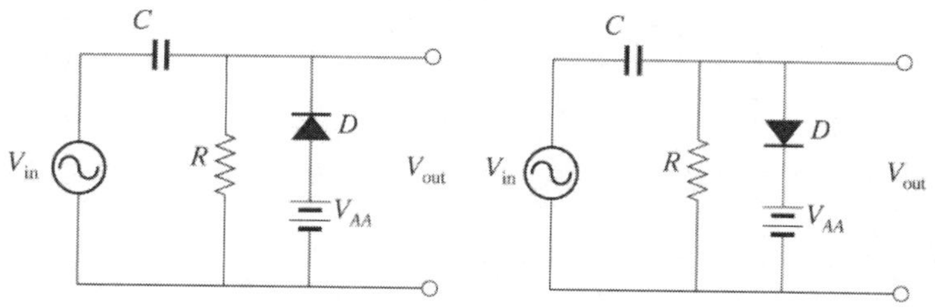

(a) (b)

[그림 18.11] 클램퍼 회로

4 측정값

〈표 18.1〉 슬라이서

순 서	$V(p-p)$	파 형	순 서	$V(p-p)$	파 형
(9)			(9)		
(10)			(13)		
(11)			(15)		
(12)			(16)		

〈표 18.2〉 클램퍼

순 서	$V(p-p)$	파 형	순 서	$V(p-p)$	파 형
입력 파형			입력 파형		
(2)			(4)		

5 결과 및 분석

토의사항

① 비동기 검파 회로에 쓰이는 포락선 검파기(피크 검출기)에 대한 동작을 설명하라.

② 전달함수란 무엇인가를 정의하고 실험 절차의 [그림 18.11(a)], [그림 18.11(b)] 회로에 대한 전달함수를 구하라.

③ 아래 회로는 이상적인 peak 검출기 회로를 나타낸다. 주어진 입력 파형에 대하여 출력 v_o를 그려라. 3번째 양의 peak 검출후 출력은 어떻게 변하는가 설명하라.

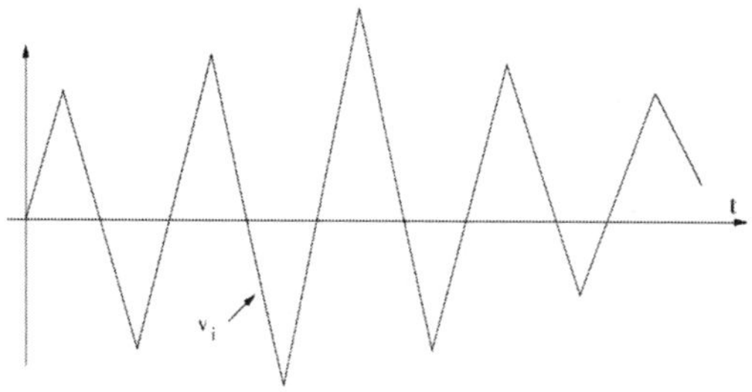

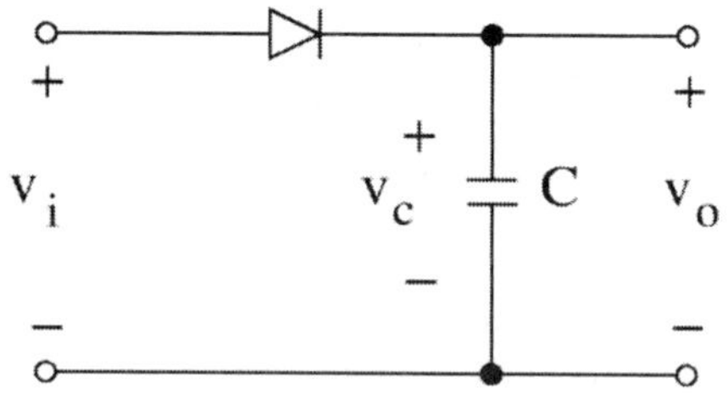

제 19 주

이 론

필터 회로

학습목표

1 주어진 필터 회로의 주파수 특성, 주파수 응답, 대역폭, 차단 주파수, 이득, 데시벨 과 같은 필터에 관련된 변수를 실험적으로 측정할 수 있다.
2 필터의 전달함수와 필터 회로에 대한 주파수와 위상 특성을 실험을 통하여 확인한다.

1 개요

전기회로에서 측정된 전류와 전압에 어떤 의미를 담아 처리하게 된다. 이렇게 의미를 담은 전류나 전압을 신호라고 한다. 이같은 신호를 해석하는 방법에는 전통적으로 **프리에 해석 방법**을 사용한다. 신호처리에 대한 프리에 해석 방법은 시간의 함수로 주어지는 신호를 주파수 공간의 신호로 변환하거나 변혼된 신호를 다시 시간영역으로 역변환하는 과정을 포함한다.

프리에 변환 :

주파수 성분으로 신호 분해 과정 : $$c_n = \frac{1}{2\pi}\int_0^{2\pi} v(t)e^{jnwt}dw \tag{19.1}$$

주파수 성분에서 신호 합성 과정 : $$v(t) = \sum_{n=-\infty}^{\infty} c_n e^{jnwt} \tag{19.2}$$

필터 회로란 여러 주파수 성분을 갖는 신호의 주파수 성분에 따라 다르게 처리하는 기능을 수행한다. 필터링의 목표는 어떤 영역의 주파수 성분은 유지하면서 어떤 영역의 주파수 성분을 갖는 신호는 제거하는 것이다. 필터의 유형은 주파수 성분의 처리 결광 따라 다음과 같이 분류한다.

- 저역통과 필터 : 저역 주파수 성분은 잘 통과시키고 고역 주파수 성분은 차단한다.
- 고역통과 필터 : 고역 주파수 성분은 잘 통과 시키고 저역 주파수 성분은 차단한다.
- 대역통과 필터 : 일부의 대역 주파수는 잘 통과 시키고 나머지 대역은 차단한다.
- 대역차단 필터 : 일부의 대역 주파수는 차단시키고 나머지 대역은 차단한다.

또한 필터를 구현화는 회로 소자의 사용 여부에 따라 증폭 기능을 갖지 못하는 수동 필터 회로가 있고 트랜지스터나 OP-amp를 사용한 증폭 기능을 갖는 능동 필터 회로로 구분한다.

2 관련 이론

유·무선의 전기적인 신호에는 많은 주파수 성분이 포함되어 있으며 이 중에서 원하는 성분의 주파수들을 통과 시키거나 원하지 않는 성분을 걸러내는 회로를 **필터**(혹은 **여파기**)라고 한다. 필터에 대한 정확한 이해는 신호처리에 관련된 이론(프리어 해석, 스펙트럼, 복소수 주파수 등)을 필요로한다. 필터 실험에 관련된 주요 사항만을 다루고자 한다.

- **필터** : 입력(정현파형 및 혼합된 파형) 신호들의 진폭과 위상 특성들을 회로의 주파수 특성에 따라 변경시키는 다른 모든 회로들을 일컫는 말이다.
- **필터의 입출력 관계식**
  전기적인 필터(electrical filter) : 신호의 진폭과 위상을 회로의 파라미터에 따라 변화시키는 데 사용되는 회로를 말한다. 이 필터의 주파수 응답을 주로 전달 함수

$$\frac{V_{out}}{V_{\text{in}}}(f) = H(f) \text{ 혹은 } H(\omega) \tag{19.3}$$

로 표현한다.

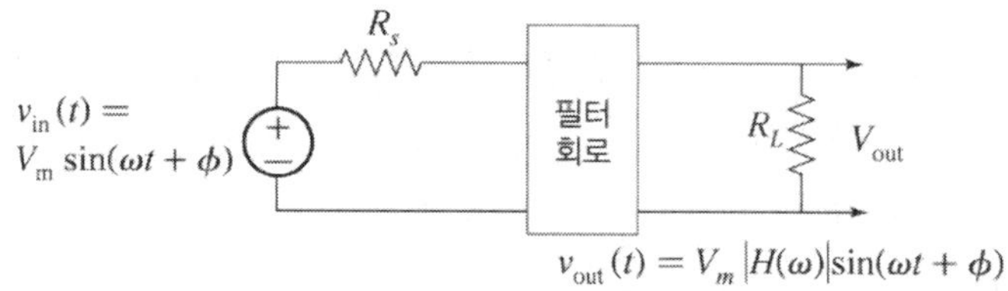

[그림 19.1] 필터 회로 모델

필터의 주파수 응답 영향은 크게 세 부분의 변형을 초래한다.

- **파형의 변형** : 임의의 입력 신호 파형은 Fourier 변환에 의해 각 주파수 성분으로 분해될 수 있고, 이들 각각에 필터 응답 $H(w)$를 곱하여 중첩하여 출력을 구할 수 있는데, 일반적으로 파형의 왜 곡을 초래한다.
- **진폭 왜곡** : $|H(w)|$가 일정하지 않을 때, 주파수에 따라 다른 증폭도를 갖는다.
- **위상 왜곡** : 위상 천이(shift)는 주파수에 따라 다른 반응 속도를 나타내며, 따라서 서로 다른 주파수 성분을 갖는 신호들이 합에 의해 출력이 생성될 때 주파수별 지연 시간의 차이로 왜곡을 발생하는데 이를 위상 왜곡이라고 한다.

필터는 주파수를 통과시키는 범위에 따라 좁은 대역만을 통과시키는 **협대역**(narrowband) 필터, 넓은 주파수 대역을 통과시키는 **광대역**(broadband) 필터, 주파수 대역의 저주파 대역을 통과 시키면 저역 필터, 고주파 대역을 통과시키면 고역 필터라고한다.

(1) 필터의 종류

저역통과 필터와 실제적인 필터의 주파수 특성을 [그림 19.2]에 스케치하였다.

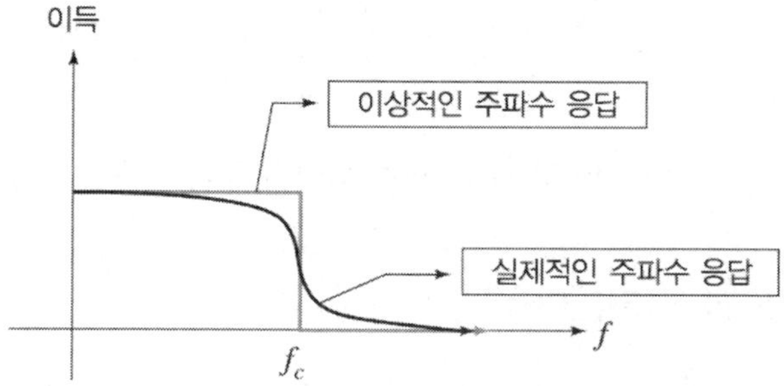

[그림 19.2] 저역 통과 필터의 주파수 응답

이상적인 고역통과 필터와 실제적인 필터의 주파수 특성은 [그림 19.3]에 스케치하였다.

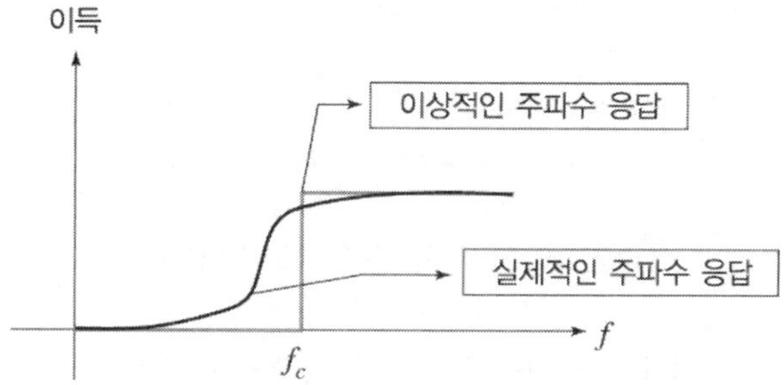

[그림 19.3] 고역 통과 필터의 주파수 응답

이상적인 대역통과 필터 (Bandpass Filter)와 실제적인 필터의 주파수특성을 [그림 19.4]에 스케치하였다.

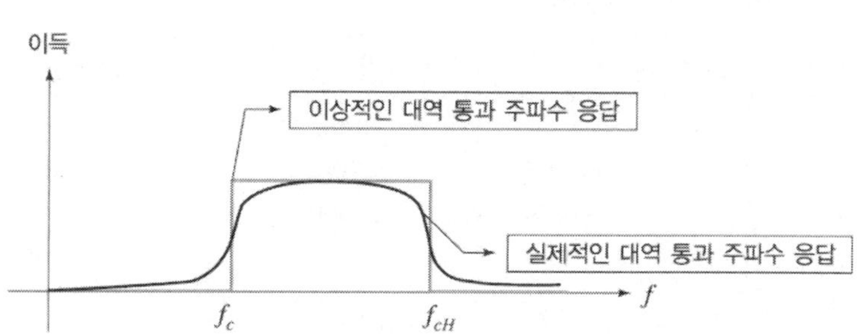

[그림 19.4] 대역 통과 필터의 주파수 응답

이상적인 대역저지 필터(Notch Filter/Band Rejection Filter)와 실제적인 필터의 주파수 특성을 [그림 19.5]에 스케치하였다.

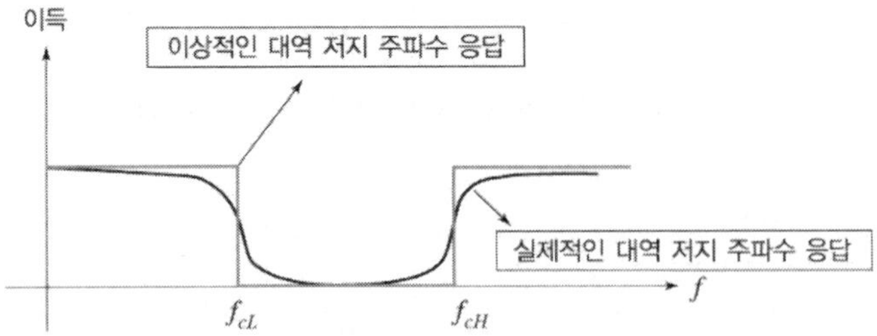

[그림 19.5] 대역 저지 필터의 주파수 응답

(2) 실제적인 저역-통과 필터(LPF)

입력 신호가 저주파 성분과 고주파 성분을 포함하고 있을 때 저주파의 성분들을 주로 통과시키고, 고주파의 성분들을 상대적으로 감쇠시키는 데 사용된다.

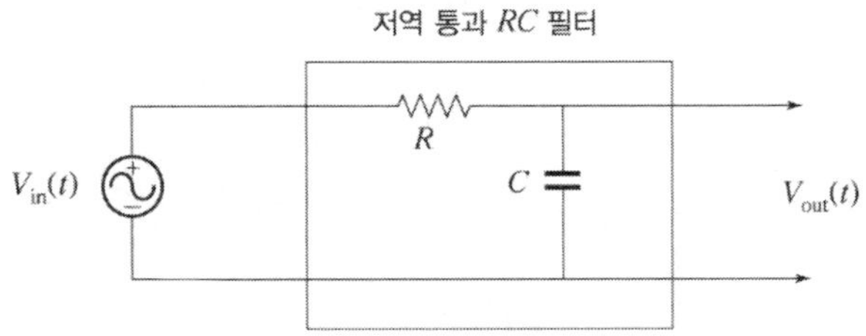

[그림 19.6] 저역 통과 RC 필터 회로

여러 입력 주파수에 대하여 RC 저역통과회로의 주파수에 따른 응답을 구하면 〈표 19.1〉에서 보듯이 고주파로 갈수록 현저하게 감쇄됨을 알 수 있다. 기준 입력 전압의 크기는 1로 정규화하였다. 사용된 부품의 값은 저항은 1000Ω, 캐패시터는 3μF이다. 이때 차단 주파수를 구하면 $f_c = f_{cutoff} = 53.05Hz$가 된다.

〈표 19.1〉 저역 통과 RC 필터의 주파수 응답

입력주파수(f)	X_C, Ω	R, Ω	$\|H(f)\|$	V_{out}, V
0 Hz	0	1000	1	1
5.305 Hz	10000.3	1000	0.995	0.995
53.05 Hz	999.9	1000	0.707	0.707
530.5 Hz	99.9	1000	0.0995	0.0995
5305 Hz	9.99	1000	0.00999	0.00999

주파수 응답을 구해보면

$$H(w) = \frac{\boldsymbol{V_{out}}}{\boldsymbol{V_{in}}} = \frac{\frac{1}{j\omega C}}{R + \frac{1}{j\omega C}} = \frac{1}{1 + j\omega RC} \tag{19.4}$$

로 주어지며 차단 주파수 f_{cutoff} 는 $|H(w_{cutoff})| = |H(w_c)| = \frac{1}{\sqrt{2}}$ 가 되는 주파수를 찾으면 되므로 $|jwRC| = 1$일 때 이 관계가 성립된다. 따라서 차단 주파수 $f_{cutoff} = f_c = \frac{1}{2\pi RC}$ 로 주어진다. 차단 주파수를 사용하여 주파수 응답을 다시 쓰면

$$H(w) = \frac{V_{out}}{V_{in}} = \frac{\frac{1}{j\omega C}}{R + \frac{1}{j\omega C}} = \frac{1}{1 + j\omega RC} = \frac{1}{1 + j\omega/\omega_c} = \frac{1}{1 + jf/f_c} \tag{19.5}$$

$$\text{크기 스펙트럼 : } |H(f)| = \frac{1}{\sqrt{1 + (f/f_c)^2}} \tag{19.6}$$

$$\text{위상 스펙트럼 : } \angle H(f) = -\arctan\left(\frac{f}{f_c}\right) \tag{19.7}$$

전달 함수 혹은 필터의 주파수 응답의 이득을 데시벨로 표현하여 주파수에 대하여 이득의 변화를 그래프로 그린 그래프를 **Bode plot**(혹은 Logarithmic plot)이라고 한다. 수직축은 주파수 응답의 진폭을 데시벨(dB) 단위로 나타낸다. dB 선도는 다음 식에 의해 정의된다 :

$$\left|\frac{V_{out}(f)}{V_{in}(f)}\right|_{dB} = 20\log_{10}\left|\frac{V_{out}}{V_{in}}\right| = 20\log_{10}|H(f)| \tag{19.8}$$

따라서 크기의 Bode plot 수식은

$$|H(f)|_{dB} = 20\log|H(f)| = -10\log\left[1 + \left(\frac{f}{f_c}\right)^2\right] \tag{19.9}$$

주파수 f가 차단 주파수 f_c보다 충분히 크다면($f \gg f_c$) 식(19.9)는 다음과 같이 근사화된다.

$$|H(f)|_{dB} \approx -20\log\left(\frac{f}{f_c}\right) \tag{19.20}$$

식(19.20)에 따르면 f가 $2f_c$일때마다 대략 −6dB/octave로 감소한다. 저역통과필터의 다른 회로 구성 예를 찾아보면 [그림 19.7]과 같다.

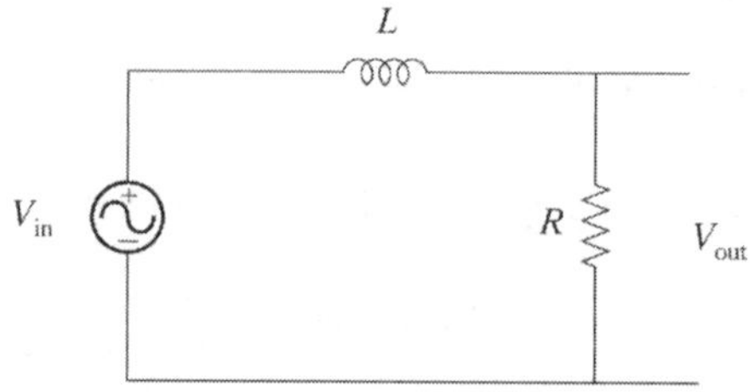

[그림 19.7] 저역 통과 RL 필터 회로도

❐ 차단 주파수의 결정 :

$w=0$ 일 때의 크기의$1/\sqrt{2}\,(=0.707)$배 되는 크기를 갖는 주파수를 보통 3dB(반전력) 차단 주파수라고한다. RL 저역통과회로에서의 차단 주파수는 다음과 같이 계산된다. 필터의 출력 전압을 V_{out}, 입력 전압을 V_{in} 이라고 하면 전달함수는

$$H(jw)=\frac{V_{out}(jw)}{V_{in}(j\omega)}=\frac{R}{R+jwL}=\frac{1}{1+jwL/R} \tag{19.21}$$

여기서 $wL/R=1$이되는 주파수를 차단 주파수가 된다. 따라서 $w_c=w_{cutoff}=R/L$이 된다.

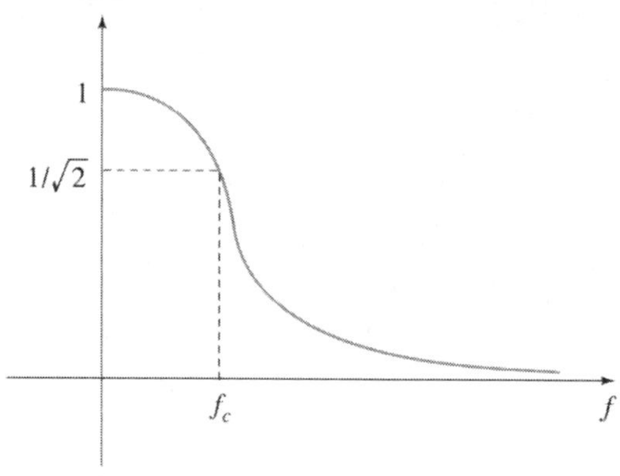

[그림 19.8] 실제적인 저역 통과 필터의 크기 주파수 응답 특성

(3) 실제적인 고역-통과 필터(HPF)

입력 신호가 저주파 성분과 고주파 성분을 포함하고 있을 때 고주파의 성분들을 주로 통과시키고, 저주파의 성분들을 상대적으로 감쇠시키는 데 사용된다.

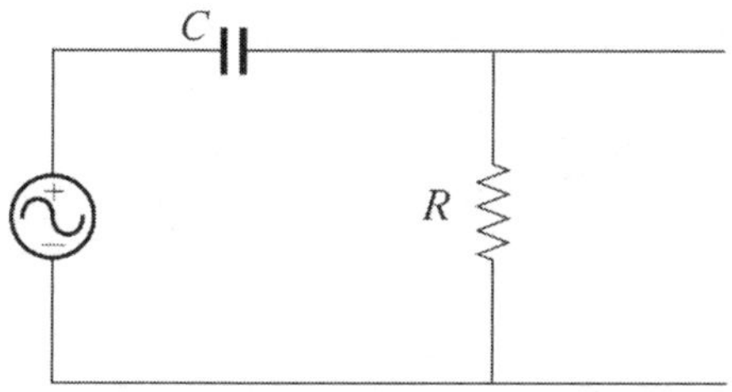

[그림 19.9] 고역통과 필터 회로

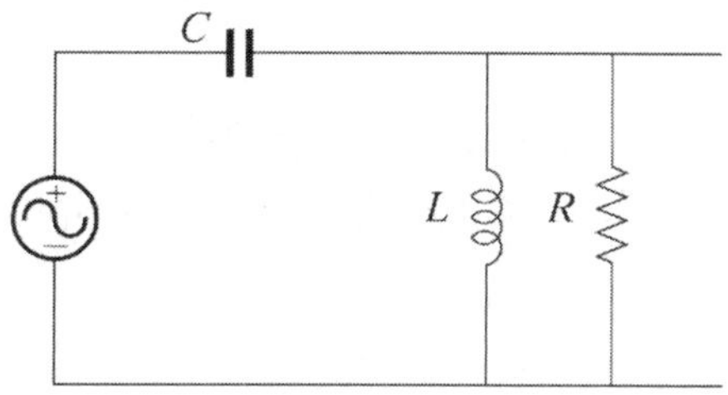

[그림 19.10] 고역통과 필터 회로

여러 입력 주파수에 대하여 CR 고역통과회로의 주파수에 따른 응답을 구하면 〈표 19.2〉에서 보듯이 저주파로 갈수록 현저하게 감쇄됨을 알 수 있다. 사용된 부품의 값은 저항은 1000Ω, 캐패시터는 3μF이다. 이때 차단 주파수를 구하면 $f_c = 53.05Hz$ 가 된다.

〈표 19.2〉 고역 통과 RC 필터의 주파수 응답

입력주파수	X_C, Ω	R, Ω	$\lvert H(w)\rvert$	V_R, V
0 Hz	inf	1000	0	0 V
5.305 Hz	10000.3	1000	0.099	0.099 V
53.05 Hz	999.9	1000	0.707	0.707 V
530.5 Hz	99.9	1000	0.995	0.995 V

❐ 차단 주파수의 결정

$w=\infty$ (혹은 $w=0$) 일 때의 크기의 $1/\sqrt{2}$ (=0.707)배 되는 크기를 갖는 주파수를 보통 3dB(반전력) 차단주파수라고 한다. RC 고역통과회로에서의 차단 주파수는 다음과 같이 계산된다. 필터의 출력 전압을 V_o, 입력 전압을 V_i라고하면 전달함수는

$$H(jw) = \frac{V_o(jw)}{V_i(jw)} = \frac{R}{R+j1/wC} = \frac{1}{1+j1/wRC}$$

혹은

$$H(f) = \frac{V_o(f)}{V_i(f)} = \frac{j\frac{f}{f_c}}{1+j\frac{f}{f_c}} \tag{19.22}$$

따라서 이득(크기 주파수 응답)은

$$|H(f)| = \left|\frac{V_o(f)}{V_i(f)}\right| = \frac{|j\frac{f}{f_c}|}{|1+j\frac{f}{f_c}|} = \frac{f/f_c}{\sqrt{1+(f/f_c)^2}} \tag{19.23}$$

여기서 $1/wRC = 1$이되는 주파수를 차단주파수라고 한다.
따라서 $w_c = 1/RC$(혹은 $f_c = 1/2\pi RC$).

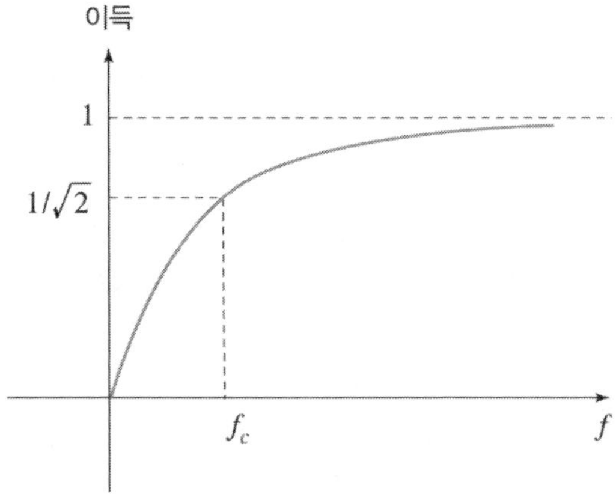

[그림 19.11] 실제적인 고역 통과 필터의 주파수 응답 특성

(4) 실제적인 대역-통과 필터

입력 신호중에 일정 대역 내에 드는 주파수들을 상대적으로 감쇠없이 통과시키고 일정 대역의 범위를 벗어난 신호를 감쇠시키는데 사용된다. 저주파 신호를 반송파에 실어 변조하는 형태의 방송 및 통신시스템 회로에서 주로 사용된다. 직렬/병렬공진 회로는 대역통과필터의 특성을 갖는다([그림 19.13], [그림 19.15]).

❐ 대역폭의 결정

피크 크기의 $1/\sqrt{2}$배 되는 크기를 갖는 두 주파수의 차를 **대역폭**이라고한다. 대역폭의 계산은 병렬/직렬 공진회로의 경우를 참고하기 바란다. 통과 대역의 폭을 대역폭이라고 하며 $\omega_2 - \omega_1 = \omega_b$ 혹은 $f_2 - f_1 = f_b$ 로 주어진다. 여기서 두 개의 차단 주파수 f_1, f_2는 12주 RLC 직렬공진회로의 식(12.11),(12.12), (12.13)으로부터 얻어진다. 특히 대역 통과 특성을 갖는 공진회로에서 공진 주파수 f_0와 대역폭 f_b 사이의 관계는 공진 회로의 선택도를 나타내는 파라미터로 공진 회로의 선택도 혹은 양호도라 하며 다음과 같이 정의된다.

공진 주파수 : $f_0 = \dfrac{1}{2\pi\sqrt{LC}}$

$$w_1 = 2\pi f_1 = \frac{1}{2}\left(-\frac{R}{L} + \sqrt{\left(\frac{R}{L}\right)^2 + \frac{4}{LC}}\right)$$
$$w_2 = 2\pi f_2 = \frac{1}{2}\left(\frac{R}{L} + \sqrt{\left(\frac{R}{L}\right)^2 + \frac{4}{LC}}\right)$$

$$Q_s = \frac{\text{공진주파수}}{\text{대역폭}} = \frac{f_0}{\Delta f} = \frac{f_0}{f_2 - f_1} = \frac{f_0}{f_b} = \frac{2\pi f_0 L}{R} = \frac{1}{2\pi f_0 RC} \tag{19.24}$$

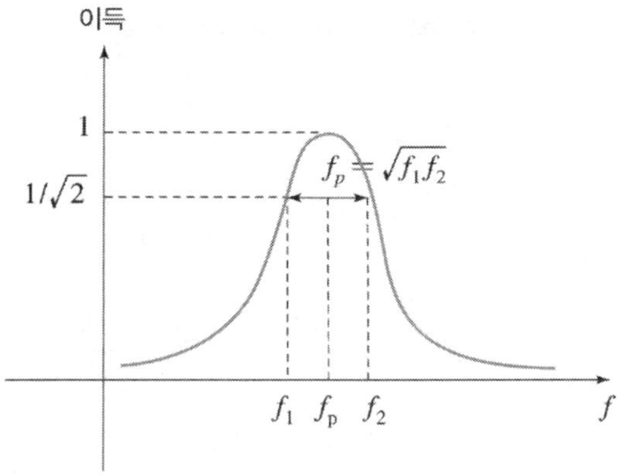

[그림 19.12] 대역 통과 필터의 주파수 응답 특성

Q_s는 필터의 중요한 지표가 된다. 만일 $Q_s \gg 1$이면 두 개의 차단 주파수는 다음과 같이 근사화할 수 있다.

$$f_2 \approx f_0 + \frac{f_b}{2},\ f_1 \approx f_0 - \frac{f_b}{2} \tag{19.25}$$

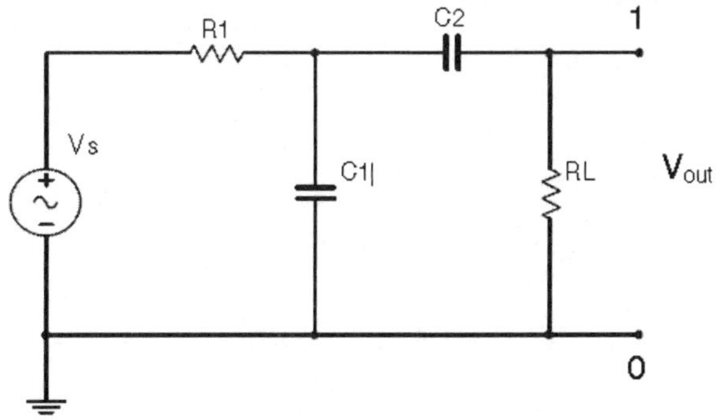

[그림 19.13] 캐패시터만을 사용한 2계 대역 통과 필터 회로

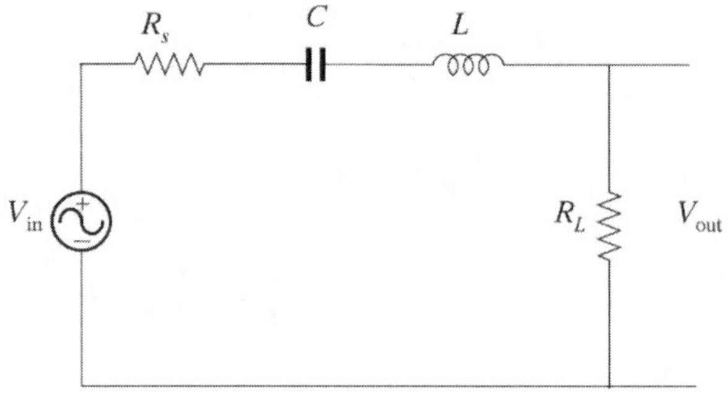

[그림 19.14] 직렬 공진회로

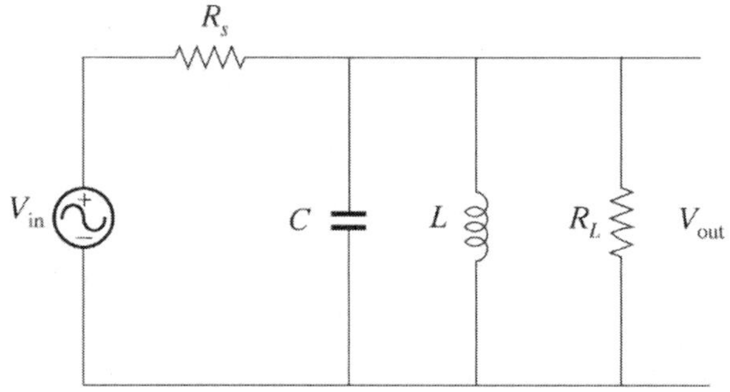

[그림 19.15] 병렬 공진 회로

(5) 실제적인 대역-차단 필터(BRF)

입력 신호 중에 일정 대역 내에 드는 주파수들을 상대적으로 감쇠시키고 그밖의 신호들을 감쇠 없이 통과시키는데 사용된다. 특정 톤 잡음의 신호나 어떤 대역내의 간섭 신호를 제거하는 형태의 통신시스템 회로에서 주로 사용된다. 대역 차단 필터의 직렬/병렬공진회로는 대역통과필터의 특성과 상반적인 특성을 갖는다.

❒ **저지(notch filter) 대역폭**

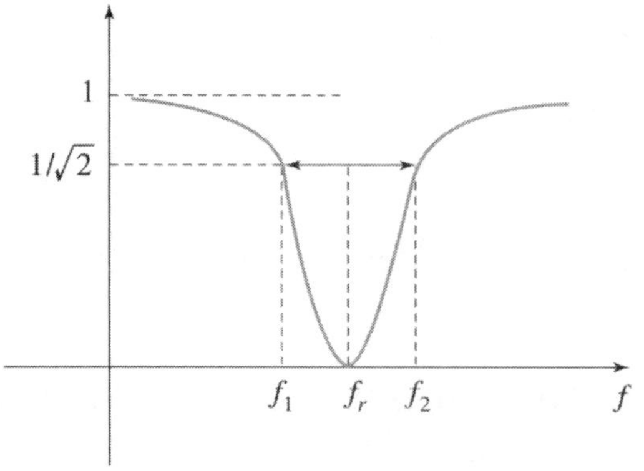

[그림 19.16] 대역 저지 필터의 주파수 응답 특성

$w=0$과 $w=\infty$일 때의 크기의 $1/\sqrt{2}$ 배가 되는 크기에서의 두 주파수(f_1, f_2)의 차로 정의된다. 크기 전달 함수는 공진 주파수 $f_r = f_0$에서 0이 된다. 이론적으로 양쪽 차단 주파수 이하와 이상에서 크기 주파수 응답은 일정한 값을 갖는다.

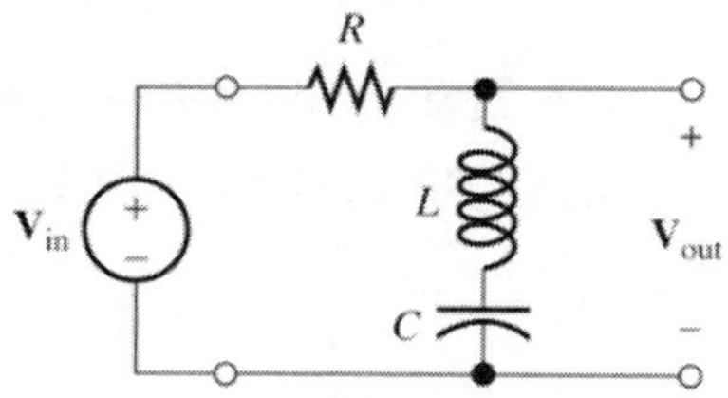

[그림 19.17] 2계 대역 저지 필터 회로

연습문제

1. [그림 P19.1]에 보인 RC 저역 통과 필터의 차단 주파수 f_c를 구하고 $0, 0.5f_c, f_c, 2f_c, 3f_c$ 에 대하여 크기 주파수 응답과 위상 응답을 그래프로 그려라.

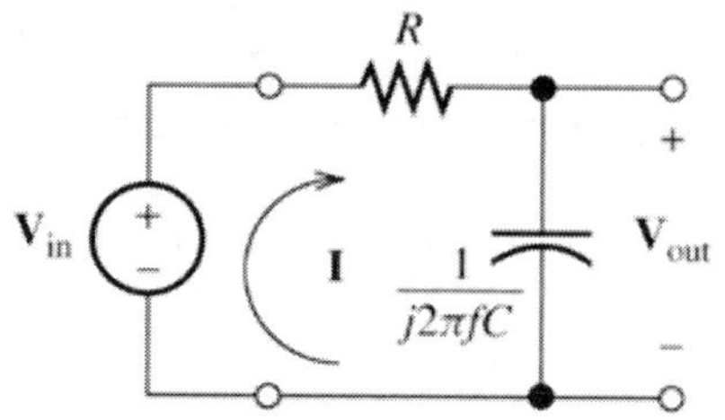

[그림 P19.1] RC 저역 통과 필터

해답

필터 전달 함수 $H(w)=\dfrac{V_{out}}{V_{in}}=\dfrac{\dfrac{1}{j\omega C}}{R+\dfrac{1}{j\omega C}}=\dfrac{1}{1+j\omega RC}=\dfrac{1}{1+jf/f_c}$

차단 주파수 $f_c=1/2\pi RC$

크기 응답 : $|H(f)|=\dfrac{1}{\sqrt{1+(f/f_c)^2}}$

위상 응답 : $\angle H(f)=-\arctan\left(\dfrac{f}{f_c}\right)$

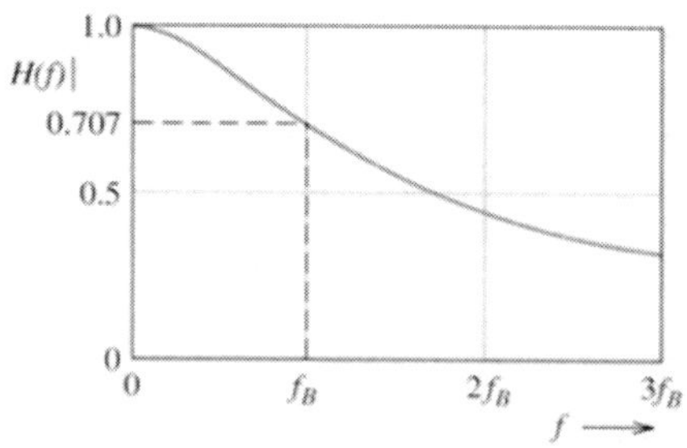

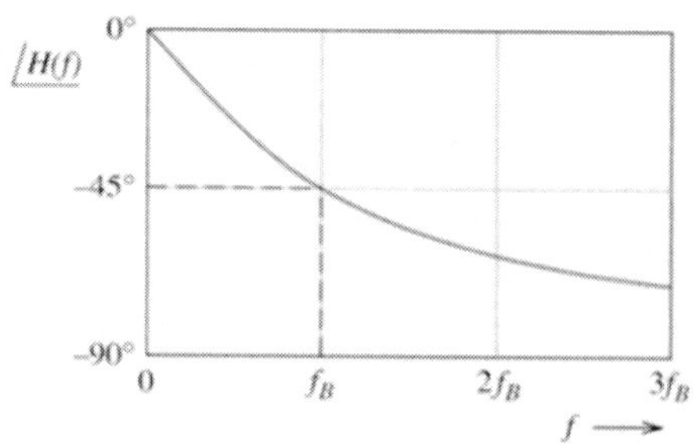

2. **1kHz보다 높은 주파수 성분을 통과시키고 1kHz보다 낮은 주파수 성분은 제거시키는 필터를 필요로한다. 주어진 2계 필터의 회로 구성 부품을 결정하고 크기 주파수 응답을 그려라. 단, $L = 50mH$를 사용하라. 가능한 크기 응답이 통과 대역에서 거의 일정한 응답특성을 갖는다고 가정하라.**

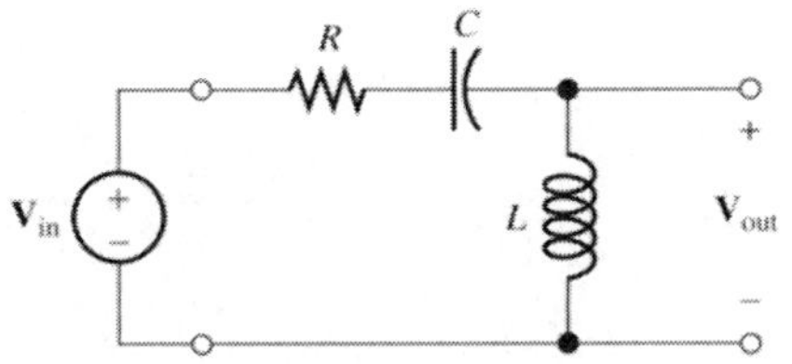

[그림 P19.2] 필터 회로

해답 저주파 성분은 제거하고 고주파 성분을 통과시켜야하므로 2계 고역 통과 필터 설계 문제이다. 일반적으로 통과대역에서 거의 일정한 응답 특성을 갖도록 하려면 $Q_s \approx 1$을 선정한다. 그리고 1kHz를 중심으로 주파수 응답이 달라지므로 $f_0 \approx 1kHz$라고 가정할 수 있다.

$$f_0 = \frac{1}{2\pi\sqrt{LC}} \rightarrow C = \frac{1}{(2\pi)^2 f_0^2 L} = 0.507\mu\text{F}, \quad Q_s = \frac{2\pi f_o L}{R} \rightarrow R = \frac{2\pi f_0 L}{Q_s} = 314.1\Omega$$

따라서 $C = \frac{1}{(2\pi)^2 f_0^2 L} = \frac{1}{(2\pi)^2 (1000)^2 (50 \times 10^{-3})} = 0.507\mu F$

$$R = \frac{2\pi f_0 L}{Q_s} = \frac{2\pi \times 10^3 \times 50 \times 10^{-3}}{1} = 314.1\Omega$$

크기 주파수 응답 그래프

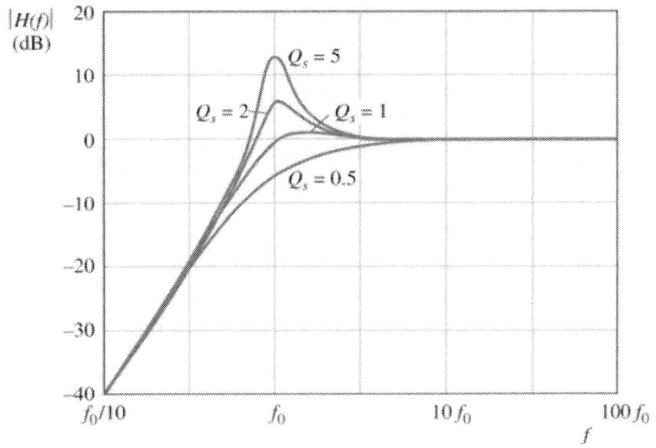

3. 저역 통과 필터와 고역 통과 필터의 적절한 조합에 의해 대역 통과 필터 나 대역 차단 필터를 구현할 수 있다. 다음 필터는 대역 통과 필터인지 대역 차단 필터인지 구별하고 두 개의 차단 주파수와 대역폭을 구하라.

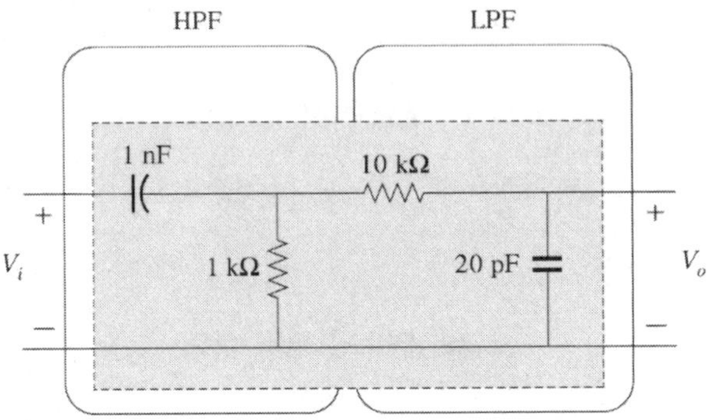

[그림 P19.3]

해답

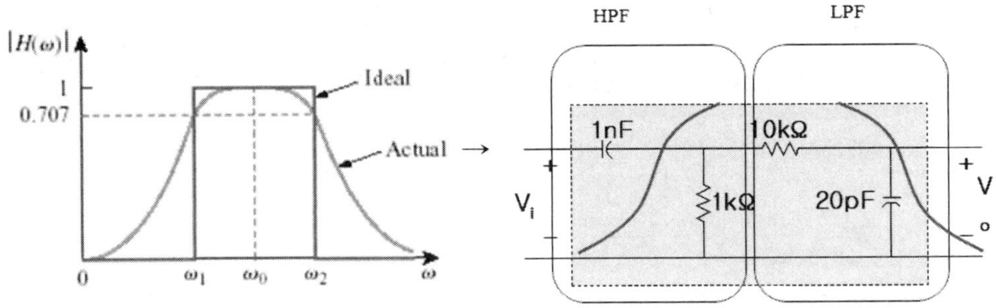

$$f_{C1} = \frac{1}{2\pi R_1 C_1} = \frac{1}{2\pi \times (1\text{k}\Omega) \times (1\text{nF})} = 159\text{kHz}$$

$$f_{C2} = \frac{1}{2\pi R_2 C_2} = \frac{1}{2\pi \times (10\text{k}\Omega) \times (20\text{nF})} = 796\text{kHz}$$

$$BW = f_{c2} - f_{c1} = 796\,\text{kHz} - 159\text{kHz} = 637\text{kHz}$$

제 19 주

실험절차

저역, 고역, 대역통과 필터회로

강의 : 30분, 실험 : 2시간, 연장 : 30분

1 실험장비 및 부품

① 함수발생기 1대
② 오실로스코프 1대
③ 가변 저항기 2대(10kΩ, 20kΩ)
④ 캐패시터 2개(0.001μF, 0.01μF)
⑤ 디지털 멀티미터 1대
⑥ decade 인덕터 박스 1대 혹은 인덕터 1개(20mH정도)

2 실험방법

① [그림 19.18(a)]와 [그림 19.18(b)] 회로를 브레드보드판에 결선하고 고역통과 필터의 경우 오실로스코프의 CH1을 캐패시터의 출력에 연결하고, CH2에는 저항의 출력을 연결하라. 저역통과 필터의 경우는 그 반대로 오실로스코프를 연결하라.

② 함수발생기를 $5\,V_{p-p}$(0 dBm*에 해당)로 맞추고 주파수를 0Hz에서 5kHz까지 여러 단계로 변화시켜 가며 실험적으로 회로의 주파수 응답 전압을 구하라. 이때 항상 실험이 진행되는 동안 함수발생기의 기준 전압을 $5\,V_{p-p}$로 유지해야한다. 측정 결과를 〈표 19.3〉과 〈표 19.4〉에 각각 기록하라.

③ [그림 19.18(a)] 고역통과 필터 회로에 함수발생기를 $5\,V_{p-p}$(0 dBm*1에 해당)로 맞추고 차단 주파수 부근(700 Hz ~ 900 Hz)에서 좀더 좁은 단계로 주파수를 변화시켜 가며 실험적으로 회로의 3dB 차단주파수를 구하라. 오실로스코프 channel 1의 프로브를 캐패시터 양단에 접속하여 저역 통과 필터의 출력 전압을 측정하고 차단주파수 부근에서의 출력 파형을 그려라. 이때 항상 실험이 진행되는 동안 함수발생기의 기준 전압을 5Vp-p로 유지해야 한다. 다음 공식을 사용한 차단 주파수와 비교하라.

실험치 : 차단 주파수 $f_c =$ Hz
이론치 : $f_c = 1/2\pi RC =$ Hz

④ [그림 19.18(b)] 저역통과 필터 회로에 함수발생기를 $5\,V_{p-p}$(0 dBm*1 에 해당)로 맞추고 차단 주파수 부근(7,000 Hz ~ 10,000 Hz *2)에서 좀더 좁은 단계로 주파수를 변화시켜가며 실험적으로 회로의 3dB 차단주파수를 구하라. 이때 항상 실험이 진행되는 동안 함수발생기의 기준 전압을 5Vp-p로 유지해야한다. 다음 공식을 사용한 차단 주파수와 비교하라.

*1 : dBm 정의 : 20log10(V_{out} / 1mV)
실험치 : 차단 주파수 $f_c=$ Hz
이론치 : $f_c = 1/2\pi RC$ = Hz

〈표 19.3〉 고역통과 필터

주파수	0 Hz	500 Hz	800 Hz	1,000 Hz	1.3 kHz	1.7 kHz	2.4 kHz	3.5 kHz	5.6 kHz	7.kHz-10kHz(*)
V_{out} 이론치										
V_{out} 실험치										

*2 : 7kHz~10kHz 주파수 부근에서 주파수의 조정은 kHz 단위로 증가시켜가며 3dB cutoff 주파수를 찾는다.

측정치로부터 주파수 응답 곡선 Av=20log10(V_{out}/Vin)dB 보데 선도를 그려라.

〈표 19.4〉 저역통과 필터

주파수	0 Hz	500 Hz	800 Hz	900 Hz(*)	1,000 Hz	1,100 Hz	1,200 Hz	1,400 Hz	1,600 Hz	2.0kHz-10kHz
V_{out} 이론치										
V_{out} 실험치										

*1 800-1000Hz의 주파수 부근에서 주파수의 조정은 100Hz 단위로 증가시켜가며 3dB cutoff 주파수를 찾는다.

측정치로부터 주파수 응답 곡선 Av=20log10(V_{out}/Vin)dB 보데 선도를 그려라.

⑤ 위에서 측정한 차단주파수에서 입력 전압과 출력전압간의 위상차를 오실로스코프의 XY 모드에 놓고 측정하라.

⑥ f = 100Hz와 200Hz에서 입-출력간의 위상차를 측정하라.

f = 100Hz에서 위상 =

f = 200Hz에서 위상 =

⑦ [그림 19.19] 대역통과회로에 대해 위 실험 절차 ② 과정을 반복하라.

〈표 19.4〉 대역통과 필터

주파수	0 Hz	500 Hz	800 Hz	900 Hz(*1)	1.0 kHz	2.0 kHz	4.0 kHz	6.0 kHz	8.0 kHz	9.0kHz-10kHz(*2)
V_{out} 이론치										
V_{out} 실험치										

*1 : 800-1000Hz 부근에서 주파수 부근에서 주파수의 조정은 100Hz 단위로 증가시켜가며 3dB cutoff 주파수를 찾는다.

*2 : 8kHz~10kHz 주파수 부근에서 주파수의 조정은 kHz 단위로 증가시켜가며 3dB cutoff 주파수를 찾는다.

측정치로부터 주파수 응답 곡선 Av=20log10(V_{out}/Vin)dB 보드 선도를 그려라.

Part I

4 회로도

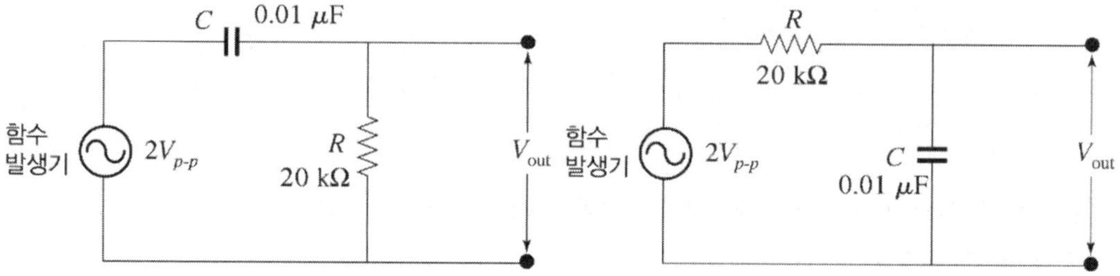

(a) 고역 통과 필터　　　　(b) 저역 통과 필터

(a) 고역통과 필터　　　　(b) 저역통과 필터

[그림 19.18] 고역 및 저역 RC 필터 회로

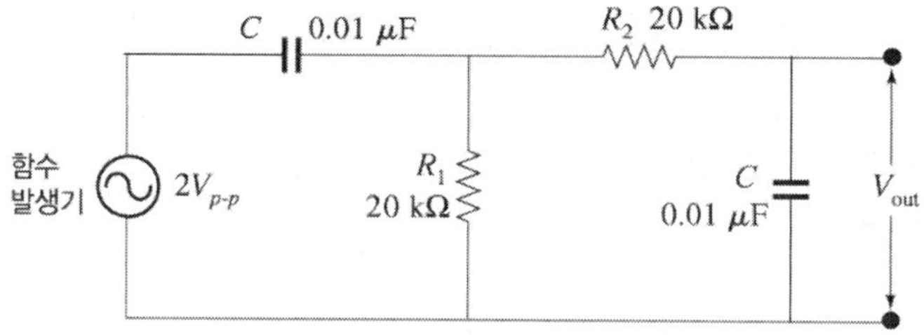

[그림 19.19] 대역통과필터

5 결과분석 및 토의

토의사항

① 광대역 필터와 협대역 필터의 의미를 파악하라.

② Bode plot(보데 선도)이란 무엇인가?

$V(w) = \dfrac{Aw}{\sqrt{B + Cw^2}}$ 에 대한 Bode plot(로그 도)를 그리고 차단주파수와 차단주파수보다 낮은 주파수영역에서의 Bode 선도의 기울기를 구하라.

③ 아날로그 필터와 디지털 필터의 차이점을 조사하고 장단점을 간단히 기술하라.

④ Touch-tone 전화기는 2개의 그룹 주파수 즉 저주파 그룹과 고주파 그룹으로 나누어 합성 톤 신호를 생성한다. 전화기에 사용되는 두 그룹 주파수의 대역 범위와 톤 신호 생성 원리를 간단히 설명하라.

⑤ [그림 19.19]의 대역 통과 필터로부터 대역 차단 필터를 얻는 방법을 설명하라.

Part 2

핵심 디지털 회로편

제 01 주 ~ 제 06 주

제 01 주

이 론

논리게이트 회로

학습목표

1. 기본 AND, OR, NOT, NAND, NOR, XOR 게이트 논리 소자에 대한 회로 기호 이해
2. 실험을 통한 게이트 논리 진리표의 확인, 다중 입력 과 출력 단자의 연결 시험에서의 전달 지연(Propagation Delay) 시간, fan-in 및 fan-out 특성을 이해하고 이를 실험을 통해 확인한다.

1 개요

아날로그 신호와 달리 디지털 신호에서는 제한된 진폭 범위를 갖는다. 가장 보편적인 디지털 신호는 2개의 상태만을 갖는 2진 신호이다. 각 상태는 논리 값 0 혹은 1에 의해 표현되는 어떤 의미를 갖게된다.

보통은 더 높은 진폭값을 갖는 상태를 논리 '1' 혹은 'High' 상태로 나타내고, 더 낮은 진폭값을 갖는 상태를 논리 '0' 혹은 'Low' 상태로 나타낸다. 이같은 논리 규약을 'positive logic'이라고하고 그 반대를 'negative logic'이라고 한다.

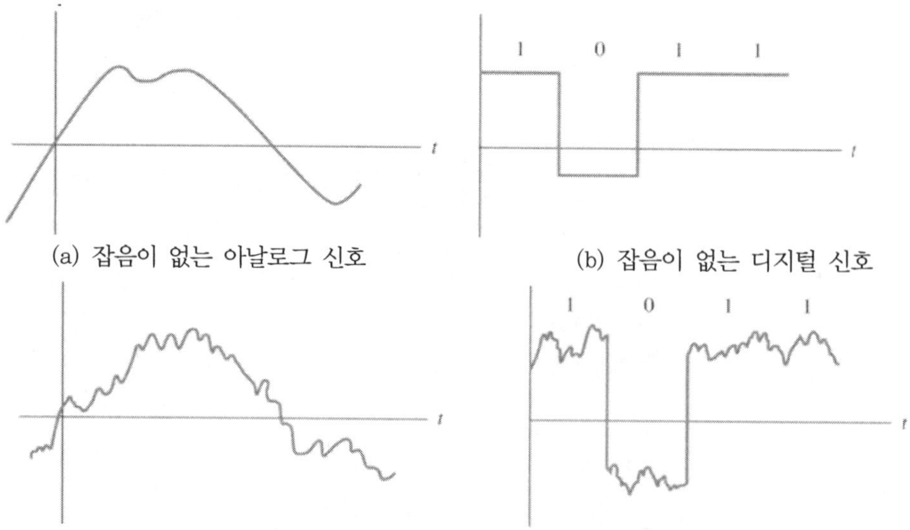

(a) 잡음이 없는 아날로그 신호
(b) 잡음이 없는 디지털 신호
(c) 잡음이 있는 아날로그 신호
(d) 잡음이 있는 디지털 신호

[그림 1.1] 아날로그와 디지털 파형

주요 게이트 부품은 다음과 같다.

74LS00 Quad 2-Input NAND 게이트

74LS02 Quad 2-Input NOR 게이트

74LS04 Quad 2-Input NOT 게이트(인버터)

74LS08 Quad 2-Input AND 게이트

74LS10 Triple 3-Input NAND 게이트

74LS11 Triple 3-Input AND 게이트

74LS32 Quad 2-Input OR 게이트

74LS86 Quad 2-Input XOR 게이트

가령 14-pin DIP (Dual In Line) 페케지에서 핀 번호부여는 top-view로 놓고 왼쪽 위에서부터 반 시계 방향으로 차례로 번호가 부여되는 것이 표준이다.

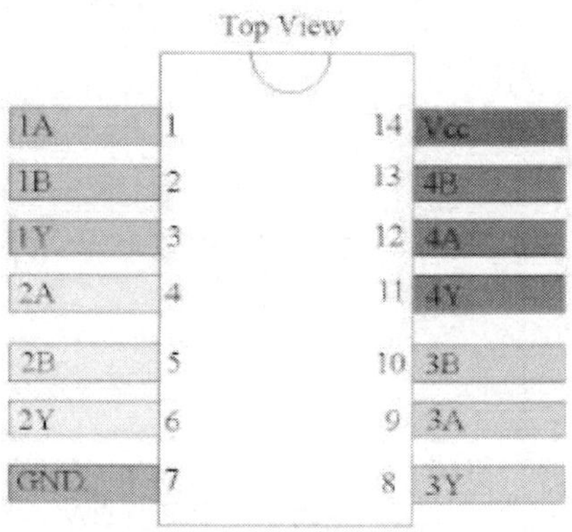

[그림 1.2] DIP 페케지 TTL 게이트의 핀 번호

2진 논리 연산 대수학을 불(Bool) 대수라고 한다. 불 대수에 의한 임의의 논리 회로 표현은 AND 게이트, OR 게이트, Inverter의 연결에 의해 구현될 수 있다. 예를들어, 다음의 논리 표현식은 [그림 1.3]의 게이트 회로에 의해 구현될 수 있다.

$$F = A\overline{B}C + ABC + (C + D)(\overline{D} + E) \tag{1.1}$$

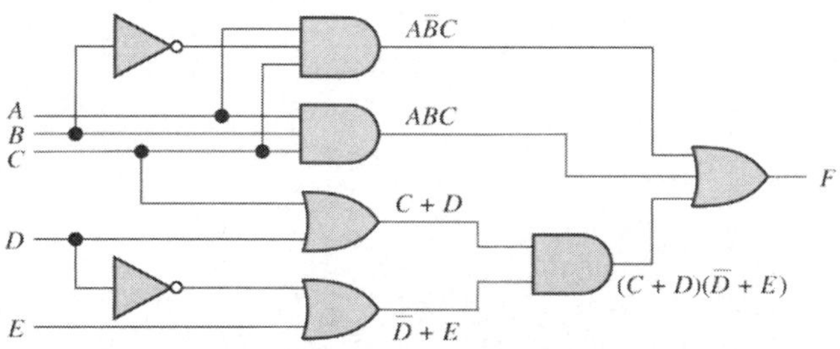

[그림 1.3] 논리식 (1.1)을 구현하는 논리 회로

❐ 드모르강의 논리 연산 법칙

불 대수학의 중요한 결과는 다음 식 (1.2)와 (1.3)으로 주어지는 드모르강의 법칙이다.

$$ABC = \overline{(\overline{A} + \overline{B} + \overline{C})} \tag{1.2}$$

$$A + B + C = \overline{\overline{A}\,\overline{B}\,\overline{C}} \tag{1.3}$$

2 관련 이론

(1) 논리 레벨 정의(Positive Logic의 경우)

대부분의 논리 회로는 단지 두가지 논리 레벨 즉 논리 High('1')와 논리 Low('0')만이 정의된다. TTL 계열에서는 논리 High가 2-5V 사이의 전압레벨로 정의되고 논리 Low는 0-0.8V 사이의 전압으로 정의된다([그림 1.4]).

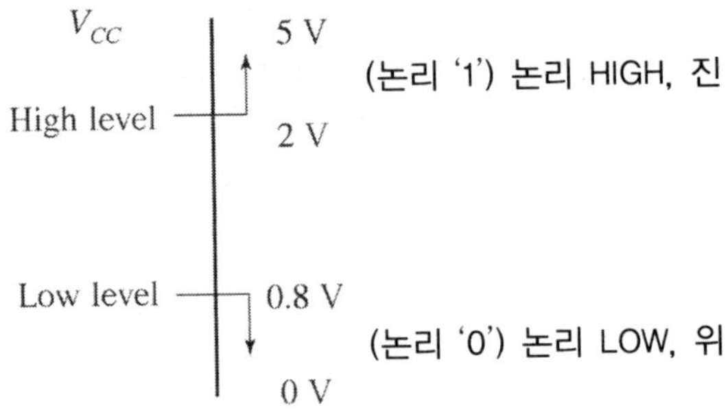

[그림 1.4] 전압에 따른 논리 레벨의 표현

전원 : GND : Ground (접 지)

+5V : +5 Volt

(2) 기본 논리게이트

❒ AND 게이트

AND 게이트의 출력은 모든 입력이 논리 "High'인 상태에 있을 때 'High' 상태가 된다.

〈표 1.1〉 AND 게이트 진리치표

AND게이트 진리치 표		
입력		출력
B	A	C
L	L	L
L	H	L
H	L	L
H	H	H

AND 연산자 표시

연산식 : $C = AB$

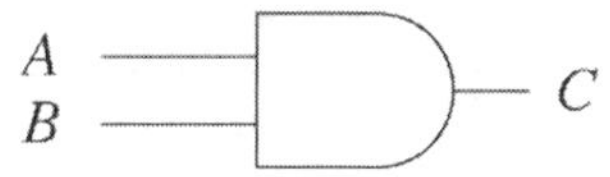

[그림 1.5] AND 게이트 심볼

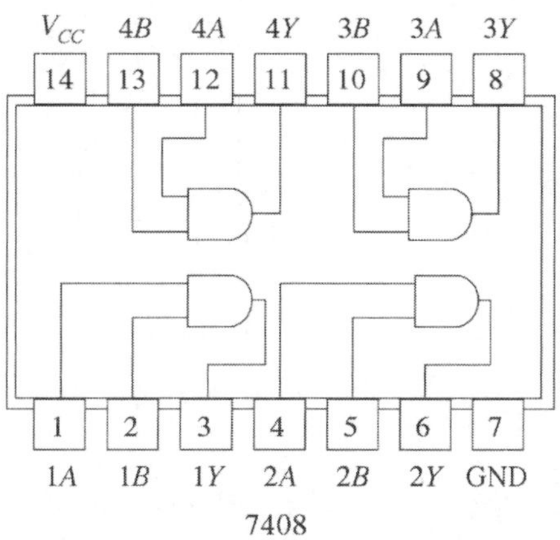

[그림 1.6] TTL Quad 2-input 7408 AND 게이트 IC 회로도

❒ 전파지연 시간

전파지연 시간이란 입력에 변화가 온 뒤 출력의 변화가 나타날 때까지의 시간을 말한다.

t_{PLH} : L → H 논리 Low에서 논리 High로의 지연시간(output 기준)

t_{PHL} : H → L 논리 High에서 논리 Low로의 지연시간(output 기준)

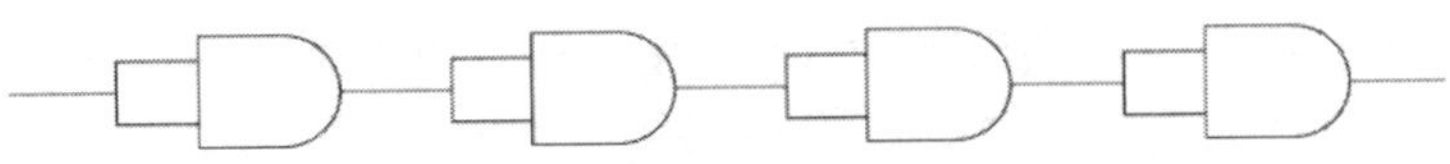

[그림 1.7] AND 게이트의 전파 지연

표준 TTL 장치의 경우 대표적 지연 시간은 게이트당 대략 10nsec이다.

❐ OR 게이트

OR 게이트의 출력은 입력 중 어느 하나의 상태가 'High'이면 'High'상태가 된다.

〈표 1.2〉 OR 게이트의 진리치표

OR 게이트 진리치 표		
입력		출력
B	A	C
0	0	0
0	1	1
1	0	1
1	1	1

OR 연산자 표시

연산식 : $C = A + B$

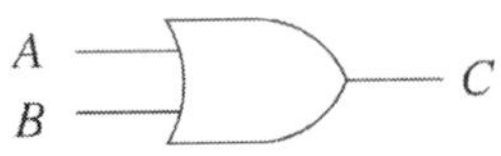

[그림 1.8] OR 게이트 심볼

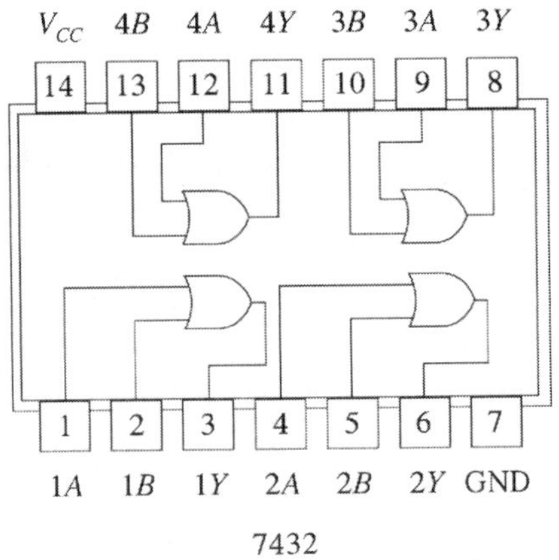

[그림 1.9] TTL Quad 2-input OR 게이트 IC 회로도

❒ NOT 게이트 : UNARY 연산

〈표 1.3〉 NOT 게이트의 진리치표

NOT 게이트 진리치표	
입 력	출 력
A	C
L	H
H	L

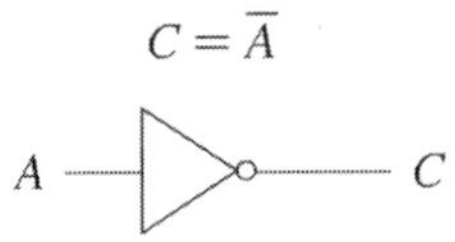

[그림 1.10] 인버터 게이트 심볼

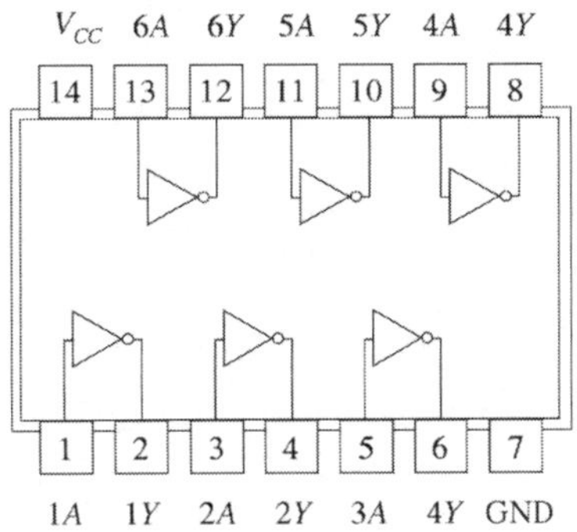

7404

[그림 1.11] TTL Inverter 게이트 IC 회로도

❒ NOT(Inverter) 게이트의 응용

Inverter 게이트는 신호의 반전 목적외에도 다음과 같은 여러 목적으로 응용된다.

- Delay(지연) 소자 : 연속 직렬 연결시 다중 입력간의 시간차를 보상하기 위한 지연 소자로 사용된다.
- fan – out 확장을 위한 버퍼(Buffer) 소자 : 논리 회로의 출력은 다음단에 연결되는 입력의 개수를 화장하기 위한 목적으로 사용되는데 이를 fan-out이라고 한다.

[참고] fan – out 의 수 : TTL 게이트의 출력 단자당 연결 가능한 최대 허용 게이트 입력 단자수 (보통 10개 이내)는 일반적으로 10개정도인데 그 이상 동시에 게이트 출력에 여러 입력단자를 연결하려면 inverter를 사용해 버퍼링 해야한다.

❒ NAND 게이트 = AND + NOT 게이트

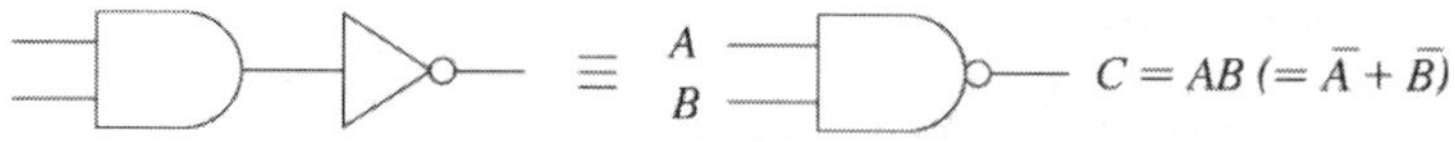

[그림 1.12] NAND 게이트 심볼

〈표 1.4〉 NAAND 게이트 진리치표

NAND 게이트 진리치표		
입 력		출 력
B	A	C
0	0	1
0	1	1
1	0	1
1	1	0

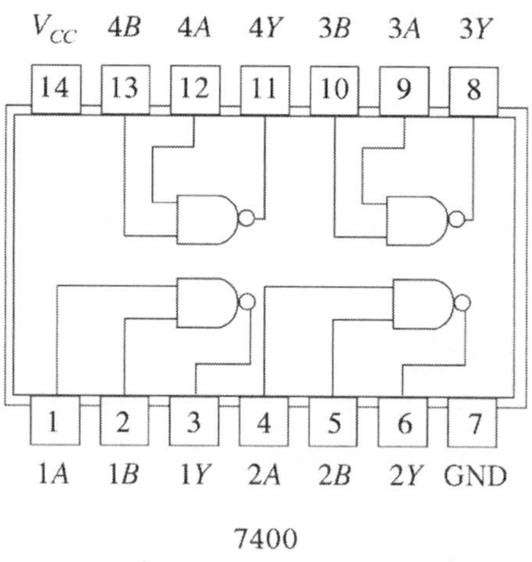

[그림 1.13] TTL Quad 2-input NAND 게이트 IC 회로도

❒ NOR 게이트 = OR + NOT 게이트

NOR 게이트의 출력은 입력이 모두 논리 'Low' 상태가 될 때 'High' 상태가 된다.

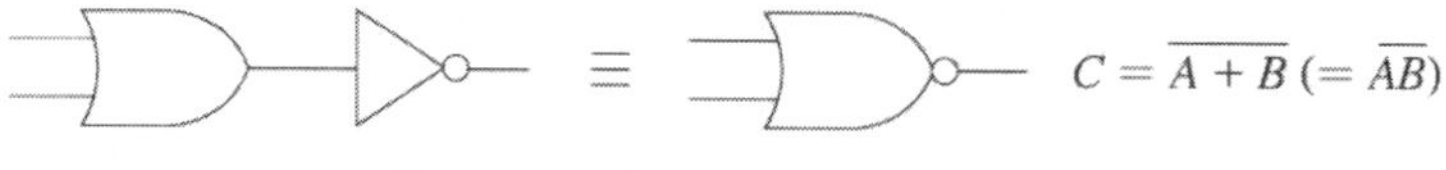

[그림 1.14] NOR 게이트 심볼

〈표 1.5〉 NOR 게이트의 진리치표

NOR 게이트 진리치표		
입 력		출 력
B	A	C
0	0	1
0	1	0
1	0	0
1	1	0

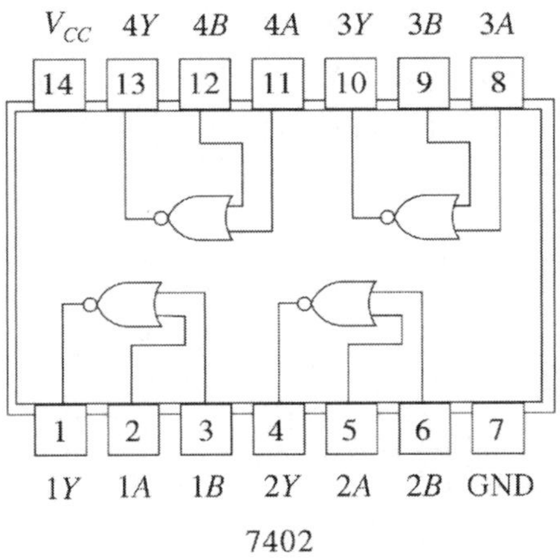

[그림 1.15] TTL Quad 2-input NOR 게이트 IC 회로도

❒ XOR 게이트(Exclusive OR 게이트) = XOR

XOR 게이트의 기본 회로 동작은 2진 덧셈과 같다. 진리치 표의 입출력 관계를 보면 2진 덧셈과 같은 결과를 준다.

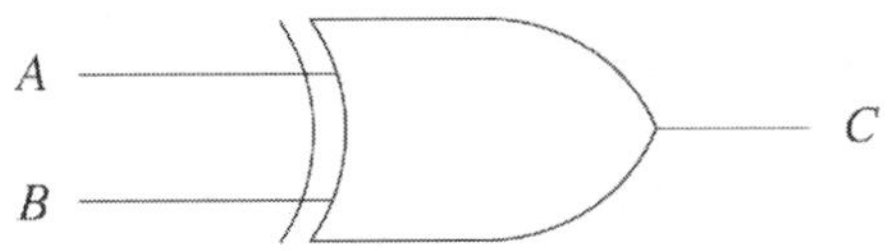

$$C = A \oplus B = A\overline{B} + \overline{A}B$$

[그림 1.16] XOR 게이트 심볼

논리 'HIGH'가 되는 경우의 조합만을 고려한다.

〈표 1.6〉 XOR 게이트의 진리치표

XOR 진리치표		
입 력		출 력
B	A	C
0	0	0
0	1	1
1	0	1
1	1	0

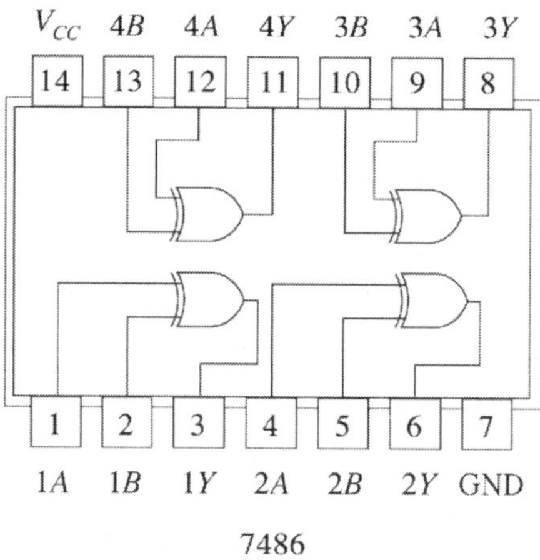

[그림 1.17] TTL Quad 2-input XOR 게이트 IC 회로도

연습문제

1. 어떤 논리 회로의 출력 상태를 'High'로 만들기 위해서는 모든 입력이 'High'인 상태가 요구된다면 이 회로는 어 떤 유형의 논리 회로인가?

해답 AND 게이트

2. 드모르강의 법칙을 사용하여 다음 식으로 주어지는 논리식을 다른 형태로 표현하라.

$D = AB + \overline{B}C$

해답

$D = \overline{\overline{D}} = \overline{(\overline{AB + \overline{B}C})} = \overline{AB} \cdot \overline{\overline{B}C} = (\overline{A} + \overline{B}) \cdot (B + \overline{C})$

3. [그림 P1.1]에 보인 논리 조합 회로에 대한 불 대수 식을 쓰라.

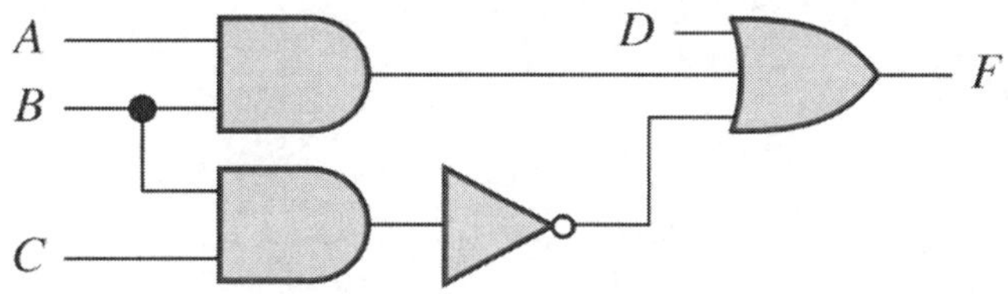

[그림 P1.1] 논리 조합 회로

해답 $F = AB + \overline{BC} + D$

4. [그림 P1.2]에 보인 회로에 대하여 각 스위치는 논리 변수에 의해 제어된다. 즉, A가 논리 'High'이면 A는 닫히고 A가 논리 'Low'이면 A는 열린다. 역으로 B가 'High'이면 $\overline{B}$는 열린다. 출력 전압이 5V이면 출력 변수는 'High' 상태에 있게되고, 출력 전압이 0V이면 출력 변수는 'Low'인 상태에 있게된다. 출력 변수 D에 대한 불 대수 논리식을 세우고 회로에 대하 진리치 표를 찾아라.

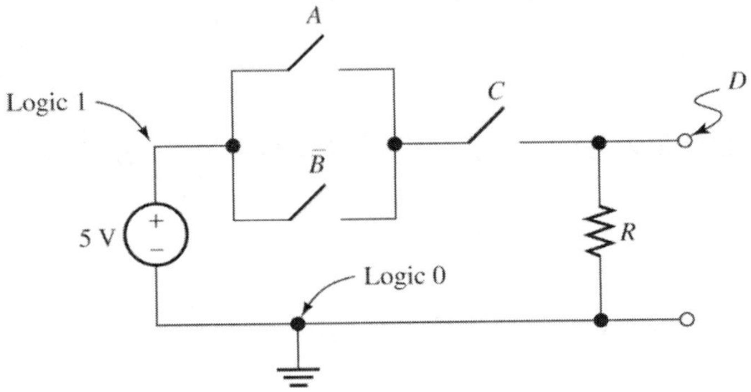

[그림 P1.2]

해답 주어진 회로에서 스위치 C가 닫히고 다른 두 스위치중 어느 하나가 닫히면 출력은 논리 'High'인 상태가 된다. 따라서 회로에 대한 불 대수식은

$D=(A+\overline{B})C$

진리치 표

A	B	C	D
0	0	0	0
0	0	1	1
0	1	0	0
0	1	1	0
1	0	0	0
1	0	1	1
1	1	0	0
1	1	1	1

5. AND 게이트, OR 게이트와 NOT 게이트만을 사용하여 다음 불 대수식으로 표현되는 식에 대한 회로를 구성하라.

$F= A\overline{B}C+ AB\overline{C}+ \overline{A}BC$

해답 3개의 3-input AND 게이트, 3개의 inverter, 1개의 3-input OR 게이트가 필요하다.

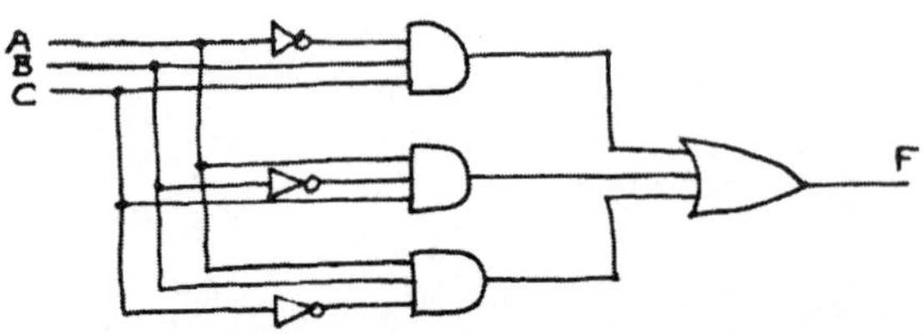

6. [그림 P1.3]에 보인 회로에서 2개의 파형 A와 B가 회로에 인가된다. 입력 파형 A와 B와 함께 출력 파형 G_1, G_2, G_3에 대한 타이밍 파형을 그려라. 게이트의 지연시간은 무시해도 좋다.

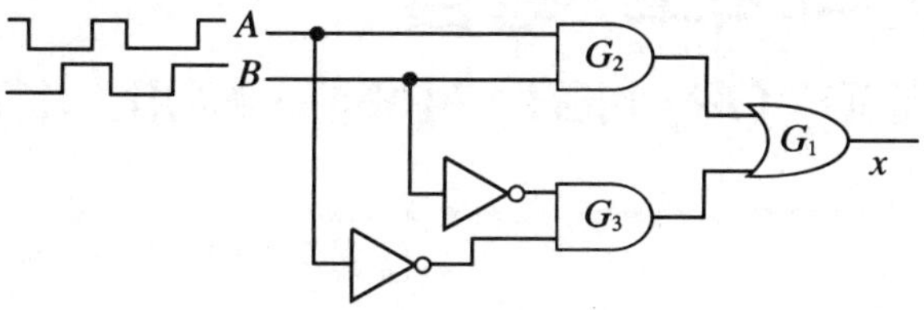

[그림 P1.3]

해답

제 01 주 실험절차
논리회로 실험 (AND, OR, NOT, NAND, NOR, XOR 게이트)

강의 : 30분, 실험 : 2시간, 연장 : 30분

1 실험 장비 및 부품

① 브래드보드(만능기판) 혹은 로직랩유니트 1개
② 가변 직류전압 공급장치 1대
③ IC TTL 7408, 7404, 7432, 7400, 7402, 7486 각 1개
④ 디지털 멀티미터 1대
⑤ 오실로스코프 1대
⑥ 약간의 배선 및 프로브

2 실험 방법

(1) MI(Multiple Input) AND 게이트 실험

① 2단 3입력 AND 게이트를 [그림 1.18]과 같이 구성하라.
회로로부터 함수 $f_X = (AB)C$ 혹은 ABC 기능을 확인하라.
$A=1$, $B=1$, $C=1$일 때 L2의 f_X의 논리 전압 값을 기록한다.

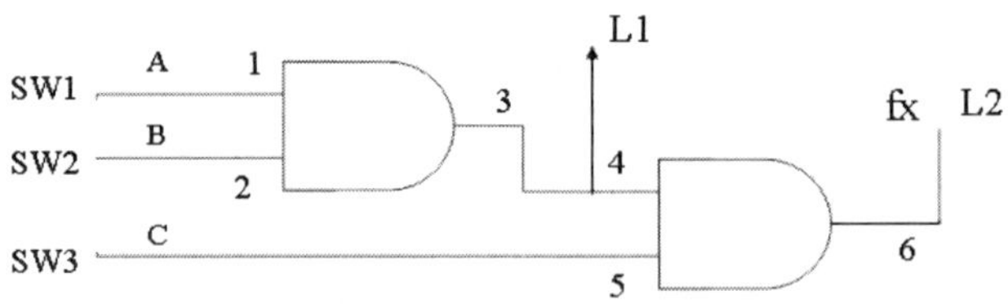

[그림 1.18] 74 LS08 AND 게이트 실험 회로도

$$f_X = (AB)C = A \cdot B \cdot C$$

② 3-입력 AND게이트 진리치표 〈표 1.7〉에 보인 것과 같이 데이터 스위치를 SET 한다. L1과 L2 출력단자의 결과를 표에 기록하여라.(0=LOW, 1=HIGH)

〈표 1.7〉 3-입력 AND게이트 진리치표

3- Input AND Gate 진리치표				
입력(Input)			출력(Output)	
C	B	A	$L1 = A^{*}B$	$L2 = A^{*}B^{*}C$
0	0	0		
0	0	1		
0	1	0		
0	1	1		
1	0	0		
1	0	1		
1	1	0		
1	1	1		

(2) Multiple Input OR Gate

① 2단 3입력 OR 게이트를 [그림 1.19]와 같이 구성하여라.
회로로부터 함수 $f_X = (A+B)+C$ or $A+B+C$ 기능을 확인 하여라.
$A=1$, $B=1$, $C=1$일 때 f_X의 논리 전압 값을 기록하라.

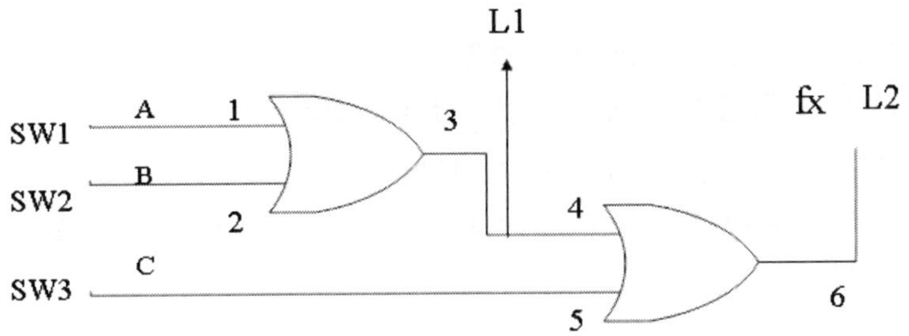

[그림 1.19] 2단 74LS32 OR 게이트 회로도

$$f_X = (A+B)+C = A+B+C$$

② 3입력 OR게이트 진리치표 〈표 1.8〉에 보인 것과 같이 데이터 스위치를 set 한다. $L1$과 $L2$ 출력단자의결과를 표에 기록한다.(0=LOW, 1=HIGH)

〈표 1.8〉 3-입력 OR 게이트 진리치표

3- Input OR Gate 진리치표				
입력(Input)			출력(Output)	
C	B	A	$L1 = A+B$	$L2 = A+B+C$
0	0	0		
0	0	1		
0	1	0		
0	1	1		
1	0	0		
1	0	1		
1	1	0		
1	1	1		

(3) NOT Gate 실험(동적 동작 실험)

① 아래 보인 [그림 1.20]과 같이 NOT게이트 연결회로를 구성하라.

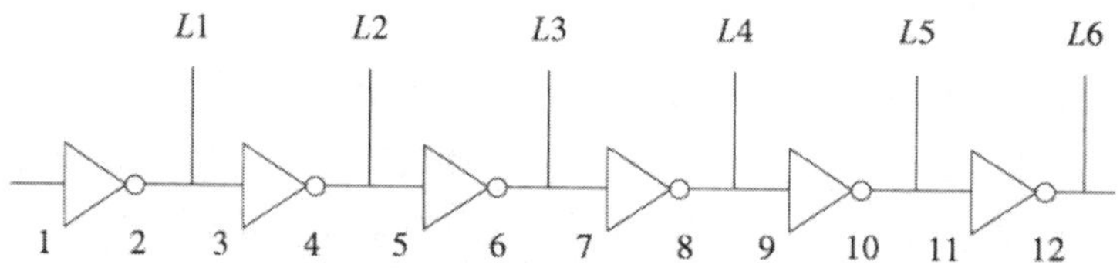

[그림 1.20] 연속 연결된 NOT 게이트 회로

② IC 74LS04에 8-ch Logic clip을 연결한다.

③ 각 NOT게이트의 각 출력이 입력의 역이됨을 확인하라.

④ 입력단 1이 파형과 출력단 $L2$에서 $L6$까지의 파형을 비교하고 토의 하라. 파형의 찌그러짐의 원인에 대해 설명하라. $L2$와 $L6$의 파형을 가능한 정확한 측정을 하여 그려라.

〈표 1.9〉 연속 연결된 NOT 게이트 진리치표

게이트 출력단	파형 관찰
$L0$(입력단)	
$L1$	
$L2$	
$L3$	
$L4$	
$L5$	
$L6$	

(4) 다중 입력 NAND 게이트 회로 실험

① 출력 $f_X = \overline{(ABC)}$로 동작하는 3단 3입력 NAND 게이트 회로 [그림 1.21]를 구성하고 함수 기능을 확인하라.

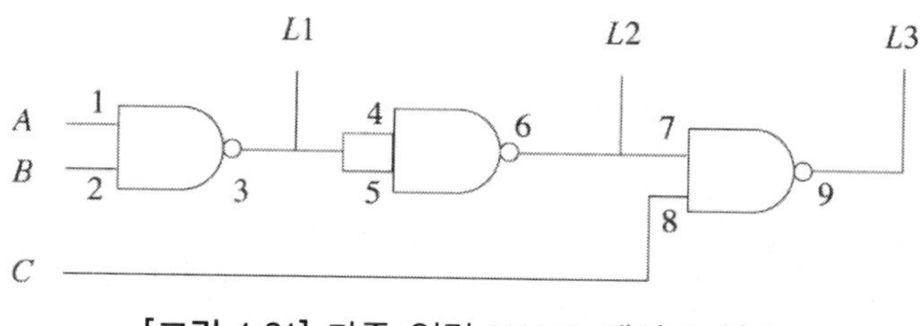

[그림 1.21] 다중 입력 NAND 게이트 회로

출력						
입력	$L1$	$L2$	$L3$	$L4$	$L5$	$L6$
0						
1						

② 3입력 NAND 게이트의 진리치표에 보인것과 같이 데이터 스위치를 SET한다. $L1$, $L2$, $L3$ 출력단자의 결과를 표에 기록한다.(0=LOW, 1=High)

〈표 1.10〉 다중 입력 NAND 게이트 진리치표

3입력 NAND 게이트 진리치표					
입력(Input)			출력(Output)		
SW3=C	SW2=B	W1=A	$L1=\overline{AB}$	$L2=AB$	$L3=\overline{ABC}$
0	0	0			
0	0	1			
0	1	0			
0	1	1			
1	0	0			
1	0	1			
1	1	0			
1	1	1			

(5) NAND 게이트를 사용한 XOR 게이트 기능의 구현 실험

① 74LS00 Quad 2 입력 NAND gate 를 Logic Lab 만능기판에 장착한다. 전원 +5V를 pin 14에 COMMON(GND)을 pin 7에 연결한다.

② [그림 1.22]에 보인대로 회로를 구성하고 $C=A\oplus B=\overline{A}B+A\overline{B}$가 성립됨을 확인한다.

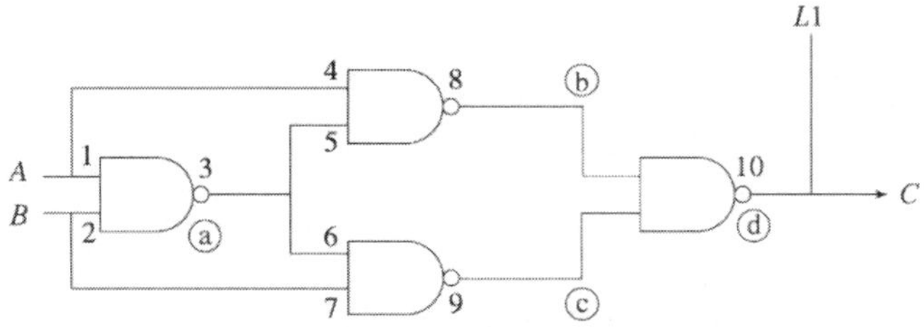

[그림 1.22] NAND 게이트를 사용한 XOR 기능 구현 회로

③ 아래 보인 바와 같이 입력단 데이터스 위치를 set 한다. 출력 $L1$의 결과를 〈표 1.10〉에 기록한다.

〈표 1.11〉 XOR 기능 진리치표

$C=A\oplus B=\overline{A}B+A\overline{B}$ 진리치표		
입력(Input)		출력(Output)
B	A	$C=L1$
0	0	
0	1	
1	0	
1	1	

④ 위 회로에서 a, b, c와 d에 대한 표현식을 A, B를 나타내고 그 결과를 기록하시오. ⓐ, ⓑ, ⓒ, ⓓ에 대한 논리표현식을 찾고 ⓓ$=A\oplus B$임을 보여라.

(6) 다중 입력 NOR 게이트 실험

① 3단 3-입력 NOR gate를 구성하고([그림 1.23]) 함수 $f_X=\overline{A+B+C}$ 기능을 확인하라.

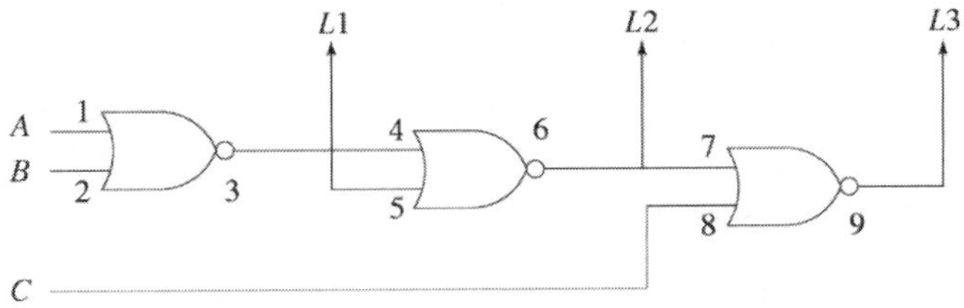

[그림 1.23] 다중 입력 NOR 게이트 회로

② 3 –입력 NOR게이트의 진리치표에 보인것과 같이 입력단 데이터 스위치를 set한다. $L1$, $L2$, $L3$ 출력단자의 결과를 〈표 1.12〉에 기록한다.(0=LOW, 1=High)

〈표 1.12〉 XOR 기능 진리치표

입력(Input)			출력(Output)		
C	B	A	$L1$	$L2$	$L3$
0	0	0			
0	0	1			
0	1	0			
0	1	1			
1	0	0			
1	0	1			
1	1	0			
1	1	1			

Part II

③ wired AND 조건을 사용하여 3입력 NOR 게이트 회로를 구성하라([그림 1.24]).

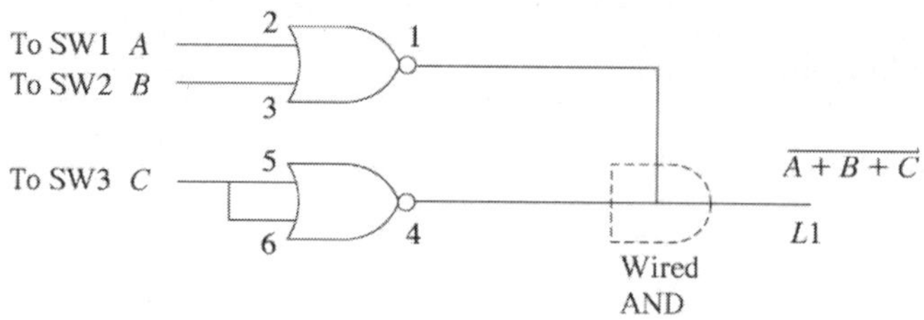

[그림 1.24] Wired AND 논리 회로 구성과 동작

주의 배선화 (wired) AND 게이트는 2개 혹은 그 이상의 게이트를 물리적으로 함께 연결하여 출력을 얻는 게이트 회로를 말한다. 따라서 AND 게이트에 대한 조건은 모든 Wired AND 게이트 입력이 논리 High일 때만 출력이 High가 된다.

아래 〈표 1.12〉에 따라 Wired AND 회로의 출력 값을 측정하고 〈표 1.13〉에 기록하라

④ 3입력 NOR 게이트 진리치표와 Wired AND를 사용하는 3입력 NOR 게이트의 진리치표 결과를 비교하라.

〈표 1.13〉 Wired AND 논리 회로 진리치표

입력(Input)			출력(Output)
$C=SW3$	$B=SW2$	$A=SW1$	$L_1=\overline{A+B+C}$
0	0	0	
0	0	1	
0	1	0	
0	1	1	
1	0	0	
1	0	1	
1	1	0	
1	1	1	

(7) NOR 게이트를 사용한 XOR 게이트 기능 구현

① 74LS02 Quad 2 입력 NOR gate 를 Logic Lab 만능기판에 장착한다. 전원 +5V를 pin 14에 COMMON(GND)을 pin 7에 연결한다.

② 다음에 보인 회로([그림 1.25])에 따라 만능기판이나 로직 랩 유니트에 부품을 장착하고 회로를 구성하라.

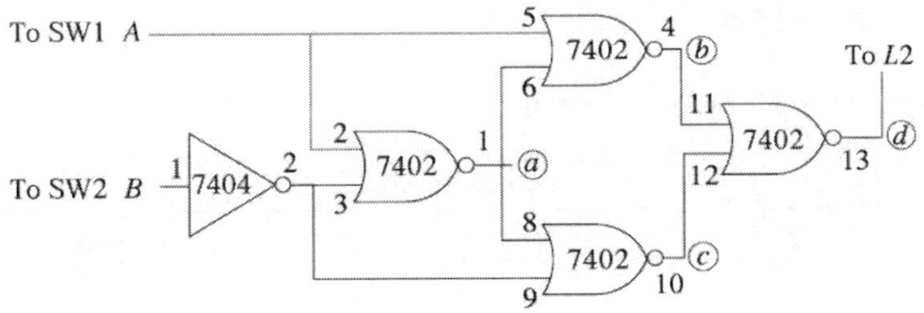

[그림 1.25] NOR 게이트를 이용한 XOR의 회로 구현

③ 아래 보인 〈표 1.14〉에서와 같이 입력단 데이터 SW를 set한다. 출력을 기록하라

〈표 1.14〉 $\overline{A}B+A\overline{B}$ 진리치표

$\overline{A}B+A\overline{B}$ 진리치표		
입력		출력
$B=SW2$	$A=SW1$	$L2$
0	0	
0	1	
1	0	
1	1	

④ ⓐ, ⓑ, ⓒ, ⓓ에 대한 표현식을 A와 B로 나타내고 NOR 게이트를 이용한 XOR 기능인 ⓓ= A⊕ B이 성립됨을 보여라

⑤ 앞에서 실험한 XOR 기능을 다음 회로를 로직 랩 유니트에 구성하여 확인하라 (Integrated XOR Gate : 7486)

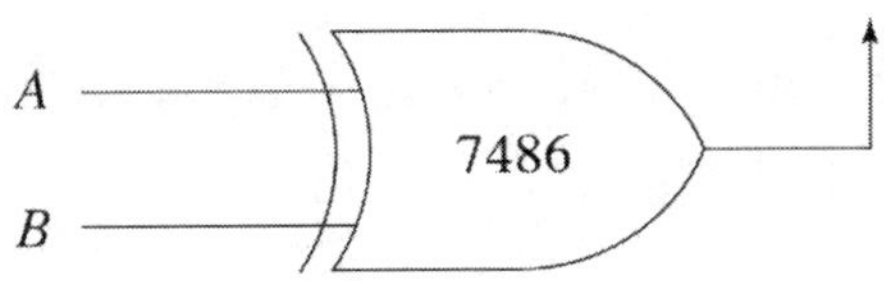

[그림 1.26] Quad 2-input 74LS86 XOR 게이트 회로

⑥ 아래의 〈표 1.15〉를 작성하라

〈표 1.15〉 Integrated XOR 게이트 진리치표

Integrated XOR 게이트 진리표		
입력		출력
B	A	
0	0	
0	1	
1	0	
1	1	

⑦ 〈표 1.11〉, 〈표 1.14〉 그리고 〈표 1.15〉를 비교하여 출력값이 어떠한지 확인하라

4 결과분석 및 토의

토의사항

1. 표준 TTL 외에 LS TTL, CMOS, BiCMOS, ECL 로직 device의 특징을 조사한다..

2. 모든 실험 회로에 대한 PSpice 모의 실험을 수행하고 실험치와 비교한다.
   (결과를 결과 보고서와 같이 제출한다)

3. 2개의 AND, 2개의 NAND와 1개의 OR 게이트를 사용하여 XOR 게이트 기능을 구현하라.

4. 게이트 회로의 기능을 드모르강의 정리를 사용하여 표현하라.

5. 2-입력 wired AND 로직 과 2-입력 wired OR 로직 회로를 구성하라.

제 02 주

이 론

기억소자(래치와 플립플롭) 회로

학습목표

1 2진 기억소자의 핵심이 되는 래치(Latch)와 플립플롭(Flip Flop : FF)을 이해한다
2 FF 입력의 현재 조합과 선행된 과거 입력에 의해 출력이 결정되게 되는 순차적(sequential) 논리 회로의 개념을 실험적으로 확인한다.
3 Latch와 FF의 차이점을 이해하고 클록에 의한 타이밍 개념을 파악한다.

1 개요

디지털 회로는 크게 조합 논리 회로와 순차 논리 회로로 분류된다. 조합 논리 회로는 주어진 입력단의 값에 의해 출력이 결정되지만 순차 논리 회로의 출력은 현재 입력과 저장된 과거의 상태에 의존한다.

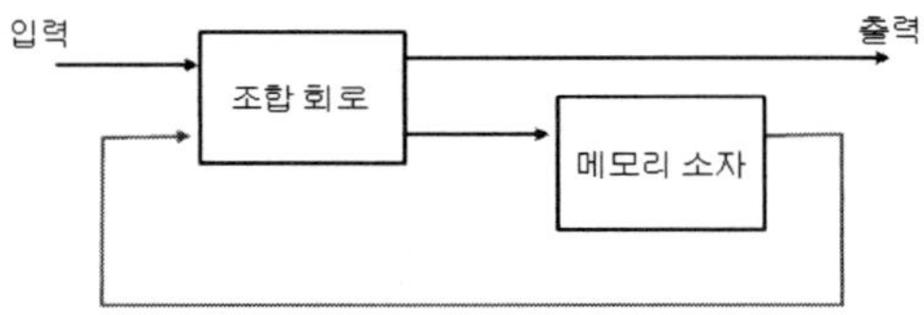

[그림 2.1] 순차 논리 회로 구성

메모리 소자(FF : Flip-Flop)는 1-bit 2진 정보를 저장할 수 있는 디바이스이다. 어느 주어진 시간에 메모리 소자에 저장된 2진 정보는 순차 논리회로의 상태를 정의해준다. 현재 입력과 메모리 소자의 현재 상태가 출력을 결정 짓는다.

순차 논리 회로의 상태는 입력, 출력, 내부 메모리 소자의 상태의 시간 시퀀스에 의해 규명되어진다. 순차 논리 회로는 클록 신호의 타이밍에 따라 두 종류의 순차 논리회로 즉 **동기 순차 회로**와 **비동기 순차 회로**로 분류된다.

1-bit 2진 정보를 저장하는 소자에는 두가지 유형이 있는데 하나는 enable 입력 신호의 레벨에 민감한 Latch와 다른 하나는 enable 입력 신호의 edge 천이에 민감한 Flip-Flop이다. Latch와 FF은 비슷하지만 약간의 차이점이 있다. Latch는 레벨 sensitive 입력 제어 신호를 갖으며, 반면 FF은 edge sensitive 입력 제어 신호를 갖는다.

2 관련 이론

쌍안정(Multivibrator) 회로는 비트(bit)를 저장하거나 timing 시간을 제공하기 위한 계수기로 사용된다. 플립 플록은 4가지 유형으로 나누어진다 : RS, JK, D와 T 플립플롭

(1) 이진 기억 소자 (Binary Memory Element)

❒ R-S Latch : 쌍안정 상태를 갖는 소자

입력 : R = Reset input, S = Set input

출력 : $Q(\text{다음}) = S + \overline{R}Q$

여기서 Q는 현재 상태를 나타내고 $Q(\text{다음})$은 클록 펄스 발생후의 다음 상태를 나타낸다.

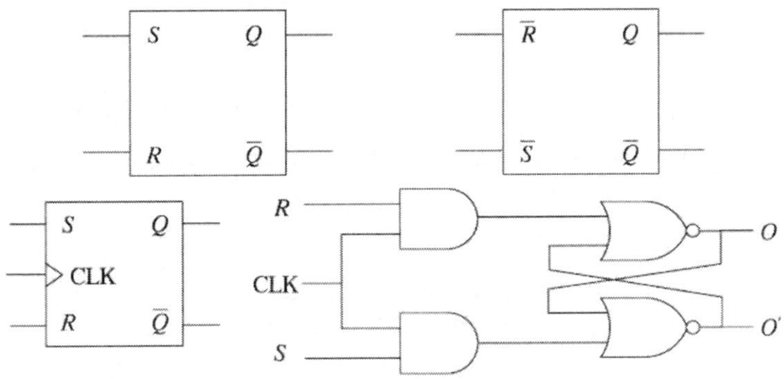

(a) 기호 (b) 원리도

RS 플립플롭

[그림 2.2] 기본 RS Latch 논리기호(NOR 게이트 사용)

〈표 2.1〉 RS 래치 진리치표(NOR 게이트 사용)

입력		출력	
R	S	Q	$\overline{Q}$
0	0	no change	
0	1	1	0
1	0	0	1
1	1	?	?

〈표 2.2〉 RS 래치 진리치표(NAND 게이트 사용)

입력		출력	
$\overline{R}$	$\overline{S}$	Q	$\overline{Q}$
0	0	?	?
0	1	0	1
1	0	1	0
1	1	no change	

주의 1. NOR 게이트 사용할시 R, S 입력은 논리 HIGH 일 때 Enable 된다 .
2. NAND 게이트 사용할시 R, S 입력은 논리 LOW 일 때 Enable 된다.
3. ? 표시는 미결정 상태를 나타낸다.

❒ RACE 조건

기본 RS Latch 입력이 둘 다 논리 HIGH에 있다가 동시에 RS Latch 입력을 둘 다 논리 LOW로 Set 하면 RACE 조건이 발생한다. RACE 조건이 발생하면 Q의 출력 상태를 예측하기가 불가능하다.

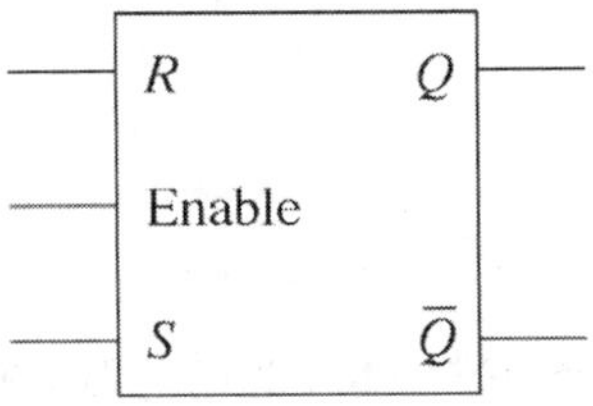

[그림 2.3] Enable 제어 입력을 갖는 RS Latch 회로기호

Enable = HIGH로 set 됐을 때만 Latch의 출력이 S, R의 입력에 따라 변한다.

❒ D Latch와 D FF

D Latch / D-FF : 한 개의 입력단자를 갖는 쌍안정 메모리 소자.
출력 : Q(다음) = Q

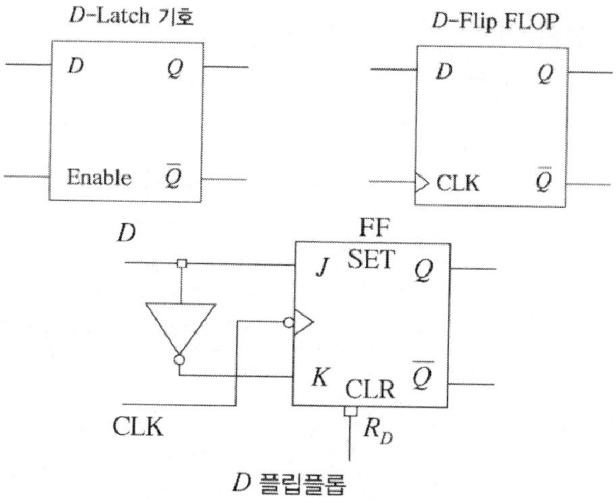

[그림 2.4] D Latch / D-FF 회로 기호

〈표 2.3〉 D-FF 진리치 표

입 력		출 력	
D	CLK/Enable	Q	$\overline{Q}$
0	Absent	No Change	
0	Present	0	1
1	Absent	No Change	
1	Present	1	0

- Latch : 적절한 논리레벨이 "enable"단자에 존재할 때 입력단의 데이터 변화가 출력 단으로 전달된다. 즉 Latch 가 Enable 레벨을 유지할 때 출력(Q)은 입력에 따른다.
- Flip - Flop : CLK 입력의 적절한 "edge"(논리 HIGH 에서 LOW 로의 변이 혹은 논리 LOW 에서 HIGH로의 변이)가 발생하면 입력 단에 있는 Data가 출력 단에 전달된다.

❒ JK Flip - Flop

JK FF은 RS FF과 한 가지만 제외하고는 같다. 다른 점은 두 입력단자가 동시에 HIGH가 되더라도 JK FF 출력은 Non-Valid 상태가 안되고 그 전 상태의 결과를 반전(Toggle) 한다. 즉

$$Q(\text{다음}) = \overline{Q} \; @ J = K = 1$$

JK 플립 플롭의 다음 상태 결정은 다음 식으로 표현된다.

$$Q(\text{다음}) = J\overline{Q} + \overline{K}Q$$

• **JK FLIP – FLOP 논리 기호**

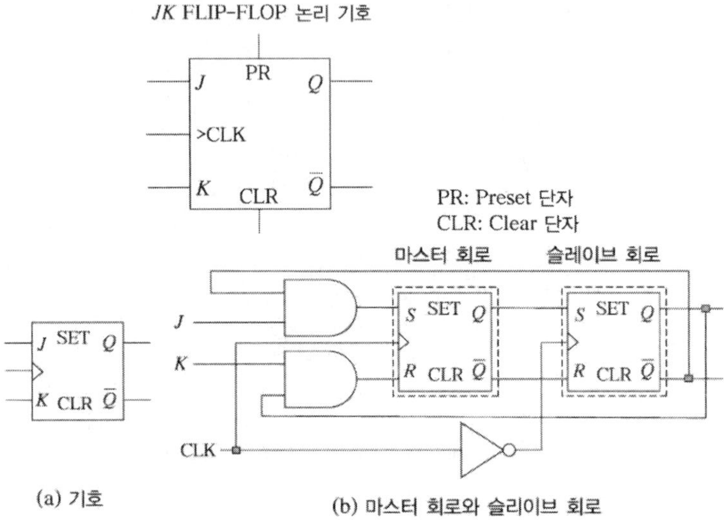

[그림 2.4] JK FF 논리 기호

JK FF를 실현할 때 사용되는 트리거 구성(Triggering Configuration)의 유형에는 크게 2가지가 있으며 한 주기 클록 동안에 이루어진다.

① **Edge triggering** : 클록의 상태가 상-하향 혹은 하-상향으로 천이 시에 입력 데이터가 출력단에 전달된다.

② **Master – Slave Triggering** : clock 입력이 HIGH로 천이할 때 입력 데이타는 샘플링(sampling)이 되고 clock 이 High에서 Low 상태로 trailing edge 발생 시에 출력단으로 셈플링된 입력 데이터가 전달된다.

주의 clock의 HIGH 인 동안에 입력단의 데이터가 변화해서는 안된다.

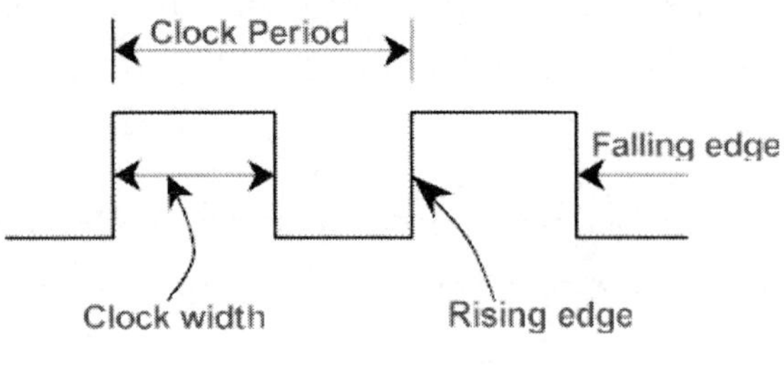

[그림 2.5] 클록 신호 파형

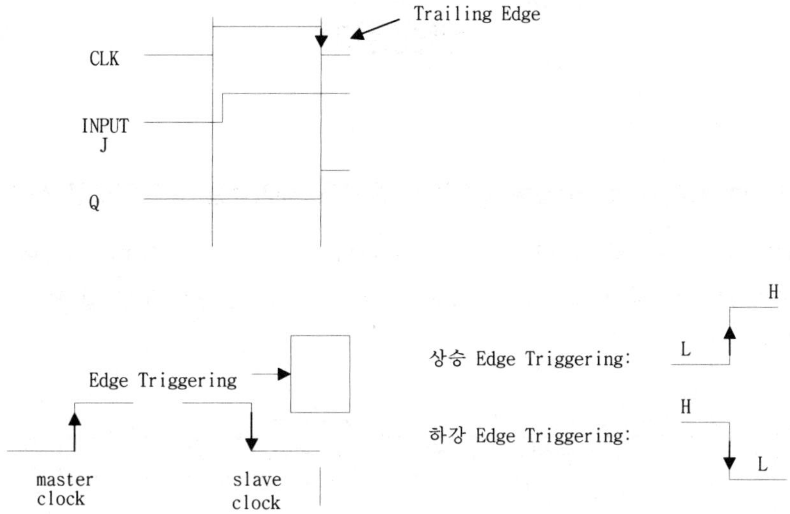

[그림 2.6] 트리거 구성(Triggering Configuration)의 유형

〈표 2.4〉 JK-FF 진리치표

JK FF 진리치표			
입력(INPUT)			출력(OUTPUT)
J	K	CLK	Q→Q(다음)
0	0	천이	변화없슴(No Change)
0	1	"	0 → 1
1	0	"	1 → 0
1	1	"	반전(Toggle)

연습문제

1. gated SR latch와 edge-triggered 플립 플롭의 차이점을 진리치표를 작성하여 설명하라.

해답 게이트형 SR 래치의 진리치 표는 다음과 같다. 즉 클록이 low일때는 S,R의 입력에 상관없이 변화가 없으며, 나머지는 클록이 high인 상태가 유지될 때 S, R의 입력에 따라 출력 Q가 결정된다.

Clk	S	R	Q^+	Comments
0	×	×	Q	No change, typically stable states $Q=0, \overline{Q}=1$ or $Q=1, \overline{Q}=0$
1	0	0	Q	No change, typically stable states $Q=0, \overline{Q}=1$ or $Q=1, \overline{Q}=0$
1	0	1	0	Reset
1	1	0	1	Set
1	1	1	×	Avoid this setting

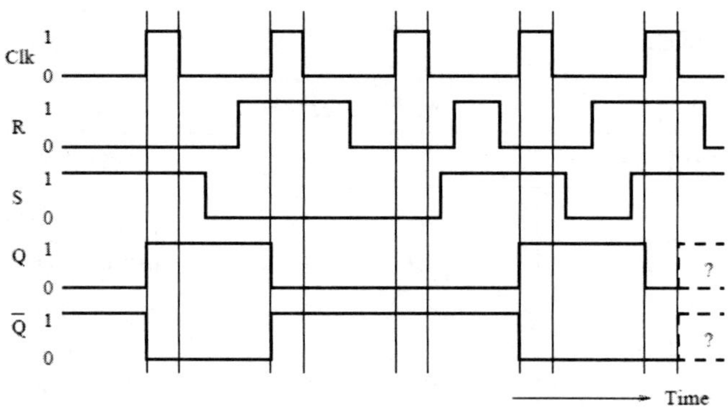

엣지 트리거 플립플롭은 클록의 입력이 low에서 high로 천이가 발생될 때 입력을 fetch하여 다음 상태를 결정한다.

Inputs			Outputs		
S	R	S	Q	Q'	Comments
0	0	↑	Q	Q'	No Change
0	1	↑	0	1	RESET
1	0	↑	1	0	SET
1	1	↑	?	?	Invalid

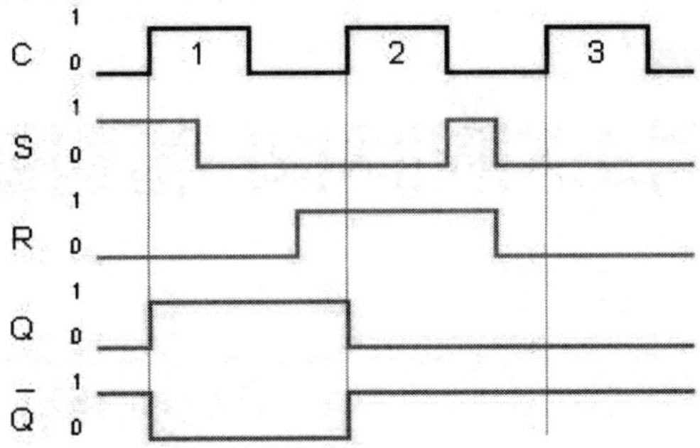

2. **SR 플립플롭의 입력 단자에 인가되는 파형이 [그림 P2.1]과 같이 주어진다. Q 출력의 시간에 따른 타이밍 다이어그램을 그려라.**

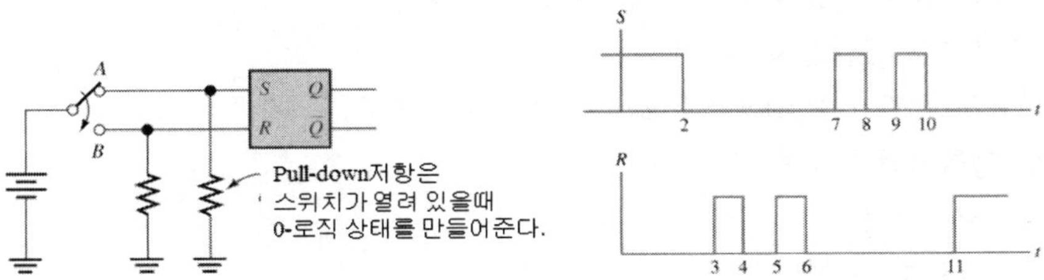

[그림 P2.1]

해답 $t=0$에서 R은 low, S가 high인 상태에 있으므로 Q는 R이 $t=3$에서 high 인 상태에 이를 때 까지 high 상태를 유지한다. S가 $t=7$에서 hight가 될 때까지 low인 상태가 유지된다. 다시 $t=7$ 이후에 $t=11$에서 다시 R이 high 상태가 될 때 까지 Q는 high 상태를 유지한다.

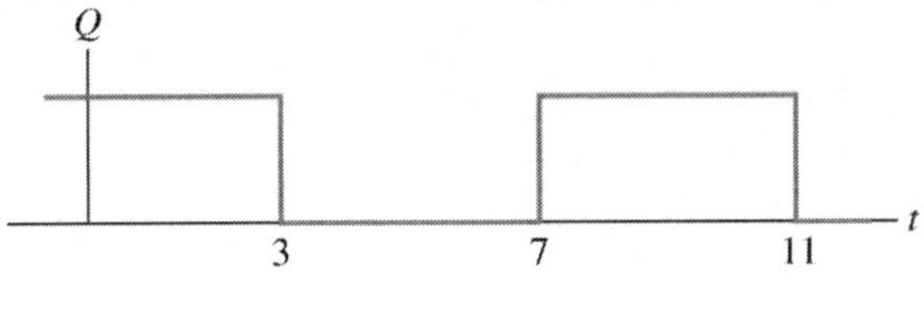

3. **edge triggering 방법을 설명하라**

해답 edge triggering에서 클록 신호의 천이 시점에 존재하는 입력 값들이 인식되며 다른 시간에서의 입력 값들은 무시된다. 즉 천이가 일어나는 시점에 입력 값을 읽어오게된다. 나머지 시간대에서는 입력 데이터 값이 존재하더라도 무시된다.

실험절차

제 02 주 기억소자(래치와 플립플롭) 회로

강의 : 30분, 실험 : 2시간, 연장 : 30분

1 실험 장비 및 부품

① 브래드보드(만능기판) 혹은 로직랩유니트 - 1개
② 가변 직류전압 공급장치 - 1대
③ IC TTL 74LS00, 74LS10, 74LS75, 74LS76 각 1개
④ 디지털 멀티미터 - 1대
⑤ 오실로스코프 1대
⑥ 약간의 배선 및 프로브

2 실험 방법

(1) 실험 2-1 RS Latch with Enable, D-Latch, D-FF, JK-FF

① 아래와 같이 Latch 회로를 구성하여라(IC 74LS00).

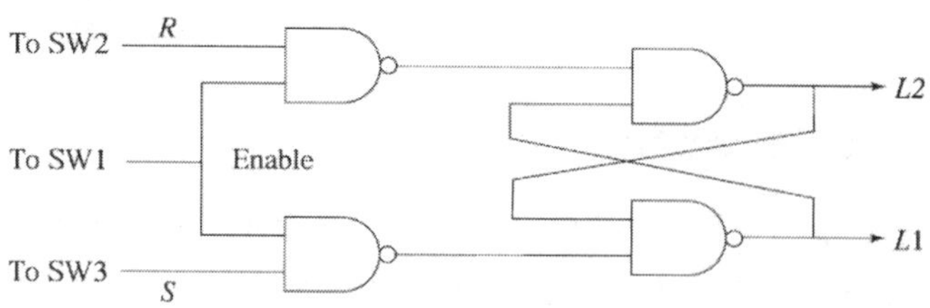

[그림 2.7] Latch 회로도

② RS Latch with Enable Truth Table에 보인바와 같이 데이터 스위치(sw)를 설정한다. L1과 L2의 출력 결과를 〈표 2.5〉에 기록한다.

〈표 2.5〉 Enabe 단자를 갖는 RS 래치 진리치표

RS Latch with Enable Truth Table				
입력(Inputs)			출력(outputs)	
S = sw3	R = sw2	Enable = sw1	$Q = L1$	$\overline{Q} = L2$
0	0	0		
0	0	1		
0	0	0		
0	1	0		
0	1	1		
0	1	0		
1	0	0		
1	0	1		
1	0	0		

③ Enable sw1의 역할이 무엇인지 실험 데이타를 통해 설명하라.

(2) 실험 2-2 Edge Triggered D Flip-flop with Preset and Clear

디지탈 회로에서 종종 데이터 입력을 어느 일정한 시점에서 sample을 취할 필요가 있다. 이런 유형의 sampling 기술을 "edge triggred" D FF이라고 한다. 이 방법은 입력 데이터가 출력단에 전달 되는 동안에 입력 데이터의 변화의 가능성을 제거해 준다.

① 2개의 74LS10 3쌍 3-input NAND 게이트를 브레드보드(IC 만능 기판)에 연결한다.

② 아래 보인바와 같이 회로를 구성하라.

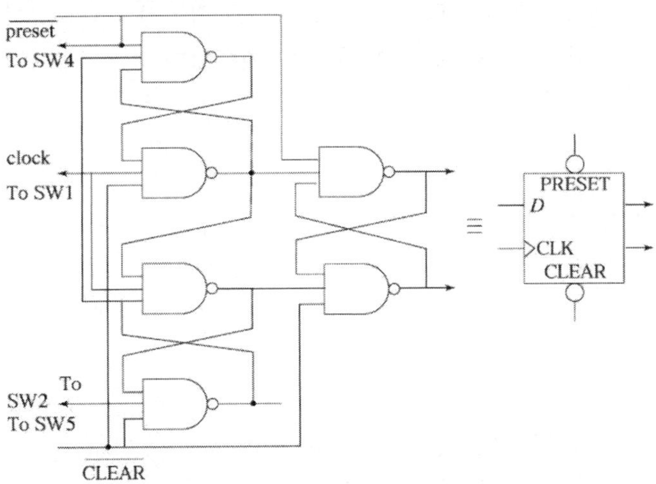

[그림 2.8] Edge 트리거링을 갖는 D-FF 회로도

③ Edge Triggered D Flip-Flop 진리치표에 보인바와 같이 데이터 스위치 sw1과 sw2를 set 하라
테이타 sw4와 sw5를 'HIGH'를 SET 하라.
L1의 결과를 〈표 2.6〉에 기록하라.

〈표 2.6〉 Edge 트리거형 D-FF 진리치표

Edge Triggered D Flip-Flop Truth Table		
입력(Inputs)		출력(Outputs)
D = sw2	CLK = sw1	$Q = L1$
0	$H \rightarrow L$	
0	$L \rightarrow H$	
1	$H \rightarrow L$	
1	$L \rightarrow H$	

[주] 1. $L \rightarrow H$는 데이터 스위치가 논리 'LOW'에서 논리 'HIGH'로 변화함을 나타내 준다.
2. 마찬가지로 $H \rightarrow L$도 데이터 스위치가 논리 'HIGH'에서 논리 'LOW'로 변화함을 나타내 준다.

④ Edge Triggered D Flip-Flop 진리치표 출력 결과와 D Latch 진리치 표를 비교하고 차이점을 설명하여라.

⑤ 테이타 스위치 sw2를 'HIGH'로 set한다 그리고 나서 sw2를 'LOW'에서 'HIGH'로 변화시켜가며 출력 $L1$를 관찰하라.
$L1$의 결과가 변하지 않음을 주목하라.
$L1$의 결과는 오직 Edge Triggered D Filp Flop의 경우 clock의 천이시에만 변함을 관찰한다.
[주] 이 회로는 상향(positive) Edge Triggered 회로이다 (즉 clock이 low에서 high 로 천이 할 때 데이터 읽어간다)

⑥ 데이터 sw1 = low에다 놓고 위 실험순서 ⑤를 반복하라.

⑦ 데이터 sw4=low에 set 한다. Edge Triggered D Flip-Flop 진리치표에 보인바와 같이 데이터 스위치 sw1과 sw2를 set 하라 출력을 기록한다.

(3) 실험 2-3 Basic JK Flip-Flop(정적 작동)

① 74LS76 master -slave Triggered 2쌍 JK Flip-Flop을 Logic 브레드보드에 연결한다.

② 아래와 같이 회로를 구성한다.

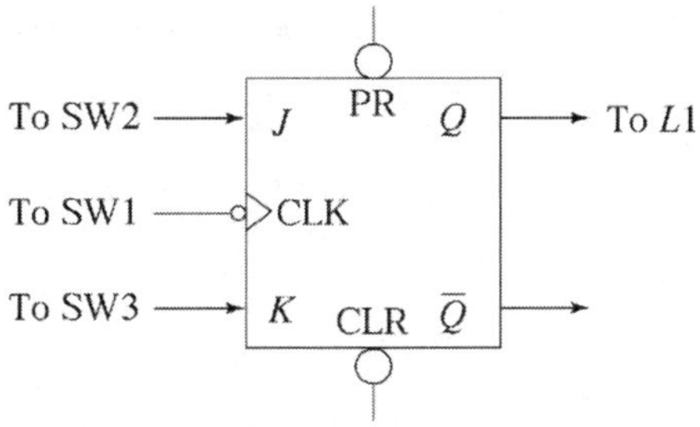

[그림 2.9] 기본 JK-FF 회로도

[주] CLK에서 잡은 circle은 Negative(하향) clock천이시에 입력단 데이터가 출력단에 전달됨을나타낸다.

③ JK Flip-Flop 진리치표에 보인바와 같이 데이터 스위치를 set 한다. *L*1의 출력을 〈표 2.7〉에 기록한다.

〈표 2.7〉 JK-FF 진리치표

JK FLip - FLop 진리치 표			
입력(Inputs)			출력(Output)
K= sw3	*J*= SW2	CLK=sw1	*Q*= *L*1
0	0	⎍	
0	1	⎍	
1	0	⎍	
1	1	⎍	

[주] 1. ⎍은 Master -slave triggering 조건을 나타낸다.

2. 데이터 스위치는 LOW, HIGH, LOW순으로 SET 되어야 한다.

④ 표준 JK Flip - Flop 진리치표 출력과 비교한다.

⑤ 데이터 스위치 sw2와 sw3을 'HIGH'로 set한다.

Master-slave triggering clock

데이터 sw을 Master-slave triggering clock으로 여러번 Low → High와 High → Low로 set한다. 출력 상태가 sw1의 스위치 논리 상태가 HIGH에서 LOW로 갈 때 어떻게 변하는지 관찰하고 기록한다.

[주] 매번 출력이 반전 (toggle) 됨이 관찰 되는가?

⑥ 데이터 스위치 sw2와 sw3를 HIGH로 set한다. Clock으로 TTL 출력을 갖지 않는 함수 발생기를 사용하여 클록의 구형파를 만든후 clock단자를 사용하여 $L1$(즉 Q)의 출력 파형을 그려라.
(주 : TTL 출력이 없는 함수발생기의 경우 : DC offset 조정하여 low level=0v, high=5v가 되도록 조정하거나 TTL 출력 단자를 사용해야한다. TTL 출력이 있는 경우 : TTL 출력을 사용한다.)

4 결과분석

토의사항

① 그림에 주어진 negative edge triggering 클록 파형 과 JK 입력 상태에 따른 Q 출력 파형을 그려라.

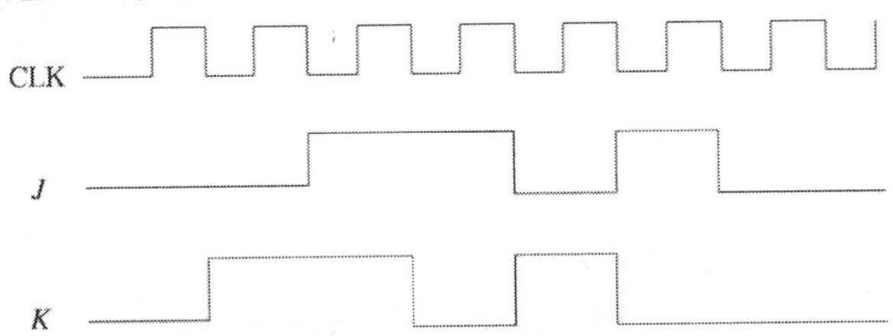

② 다음의 진리치표를 갖는 T - FF 회로를 JK-FF를 사용하여 구성하라

T	Q_{n+1}
0	Q_n
1	$\overline{Q_n}$

③ 마스터-슬레이브 JK 플립플롭의 논리 다이어그램을 그려라.

④ 펄스 트리거(pulse-triggered) 플립플롭과 엣지 트리거(edge-triggered) 플립플롭의 기본 차이점이 무엇인지 설명해보라.

제 03 주

이 론

쉬프트 레지스터

학습목표

1 FF을 여러개 묶어 2진 나눗셈 연산(shift right register)이나 곱셈 연산(shift left register)을 수행하는 회로의 동작을 이해한다.
2 2진 데이터의 자리 이동을 통한 전송 과정을 이해한다. 또한 2진 serial-to-parallel(PS) 변환이나 pararell-to-serial(SP) 변환 과정의 회로 원리를 이해한다.
3 n-bit 쉬프트 레지스터 회로를 설계할 수 있다.

1 개요

쉬프트 레지스터는 디지털 데이터의 저장을 주 목적으로하는 일종의 순차 논리 회로이다. 여러개의 플립플롭(FF)이 순서대로 연결되어 한 FF의 출력이 그 다음 FF의 입력이 된다. 대부분의 레지스터는 아무런 내부 상태 시퀀스를 갖지 않는다. 연결된 모든 FF은 공통 클록 펄스로 동작되며, 모든 FF은 동시에 set 혹은 reset이 된다.

쉬프트 레지스터의 기본적인 유형은 다음과 같이 분류된다.

- Serial In – Serial Out
- Serial In – Parallel Out
- Parallel In – Serial Out
- Parallel In – Parallel Out
- Bidirectional shift registers

2 관련 이론

(1) Shift 레지스터

2진 데이터를 오른쪽(right) 혹은 왼쪽(left)으로 이동시켜주는 회로가 쉬프트 레지스터이다. 논리회로 구성은 FF의 직렬 연결, FF의 클럭은 공통으로 연결된다.

정보전달은 사용한 FF의 클럭 유형에 따라 leading 혹은 trailing edge시에 발생한다.

• Serial−Input to Parallel−Output Converter(SIPO) 원리

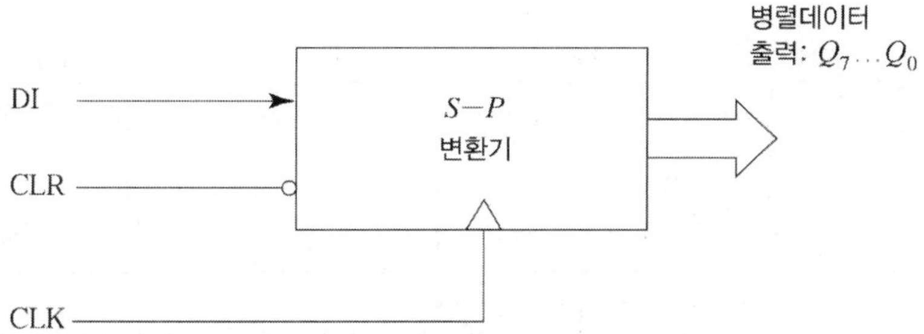

[그림 3.1] 직렬−병렬(SIPO) 변환기 기능도

〈표 3.1〉 동작 원리

입력			차기 상태	비고
CLR	CLK	Input	Q7 Q6 ..... Q1 Q0	기능(function)
L	Disable	DI	*L L ....L L*	Clear
H	H or L	DI	*Q7 Q6 ..... Q1 Q0*	No change
H	leading edge	DI	*DI Q7 ..... Q2 Q1*	shift right

• Serial−Input to Serial−Output Converter(SISO) 원리

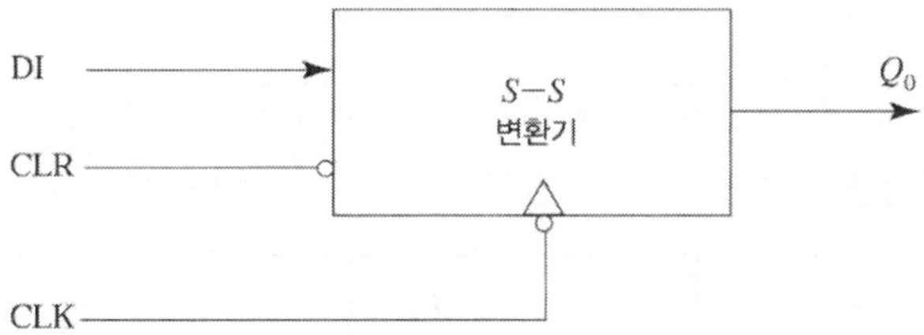

[그림 3.2] 직렬−직렬(SISO) 변환기 기능도

〈표 3.2〉 동작원리

입력			차기 상태	비고
CLR	CLK	Input	Q0	기능(function)
L	Disable	DI	L	Clear
H	H or L	DI	Q0	No change
H	Falling edge	DI	DI	shift 1−bit right

❐ 몇가지 쉬프트 레지스터의 동작

① Serial -in / Serial-out (SISO) 회로 예

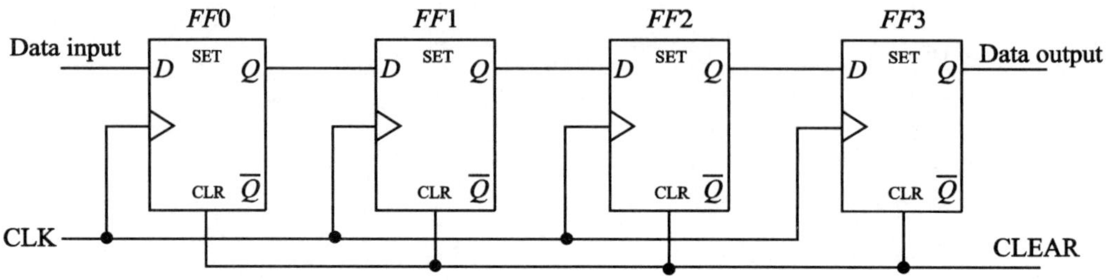

[그림 3.3] D 플립플롭을 사용한 4-bit SISO 순차 논리 회로

모든 플립플롭은 먼저 논리 0으로 clear되어 FF의 출력은 모두 0이 reset된다. 다음 맨 왼쪽 첫 번째 D-FF(FF0)의 입력에 입력 데이터가 순차적으로 인가된다. 매 클럭시마다 1-bit의 데이터가 왼쪽에서 오른쪽으로 이동된다. 공통의 클럭 펄스가 다음 상태로의 이동을 제어한다. 만일 데이터 워드가 1001이라고 하면 LSB부터 클럭시마다 한 비트씩 FF3쪽으로 이동 될 것이다.

② Parallel-in / Parallel-out(PIPO) 회로 예

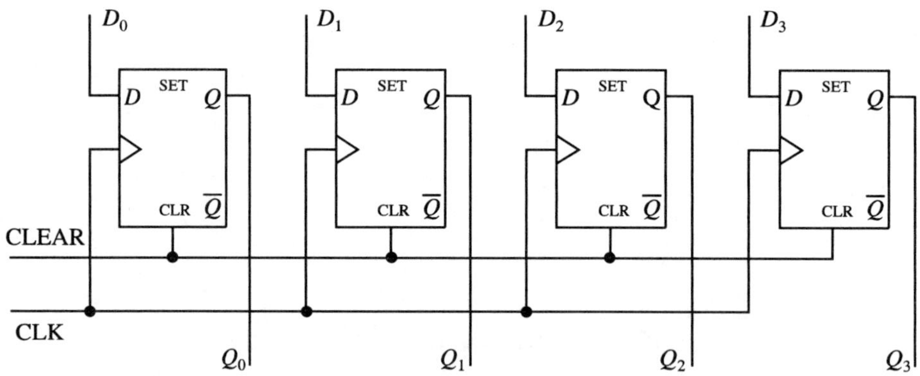

[그림 3.4] D 플립플롭을 사용한 4-bit PIPO 순차 논리 회로

PIPO 쉬프트 레지스터에서는 모든 D-FF 데이터 비트가 병렬 출력 $Q_0Q_1Q_2Q_3$에 매 클럭시마다 전달된다. 여기서 $D_0D_1D_2D_3$는 병렬 입력 데이터를 나타내고 $Q_0Q_1Q_2Q_3$는 플립플롭의 병렬 출력 데이터를 나타낸다.

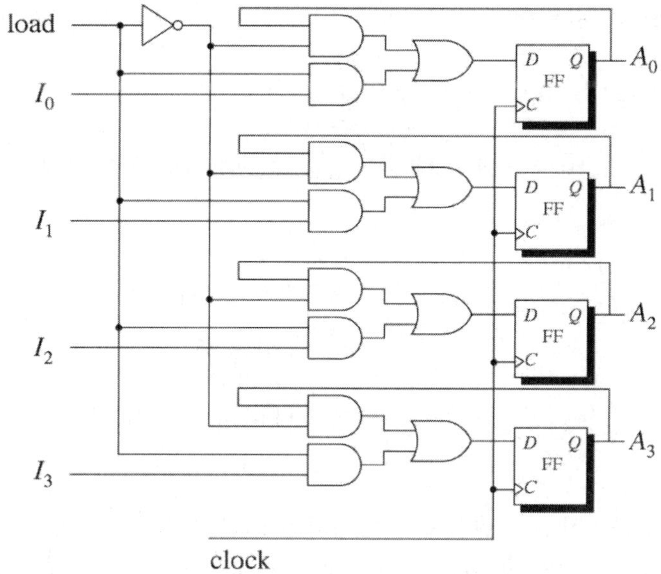

[그림 3.5] 4-bit 병렬 로드(Load) enable를 갖는 레지스터 회로도

대부분의 디지탈 시스템들은 주 클럭 발생기(master clock generator)가 있어서 지속적으로 모든 레지스터와 플립플롭에 클럭 펄스를 제공한다. 특정 레지스터에 지정된 클럭펄스만이 영향을 주도록 하는 제어신호가 필요하다.

동작을 간단히 살펴보면 로드(Load) 제어 신호가 1인 경우에 4개의 입력이 클럭 상승 변이에서 레지스터로 전달되고 반면에 로드 제어신호가 0일 때는 입력은 차단되고 플립플롭의 D입력은 자신의 출력에 연결된다.

(2) Base 변환

수의 기본 베이스로 우리는 10진법, 2진법, 8진법, 16진법이 주로 컴퓨터 회로에 사용된다. 10진법의 수는 0,1,2,...,9의 숫자를 사용하듯이 2진법은 0, 1만을 사용하고, 8진법은 0,1,2,...,7만을 사용하며, 16진법은 0, 1, 2, , 9, A, B, C, D, E, F의 수를 사용한다. 경우에 따라서 진법의 변환에 의해 숫자를 다른 베이스로 표현해야하는 경우가 발생한다. 예를 들면 2진법을 10진법으로, 8진법을 2진법으로의 변환이 그 한 예이다.

먼저 2진 수 시스템을 소개하자. 2진수는 0과 1(베이스 2)로 구성된다. 어떤 수 N을 n-bit의 2진법으로 표현하면 다음과 같이 쓸수 있다.

$$N = d_n 2^n + \cdots + d_3 2^3 + d_2 2^2 + d_1 2^1 + d_0 2^0 \qquad (3.1)$$

• 2진수 ↔ 8진 수로의 변환

$$2진수\ 010_2 \Leftrightarrow 0 \cdot 2^2 + 1 \cdot 2^1 + 0 \cdot 2^0 = 2_8 \qquad (3.2a)$$

• **2진수 ↔ 10진수로의 변환**

$$2\text{진수 } 010_2 \Leftrightarrow 0 \cdot 2^2 + 1 \cdot 2^1 + 0 \cdot 2^0 = 2_{10} \qquad (3.2b)$$

n-진법 수 a를 2진법으로의 변환은 2-modulo 연산에 의해 얻어진다. 아래에 그 과정을 보였다.

$$\begin{array}{lll} a_n \rightarrow \text{modulo } (x_2 x_1 x_0)_2 & & \\ 2 \lfloor a & & \\ 2 \lfloor a' & \text{나머지} & \cdots > x_0 \\ 2 \lfloor a'' & \text{나머지} & \cdots > x_1 \\ \quad a''' & \text{나머지} & \cdots > x_2 \end{array}$$

10진 소수점수를 2진수로 변환하기 위해서는 10진 소수점수를 연속으로 2를 곱하여 결과의 whole part(소수점 위 자리수)를 2진 소수점수로 취한다. 예를 들어 10진 소수점수 0.392를 2진 소수점수로 변환해보자.

2×0.392	=	0	+	0.784
2×0.784	=	1	+	0.568
2×0.568	=	1	+	0.136
2×0.136	=	0	+	0.272
2×0.272	=	0	+	0.544
2×0.544	=	1	+	0.088

따라서 2진 소수점수는 대략 0.011001_2가 된다.

2진수를 8진수로 변환하려면 먼저 2진수를 2진 소수점 자리에서부터 시작하여 왼쪽으로 3-bit 그룹으로 모은다. 필요하다면 leading 혹은 trailing zeros를 추가한다. 다음 그룹으로 묶은 3-bit를 8진 수로 나타낸다. 예를 들어, 11110110.1_2를 8진수로 표현하면 다음과 같다.

$$\underset{\overleftarrow{\text{소수점 자리부터 시작}}}{11110110.1_2} = 011\,110\,110.100 = 366.4_8$$

$.1_2 = .100$로부터 시작하여 MSB쪽으로 3-bit 씩 그룹으로 묶는다.

❐ BCD(Binary-Coded Decimal) 표현

10진수를 각 디지트(digit)에 대한 4-bit 등가 2진수를 사용하여 표현된 수를 BCD라고한다. 예를 들어 10진수 93.2를 생각하자. 이를 BCD로 변환하면 다음과 같이 각 10진 디지트를 4-bit 2진 수로 내면 된다.

$$93.2_{10} = 1001\,0011.0010_{BCD}$$

연습문제

1. D-FF를 대신에 JK-FF를 사용하여 쉬프트 레지스터에 대한 논리 회로도를 설계하라.

해답 JK-FF를 D-FF과 같이 동작하도록 만들려면 아래와 같이 J를 반전하여 K입력에 인가하면 D-FF과 같이 동작한다.

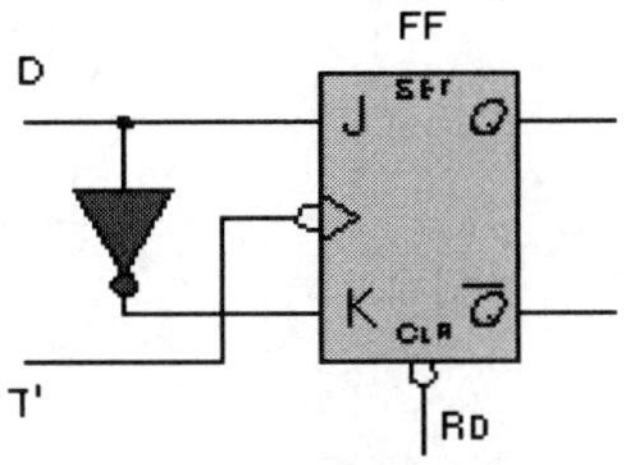

D 플립플롭

2. D-FF를 사용하여 4-bit positive-edge triggered Serial -in Parallel-out 쉬프트 레지스터를 설계하고 주어진 클럭(Clock) 파형과 입력 데이터(Data) 파형에 대하여 각 FF의 출력(Q_0, Q_1, Q_2, Q_3) 파형을 그려라. t=0에서 모든 D-FF의 출력은 논리 0으로 reset되었다고 가정한다.

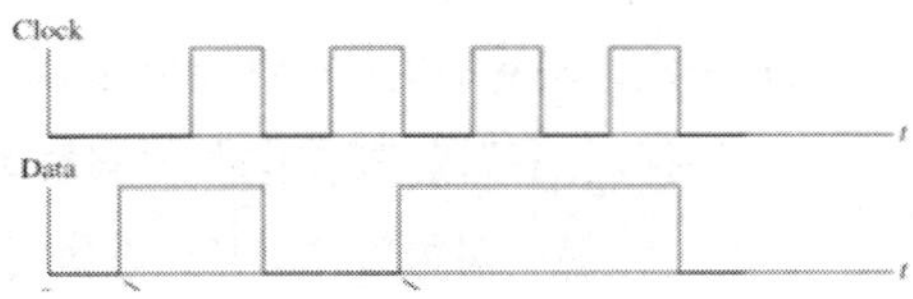

[그림 P3.1]

해답

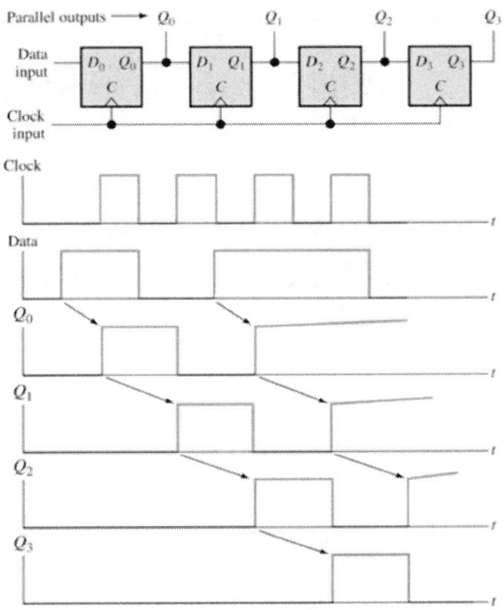

3. D-FF를 사용하여 비동기 Preset와 Clear 단자를 갖는 4-bit positive-edge triggered 클럭과 Parallel Enable 단자를 갖는 Parallel -in Serial-out 쉬프트 레지스터를 설계하라.

해답

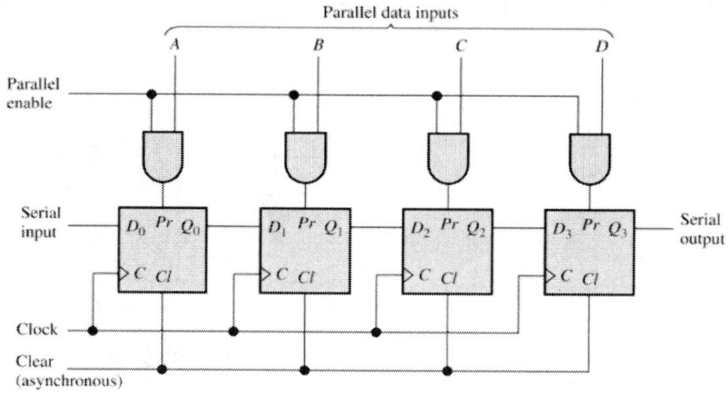

4. JK-FF를 사용하여 3-bit negative-edge triggered 클럭 단자를 갖는 ripple counter (비동기 카운터, [그림 P3.2])를 사용하여 주어진 클럭(Clock) 입력 파형에 대하여 각 FF의 출력 (Q_0, Q_1, Q_2) 파형을 그리고 값을 2진수로 나타내라. $t=0$에서 모든 JK-FF의 출력은 논리 0으로 reset되었다고 가정한다.

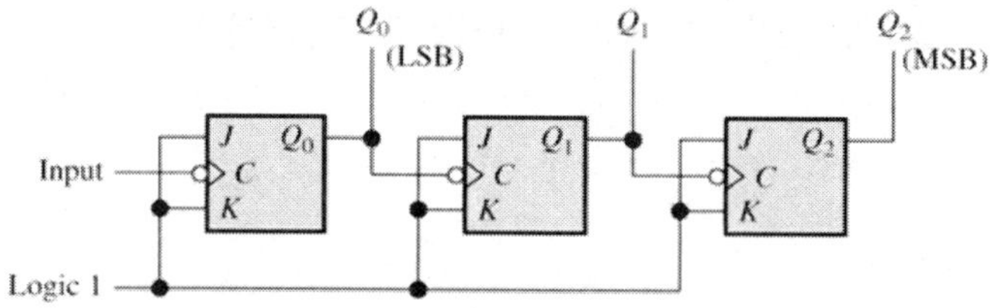

[그림 P3.2] 3-bit ripple 카운터

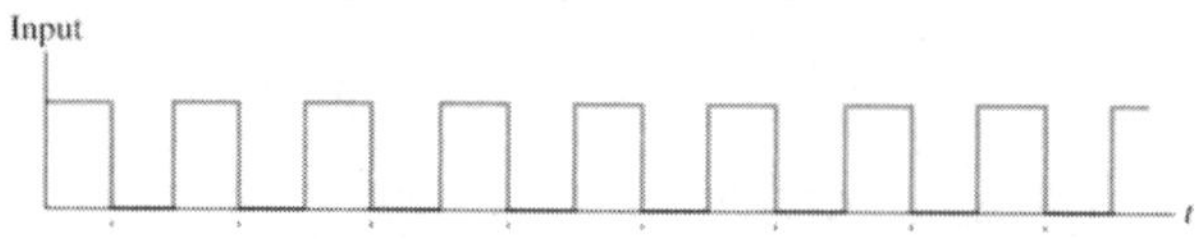

[그림 P3.3] JK-FF 클럭 입력 파형

해답

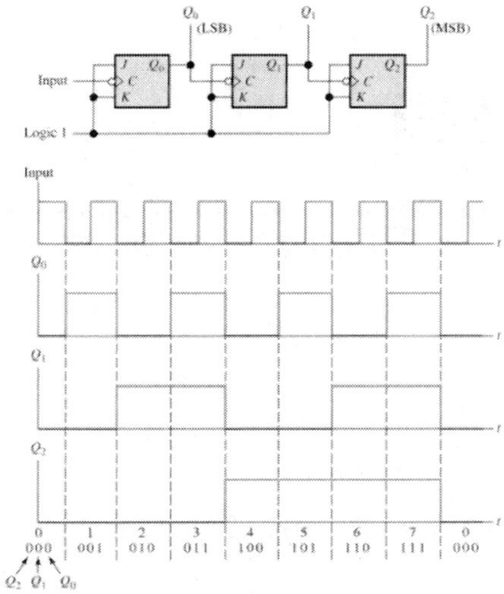

5. **[그림 P3.4]에 주어진 쉬프트 레지스터 순차 논리 회로를 생각하라. 초기 쉬프트 레지스터의 상태는 논리 100(즉, $Q_0 = 1, Q_1 = 0, Q_2 = 0$)으로 set 되었다고 가정하라. 여섯 번의 클럭 펄스에 대해 각 레지스터(Q_0, Q_1, Q_2)의 2진 값을 구하라.**

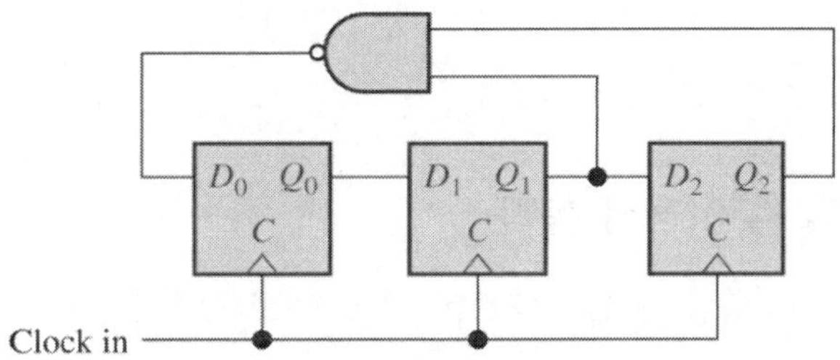

[그림 P3.4]

해답 분명히 Q_0의 다음(상태) 값은 Q_1과 Q_2의 현재 값의 NAND 조합이다. Q_2의 다음(상태) 값은 Q_1에 대한 현재 값이다.

비슷한 방법으로, Q_1의 다음 값은 Q_0에 대한 현재값이다. 따라서 쉬프트 레지스터의 연속되는 상태 (Q_0, Q_1, Q_2)는 다음과 같다

100 (초기 상태)

110

111

011

001

100

111

레지스터의 상태는 5 shifts이후 초기 상태로 되돌아온다.

제 03 주

실험절차

쉬프트 레지스터

강의 : 30분, 실험 : 2시간, 연장 : 30분

1 실험 장비 및 부품

① IC Dual JK Flip-Flop 7474, Quad 2-input XOR 7486, 8-bit SIPO 쉬프트 레지스터 74164
② 디지털 멀티미터 1대
③ 브레드보드(만능기판)
④ DC 전원 장치

2 실험 방법

(1) 직렬 입력 병렬 출력(정적 동작)

① 기판에 두 개의 D 플립-플롭(7474)을 브레드 보드에 꽂는다.
② 다음의 회로를 구성하여라.

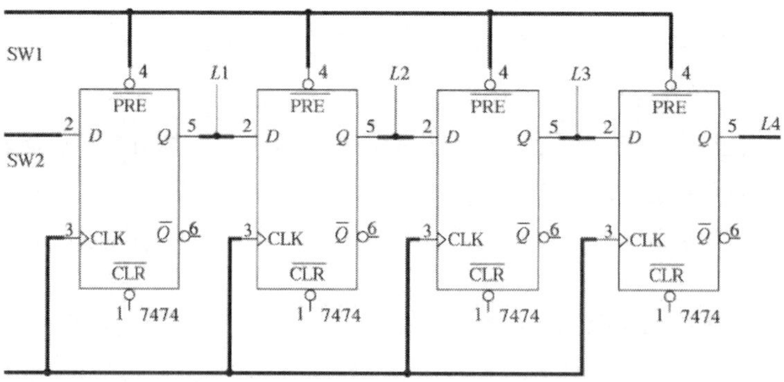

[그림 3.6] 직렬-입력, 병렬-출력(SIPO) 자리이동 레지스터 회로도(정적동작)

③ 데이터 스위치 SW1, SW2, 그리고 SW3를 LOW로 세트한다. 테이타 스위치 SW1은 모든 플립-플롭을 클리어 상태(논리 '0')로 만든다.
④ 데이터 스위치 SW1과 SW2를 HIGH로 설정한다(즉 Clear, Preset 기능을 disable 시킨다). SW1 = HIGH는 clear입력을 제거한다. SW2의 첫 번째 D입력을 HIGH로 만든다.

⑤ 데이터 스위치 SW3를 LOW에서 HIGH로 그리고, 다시 LOW로 만든다( ). 데이터 전송을 위해 필요한 모든 클럭 입력을 양(+)의 에너지로 공급하기 위해 데이터 스위치 SW3를 LOW에서 HIGH로 그리고 다시 LOW로 만든다.

⑥ 단계 ⑤를 반복하여 두 번째 HIGH를 자리이동 레지스터로 이동시킨다. L1 과 L2는 이제 HIGH가 된다.

⑦ 데이터 스위치 SW2를 LOW로 만든다. 이것은 첫 번째 D입력을 LOW로 만든다.

⑧ 데이터 스위치 sw3를 HIGH로 여러번 세트한다.

[관찰 사항]

① 입력 HIGH가 첫 번째 D 플립-플롭의 Q 출력(L1)로 이동되는가를 관찰한다.

② 반복 작업을 수행할 때 SW3의 작용에 따라 플립-플롭의 Q 출력이 오른쪽으로 이동되는가를 관찰한다.

(2) 직렬-입력 병렬-출력(SIPO) 쉬프트 레지스터(동적 작용)

❐ 의사-불규칙 2진 순차 발생기(PBRS)

준 -불규칙 2진 순차 발생기는 출력이 불규칙하다는 특성을 갖고 있지만, 사실은 2^n-1 비트마다 반복된다. 따라서 특히 n이 크다면 PRBS는 불규칙한 순서로 발생하는 상태를 발생한다.

PRBS를 발생할 때 자리이동 레지스터는 페루프 상태에서 동작하고 첫 번째 단의 입력은 다음 단의 배타적-OR 피드백 루프를 통하여 공급한다.

① 만능 기판에 Quad(4쌍) X-OR게이트(7486) 중의 하나와 4개의 D-FF(7474)를 연결한다.

② 아래 그림과 같이 회로를 재구성한다.

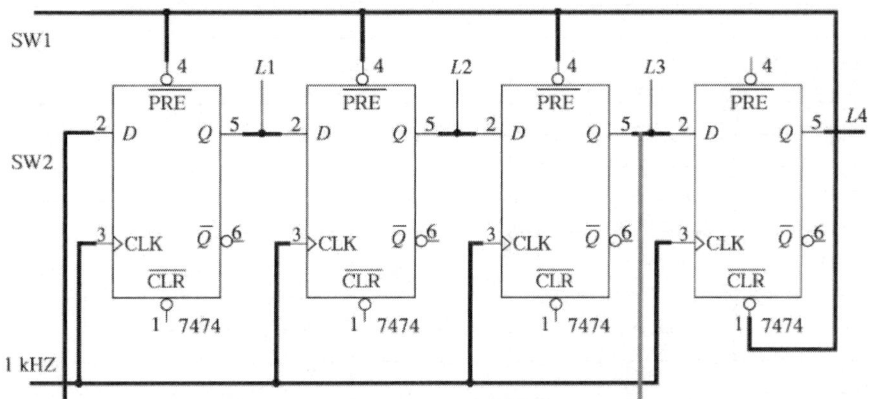

[그림 3.7] 의사-불규칙 2진 순차 발생회로

③ 데이터 스위치 SW1과 SW2를 LOW로 만든다. 이것은 자리이동 레지스터(L1L2L3L4)를 0001상태로 프리셋하고 clock 입력을 LOW로 만든다.

④ 데이터 스위치 SW1을 HIGH로 만든다. 이것은 Preset 기능을 disable하여 제어 입력을 방출하게 한다. 클록 입력은 함수 발생기나 저주파 신호 발생기에서 1kHz의 TTL 출력을 사용한다. 만일 TTL 출력이 없는 경우는 DC offset 손잡이를 조정하여 전압의 범위가 0V~5V가 되도록 조정한다.

⑤ 데이터 스위치 SW2를 HIGH로 만든다. 다음 7486 출력 3을 SW2에 연결한다. 이때 7486 입력 중 하나를 HIGH 로 만든다.

⑥ PRBS 출력표에 L1~L4가 나타내는 출력을 기록한다.

〈표 3.3〉 PRBS 출력

PRBS 출력표				
클록 천이 수 (Number clock transitions)	출력			
↑(⌐)	$L1$	$L2$	$L3$	$L4$
1				
2				
3				
4				
5				
6				
7				
8				
9				
10				
11				
12				
13				
14				
15				
16				
17				
18				
19				
20				
21				
22				
23				
24				
25				
26				
27				
28				
29				
30				
31				
32				

⑦ PRBS 출력표에서 몇 번째 클록마다 시퀀스가 반복되는가를 결정하라.

4 결과 분석 및 토의

토의사항

① Pseudo-Random Binary Sequence(PRBS)의 특성을 알아 보고 Random 성을 높이기 위하여 취해야 할 방법이 무엇이 있는가 알아본다.

② 산술적 쉬프트(자리이동)와 논리적 쉬프트(자리이동)의 차이점을 말하라.

③ 두 레지스터간의 n-bit 직렬데이터전송(serial data transfer) 과정을 설명하라.

④ 아래 쉬프트 레지스터의 각 단의 파형을 완성하라.

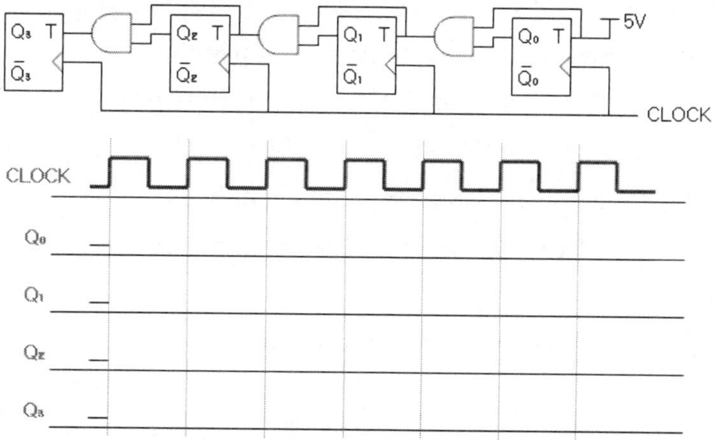

제 04 주

이 론

비동기/동기 카운터

학습목표

1. 동기, 비동기(리플) 카운터의 동작 원리를 이해하고 리플 캐리를 클록으로 사용하는 비동기 카운터 특징을 살피고 다단 플립 플립을 사용한 10진 비동기 카운터를 설계할 수 있다.
2. 에지 트리거링에 의한 리플 캐리의 생성 과 전달 과정을 이해한다.
3. n개의 플립플롭으로 구성된 리플카운터는 0부터 2^n−1까지 셀 수 있음을 관찰한다.

1 개요

이벤트를 계수하는 회로는 컴퓨터와 다른 디지털 시스템에서 자주 등장한다. 카운터 회로는 과거 상태를 기억해야하므로 메모리를 갖는 회로이어야한다. 사용된 플립 플롭의 수와 플립플롭이 어떻게 연결되어지는지가 상태의 수를 결정지으며, 카운터가 전체 사이클을 한번 지나가는 시퀀스 패턴이 결정된다.

카운터는 클럭 방법에 따라 두 부류로 분류된다.

1. **비동기(리플) 카운터** : 첫 번째 플립 플롭만이 외부 클럭에 의해 야기되며, 이어지는 다음 단의 플립 플롭의 클럭은 이전 단의 출력 Q 혹은 Q'에 의해 클럭이 만들어진다.
2. **동기 카운터** : 모든 저장 소자(FFs)는 동시에 동일 클럭에 의해 트리거된다.

비동기 카운터는 첫 번째 플립플롭의 CLK(clock pulse) 입력에만 클록펄스가 입력되고, 다른 플립플롭은 각 플립플롭의 출력을 다음 플립플롭의 CLK 입력으로 사용한다. 즉, 플립플롭의 출력 전이가 다른 플립플롭을 트리거시키는 원인으로 작용한다.

동기 카운터에서 모든 플립 플롭의 클럭 입력은 공통으로 연결되어 입력 클럭 펄스에 의해 트리거된다. 그러므로 모든 플립 플롭은 동시에 (병렬로) 그 상태가 변경된다.

카운터에서 구별되는 상태의 수가 n일 때 modulo- n(간단히 mod- n n 진)의 카운터라고하며, 매 2^n-1마다 같은 패턴이 반복된다. 카운터는 상향 카운터(up counter)와 하향 카운터(down counter)가 있다.

사용되어지는 부품 - IC7473 Dual JK Flip-flop

2 관련 이론

(1) 비동기 카운터(asynchronous counter)

Ripple counter라고도 한다. 비동기 카운터는 FF의 직렬 연결 형태로 구성되어 있어 한 FF의 출력이 다음 단의 FF의 입력으로 작용하게 된다.

❐ 비동기 카운터의 동작 원리

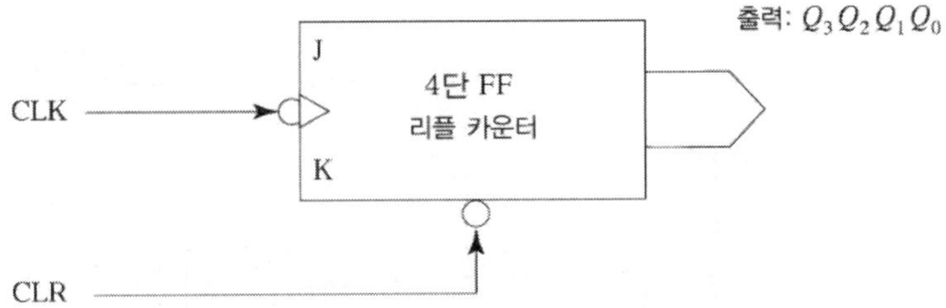

[그림 4.1] 4-단 리플 카운터 회로 모델

모든 FF의 JK 입력은 논리 HIGH 상태로 설정한다. 클록의 상태에 따른 4-단 FF 리플 카운터의 동작을 설명하면 아래 〈표 4.1〉과 같이 요약할 수 있다. CLR 단자가 논리 LOW이면 출력은 clear 된다. 즉 카운트는 0을 가리킨다. CLR이 HIGH 인 상태에 있을 때 CLK의 상태에 따라 두 가지 기능을 수행한다. 즉 CLK가 H 혹은 L이면 출력은 현재 상태를 유지한다. 주어진 [그림 4.1]과 같은 경우에 High → Low로 클록 상태가 바뀔 때 카운터는 1씩 증가한다.

〈표 4.1〉 리플 카운터의 동작 상태

Inputs		Next state	Comments
CLR	CLK	$Q_3Q_2Q_1Q_0$	function
L	H	LLLL	Clear
H	H or L	$Q_3Q_2Q_1Q_0$	No-change
H	up/down	$(Q_3Q_2Q_1Q_0)+1$	increment by 1

4-bit의 2진 리플 카운터로는 최대 15까지 계수할 수 있으며 최소 counting은 0이다.

❐ 2진 리플 카운터

2진 비동기 카운터 회로를 [그림 4.2]에 보였다. 외부 클럭은 처음 플립 플롭(FF0)에만 연결되어 있다. 그래서, 하강 엣지 클럭 입력이 있을 때 FF0는 상태가 변경되지만 FF1은 FF0의 Q출력의 하강 엣지로 트리거되었을만 상태가 변한다. 이같이 이전 단의 FF 출력이 다음 단의 FF 클럭의 입력으로 동작함으로써 비동기 동작을 생성한다.

초기 Q_0, Q_1의 상태를 00으로 가정한다. CLK의 하강 엣지시에 JK HIGH 입력 상태가 fetch되어 논리 0에서 논리 1상태로 천이됨을 타이밍 다이어그램을 통해서 확인할 수 있다. 2-bit이기 때문에 전체 사이클은 $2^n - 1 = 2^2 - 1 = 3$ CLK 펄스 이후 다시 반복된다.

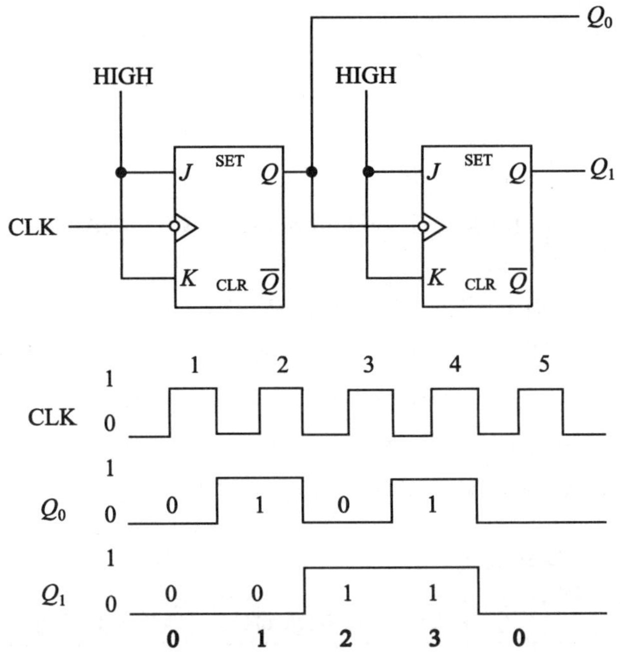

CLOCK PULSE	Q_1	Q_0
Initially	0	0
1	0	1
2	1	0
3	1	1
4(recycles)	0	0

[그림 4.2] 2진 리플 카운터 회로와 상태 시퀀스

❐ 10진 BCD 리플 카운터

2진 리플 카운터와 동작은 동일하나 binary 상태가 A(1010), B(1011), C(1100), E(1101), F(1111)일 때 상태를 '0'(0000)로 변환해주어야한다. 따라서 부가적인 회로는 아래의 십진수 9에서 10으로 변할 때 Bit position Q_3와 Q_1이 동시에 1이 될 때 clear 기능을 갖으면 된다.

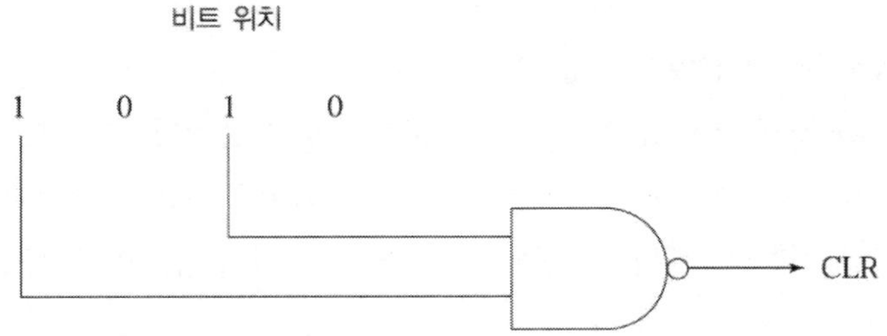

[그림 4.3] BCD 변환 부가 회로

Q_3	Q_2	Q_1	Q_0		
1	0	0	0	(8)	
1	0	0	1	(9)	
1	**0**	**1**	**0**	(10)	A→ $Q_3 Q_1$ 상태가 동시에 논리 HIGH 가 될 때 Reset 필요
1	0	1	1	(11)	B
1	1	0	0	(12)	C
1	1	0	1	(13)	D
1	1	1	0	(14)	E
1	1	1	1	(15)	F

BCD 리플 카운터 회로도 : 실험 절차 회로도 참조하기 바람.

❐ BCD 카운터의 timing 도

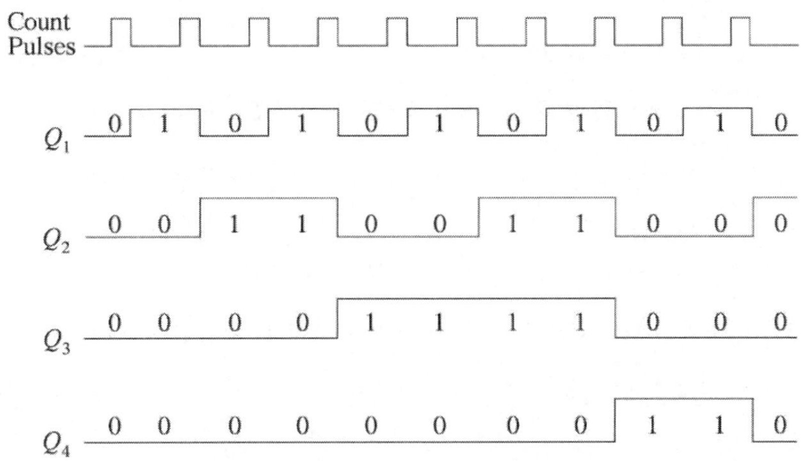

[그림 4.4] BCD 카운터의 timing 도

(2) 동기 카운터(Synchronous counter)

CLK 입력시 FF의 모든 상태가 동시에 변한다.

❐ 2진 up-down counter(동기 카운터)

동기식 카운터는 각 플립 플롭의 출력이 직렬 게이트를 통해 다음 플립플롭의 입력으로 연결되어 있는 구조로 되어 있다. 각 게이트는 플립플롭의 클럭이 다음 클럭으로 전송되는 상태에서 변할 때 선택적으로 조절한다. 왜냐하면 동기 카운터는 클럭이 동시에 플립플롭에 인가되고 출력은 클럭이 인가되면 나온다.

이진 카운트 하강(down) 동기 카운터에서 LSB의 FF는 매 클럭 펄스때마다 complement된다. 다른 위치에서의 FF은 lower order bits가 모두 0일 때 complement된다.

❐ 병렬 Load를 갖는 2진 비동기 카운터

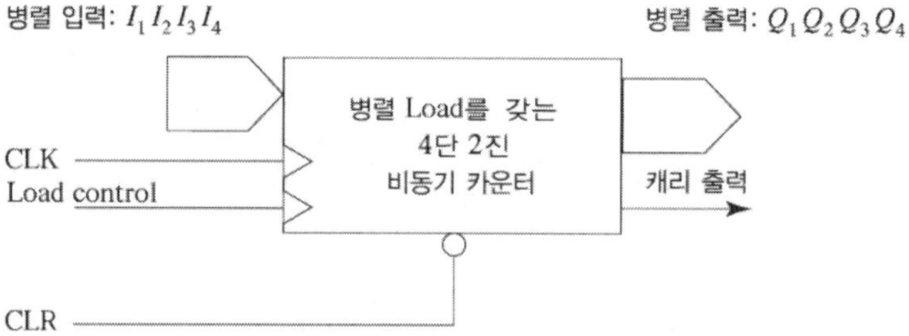

[그림 4.5] 병렬 LOAD 입력을 갖는 4단 2진 비동기 카운터 회로 모델

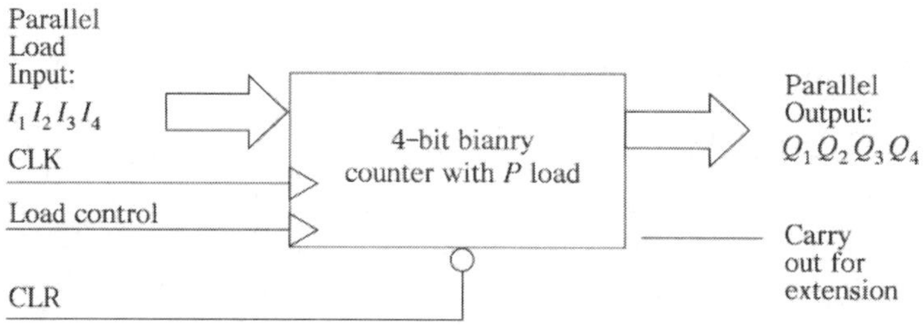

[그림 4.6] 병렬 Load가 가능한 4-bit 2진 카운터 기능도

4-단 병렬 LOAD 입력을 갖는 2진 비동기 카운터의 회로 동작을 설명하면 다음과 같다. CLR가 논리 LOW이면 clear 기능을 수행하며, CLR가 HIGH인 상태에서 LOAD CTRL 상태에 따라 3가지 기능이 수행된다. 기능 설명을 〈표 4.2〉에 요약하였다.

〈표 4.2〉 병렬 LOAD 입력을 갖는 4단 2진 비동기 카운터 동작 설명

Clear(CLR)	Clock(CLK)	Load	Count	Function
0	X	X	X	clear to 0
1	X	0	0	No change
1	leading	1	X	Load inputs
1	leading	0	1	count up next bianry state

❒ 3-비트 동기 2진 카운터의 예

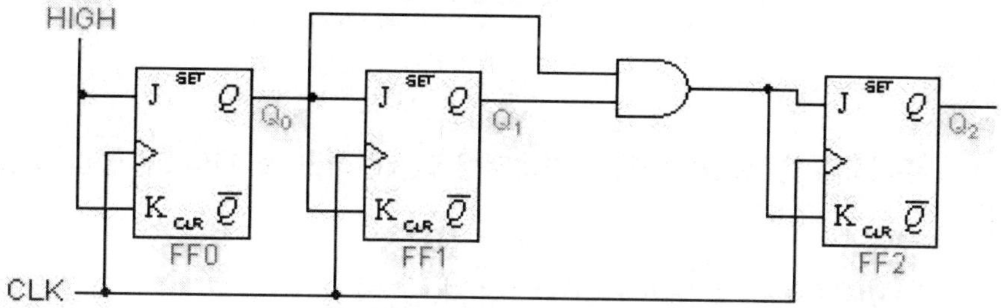

FF2	FF1	FF0
0	0	0
0	0	1
0	1	0
0	1	1
1	0	0
1	0	1
1	1	0
1	1	1

[그림 4.7] 3-bit 2진 동기 카운터 회로도

❒ 동작 설명

[그림 4.7] 회로는 3-bit 동기 카운터를 나타낸다. FF0의 JK 입력은 HIGH 상태에 연결되어 있고, FF1의 JK 입력은 FF0의 출력에 연결되어 있다. 그리고 FF0와 FF1의 출력은 2-입력 AND 게이트에 연결되고 AND 케이트의 출력은 FF2의 JK 입력으로 연결되어 있다.

3번째 클럭 상향 펄스후에 FF0와 FF1의 출력은 HIGH상태에 있게되며, 4번째 상향 클럭 펄스 시에 AND 게이트의 작용으로 FF2의 상태를 변하도록(토글링 되도록) 만든다([그림 4.8] 참조).

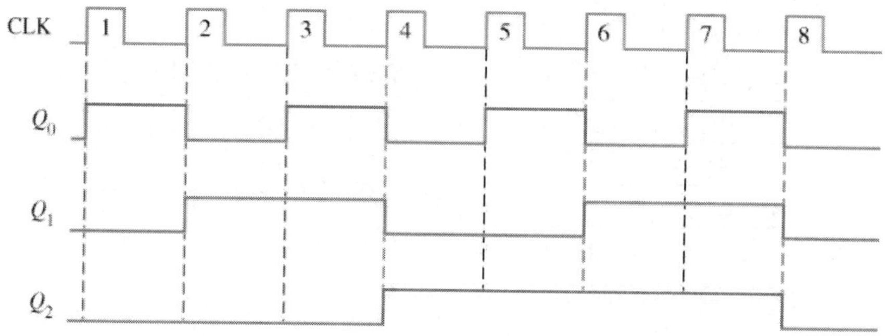

[그림 4.8] 3-bit 동기 카운터의 타이밍 다이어그램

어떤 사건의 발생 횟수를 세거나, 동작 순서를 제어하는 타이밍 신호를 만드는 데 사용되며 보수화 기능이 있는 T 또는 JK 플립플롭을 이용한 회로로 n개의 플립플롭을 가진 2진 동기 카운터는 0에서(2^n-1)까지 카운트 할 수 있다.

연습문제

1. **64 카운트 주기마다 반복되는 비동기 카운터를 설계하려면 몇 개의 JK 플립 플롭을 사용해야 하는가?**

해답 $2^n - 1 = 64 - 1 \Rightarrow n = 6$ 개의 FF이 필요하다.

2. **[그림 P4.1]의 회로도는 상향 비동기 카운터인가 아니면 하향 비동기 카운터인지 말하고, 각 플립 플롭의 상태($Q_A Q_B Q_C Q_D$) 천이도를 나타내는 타이밍 다이어그램을 그려라.**

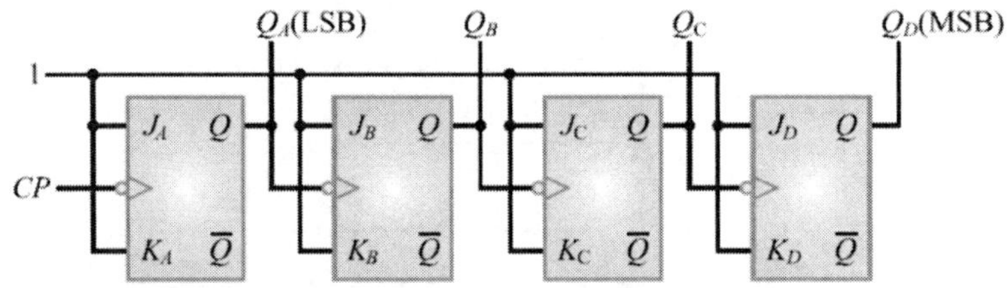

[그림 P4.1] 4-bit 리플 카운터

해답 클럭 입력에 O(negate)기호가 없으므로 하향 엣지시에 FF의 출력 Q가 다음 단 FF의 클록으로 작용하여 초기 상태 0000에서 순차적으로 1씩 증가하는 상향 비동기 카운터이다.

• 타이밍 다이어그램

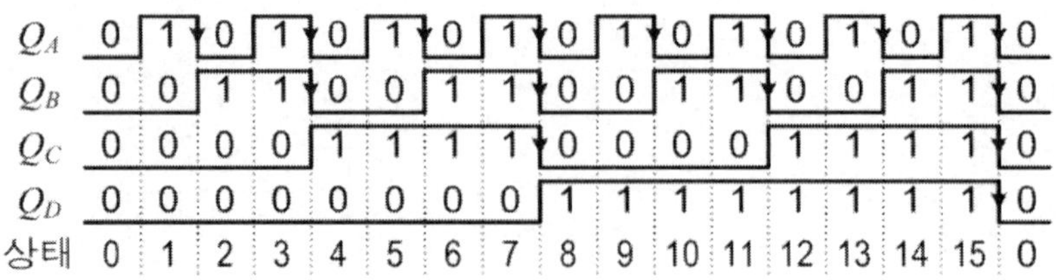

3. [그림 P4.2]의 회로도는 상향 비동기 카운터인가 아니면 하향 비동기 카운터인지 말하고, 각 플립 플롭의 상태($Q_A Q_B Q_C Q_D$) 천이도를 나타내는 타이밍 다이어그램을 그려라. Q_D에서는 입력 클럭 펄스의 주기에 비해 어느 정도 증가하는가?

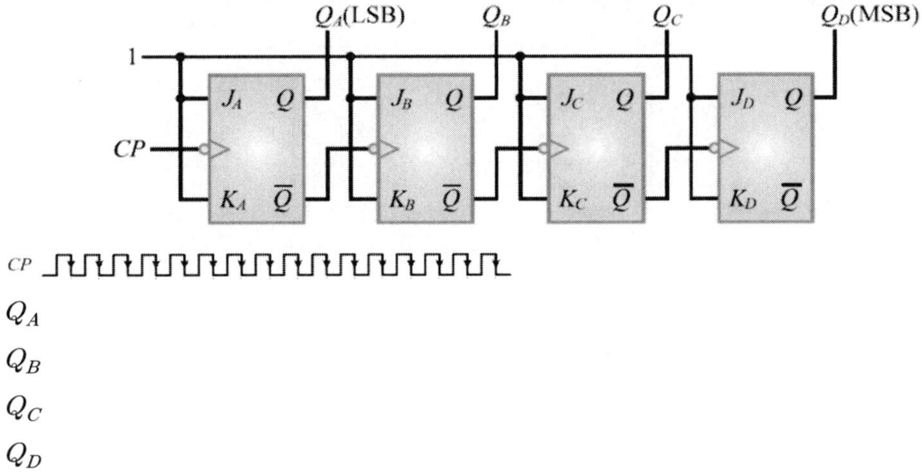

[그림 P4.2] 4-bit 리플 카운터

해답 클럭 입력에 O(negate)기호가 있으므로 하향 엣지시에 FF의 출력 $\overline{Q}$가 다음 단 FF의 하향 클록으로 작용하여 초기 상태 1111에서 순차적으로 1씩 감소하는 하향 비동기 카운터이다.

- 타이밍 다이어그램

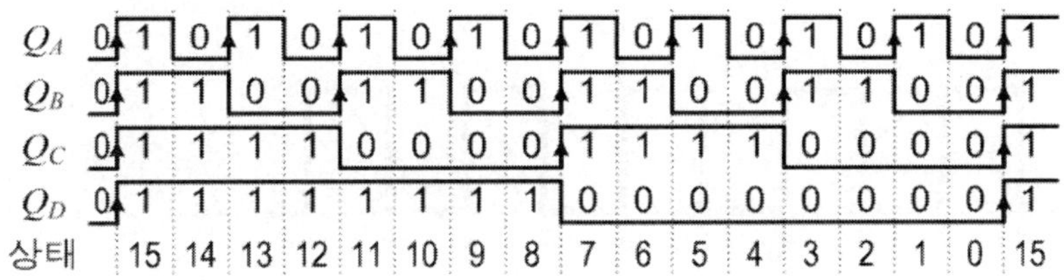

QD에서는 1/16의 주파수를 갖는 구형파가 얻어지기 때문에 16배 증가된 주기를 갖는다.

4. [그림 P4.3]은 상향 엣지 트리거링에 의해 동작하는 일종의 카운터 회로이다. 이 회로의 동작을 주어진 입력이 인가되었을 때 어떻게 변화되는지 각 클록 사이클마다 출력 Q_0, Q_1의 전압 파형을 그려라. 출력 전압 파형을 관찰함으로써 회로 동작의 응용을 말해보라. t=0이전의 D FF의 초기 상태는 00이라고 가정하라.

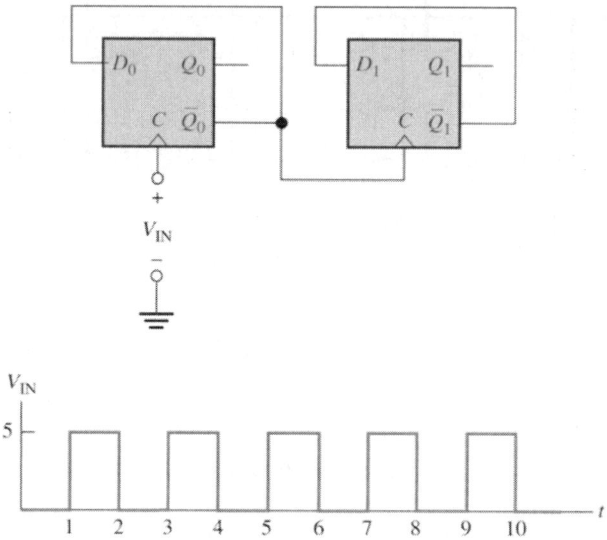

[그림 P4.3]

해답

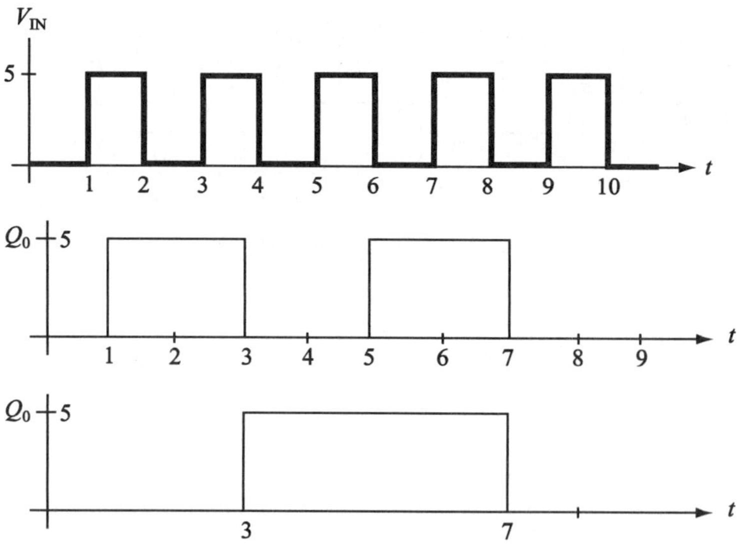

출력 Q_0, Q_1의 파형을 관찰하면 Q_0는 입력 클럭 파형의 주파수에 비해 1/2 배가 되고, Q_1은 입력 클럭 파형의 주파수에 비해 1/4 배가 된다. 따라서 이같은 회로는 입력 펄스의 주파수를 분주(주파수 나누기)하는 분주 회로로 적용할 수 있다.

실험절차

제 04 주 10진 리플 카운터(비동기 카운터)

강의 : 30분, 실험 : 2시간, 연장 : 30분

1 실험장비 및 부품

① 오실로스코프 1대
② 디지털 멀티미터 1 대
③ IC 표준 TTL 74LS76, 74LS00, 74LS90A
④ 7-segment 숫자표시기 드라이버 7447 혹은 7448
⑤ 7-segment 숫자표시기 MC14511 혹은 동등한 것
⑥ DC 전원 장치 1대
⑦ 만능 기판(브레드 보드) 1개

2 실험방법

- **회로의 기본 동작 설명**

  비동기식 Modulo-10진 카운터는 클록수를 10개 단위로 계수한다. 즉 0에서 9까지의 출력 후 DCBA의 JK-FF 값이 1010이 되면 카운터를 reset하여 0으로 만들고 다시 0에서 9까지 계수를 반복하도록한다.

  주의 실험시 유의사항

  핀번호를 잘 숙지하여 결선하기 바람. 특히 Vcc연결에 조심해야한다. 잘못하면 IC가 파손될 수 있다.

❒ 10진 리플 카운터

① 기판에 Dual JK 플립 플롭 7476 과 Quad 2-입력 NAND 7400을 회로에 따라 연결하고 7-세그먼트 숫자표시기를 연결하라. JK-FF의 Preset 단자는 논리 HIGH에 연결되어야한다.

- **주의 : 7-세그먼트 표시 장치 유형**

  7-세그먼트 디스플레이에는 common Anode와 common Cathode 두 유형이 있으며, common anode 유형은 공통 단자에 +Vcc를 인가해야한다. 반대로 common cathode 유형인 경우에 공통단자를 GND에 연결해야한다. 비공통 단자에 연결하기전에 저항 220~270Ω을 통하여 연결한다.

• **연결** : A → 표시기 A 입력, B → 표시기 B 입력, C → 표시기 C 입력, D → 표시기 D 입력으로 연결한다.

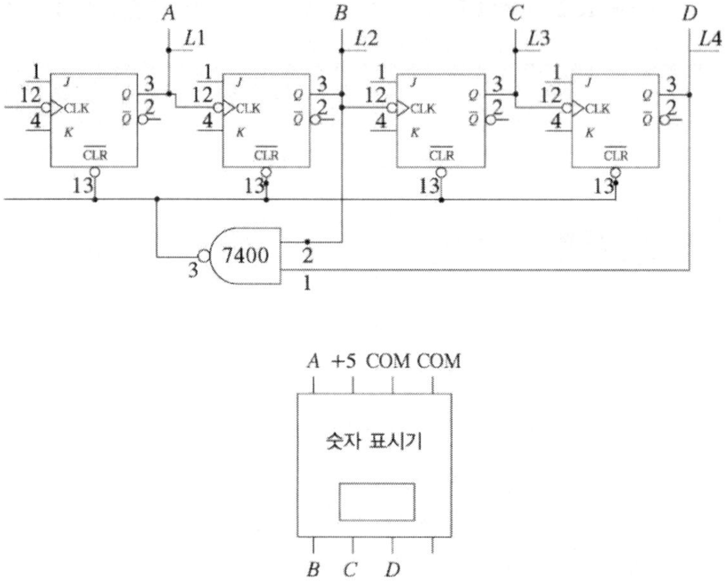

[그림 4.7] 10진 비동기 카운터 회로도

② 데이터 스위치 SW1을 HIGH에서 LOW로 설정한다.(즉 플립플롭을 클리어 시킨다.)

③ SW2를 ↓(falling Edge 클록)하라. 이에 대한 L1부터 L4까지의 출력과 7-segment 숫자표시기의 출력을 〈표 4.3〉에 기록하라.

〈표 4.3〉 10진 비동기 계수회로 상태값

INPUT	OUTPUTS				
클록의 수	D	C	B	A	10진수
0	0	0	0	0	0
1					
2					
3					
4					
5					
6					
7					
8					
9					

❐ 비동기 2단 10진 카운터

① 2개의 7490A 10진 카운터와 숫자표시기 2개를 다음과 같이 연결하라(그림 4.8).
QA : 표시기 A 입력으로, QB : 표시기 B 입력으로, QC : 표시기 C 입력으로, QD : 표시기 D 입력으로 연결된다. COM 단자는 표시기 COM 단자와 연결된다.

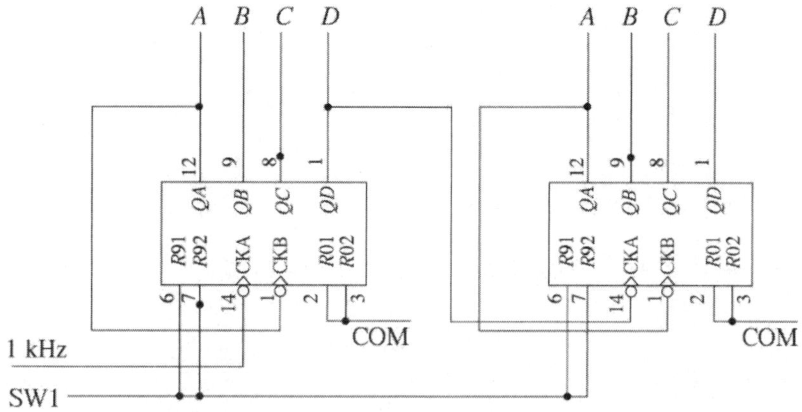

[그림 4.8] 2단 10진 비동기 카운터

② 데이터 스위치 SW1을 LOW에서 HIGH로 설정한다(모든 FF를 clear한다).
관찰 : 2단 10진 카운터는 0에서 99까지 카운트할 수 있다. 첫 번째 카운터의 MSB는 두 번째 카운터의 입력으로 사용된다.

③ 위 두 실험의 결과를 통해 비동기 카운터의 동작 원리와 1단 이상의 여러 단을 연결하는 방법을 이해해야한다. 0에서 9로 상승하며 카운트하는 count-up 카운터와 9에서 0으로 하강하며 카운트하는 count-down 카운터의 원리를 설명해보라.

- **Count-up(상승) 리플 카운터**

- **Count-down(하강) 리플 카운터**

4 결과 분석 및 토의

토의사항

① 6개의 FF으로 구성된 2진 리플 카운터는 0에서 (　　)까지 카운트할 수 있는가?

② Falling edge 클록 과 Rising edge 클록의 의미를 살펴보라

③ JK 플립플롭을 사용하여 Modulor-8 up/down 동기 카운터를 설계하는 방법을 설명하라.

제 05 주 이 론

산술 및 논리(ALU) 연산 회로

학습목표

1 2진 가산기의 동작 원리와 2진 산술 연산 회로의 기초가 되는 반가산기(Half adder)와 전가산기(Full adder)에 대한 실험을 통해 확인한다.

2 n개의 전가산기를 사용하여 n-bit 리플 캐리(자리올림수) 가산기를 설계할 수 있다.

Part II

1 개요

디지털 혁신으로 이끈 주요 기능의 하나는 컴퓨터를 사용하여 복잡한 수학적 연산을 수행할 수 있는 능력이었다. 이같은 컴퓨터의 기본 연산은 가산기 회로이다. 본 실험을 통하여 두 종류의 가산기를 공부하게 될 것이다. 먼저 반가산기는 두 비트를 더하는 가산기로서 0,1, 혹은 2의 합의 값을 갖을 수 있으며, 전가산기는 두 입력 비트에 자리올림수(C_{in})를 더하여 합으로 0, 1, 2, 혹은 3을 출력한다.

2 관련 이론

(1) 반가산기

한자리수 A와 B를 합할 때 발생되는 결과는 A와 B의 합과 다음 자리의 자리올림수가 된다. 이러한 계산을 하기 위한 합(S)과 자리올림수(C_{out})의 논리식은 다음과 같다.

$$S = A \oplus B = \overline{A}B + A\overline{B}$$
$$C_{out} = A \cdot B \quad (5.1)$$

기호와 진리표 그리고 회로는 다음 그림과 같다.

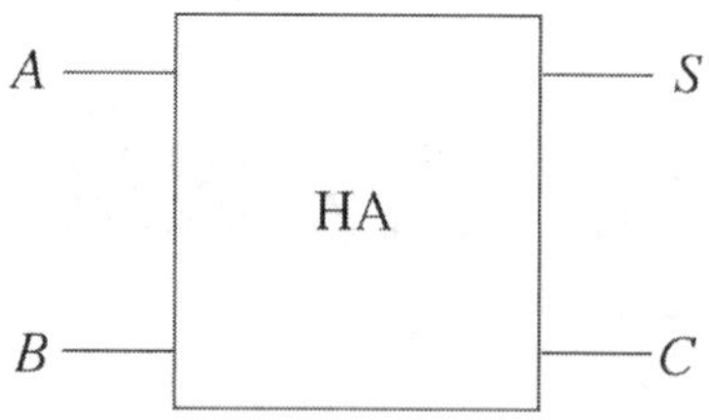

[그림 5.1] 반가산기의 심볼

〈표 5.1〉 반가산기의 진리치 표

A	B	S	C_{out}
0	0	0	0
0	1	1	0
1	0	1	0
1	1	0	1

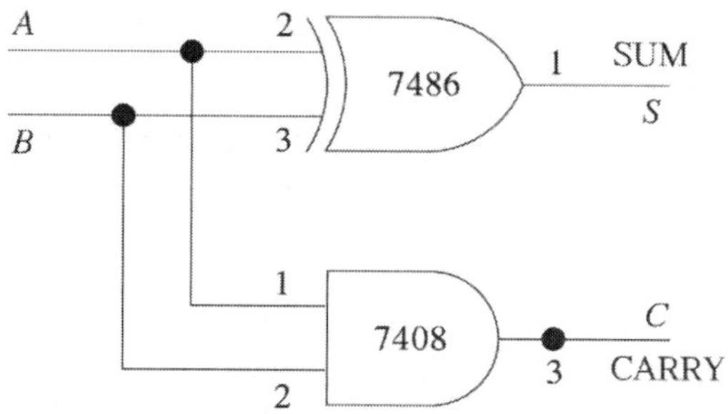

[그림 5.2] 반가산기의 회로도

(2) 전가산기

한자리수 A와 B, 그리고 자리올림수(C_{in})를 합할 때에 사용되는 것으로 결과는 A와 B의 합과 자리올림수가 된다.

이러한 계산을 하기 위한 합과 자리올림수의 논리식은

$$S=\overline{A}\,\overline{B}C_{in}+\overline{A}B\overline{C_{in}}+AB\,\overline{C_{in}}+ABC_{in}=(A\oplus B)\oplus C_{in} \quad (5.2)$$

$$C_{out}=A\cdot B+A\cdot C_{in}+B\cdot C_{in}$$

$$C_{out}=\overline{A}BC_{in}+A\overline{B}C_{in}+ABC_{in}+AB\overline{C_{in}}\ =\ XY+(X\oplus Y)\cdot C_{in}$$

로 나타내며 기호와 진리표(〈표 5.2〉) 그리고 [그림 5.4]와 같다.

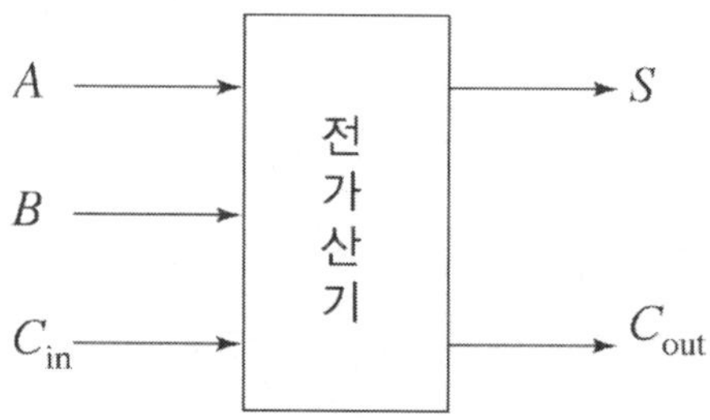

[그림 5.3] 전가산기 심볼

〈표 5.2〉 전가산기 진리치표

A	B	C_{in}	S	C_{out}
0	0	0	0	0
0	0	1	1	0
0	1	0	1	0
0	1	1	0	1
1	0	0	1	0
1	0	1	0	1
1	1	0	0	1
1	1	1	1	1

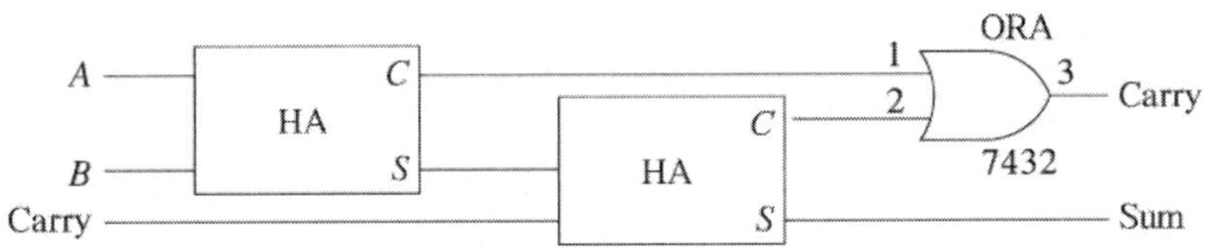

[그림 5.4] 1-bit 전가산기 회로

(3) 가산기/감산기 회로의 설계 원리

2-입력 A, B과 선택 변수 s를 갖는 전가산기의 회로를 설계해보자.

$s=0$일 때 회로는 A+B의 기능을 수행하고 $s=1$일 때 회로는 B의 2의 보수를 취하여 $A+\overline{B}+s=A+\overline{B}+1=A-B$ 기능을 수행한다.

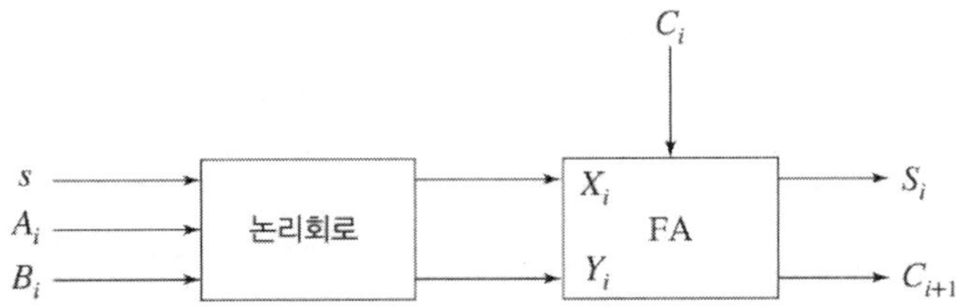

s	$X_i=A_i$	Y_i =XOR(B_i, s)	$C_i=s$
0	A_i	B_i	0
1	A_i	$\overline{B_i}$	1

[그림 5.5] 가산기 설계 원리 설명

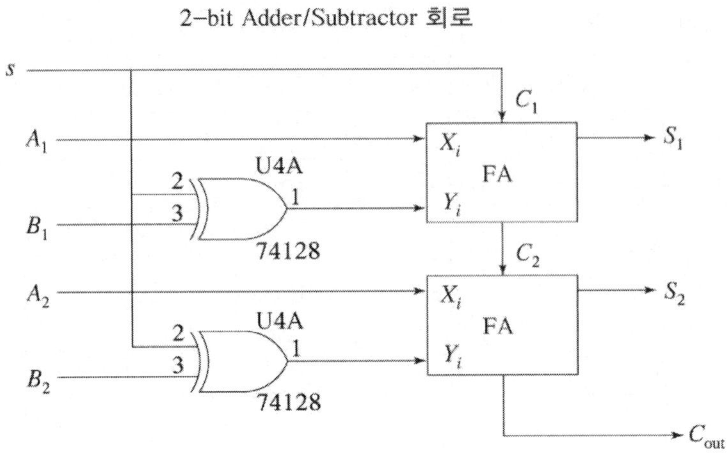

[그림 5.6] 2-bit 가/감산기 회로도

연습문제

1. 2개의 4-bit 수 1101과 1011dl 4-bit 병렬 가산기에 인가된다. 입력 캐리-인 (carry-in) 비트는 1이라고 가정하면 가산기의 합 과 출력 캐리값을 결정하라.

해답

```
   1  ← Cin
1101  ← A
1011  ← B
-----
11001
```

S= 1001, Cout=1

2. 식(5.2)의 관계식을 증명하라.

$$S=\overline{X}\,\overline{Y}C_{\text{in}}+\overline{X}Y\overline{C_{\text{in}}}+XY\,\overline{C_{\text{in}}}+XYC_{\text{in}}=(X\oplus Y)\oplus C_{\text{in}}$$

$$C_{out}=\overline{X}YC_{\text{in}}+X\overline{Y}C_{\text{in}}+XYC_{\text{in}}+XY\overline{C_{\text{in}}}=XY+(X\oplus Y)\cdot C_{\text{in}}$$

해답 The sum

$$S=\overline{X}\,\overline{Y}C_{\text{in}}+\overline{X}Y\overline{C_{\text{in}}}+XYC_{\text{in}}$$

$$=C_{\text{in}}(\overline{X}Y+X\overline{Y})+C_{\text{in}}(\overline{X}\,\overline{Y}+XY)$$

$$=\overline{C_{\text{in}}}(\overline{X}Y+X\overline{Y})+C_{\text{in}}(\overline{\overline{X}Y+X\overline{Y}})$$

$$S=C_{\text{in}}\oplus(X\oplus Y)$$

The carry output

$$C_{out}=\overline{X}YC_{\text{in}}+X\overline{Y}C_{\text{in}}+XYC_{\text{in}}+XY\overline{C_{\text{in}}}$$

$$=C_{\text{in}}(\overline{X}Y+X\overline{Y})+XY(C_{\text{in}}+\overline{C_{\text{in}}})$$

$$C_{out}=C_{\text{in}}\cdot(X\oplus Y)+XY$$

3. [그림 P5.1]에는 가산기 기능을 수행하는 TTL 종류를 나타내었다.

7480 7482 7483 74183 74283 74385	

[그림 P5.1]

data sheet를 찾아 어떤 가산 기능을 갖는지 간략히 기술하라.

해답

7480	Gated Full Adder
7482	2-bit Binary Full Adder
7483	4-Bit Binary Full Adder with Fast Carry
74183	Dual Carry-Save Full Adder
74283	4-Bit Binary Full Adder with Fast Carry
74385	4-Bit Adder/Subtractor with Clear

4. 주어진 반감산기 진리치표를 이용하여 반감산기를 설계하라

〈표 P5.1〉 반감산기 진리치표

입 력		출 력	
x	y	B	D
0	0	0	0
0	1	1	1
1	0	0	1
1	1	0	0

해답 〈표 P5.1〉에서 x, y는 반감산기의 1비트 입력이며 B, D는 반감산기의 출력인 자리내림과 차를 나타낸다.

x=1, y=0인 경우 x가 y보다 커서 자리내림이 발생하지 않으므로 B=0, D=1이 되지만, x=0, y=1인 경우에는 x가 y보다 작아서 자리내림이 발생하므로 B=1, D=1이 된다.

반감산기를 구현하면 다음 [그림 3-4]와 같다.

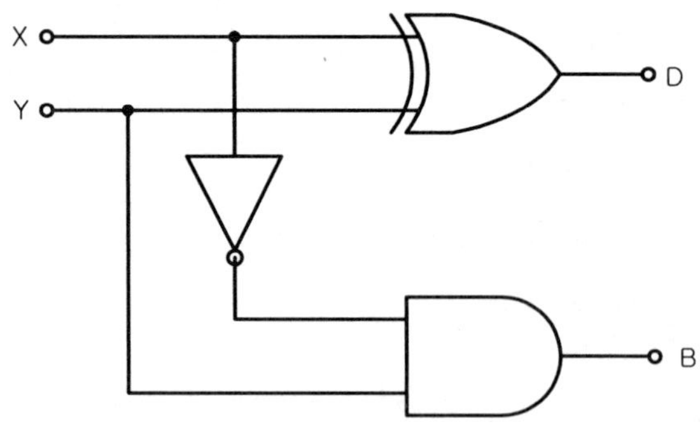

[그림 P5.1] 반감산기

5. n–bit 리플 가산기의 경우에 전가산기의 전파지연은 계산 속도를 제한한다. n–bit 리플 가산기의 전파 지연이 대략적으로 얼마가 되는지 계산하라.

해답

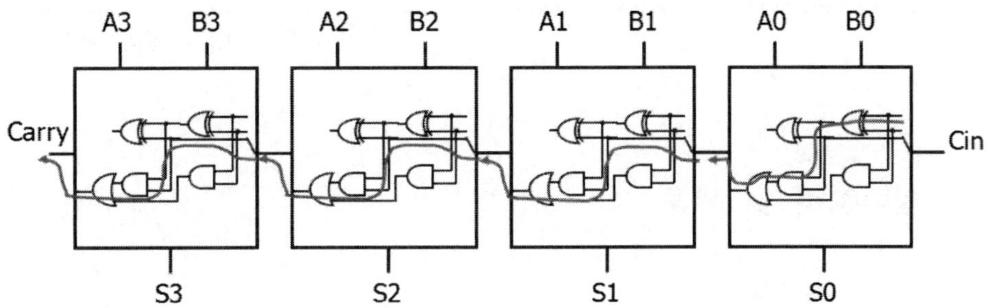

Critical Path = DXOR+4*(DAND+DOR) for 4–bit ripple adder (9 gate levels)

For an N–bit ripple adder

Critical Path Delay ~ 2(N–1)+3 = (2N+1) Gate delays

제 05 주

실험절차

전가산기(Full adder) 실험

강의 : 30분, 실험 : 2시간, 연장 : 30분

1 실험장비 및 부품

① 오실로스코프 1대
② 디지털 멀티 미터 1대
③ IC TTL 74LS86(Quad 2-input XOR), 74LS32(Quad 2-input OR),
④ 74LS08(Quad 2-input AND), 74LS83
⑤ 전원공급장치 1대

2 실험방법

❐ 1-bit 전가산기

① IC TTL 74LS08, 74LS32, 74LS86을 만능 기판에 다음과 같이 연결하라.

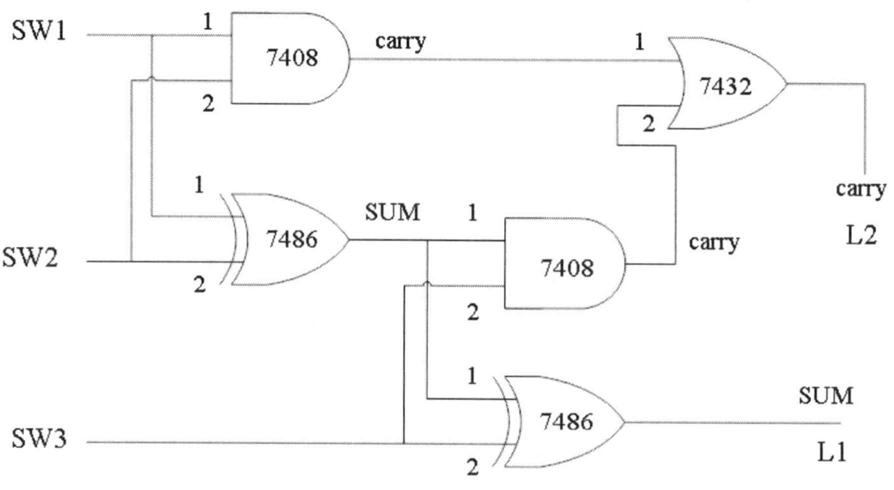

[그림 5.7] 1-bit 전가산기 회로도

② 다음 전가산기 출력표와 같이 데이터를 설정한다. 그리고 출력 L1(SUM)과 L2(CARRY)에 나타난 출력 값을 〈표 5.3〉에 기록한다.

〈표 5.3〉

INPUTS			OUTPUTS	
CARRY=SW3	B=SW2	A=SW1	L1=SUM	L2=CARRY
0	0	0		
0	0	1		
0	1	0		
0	1	1		
1	0	0		
1	0	1		
1	1	0		
1	1	1		

③ 전가산기는 다음 2진 덧셈 법칙을 따르는가 ?

입력	출력
	캐리합
캐리	0
A	0
B	+ 0
	0 0

입력	출력
	캐리합
캐리	0
A	0
B	+ 1
	0 1

입력	출력
	캐리합
캐리	0
A	1
B	+ 0
	0 1

입력	출력
	캐리합
캐리	0
A	1
B	+ 1
	0 0

입력	출력
	캐리합
캐리	1
A	0
B	+ 0
	0 1

입력	출력
	캐리합
캐리	1
A	0
B	+ 1
	1 0

④ 지금까지 살펴본 것은 2진 1-bit 전가산기 회로이다. 4-bit Full Adder 회로를 설계하라.

❐ 4-bit 병렬 가산기

74LS83은 4-bit 병렬 가산기이다. [그림 5.8]에서 두 4-bit 입력은 각각 A1 -A4와 B1-B4이다. 4-bit 합은 S1-S4에서 얻어지고, C0는 입력 캐리 비트이고, C4는 출력 캐리 비트이다. 모드 선택 비트 M=0일 때 회로는 가산기로 동작하고, M=1일 때 회로는 감산기로 동작한다.

⑤ [그림 5.8]과 같이 회로를 구성하라.
A4A3A2A1 = 0110, B4B3B2B1 = 01010, M=1으로 설정하고, 출력 S4S3S2S1은 220Ω으로 연결하여 LED 다이오드에 연결한다.

⑥ M=1일때 회로 동작이 감산 기능을 갖음을 확인하라.

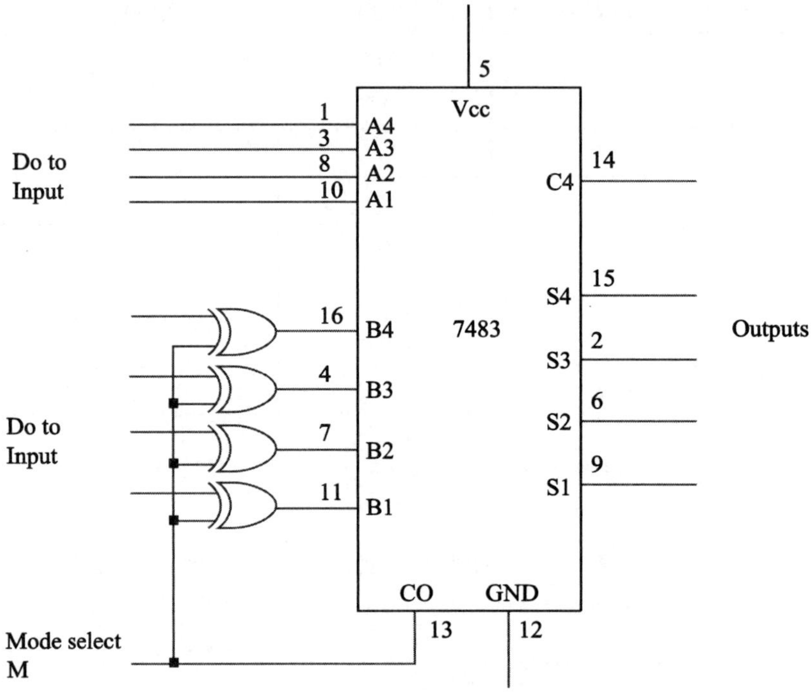

[그림 5.8] 4-bit 가산기/감산기 회로도

4 결과 분석 및 토의

토의사항

① 4-bit ALU IC (74LS181)의 Data Sheet를 참조하여 1-bit 전가산기를 기본 설계 블록으로 하여 4-bit 가감산회로의 설계 방법을 설명해보라.

② 1-bit full subtracter 회로의 진리치 표(Truth table)를 찾아보고 Borrow 기능을 설명하라.

제 06 주

이 론

다중화기와 역다중화기

학습목표

1. 기본 다중화기(multiplexer)와 역다중화기(Demultiplexer)의 회로 기능을 실험적으로 확인한다.
2. 다중화기를 사용하여 여러가지 논리 함수를 구현한다..

1 개요

멀티플렉서는 먹스(mux)라고 줄여서 쓰기도하며 여러 개의 입력 중 하나를 선택하여 출력으로 전송하는 다중화 기능을 갖는 조합 회로이다. 즉, 동시에 들어오는 여러개의 입력 데이터를 입력 데이터 선택기에 의해 순차적으로 직렬화하는 기능을 수행한다. [그림 6.1]은 여러 MUX 기능도를 나타낸다. 선택 스위치는 입력 단자의 수에 관계되는데 n개의 선택 스위치가 있다면 2n개의 입력 데이터 중 하나를 선택할 수 있다

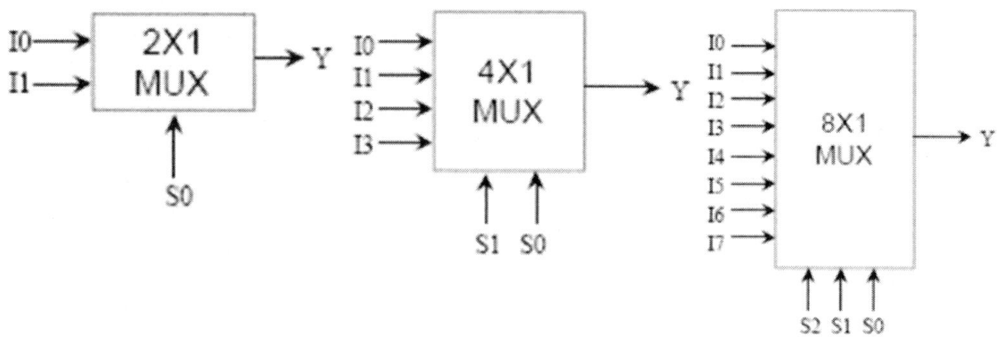

[그림 6.1] 2×1 MUX, 4×1 MUX, 8×1 MUX 기능 블로도

DEMUX는 데이터 분배기라고도 하며, MUX의 역을 수행하는 회로로서, 하나의 입력을 여러 개의 출력 라인으로 나누어서 출력한다. 어느 출력 라인으로 출력하는지는 MUX와 마찬가지로 선택 스위치에 의해 정해진다. 하나의 즉, 입력 정보를 받아들여 2^n개의 출력선 중 하나를 선택기로 선택하여 입력 정보를 전송하게 된다. [그림 6.2]는 여러 DEMUX 기능도를 나타낸다. 선택 스위치는 입력 단자의 수에 관계되는데 n개의 선택 스위치가 있다면 2^n개의 입력 데이터 중 하나를 선택할 수 있다

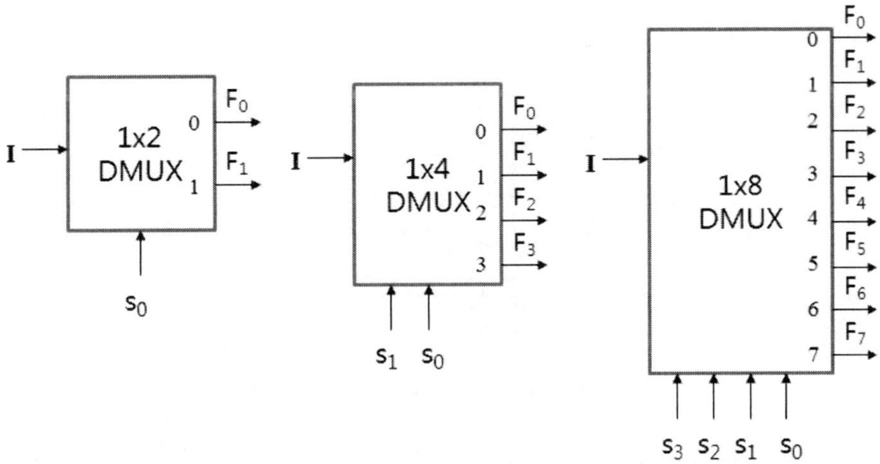

[그림 6.2] 1×2 DMUX, 1×4 DMUX, 1×8 DMUX 기능 블로도

2 관련 이론

❒ 다중화기(multiplexer)

다중화기 혹은 데이터 선택기는 논리 조합 회로로 구현된다. 다중화기의 입출력 기능을 나타내는 〈표 6.1〉은 mux의 입력 연결이 어떻게 이루어지는지 설명해준다.

예를들어, 4×1 mux는 f(A,B,C,D)와 같은 4 변수 함수를 구현하는데 사용될 수 있다.

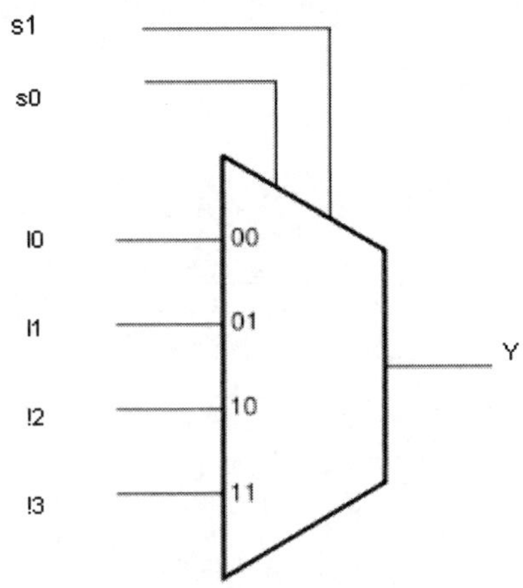

[그림 6.3] 4×1 다중화기 블록도와 기능 함수 표

〈표 6.1〉 함수 표

$s1$	$s0$	Y
0	0	I_0
0	1	I_1
1	0	I_2
1	1	I_3

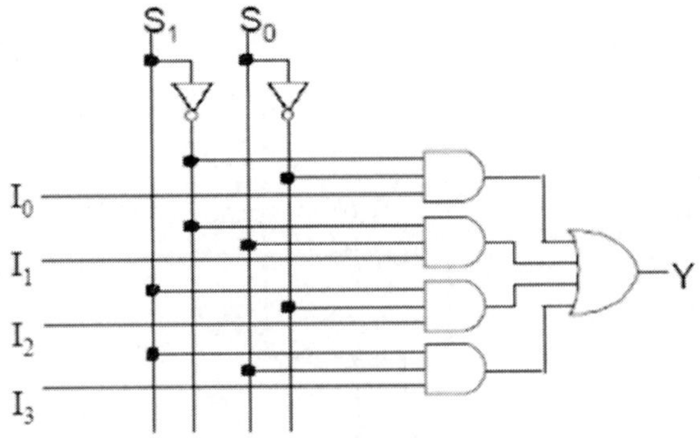

[그림 6.4] 4×1 MUX의 논리 회로도

[그림 6.4]의 4×1에 대한 불 대수 함수는

$$Y = I_0\overline{s_1}\,\overline{s_0} + I_1\overline{s_1}s_0 + I_2 s_1\overline{s_0} + I_3 s_1 s_0 \tag{6.1}$$

MUX는 임의의 함수를 구현하는데 응용된다. n변수를 갖는 함수를 구현하는 한 방법은 다음과 같이 n×1 mux를 사용하는 것이다 :

- 함수의 각 minterm m_i에 대하여 '1'을 mux 데이터 입력 I_i에 연결한다.
  각 데이터 입력은 진리치 표의 각 행(row)에 대응한다.
- 함수의 입력 변수(들)은 mux의 선택기 입력에 연결한다.
  이는 특정 입력 조합을 나타내기 위해 사용된다.

예를들어, [그림 6.5]의 기능을 갖는 3개의 변수에 의해 표현된 불 대수 함수 f(A,B,C)= $\sum minterm(0,3,6,7)$를 4×1 mux를 사용하여 구현해보자.

선택기 입력 (A, B)

F를 다른 입력 (C) 의 항으로 표현

minterm	A	B	C	F	
m_0	0	0	0	1	$F=\overline{C}$
m_1	0	0	1	0	
m_2	0	1	0	0	$F=C$
m_3	0	1	1	1	
m_4	1	0	0	0	$F=0$
m_5	1	0	1	0	
m_6	1	1	0	1	$F=1$
m_7	1	1	1	1	

MUX 입력 0 (m_0, m_1)

[그림 6.5] MUX 함수 구현 표

4×1 MUX를 사용한 함수 f(A, B, C)의 구현에 대한 논리 블록도를 [그림 6.6]에 보였다.

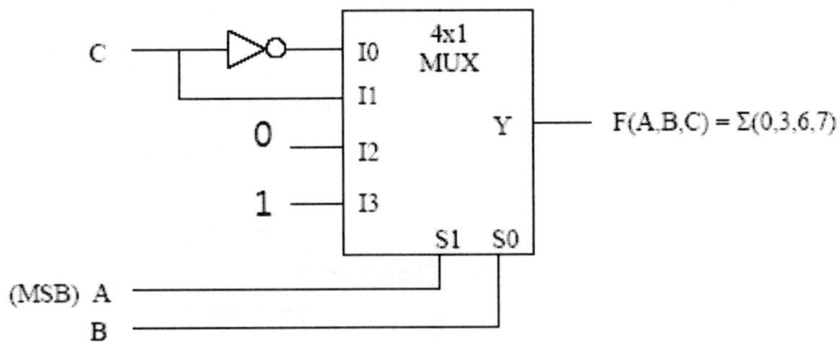

[그림 6.6] 함수 f(A, B, C)의 논리 블로도

❒ 역다중화기(demultiplexer)

역다중화기(DEMUX)는 시리얼 입력 데이터를 선택기 타이밍에 맞추어 출력 라인에 병렬 데이터로 변환해주는 논리 조합 회로이다.

다시 말해서 역다중화기는 단일 공통 입력 소스를 n 개의 출력중 하나에 연결해주는 디지털 스위치 기능과도 같다([그림 6.7]).

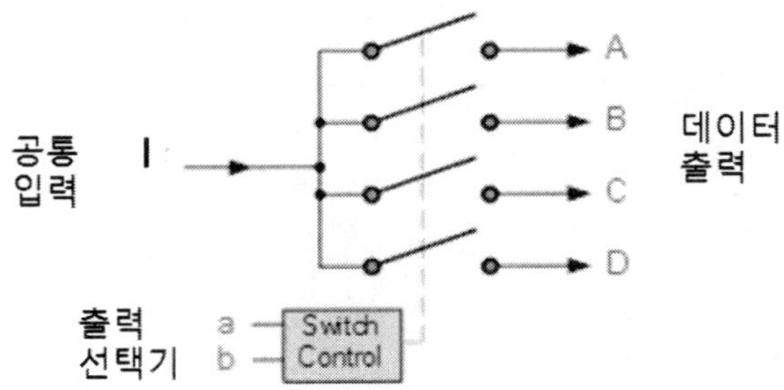

b	a	선택된 입력
0	0	A
0	1	B
1	0	C
1	1	D

[그림 6.7] 디지털 스위치 기능의 역다중화기

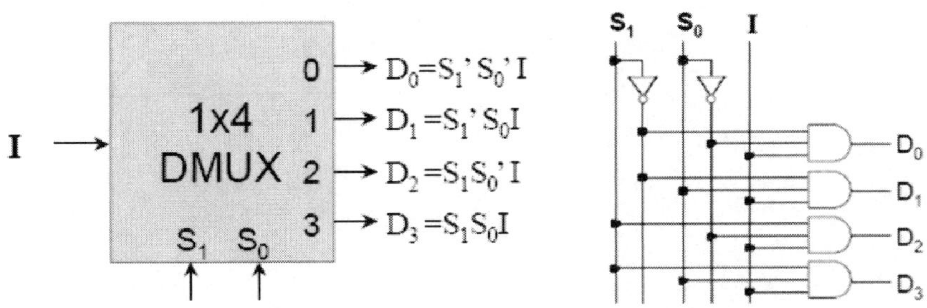

[그림 6.8] DeMUX의 블록도와 논리 회로도

[그림 6.8]의 1×4 DeMUX에 대한 불 대수 함수는

$$D_0 = I\overline{S_1}\,\overline{S_0},\ D_1 = I\overline{S_1}S_0,\ D_2 = IS_1\overline{S_0},\ D_0 = IS_1S_0 \tag{6.2}$$

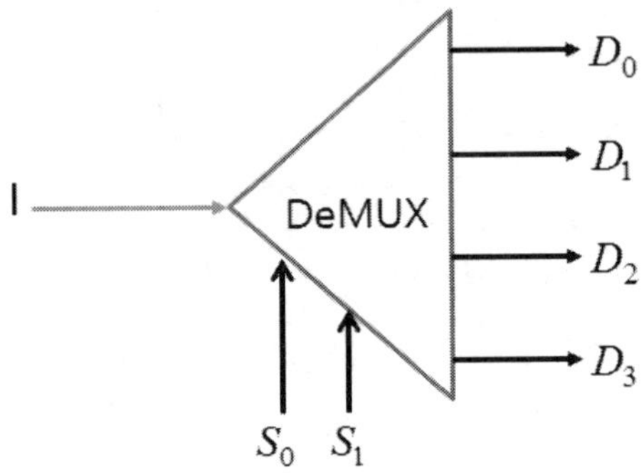

[그림 6.9] 4×1 다중화기의 논리 블록도

〈표 6.2〉 4×1 DeMUX 진리치표

S_1	S_0	D_0	D_1	D_2	D_3
0	0	1	0	0	0
0	1	0	1	0	0
1	0	0	0	1	0
1	1	0	0	0	1

연습문제

1. 4×1 MUX의 나머지 Y의 타이밍 다이어그램을 완성하라.

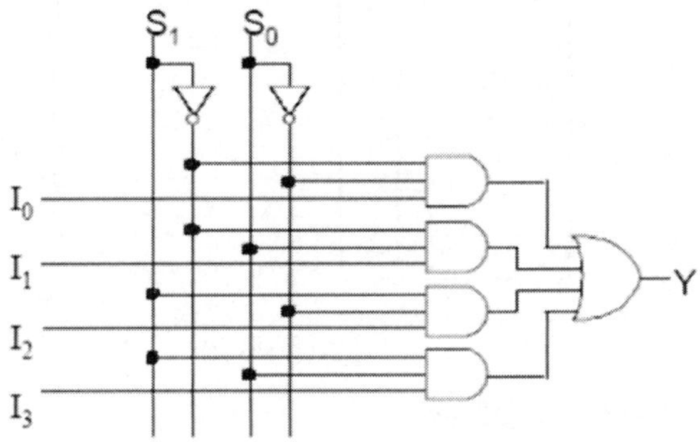

[그림 P6.1] 4x1 MUX

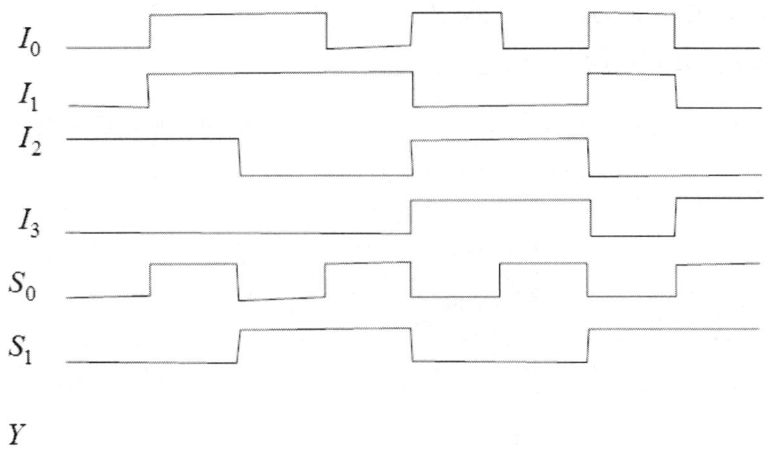

해답 Y

2. 아래 주어진 4×1 MUX 기능도와 진리치표로부터 $D0, D1, D2, D3$은 아래 4가지중 어느 것과 같은가?그 이유를 설명하라.

x	y	z	f
0	0	0	0
0	0	1	1
0	1	0	1
0	1	1	0
1	0	0	0
1	0	1	0
1	1	0	1
1	1	1	1

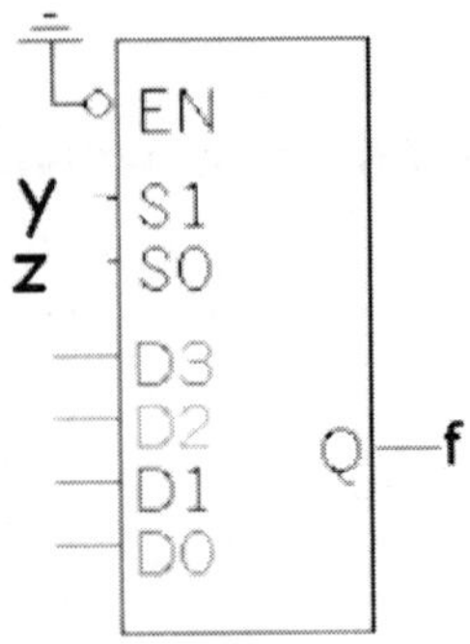

[그림 P6.2]

A) D0=0; D1=X;D2=1; D3=X'

B) D0=1; D1=X';D2=0; D3=X

C) D0=0; D1=X';D2=1; D3=X

D) D0=X; D1=X';D2=0; D3=1

해답 C) 이유 : 아래 기능 진리치표로부터 f의 값은 x의 입력과 논리 0,1에 따라 달라진다.
yz=00 → f=0, yz=01 → f=x', yz=10 → f=1, yz=11 → f=x

y	z	x	f
0	0	0	0
0	0	1	0
0	1	0	x'
0	1	1	x'
1	0	0	1
1	0	1	1
1	1	0	x
1	1	1	x

3. **다중화기(MUX)를 사용하여** $f(x,y,z) = \sum \mathrm{min}term(1,2,6,7)$**을 구현하라.**

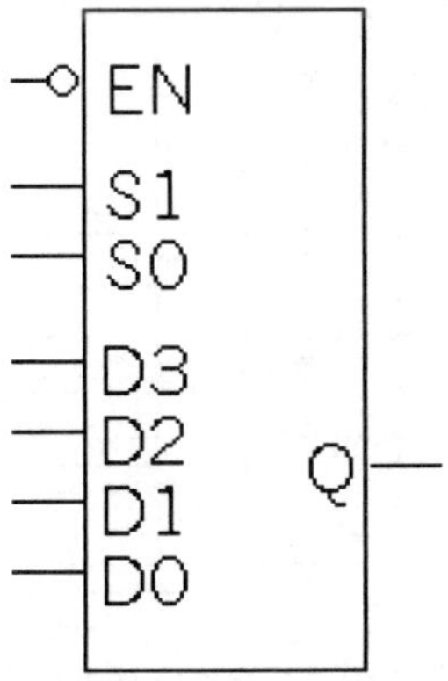

해답

- Step 1 : 함수 f에 대한 진리치표를 구한다. 행을 그룹으로 묶는다(여기서는 선택기 입력 기준). 각각의 행 묶음(xy)에 대하여 출력 함수 f를 다른 입력(z)를 사용하여 결정한다. 예를들면
  - xy=00 일 때, f=z
  - xy=01 일 때, f=z'
  - xy=10 일 때, f=0
  - xy=11 일 때, f=1
- Step 2 : 진리치표의 처음 두 입력 변수(x와 y)를 4x1 다중화기의 선택 비트 S1과 S0에 연결한다.
- Step 3 : f(z)에 대해 위 방정식에 맞도록 데이터 입력을 설정한다. D0=z, D1=z', D2=0, D3=1

x	y	z	f
0	0	0	0
0	0	1	1
0	1	0	1
0	1	1	0
1	0	0	0
1	0	1	0
1	1	0	1
1	1	1	1

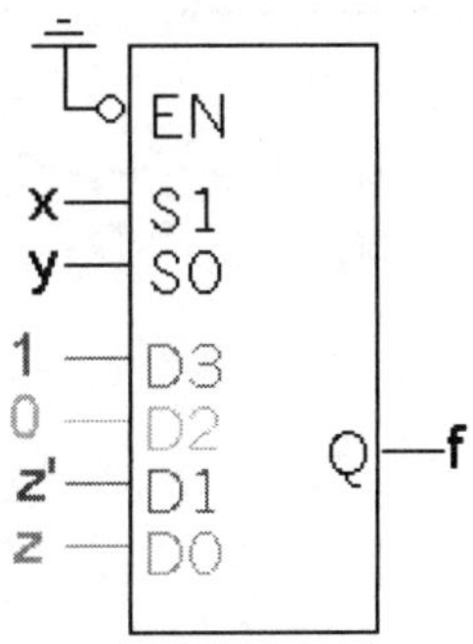

4. 1×4 DeMUX의 나머지 D_0, D_1, D_2, D_3의 타이밍 다이어그램을 완성하라.

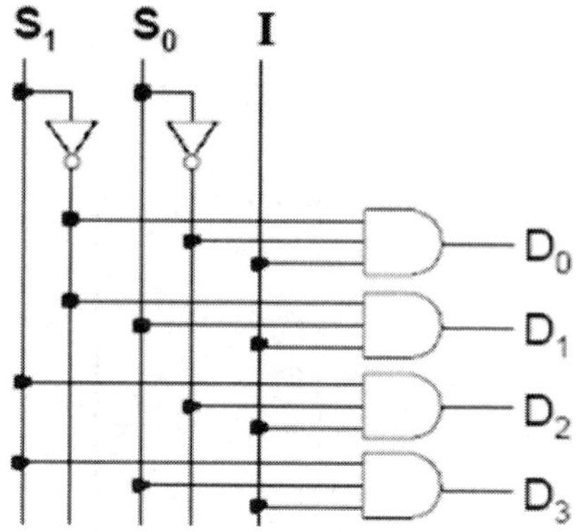

[그림 P6.3] 1×4 DeMUX 회로도

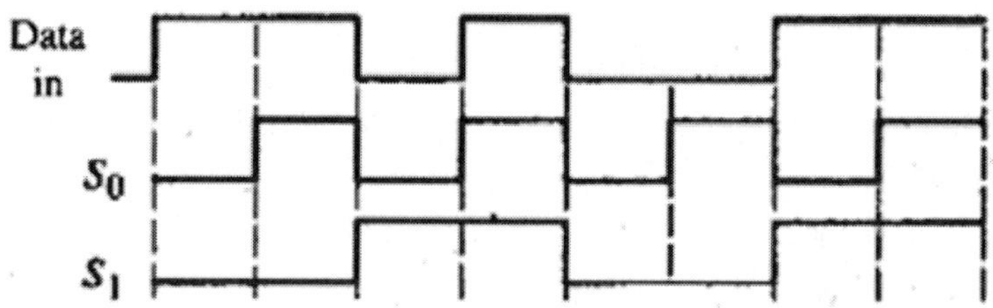

해답

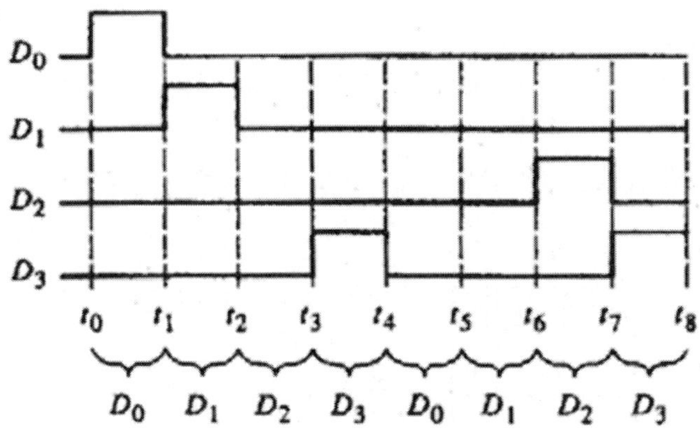

5. 1×2 demux를 사용하여 1×4 demux를 구현하라.

해답

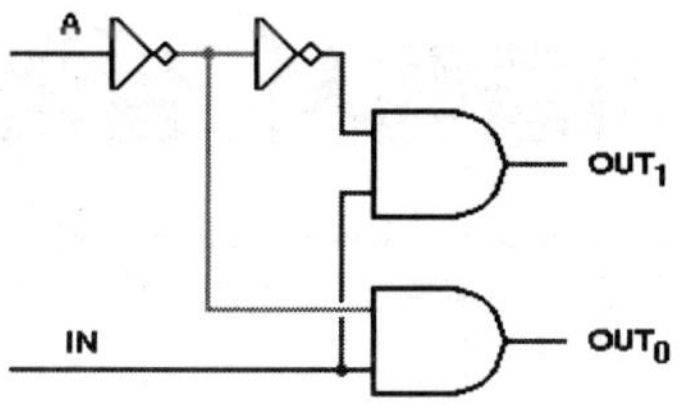

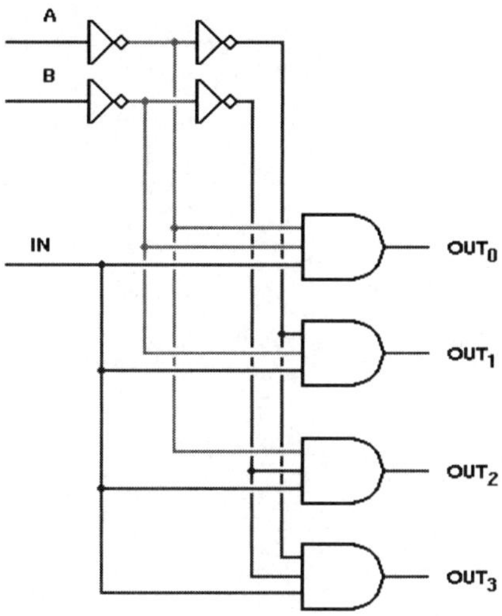

제 06 주

실험절차

멀티플렉서/디멀티플렉서 실험

강의 : 30분, 실험 : 2시간, 연장 : 30분

1 실험장비 및 부품

① 오실로스코프 1대
② 디지털 멀티 미터 1대
③ IC TTL 74LS00, 74LS10, 74LS20, 74LS04 각 1개
④ 74LS153, 74LS138 각 1개, 1$k\Omega$(±10%) 8개
⑤ 전원공급장치 1대

2 실험방법

❐ 멀티플렉서

① 74153 TTL 칩([그림 6.10])을 브레드보드에 연결하고 TTL 전원을 연결한다. 모든 가능한 입력 값에 대하여 아래 주어진 진리치 〈표 6.3〉을 완성하여 그 기능을 확인하라.

〈표 6.3〉 4×1 MUX 진리치표

입력				S_1(B)	S_0(A)	Strobe($\overline{G}$)	출력 Y
X	X	X	X	X	X		
L				0	0		
H				0	0		
	L			0	1		
	H			0	1		
		L		1	0		
		H		1	0		
			L	1	1		
			H	1	1		

② 8×1 MUXs를 사용하여 다음의 불 대수 함수의 기능을 수행하는 회로를 설계하라. 입력단 D0, D1, D2,..., D7의 로직을 결정하라.

$F(x,y,z) = xyz + x'yz' + xy'z + x'y'z'$

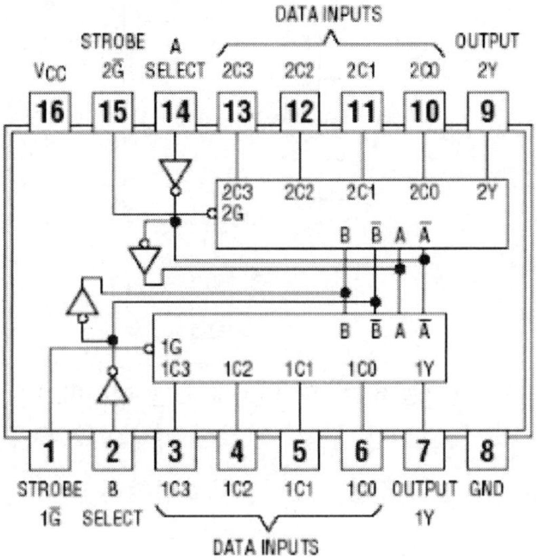

[그림 6.10] 74153 쌍 4 : 1 라인 데이터 선택기/멀티플렉서

〈표 6.4〉 8×1 MUX를 사용한 불 함수 F의 구현

x	y	z	F(x, y, z)	D0	D1	D2	D3	D4	D5	D6	D7
0	0	0	1								
0	0	1	0								
0	1	0	1								
0	1	1	0								
1	0	0	0								
1	0	1	1								
1	1	0	0								
1	1	1	1								

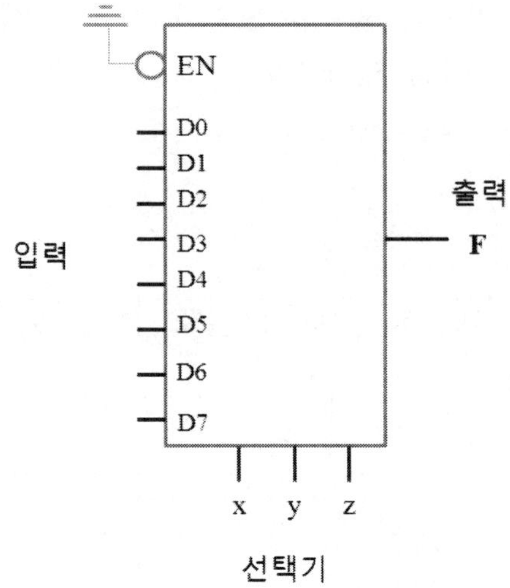

[그림 6.11] 8×1 MUX 기능 다이어그램

③ 4×1 MUXs를 사용하여 다음의 불 대수 함수의 기능을 수행하는 회로를 설계하라. 입력단 D0, D1, D2, D3의 로직을 z 값을 사용하여 결정하라.

부분의 회로를 완성하라([그림 6.12] 참조).

$$F(x,y,z) = xyz + x'yz' + xy'z + x'y'z'$$

〈표 6.5〉 4×1 MUX를 사용한 불 함수 F의 구현

x	y	z	F(x, y, z)	D0	D1	D2	D3
0	0	0	1 =z’				
0	0	1	0 =z’				
0	1	0	1 =z’				
0	1	1	0 =z’				
1	0	0	0 =z				
1	0	1	1 =z				
1	1	0	0 =z				
1	1	1	1 =z				

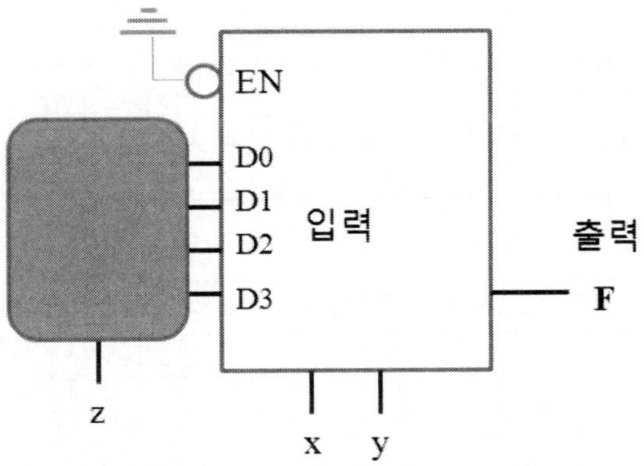

[그림 6.12] 4×1 MUX 기능 다이어그램

❐ 3 –to– 8 디코더/디멀티플렉서

① 74138 TTL 칩([그림 6.13])을 브레드보드에 연결하고 TTL 전원을 연결한다. 모든 가능한 입력 값에 대하여 아래 주어진 진리치 〈표 6.6〉을 완성하여 그 기능을 확인하라.

② [그림 6.14]와 같이 결선하고, TTL 데이터 시퀀스 제너레이터를 디멀티플렉서 입력 단자(G1)에 연결하고 선택기 A,B,C의 상태에 따라 출력(Y0, Y1, Y2, ..., Y7)이 어떻게 나타나는지 오실로스코프(혹은 로직어낼라이져, 혹운 LED)를 연결하여 파형을 관찰하라. 파형 관찰로부터 공통 입력이 8개의 출력에 어떻게 분배됨을 확인하라.

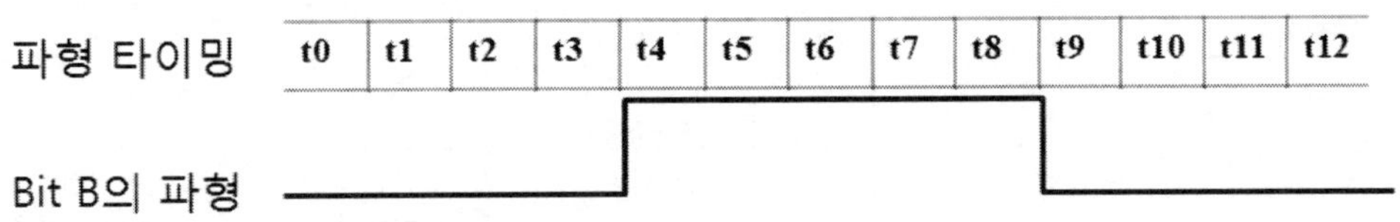

〈표 6.6〉 3-to-8 디코더/디멀티플렉서 진리치표

G1	C	B	A	Y0	Y1	Y2	Y3	Y4	Y5	Y6	Y7
0	X	X	X	1	1	1	1	1	1	1	1
1											
1											
1											
1											
1											
1											
1											
1											

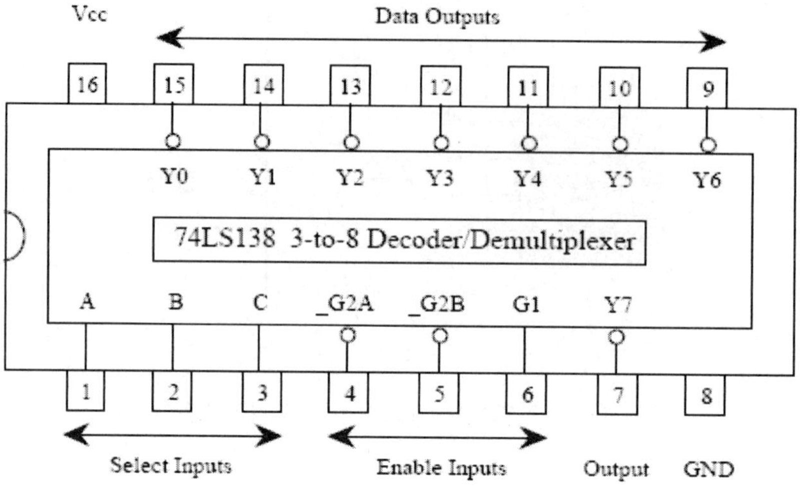

[그림 6.13] 74138 3-to-8 디멀티플렉서 핀 다이어그램

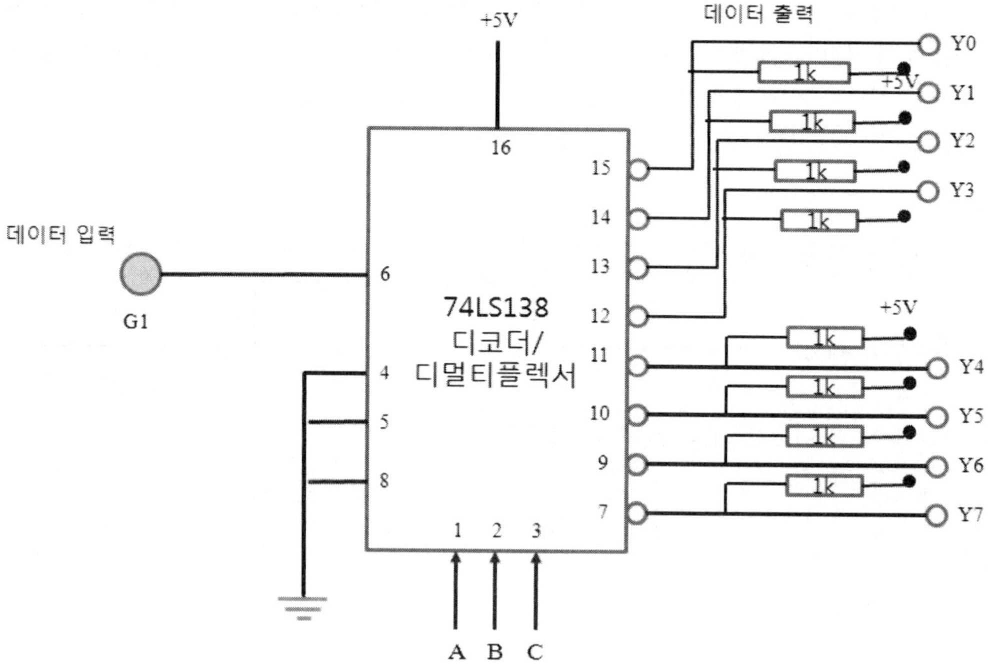

[그림 6.14] 데이터 분배기 회로

4 결과 분석 및 토의

토의사항

① 8×1과 4×1 MUX를 사용하여 16×1 MUX를 구성하는 설계 방법을 설명해보라.

② 1×8 DeMUX를 사용하여 1x16 DeMUX르 구성하는 설계 방법을 서령해보라.

Part 3

PSpice 실습편

제 01 주 ~ 제 06 주

제 01 주

PSpice 실습

PSpice 사용법

1 PSpice를 이용한 회로해석

컴퓨터를 이용한 전기·전자 관련 회로의 해석과 설계를 위해 1972년 미국 캘리포니아 대학에서 개발한 시뮬레이션 프로그램이다.

- 1984년 MicroSim사에서 SPICE를 기초로하여 PSpice SW 소개
- 1992년 Window용 PSpice Ver. 5.2 발표
- 현재 Ver 10.x까지 나와 있음
- 평가판의 범위 :
  단일회로안에 노드수 64개 미만
  보조 회로 20개 이하
  부품수 25개 이하
  심볼 라이브러리 최대 10개 허용

PSpice(Professional Simulation Program with Integrated Circuit Emphasis)

2 PSpice의 구성

학생들이 사용하는 전형적인 설계 흐름은 다음 3단계의 과정을 거친다. PSpice 도구를 사용하여 회로해석을 수행하게 되면 가시적으로 보여지는 회로도와 출력 파일외에 내부적으로 많은 관련 파일 형태가 존재한다. 이를 간단히 설명하면 다음과 같다.

❐ 파일 형태

- Schematic Editor Capture Files : (Schematics에서 사용됨)
  .sch : 회로도 파일, 회로소자의 시각적 연결 회로도를 설명한다.
  .net : 부품목록 파일 , 노드 식에서 회로 부품 목록를 설명한다.
  .als : 별칭파일, 회로도내에 부품과 모델 파일간의 상관 관계를 연관시킨다.
- 회로 해석 설정 파일 : (PSpice에서 사용됨)
  .cir : 회로 파일, 수행한 회로 해석 과 파라미터에 대해 설명한다.

- 콤포넌트 라이브러리 파일 : (Schematics와 PSpice 에서 사용됨)
  .lib : 라이브러리 파일, 각 콤포넌트에 대한 전기 모델를 설명한다.
  .slb : 심볼 라이브러리 파일, Schematics 상에 콤포넌트를 불러와 보여준다.
- 표현 파일들 : (Probe에서 사용됨)
  .out : 출력 파일, 시뮬레이션 결과를 보여주는 모든 파라미터에 대한 해를 설명한다.

(1) Schematics을 사용한 회로 설계

회로의 구성과 편집 기능을 제공하는 Schematic 창을 연다. 이는 OrCAD PSpice 패케지에 포함되어 있다. 윈도우의 시작 메뉴에서 응용 프로그램 열기에서 OrCAD PSpice Schematics를 선택하여 클릭한다. Schematics 창이 열리면 아래와 같은 빈 설계 창이 나타난다.

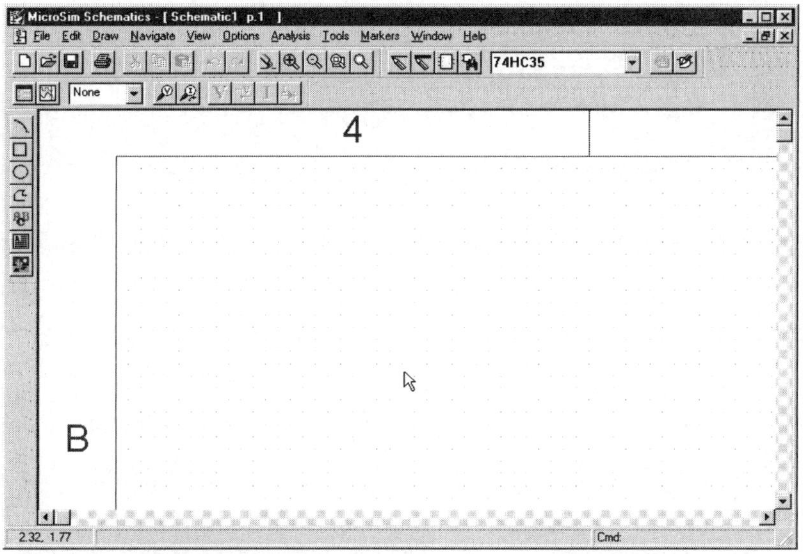

열린 Schematic 페이지에 'Draw' 메뉴나 툴바에 있는 버튼( )을 사용하여 회로 소자를 삽입할 수 있다.

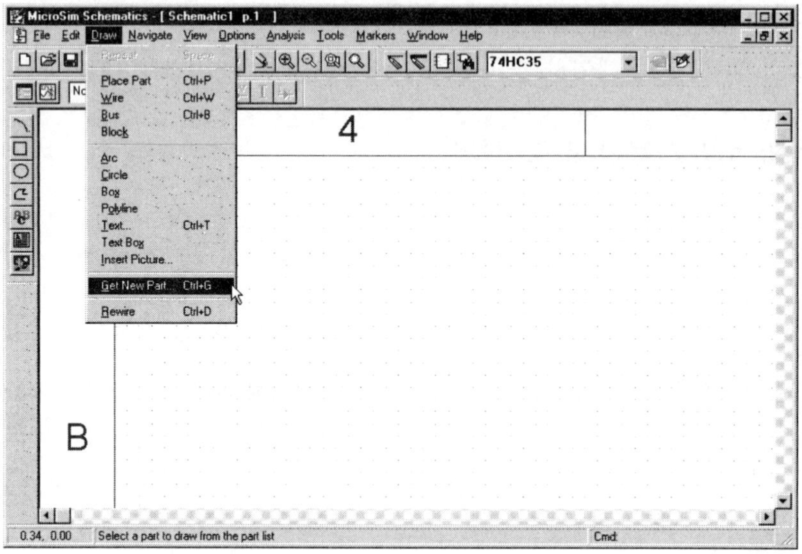

위에 소개한 방법 중의 하나를 사용하고 나면 부품 브라우져가 올라오게 된다. 이 부품 브라우져를 통해 부품 라이브러리의 목록에서 부품을 선택한다. 아래에 보인 기본 부품 브라우져는 Schematic 페이지에 원하는 부품을 배치하고자하는 부품의 명칭을 정확히 알 때 사용되어 질 수 있다. 고급 부품 브라우져를 변경하기 위해 해당 버튼 Advanced>> 을 클릭한다.

다음 그림에 보인바와 같이 고급 부품 브라우져는 선택하고자하는 부품들의 목록을 사전에 보기를 원할 때 사용된다. 이 고급 부품 브라우져를 사용할 것을 권장한다.

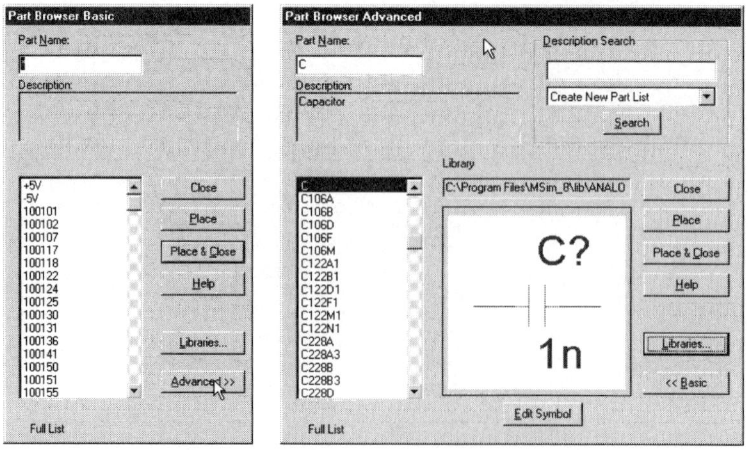

사용 가능한 라이브러리의 목록을 보기 위해 버튼 Libraries... 을 클릭한다. 선택해야할 많은 라이브러리가 있지만 대부분의 초보자는 다음 라이브러리로 시작할 것이다.

- **아날로그** : 저항, 캐패시터, 인덕터
- **포트** : 아날로그 접지, 버블
- **소스** : 전압원, 전류원
- **7400** : 7400-계열 논리 IC
- **연산증폭기** : op-amp

경우에 따라서는 학생들을 위해 사용 가능한 사용자 정의 라이브러리가 있을 수 있다. 이들을 일부 소개하면 다음과 같다.

- **MOSFETS** : 전계효과 트랜지스터
- **opamps** : 기타 연산 증폭기
- **clocks** : 클록 발생기
- **comparators** : 비교기
- **switches** : 스위치

부품을 Schematic 페이지 창에 배치할 때 원하는 방향으로 부품을 놓기 위하여 부품을 회전시키거나 뒤집어 놓을 필요가 있는데 이 때 회전을 위해서는 CTRL-R를 사용하고 부품을 회전시키기 위해서는 CTRL-F를 사용한다.

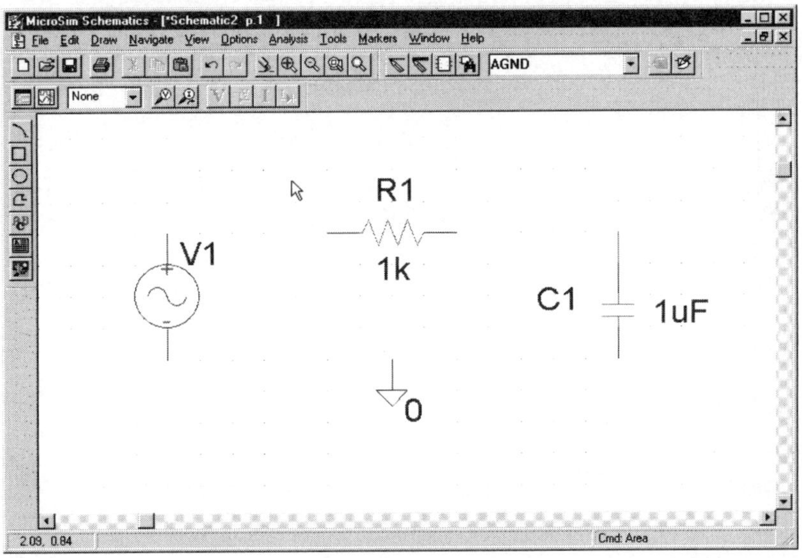

부품들이 Schematic 창에 배치될 때 부품의 값을 한번 선택할 수 있다. 그 값을 바꾸고 싶으면 값(value)를 두 번-클릭한다. 저항은 오옴의 표준 단위로 명기되며 k는 $k\Omega$, meg는 $M\Omega$, G는

$G\Omega$를 나타낸다. 캐패시터의 경우 p는 pF, n은 nF, u는 uF, m은 mF를 나타낸다. 이 회로에서 캐패시터의 값을 1uF로 변경하라.

정현파 교류 전압원에 대한 값의 명시는 해당 부품을 두 번 클릭하여 설정한다. 두 번 클릭하면 아래의 다이어로그 박스가 나타난다.

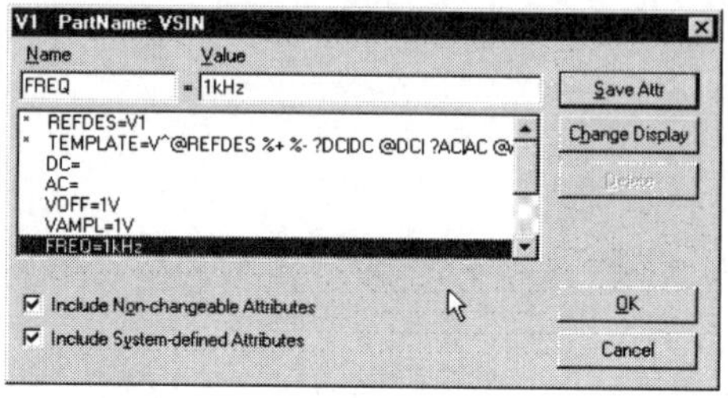

【주의】 회로내에 어디엔가 아날로그 접지를 포함해야한다.

시뮬레이션을 수행하기 위해서 속성 값 중 VOFF, VAMPL, 및 FREQ를 설정해야한다. 속성 창내의 속성을 한번 클릭하면 그 명칭 과 값이 꼭대기에 있는 해당 박스에 나타날 것이다. 원하는 값을 입력하고 그 값을 활성화하기 위해 엔터 키를 누른다.

이제 모든 부품에 대한 값을 설정하고 나면 부품간에 서로 연결되어야한다. 'Draw' 메뉴에서 'Wire' 옵션을 선택하거나 툴바의 버튼을 선택한다.

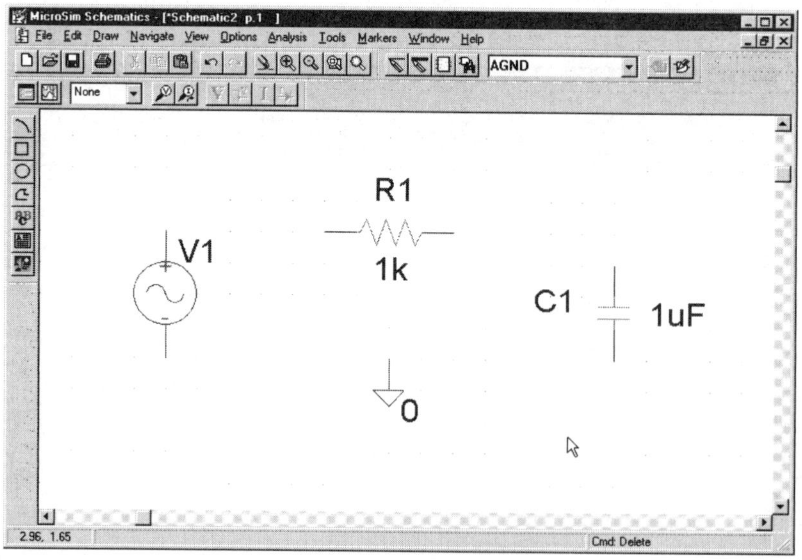

부품의 단자 사이를 연결하고자할때는 wire 도구를 사용한다. 일단 회로가 그려지고 부품의 값이 설정되고 나면 파일 메뉴에 있는 저장 옵션을 사용하여 회로도를 저장한다. 파일을 저장하기 위해 적절한 이름을 선택한다.

다음에 수행하고자하는 회로 해석법을 설정해야한다. 아래에 보인바와 같이 해석(Analysis) 메뉴에 있는 설정(Setup) 항목을 선택하라.

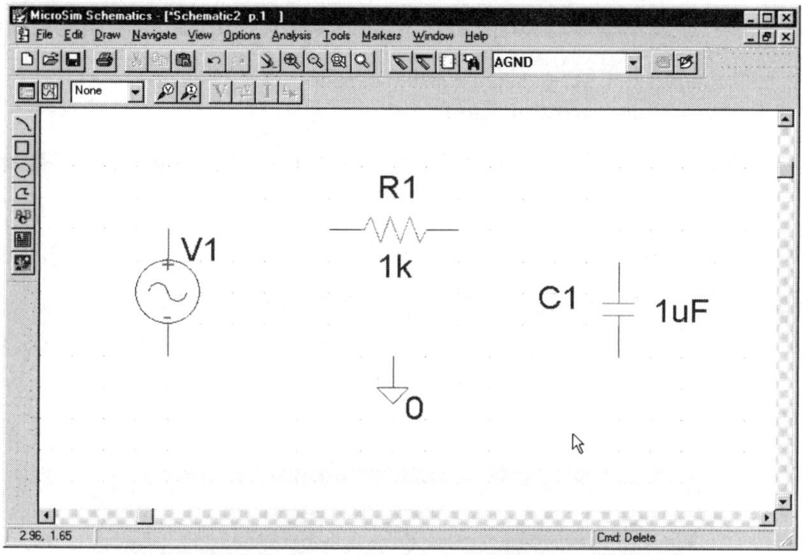

해석 매뉴의 설정 항목을 누르면 다음의 다이어로그 박스가 열린다.

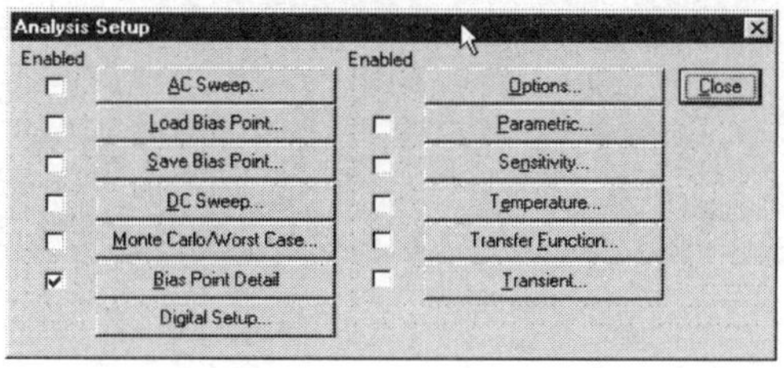

본 PSpice 회로 해석 요약에서 포함될 해석은 AC Sweep, DC Sweep, 파라미터와 과도 응답 해석이다. 먼저 과도 응답 해석으로부터 시작하고자 한다. Transient... 버튼을 클릭하라. 그러면 다음의 다이어로그 상자가 나타날 것이다.

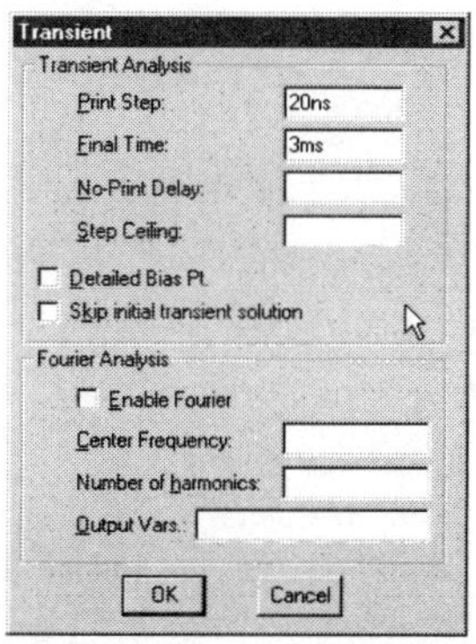

최종 시간 값을 3ms로 변경한다. 과도 응답(Transient) 다이어로그에서 OK를 클릭하고 해석 설정 다이어로그 상자를 닫는다.

이제 시뮬레이션의 유형은 결정되었으므로 설계자에게 의미있는 데이터를 제공하기 위하여 어느 전압 이나 전류를 측정할 필요가 있는지를 결정해야한다. 우리가 그린 간단한 RC 회로는 오직 3개의 노드만 있다. 그중에 하나는 접지(Ground)이므로 0 volt 전압이 된다. 따라서 전압 마커(marker)는 다른 두 노드에 놓여지게 된다.

모의 실험을 수행하기 위하여 해석 메뉴에 있는 시뮬레이션(Simulate) 항목을 선택하거나 F11 키를 누른다.

PSpice 프로그램은 자동적으로 읽어드려지며 회로상에 어떤 오류가 없으면 Schematic 프로그램에 규정된 시뮬레이션을 수행할 것이다. 만일 전압 이나 전류 마커가 schematic에 놓여있게 되면 자동적으로 Probe 가 읽어드려지고 시뮬레이션의 결과들을 표시해줄 것이다(아래 그림 참조).

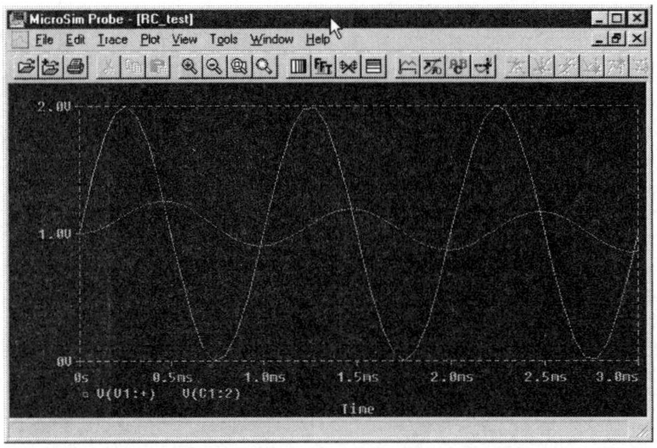

주어진 RC회로에서 초록색 선은 소스 전압이고 적색 선은 캐패시터에 걸리는 전압을 나타낸다.

(2) PSpice A/D를 사용한 회로 시뮬레이션

회로 해석을 시뮬레이션하는 방법을 나태내주는 부분이다.

- DC 해석법
- AC 해석법
- 과도응답(Transient) 해석법
- 프리어(Fourier) 해석법
- 잡음 (Noise) 해석법
- 파라미터(Parameter) 해석법
- 온도(Temperature) 해석법

(3) Probe를 사용한 파형 관찰 및 분석

Probe는 회로상의 모든 노드에서 파형 및 측정값을 plot할 수 있도록 표시해주는 파형 분석기이다. Probe는 PSpice에 의해 생성된 데이터를 분석하는데 사용된다. 기본 모드에서 회로를 검사하고자 할 때 오실로스코프상에 디스플레이되는 것과 비슷한 시간에 대한 전압이나 전류의 값을 표시해준다. 그러나 Probe는 오실로스코프보다 훨씬 많은 기능을 가지고 있다. Probe 도구는 Bode plot, 온도에 따른 파라미터의 plot을 그릴 수 있으며 또한 생성된 데이터에 수학적 연산을 수행할 수도 있게 하며 그 결과를 표시해 주기도한다. 이같은 것들은 Probe가 수행할 수 있는 것들의 일부에 지나지 않는다.

3 간단한 PSpice 예제

예제 **아나로그 여현파 교류 전원을 갖는 회로**

다음에 주어진 그림의 회로를 PSpice의 Schematic를 사용하여 구성한다. 주의할 사항은 제어 소스를 갖는 경우에 대한 고려를 해야한다.

• **먼저 전압제어 전압 소스인 경우** :

라이브러리 파트 목록에서 **전압 제어 전압 소스**를 선택하여 가져온다.

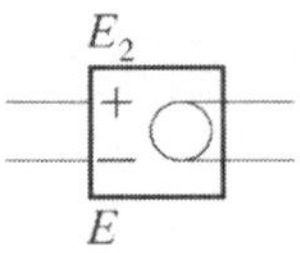

: 전압 제어 전압 소스

4개의 연결 단자가 있는데 왼쪽의 2단자는 제어되는 노드의 위치에 연결 되고 오른쪽 2단자는 회로에 연결된다. 이를 netlist 형식으로 작성하면

```
E_E2          $N_0001 0 $N_0002 0 0.2
```

여기서 $N_0001 0은 오른쪽 두 단자에 대한 노드 번호를 나타내고 $N_0002 0은 왼쪽 두 단자에 대한 노드 번호를 나타내는데 이는 제어 노드에 해당한다. 마지막 0.2 값은 전압 이득을 나타낸다. 마찬가지 방법으로 **전류 제어 전류 소스인** 경우 : 라이브러리 파트 목록에서 전류 제어 전류 소스를 선택하여 가져온다.

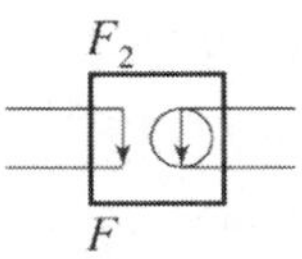

: 전류 제어 전류 소스

4개의 연결 단자가 있는데 왼쪽의 2단자는 제어 전류원에 연결되고 오른쪽 2단자는 회로에 연결된다. 이를 netlist 형식으로 작성하면

F_F1 $N_0002 0 V_V4 -20

여기서 $N_0002 0은 오른쪽 두단자에 대한 노드 번호를 나타내고 V_V4는 제어 전류를 측정하기 위한 0의 값을 갖는 전원 소스에 대한 명칭에 해당된다. 일반적으로 다음과 같은 netlist 형식을 갖는다.

VF_F1 $N_0003 $N_0001 0V

그러나 제어 전류원에 대해 직렬로 전원이 연결된 상태이면 위의 netlist 대신에 다음과 같이 직접 연결된 전원을 사용하여 netlist를 만든다. 우리의 경우 제어 전류원에 직렬로 연결된 전압 소스는 V_V4이다. 따라서 VF_F1 대신에 V_V4를 사용한다.

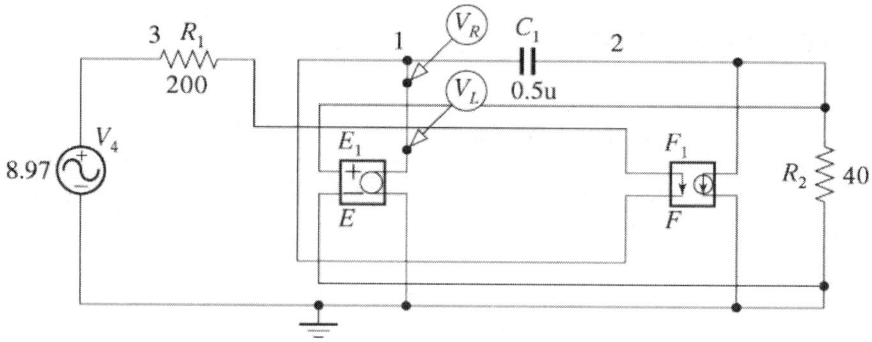

회로의 모든 부품을 회로도에 가져왔으면 각 부품에 대한 값 과 변수를 지정해야한다. 이중에 교류 전원 V4는 VAC를 사용하고 다음과 같이 파라미터를 설정한다.

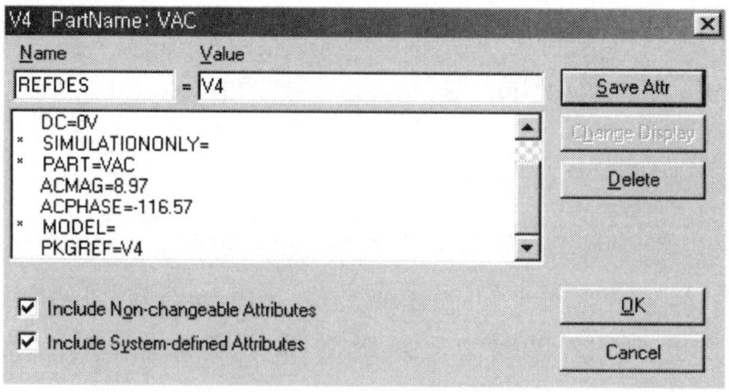

독립 전원 V4는 제어 전류 i_ϕ를 측정한다. EH한 전류 이득은 -20이 된다. 왜냐하면 i_ϕ에 대한 기준 방향이 V4의 양의 단자를 떠나기 때문이다. 소스의 주파수는 Hz로 변환하여 입력된다. 모의 실험을 위한 analysis setup은 아래 그림과 같이 AC Sweep을 선택하고 이에 대한 파라미터의 설정은 그림과 같이 한 주파수에 대하여 설정한다.

PSpice 해석으로부터 원하는 노드의 교류 전압을 측정하거나 검사하기 위해서는 PSpice Schematic의 Marker 메뉴를 선택하여 그림과 같이 $V_R$eal 과 vimaginary와 같은 볼트미터를 연결한다.

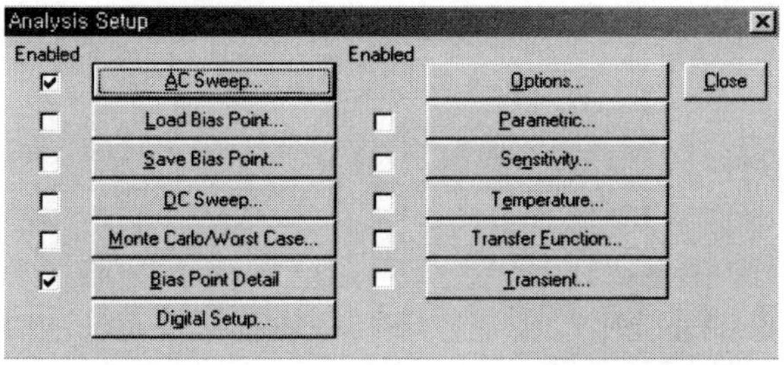

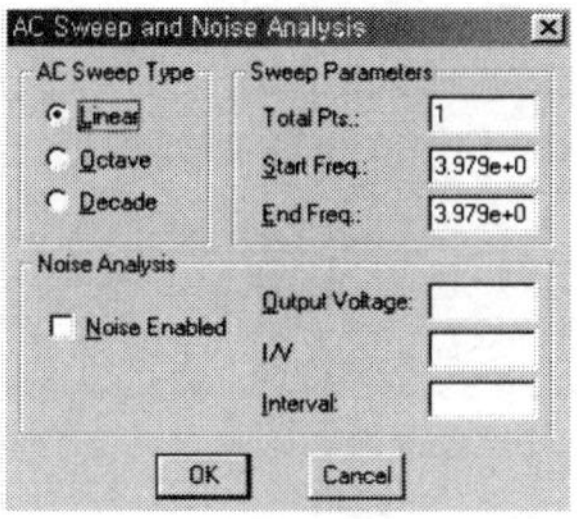

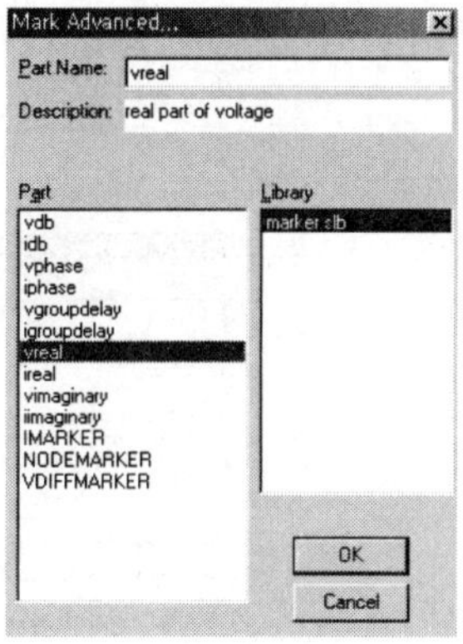

모의 실험에 대한 결과를 그래프로 관찰하기 위해 Schematic의 tool bar 중 simulate 툴바를 선택하면 자동적으로 PSpice A/D 수행 파일을 불러 실행시킨다. 그 결과는 다음 그림과 같다.

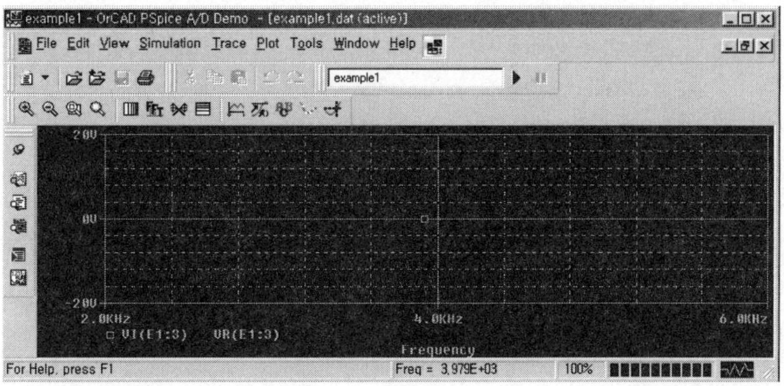

주어진 주파수에서 값을 읽으면

$V_R$eal : 1.599e+01 volt; vimaginary : −1.376e−03 volt를 나타낸다(아래 output 파일 참조).

FREQ V_R($N_0001) VI($N_0001)

3.979E+03 1.605E+01 −1.590E−03

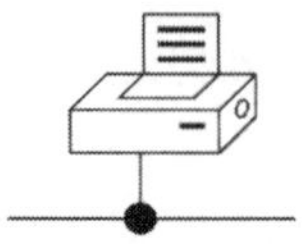

: VPRINT1

위 전압 프린트 심볼을 사용하여 실제 전압값을 측정한다. 측정된 결과는 PSpice A/D 의 view 메뉴중 output 파일을 선택하여 측정값을 읽는다. VPRINT1의 설정은 다음 그림과 같이 한다. 여기서 측정하려는 실수와 허수 전압을 REAL = $V_R$eal, IMAG = vimaginary 볼트미터를 연결하면 된다.

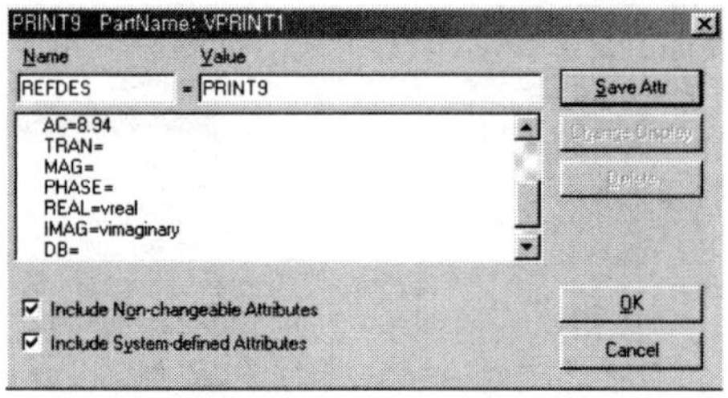

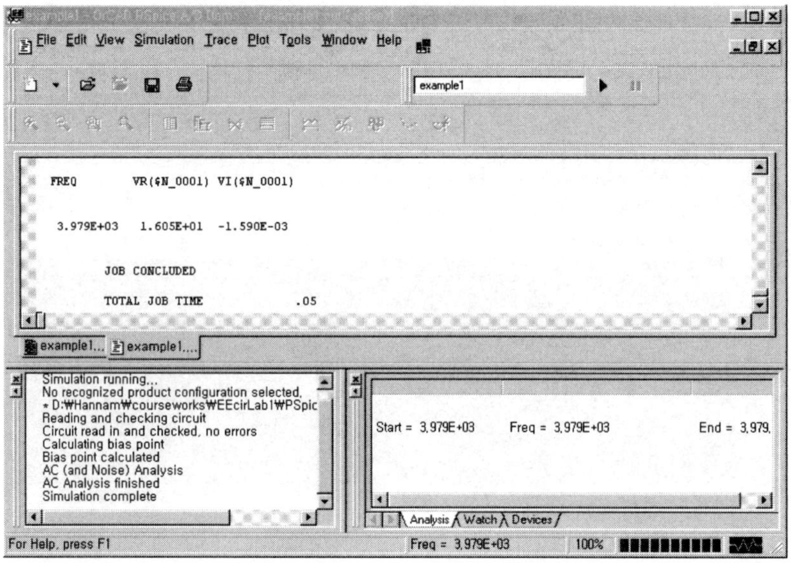

아래에 전체 netlist를 수록하였는데 회로 구성 부품에 대한 노드 관계와 종속 소스간의 관계를 볼 수 있다.

Netlist :

* Schematics Netlist *

```
C_C1       $N_0001 $N_0002  0.5u
R_R1       $N_0004 $N_0003  200
F_F1       $N_0002 0 V_V4 -20
VF_F1      $N_0003 $N_0001 0V
V_V4       $N_0004 0 DC 0V AC 8.97 -116.57
E_E1       $N_0001 0 $N_0002 0 0.2
R_R2       0 $N_0002  40
```

❐ 참고문헌

[1] James W. Nilsson and Susan A. Riedel, Introduction to PSpice : A Supplement Electric Circuits , 4th ed., Addison-Wesley Publishing Co., 1993

[2] 최평 외 4인 공저, PSpice 기초와 활용, 복두출판사, 1997

제 02 주 PSpice 실습 1 : 주파수 응답 출력

PSpice 실습

1 실습 목적

RLC 공진 회로의 주파수 응답 특성을 PSpice를 사용해 시뮬레이션 결과와 이론적 결과를 비교한다.

2 이론적 배경

이론적인 병렬 공진 회로의 공진 주파수는

$$wC-\frac{1}{wL}=0 \qquad f_0=\frac{1}{2\pi\sqrt{LC}}$$

반전력점의 주파수는

$$\left(wC-\frac{1}{wL}\right)^2=\left(\frac{1}{R}\right)^2$$

일 때

i) f_2 구하기

$$w^2LC-\frac{1}{R}wL-1=0$$

$$f_2=\frac{1}{2\pi}\left(\frac{L}{R}+\frac{\sqrt{(\frac{L}{R})^2+4LC}}{2LC}\right)$$

ii) f_1 구하기

$$w^2LC+\frac{L}{R}w-1=0$$

$$f_1=\frac{1}{2\pi}\left(-\frac{L}{R}+\frac{\sqrt{(\frac{L}{R})^2+4LC}}{2LC}\right)$$

공진 회로의 Q값은

$$|V| = \frac{|I_0|}{|Y|} = \frac{|I_0|}{\sqrt{(\frac{1}{R})^2 + (wC - \frac{1}{wL})^2}}$$

$$Q \equiv \frac{f_0}{f_2 - f_1} = \frac{f_0}{\Delta f} = \frac{f_0}{BW}$$

3 실습 회로

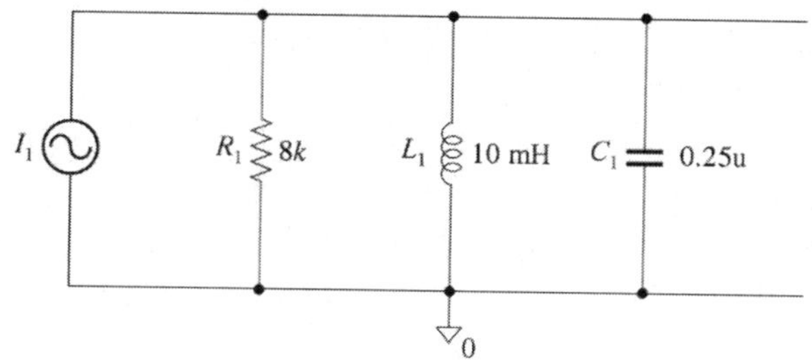

교류 전류원 $I_1 = 50\cos(wt)[mA]$

4 실습 절차

① 이론적인 계산을 수행하여 주어진 회로의 공진 주파수(f_0), 3dB (반전력점) 주파수 f_1, f_2를 구하라. PSpice를 사용하여 공진 주파수, 반전력점 주파수를 구하고 비교하라.

② 주어진 공진 회로의 반전력점 대역폭 과 회로의 Q를 구하라. PSpice를 사용하여 대역폭과 Q 값을 구하고 이론치와 비교하라.

③ 입력 출력간의 위상 관계를 조사하고 입력 전류와 Probe를 사용해 출력 전압의 파형을 그려라.

④ 시뮬레이션 조건을 선택하라

- 시뮬레이션 조건
  - AC 해석과 과도 응답 해석을 수행한다.
- 시뮬레이션 결과
  - AC 해석 결과

⑤ 출력 전압의 주파수 응답 특성 그래프를 그려라. Trace의 cursor 메뉴를 사용하여 그래프 상의 측정치를 읽는 probe cursor를 사용하라.

반전력점의 위치 400V/sqrt(2) = 282.84 V

예 반전력점의 두 번째 주파수 f2 = 1.6319kHz 임을 말해준다

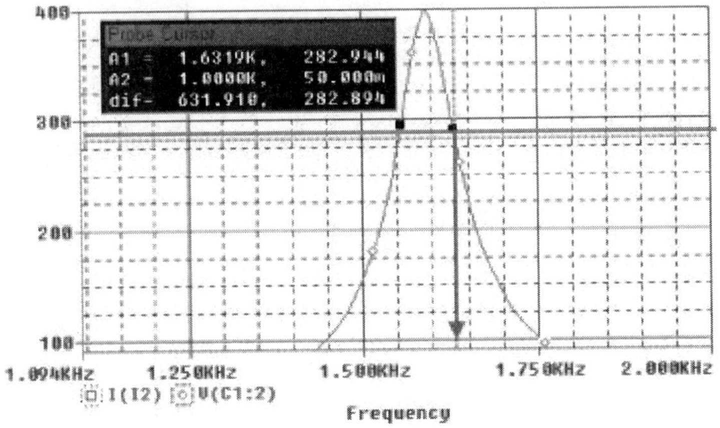

측정량	이론치	PSpice 결과
f_0		
f_1		
f_2		
$\triangle f$(대역폭)		
Q		

⑥ R 값을 16k로 바꾼후 같은 실험을 반복하라

⑦ 위 공진 회로의 AC 해석에 대한 PSpice source 코드를 작성하라

과도 응답 해석을 사용하여 시간 응답 파형을 얻어 plot 하고 그 결과를 print command를 사용하여 결과를 보고하라.

예 시간 응답을 관측하기 위하여 simulate의 toolbar에 있는 FFT를 toggle한다.

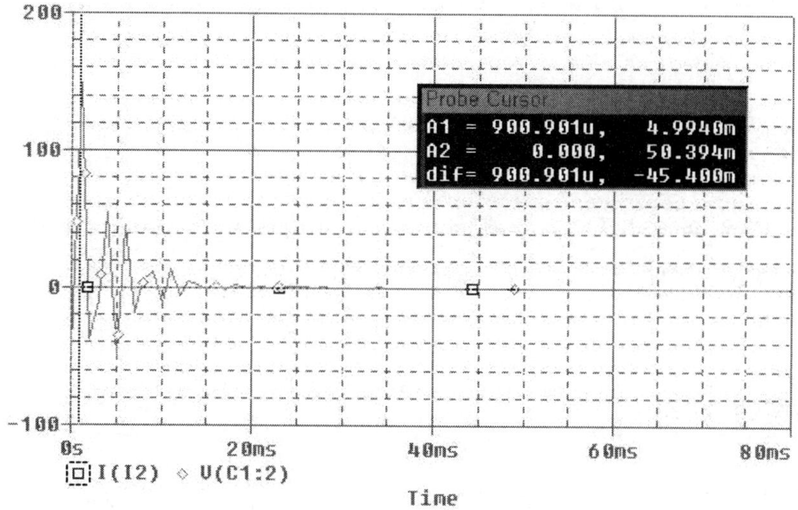

5 결과 및 토의

토의사항

PSpice를 사용해 보다 정확한 측정치를 얻기 위한 방법을 조사하라. 예를 들면 주파수의 시작(FSTART) 과 주파수의 끝(FSTOP)를 조정하여 보라. PSpice Simulate 도구내의 줌 toolbar를 사용하여 찾고자하는 부분을 확대/축소할 수 있다. 이 기능은 정확도에 도움을 주는가?

제 03 주 PSpice 실습 프리에 급수와 스펙트럼 관찰

1 실습 목적

주기적인 신호의 파형의 주파수 스펙트럼 특성을 이해하고 PSpice의 프리에 해석 도구를 사용하여 주파수 성분 분석을 모의실험을 통해 확인한다.

2 이론적 배경

신호의 파형을 표현하는 방법에는 크게 시간적 공간에서의 표현과 주파수 공간에서의 표현으로 나누어 생각할 수 있으며 시간적 표현에서는 시간의 변화에 따른 신호의 크기, 위상, 모양을 관찰 할 수 있으며 주파수 공간 표현에서는 신호속에 내포된 주파수 성분 과 위상 정보를 관찰할 수 있다. 특히 주기적인 신호의 경우 정여현파(sine, cosine 함수)의 합에 의해 표현 가능하다. 아래 그림은 구형파는 무한개의 정여현파의 합으로 표현됨을 보여준다.

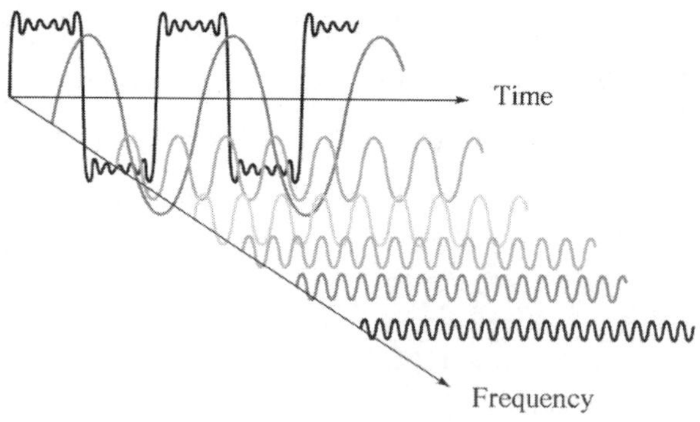

$$x(t) = x(t + T_0),\quad T_0 = \text{주기}$$

$$x(t) = \sum_{n=0}^{\infty} A_n \cos(2\pi n f_0 t + \phi_n)$$

$$= X_0 + \sum_{n=1}^{\infty} a_n \cos n w_0 t + \sum_{n=1}^{\infty} b_n \sin n w_0 t$$

여기서

$$X_0 = \frac{1}{T_0}\int_{t_0}^{t_0+T_0} x(t)dt = \text{시간평균}$$

$$a_n = \frac{2}{T_0}\int_{t_0}^{t_0+T_0} x(t)\cos(2\pi n f_0 t)dt,$$

$$b_n = \frac{2}{T_0}\int_{t_0}^{t_0+T_0} x(t)\sin(2\pi n f_0 t)dt$$

f_0=**기본 주파수**라고 하며 n이 1보다 큰 모든 주파수를 통틀어 **고조파 성분**이라고한다. 임의의 신호가 정현파 성분들에 의해 표현될 수 있다는 개념은 매우 유용하며 신호의 스펙트럼을 관찰하는데 프리에 해석은 매우 유용한 도구를 제공한다.

아래 주기가 T인 펄스 파형의 전압을 프리에 급수 전개를 수행하면 스펙트럼은 선형 스펙트럼이 이산적인 주파수 성분에만 존재함을 알 수 있다.

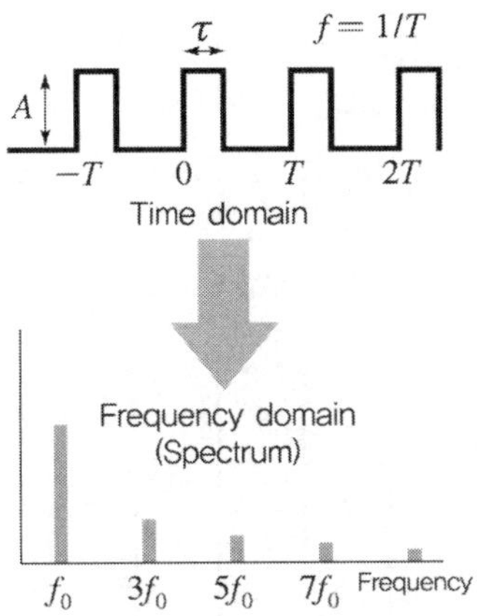

실습 회로는 구형파 전압을 갖는 간단한 RC 회로이다. 페이져 해석으로부터 캐패시터 출력 전압은

$$V_o = \frac{V_1}{1+jnw_0RC} = \frac{\frac{40}{n\pi}\angle 0^0}{\sqrt{1^2+(nw_0RC)^2}\angle \tan^{-1}nw_0RC}$$

3 실습 회로

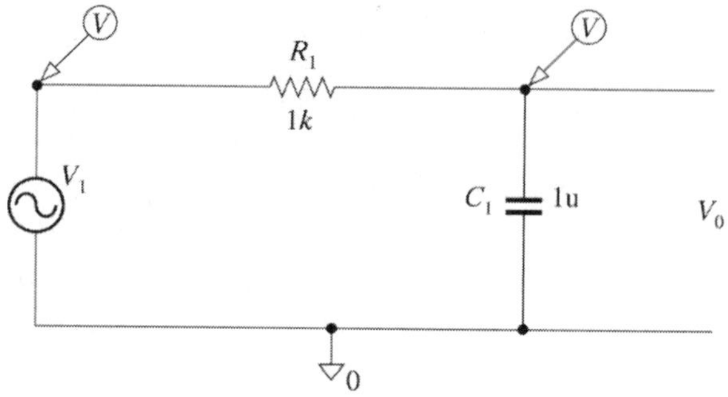

V1은 pulse 입력 전원이다. 설정해야할 관련 파라미터는 아래와 같다.
.PULSE (min max [delay] [rise] [fall] [width] [period])

4 실습 절차

① 그림의 구형파 펄스 전압을 생성하라
여기서 dc offset 전압은 0이며 Vp-p = 20V로 하라.

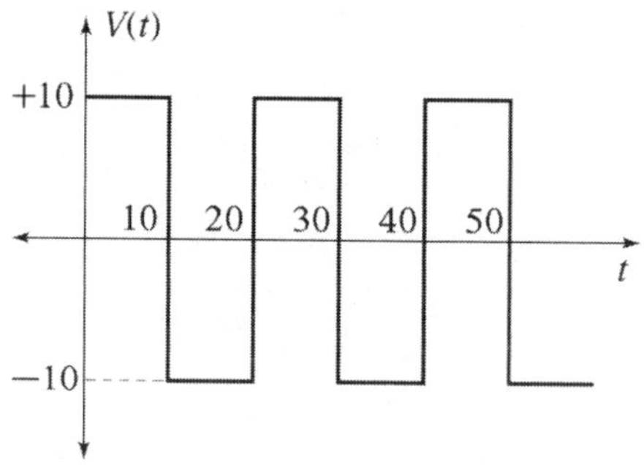

② 이론적인 계산을 수행하여 주어진 전압 파형의 프리에 급수 계수를 구하라
a_n = ?
b_n = ?
X_0 = ?
[힌트] 주어진 파형은 기함수 대칭성을 갖고 있음을 이용하라.

따라서 우수 고조파 성분 과 위상 성분은 모드 0임을 알 수 있다.

$$v(t) = \frac{40}{\pi} sinw_0 t + \frac{40}{3\pi} sin3w_0 t + \frac{40}{5\pi} sin5w_0 t + \cdots$$

③ 과도 응답 시뮬레이션 조건하에서 시작 시간을 0 sec에서 끝 시간을 60msec로하여 캐패시터가 1 μF 일때와 10 μF일 때 1(기본파),3,5,7, 고조파 성분을 PSpice를 사용하여 구하고 이론치와 비교하라.

고조파	V1	Vo, C=1 μF	Vo, C=10 μF
기본파			
3차 고조파			
5차 고조파			
7차 고조파			

④ 입력 출력간의 위상 관계를 조사하고 입력 전압(V1)과 캐패시터 출력 전압(Vo)을 Probe를 사용해 파형을 얻어라. 1 RC 시정수 값이 얼마인지 측정하라.

예

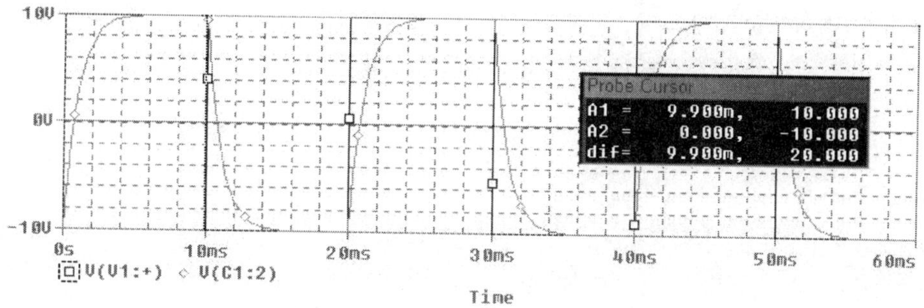

⑤ 프리에 스펙트럼 시뮬레이션 결과

trans(과도응답 해석) 시뮬레이션 조건을 선택하라(0 sec – 60 msec).

입력 구형파의 고조파 성분 과 캐패시터 출력 파형의 고조파 성분에 대한 주파수, 주파수 성분, 정규 주파수 성분, 위상(deg), 정규 위상(deg) 형식으로 출력하라.

아래의 결과를 얻기 위해서는 다음의 PSpice command를 사용한다. 이 command를 사용하기 위해 filename.cir 파일에 이 명령을 삽입하거나 PSpice 메뉴를 찾아 설정해야한다.

```
.four  50 V([$N_0001]) V([$N_0002])
```

예 fourierseries.cir 파일 (PSpice source 파일 내용)

```
* Schematics Version 9.1 - Web Update 1
* Tue Sep 25 16:21:13 2001

  .four  50 V([$N_0001]) V([$N_0002])

  ** Analysis setup **
  .tran 0ns 60ms
  .OP

  * From [PSPICE NETLIST] section of pspiceev.ini:
  .lib "nom.lib"

  .INC "fourierseries.net"
  .INC "fourierseries.als"

  .probe

  .END
```

• 프리에 해석 결과 :

FOURIER COMPONENTS OF TRANSIENT RESPONSE V($N_0001)

DC COMPONENT = 8.991205E-04

HARMONIC NO	FREQUENCY (HZ)	FOURIER COMPONENT	NORMALIZED COMPONENT	PHASE (DEG)	NORMALIZED PHASE (DEG)
1	5.000E+01	1.218E+01	1.000E+00	-1.762E+01	0.000E+00
2	1.000E+02	1.526E-03	1.253E-04	5.379E+01	8.903E+01
3	1.500E+02	3.092E+00	2.539E-01	-4.446E+01	8.396E+00
4	2.000E+02	1.119E-03	9.188E-05	3.080E+01	1.013E+02
5	2.500E+02	1.359E+00	1.116E-01	-5.874E+01	2.936E+01
6	3.000E+02	8.622E-04	7.079E-05	1.651E+01	1.222E+02
7	3.500E+02	7.568E-01	6.214E-02	-6.709E+01	5.625E+01
8	4.000E+02	6.965E-04	5.719E-05	3.939E+00	1.449E+02
9	4.500E+02	4.688E-01	3.849E-02	-7.361E+01	8.497E+01

위의 결과를 얻기 위한 PSpice code를 작성하고 C = 1 uF에 대하여 프리에 해석을 수행하고 V($N_0002)의 주파수 스펙트럼 결과를 프린트하라.

⑥ R 값을 10k로 바꾼후 같은 실험을 반복하라

⑦ FFT에 의한 주파수 스펙트럼 성분을 보기 위하여 툴바의 FFT(▣)를 사용하여 각 시간 파형 (입력과 출력)의 1,3,5 고조파 주파수 성분 값을 읽어라. 찾은 고조파 주파수를 위의 PSpice command .FOUR를 사용하여 얻은 결과치와 비교하라.

주파수 스펙트럼 응답을 관측하기 위하여 simulate의 toolbar에 있는 FFT를 toggle한다.

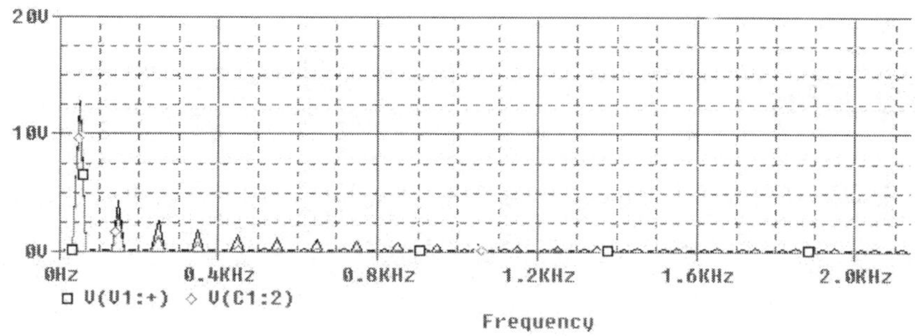

5 결론 및 토의

RC 값의 변경은 파형 과 주파수 스펙트럼에 어떤 영향을 미치는가? 관찰하라.

토의사항

• 주어진 구형파 전압에 대한 프리에 급수가

$$a_n = 0, \text{모든 } n$$

$$b_n = 0, \text{모든 짝수 } n$$

$$b_n = 80/2\pi n = 40/n\pi, \text{모든 홀수 } n$$

와 같음을 보여라(모든 유도 과정을 보일 것)

제 04 주

PSpice 실습

2계 회로의 과도 응답과 정상상태 응답

1 실습 목적

RLC 2계 회로를 해석하고 PSpice를 사용하여 2계 회로의 과도 응답과 정상상태의 응답을 관찰한다.

2 이론적 배경

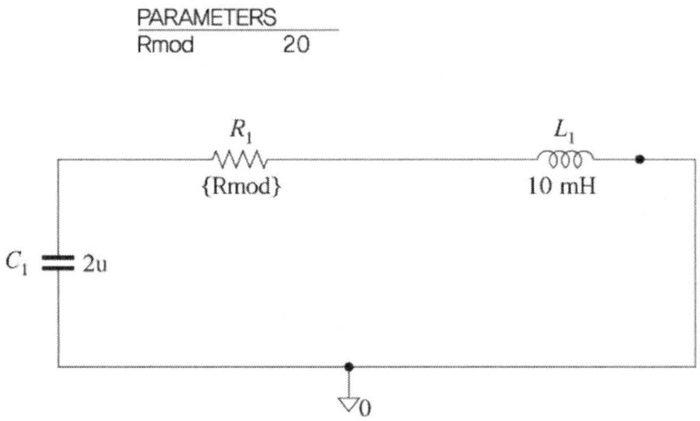

캐패시터가 2개 혹은 인덕터가 2개 혹은 인덕터와 캐패시터 동시에 있는 회로를 2계(Second order) 회로라고 한다.

$$\frac{dV(t)_c^2}{dt^2}+\frac{R}{L}\frac{dV(t)_c}{dt}+\frac{1}{LC}V_c(t)=\frac{1}{LC}V_s(t)$$

$\alpha=\frac{R}{2L},\quad w_0=\frac{1}{\sqrt{LC}}$라고 두어 다시 정리하면 위 2차 미분 방정식의 자연 응답은 Vs(t)=0일때이다.

일반해를 $s=e^{st}$라고 두어 대입하여 정리하면

$p(s) = s^2 + 2\alpha s + w_0^2$의 2차 대수 방정식을 얻으며 해를 구하면 다음 4가지 경우를 얻게 된다. 과도응답에는 과감쇠(overdampled), 임계 감쇠(critically damped), 저감쇠(underdamped), 무손실(lossless)의 응답이 있다.

$$s_1, s_2 = \begin{cases} -\alpha \pm \alpha_d, & 0 < w_0 < \alpha \\ -\alpha \quad , & 0 < \alpha = w_0 \\ -\alpha \pm jw_d, & 0 < \alpha < w_0 \\ \pm jw_0 \quad , & 0 = \alpha < w_0 \end{cases}$$

여기서 $\alpha_d = \sqrt{\alpha^2 - w_0^2}, \quad w_d = \sqrt{w_0^2 - \alpha^2}$ 이다.

❐ 과감쇠 응답

$s_1 = -\alpha + \alpha_d, s_2 = -\alpha - \alpha_d$이므로

$$V_c(t) = k_1 e^{s_1 t} + k_2 e^{s_2 t}$$

❐ 임계 감쇠 응답

중근을 갖는 경우에 해당되므로

$$V_c(t) = (k1 + k_2 t) e^{-\alpha t}$$

❐ 저감쇠 응답

$s_1 = -\alpha + jw_d, s_2 = -\alpha - jw_d$ 이므로 과도 응답은

$$V_c(t) = k\cos(w_d t + \theta)$$

❐ 무손실 응답

$\alpha = 0$에 해당되므로 두 근의 값은 $s_1 = jw_0, \quad s_2 = -jw_0$인 순 허수가 되며 이 때 과도 응답은

$$V_c(t) = k\cos(w_0 t + \theta)$$

가 된다.

〈PSpice Tips〉

PSpice에서 부품의 값을 변경시키고자 할 때 사용되는 2가지 명령어 .STEP 과 .PARAM이 있다. .STEP 명령어는 규정된 범위에 걸쳐 회로 소자의 값을 변경시키기 위하여 사용한다. 저항, 캐패시터 혹은 인덕터의 값을 변경시키려면 .PARAM 명령어를 사용한다. 이 두 명령은 보통 함께 사용되며 구문을 간단히 소개하면 다음과 같다.

Part Ⅲ

.STEP STYPE MNAME SVALUE EVALUE CVALUE 혹은
.PARAM MNAME

여기서 STYPE은 가변시키는 유형(LIN, OCT, DEC 등)이 있으며 MNAME은 파라미터 모델명이고 SVALUE, EVALUE, CVALUE는 시작, 끝, 스텝 크기를 각각 나타낸다.

설정을 위해서는 Analysis/Setup을 선택하여 parametric...를 선택하면 아래의 대화상자가 나온다. 해당 가변 변수 범위, 유형, 파라미터명 등을 입력한다.

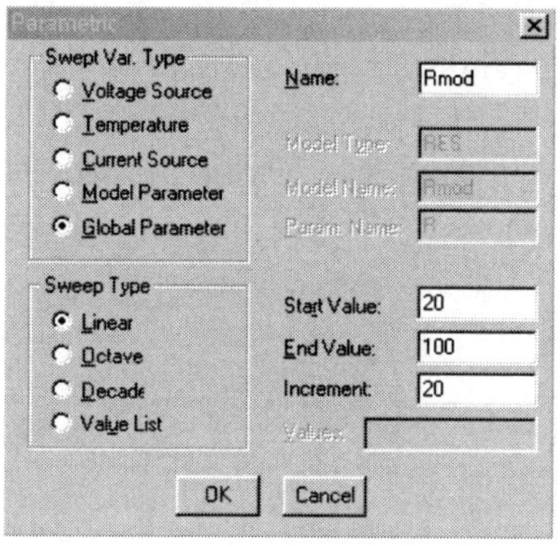

예 secordercirt.cir 소스 파일 일부
.PARAM Rmod=20

```
** Analysis setup **
.tran 200u 2ms
.STEP LIN PARAM Rmod 20 100 20
```

3 실습 회로

❐ 회로 1 : 자연 응답

초기조건 : Vc(0) = −10, dVc(0)/dt = 45,000 V/sec

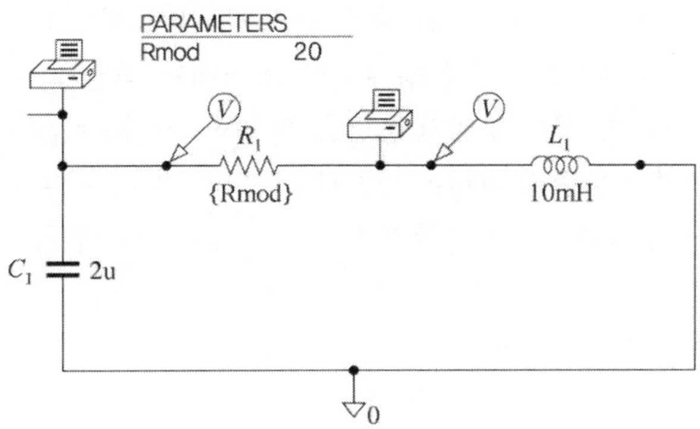

회로 2 : 강제 응답 + 자연 응답 회로

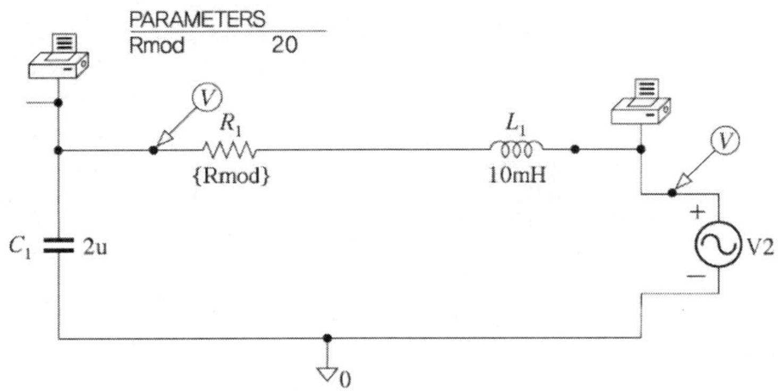

V_2는 정현파형

구문 :

SIN off peak [freq] [delay]

$$V_z = 1 + 5\sin(2\pi ft + 0^0),\ f = 100Hz$$

4 실습 절차

① 실험 회로 1 과 실험 회로 2의 schematic 도를 그리고 저장하라.

② 실험 회로 1를 사용하여 과도 응답을 확인하기 위하여 analysis/setup 메뉴에서 transient를 선정하고 plot step 크기를 200usec 로 설정하고 2msec까지의 출력 파형을 관찰하고 그 결과를 프린트하라. 결과의 그래프 혹은 출력 데이터로부터 Rmod=20인 경우와 Rmod=100인 경우에 대하여 0V의 정상 상태값의 1%이내가 되는 과도 시간을 구하라.

③ 실험 회로 1를 사용하여 정상 상태의 응답을 확인하기 위하여 plot step 크기를 1msec 로 설정하고 20msec까지의 출력 파형을 관찰하고 그 결과를 프린트하라. 결과의 그래프 혹은 출력 데이터로부터 Rmod=20인 경우와 Rmod=100인 경우에 대하여 1%이내가 되는 과도 시간을 구하라.

예 과도 응답과 정상 상태 응답 파형

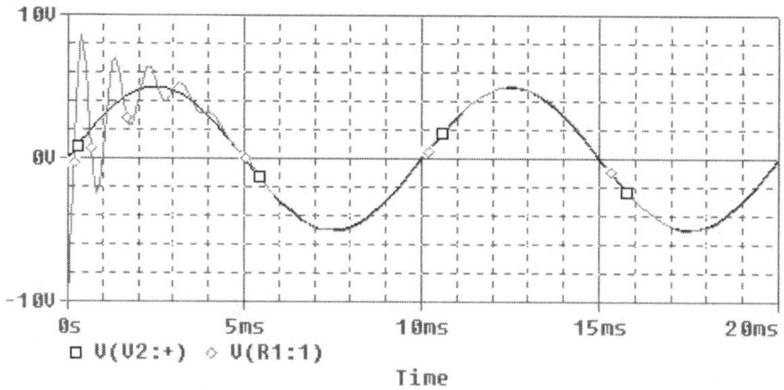

• 저항에 걸리는 전압값의 변화

```
TIME        V($N_0002)

   0.000E+00  -1.000E+01
   1.000E-03   2.560E-01
   2.000E-03   4.260E+00
   3.000E-03   4.873E+00
   4.000E-03   3.180E+00
   5.000E-03   1.681E-01
   6.000E-03  -2.854E+00
   7.000E-03  -4.784E+00
   8.000E-03  -4.839E+00
   9.000E-03  -3.070E+00
   1.000E-02  -1.215E-01
   1.100E-02   2.851E+00
   1.200E-02   4.714E+00
   1.300E-02   4.816E+00
   1.400E-02   3.041E+00
   1.500E-02   1.296E-01
   1.600E-02  -2.836E+00
   1.700E-02  -4.739E+00
   1.800E-02  -4.793E+00
   1.900E-02  -3.057E+00
   2.000E-02  -1.266E-01
```

정현파 소스에 걸리는 전압값의 변화

```
  TIME        V($N_0003)

    0.000E+00   0.000E+00
    1.000E-03   2.938E+00
    2.000E-03   4.752E+00
    3.000E-03   4.755E+00
    4.000E-03   2.938E+00
    5.000E-03   6.770E-05
    6.000E-03  -2.936E+00
    7.000E-03  -4.753E+00
    8.000E-03  -4.745E+00
    9.000E-03  -2.932E+00
    1.000E-02   5.784E-04
    1.100E-02   2.931E+00
    1.200E-02   4.719E+00
    1.300E-02   4.743E+00
    1.400E-02   2.916E+00
    1.500E-02   8.901E-04
    1.600E-02  -2.917E+00
    1.700E-02  -4.743E+00
    1.800E-02  -4.719E+00
    1.900E-02  -2.932E+00
    2.000E-02   1.257E-10
```

④ Rmod의 값의 변화에 따라 과도 응답 파형의 변화로부터 어떤 결론을 내릴수 있는가? 과도응답의 4가지 유형을 말하라.

⑤ 주어진 실험 회로 1에 대하여 $w_0^2 = 50 \times 10^6$이며 따라서 과도 응답은 저 감쇠에 해당되며 해를 구하면, $s_2 = -1000 + j7000\,\text{rad/sec}$ $s_2 = -1000 - j7000$ rad/sec을 얻는다. 자연응답의 이론적 해는

$$V_c(t) = (B_1 \cos 7000t + B_2 \sin 7000t)e^{-1000t}$$

B_1, B_2 값을 구하고 V_c의 최대값을 PSpice 시뮬레이션 결과로부터 구하고 그 때의 시간을 구하라. damped oscillation의 주기를 구하라. 위의 측정 결과와 이론적 결과와 비교하고 일치하는지 확인하라.

	이론치	실험치
피크치의 값		
피크치의 시간		
damped oscillation의 주기		

5 결과분석 및 토의

토의사항

① **2계 미분 방정식**

$\frac{dV(t)_c^2}{dt^2} + \frac{R}{L}\frac{dV(t)_c}{dt} + \frac{1}{LC}V_c(t) = \frac{1}{LC}V_s(t)$의 자연 응답의 해와 강제 응답의 해를 구하라. 4가지 과도 응답의 경우에 대한 전체 응답의 해를 구하고 파형을 그려라. 단 초기조건은 $V_c(0) = V_1$, $dV_c(0)'/dt' = V_2$라고 가정하라.

2. 2계 회로에서 초기 조건이 자연 응답과 정상 상태 응답에 미치는 영향은 무엇인가?

제 05 주

PSpice 실습

OP-AMP의 회로 해석법

1 실습 목적

OP-Amp 부품에 대한 PSpice가 제공하는 라이브러리의 사용법을 익힌다. 라이브러리가 제공하는 실제적인 OP-Amp 모델을 사용한 반전 증폭회로의 시뮬레이션 과 기존 부품 라이브러리의 모델을 수정하여 새로운 부품 모델을 작성하는 법을 익히고 이를 사용한 간단한 OP-Amp의 동작을 익힌다.

2 이론적 배경

(1) 비이상적인 OP 앰프 등가회로 모델

OP 앰프의 중요한 특징은 출력은 두 입력전압의 차의 함수로 나타난다는 것이다. OP 앰프의 가장 기본적인 기능은 입력이 허용된 범위내에 서 동작할 때 선형적으로 전압을 증폭하는 장치이다. 그러나 이 한계를 벗어나면 비선형 증폭 효과와 포화(saturation) 상태에 이르게 되어 증폭 기능이 제한됨을 [그림 5.1]에 예시하였다. 따라서 동작 조건을 정상적으로 설정하는 것이 중요하다.

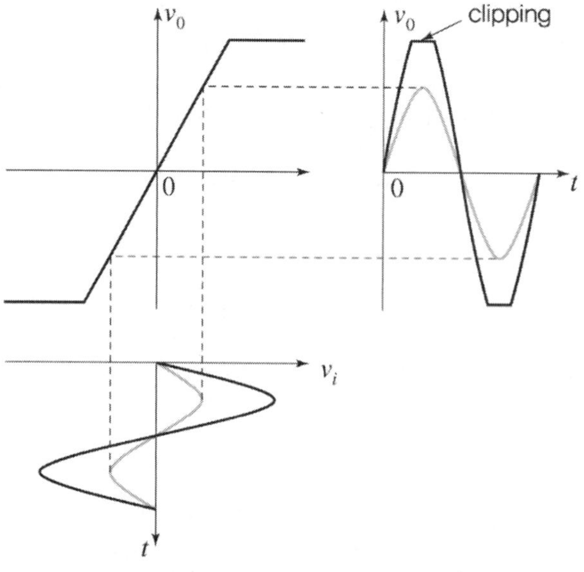

[그림 5.1] OP 앰프의 선형 및 비선형 동작

이상적인 OP앰프인 경우 입력 저항은 $R_i \approx \infty\Omega$이며, 출력 저항은 $R_0 \approx 0\Omega$이다.

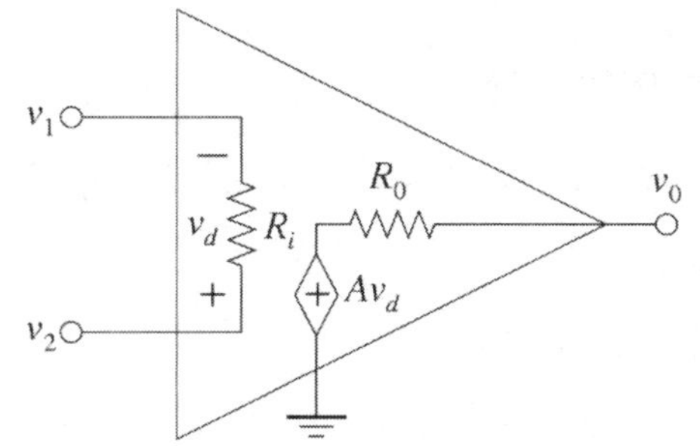

[그림 5.2] 비이상적인 OP 앰프 등가회로 모델

아래 [그림 5.3] 회로의 노드 1에서 KCL을 적용하여 풀면 다음 식이 얻어진다.

$$i_1 = i_2 \Rightarrow \frac{v_i - v_1}{R_1} = \frac{v_1 - v_0}{R_f}$$

이상적인 OP 앰프에서 반전/비반전입력전류 $=0$이므로 v_1과 v_2은 동전위, 즉

$$v_1 = v_2 = 0$$

$$\therefore \frac{v_i - 0}{R_1} = \frac{0 - v_0}{R_f} \Rightarrow v_0 = \frac{R_f}{R_1} v_i$$

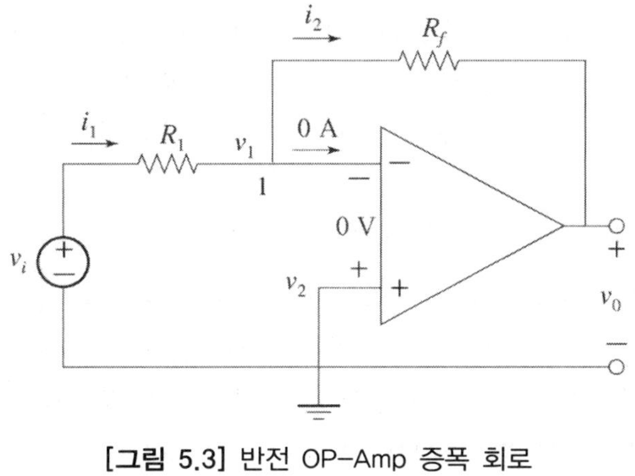

[그림 5.3] 반전 OP-Amp 증폭 회로

상업적으로 사용가능한 OP 앰프들은 PSpice parts 라이브러리인 eval.slib에서 제공된다. 이들 OP 앰프들의 일부 part 명은 LF411, LM111, LM324, uA741 등이다. 이들 부품에 대한 모델을 schematic (회로도) 작성 편집기내로 불러들이려면 메뉴의 Draw/Get New Part.../libraries.../eval.slib을 선택하여 부품을 찾는다. 기본적으로 OP 앰프 부품 모델은 DC 전원 과 입력 전원을 요구한다. OP 앰프 모델에는 7개의 노드점이 있다.

노드 2와 3은 반전 과 비반전 터미널을 나타내며 노드 6은 출력 노드를, 노드 4와 7은 음(−15V)과 양(+15V)의 DC 전원 노드를 나타낸다.

(2) 이상적인 OP 앰프 모델의 작성

PSpice 평가판에서 제공하는 Part에 원하는 라이브러리가 없을 때 모델 라이브러리를 작성하게 해준다. 이 과정은 크게 2단계로 나누어 설명하는 것이 이해가 쉬울 것이다.

❒ 1단계 : 모델 라이브러리 생성하기

① 라이브러리로 새롭게 생성하여 등록할 회로를 작성하기 위하여 PSpice Schematic 편집창을 연다. 회로도를 작성할 파일명을 Schematic1.sch로 저장한다.

② Schematic 메뉴 의 Tools/Create Subcircuit 를 실행시키며 Schematic1.sub 파일명을 갖는 subcircuit 파일이 생성된다.
이 파일은 텍스트 파일이이며 PSpice model editor(평가판이 제공하는 모델 편집 소프트웨어)를 사용하여 열면 다음과 같이 단순한 subcircuit에 대한 뼈대 정보만 갖고 있다.

```
* Schematics Subcircuit *

.SUBCKT Schematic2


.ENDS    Schematic2
```

여기에서 .SUBCKT와 .ENDS 사이에 원하는 모델에 대한 datasheet로부터의 paramter attributes를 직접 입력하면 된다. 우리가 만들려는 새로운 모델은 이상적인 OP 앰프 모델이다. 여기에 사용된 몇가지 PSpice 제어문을 설명하자.

• 일반 제어문 형태 :

```
.subckt SUBNAM   N1 N2 N3 ...
```

여기서 SUBNAM은 subcircuit의 명칭이고 N1, N2, N3... 는 subcircuit 의 외부 노드 번호이다. 이 외부 노드가 전체 회로와 연결할 때 사용된다. 노드 번호로 0을 사용할 수 없다. .SUBCKT 제어문에 나타나지 않는 모든 노드 번호는 0번을 제외하고는 국부 노드 번호이다. 0은 항상 전체 노드 번호를 나타낸다.
subcircuit의 마지막 부분에 다음 제어문을 삽입함으로써 모델 편집을 종결할 수 있다.

```
.ends <SUBNAM>
```

여기서 〈SUBNAM〉은 선택사항이다. 명시적으로 〈SUBNAM〉이 ..ends 다음에 나오면 subcircuit에 대한 종결을 뜻하고 생략되었으면 설명된 모든 subcircuit 의 종료를 의미한다.

예제

```
.subckt uA741-X    1 2 3 4 5
...
.ends
```

이 PSpice source 텍스트 파일에서 .SUBCKT 제어 명령을 맨 위에 삽입함으로써 subcircuit를 정의할 수 있다.
이제 이상적인 OP 앰프 모델의 작성 파라미터는

- 입력 저항(Rin) : $1M\Omega$
- 전압제어 전압원(VCVS)(Eamp) : 이득 106
- 출력 저항(Ro) : 200Ω
- Part name : IdealOpAmp

위에서 정의한 새로운 subcircuit를 이제 IdealOpAmp 라고 모델명을 준다. 고친후 Schematic1.sub 파일은 다음과 같을 것이다.

```
*----------------------------------------------------------------------
* connections :          non-inverting input
*                        |  inverting input
*                        |  |
*                        |  |
*                        |  |  output
*                        |  |  |
.subckt IdealOpAmp    1  2 3
*
Rin1              2  MEG
Eamp              vint 0  1  2  1e6
Ro                3 vint  200
.ends
```

이 파일을 PSpice Model Editor에 불러들여 열어보면 다음과 같을 것이다.

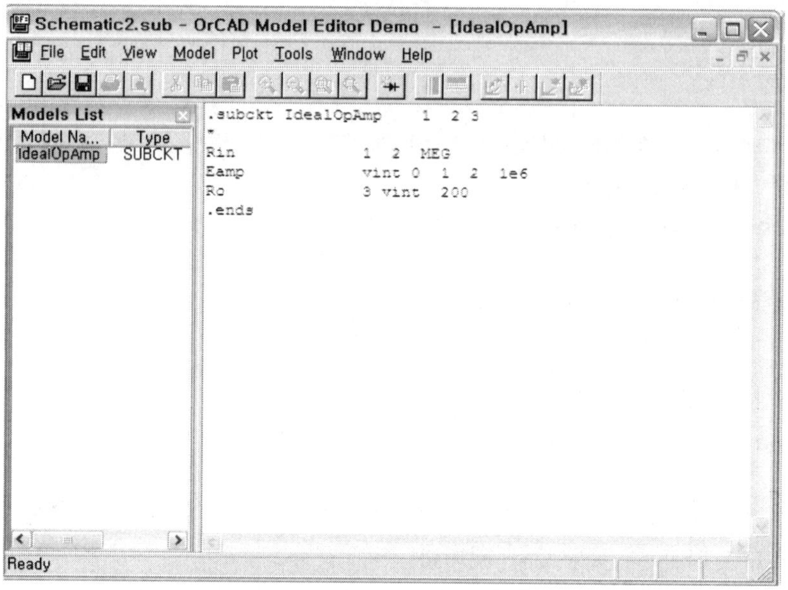

이 Schematic1.sub 파일을 위와같이 수정한후 PSpice 평가판이 설치된 곳에 저장한다.

- 저장 위치 : C : ₩Program Files₩OrCAD_Demo₩PSpice₩Library
- 저장 모델 라이브러리 파일명 : Schematic1.lib

❒ 2단계 : 모델에 대한 회로 심볼라이브러리 생성하기

1단계에서 만들 모델 라이브러리를 Schematic에 불러 사용하려면 그에 해당하는 심벌 라이브러리를 만들어야한다. 심벌 작성은 Schematic 상에서 이루어지기 때문에 우선 Schematics상에 File/New를 실행시켜 새로운 회로도 보드를 연다.

① File/Edit Library를 실행한다.

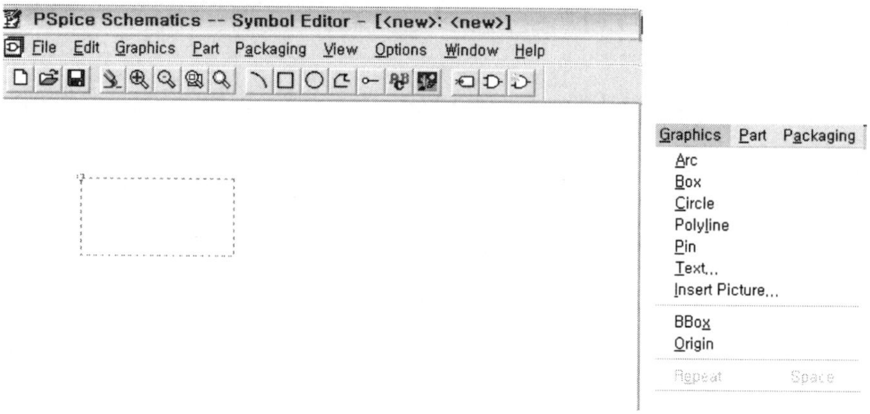

② 메뉴의 Graphics 의 여러 드로잉 명령어들을 사용하여 원하는 심볼을 그린다. 우리가 만들려는 심볼은 이상적인 OP 앰프 이므로 Polyline를 사용하여 삼각형을 그리고, Pin을 사용하여 노드 핀 연결선을 만들고 (우리의 경우 노드가 1,2,3, 이 있다) Pin name을 더블클릭하여 +(1), −(2), OUT(3) Pin 명으로 수정한다. 다음과 같이 심볼 드로잉을 완성한다.

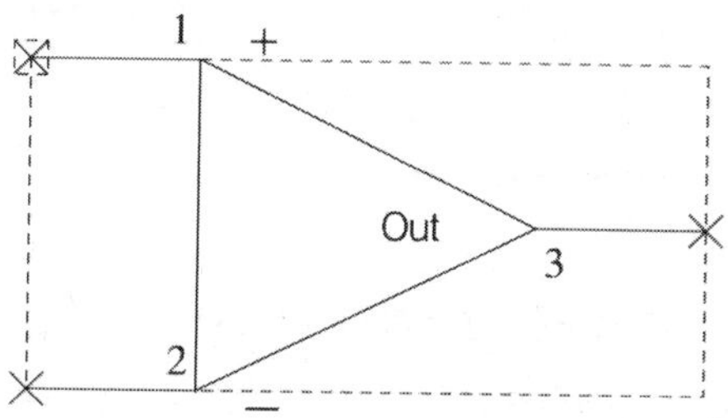

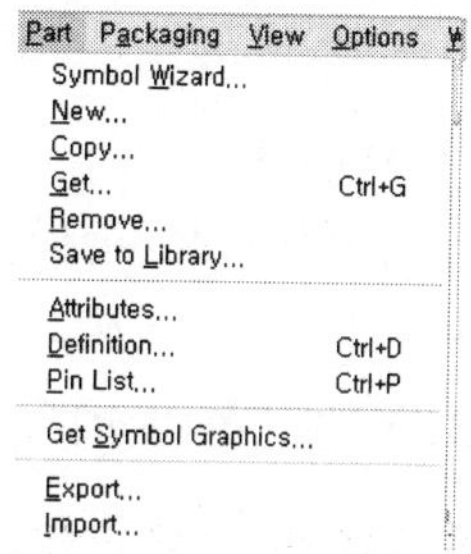

③ 심볼 외관 설계가 끝나면 메뉴의 Part를 사용하여 심볼 부품의 정의(Definition)와 속성(Attributes)을 정해준다. 먼저 Part/Definition...을 실행하여 대화상자가 나타나면 Part Name 박스에 IdealOpAmp를 입력한다.
part name은 앞에서 작성한 ".SUBCKT IdealOpAmp"과 반드시 일치해야한다.

④ 심벌 속성을 입력하기 위해 Part/Attribute... 를 실행한다.
대화상자가 나타나면 다음 그림과 같이 필요한 속성을 설정한다.

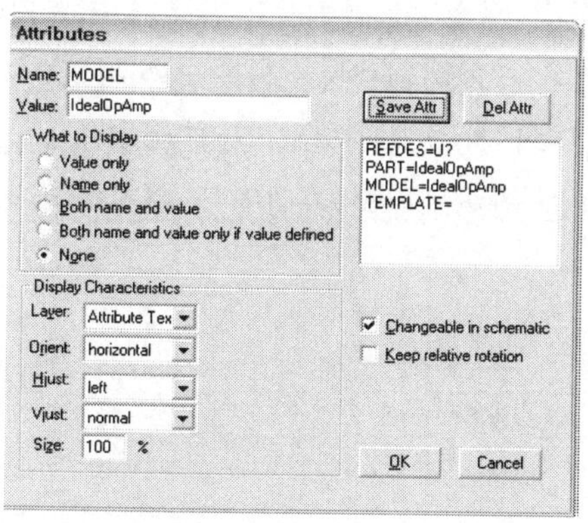

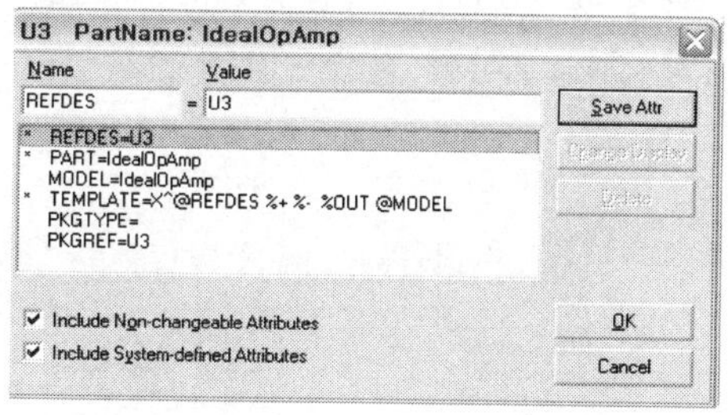


```
PART = IdealOpAmp
MODEL = IdealOpAmp
...
```

TEMPLATE, PART, MODEL 은 Schematics 상에서 변경하지 못하도록 하려면 Changeable in schematic 체크 박스를 해제하면되고 변경을 허용하려면 체크 박스를 체크상태로 Save Attr 버튼을 눌러 저장하면된다.

⑤ 입력이 완료되면 OK 버튼을 누른다.

⑥ 심벌 외관 설계시 점선 박스 경계를 벗어나면 이를 수정하여 그린 심벌이 점선 박스안에 들어가도록 해야한다. 이를 위해 Graphics/Bbox를 사용하여 component가 box안에 들어오도록 한다.

⑦ File/Save As...를 실행하여 심볼 라이브러리 파일을 PSpice 평가판 라이브러리 폴더내에 저장해야한다.

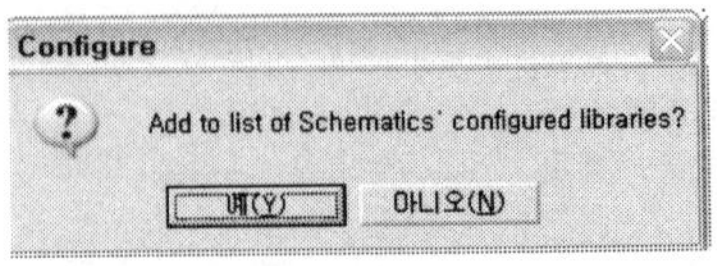

- 저장위치 : C : ₩Program Files₩OrCAD_Demo ₩PSpice₩Library
- 저장 심볼 라이브러리 파일명 : Schematic1.slib

예를 누른다.

⑧ Symbol Editor 편집창의 메뉴 File/Close를 실행하여 빠져나간다.

❐ 3단계 : 새로 작성한 심볼 라이브러리 연결하기

① 새롭게 작성한 라이브러리를 Schematics 상에 등록하기 위해 Schematics에 Analysis/Library and Include Files를 실행한다. 이미 라이브러리가 해당 폴더에 등록되었다면 이 부분을 생략해도 된다. Library and Include Files 대화상자가 나타나면 Browse를 클릭하고 C : ₩Program Files₩OrCAD_Demo₩PSpice₩Library/Schematic1.lib 를 열어 Add Library를 사용하여 등록한다.

② 평가판을 사용하는 경우 동시에 라이브러리를 Schematics 상에 라이브러리를 불러오게 할 수 있는 라이브러리의 수는 10개 이내로 제한되어 있다. 또한 다른 사용자에 의해 이전에 라이브러리 명칭이 달리 적용되어 등록된 경우 계속 이 라이브러리를 불러드리려고하여 PSpice Schematics 를 열 때마다 오류 발생이 생기며 원하는 심볼 라이브러리가 제대로 등록되지 않게 된다. 이 경우 Schematics 메뉴의 Options/Edit Configuration... 을 열어 아래와 같이 오류를 발생시키는 만들었던 심볼 라이브러리 파일명을 변경하여 add 한다.

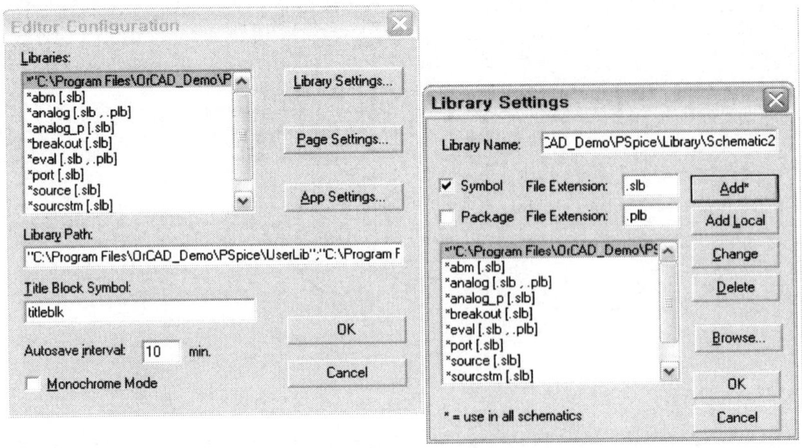

[주의] 절대로 기본적으로 PSpice 평가판이 제공하는 심볼 라이브러리 파일들을 제거하거나 변경해서는 안된다.!!!

3 실습 회로

PSpice Schematics 평가판(ver 9.2 x) 을 사용하여 uA741 OP 앰프 모델을 사용하여 회로도를 작성하라.

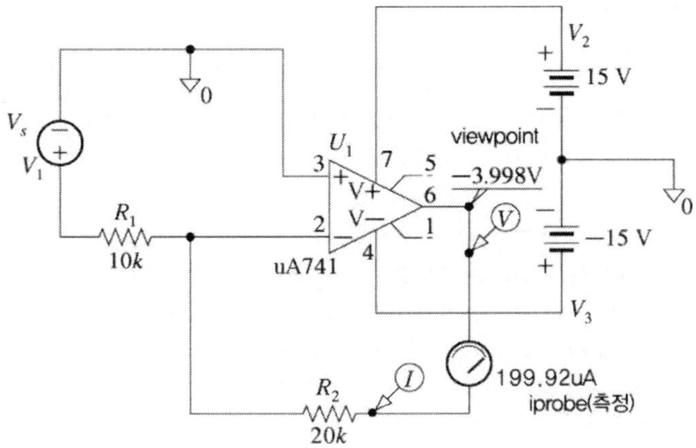

V_1은 처음 실습에서는 DC 입력 전원이며 나중 실습에서는 정현파 AC 전원이다.

4 실습 절차

① 전원 V1에 대한 Part Name은 Vsrc이며 요구되는 입력 전압은 DC=2V이다.

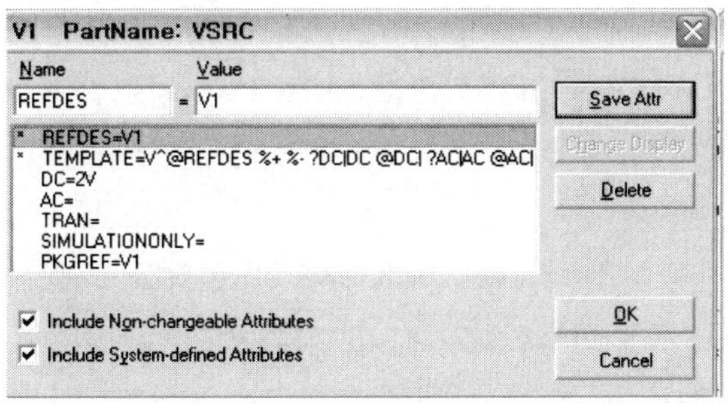

② 회로 동작을 확인하기 위해 간단한 bias 점 해석을 사용한다. 회로 시뮬레이션을 위해 메뉴의 Analysis/Simulate를 클릭한다. 회로 시뮬레이션 결과는 텍스트 파일로 Schematic1.out 파일에 저장된다.

Schematic1.out 파일을 열어 아래 부분의 텍스트를 찾는다. 저항 R2가 연결된 노드 no.의 별칭이 설명되어 있다. 따라서 출력은 별칭 노드 번호 $N_0008에서 얻어진다. 전류값을 찾아 기록하라.

```
**** INCLUDING Schematic1.als ****
* Schematics Aliases *

.ALIASES
X_U1          U1(+=0 -=$N_0001 V+=$N_0002 V-=$N_0003 OUT=$N_0004 )
R_R1           R1(1=$N_0007 2=$N_0001 )
V_V2           V2(+=$N_0002 -=0 )
V_V3           V3(+=$N_0003 -=0 )
R_R2           R2(1=$N_0001 2=$N_0008 )
V_V1           V1(+=$N_0007 -=0 )
v_V4           V4(+=$N_0004 -=$N_0008 )
.ENDALIASES
```

NODE	VOLTAGE	NODE	VOLTAGE	NODE	VOLTAGE	NODE	VOLTAGE
(X_U1.6)	380.5E-06	(X_U1.7)	-4.0083	(X_U1.8)	-4.0083	(X_U1.9)	0.0000
($N_0001)	39.47E-06			($N_0002)	15.0000		
($N_0003)	-15.0000			($N_0004)	-3.9983		
($N_0007)	2.0000			($N_0008)	-3.9983		
(X_U1.10)	-.6077			(X_U1.11)	14.9600		

③ Pin 6에 나타나는 출력 전압을 측정하고 $20k\Omega$ 저항을 통하여 흐르는 전류를 측정하기 위해 가상 콤포넌트인 VIEWPOINT와 IPROBE를 주어진 그림의 회로도에서와 같이 추가하라. 추가하는 방법은 메뉴의 Draw/Get New Part.../libraries.../special.slib을 선택하여 부품을 찾는다.

④ 시뮬레이션 조건 지정을 Transient 해석 모드로 설정하여 출력 파형을 관찰하라.
입력 신호 $V_{in} = 1\,Vp-p$ 의정현파로 하라. 나머지 조건은 Analysis/Analysis Setup 창에서 Transient 를 체크하고 Transient를 클릭하여 아래와 같이 파라미터를 설정한다.
V_{in}은 정현파형
구문 :
.SIN off peak [freq] [delay]
$V_{\in} = \sin(2\pi ft + 0^0),\ f = 1000Hz$

출력 파형 :

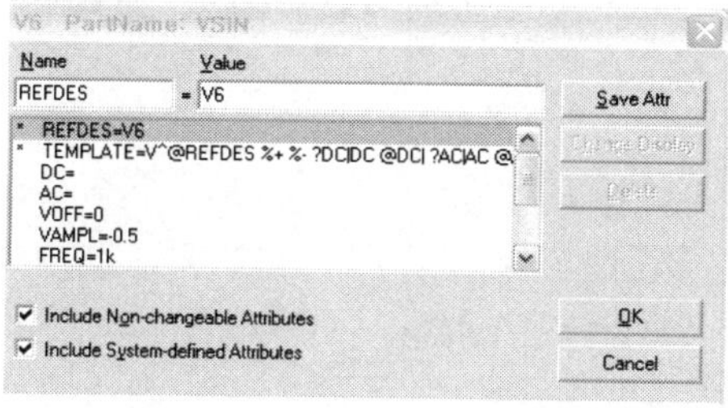

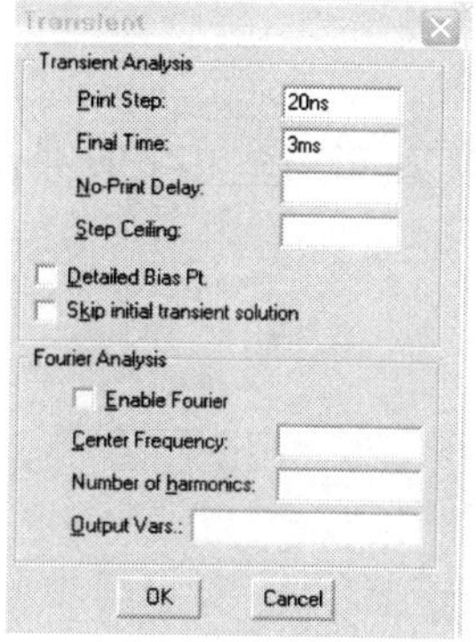

⑤ 입력 출력간의 위상 관계를 조사하고 입력 전압(V_1)과 출력 전압(V_o)을 Probe를 사용해 파형을 얻어라. 증폭률이 얼마인지 측정하라.

⑥ 새롭게 작성된 심볼 라이브러리 Schematic1.slib내의 IdealOpAmp 부품을 사용하여 회로도를 아래 보인 것과 같이 그려라.

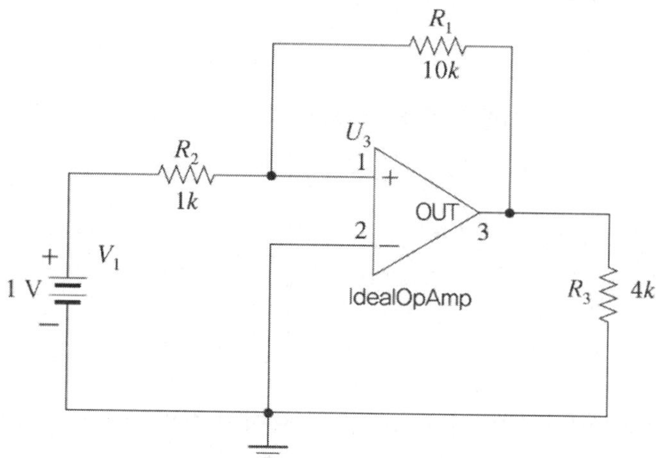

전압 이득 과 노드 3에서의 출력전압은 얼마인가? 아래와 같은 결과를 얻게 될 것이다

```
NODE   VOLTAGE     NODE   VOLTAGE     NODE   VOLTAGE     NODE   VOLTAGE

($N_0001)-10.70E-06   ($N_0002)  1.0000        ($N_0003)  -10.0000
(X_U3.vint)    ????
```

5 결론 및 토의

토의사항

1. PSpice 모델 라이브러리가 제공하는 기존 소자의 특성을 바꾸는 실습 예제를 작성하라.

2. 회로의 소자 모델를 새롭게 작성하는데에는 두 개의 라이브러리가 필요하다. 어떤 라이브러리인지 말하고, 어떻게 등록하는지 설명해보라.

3. Model Editor 편집창을 사용하여 Part 모델에 대한 라이브러리 작성하는 법을 익히라.

4. Schematics 메뉴의 File/Edit Library 를 실행하여 심벌 라이브러리 만드는 연습을 하라.

제 06 주

PSpice 실습

엔코더와 디코더

1 실습 목적

Data Handling 회로의 대표적인 디코더와 엔코더의 기능을 확인하고 이를 PSpice 회로 시뮬레이션을 통해 입출력 파형을 관찰함으로써 동작을 확인한다.

2 이론적 배경

(1) 엔코더

엔코더는 디코더 회로의 반대 기능을 수행하는 논리 조합 회로이다. 엔코더는 십진수(혹은 8진수)를 나타내는 N개의 2진 입력 단자중 오직 한 입력에만 "1" 혹은 "0" 의 2진 논리 데이터를 입력으로 받아 부호화된 형태의 출력을 내는 데이터 엔코딩 회로이다.

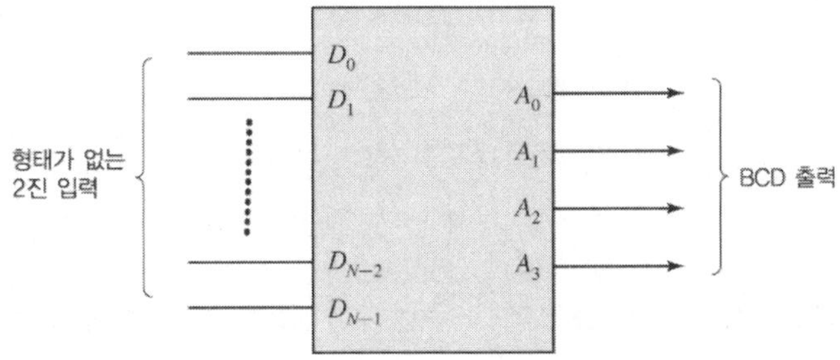

[그림 6.1] 일반적인 BCD 엔코더의 논리 기호

❒ 십진-BCD 엔코더

예를들어 십진수-BCD 엔코더의 경우 N=10개를 갖는 2진 입력이 될 것이다.
아래 표는 십진수-BCD 엔코더의 코드 변환표를 보여준다.

〈표 6.1〉 십진-BCD 엔코더 변환표

Decimal Digit	BCD Code			
	A_3	A_2	A_1	A_0
0	0	0	0	0
1	0	0	0	1
2	0	0	1	0
3	0	0	1	1
4	0	1	0	0
5	0	1	0	1
6	0	1	1	0
7	0	1	1	1
8	1	0	0	0
9	1	0	0	1

위 BCD 변환표로부터 A_3가 논리 "1"이 되는 경우는 두 경우 D_8 혹은 D_9이 "1"이 되는 경우이다. 논리 기호로 표시하면

$$A_3 = D_8 + D_9$$

의 경우이고 비슷한 방법으로 BCD 변환포로부터 BCD 출력 A_2, A_1, A_0이 "1"의 되는 경우를 조사하면 다음과 같다.

$$A_2 = D_4 + D_5 + D_6 + D_7$$
$$A_1 = D_2 + D_3 + D_6 + D_7$$
$$A_0 = D_1 + D_3 + D_5 + D_7 + D_9$$

2-입력 OR 게이트만으로 위의 엔코더를 구현하기 위해 위 입출력 관계식을 다시 정리하면 아래와 같다.

$$A_3 = (D_8 + D_9)$$
$$A_2 = ((D_4 + D_5) + (D_6 + D_7))$$
$$A_1 = ((D_2 + D_3) + (D_6 + D_7))$$
$$A_0 = (((D_1 + D_3) + (D_5 + D_7)) + D_9)$$

여기서 $(A+B)$는 두 입력 A, B로하는 OR 게이트를 나타내는 기호이다. 따라서 A_0를 구현하기 위해서는 두 입력 OR 게이트가 4개가 필요함을 알 수 있다. 직접 구현회로를 구성하면 5-input OR 게이트 1개, 4-input OR 게이트 2개, 2-input OR 게이트 1개로 아래와 같이 구현할 수 있다.

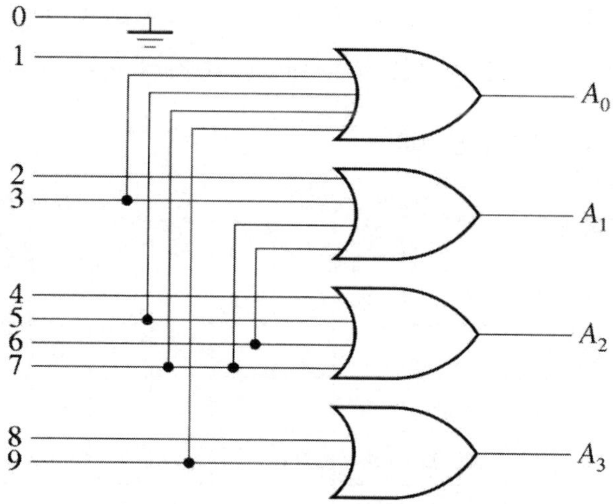

[그림 6.2] 십진-BCD 엔코더 구현 회로

(2) 디코더

디코더는 엔코더의 반대 과정으로 입력으로 M개의 2진 코드에 따라 N개의 출력 중 하나만을 활성화시키는 기능을 갖는다. 일반적으로 $2^M = N$ 관계를 갖는다.

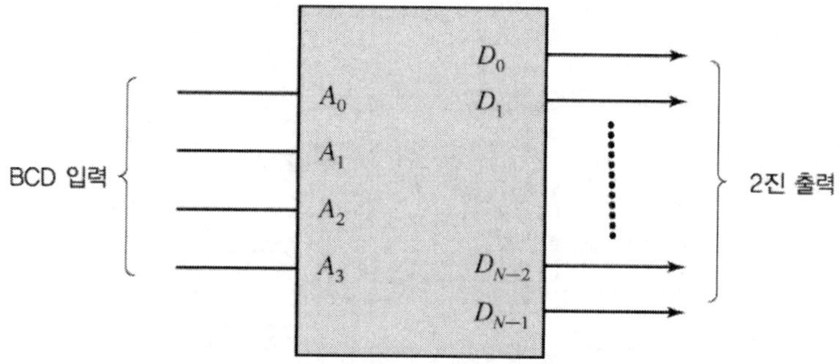

[그림 6.3] 디코드 논리 기호

❐ BCD – 십진 디코더

BCD-십진 디코더는 각 BCD 2진 코드를 해당 십진수로 변환하는 논리회로이다. 출력중 하나만을 활성화 시키려고 한다면 이에 대한 논리 회로 구성은 2진 입력 데이터의 논리 조합으로 구현된다. 가령 십진 수 3의 BCD 2진 입력 (0011)에 대해 열 개의 출력중 3에 대응한 위치의 bit position에서만 논리 "1"로 활성화되어 나타나게하려면 출력 bit position D3에 대한 입력의 논리적 조합은

$$D_3 = \overline{A_3}\,\overline{A_2}A_1A_0 = (\overline{A_3}\,\overline{A_2})(A_1A_0)$$

와 같다.

마찬가지 방법으로 다른 십진수의 BCD 2진 입력 데이터에 대해 해당 출력 bit position를 활성화하기 위한 입력의 논리 조합은 2진 입력 데이터의 자체 논리 상태가 된다.

〈표 6.2〉 BCD-십진 디코더 디코딩 진리표

십진수	2진 입력 데이터				입력논리 조합	출력 bit									
						D_0	D_1	D_2	D_3	D_4	D_5	D_6	D_7	D_8	D_9
0	0	0	0	0	$\overline{A_3}\,\overline{A_2}\,\overline{A_1}\,\overline{A_0}$	0	0	0	0	0	0	0	0	0	0
1	0	0	0	1	$\overline{A_3}\,\overline{A_2}\,\overline{A_1}\,\overline{A_0}$	0	1	0	0	0	0	0	0	0	0
2	0	0	1	0	$\overline{A_3}\,\overline{A_2}\,\overline{A_1}\,\overline{A_0}$	0	0	1	0	0	0	0	0	0	0
3	0	0	1	1	$\overline{A_3}\,\overline{A_2}\,\overline{A_1}\,\overline{A_0}$	0	0	0	1	0	0	0	0	0	0
4	0	1	0	0	$\overline{A_3}\,\overline{A_2}\,\overline{A_1}\,\overline{A_0}$	0	0	0	0	1	0	0	0	0	0
5	0	1	0	1	$\overline{A_3}\,\overline{A_2}\,\overline{A_1}\,\overline{A_0}$	0	0	0	0	0	1	0	0	0	0
6	0	1	1	0	$\overline{A_3}\,\overline{A_2}\,\overline{A_1}\,\overline{A_0}$	0	0	0	0	0	0	1	0	0	0
7	0	1	1	1	$\overline{A_3}\,\overline{A_2}\,\overline{A_1}\,\overline{A_0}$	0	0	0	0	0	0	0	1	0	0
8	1	0	0	0	$\overline{A_3}\,\overline{A_2}\,\overline{A_1}\,\overline{A_0}$	0	0	0	0	0	0	0	0	1	0
9	1	0	0	1	$\overline{A_3}\,\overline{A_2}\,\overline{A_1}\,\overline{A_0}$	0	0	0	0	0	0	0	0	0	1

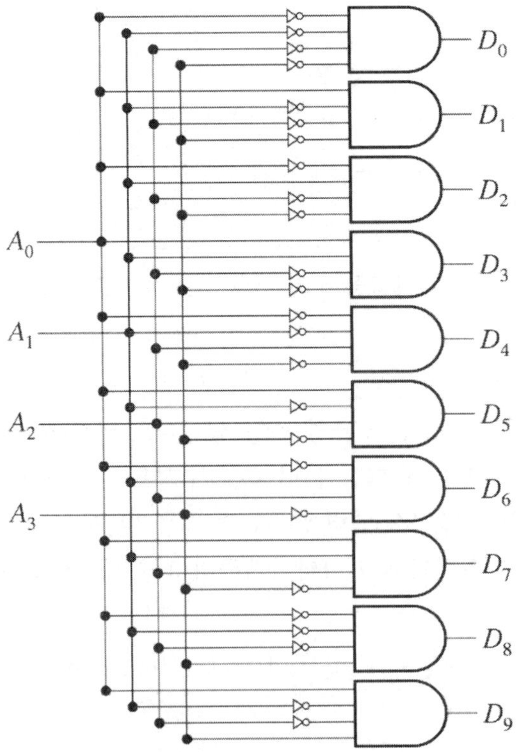

[그림 6.4] BCD-십진 디코더 구현 회로

(3) 7-segment 디스플레이

(a) 7448 FND 드라이버

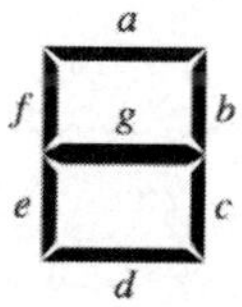

(b) FND

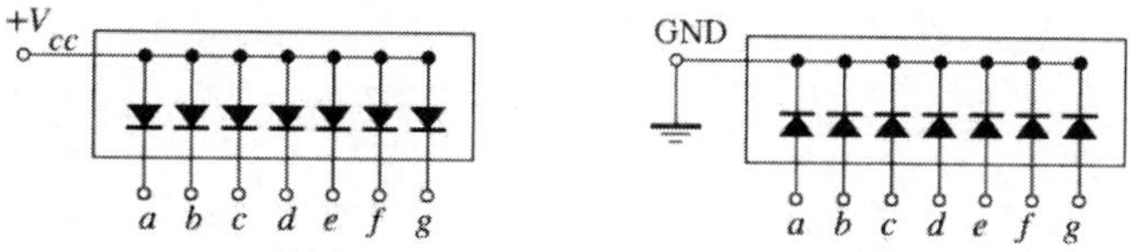

애노드 공통(C-A)

캐소드 공통(C-C)

(c) FND의 내부

[그림 6.5] 7-세그먼트 표시기 내부 회로도 및 외부 모양

7-segment LED 디스플레이 디바이스에 십진 숫자를 표기하기 위한 LED 구동 회로 동작은 아래 표와 같다.

〈표 6.3〉 BCD-십진 디코더 드라이버 (7447) 변환표

십진수	BCD 2진 입력				7 segments LED						
	D	C	B	A	a	b	c	d	e	f	g
0	0	0	0	0							
1	0	0	0	1							
2	0	0	1	0							
3	0	0	1	1							
4	0	1	0	0							
5	0	1	0	1							
6	0	1	1	0							
7	0	1	1	1							
8	1	0	0	0							
9	1	0	0	1							

mark : ON, mark : 7447 is OFF and 7447 is ON

7447 : BCD-to-7-segment Decoder/Driver with 15V Open Collector Outputs

3 실습 회로

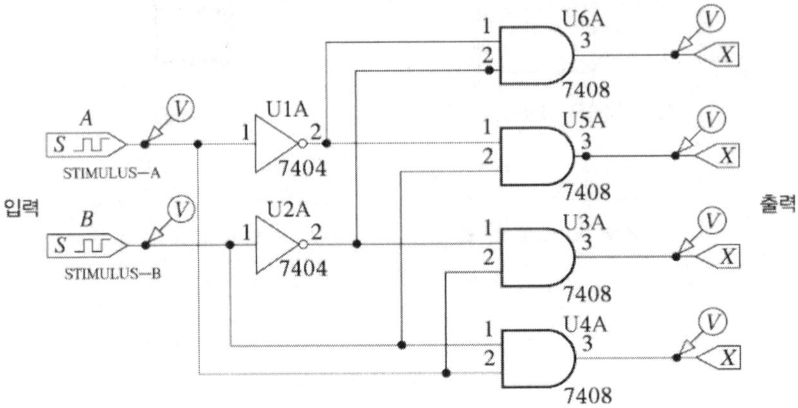

[그림 6.6] 2–4 디코더 회로

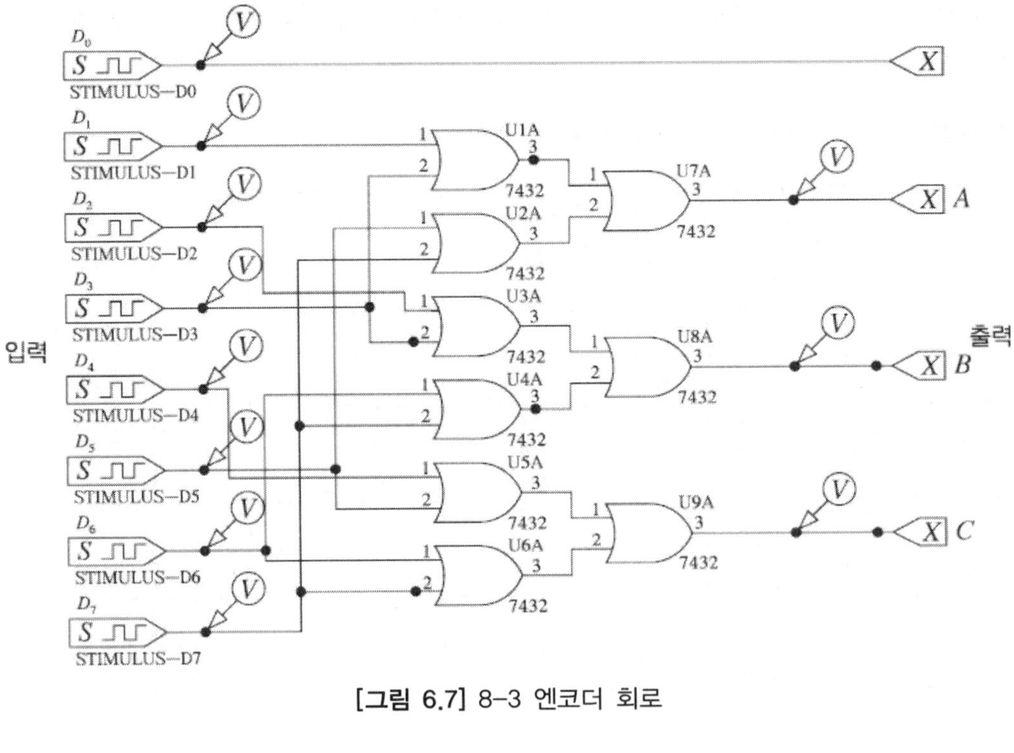

[그림 6.7] 8–3 엔코더 회로

4 실습 절차

① [그림 6.6]의 2-4 회로를 Schematics 를 사용하여 그린다.

입력단 digital stimulus 소스 : DigSim
Set Attribute Value 대화상자 setting :
STIMULUS : A
STIMULUS : B
Edit Reference Designator 대화상자 setting
Pacakge Reference Designator : A(위 Set Attribute Value 대화상자로부터 STIMULUS Label 의 값을 입력)
Pacakge Reference Designator : B(위 Set Attribute Value 대화상자로부터 STIMULUS Label 의 값을 입력)
출력단 포트 : X

② 입력단의 두 디지털 스티뮬러스 DSTM를 각각 두 번 클릭하여 시뮬레이션 입력 파라미터를 Clock Attributes 대화상자를 참조하여 입력한후 apply 버튼을 클릭한다.

Name A 주파수 : 10 MHz
Name B 주파수 : 30 MHz
Duty 사이클 : 0.5 (파형의 + 부분 과 - 부분이 같도록 하는 파라미터)
초기치 : 0
시간 지연 : 0 sec

③ 회로의 시뮬fp이션을 위해 회로해석 모드를 Transient 로 설정하고 transient 모드의 파라미터를 다음과 같이 설정한다.

프린트 간격 : 20nsec
최종 시간 : 1usec

④ 출력 포트의 출력 파형을 관찰하고 2-4 디코더의 기능을 확인하라.

출력 포트의 파형 :

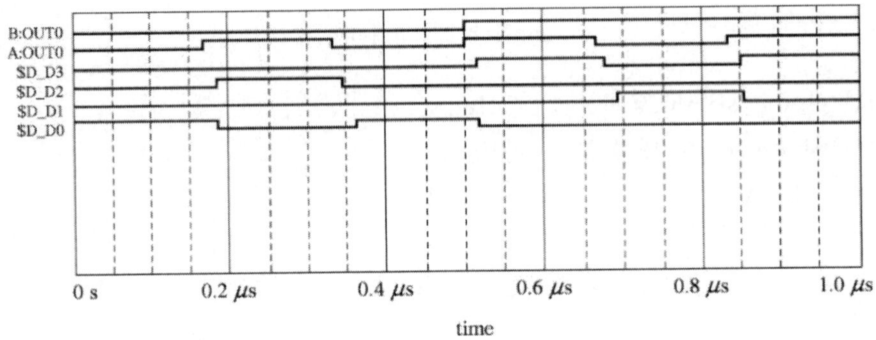

2-4 디코더의 기능 확인 :
A=high, B=Low 일 때 D2=???
디코더 출력의 변화와 디지털 입력 소스의 상태간의 관계를 관찰하고 디코더의 기능을 확인하라

⑤ [그림 6.7]의 8-3 엔코더를 Schematics를 사용하여 그리고 결선한다. 실험 절차 1에서와 같이 입력단 디지털 스티뮬러스 소스의 Package Reference Designator과 Attribute Value(속성 값)을 맞추어 입력한다.

Package Reference Designator	D_0	D_1	D_2	D_3	D_4	D_5	D_6	D_7
Attribute Value	D_0	D_1	D_2	D_3	D_4	D_5	D_6	D_7

⑥ 입력단 소스의 파라미터 설정은 0.2us 간격으로 논리 “0” 과 “1”을 D_1, D_2, D_3, D_4, D_5, D_6, D_7순으로 시간 지연을 갖도록 설정한다. 각 소스의 주파수는 공통으로 5MEGHz, 각 소스 bit 간의 시간 지연은 200ns 로 하면 8-bit×200ns=1.6us 가 되어 1.6us 까지 Transient 회로 해석 모드로 시뮬레이션을 수행한다.
D_0는 don't care bit에 해당되므로 주파수 5MEGHz, duty cycle을 “0”으로 설정해도 된다.

프린트 간격 : 20ns
최종 시간 : 1.6us

⑦ 출력 포트의 출력 파형을 관찰하고 2-4 디코더의 기능을 확인하라.
출력 포트의 파형 확인 :

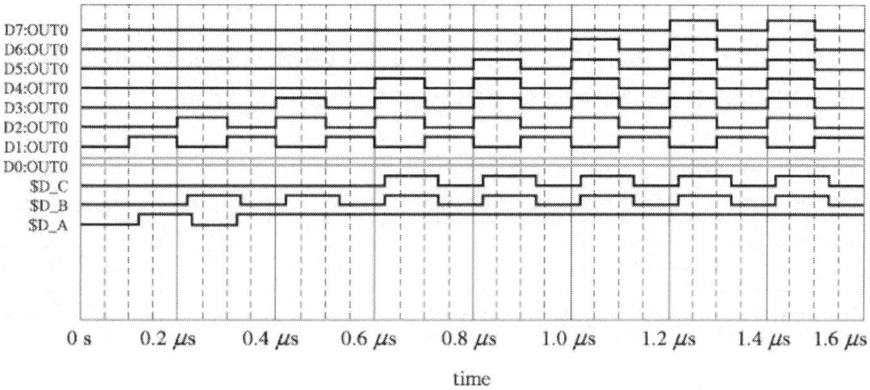

8-3 엔코더의 기능 확인 :

입력	$D_0=0$	$D_1=0$	$D_2=1$	$D_3=0$	$D_4=0$	$D_5=0$	$D_6=0$	$D_7=0$
출력								

엔코더 출력의 변화와 디지털 입력 소스의 상태간의 관계를 관찰하고 엔코더의 기능을 확인하라

5 결과분석 및 토의

토의사항

① 디지털 stimulus 입력 source의 속성 파라미터 설정에서 single pulse 형태의 sequence stiumlus 파형을 얻으려면 어떻게 해야하는지 방법을 설명하라.

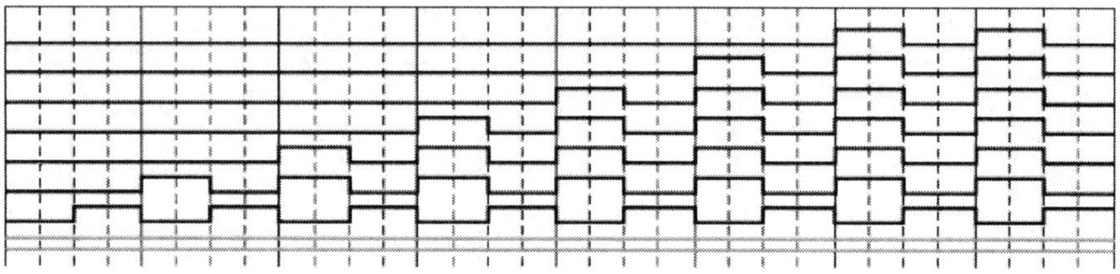

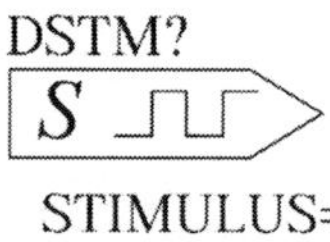

② [그림 6.6]과 [그림 6.7]의 회로 구현 외에 다른 회로 구현을 설계하라.

Appendix

부록

Appendix

01 각종 단위 및 기호

전 류	암페어(Ampere) 밀리 암페어 마이크로 암페어	A mA(10^{-3}A) μA(10^{-6}A)
전 압	볼트(Volt) 킬로 볼트 밀리 볼트 마이크로 볼트	V kV(10^{3}V) mV(10^{-3}V) μV(10^{-6}V)
전 력	와트(Watt) 킬로와트 메가와트	W kW(10^{3}W) MW(10^{6}W)
주 파 수	헤르츠(Helz) 킬로 헤르츠 메가 헤르츠 기가 헤르츠	Hz kHz(10^{3}Hz) MHz(10^{6}Hz) GHz(10^{9}Hz)
저 항	옴(Ohm) 킬로 옴 메가 옴	Ω kΩ (10^{3}Ω) MΩ (10^{6}Ω)
전 기 용 량	파라드(Faraday) 마이크로 파라드 마이크로 · 마이크로 파라드 또는 피코 · 파라드	F μF(10^{-6}F) $\mu\mu$F(10^{-12}F) PF(10^{-12}F)
인 덕 턴 스	헨리(Henry) 밀리 헨리 마이크로 헨리	H mH(10^{-3}H) VH(10^{-6}H)
자 속	웨버(Weber)	Wb
자 속 밀 도	웨버/평방 미터	Wb/m^2
자계의 세기	암페어 턴/미터	AT/m
투 자 력	암페어턴(Ampere-turn) ('턴'이란 코일의 감은 수를 의미)	AT
전 력 량	왓트 시(Watt hour) 킬로 왓트 시	Wh kWh(103Wh)

회 전 수	매초의 회전수(revolution per second) 매분당 회전수	RPS RPM
시 간	초(second) 분(minute) 밀리 초 마이크로 초 나노 초	sec(s) min(m) mse(10^{-3}sec) μsec(10^{-6}sec) nsec(10^{-9}sec)
A.C.	교류(alternation current)	
D.C.	직류(direct current)	
P.C.	맥류(pulsating current)	
$\underline{V}$	직류 전압계(D.C volt meter)(가동 코일형)	
$\underset{\sim}{V}$	교류 전압계(A.C volt meter)(가동 철편형)	
$\underset{\approx}{V}$	직류 교류용 전압계(전류력계형)	
$\underline{A}$	직류 전압계(D.C ammeter)(가동 코일형)	
$\underset{\sim}{A}$	교류 전압계(A.C ammeter)(가동 철편형)	
$\underset{\approx}{A}$	직류 교류용 전압계(전류력계형)	
$\underset{\sim}{\cos}\Phi$	단상 역류계(single phase power fector meter)	
$\underset{\approx}{\cos}\Phi$	평형 3상 역률계	
$\underset{\approx}{W}$	단상 지시 전력계	
$\underset{\approx}{\underline{W}}$	불평형 3상 지시 전력계	
CT	변류기	
CRT	Brown관	
SW(s)	개폐기(스위치)	
K	키(key)	
L	유도기(코일 : coil)	
C	축전기(콘덴서 : condenser)	
R	저항기(무유도 저항 : resistor)	
M	상호 유도 장치	
T	변압기(트랜스 : trans)	

Appendix

02 실험 기기 사용 설명서

1 디지털 멀티미터

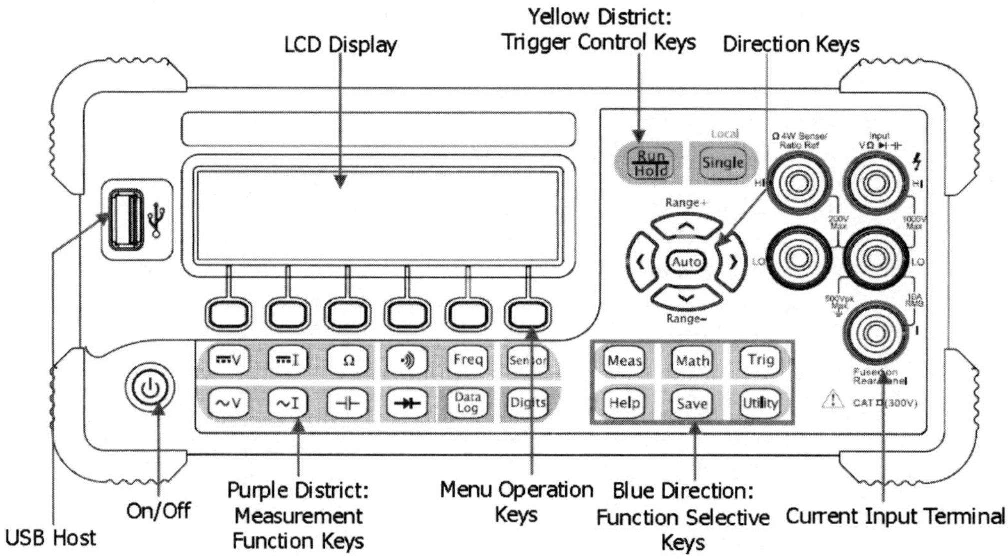

모 델 : DM3058
제조회사 : 리골

(1) 특징 및 장점

- 리얼 5½ 디지트 판독 해상도
- 최대 10K samples/s 의 샘플 속도, 512K 비휘발성 메모리
- 트루-RMS AC 전압 전류 측정
- 내장 10 그룹 데이터 스토리지, 10 그룹 설정 저장
- 저온 터미널에 내장된 열전대 보상, 모든 센서 측정의 사용자 정의 지원 및 3가지
- 유형의 온도 센서 : TC, RTD 및 THERM
- U-디스크를 통해 기타 DM3068에 대한 모든 계기 내의 구성을 복제 혹은 백업

- UltraSensor 소프트웨어: 쉽고, 편리하고 유연하게 "모든 센서" 측정을 지원
- 실시간 동향 및 히스토그램 표시 기능
- 표준 인터페이스: USB 장치, USB 호스트, LAN, RS-232, GPIB, U-디스크
- 스토리지 지원 및 웹을 통한 원격 제어 (LXI-C)
- SCPI 명령과 함께 원격 제어
- 256 × 64 LCD
- 이중 디스플레이 지원, 한국어 및 영어 메뉴
- 도움말을 누르면 보다 쉬운 정보 습득이 가능
- 파일 관리 (U-디스크 및 로컬 스토리지에 대한 지원)

(2) 최대 측정 범위

측정 기능	측정 범위	주파수범위/ 시험 전류	정확도(±%눈금+%범위)
DC 전압	400mV~1000V		0.025±0.006
AC 전압(TRMS)	200mV~750V	10Hz ~ 100kHz	0.20±0.1
DC 전류	2mA~10A		0.050±0.008
AC 전류(TRM)	20mA~10A	10Hz ~ 10kHz	0.5±0.1
저항	400Ω~100MΩ		0.015±0.006
캐패시터	4nF~200uF		1±0.5
다이오드	2.4V	1mA	0.05±0.010
연속성	2000Ω	1mA	0.05±0.010
주파수,주기	200mV~750V	3Hz ~ 300kHz	0.02
정확도	20mA~10A	Hz ~ 10kHz	0.02

(3) 주의사항

디지털 멀티미터를 이용하여 전류를 측정하는 경우, 디지털 멀티미터의 내부 저항이 매우 낮으므로 높은 전류 범위에서 점차 낮은 전류 범위로 바꿔가며 측정할 것!

(4) 사용방법

우선, power 스위치를 켠다. 10A 측정인 경우를 제외하고, 빨간 리드선을 "V" 단자에 검은 리드선을 "COM" 단자에 삽입한다.

❐ 전압측정

① DC 전압 측정
빨간 리드서선에 +(HI), 검정 리드선에 −(LO) 단자를 연결하여 DC 전압을 측정한다.
② AC 전압 측정
DC와 동일한 방법으로 연결한다.

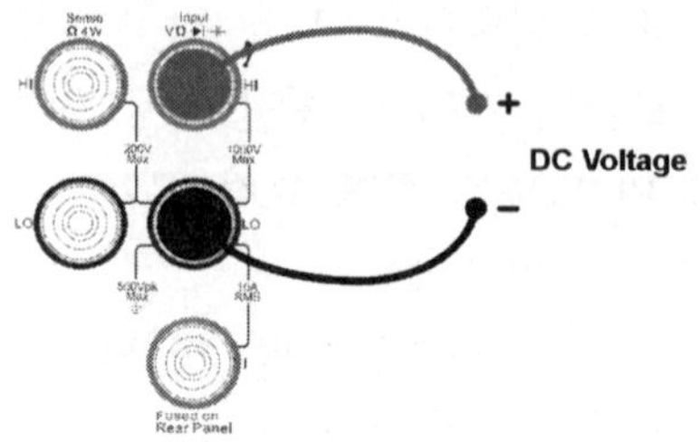

전압측정

❐ 전류측정

① DC 전류 측정
빨강 리드선 단자를 +(HI), 검정색 리드선 단자를 −(LO)에 연결하여 +와 − 리드선을 개방단자에 연결하여 측정한다.
② AC 전류 측정
AC와 동일한 방법으로 연결한다.

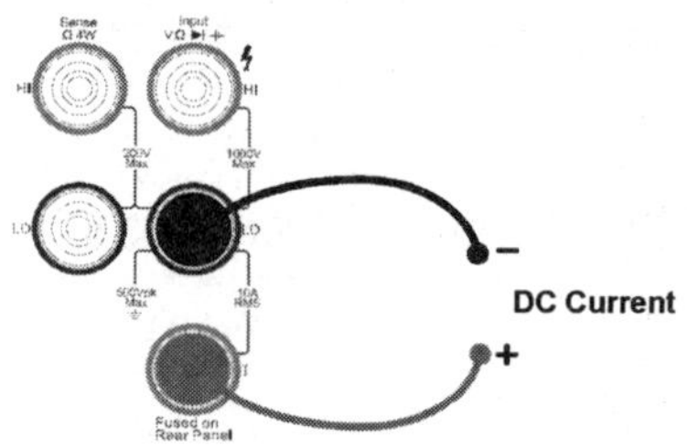

전류 측정

❐ 저항 측정, CONDUCTANCE 체크

① 2-wire 저항 측정
빨강색 리스선 단자에 +(HI), 검정색 리드선 단자에 −(LO)를 연결하여 측정한다.

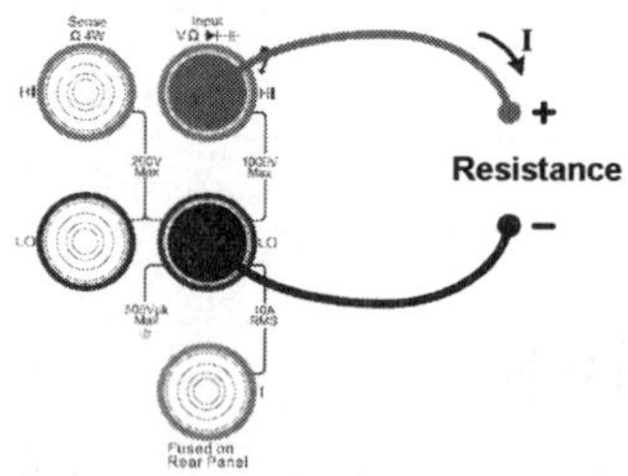

저항 측정

① 캐패시턴스 측정
빨강색 리드선 단자에 positive pole(HI), 검정색 리드선 단자에 negative pole(LO)를 연결하여 측정한다.

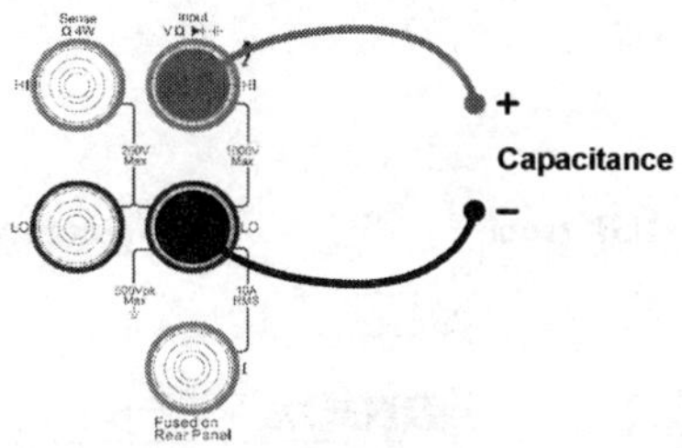

캐패시턴스측정

① 개방/단락 시험
저항 측정 모드에서 빨강색 리드선 단자에 +(HI), 검정색 리드선 단자에 −(LO)를 연결하여 개/패를 시험한다.

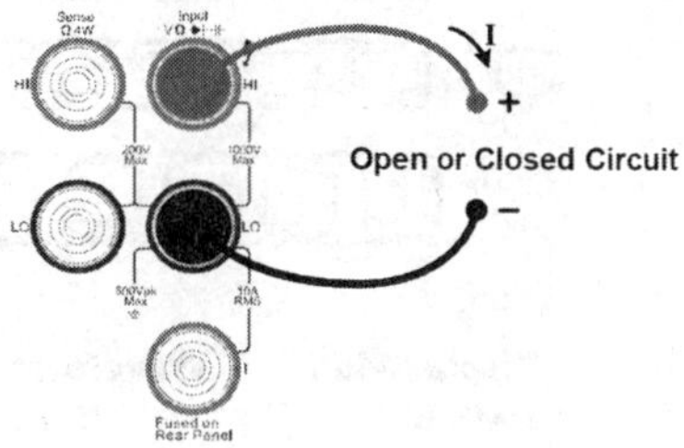

① 순방향 다이오드 시험
저항모드 측정에서 빨강색 리드선 단자에 +(애노드, HI), 검정색 리드선 단자에 −(캐소드, LO)를 연결하여 순방향 바이어스를 시험한다.

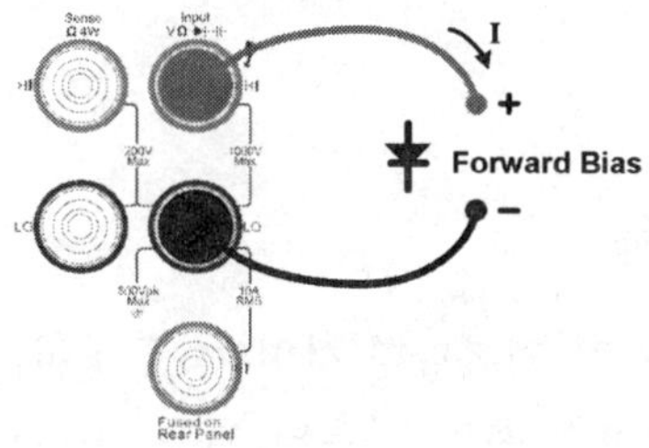

다이오드 측정

❒ 주파수 측정, 어댑터 입력 측정

① 주파수, 주기 측정
빨강색 리드선 단자에 +(HI), 검정색 리드선 단 단자에 −(LO)를 연결하여 파형의 주기/주파수를 측정한다.

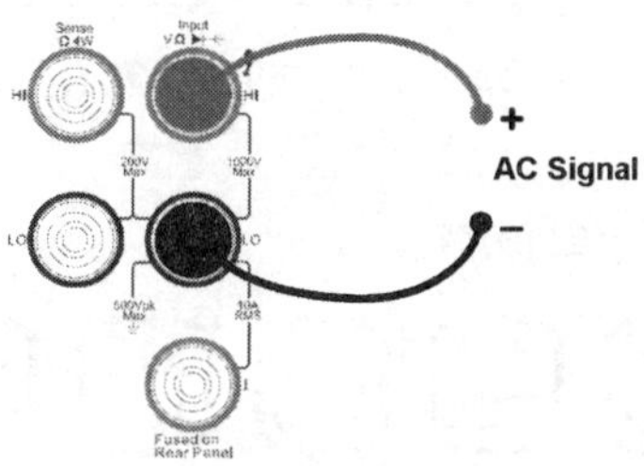

주파수/주기 측정

2 함수 발생기

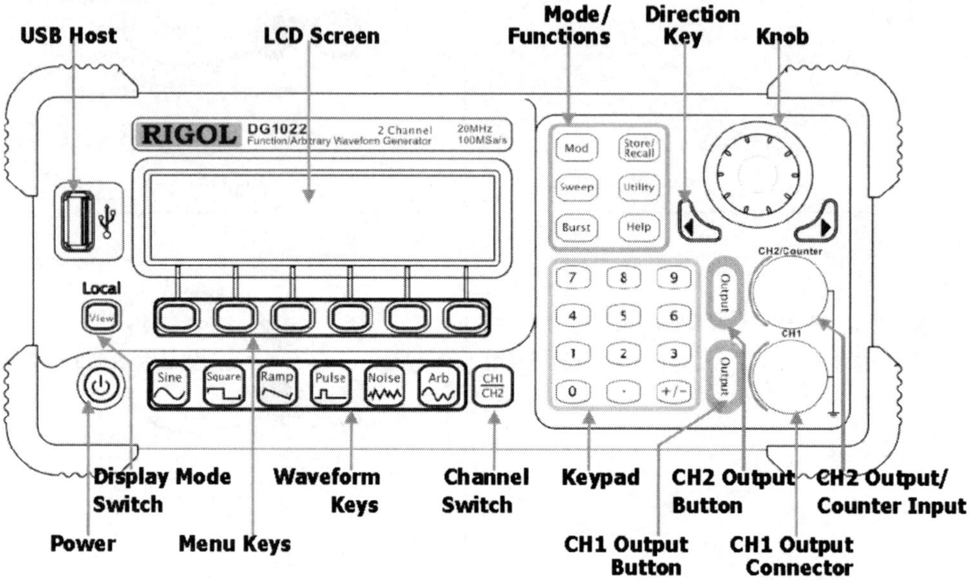

품　　명 : DG-1022
제조회사 : 리골

(1) 기능

① 5가지 기본파형(사인파, 구형파, 삼각파, 펄스 등)과 48개의 내장된 파형을 만들 수 있다
② 주파수 측정 카운터 기능: 100mHz ~ 200MHz(싱글채널)
③ 100MSa/s 샘플링율, 14-bit, 4k points의 이의 파형을 편집 가능
④ Arbitrary 파형 발생: 1uHz ~ 5MHz
⑤ 변조파인 AM, FM, PWM, FSK, PM 파형을 생성할 수 있다
⑥ 선형, 로그 스위프, 버스트 모드 기능
⑦ USB 저장, 임의 ㅍㅏ형 편집, 파라미터 저장하고 읽기 가능

파형 선택 버튼

채널 선택 버튼

디스플레이 모드 선택:

(2) 최대 출력 범위

① 최대 출력 주파수 범위(정현파, 구형파, 램프, 삼각파)는 1uHz에서 15MHz까지 이다. 펄스 파형은 500uHz ~ 2MHz, 임의 파형은 1uHz ~ 4MHz범위에서 가능하다.

② 채널 1 출력 크기는 $\begin{matrix} 2mV_{pp} \sim 10V_{pp}(50\Omega) \\ 4mV_{pp} \sim 20V_{pp}(High\,Z) \end{matrix}$

③ 채널 2 출력 크기는 $\begin{matrix} 2mV_{pp} \sim 3V_{pp}(50\Omega) \\ 4mV_{pp} \sim 6V_{pp}(High\,Z) \end{matrix}$

④ DC offset 값은 채널 1의 경우에 $\pm 5\,V(50\Omega), \pm 10\,V(High\,Z)$ 이고, 채널 2의 경우에 $\pm 1.5\,V(50\Omega), \pm 3\,V(High\,Z)$ 이다.

(3) 주의 사항

① 입력 전원이 100V인지 220V인지 확인하고 전환 스위치가 그에 맞게 조절되어 있는지 확인할 것.

② 신호의 출력단에는 절대로 전압을 가하지 말 것

③ 신호의 입력단에는 $10\,V_{P-P}$ 이상의 전압이 가해져서는 안된다.

④ 키패드를 사용하여 디지트를 입력할 때, 이전의 디지트값을 변경하거나 삭제 혹은 커서를 뒤로 이동할 경우 왼쪽 방향키를 사용한다.

⑤ 한 채널만 사용하는 경우 Aligpha 파라미터 설정이 불필요하다.

⑥ DC 오프셋 설정은 모든 파형 발생기에 공통으로 적용된다.
출력 임피던스가 50Ω에 설정될 때만이 dBm 옵션이 나타난다.

⑦ 비휘발성 메모리에 저장된 파형이 없는 경우 Stored 메뉴와 Delete 메뉴는 숨겨져 있다.

⑧ 휘발성 메모리에 저장된 파형이 없는 경우 Volatile 메뉴는 숨겨져 있다.

(4) 사용 방법

1) 동작 모드의 설정

❐ 메뉴 Mode

사용자 인터페이스 –메뉴모드 [Single CH]

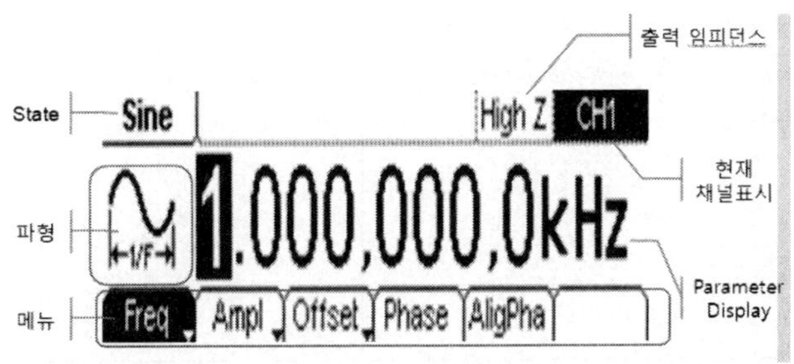

사용자 인터페이스 – 메뉴 모드 [Double CH]

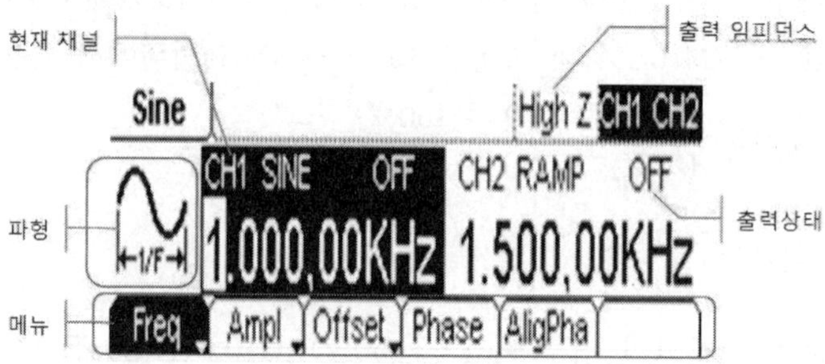

❒ 그래프 Mode

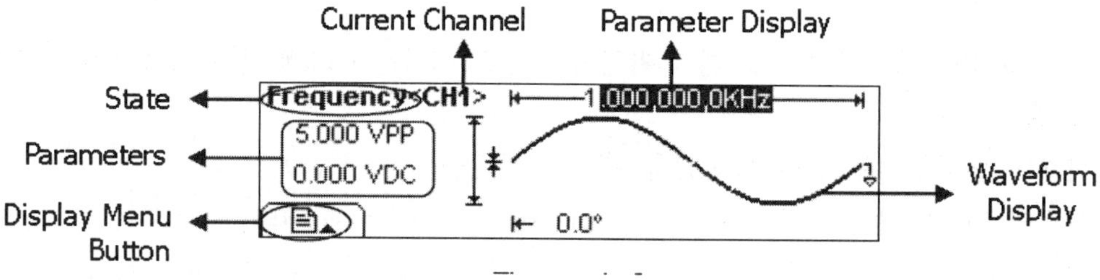

❒ Sweep Mode

이 기능은 출력 신호의 주파수가 하한 주파수와 상한 주파수의 사이에서 일정한 시간을 두고 변화하는 기능을 의미한다. 이 기능을 이용하려면 sweep 버튼을 눌러 선택한다. Sine, Square, Ramp, Arbitrary는 스위프가 가능하다(Pulse, Noise, DC는 불가능).	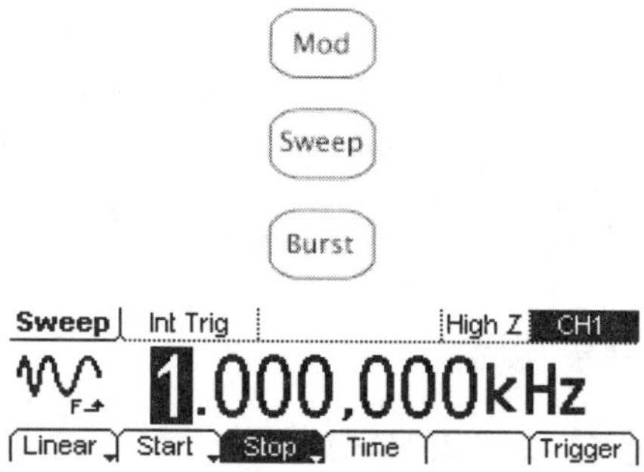

❒ 채널 출력 설정

채널 출력 설정을 위해서는 Output 버튼을 눌러 선택한다. 카운터 모드에서 CH2의 출력단자는 신호 입력 단자로 사용되게 된다. 따라서 카운트 모드에서는 CH2는 출력이 불가능하다.	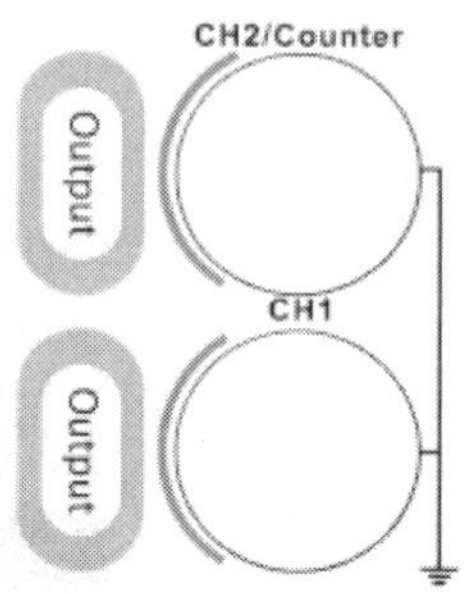

❒ DC Offset 조절

Sine → Offset/LoLev → Offset 으로 오프셋 설정한다. 화면에 나타난 값은 이전 설정 값이거나 기본 값으로 설정되어 있다.
키패드나 노브를 사용하여 희망하는 값을 입력한다. 그리고 해당되는 단위 버튼을 누른다.

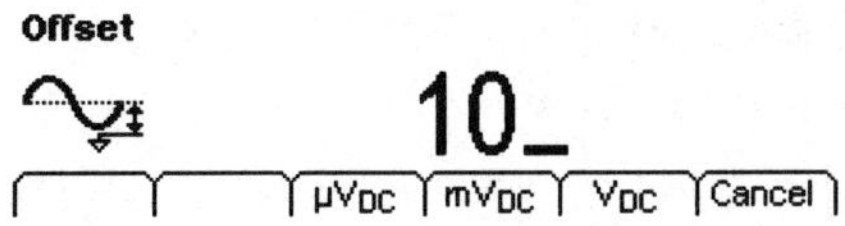

❒ 신호의 듀티사이클 조절

Square → DtyCyc 선택하고 키패드나 노브를 사용하여 희망하는 값을 입력하고 단위를 선택하면 설정이 완료된다.

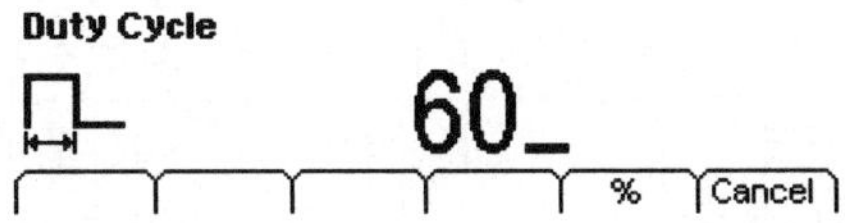

2) 변조/스위프/버스트 시호 파형 설정

변조 파형, 스윕 파형, 버스트 파형을 생성하기 위해 먼저 Mod, Sweep 혹은 Burst 함수 버튼을 선택한다(이 기능은 CH1에 대해서만 동작한다).

3) 파형의 변경

BNC 케이블 Connector 연결한다(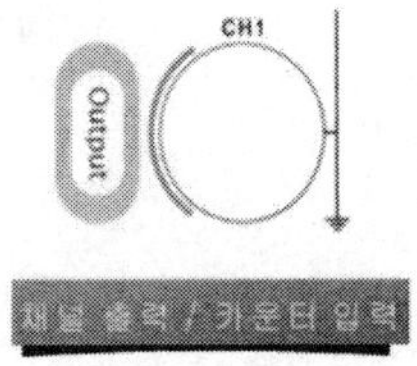).

Output버튼을 눌러 채널1/채널2의 신호 출력을 enable혹은 disable시킨다.

동작 판넬 왼쪽편에 파형 선택 버튼()있으며, 파형 선택 버튼을 하나 선택하고 채널 버튼을 선택하고나서 view 모드를 설정한다.

4) 주파수/진폭/위상의 변경

Sine → Freq/Period → Freq로 주파수(주기) 변경한다. 파라미터값을 직접 입력하려면 키패드를 사용한다. 파라미터 단위에 해당하는 버튼을 누른다. 혹은 원하는 디지트에 방향키로 지정하고 노브나 값을 직접 입력한다.

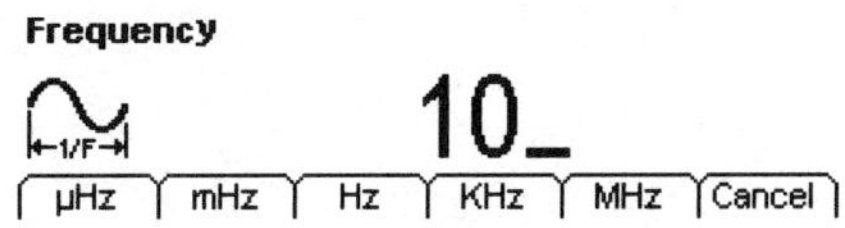

5) 임의 파형 설정과 선택

보통 메뉴에서 Arb 버튼을 누르면 화면의 하단에 해당 메뉴가 나타난다.
이 동작 메뉴를 통하여 임의 파형 파라미터를 설정한다. 임의 파형은 두가지로 구분된다. 저장된 외부시스템 파형과 사용자가 직접 정의한 임의 파형이다. 임의 파형 설정 메뉴는

메뉴	설정
주파수/ 주기	신호의 주파수/주기 설정. 다시 누르면 설정값 변경됨.
진폭/ High Level	신호의 크기 혹은 높이 조절. 다시 누르면 설정값 변경됨.
오프셋/ Low level	신호의 오프셋/낮은쪽 값 설정. 다시 누르면 설정값 변경됨.
Load (불러오기)	저장된 파형을 불러온다.
Edit(편집)	임의 파형을 만들고 편집한다.
Phase(위상)	신호의 초기 위상을 설정.

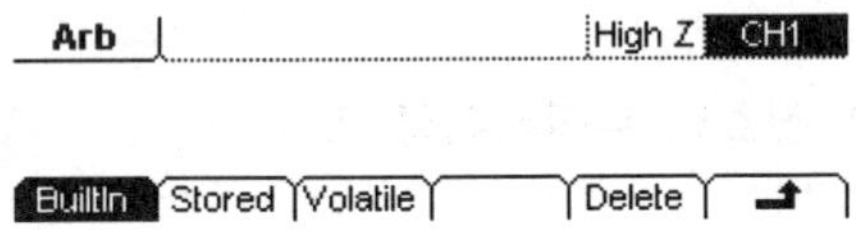

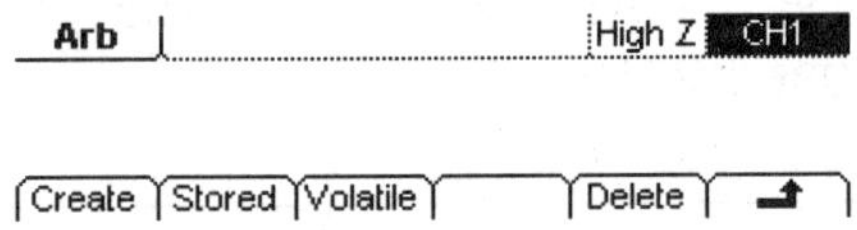

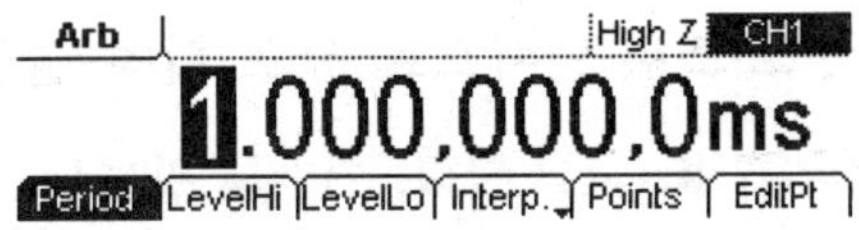

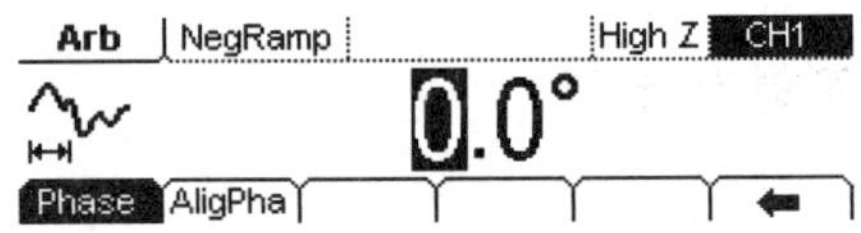

3 주파수 카운터

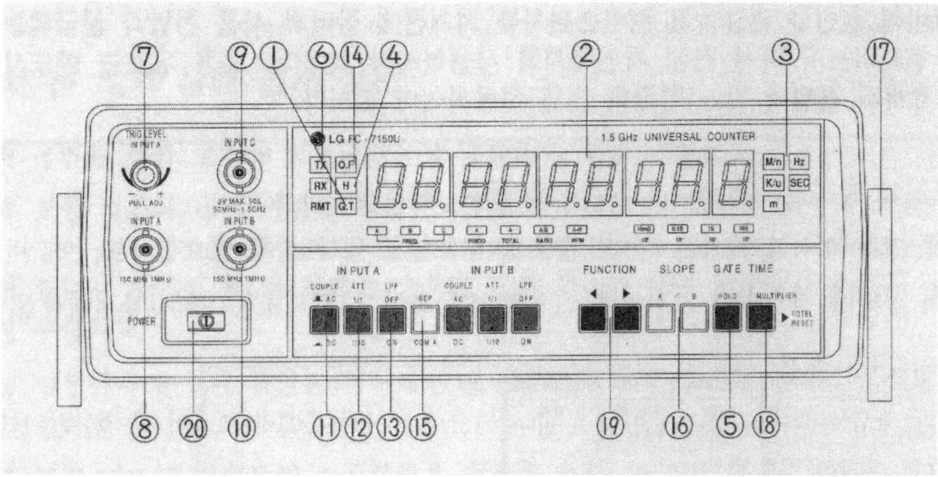

품　　명 : FC-7150U

제조회사 : LG 정밀주식회사(현 (주)이지디지털)

(1) 기능

0.1Hz에서 1.5Hz까지 입력 주파수나 주기 측정

(2) 주의 사항

① 입력 전원이 110V인지 200V인지 확인하고 전환 스위치가 그에 맞게 조절되어 있는지 확인할 것.

② 입력 전력이 최대 15W를 넘지 않도록 할 것.

③ 전원 코드 안전규격에 맞는 코드와 접지단자가 있는 것으로 사용할 것

(3) 사용 방법

1) 주파수 측정

8번 10번 A,B BNC 콘넥터는 150MHz 까지의 주파수 측정을 위한 단자로서 19번 기능 스위치를 FREQ.A에 설정하고 18번 게이트 타임 셀렉터를 사용하여 원하는 분해능 정도를 선택한다. 5번 홀드 스위치를 누르면 디스플레이가 정지된다. 필요시 12번 감쇄가 스위치를 누르거나 입력에 존재하는 고주파의 영향을 최소화하기 위해 13번 저역필터 스위치를 누를 수 있다. 10Hz 이하의 낮은 주파수 측정시, 11번 커플링 위치 스위치를 누른다.

9번 C BNC 콘넥터는 50MHz에서 1500MHz 까지의 주파수 측정을 위한 입력 단자로서 기능 표시기를 FREQ.C 위치로 설정하고 위와 같이 한다.

2) 주기 측정

입력 A BNC의 8번 단자에 측정할 신호를 인가하고 분해능 정도를 선택하면 2번 디스플레이에 의해 주기값이 표시되고 각 측정이 진행되는 동안 1번 게이트 표시기가 점등된다. 홀드, 감쇄기, 저역필터, 커플링 스위치의 적용은 주파수 측정 모드와 동일하다.

3) 누적계수 측정

이 기능은 특정한 기간 동안 일어난 총 이벤트 수를 세는데 사용되고 최대 주파수는 30MHz이다. 기능 스위치를 눌러 누적계수모드로 설정하고 측정할 신호를 입력 A에 인가한다. 그러면 카운터 디스플레이가 계속 카운트하게 된다. 최대 카운트는 999999999이고 이를 초과하면 "OF" 같은 오버플로우 메시지가 표시된다.

4) 시간 간격 측정

이 모드에서 카운터는 선택된 입력 A 파형 에지에서 선택된 입력 B 파형 에지까지 경과 시간을 측정한다. 측정할 신호를 입력 A, B BNC에 연결하고 기능 스위치를 T,I (A → B)로 설정한다. 16번 슬로프 스위치를 사용하여 각 파형의 원하는 에지를 선택한다. −로 향하는 에지의 경우는 스위치를 누르고 +로 향하는 에지의 경우는 스위치를 그대로 둔다. 원하는 분해능 정도를 선택하면 디스플레이에 시간간격이 표시된다.

5) 주파수 비 측정(A/B)

측정할 신호를 입력 A, B BNC에 연결하고, 기능 스위치를 비율측정모드 A/B로 설정한다. 원하는 분해능 정도를 선택하면 디스플레이에 주파수 비가 표시된다.

4 오실로스코프

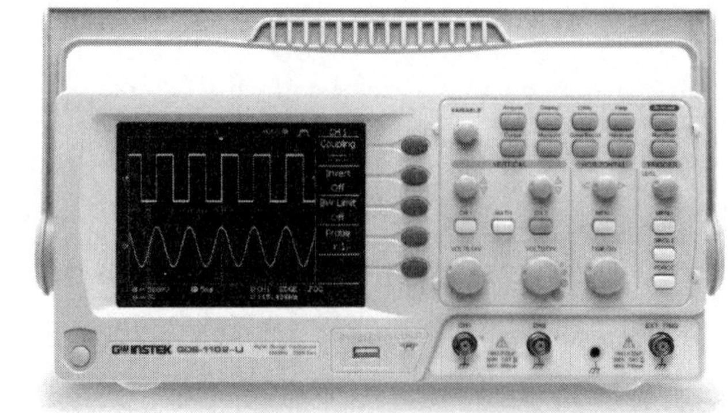

모　　델 : GDS-1102

제조회사 : GWInstek

(1) 특징

	GDS-2102
대역폭 (Bandwidth)	100 MHz
상승 시간	3.5ns
아나로그 채널 수	2
수직 감도	2 mV/div ~ 5V/div
실시간 샘플링율	1 GSa/s(each channel), 1 GSa/s(dual channels)
등가 샘플링율	25 GSa/s
표준 인터페이스	USB Host &Device, RS-232, P/F Out
수직 해상도	8 bits
Math	+, −, ×, /, FFT
최대 입력 전압	All inputs 1MΩ‖15pF 300 V RMS CAT Ⅰ
커서 측정	Manual, Track and Auto Measure modes

(2) 주의사항

① 본 제품의 정확도와 신뢰성을 충분히 유지하기 위해서는 규격 사용한계 범위(온도 10。C ~ 35。C, 습도 45 %~85%)내에서 사용해 주십시오.

② 본 제품의 3선 전원코드를 사용하도록 되어 있으나, 2선 전원코드를 사용하실 때에는 안전을 위해서 반드시 본 제품의 접지단자와 전원의 접지를 연결한 후 사용하십시오.

③ 입력 커넥터에 최대 입력 범위를 초과하는 신호를 가하지 마십시오.

(3) 사용방법

1) 패널 항목 설명

GDS-2062/ 2102/ 2202 front panel

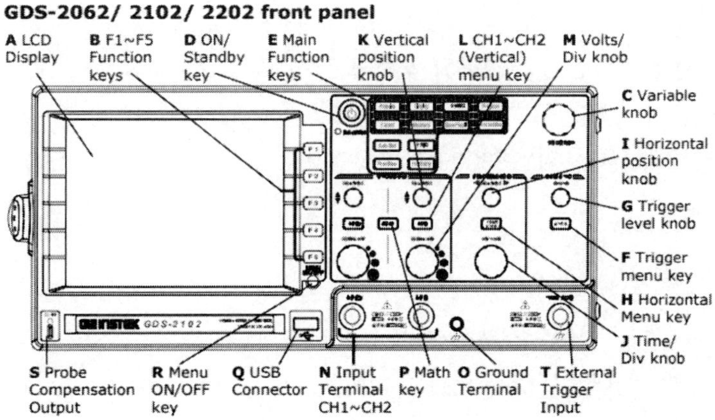

기능 키	설명
A. LCD 디스플레이	TFT 칼라(320×234 해상도 LCD 디스플레이)
B. F1 - F5	기능 키
C. 가변 손잡이	시계 회전: 증가치 또는 다음 파라미터로 이동 반시계회전: 감소치 또는 이전 파라미터로 이동
D. On/Standby 키	한번 누른다: Power On(초록 표시기) 다시 누른다: Stanby(붉은 표시기)
E. 메인 기능키	Acquire 키 - 획득 모드로동작 Display 키 - 표시 설정 Utility 키 - 데이터 관련 동작 Cursor 키 - 수직 커서 동작 Measure 키 - 자동 측정 구성 Help 키 - 내장형 도움말 기능 Save/Recall 키 - 파형 등 저장/불러오기 Auto Set 키 - 자동 스케일 조정 Run/Stop 키 - 신호 동작 실행정지
F. 트리거 메뉴 키	트리거 설정
G. 트리거 레벨	트리거 레벨 설정: 증가(CW), 감소(CCW)
H. 수평 메뉴 키	수평 조정
I. 수평 위치 손잡이	파형을 오른쪽으로 이동
J. Time/Div 손잡이	수평 시간구간 설정
K. 수직 위치 손잡이	파형을 위쪽으로 이동
L. 채널(수직)메뉴 키	파형을 위쪽(CW), 아래쪽(CCW)방향으로 이동
M. Volts/Div 손잡이	각 채널의 수직 방향 크기 조절
N. 입력 단자	BNC male 커넥터
O. 접지 단자	시험 대상 장치 접지선을 연결하는 접지 단자

2) 기능성 검사

① 프로브를 채널 1 입력단에 연결하고 프로브 교정 출력 ($2\,V_{pp} \pm 3\%$, 1kHz) 구형파에 접속한다. 프로브 감쇠 스케일을 ×10에 설정한다.

② Auto Set 키를 누른다. GDS-2000은 자동적으로 수평 기준, 수직 스케일 및 트리거 레벨을 조정해준다.

3) 신호 획득

① Acquisition 모드 버튼을 선택한다(Acquire → F1~F4)

② 메모리 길이를 선택한다 (Acquire → F5).

4) 신호 입력

① CH1 또는 X 입력(CH1 N 입력 단자)
CHANNEL 1의 입력이나 X-Y 동작 시 X축의 입력으로 사용함

② CH2 또는 Y 입력(CH2 N 입력 단자)
CHANNEL 2의 입력이나 X-Y 동작 시 Y축의 입력으로 사용함

③ EXT. TRIG IN(External Triger Input T 단자)
내부 동기 회로에 외부 동기 신호를 넣어 줄 때 사용함

5) 수직/수평 증폭부

수직 증폭부에는 여러개의 버튼과 노브가 있다. 수직 증폭부 제어관련한 버튼 사용 정보는 다음과 같다:

- CH1와 CH2: 각 채널의 디스플레이를 활성화하기 위해 사용된다.
- MATH: 이 기능은 Add, Subtract, Multply, FFT와 같은 수학적 기능을 수행하기 위해 사용된다.
- 노브 위치: 노브는 수직 방향으로 신호를 디스플레이 스크린상에 나타나도록 위를 조정하는데 사용된다.
- Volt/Div 스케일(크기 조정): 이 노브는 수직 방향으로 디스플레이 스크린상에 나타난 신호의 크기를 조정하는데 사용된다.

① **수직 파형 조정**
파형 반전(CH1/2 → F2 선택)한다.
주파수 대역폭을 제한한다(CH1/2 → F3 선택)
커플링 모드 선택(CH1/2 → F1 선택)
프로브 감쇄 기능 (Ch1/2 → F4 선택)

② **수평 모드 조절**
수평축 보기 줌잉 기능(HORIMENU → F2~F3 선택)
수평축 보기 감기 기능(HORIMENU → F4 선택)
XY-mode 보기 기능(HORIMENU → F5 서택)

6) 수평 동기부

- Time/Div 노브 : 이 노브는 수평측의 시간 간격을 조정하는 기능를 갖는다.
- 스케일 노브: 이 노브는 수평방향으로 디스플레이상의 신호의 크기를 조정하는데 사요된다.

① **가변 트리거링**
이것도 역시 시간 간격을 조정하는 기능인데 연속적인 변화를 주는 기능을 기지고 있다. 이 기능은 C번(가변 노브) 다이얼을 돌려 조정한다. 시계방향으로 끝까지 돌렸을 때의 비율이 1:1이며 반대 방향으로 돌리면 시간 간격은 축소된다. 이 다이얼을 잡아당기면 시간 간격은 10배로 확대되어 나타난다. 즉, 더 세밀한 시간 간격으로 관찰할 수 있게 된다.

② **수평 위치 조절**

I번 다이얼을 좌우로 돌려 화면의 파형을 좌우로 수평 이동시킬 수 있다.

③ **TRIGER MODE**

이것은 소인 동기의 형태를 결정하는 스위치로서 F번에 위치하고 있다. 여기에서 네 가지의 선택이 있다: Delay Trigger, Ege Trigger, Pulse Width Trigger, Video Trigger. AUTO는 자동적인 동기 신호의 발생을 하는 기능으로서 동기 신호가 없거나 동기가 잘 되지 않을 때에도 소인이 뚜렷하게 나타난다.

④ **TRIG. LEVEL**

이 다이얼(G번)은 F번 버튼의 바로 위쪽에 있는 또 하나의 다이얼로서 최초의 동기 점을 맞추는데 이용한다. 이 다이얼을 조절함으로써 신호를 정지 상태로 깨끗하게 볼 수 있다. 시계 방향으로 회전시키면 동시 시작점이 + 최고 치로 움직이며 반대방향으로 회전시키면 - 최저 치로 동기 점을 이동시킨다

⑤ **트리거링**

이것은 동기 점을 잡을 때 기울기가 -인 곳을 잡을 것인지 +인 곳에서 잡을 것인지를 결정하는 기능이다. 이 기능은 TRIG.LEVEL 다이얼을 잡아당기거나 다시 누르는 것으로 실행하는데 잡아당기면 기울기가 -인 곳에서 동기 점을 잡는다.

7) 디스플레이부

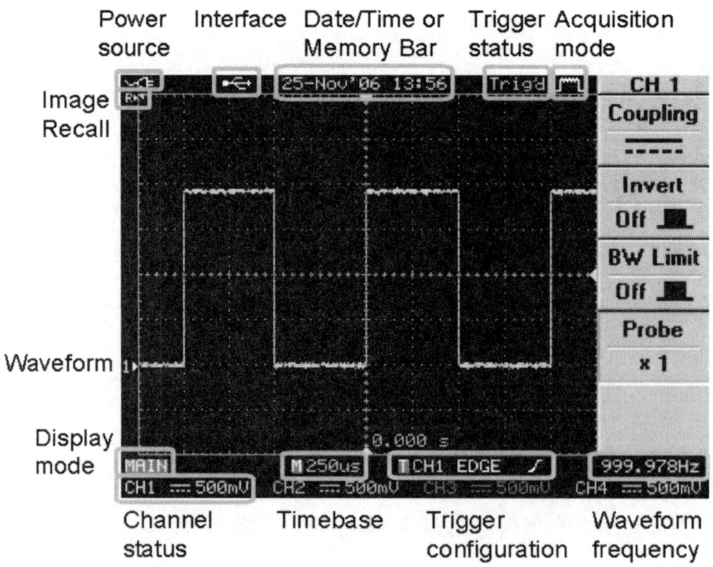

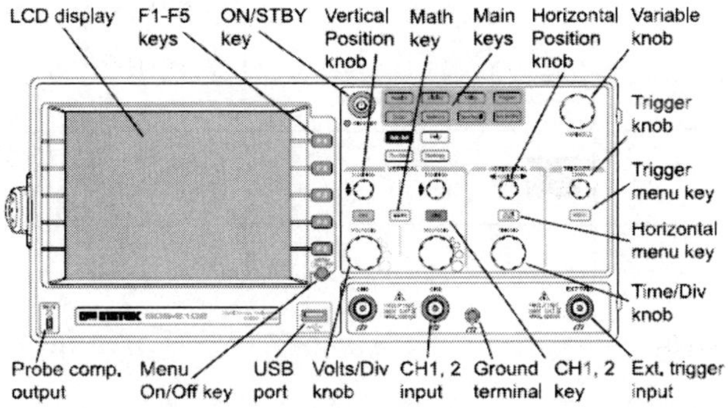

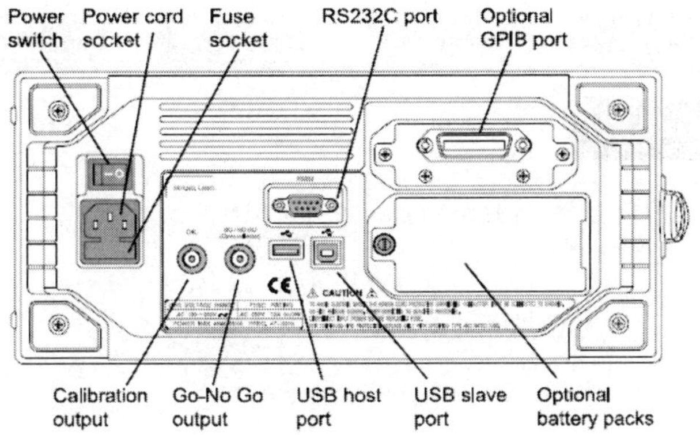

표시 기능	표시 장치 모양	설명
A. 파형		채널 1: 노란색, 채널 2: 청색
B. 원격 연결 상태 (인터페이스)	USB RS232C GPIB(선택)	활성화된 통신 인터페이스를 보연준다
C. 날자/메모리 bar		현재 시각과 날자 메모리 상태 표시
D.트리거 상태	Trig'd Trig? Auto STOP	트리거 잡힘 트리거 조건 못찾음 자동 트리거 모드 트리거링 멈춤 상태
E. 획득 모드		정상 모드 피크 검출 모드 평균 모드
F. 입력 신호 주파수		입력 신호 주파수를 보여준다
G. 트리거 구성	CH1 EDGE	왼쪽부터 트리거 소스 채널, 트리거 유형, 기울기
H. 채널 상태	CH1 500mV CH1 ∼ 500mV	외쪽부터 채널, 대역폭 제한 ON/OFF, 커플링 모드, Time/Div를 나타낸다.

I. 시간 기준 (Timebase)		선택한 채널의 시간 눈금당 기준 단위 시간을 나타낸다
J. 디스플레이 모드		
K. 이미지 불러오기		R 표시는 표시 장치에 표시된 파형이 사전에 저장된 이미지 파형임을 나타낸다
L.		

8) 전면 판넬 기능 버튼

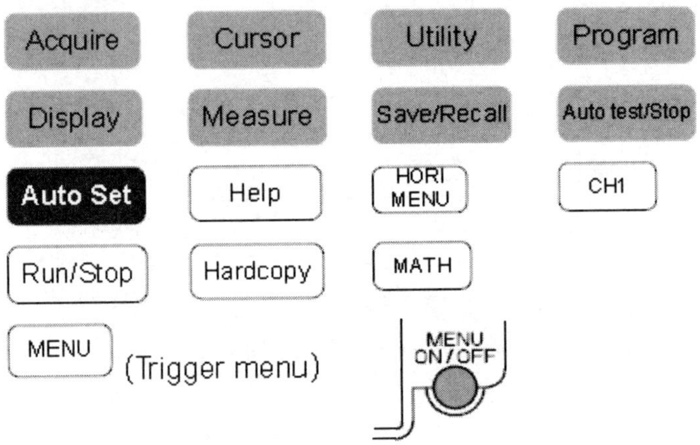

Acquire	획득 모드를 선택한다
Cursor	커서 소스 채널을 선택한다
Utility	유틸리티 모드를 선택한다
Program	프로그램 편집/재생 모드를 선택한다
Display	파형 디스플레이 모드를 선택한다
Measure	채널의 상태를 측정하는 모드를 선택한다
Save/Recall	디스플레이 파형의 상태를 저장하거나 불러온다
Auto Test/Stop	자동 테스트/정지 모드를 선택한다
Auto Set	자동 모드를 선택하여 신호를 디폴트 측정 설정값으로 맞춘다
Trigger Key	트리거 모드 상태(소스, 극성, 트리거 유형 등)를 선택한다
Math Key	채널간 수학 연산(+, −, *, , FFT)을 수행한다
Help Key	도움말 모드를 ON/OFF 시킨다

9) 기타

① **저장 및 다시 불러오기 기능**

USB 저장 기능(Utility → F1 → F1 선택)

모두 저장 기능(Save/Recall → F5 → F2 → F1 ~ F4 선택)

이미지 저장 기능(Save/Recall → F5 → F1 → F1 ~F4 선택)

저장된 파형 불러오기 기능(Save/Recall → F5 → F4 → F1 ~ F4 선택)

② **GROUND**

이 단자는 OSCILOSCOPE의 접지 연결 단자인데 대부분의 경우 측정하고자 자는 장치의 GROUND와 연결하여 서로 기준을 맞추는데 사용하면 편리하다.

5 직류 전원 장치

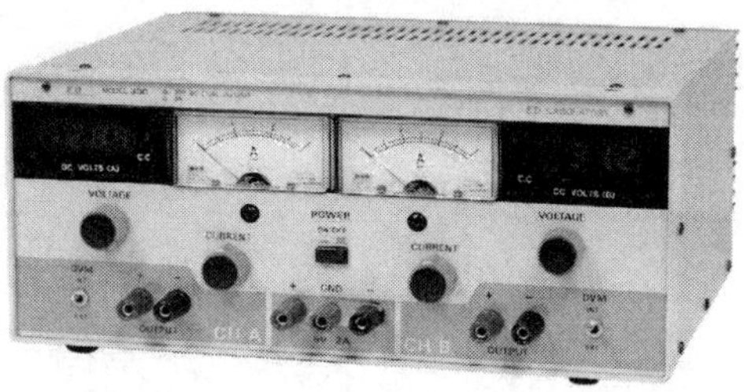

모　　델 : ED-330

제조회사 : (주) ED

(1) 기능

① DC 전압을 출력해 준다.

② 세 가지의 모드로 다양한 범위의 전류와 전압을 제공할 수 있다.

(2) 최대 출력 범위

두 개의 PORT가 있는데 각각 30V, 3A의 출력을 낼 수 있고 직렬 또는 병렬로 연결할 수 있으므로 그 각각의 경우 전압, 전류에서 두 배의 효과를 얻을 수 있다.

(3) 주의 사항

① 장비의 뒷면에서는 열이 많이 나므로 방열을 돕도록 통풍이 잘되는 곳에 위치시키도록 한다.

② 입력 전원이 110V인지 220V인지 확인하고 전환 스위치가 그에 맞게 조절되어 있는지 확인할 것.

(4) 사용 방법

1) 출력 코드의 연결

1번(OUTPUT-A) 2번(OUTPUT-B) 포트에서 각각의 +, - 단자에서 출력을 낸다.

2) 출력 전류와 전압의 조정

한 개의 PORT 마다 전류와 전압을 조정하는 다이얼이 각각 하나씩 있는데 오른쪽으로 돌리면 증가하며 왼쪽으로 돌리면 감소한다. 전압은 현재 출력 전압을 조정하는 것이면 전류는 흘려줄 수 있는 최대치를 조정하는 것이다.

3) 5V, 2A 전용 출력

이 출력 PORT는 별도의 것으로서 언제나 5V, 2A의 출력이 나오는 곳이며 TTL레벨의 실험에 유용하다.

6 논리 실험 유니트

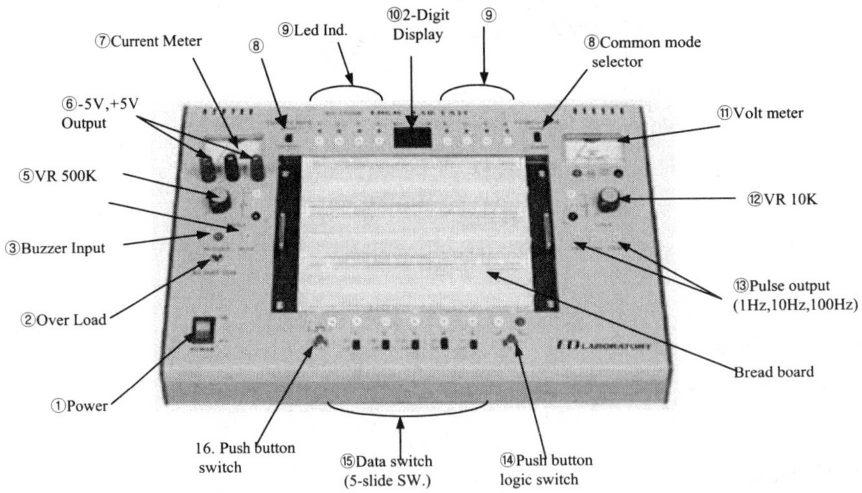

모 델 : ED-1000B
제조회사 : ED-LABARTORY

(1) 기능

기판에 직접 납땜을 하지 않고도 실험할 수 있도록 도선들을 꼽거나 뽑기 쉽도록 되어 있어 회로를 쉽게 구성하도록 도와준다.

(2) 주의 사항

① 입력 전원이 110V인지 200V인지 확인하고 전환 스위치가 그에 맞게 조절되어 있는지 확인할 것.

② 이 장비에 사용되는 JUMPER WIRE의 굵기는 직경 0.6mm에서 0.8mm 사이의 것을 이용하도록 한다. 그 이상의 것을 사용하면 이후에 접촉이 헐거워져 실험에 장애가 된다.

③ 반드시 회로를 다 구성하고 소자의 극성 등을 확인한 후에 전원을 연결한다.

(3) 사용 방법

1) 전류계와 전압계

자체의 전압계와 전류계가 있어 사용할 수 있다. 이 전압계는 0에서 15V 까지의 범위를 갖고 있으며 전류계는 5V 출력단자에서 나오는 전류를 알려 주는 것이다. 7번이 전류계 11번이 전압계이다.

2) 전압 발생기

LOGIC LAB UNIT자체에서 전압을 제공하는데 ±5V의 전압을 제공하여 준다. 5V는 보통의 TTL 실험에 유용하며 −5V는 OP AMP의 실험에 사용할 수 있다. 6번으로 지시되는 단자들이 그것이다.

3) 60Hz 4.6V 신호출력

이 4번 단자에서는 언제나 60Hz 4.5V의 신호가 나오도록 되어있다.

4) 가변 저항

가변 저항은 두 개가 있는데 5번은 500kΩ 12번은 10kΩ 짜리 가변 저항이다.

5) 펄스 출력

13번으로 지시되는 세 개의 단자에서 TTL 실험에 필요한 1Hz, 10Hz, 100kHz의 구형파 신호가 각각에서 동시에 출력된다.

6) LED INDICATOR

이것은 신호의 LOGIC LEVEL을 눈으로 관찰하기 좋도록 도와주는 기능인데 입력되는 전압의 극성에 따라 불이 켜지기도 하고 꺼지기도 하는 것이다. 9번으로 지시되는 것들인데 좌우 대칭으로 4개씩 모두 8개가 있다.

7) COMMON MODE SWITCH

이 스위치를 ON/OFF 시키면 LED를 켤 수 있는 LOGIC LEVEL을 바꿀 수가 있다. 즉 “0”LEVEL에서 불이 켜지게 하려면 이 스위치를 ON(A NODE쪽)으로 켜야 하며 그 반대로 하면 입력 신호의 LOGIC LEVEL "1"일 경우에 불이 켜진다. 이 스위치는 8번으로 지시되며 좌우에 하나씩 있다.

8) HEXADECIMAL UMBER DISPLAY

이것은 LED쪽의 입력 신호에 따른 값의 변화를 16진수로 나타내는 기능을 한다. 10번 패널이 이 장치이다.

9) DATA SWITCH

이 15번 스위치들은 회로에 1과 1의 논리 레벨을 임의로 조작하여 넣을 수 있도록 하는 기능을 위한 것이다.

10) PUSH BUTTON SWITCH

14번과 16번은 모두 PUSH BUTTON SWITCH들인데 14번은 POSITIVE EDGE 또는 NEGATIVE EDGE 신호를 넣을 수 있으며 각각의 출력에 해당하는 출력 단자가 하나씩 있다. 16번 스위치는 회로의 중간에 직렬로 삽입하여 단속 기능을 할 수 있도록 되어 있다.

11) OVER LOAD LED

회로 전체에 과부하가 걸리면 이 LED에 불이 들어오도록 되어 있다.

12) BREAD BOARD

이 장치는 LOGIC UNIT LAB의 가운데 위치한 기판을 말하며 그 표면에 많은 격자들이 있고 이들은 세로 방향으로 내부적 결선이 되어 있다. 따라서 한 격자에 어떤 소자의 핀을 꼽고 그 세로 방향에 위치한 다른 격자에 다른 소자의 핀을 꼽으면 이 둘은 서로 연결이 된 상태에 있게 된다. 그러나 세로 방향의 모든 격자가 서로 연결 된 것은 아니고 붉은색 또는 파란색 가로줄이나 가로 방향의 홈에 인하여 구분되는 영역 안에서만 연결된다. 또 이 붉은색과 파란색으로 표시된 격자 한 줄(가로 방향)은 서로 결선이 되어 있어 전원의 +, -로 사용하면 편리하다.

Appendix

03 수검자 유의 사항

① 동종목의 실기시험은 작업형으로 시행되며, 특히 작업형에서 1개 작업이라도 포기하거나 합산 득점이 0점인 경우 동종목의 특성상 능력수준 이하로 보아 실기시험 채점대상이 되지 못합니다.

② 시험시간은 회로조립과 측정시험을 포함한 시간이므로 가급적 회로조립은 3시간 30분이내, 측정시험은 30분 이내에 작업이 이루어지도록 시간 안배에 유의하시오.

③ 지참 공구가 미비하여 수검 받을 수 없다고 시험위원 전원의 의견일치가 되면 실격 퇴장됩니다.

④ 측정기는 0점 조정 또는 기준조정(REF)를 시행한 후 낮은 값부터 조정하여 측정기에 무리가 가지 않도록 하고 필요한 조정자와 단자 외에는 조정하지 말며 각 계기를 접속 연결시 임피던스 정합에 유의하시오.

⑤ IC, 스위치, LED 및 모든 부품은 기판 전체에 조화롭게 안배시키고 저항색띠가 동일방향이 되도록 하며 측정시험이 떨어지지 않도록 견고하게 부착시키오.

⑥ 납땜시 납의 과다, 과소, 산화납, 냉납에 유의하여 납땜하시오.

⑦ 배선(점퍼링 포함)은 동박면에 밀착시키고 직선배선을 원칙으로 합니다.

⑧ 요구사항 ⑤의 측정작업은 발생주파수, 파형, 레벨, 채널 등을 수검자마다 다르게 시험위원이 지정하도록 유의하시오.

⑨ 다음 사항의 경우 동종목의 능력수준 이하 또는 채점제외 대상으로 처리되어 실격이나 불합격됩니다.

- 시험시간(표준시간 + 연장시간)을 초과하는 경우
- 회로조립작품을 제출하지 않았거나 1개 작업이라도 포기하는 경우
- 측정장비의 조작능력 상태가 현저히 미숙하거나 장비의 훼손 우려가 있는 경우
- 동작업형 실기시험 득점 합계가 0점인 경우

⑩ 연장시간을 적용시에는 매 10분마다 총득점에서 2점씩 감점합니다.

(1) 검정장소 시설목록

자격종목 및 등급	무선설비 기사1급

일련번호	시설 및 장비명	규 격	단위	수량	비 고
1	작업대	AZ100/200V (1m*1m)	대	1	
2	전원공급기(2포트 출력)	DC 0~30V, 5A	〃	1	
3	오실로스코프	100MHZ 이상	〃	1	
4	멀티미터	일반용	〃	1	5인당 1대
5	저주파신호 발생기	0~100KHZ	〃	1	
6	고주파신호 발생기	100KHZ~900MHZ	〃	1	
7	스펙트럼 분석기	1GHZ 이상	〃	1	교실당 1대
8	레벨미터	20~-60dB	〃	1	
9	주파수 카운터	0~40MHZ	〃	1	
10	LCR 미터	일반용	〃	1	
11	납땜도구(인두, 납제거기 등)	일반용	세트	1	
12	조립도구(니퍼, 롱노우즈, 드라이버, 리머 등)	일반용	〃	1	

(2) 수검자 지참 공구 목록(작업형)

1	납땜도구 (인두, 납제거기 등)	일반용	세트	1	지참공구
2	조립도구(니퍼, 롱노우즈, 드라이버, 리머 등)	일반용	세트	1	지참공구
3	삼각 송곳	일반용	개	1	
4	기판 받침대	일반용	〃	1	
5	계산기(공학용)	일반용	〃	1	
6	템플릿, 컴파스, 자	일반용	〃	1	
7	필기도구*볼펜, 싸인펜)	일반용	〃	1	

(3) 수검자 지참공구목록(작업형)

자격종목 및 등급	유선설비 기사1급

일련번호	공 구 명	규 격	단위	수량	비 고
1	멀티테스터	범용	대	1	
2	드라이버	〃	세트	1	
3	롱노유즈 플라이어	150mm	개	1	
4	니퍼	〃	〃	1	5인공용
5	전기드릴 또는 삼각송곳	PCB 작업	〃	1	
6	전기인두 및 받침대	AC 110V용	〃	1	
7	핀셋트	부품집게용	〃	1	
8	배선 및 실땜납	PCB 작업용		약간	지급재료에 포함되나 희망시 지참가능
	기타 유선설비작업에 필요한 측정장치(발진기, 신호발생기, 레벨메터, 듀얼스코프, 주파수 카운터, DC전원 공급기 등)를 지참할 수 있음				

(4) 검정장소 시설목록(작업형)

자격종목 및 등급	유선설비 기사1급

일련번호	공 구 명	규 격	단위	수량	비 고
1	작업대	AC 110[V], 220[V] 전원공급요	개	1	
2	의자		〃	1	
3	주파수카운터	100MHZ	대	5	1수검장당
4	이중함수신호발생기 (Dual Fucntion Signal Generater)	10MHZ, 100ns	〃	5	〃
5	레벨미터	−40~+20dB	〃	5	〃
6	오실로스코프	100MHZ, Dual식	〃	10	〃
7	스펙트럼 아날라이저	〃	〃	2	
8	신호 감쇠기(AT)	60dB, 로터리식		5	〃
9	DC 전원 공급기	0~30V	〃	5	〃
10	멀티테스터	범용	〃	2	〃

Appendix

(5) 수검자 지참공구목록(작업형)

자격종목 및 등급	정보통신설비기사1급

일련번호	공 구 명	규 격	단위	수량	비 고
1	멀티테스터	범용	대	1	
2	드라이버	〃	세트	1	
3	롱노유즈 플라이어	150mm	개	1	
4	니퍼	〃	〃	1	5인공용
5	전기드릴 또는 삼각송곳	PCB 작업	〃	1	
6	전기인두 및 받침대	AC 110V용	〃	1	
7	핀셋트	부품집게용	〃	1	
8	배선 및 실땜납	PCB 작업용		약간	지금재료에 포함되나 희망시 지참가능
	기타 정보통신설비작업에 필요한측정장치(발진기, 펄스신호발생기, 듀얼스코프, 카운터, DC전원 공급기 등)를 지참할 수 있음				

(6) 검정장소 시설목록(작업형)

자격종목 및 등급	정보통신설비기사 1급

일련번호	공 구 명	규 격	단위	수량	비 고
1	작업대	AC 110[V],220[V] 전원공급요	개	1	
2	의자		〃	1	
3	주파수 카운터	10MHZ	대	5	1수검장당
4	주파수 발진기	〃	〃	5	〃
5	이중함수신호발생기 (Dual Fucntion Signal Generater)	10MHZ, 100ns	〃	5	〃
6	오실로스코프	100MHZ, Dual식	〃	10	〃
7	스펙트럼 아날라이저	〃	〃	2	
8	프로토콜 아날라이저	공중통신용		5	〃
9	DC 전원 공급기	0~30V	〃	5	〃
10	멀티테스터	범용	〃	2	〃
11	PC	486 DX2 이상	〃	5	〃
12	MODEM	2,400bps 이상	〃	2	〃

Appendix

04 수동소자, 능동소자, 대표적인 IC 표기법

1 저항/캐패시터/인덕터 표기법

(1) 저항

저항기란 전류의 흐름을 억제하는(흐름을 곤란하게 하는) 기능을 가지고 있다.

회로도의 기호로는 —/\/\/\/— 으로 표시한다. 저항값의 단위는 ohm(Ω:옴)이 사용된다. 그리고, 1000Ω은 1kΩ(킬로옴), 1000kΩ은 1MΩ(메가옴)이라 부른다.

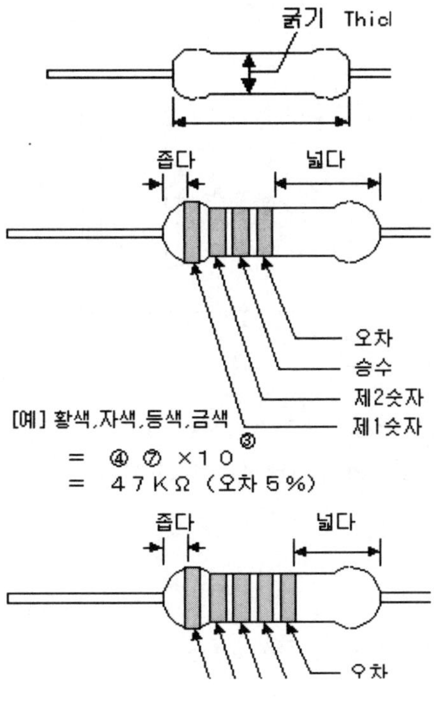

(2) 캐패시터

캐패시터란 전압를 저장하는 기능을 가지고 있다. 그러나, 일반적으로는 전압를 저장하는 기능 이외에 직류전류를 차단하고 교류전류를 통과시키려는 목적에도 사용된다.

회로도의 기호는 —||—으로 표시한다.

① **필름형 캐패시터**

무극성, 정밀도높음, 고주파에는 사용할 수 없음

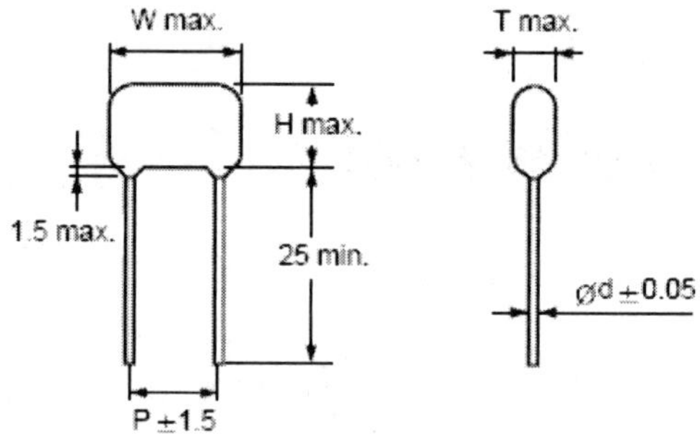

② **세라믹 디스크형 캐패시터**

가장널리 사용되는 캐패시터, 극성없음. 온도특성,주파수 특성좋음. 고주파 특성이 좋음.

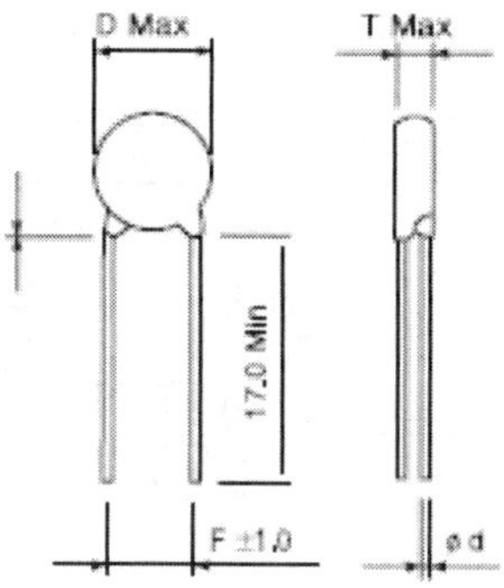

③ **탄탈륨 캐패시터**

고용량의 캐패시턴스 값 가능. 극성이 있음.

온도특성,주파수특성은 전해캐패시터보다 우수하다..

④ **마이카 캐패시터**

RF회로에 많이 쓰임

⑤ **전해 캐패시터**

고용량의 캐패시턴스 값 가능. 극성이 있음.

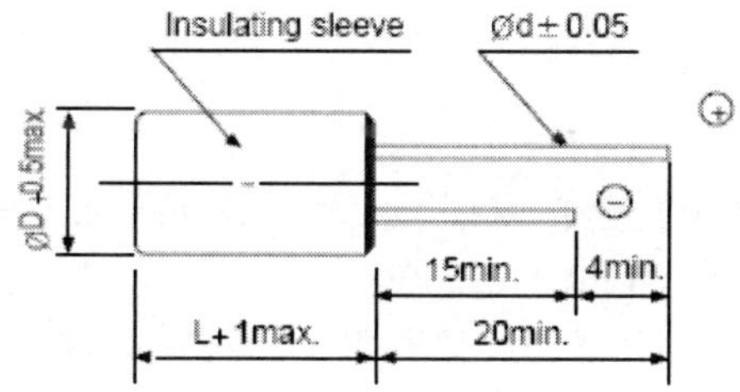

(3) 인덕터

인덕터란 동선과 같은 선재(線材)를 나선 모양으로 감은 것이다. 인덕터 전류를 저장하는 기능을 가지고 있다. 그러나, 일반적으로는 전f를 저장하는 기능 이외에 직류전류를 차단하고 교류전류를 통과시키려는 목적에도 사용된다. 회로기호는 ——ꟷ—— 으로 표시한다.

또, 코일의 성질 정도를 나타내는 단위로 헨리(Henry:H)가 사용된다.

2 반도체 표기법 및 정격서

(1) 다이오드

다이오드란 전류를 한쪽 방향으로만 흘리는 반도체 부품이다. 회로기호는 —▶|— 가 사용된다. 기호의 의미는 (애노드) —▶|— (캐소드)로 애노드측에서 캐소드측으로는 전류가 흐른다는 것을 나타내고 있다.

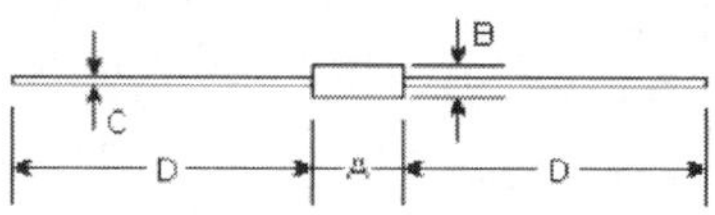

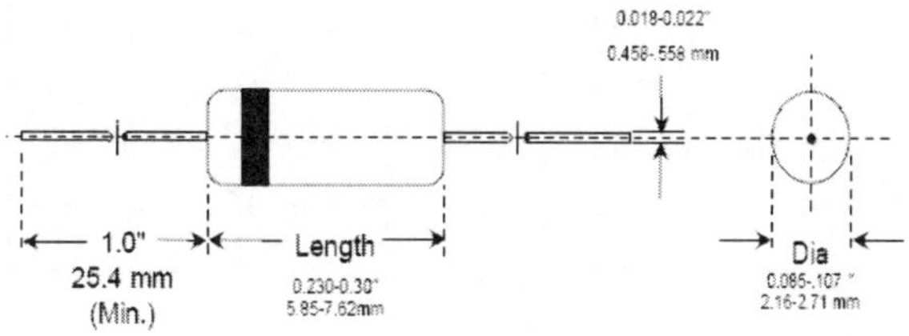

- 1N 4154 (si diode) : 범용 실리콘 다이오드
- 1N 34A (ge Diode) : 범용 게르마늄 다이오드
- 1N 914 : 소신호 고속 스위칭용 범용 실리콘 다이오드
- 1N 4001~4007 : 범용 고전력 정류 다이오드
- 1N5624 ~1N5627 : 정류용 실리콘 다이오드
- 4N 25A,26, 27, 28 : 범용 6-핀 DIP 형 광트랜지스터 포토커플러(갈륨아세나이드 적외선 방출 다이오드)

- TIL311 : 4-bit 이진 데이터 입력, 저장, 표시를 위한 TTL 로직 회로를 갖춘 16진수 표시기
- TIL321A : 7-세그먼트 적색 LED 디스플레이
- TIL312 : common anode 유형 7-세그먼트 적색 LED 디스플레이

〈표〉 다이오드의 전기적 정격(예)

TYPE	Peak reverse voltage	Max. aver rectified current	Max. power dissip at 25℃	Max junction temperature	Max. forward voltage drop		Max. reverse current		Max. reverse recovery time	
	V_{RM} V	I_OmA	P_{DOC}mW	T_J℃	V_FV	at I_FmA	I_n nA	at V_R V	t_{rr}nS	Conditions
IN914	100	75	500	200	1.0	10	25	20	Max. 4.0	I_F=100mA, V_R=6V, R_L=100Ω to I_R=1mA
IN4149[1)]	100	150	500	200	1.0	10	25	20	Max. 4.0	I_F=100mA, V_R=6V, R_L=100Ω to I_R=1mA
IN4150	50	200	500	200	1.0	200	100	50	Max. 4.0	I_F=I_R=10 to 200mA, to 0.1I_F
IN4152	0	50	400	175	0.55	0.10	50	30	Max. 2.0	I_F=100mA, V_R=6V, R_L=100Ω to I_R=1mA
IN4153	75	150	400	175	0.55	0.10	50	30	Max. 2.0	I_F=100mA, V_R=6V, R_L=100Ω to I_R=1mA
IN4154	5	50	500	200	1.0	0.10	100	25	Max. 2.0	I_F=100mA, V_R=6V, R_L=100Ω to I_R=1mA
IN4447	00	150	500	200	1.0	20	25	30	Max. 4.0	I_F=100mA, V_R=6V, R_L=100Ω to I_R=1mA
IN4449	100	150	500	200	1.0	30	25	20	Max. 4.0	I_F=100mA, V_R=6V, R_L=100Ω to I_R=1mA
IN4450	40	150	400	175	0.54	0.50	50	30	Max. 4.0	I_F=I_R=10mA, to I_R=1mA
IN4451	40	150	400	175	0.50	0.10	50	30	Max. 1.0	I_F=I_R=10mA, to I_R=1mA
IN4453	30	150	400	175	0.55	0.01	50	20	–	–
IN4454	75	150	400	175	1.0	10	100	50	Max. 4.0	I_F=I_R=10mA, to I_R=1mA

(발췌: http://www.datasheetcatalog.com/datasheets_pdf)

(2) 트랜지스터

트랜지스터는 기본적으로는 전류를 증폭할 수 있는 부품이다.

- 회로 기호는 PNP 타입은 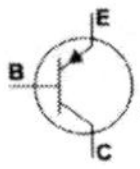, NPN 타입은 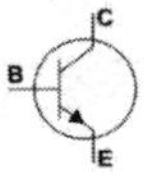 으로 표시한다.

- 트랜지스터는 반도체의 조합에 따라 크게 PNP 타입과 NPN 타입이 있다.
- 트랜지스터(transistor)명칭 은 전자기기 제품업체가 독자적으로 정한것도 있으나 통일된 명칭으로는 미국의 전자 공업회(EIA)의 명칭과 일본의 전자기계 공업회(CES)의 표준 규격의 명칭이 있다.
- 미국의 전자 공업회(EIA)의 명칭의 예

    2 N 3 9 0 4
    2 N 3 9 0 4 A
    2 N 3 9 0 6
    2 N 3 9 0 6 A

- EIA 방식의 명칭은 숫자 문자 숫자 순으로 되어있고, 처음에 숫자는 PN 의 접합수를 나타내고 있다.
- 처음 숫자가 1이면 Photo Transistor(광 트랜지스터: 빛을 받아 받는 양을 을 비례하여 전류가 흐르는 트랜지스터)를 나타내고, 1 일때는 2극을 2일때는 3극 트랜지스터(transistor) 나타내고 있다.
- 다음 영문자 N 은 반도체 제품을 나타내며 그다음 숫자는 품종을 구별케하는 것으로 등록번호 이다. 만약 그숫자뒤에 영문자가 있을때는 개량형임을 뜻한다.
- 일본의 전자기계 공업회(CES)의 명칭의 예

    2 S A 1 0 1 5
    2 S B 8 3 0
    2 S C 1 8 1 5
    2 S D 8 8 0

- CES 방식은 숫자,S자,문자,숫자 순으로 되어 있느데 처음 숫자는 PN접합면의 수를 나타내는 것으로 1은 2극(일반적으로 Diode), 2는 3극 트랜지스터임을 나타낸다. S 자는 반도체

(Semi-Conductor) 제품임을 표시하며 그다음 문자가 A 면 PNP 타입으로 고주파용, B 면 PNP 타입으로 저주파용, C 면 NPN 타입으로 고주파용, D 면 NPN 타입으로 저주파용, 임을 각각 나타내고 있다. 그리고 그다음의 숫자는 품종을 구별하는 등록 번호 이다.

- 최근에는 국내외 생산업체에서 독자적인 명칭을 붙이고 있기 때문에 위에 규칙을 적용하지 않는 제품들이 많이 있다.

(3) 전계효과 트랜지스터(FET)

트랜지스터의 일종으로 소스, 드레인, 게이트의 3극을 가지는 반도체이며, FET 종류로는 크게 제작방법 과 특성에 따라 다음과 같이 3가지로 분류할 수 있다.

- 접합형 FET(pn접합형)
- MOS형 FET(금속-산화물 절연형)
- MES형 FET (금속-반도체 접촉형)

3 IC 표기법 및 정격서

집적회로(Integrated Circuit: IC)는 트랜지스터, 저항, 콘덴서류를 고밀도로 집적하여 패키지화한 것이다.

다음에 널리 사용되고 있는 대표적인 IC의 일례를 소개한다.

표 중에서, SN74 시리즈의 IC에는 74 다음에 LS라든가 HC라는 문자가 들어있는 것이 있다.

LS(Low power Shotkey)는 저소비전력을 나타내고 있다. 그리고, HC는 COMS로 만들어지고 있는 것으로, 더욱 저소비전력이다. 참고로, SN7400과 비교해 보면 각각의 소비전력은 아래와 같다.

SN7400 Series	22mA
SN74LS00 Series	4.4mA
SN74HC00 Series	0.02mA

(1) 74X Series TTL/CMOS 계열

명 칭	기능 설명	전압 (Vcc)	핀 배치(Top View)	비 고
SN74HC00	Quad 2 Input NAND	+5V	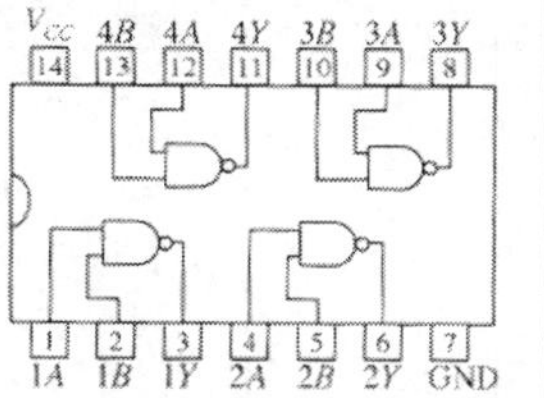	2입력의 NAND 회로가 4개 들어있다.
SN74HC04	Hex Inverters	+5V	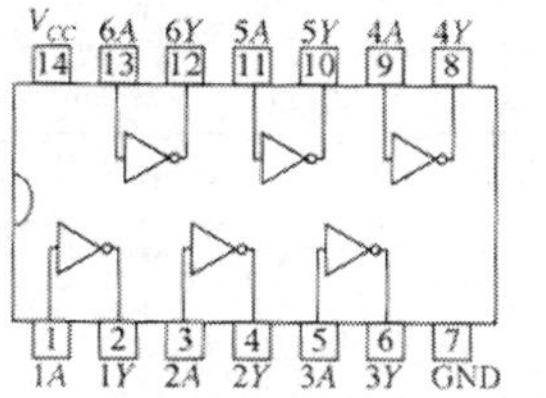	인버터 회로가 6개 들어있다.
SN74LS42	BCD to DECIMAL Decoder	+5V	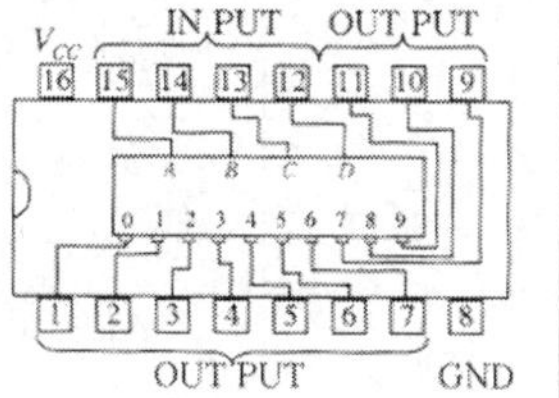	입력에 가한 2진 코드에 의해 선택된 출력이 L로 된다.
SN7445	O.C.BDC to DECIMAL Decoder/Driver	+5V	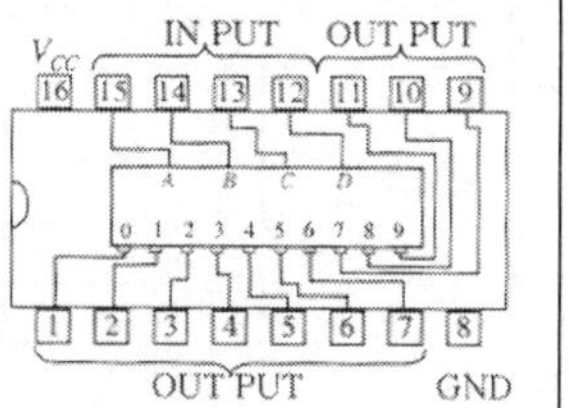	7442의 open collector buffer 타입 출력단자의 최대 유입전류는 80mA
SN74LS47	BCD to Segment Decoder/Driver	+5V	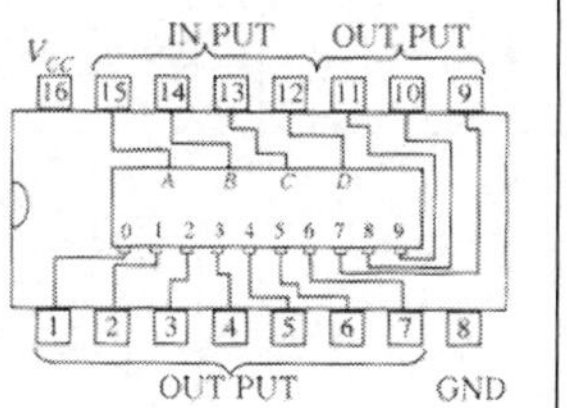	 정면도 7세그먼트 LED의 드라이버 open collector 타입 출력내압:15V 6과 9의 표시 관련:74247
SN74HC73	Dual JK-FFs With Clear	+5V	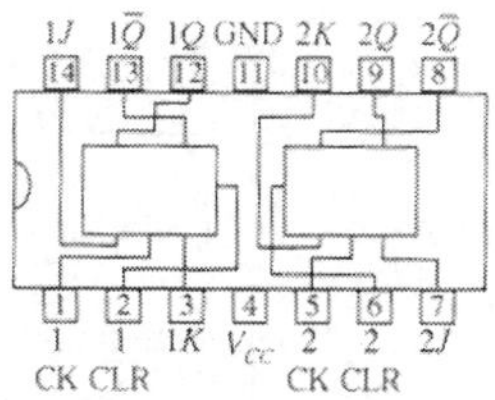	JK 플립플롭을 2개 내장

SN74HC73	Dual JK-FFs With Clear	+5V	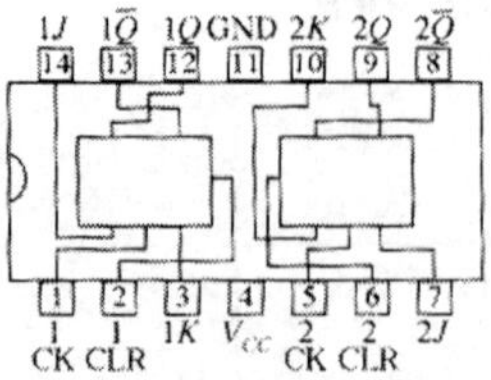	JK 플립플롭을 2개 내장
SN74LS90	Decade Counter	+5V	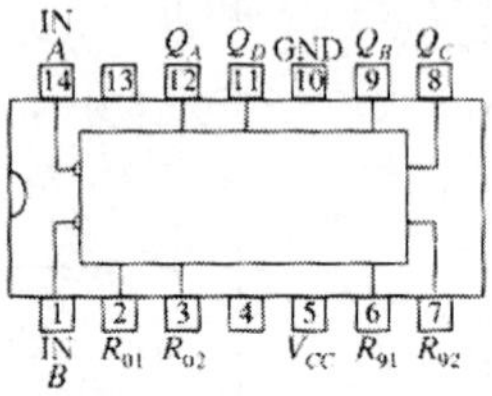	비동기 2진+5진 카운터 비동기 프리셋 9 비동기 클리어 관련 74290:십진/4-bit 이진카운터 74390:2중 4-bit 십진/이진카운터
SN74HC93	4-Bit Binary Counter	+5V	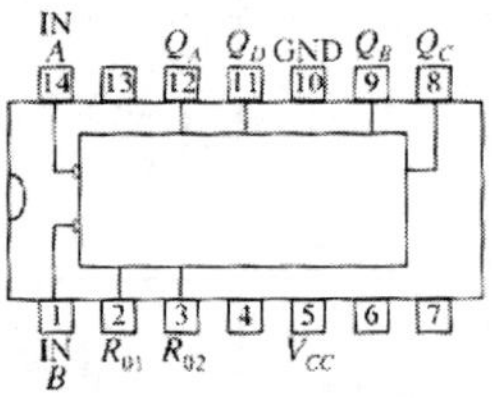	비동기 2진+8진 카운터
SN74HC123	Dual Retriggaerable Single Shot	+5V	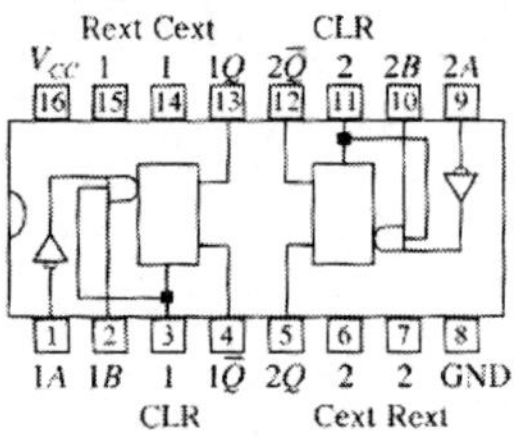	입력의 상승시점에서 Cext, Rext에 접속하는 C, R의 값에 따라 출력이 지속하는 single shot register
SN74LS247	BCD to Segment Decoder/Driver	+5V	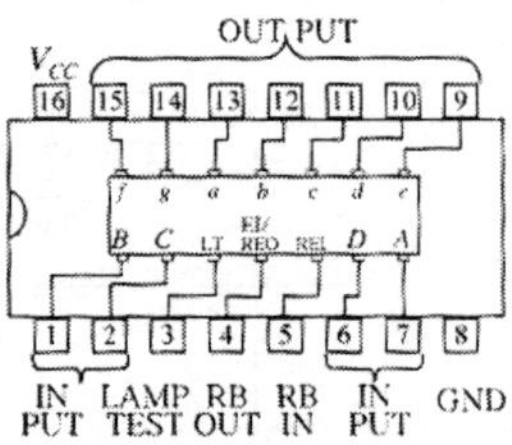	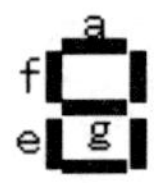 정면도 7447과 6과 9의 표시가 다른
SN74LS290	Decade Counter	+5V	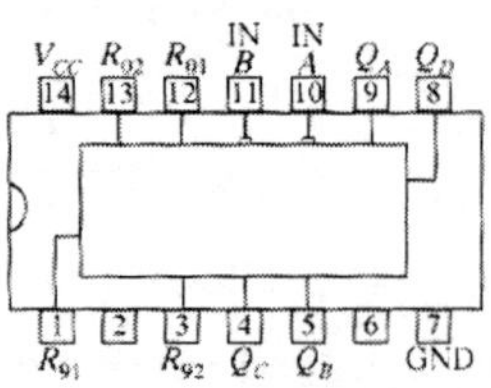	SN7490의 핀 레이아웃을 바꾼 타입 관련: 7490 74390
SN74HC390	Dual Decade Counters	+5V	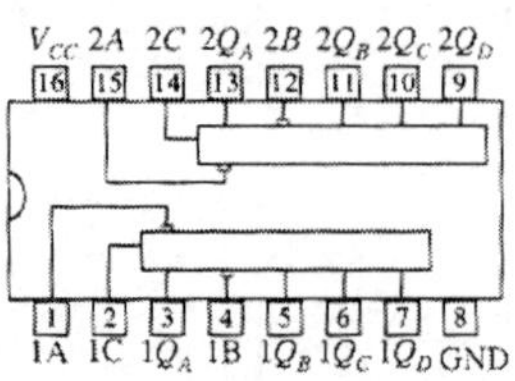	SN7490을 2회로 내장한 타입 단, 프리셋 9는 생략되어 있다. 관련: 7490 74290

4040B	12Bit Binary Counter(CMOS)	+5V	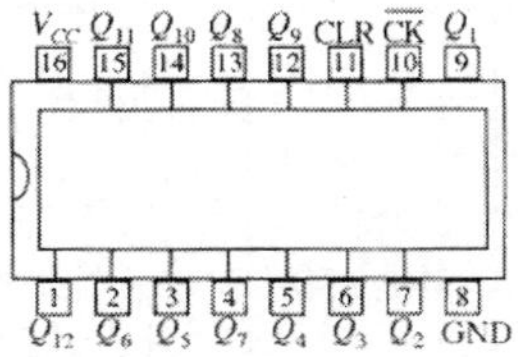	12 stage의 binary counter clear 기능을 가진다. 클록의 하강에지에서 카운트
4541B	Progarammable Oscillator/Timer (CMOS)	+5V	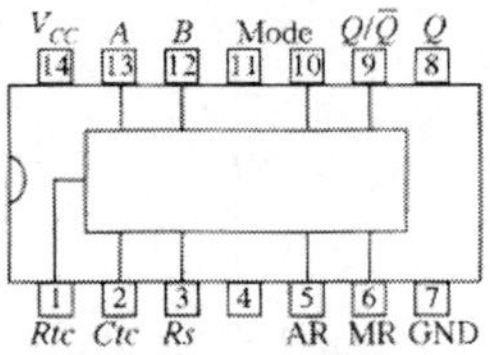	16 stage의 programmable binary counter RC 발진회로, 파워, 리셋, 출력 컨트롤 회로로 구성. 컨트롤 단자에 의해, 8, 10, 13, 16비트의 탭 출력이 가능
SN7448	BCD-TO-SEVEN-SEGMENT DECODERS/DRIVERS	+5V	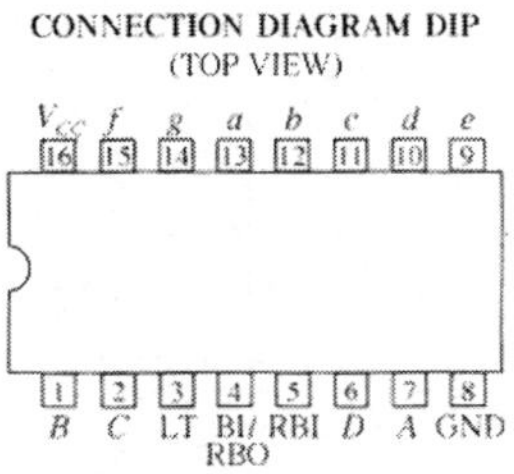	3개의 주요 블록으로 구성됨. 7-세그먼트 디코더회로, 전류 드라이버 회로, Latch(FF) 메모리 부분
NE555 (NE/SA/SE555/SE555C)	타이머	+4.5~+16V	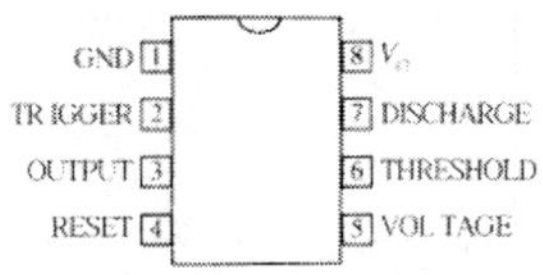	최대 동작주파수:500kHz 온도드리프트:0.005%/℃ 출력전류용량:200mA 지연시간 설정:수μs~수시간
LM386N-1	저주파 전력증폭기	+4~12V	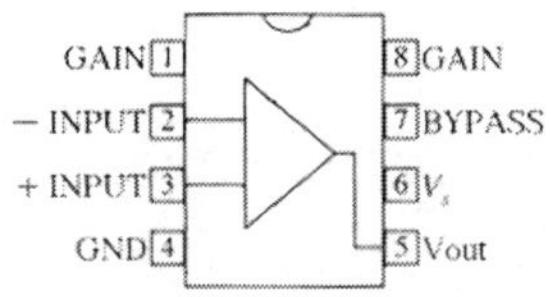	최대 출력:660mW 부하:8~32Ω 제지시 회로전류:4mA
LM386N-4	저주파 전력증폭기	+5~18V	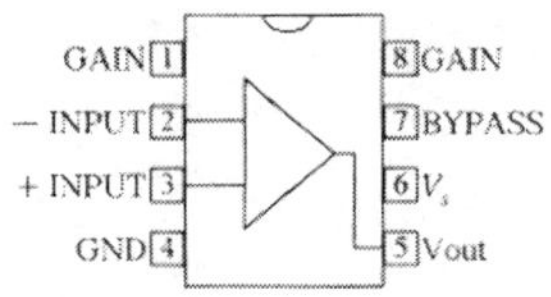	최대출력:1.25W 부하:8~32Ω 제지시 회로전류:4mA
uA741	범용 single OP-증폭기	+/-15V	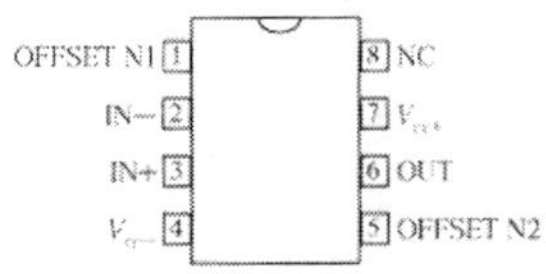	입력 최대전압: +/- 15V 최대전력: 500mW

L M 1 4 8 , L M 2 4 8 , LM348	범용 uA741 특성을 갖는 quadruple OP-증폭기	+/-4V~+/- 18V (최대정격)	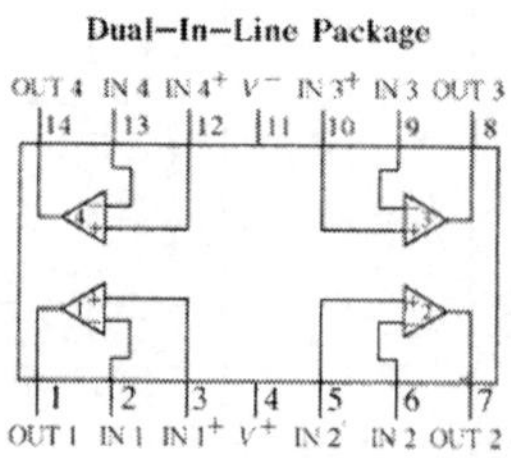	입력최대전압: +/-18V 최대전력: 700mW
TA7368P	저주파 전력증폭기	+2~+10V	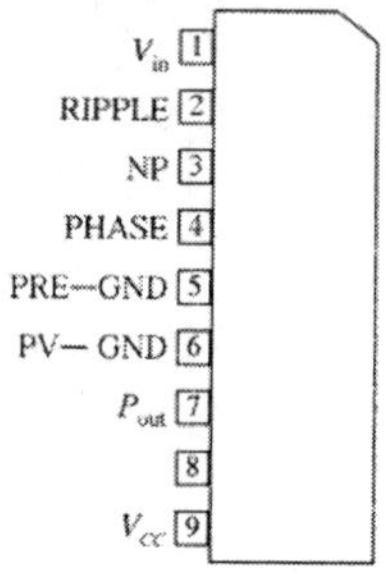	최대출력:1.1W 부하:4~16Ω
7975	MULTI-MELODY (CMOS)	+1.5~+3V	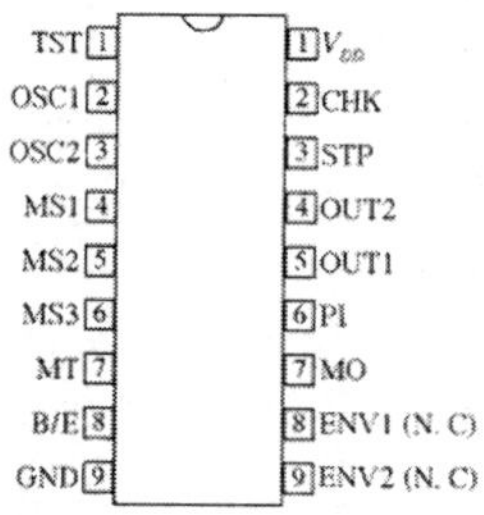	8곡을 내장한 멜로디 IC. 2가지 음원을 가지며 envelope 설정 가능

Appendix

05 회로 설계 프로세스 가이드

1 설계 구성 요소 및 목표

(1) 설계 구성 요소

- 목표 설정: design goal(outcome)
- 설계(회로 기능)분석: circuit's function analysis(function blocks)
- 합성(회로블록별 합성 및 시뮬레이션) : circuit block integration & simulation (interfaces)
- 제작(배선, 회로도, 기판에 조립) : circuit implementation(wiring, layout and circuit board)
- 시험(기능 및 환경 검사) : function & environmetal check(test points)
- 평가(목표설정 대비 회로 기능 검증 및 성능 평가) : circuit verification and performance evaluation(verification & performance)

(2) 현실적 제한 요소

- 산업 표준 준수 여부
- 경제성 고려 여부
- 환경에 미치는 영향 고려 여부
- 윤리성 적용 여부
- 안전성 검토 여부
- 미학적 인퍼페이스 여부
- 신뢰성 고려 여부
- 정치적 영향 고려 여부
- 기타 사항

2 주제 선정 배경

- 주제를 선정한 배경을 설명한다[what에 대한 설명]
- 왜 이 주제에 대한 설계의 필요성을 설명한다[why에 대한 설명].
- 가정 및 제약 사항/범위를 설명한다[설계의 범위를 설명].
- 설계 문제의 해결을 어떻게 할 것인가를 기술한다[How 에 대한 설명].

3 회로 설계

전체시스템의 기능 블록도
시스템 기능과 규격 설정
기능블록도 설명

4 설계 회로 분석

(1) 회로도 작성 규칙

각 회로는 성공적인 구성 관리를 위해 다음 설계 사항이 요구된다.

- Schematic(회로도 레이아웃)
- PCB(기판)
- Parts List(부품 목록)
- Assembly = PCB + Parts List(조립)

(2) 회로 분석

❐ 분석 방법 및 분석 도구

PSpice 회로 시뮬레이션 사용
오실로스코프, 로직 시퀀스 분석기 사용 등등

❒ 시퀀스 제어 방식 교통신호 발생 및 제어 회로 기능도(예시)

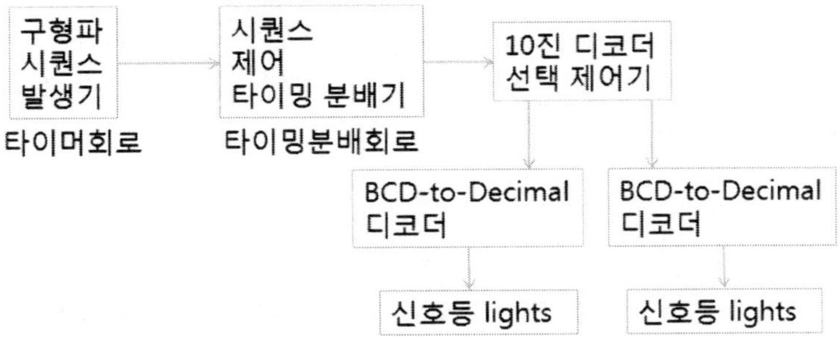

❒ 기능 블록별 회로 동작 설명(예시)

구형파 시퀀스 발생 회로는 LM555 타이머 발진회로를 사용하여 시퀀스가 단계적으로 발생된다. 발진기 출력은 74LS90 타이밍 분배 회로에 의해 10-단계 BCD 코드 출력을 갖도록 분주된다. BCD 출력은 2개의 BCD-Decimal 디코더인 74LS14 디코더를 구동하여 20단계의 출력 시퀀스를 생성한다.

❒ 교통신호체계를 설명하는 상태도(예시)

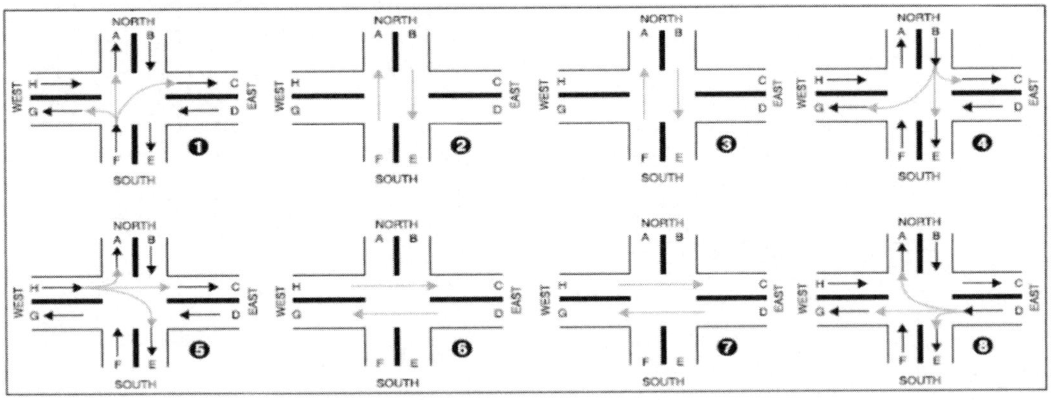

TABLE I
Simultaneous States of Signals for All the Traffic

X	Y	Z	B-C/B-G Lt/Rt	B-E St	D-E/D-A Lt/Rt	D-G St	F-G/F-C Lt/Rt	F-A St	H-A/H-E Lt/Rt	HC St	WALK (N-S)/(S-N)	WALK (E-W)/(W-E)
0	0	0	R	R	R	R	G	G	R	R	R	R
0	0	1	R	G	R	R	R	G	R	R	G	R
0	1	0	R	G	R	R	R	Y	R	R	G	R
0	1	1	G	Y	R	R	R	R	R	R	R	R
1	0	0	R	R	R	R	R	R	G	G	R	R
1	0	1	R	R	R	G	R	R	R	G	R	G
1	1	0	R	R	R	G	R	R	R	Y	R	G
1	1	1	R	R	G	Y	R	R	R	R	R	R

❒ 설계 제작

회로 합성

회로 시뮬레이션

회로 제작

❒ 설계 회로도

전체 설계회로도(예시)

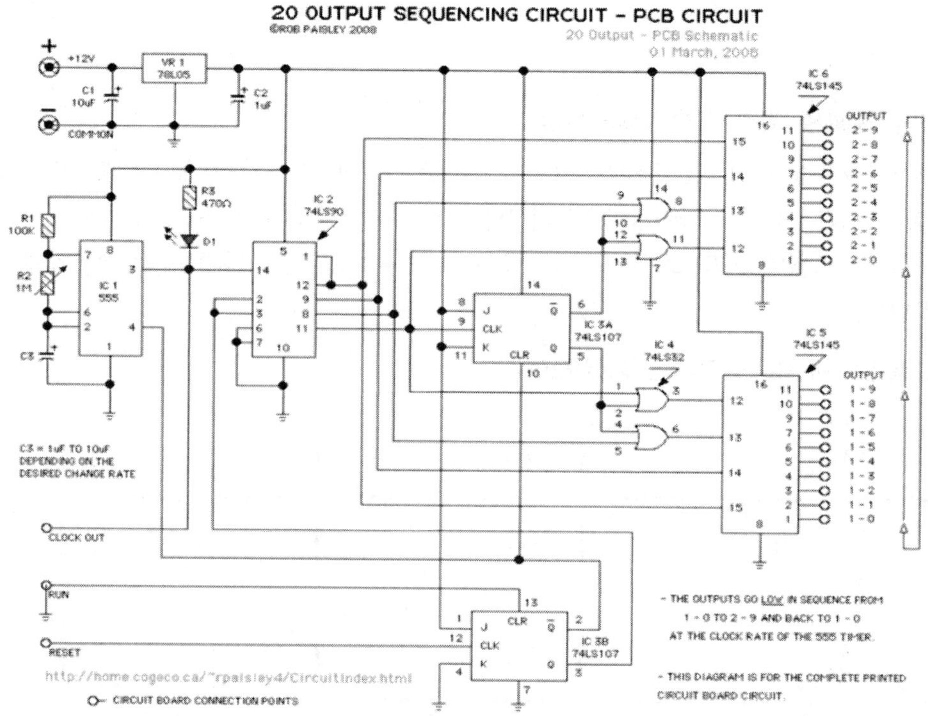

❐ 신호등 라이트 제어 회로

(회로도 예시)

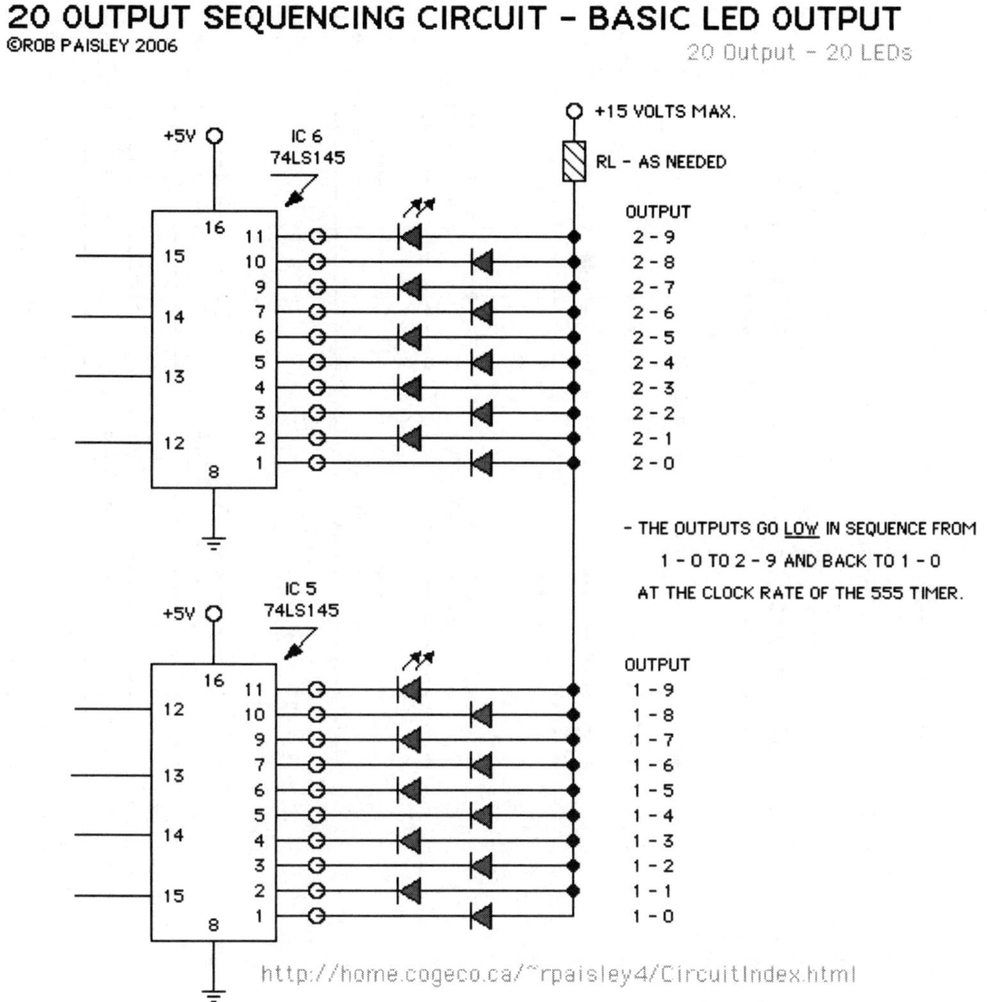

❐ 20단계 교통신호등 회로도(예시)

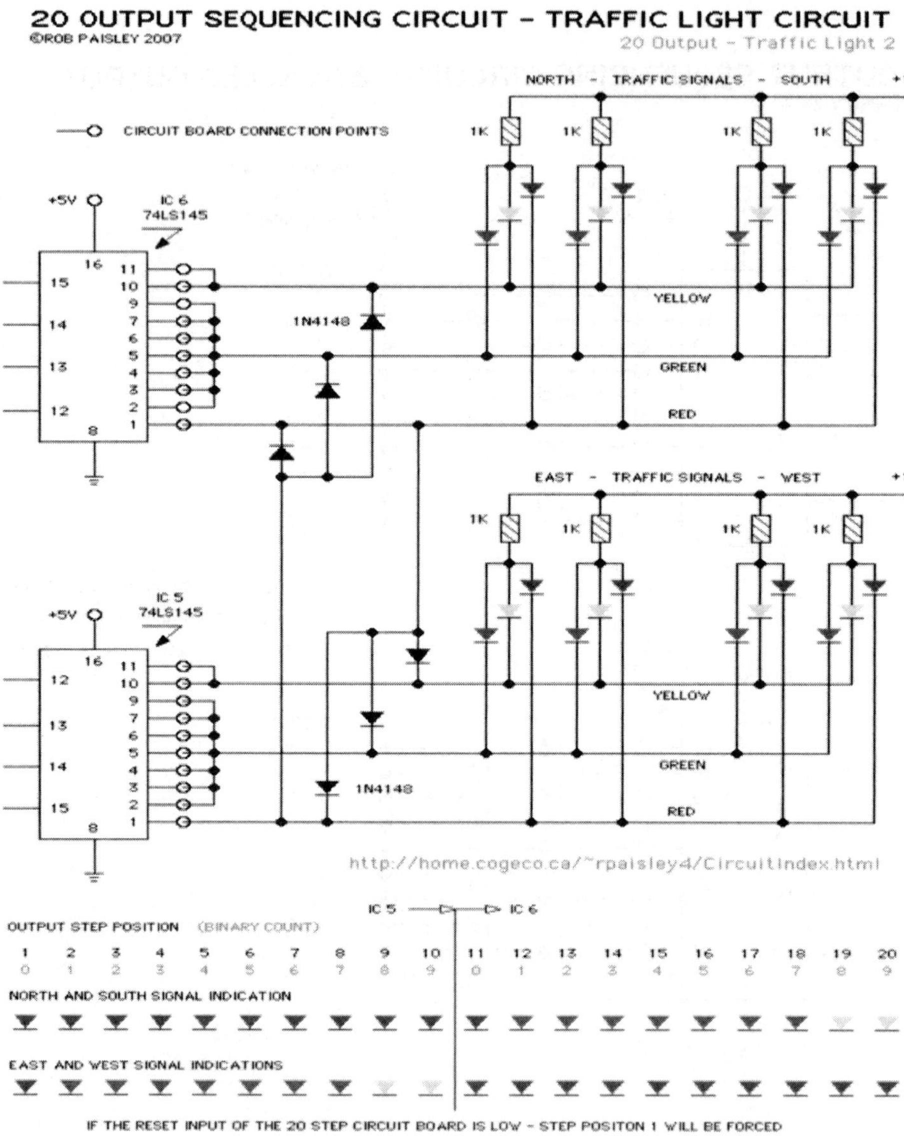

5 추진 체계 및 설계 일정

(1) 추진 체계

- 추진 체계에 따른 팀원의 역할 분담을 구체적으로 작성한다.

  조장 :

  조원:

  조장의 역할:

  조원의 역할:

- 프로젝트를 어떤 방법으로 팀원이 수행(직접 제작, 모듈 구입, 회로 어느 부분 설계 등)할 것인지 방법을 기술한다.

(2) 추진 일정

- 주별 추진 일정을 주간단위나 일별로 표로 작성한다.
- 주별 혹은 월별 중간 산출물을 명시한다.

  총 설계 및 제작 소요기간 : 4주(20시간)

  설계 제작: 5시간/주 × 3 주 = 15시간

  시험 평가: 5시간/주 × 1주 = 5시간

	1주차	2주차	3주차	4주차			
목표 설정							
자료조사							
설계분석							
합성							
제작							
시험							
평가							
보고서 작성							

- 중간진행보고서 제출(2주차)

6 시험 및 평가

(1) 회로 동작 시험

(2) 회로 환경 시험

(3) 회로 성능 평가

설계목표
설계 완성도
기능 완성도
업무 분장 및 팀웍
시연 발표

7 결론

설계목표 완성도에 대한 검토
개선사항에 대한 제시
문제점 및 해결책
보고서 작성

8 부록

(1) 회로 부품 목록(예시)

부품 번호	부품 설명 및 규격	부품 번호	수량
VR 1	Voltage Regulators TO-92 5.0V 0.1A	511-L78L05ABZ	1
IC 1	Timers DIP-8 Single Timer	512-LM555CN	1
IC 2	DECADE COUNTER DIP14	526-NTE74LS90	1
IC 3	DUAL J-K F/F DIP-14	526-NTE74LS107	1
IC 4	QUAD 2-IN OR DIP-14	526-NTE74LS32	1
IC 5, 6	BCD-DEC DECODER DP16	595-SN74LS145N	2
R1	100K ohm / 1/4 Watt Carbon Resistor	660-CF1/4C104J	1
R2	Trimmer Potentiometers 1Mohms 6mm	531-PT6KV-1M	1
R3	470 ohm / 1/4 Watt Carbon Resistor	660-CF1/4C471J	1
C1, C3	Radial Electrolytic Capacitors 25V 10uF	140-XRL25V10	2
C2	Radial Electrolytic Capacitors 25V 1.0uF	140-XRL25V1.0	1
D1	Green 3mm LED	859-LTL-4231	1
	2 Position Terminal Block - 5mm	651-1729018	1

(2) 부품 관련 규격서

(3) 최종 설계보고서(예시)

[요소설계 프로젝트 보고서] 양식 요소설계-1호

한글제목	한글 제목(32폰트)
영문제목	영문 제목(24폰트)

학년도 학기

기간 : 년 월 일 – 년 월 일

학과	
교과목명	
팀 명	
팀장	
팀원	
지도교수	

❐ 설계 제안 배경

- 주제를 선정한 배경을 설명한다[what에 대한 설명]
- 왜 이 주제에 대한 설계의 필요성을 설명한다[why에 대한 설명].
- 가정 및 제약 사항/범위를 설명한다[설계의 범위를 설명].
- 설계 문제의 해결을 어떻게 할 것인가를 기술한다[How 에 대한 설명].

❐ 최종 목표

- 프로젝트 완성후 기대하는 최종 시제품 및 결과 목표를 기술한다.
- 예상 결과를 기술한다.
- 설계 성능을 평가할 스펙을 제시한다.
- 최종 결과물 사진을 포함시킨다

❐ 설계 내용

- 설계하려는 주제에 대한 이론적 배경, 간단한 동작 원리, 적용 설계 기술, 설계 회로도 설명, 실제적 내용을 소개한다.
- schematic 도 작성하고 s/w 시뮬레이션을 수행한다.
- 설계 요소를 반영 여부를 체크한다

설계요소	반영여부
표준적합성	
설계분석	
합성	
제작	
시험	
규격서 작성	

• 설계의 현실적 요소를 반영하도록 한다

설계요소	반영여부
산업표준준수	
경제성고려	
환경영향고려	
윤리성	
안전성	
미학적 설계	
신뢰성	
세계정세	
기타	

• 별첨 예시 자료 참조하여 보고서를 작성한다.

❐ 추진 체계 및 일정

• 주별 추진 일정을 주간단위나 일별로 표로 작성한다.
• 주별 혹은 월별 중간 산출물을 명시한다.
• 추진 체계에 따른 팀원의 역할 분담을 구체적으로 작성한다.

조장:

조원:

조장의 역할:

조원의 역할:

• 프로젝트를 어떻게 수행할 것인지 방법을 기술한다.

❐ 실행 예상 경비

• 제작에 필요한 실 소요 경비를 가능한 구체적으로 기술하되 가능한 팀당 5만원 내외로한다.
• 활용 기자재 및 부품 목록을 작성한다.

❐ 결론 및 제안 사항

• 프로젝트 설계, 제작,시험, 평가 등 전반적인 사항에 대한 내용을 제작품을 기초하여 평가한다
• 각 기능 블록별로 설계 사항 만족 여부를 점검하여 결론을 내린다
• 개선사항이나 제작상의 문제점을 기술하고 추후 개발 내용을 언급한다

❐ 참고(인용) 자료

설계 관련하여 참조한 자료의 출처를 명시한다

❐ 부록

• 부품 목록
• databook 등

찾아보기

ㅎ

기타

저자소개

박대철

한남대학교 정보통신학과

에센셜 아날로그/ 디지털/ PSpice 회로 이론과 실험

인　　쇄 : 2014년　3월 5일
발　　행 : 2014년　3월 15일
저　　자 : 박 대 철
발 행 처 : 도서출판 한산
서울시 서대문구 수색로 6길 43번지 105동 602호
TEL : (02)304-3504　FAX : (02)304-3505
발 행 인 : 김 기 영
등록번호 : 제 10-1745 호
I S B N : 978-89-89215-92-9　　93560

잘못된 책은 바꾸어 드립니다.

가격 27,000원